Visual Basic 程序设计实务

杨宏宇　主　编
彭　丽　副主编

中央广播电视大学出版社
北　京

图书在版编目（CIP）数据

Visual Basic 程序设计实务 / 杨宏宇主编. —北京：中央广播电视大学出版社，2012.9

ISBN 978-7-304-05743-5

Ⅰ. ①. V… Ⅱ. ①杨… Ⅲ. ①BASIC 语言—程序设计 Ⅳ. ①TP312

中国版本图书馆 CIP 数据核字（2012）第 220543 号

版权所有，翻印必究。

Visual Basic 程序设计实务

杨宏宇　主　编

彭　丽　副主编

出版·发行：中央广播电视大学出版社

电话：营销中心 010-58840200　　总编室 010-68182524

网址：http://www.crtvup.com.cn

地址：北京市海淀区西四环中路 45 号　　邮编：100039

经销：新华书店北京发行所

策划编辑：袁玉明　马建利　　版式设计：赵　洋

责任编辑：石明贵　　责任版式：韩建冬

责任印制：赵联生　　责任校对：王　亚

印刷：北京云浩印刷有限责任公司　　印数：0001～3000

版本：2012 年 9 月第 1 版　　2012 年 9 月第 1 次印刷

开本：185mm×230mm　　印张：29.75　　字数：587 千字

书号：ISBN 978-7-304-05743-5

定价：59.00 元

（如有缺页或倒装，本社负责退换）

前 言

本书以 Visual Basic 6.0（又称 Visual Basic 或 VB）中文版为基础，从介绍 VB 中提供的各种控件入手，引导学生逐步认识和了解 Visual Basic 的基本知识；通过讲解程序的各种结构，带领学生逐渐认识和掌握运用 VB 进行程序设计的各种规则和方法；通过将一些具有实用性和趣味性的案例引入教学过程，来讲解程序设计的基本技巧，目的是让学生认识到程序设计并不枯燥，掌握方法更能够乐在其中，并由此逐步掌握和理解面向对象程序设计的基本思想和方法。

本书最大的特色是便于自学。内容安排上结合学生自主学习的需求，在每个章节中配备与教学内容紧密结合且形式多样的编程实践练习，引导学生通过“做一做　上机实践”“玩一玩　编程操练”等各种形式活泼、内容新颖的编程案例或程序实例，加深对学习知识的理解和掌握，让他们通过“做一做”“玩一玩”的过程来克服在学习程序设计时普遍存在的畏难情绪，增强学习者对学习的兴趣，同时也培养其探究问题、解决问题的动手实践能力。

本教材在编写中力求深入浅出、言简意赅，总是力争用最简单的方法来说明问题，并侧重程序设计练习。每章前设有导读、学习方法、课前思考、课外学习等内容引导学生顺利进入本章学习，每章后都设有本章小结、自测题和上机实践等栏目，引导学生归纳总结本章知识要点，检查所学内容的掌握程度。

为便于学生实践练习，本书配套发行网络课件一张，其内容是本书教学内容的拓展和学生学习的另一个平台。学生可以通过这个平台实现师生间的在线交流与互动，体现远程教学的优势。

本教材附录为课程教学大纲和课程考试说明，可供教师安排教学时参考。

本书共 14 章，由湖北广播电视大学杨宏宇副教授主持全书的编写并统稿，湖北广播电视大学彭丽老师参加了其中第 5 章 ~ 第 10 章等的编写及各章习题的收集、整理。

由于作者水平有限，书中难免有不足之处，敬请读者批评指正。

作　者

2012 年 8 月 2 日

目 录

第1章　VB语言概述

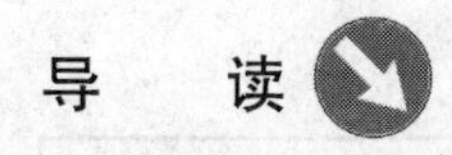

导　读

本章重点介绍 Visual Basic 的特点、Visual Basic 的启动与退出，通过一个简单例题，介绍 Visual Basic 的集成开发环境和编程过程，说明可视化编程的优点、VB 工程的概念以及面向对象程序设计的基本思想。让读者体会到程序设计也可以不那么枯燥烦琐，领略快乐编程的轻松与愉悦。

学习目标	初步了解 Visual Basic 程序设计和面向对象程序设计的概念与机制
应知	初步认识 Visual Basic 的集成开发环境 IDE
	初步掌握建立、编辑和运行简单 VB 程序的过程
	理解面向对象程序设计（对象、属性、方法、事件）
	了解可视化程序设计、事件驱动编程机制与工程的概念
应会	启动和退出 Visual Basic 系统
难点	事件驱动的编程机制，可视化编程的概念和特点
	面向对象程序设计、可视化程序设计、事件驱动程序设计与工程的概念

学习方法

自主学习：自学文字教材。学习中英文对照表，掌握必要的专业词汇，为以后的深入学习奠定基础。

参加面授辅导课学习：在老师的辅导下深入理解课程知识内容。

小组学习：参加小组学习，通过与小组中同学的讨论沟通，交流学习经验。

上机实习：安装 Visual Basic 软件系统，了解 VB 系统软件在电脑上的安装过程，进而学会 VB 的启动与退出。

上网学习：通过网络课件或移动课件，进入 BBS 论坛，向老师发帖提问，获得学习帮助；参加同学之间的学习讨论，在团队学习中使自己获得帮助并尽快掌握课程知识。

课前思考

1. 专业英语词汇。

掌握下列必需的课内专业英语词汇。

英文词汇	中文名
Caption	标题，说明文字
CheckBox	选择框
ComboBox	组合框
CommandButton	命令按钮
DriveListBox	驱动器列表框
Frame	框架
Hscrollbar	水平滚动条
Lable	标签
ListBox	列表框
OLE	对象嵌入和链接
Option Button	单选按钮
PictureBox	图形框
Project	工程
TextBox	文本框
Vcrollbar	垂直滚动条

2. 通过网络平台，了解目前流行的可视化编程语言的种类和主要特点，如 VC、VF、C#等。

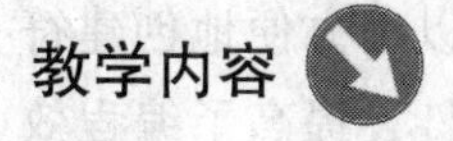

1.1 VB的基本概念

1.1.1 VB的发展历史

在计算机发展的历史上人们曾经广泛应用一种叫作 BASIC 的程序设计语言来进行程序设计。BASIC 指的是 Beginners all_purpose symbolic instruction code，其中文意思为“初始者通用符号指令代码语言”。用这种语言设计一个图形界面，程序设计人员必须事先精确计算屏幕上的各个坐标尺寸，然后再逐条书写大量的指令去描述界面元素的色彩、外观尺寸和所在位置等，十分烦琐。

1991 年，美国微软公司推出了 Visual Basic（简称 VB），目前的最新版本是 VB 2010。Visual Basic 是在 BASIC 程序设计语言的基础上，吸收面向对象的编程技术发展而成的一门程序设计语言，主要用于开发在 Windows 环境下运行的具有图形用户界面的应用程序。VB 具有简单易学的特性，是一种可视化的、面向对象和采用事件驱动方式的结构化高级程序设计语言。Visual 意为可视的、可见的，指的是开发图形用户界面（Graphic User Interface，GUI）的方法，它不需要编写大量代码去描述界面元素的外观和位置，只要把预先建立好的对象拖放到屏幕上相应的位置即可。因此，用它来开发 Windows 环境下的各类应用程序就十分轻松快捷。VB 可视化的用户界面设计功能，可以把程序设计人员从繁重、烦琐的界面设计过程中解放出来，通过“所见即所得”的特性，有如“搭积木”般地进行复杂的图形界面设计。Visual Basic 所具有的强大的多媒体功能，还可以轻而易举地开发出集声音、动画、视频、图像等于一体的多媒体应用程序。在 VB 6.0 中还增加了网络功能和数据库访问功能，提供了编写 Internet 程序的能力。

VB 的最早版本 Visual Basic 1.0 由 Microsoft 公司于 1991 年推出，到 1998 年 VB 发展到了 6.0 版。VB 在发展过程中，功能真正变得强大是从 5.0 版开始的。本课程介绍利用 VB 进行程序设计的方法主要以 Visual Basic 6.0 版为背景。Visual Basic 6.0 有学习版、专业版和企业版 3 个不同版本。

1.1.2 VB的基本特点

VB 最显著的特点可以概括为可视化、面向对象和事件驱动。可视化就是利用 VB 系统预先建立的不同控件，在程序设计时将其拖放到界面（窗体）上，就可以很方便地创建符合用户需求的程序界面。面向对象程序设计方法有效降低了编程的复杂性，提高了编程效率。事件驱动使得用户对用户界面上的任何操作，都会自动转到对相应的程序代码进行处理，同时也为程序运行过程中各对象之间的关联建立了有效的机制。

1.1.3 面向对象的程序设计方法

过去进行程序设计，需要思考解决问题的过程，所以称为面向过程的程序设计。面向过程的程序设计方法所设计的程序可以概括为：

程序 = 数据结构 + 指令过程

从上述关系可以看出，面向过程的程序设计，编程人员既要关心数据结构，更要关心过程（或函数）设计。也就是说，在编程过程中既要把注意力放在对数据的存储结构上，又要告诉程序如何对数据进行处理。这样一来，编程人员不得不把更多的心思放到烦琐的诸如界面布局、格式编辑等与应用程序主体关系不大的事务上。

而面向对象的程序设计方法所设计的程序可以概括为：

程序 = 对象 + 事件（或消息）

所谓“对象”，就是各个可操作的实体，如窗体、命令按钮、标签、文本框等。这些实体称为控件。面向对象编程就好像搭积木那样，程序设计人员可根据程序功能和界面设计要求，直接在屏幕上“画”出窗口、菜单、按钮等不同类型的对象。在这个过程中，由于对象对数据描述和数据存储进行了“封装”：有关对象的基本描述数据，如尺寸、大小、颜色等，不再需要编程人员去费力考虑，因此编程人员在进行程序设计时就只需要告诉对象该做什么、对事件做出什么样的响应即可，而不必关心它是如何工作的。

所谓事件，是指作用于某个对象上的一种操作或动作，如运行程序时用鼠标单击窗体上的某个命令按钮，“单击”（Click）这个动作就是作用在该命令按钮上的一个事件。VB 中的每个对象通常都可以响应多个不同的事件，一个对象可以响应哪些事件 VB 都预先进行了规定。

1.1.4 可视化程序设计方法

用 VB 开发应用程序，包括两部分工作：一是设计图形用户界面；二是编写程序代码。VB 提供了一个“画板”（窗体），也就是用户界面，还提供一个“工具箱”，在“工具箱”中放了许多被称为“控件”的工具，比如制作按钮的工具、制作文本框的工具、显示图形数据的工具等。可以从工具箱中取出所需的工具，拖放到“画板”中适当的位置上，这样就形成了“用户界面”，也就是说，屏幕上的用户界面是用 VB 提供的可视化设计工具——

“控件”直接“画”出来的，而不是通过编写大量程序指令“写”出来的。

1.1.5　事件驱动的编程机制

用VB开发的应用程序，其工作是通过事件来驱动的。程序运行中，当作用于某个对象上的“事件”发生时，要对相应的信息进行处理，使对象产生状态和行为的改变。这种处理和改变由事先编写的相应程序代码来实现。“事件”可由用户操作触发，也可以由系统或应用触发。例如，用户使用鼠标单击某个命令按钮就触发了按钮的Click（单击）事件，事先在该事件中编写的代码就会被执行。若用户未进行任何操作（未触发事件），则程序就处于等待状态。再比如，系统计时的时间到达触发了某个事件，进而开始执行用户事先编写的关于“时间到达”这一事件的代码指令，等等。每个应用程序就是由这样一些彼此独立的事件过程构成的。这种针对激活对象的事件编写相应程序代码的编程机制就称为事件驱动的编程机制，在VB中这样的代码段称为“事件过程”。“事件过程”是构成一个完整VB应用程序不可缺少的组成部分，是VB应用程序的基本单元。

1.1.6　提供软件集成开发环境

VB为编程者提供了一个集成开发环境。在这个环境中编程者可设计界面、编写代码、调试程序直至把应用程序编译成可在Windows中运行的可执行文件。

1.1.7　结构化设计语言，功能强大

VB具有丰富数据类型，是一种符合结构化设计思想的程序设计语言，而且简单易学。作为一种程序设计语言，VB还有许多独到之处：例如，具有强大的数据库访问功能，通过VB提供的各种数据控件（如Data控件、ADO控件等），不但可以访问多种数据库，还可以用最少的代码实现对数据库的操作和控制。另外，VB还支持对象链接和嵌入技术，可以使VB应用程序访问Windows环境中其他应用程序的对象，从而使VB能够使用其他应用程序的数据，如Word文档、Excel工作表等，这类对象称为OLE对象。利用OLE技术能够开发集声音、图像、动画、字处理、Web等多种对象于一体的多媒体应用程序和网络应用程序。

1.2　启动VB

VB的启动步骤如下：

（1）单击Windows任务栏中的“开始”按钮。

(2) 在打开的菜单中单击“所有程序”选项。

(3) 在打开的“Microsoft Visual Studio 6.0 中文版”子菜单中，选择并单击“Microsoft Visual Basic 6.0 中文版”命令，VB 系统开始启动，如图 1-1 所示。

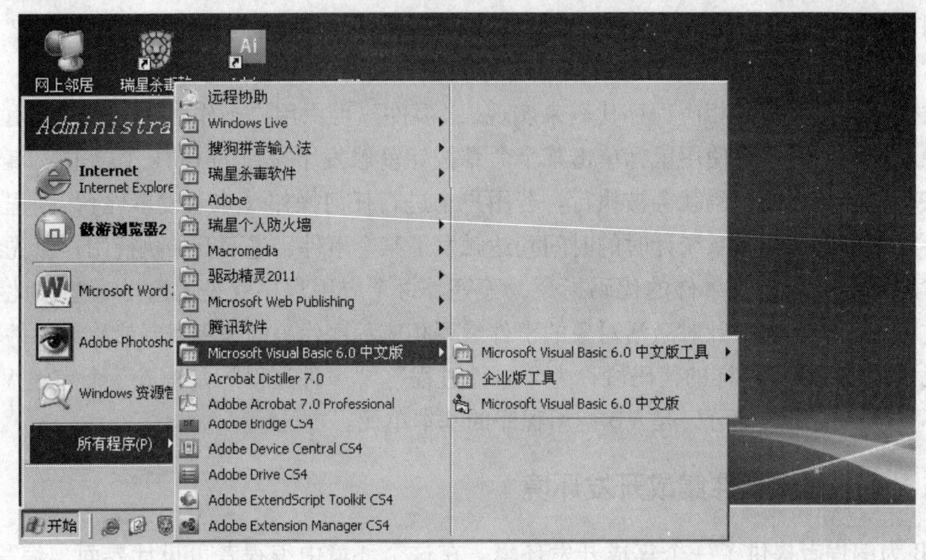

图 1-1 启动 VB

启动后，屏幕上首先出现一个“新建工程”对话框，要求用户选择新建工程的类型，如图 1-2 所示。

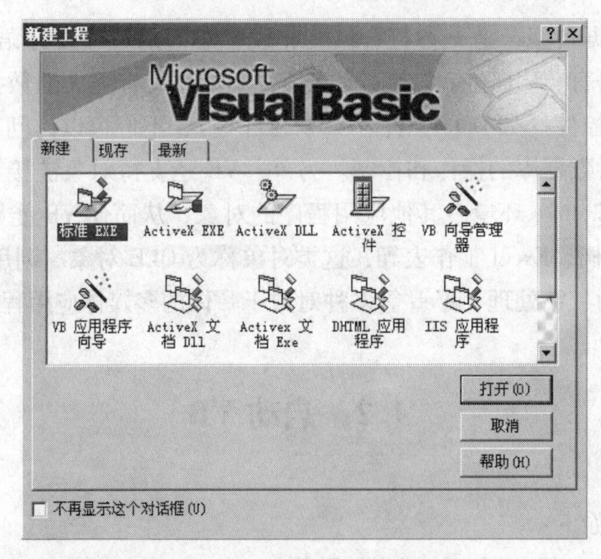

图 1-2 “新建工程”对话框

（4）系统默认“新建工程”为“标准EXE”，可用鼠标直接单击“打开”按钮，或者用鼠标双击对话框中的“标准EXE”项，就可打开如图1－3所示的“集成开发环境”界面。

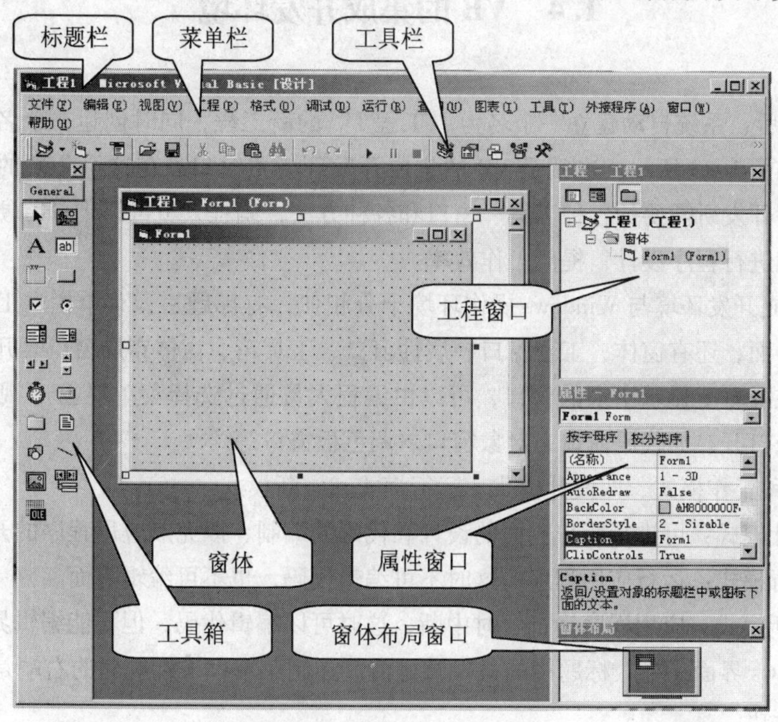

图1－3　VB集成开发环境

1.3　退出VB

用鼠标直接单击图1－3中右上角的“关闭”按钮，或者单击窗口菜单上的“文件”菜单，选择其中的“退出”命令，VB会自动检测用户是否更改了新建工程的内容并询问是否进行保存或直接退出，如图1－4所示。用户选择“是”，则保存刚才新建的工程后退出；若选择“否”，就直接退出。

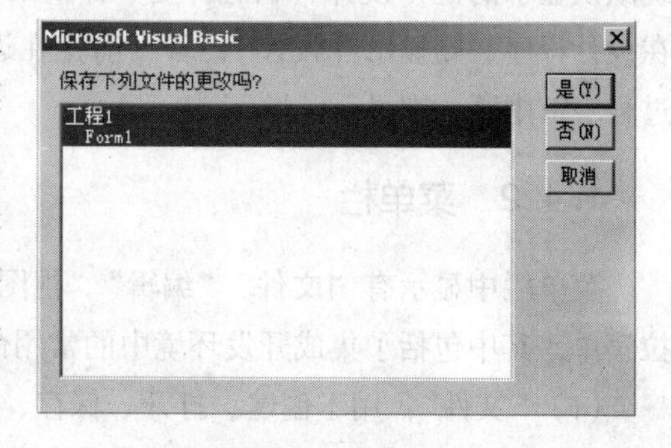

图1－4　退出VB

1.4 VB 的集成开发环境

启动 VB 后，系统自动建立一个名为“工程 1”的新工程，同时创建一个名为 Form1 的空白窗体，如图 1－3 所示，这就是 VB 的集成开发环境主窗口。在这个公共的环境中，集中提供了程序开发所需要的各种工具、窗口和各种方法，编程人员可以十分方便地运用这个软件开发环境进行程序设计，提高工作效率。

VB 的集成开发环境与 Windows 操作环境十分相似，有标题栏、菜单栏、工具栏等大家十分熟悉的界面，还有窗体、工程窗口、属性窗口、工具箱、窗体布局窗口等开发工具。还有一些没有在屏幕上显示出来的窗口，可以由编程人员通过选择菜单栏上“视图”菜单中的不同命令来打开，如代码窗口、对象窗口、调色板窗口等。

VB 有 3 种工作模式，即设计模式、运行模式和中断模式。

（1）设计模式：可进行用户界面的设计和代码的编制，以完成应用程序的开发。

（2）运行模式：运行应用程序，这时不可编辑代码，也不可编辑界面。

（3）中断模式：应用程序运行暂时中断，这时可以编辑代码，但不能编辑界面。

与 Windows 界面一样，标题栏的最左端是窗口控制菜单框，标题栏的右端是最大化、最小化和关闭按钮。

1.4.1 标题栏

标题栏中显示当前激活的工程名称、工作状态，以及最小化、最大化和关闭按钮。VB 有 3 种工作状态，分别是“设计”状态、“中断”状态和“运行”状态。刚启动 VB 时，系统默认显示的是“设计”状态。处于什么工作状态在［］中用文字显示出来。如果当前正在设计程序，则显示［设计］；若当前正在运行某个程序，则显示［运行］；如果程序运行过程中被中断，则显示［break］。

1.4.2 菜单栏

菜单栏中显示有“文件”“编辑”“视图”“工程”“格式”“调试”“运行”等 13 个下拉菜单，其中包括了集成开发环境中的常用命令和常用功能操作。

（1）“文件”：用于创建、打开、保存、显示最近的工程以及生成可执行文件。

（2）“编辑”：用于输入或修改程序源代码。

（3）“视图”：用于集成开发环境下程序源代码、控件的查看。

（4）“工程”：用于控件、模块和窗体等对象的处理。

（5）“格式”：用于窗体控件的对齐等格式化操作。

（6）“调试”：用于程序调试和查错。

（7）“运行”：用于程序启动、中断和停止等。

（8）“查询”：用于数据库表的查询及相关操作。

（9）“图表”：使用户能够用可视化的手段来表示表及其相互关系，而且可以创建和修改应用程序所包含的数据库对象。

（10）“工具”：用于集成开发环境下工具的扩展。

（11）“外接程序”：用于为工程增加或删除外接程序。

（12）“窗口”：用于屏幕窗口的层叠、平铺等布局以及列出所有已打开的文档窗口。

（13）“帮助”：帮助用户系统地学习和掌握 VB 的使用方法及程序设计方法。

1.4.3 工具栏

工具栏提供了许多常用命令的操作按钮，单击某个按钮，等同于执行菜单栏的相应命令。工具栏中有一些按钮系统默认为“标准”模式，在这个模式下列出了最常用的一些工具按钮。另外还有一些工具按钮处于隐藏状态。如果需要添加工具按钮，可以在工具栏内单击鼠标右键，打开快捷菜单，选择增加/隐藏命令来添加诸如“编辑”“窗体编辑器”和“调试”等工具栏的各个按钮工具。

在工具栏上还有一个数字显示区，分左右两部分。左数字区显示的是窗体上对象的坐标位置，系统定义窗体左上角为坐标原点（0，0），坐标值以屏幕像素为单位，向下、向右递增。右数字区显示的是窗体上对象的尺寸大小，即对象的高度和宽度，也是以屏幕像素的点数为单位表示。工具栏上各个工具按钮及功能说明如图 1－5 所示。

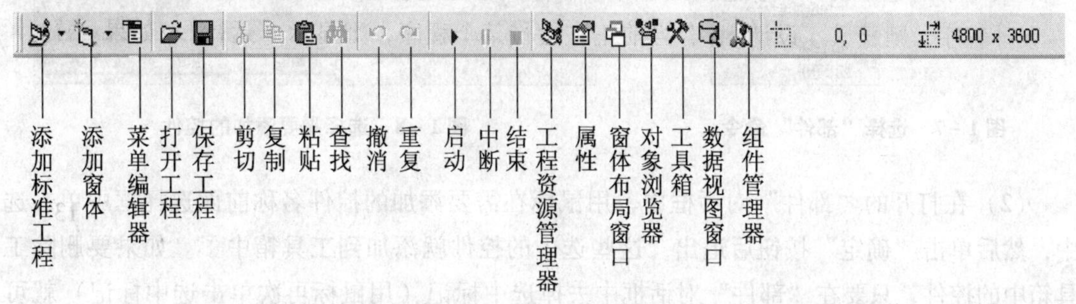

图 1－5 工具栏上的工具按钮

1.4.4 工具箱

在新建工程的同时，系统打开一个标准控件工具箱。标准控件工具箱包含了建立应用程序常用的一些控件，如图 1－6 所示。

图 1－6 标准控件工具箱

用户在编程过程中还可以根据需要，向工具箱中添加需要用的控件，增加工具箱中的内容。添加控件到工具箱的方法如下：

(1) 在如图 1－7 所示工具箱的空白处单击鼠标右键，打开快捷菜单并选择其中的“部件”命令，打开“部件”对话框，如图 1－8 所示。

图 1－7 选择“部件”命令

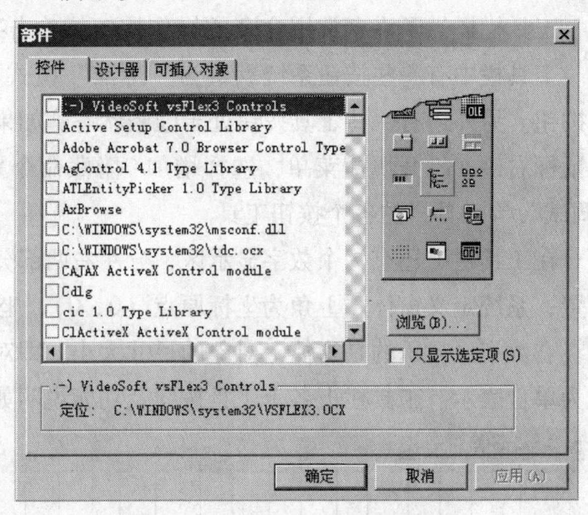

图 1－8 选择需要添加的控件

(2) 在打开的“部件”对话框中，用鼠标在需要添加的控件名称前面选择框中单击选中，然后单击“确定”按钮后退出，这些选中的控件就添加到工具箱中了。如果要删除工具箱中的控件，只要在“部件”对话框中去掉选中标记（用鼠标再次单击选中标记）就可以了。

1.4.5 工程资源管理器窗口

工程资源管理器窗口，也叫作工程窗口，主要是用来显示工程文件夹中所包含的所有文件，如图1-9所示。工程窗口中包含的内容有：

(1) 代码查看图标，单击该图标，可显示代码窗口，查看，编辑所选工程的代码。

(2) 对象查看图标，单击该图标，可显示“窗体设计器”，查看正在设计的窗体。

(3) 文件夹切换图标，单击该图标，可在工程窗口中的不同文件夹之间切换。

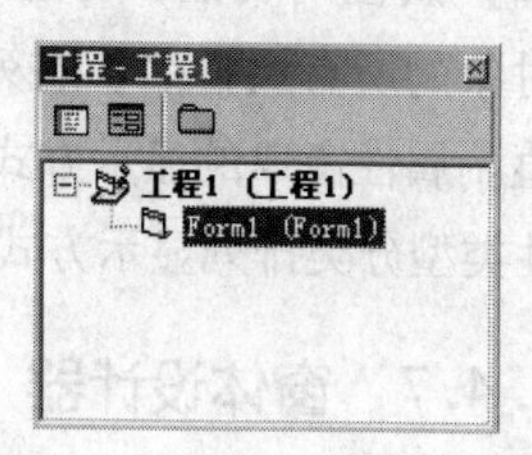

图1-9 工程资源管理器窗口

(4) 文件列表框，列出当前工程中的窗体和模块。工程是指用于创建一个应用程序的所有文件的集合。文件列表框中显示出当前工程中的所有文件，这些文件可以包括工程文件（＊.vbp）、窗体文件（＊.frm）、类模块文件（＊.cls）、标准模块文件（＊.bas）、资源文件（＊.res）、包含ActiveX控件的文件（＊.ocx）等。

1.4.6 属性窗口

属性窗口是指用来描述对象属性的窗口。窗口中列出了选定对象的属性设置值，如对象的外观（如颜色、标题等）、行为（如是否显现、拖动模式等）、位置（如对齐方式、大小尺寸等）等内容。用户可以在属性窗口中对选定对象进行属性的设置和修改，如图1-10所示。

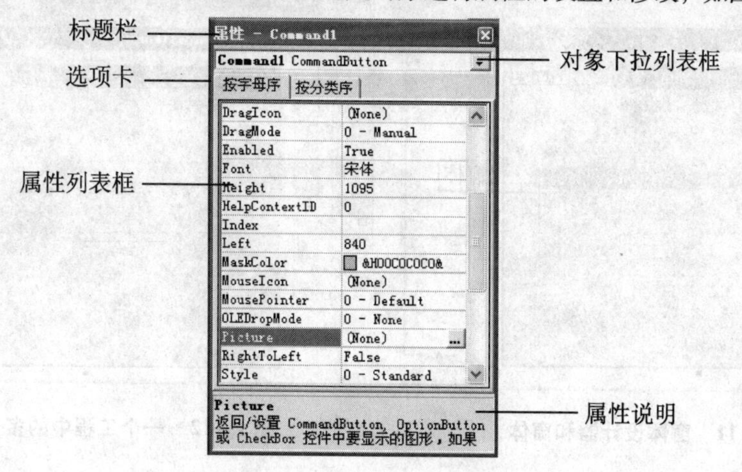

图1-10 “属性”窗口

属性窗口包含的内容有：

(1) 对象下拉列表框：标识当前选定对象的名称以及所属的类。单击右端的下拉箭头，就会显示当前窗体中所包含的全部对象的名称，用户可以从中选择需要设置属性的对象。

(2) 属性列表框。属性列表框中列出当前选定窗体及对象的属性设置值。左列中显示的是对象的所有属性名，右列显示的是对象的所有属性值。用户可以直接在属性窗口中修改属性值。属性窗口的显示方式有两种，一种是按属性字母顺序方式排列显示方式，另一种是按照属性类型分类排列显示方式。用户可以通过用鼠标单击选项卡来选择不同的属性显示方式。

1.4.7 窗体设计器

所谓窗体，就是应用程序的用户界面。新建一个工程时，VB 6.0 会自动在窗体设计器窗口中建立一个窗体，并命名为 Form1。用户可以向这个窗体添加控件、图形、图片等对象来创建应用程序的界面。窗体设计器也称为对象窗口，如图 1-11 所示。

一个工程中可以有多个窗体，每个窗体都有与之对应的窗体设计器窗口。一个工程中如果有多个窗体时，各个窗体名称不能相同。一般情况下，系统会自动为这些不同窗体命名为 Form1、Form2、Form3 等，如图 1-12 所示。

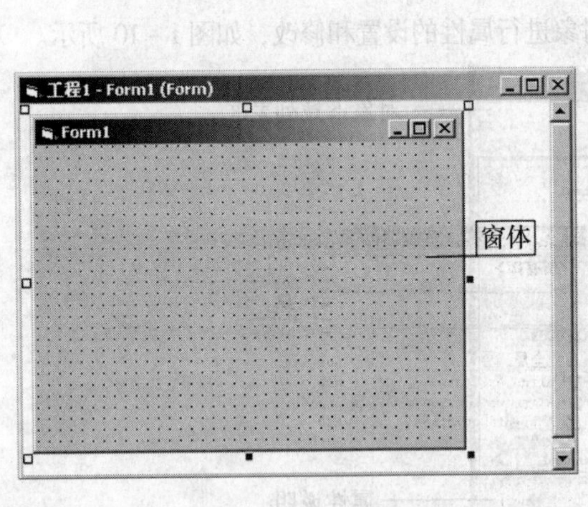

图 1-11 窗体设计器和窗体

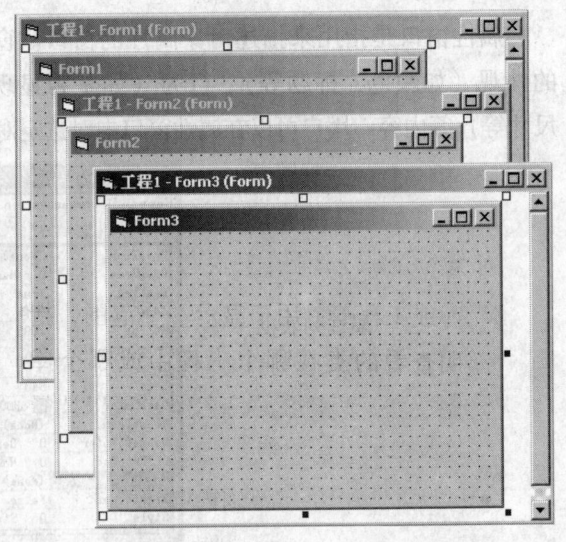

图 1-12 一个工程中的多个窗体

1.5 对象浏览器

在对一个工程进行编辑操作时，需要经常使用的用于观察工程中各组成部件的两个窗口分别为：工程资源管理器窗口和对象浏览器窗口。前面已经介绍了工程资源管理器窗口，这里主要介绍对象浏览器窗口。

对象浏览器主要用于显示工程和库中存在的有效的类和用户自己定义的类，同时还能显示这些类所拥有的各个成员。

1.5.1 显示对象浏览器

一般情况下，显示对象浏览器有如下3种方法：

- 在“视图”菜单中选择“对象浏览器”选项。
- 直接使用功能键F2。
- 在工具栏中单击快捷按钮“对象浏览器”。

在系统默认情况下，对象浏览器窗口不能与其他窗口连接。此时，可以使用热键组合Ctrl + Tab在对象浏览器窗口和代码编辑器窗口之间进行切换。如果在对象浏览器窗口内单击鼠标右键调出上下文菜单，并选中“可连接的”选项，则对象浏览器窗口可与其他窗口连接。此时，不能再使用Ctrl + Tab在对象浏览器窗口和代码编辑器窗口之间切换。

1.5.2 对象浏览器内容介绍

对象浏览器按照3个层次显示信息，如图1－13所示。

- 库或工程框：用于显示一个范围，指明查看的类在哪个工程中或哪个库中。在不清楚具体库名时，可以选择“所有库”为范围。
- 类列表：将给定范围内的所有类以列表形式给出。单击列表中的某个类，可以在窗口下部的描述区内查看对于该类的简单描述。
- 成员列表：将给定的类中的所有成员

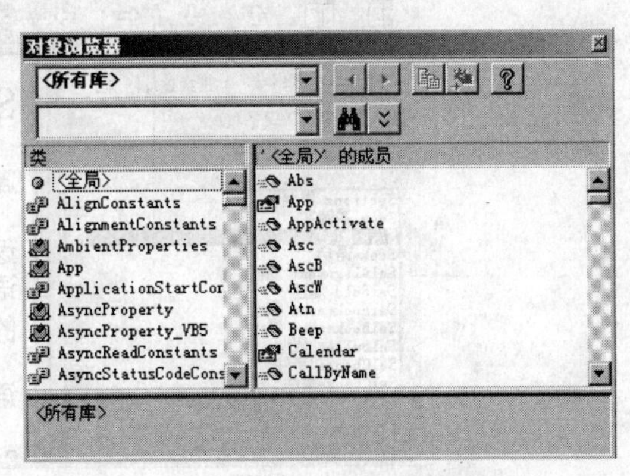

图1－13 对象浏览器窗口

以列表形式列出。单击成员列表中的某个成员，可以在窗口下部的描述区内查看对应于该成员的参数及返回值等的简单描述。

在类列表和成员列表中，当键入某个名字的首字母后，光标会自动移动到以该字母打头的一类名字处。在窗口右上部还有几个按钮，分别实现不同的功能：

- 左箭头按钮：用于将光标移动到上次查看的类或成员的名称处。
- 右箭头按钮：在使用完左箭头按钮后，可用于将光标移动到后一次查看的类或成员的名称处。
- 复制按钮：用于将选定的某个类名称或成员名称复制到剪贴板上，在其他编辑环境中可以再用“粘贴”命令将剪贴板上的内容粘贴到当前的编辑环境中。
- 查看定义：可以用来查看工程中某些文件的代码部分。

1.6 使用 VB 帮助系统

在安装完全版本的 VB 系统文件时，系统会自动安装一个叫作 MSDN 文件集合的 VB 帮助系统。当我们启动 VB，跳出“新建工程”对话框时，对话框中就会有一个“帮助”按钮。用鼠标单击这个按钮，就可以打开 MSDN 文件集合，进入帮助窗口。它包含大量有关 VB 编程知识的各种帮助信息，非常详细，如函数的格式、参数含义、函数使用的例子等。在使用 VB 进行编程操作时，如果编程人员对自己写的某个内容不明白，只要按一下功能键 F1 就可以打开帮助系统，通过查看有关信息得到所需的帮助。帮助窗口对话框如图 1－14 所示。

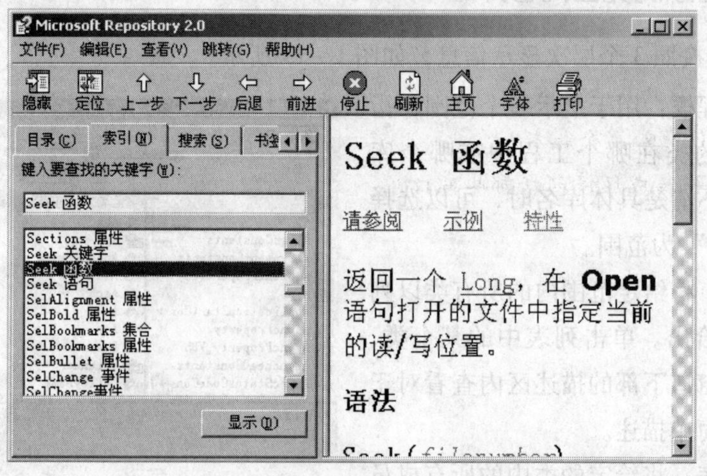

图 1－14 VB 帮助对话框

【本章小结】

本章介绍了VB的发展历史，重点讲述了什么是VB的集成开发环境，它的启动和退出操作，以及集成开发环境中的各个窗口的作用、基本功能，工具箱和主窗口上的工具按钮，工程管理器窗口的使用以及VB帮助窗口的运用等基本概念。这些都是应用VB进行程序设计的基本操作要素，是需要在上机操作和编程练习的过程中逐步加深理解和不断熟悉的重要内容。

【想一想 自测题】

一、单项选择题

1-1. 一个VB应用程序可以包含（ ）个VBP文件。

A. 1个 B. 2个 C. 可以没有 D. 不受限制

1-2. 启动VB后，就意味着要建立一个新（ ）。

A. 窗体 B. 文件 C. 工程 D. 程序

1-3. Visual Basic是一种面向对象的程序设计语言，所采用的编程机制是（ ）。

A. 从主程序开始执行 B. 按过程顺序执行

C. 事件驱动 D. 按模块顺序执行

1-4. Visual Basic用于开发（ ）环境下的应用程序。

A. Windows B. DOS C. Office D. Photoshop

二、问答题

1-5. 叙述VB的基本特点。

1-6. VB 6.0有哪几个版本？

1-7. VB系统集成环境包括哪些窗口？

【做一做 上机实践】

上机启动VB集成开发环境，感受一下什么是VB，熟悉一下它的操作环境和各个工具、窗口的使用方法。

【看一看　网络课件学习】

登录湖北电大网址 http://www.hubtvu.edu.cn/，从“教学资源展示”栏目进入到“湖北电大网络课件”专栏，在专栏中找到“VB 程序设计”课程栏目后进入网络课件，利用网络课件进行学习（登录网址以后各章节相同）：

（1）通过网络课件的 BBS 论坛给老师发帖提问，与同学相互讨论学习的心得体会。

（2）有条件的读者，还可以利用智能手机登录本课程的移动课件随时进行学习。手机登录网址为：http://210.42.160.45/vb/vbmobile/index.html（登录网址以后各章节相同），在“自我检测”栏目中做一做本章节的自测题，可以即时得到检测结果与相应的帮助指导。

第2章　可视化编程的基本概念

导　读

本章介绍可视化编程的基本概念，通过例题介绍 Visual Basic 程序设计的基本步骤、可视化编程环境下各种控件的作用、属性和使用方法，讲解怎样利用控件不同触发事件来编制程序，完成预期计算和事件处理的功能。

学习目标	理解可视化编程的基本概念，掌握 VB 程序设计的基本步骤，熟悉 VB 中各个控件的使用方法
应知	可视化编程的基本概念
	VB 应用程序的特点
	什么是控件，控件在可视化编程中的作用是什么
应会	对各个控件的主要触发事件（如 Click 事件）进行代码设计
难点	对于同一个控件而言，在不同的运算和处理需求下，需要采用不同的触发事件，并对这一事件进行程序设计
	控件的属性设置、触发事件代码设计与方法的应用

学习方法 

自主学习：自学文字教材，了解 VB 控件的不同属性。

参加面授辅导课学习：在老师的辅导下深入理解课程知识内容，重点掌握控件的属性设置方法和触发事件的程序设计过程。

上机实习：通过简单程序设计，进一步了解和掌握各个控件的属性设置和主要用法以及学会简单的事件编程。

小组学习：参加小组学习，通过与小组中同学的讨论沟通，交流学习经验。

上网学习：通过网络课件或移动课件，进入 BBS 论坛，向老师发帖提问，获得学习帮助；参加同学之间的学习讨论，在团队学习中使自己获得帮助并尽快掌握课程知识。

课前思考

1. 专业英语词汇。

英文词汇	中文名
Apearance	外观、外貌
Container	容器
Enabled	有效
interval	间隔
Method	方法
Private	内部的、私有的
Property	属性
Visible	可见

2. 通过网络平台，了解 VB 控件的各种属性和触发事件。

3. 什么是可视化编程？它有什么特点？控件的属性代表什么意义？设置属性有什么作用？属性设置的方法有哪些？

教学内容

利用 VB 进行程序设计，可以设计出十分美观并且具有良好交互性能的用户界面。在这里，可视化指的是设计程序的方法，就是不需要编写大量的程序代码去描述界面和界面上各个元素的位置、颜色、大小等与运算无关的内容，而只要把系统提供的各个控件对象（如窗口、按钮、文本框等）拖放到窗体上，通过设计简单的事件触发指令就可以完成程序的开发设计。这种直观的方法称为可视化程序设计，也就是 visual 的意思。本章先通过一个实例介绍可视化编程的基本步骤，再详细介绍可视化编程的基本概念、VB 中控件对象的使用方法。

2.1　时钟显示程序设计示例

运用 Visual Basic 设计一个具有图形界面的程序并不困难。下面通过一个实例来说明设计的过程，进而说明 Visual Basic 编程的特点。通过这个实例，大家可以看到，并不需要掌握十分复杂的编程方法，就可以实现图形界面的设计。

【例 2-1】 设计一个数字时钟，运行程序后单击“显示时间”按钮即开始按照“时”“分”“秒”的顺序显示当前计算机系统时间。

2.1.1　界面设计

（1）启动 VB 应用程序，新建一个“标准 EXE”工程，在应用程序窗口中自动出现新建的窗体 Form1。首先用鼠标单击工具箱中的 TextBox 控件，分别在窗体 Form1 上绘制出 3 个文本显示窗口 Text1、Text2 和 Text3；再从工具箱中选择 CommandButtom 控件在窗体上绘制一个大小适中的命令按钮 Command1，绘制完毕后选中这个按钮，单击鼠标右键，在快捷菜单中选择打开“属性”窗口，将属性窗口中的 Caption（标题）属性改为中文“开始计时”，这样命令按钮上即显示“开始计时”4 个字，如图 2-1 所示。

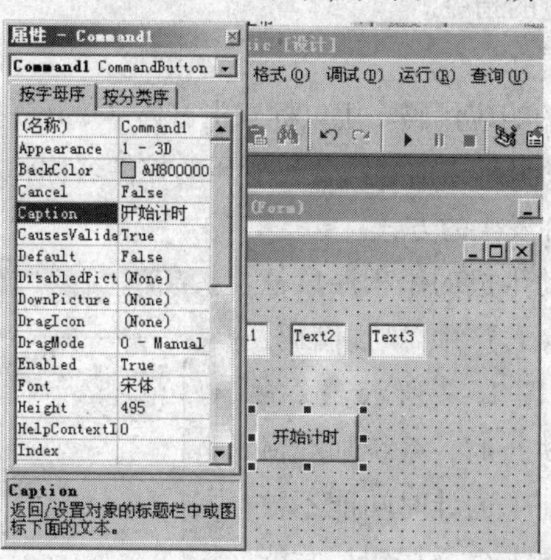

图 2-1　将 Command1 的 Caption 属性改为“开始计时”

（2）从工具箱中选择计时器控件，在窗体上任意位置绘制一个计时器控件 Timer1。同时，单击鼠标右键，打开快捷菜单，选择属性命令打开属性设置窗口，将 Interval 属性值设置成 50，如图 2-2 所示。这样在程序运行期间，只要 Timer1 控件的 Enable 属性为有效状态，那么每隔由 Interval 属性所指定的时间间隔（ms）就会自动激活一次 Timer1_Timer（），并执行为计时器所设计的程序指令代码。注意，这一步很重要。如果 Interval 属性没有设置数值，程序运行时计时器将不会计时。

上述操作完成后，整个界面的布局如图 2-3 所示。

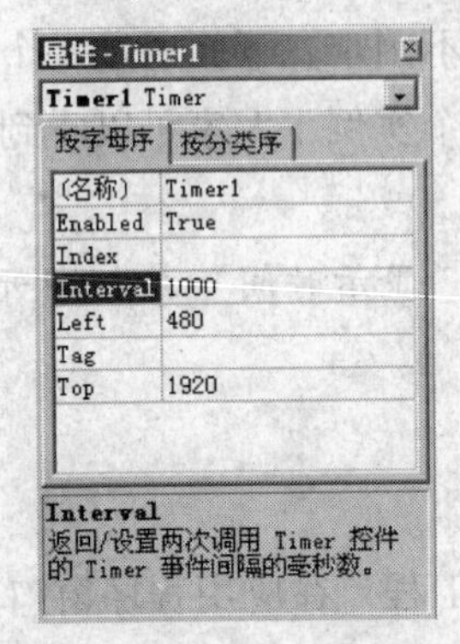

图 2-2 设置计时器的 Interval 属性

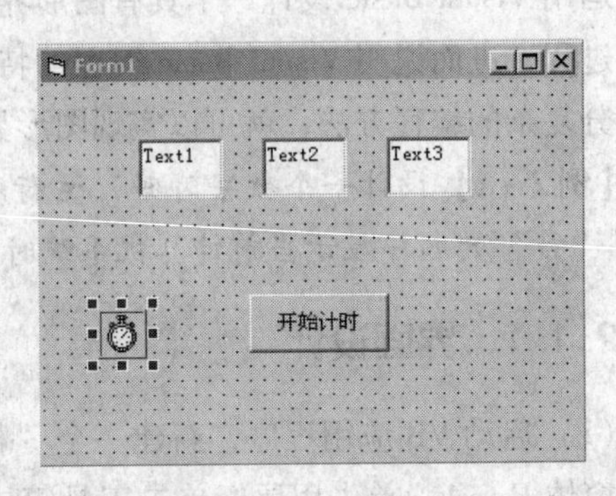

图 2-3 界面布局结果

2.1.2 编写代码

编写程序代码，就是让所设计的界面上各个控件按照我们需要的方式在鼠标单击等事件发生时正确响应并执行相应的指令。

编写步骤如下：

（1）编写窗体加载时的响应代码。用鼠标双击窗体 Form1，打开代码编辑窗口，窗口左上角的控件名称栏中会自动显示当前编写代码所属的控件名称，右侧响应方式栏目中自动显示程序运行时控件响应事件发生的方式。

在代码编辑窗口上自动生成的子程序段框架 Private Sub Form_Load（）中添加代码：Timer1. Enabled = False，如图 2-4 所示。这条指令的意思是当程序开始执行时，系统加载窗体界面 Form1，计时器 Timer1 的计时功能不被激活。要等到用户用鼠标单击命令按钮后才能激活计时功能，由此形成程序在运行中与用户的互动。目的是为了能够体现面向对象程序设计的基本思想：友好的程序界面，良好的人机互动机制。

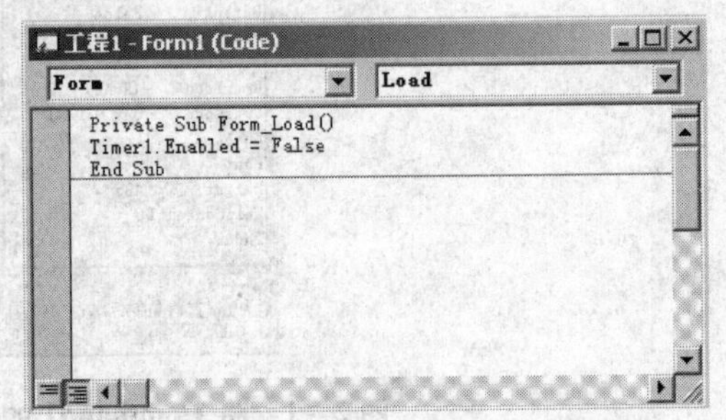

图 2-4 编写窗体控件 Form1 加载响应代码

（2）编写计时控件 Timer1 指令代码。计时控件 Timer1 被激活后，将开始计时并将计时结果通过文本窗口控件显示出来。为此，需要编写作用于计时器 Timer1 的指令代码。双击计时器控件 Timer1 图标，打开代码编辑窗口，在自动生成的计时器响应子程序段框架 Private Sub Timer1_Timer（）中填写指令：

```
Text1.Text = Hour(Time)
Text2.Text = Minute(Time)
Text3.Text = Second(Time)
```

如图 2 -5 所示，这段指令的含义分别是：在第 1 个文本框中显示系统时间的小时数，在第 2 个文本框中显示系统时间的分钟数，在第 3 个文本框中显示系统时间的秒数。

（3）编写按钮控件指令代码。程序运行后，需要用户通过鼠标单击窗口界面上的按钮激活计时器开始计时。因此命令按钮的作用就是激活前面设置的计时器。为此，需要编写作用于命令 Command1 的指令代码。双击命令按钮控件 Command1 图标，打开代码编辑窗口，在自动生成的命令按钮 Timer1 子程序段框架 Private Sub Command1_Click（）中填写指令代码：Timer1. Enabled = True。

该命令的含义是，当用户使用鼠标单击（Click）命令按钮后，计时器 Timer1 被激活并开始计时，如图 2 -6 所示。

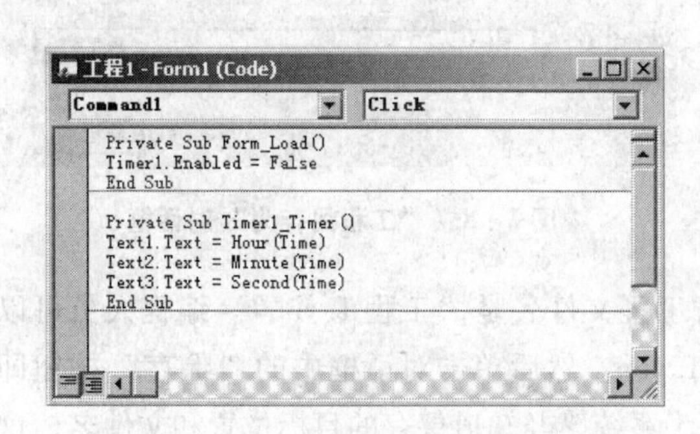

图 2 -5 编写计时控件 Timer1 指令代码

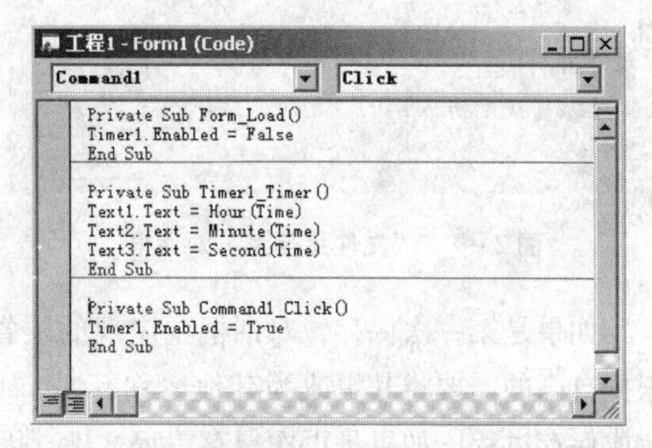

图 2 -6 编写命令按钮 Command1 的指令代码

从图 2 -6 还可看到，在逐步编写 Form1 中安置的各个控件的指令代码过程中，代码编辑窗口会自动显示出各个控件相关的子程序段名以及系统默认的控件响应动作或过程，如按钮控件，默认的响应过程就是鼠标单击（Click），窗体控件系统默认的响应过程就是加载窗体（Load）等。每个子程序段都有一个 End Sub 命令，表明该子程序执行后到此结束。编辑窗口中各个子程序段之间用线段分隔，便于编程人员区分识别。在编写指令代码程序的过程中，编程人员只要在相应的控件子程序段名和 End Sub 指令所形成的框架之间填写有关程序指令语句就能够完成整个程序的设计过程，十分方便。

2.1.3 保存应用程序

整个应用程序的窗体及有关各个控件的指令代码设计完成后，需要保存所设计的应用程序文件。这样可以防止调试程序时出现错误退出系统或是死机造成程序文件的丢失。保存应用程序文件时，只需在 VB 窗口上选择“文件”菜单中的“保存工程”或是用鼠标单击工具栏上的“保存工程”按钮即可。如果是第一次保存文件，屏幕上会出现“文件另存为”对话框，通过这个对话框可以设定文件保存的目标位置和文件名称，如图 2-7 所示。

首先，系统会对窗体 Form1 进行保存，缺省名为 Form1. frm。编程人员可以根据自己的需要更改其名称，如改为 test1. frm。

接下来屏幕上会出现一个“工程另存为”对话框，如图 2-8 所示，对整个应用程序工程文件进行保存。

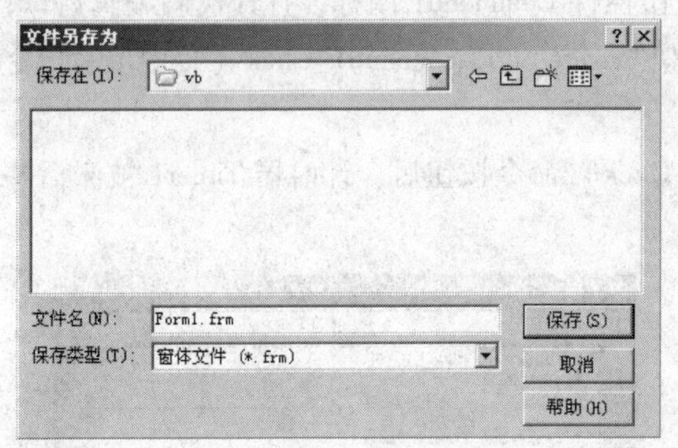

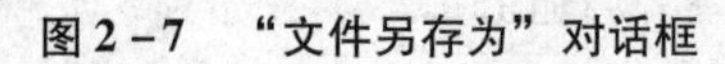
图 2-7 “文件另存为”对话框

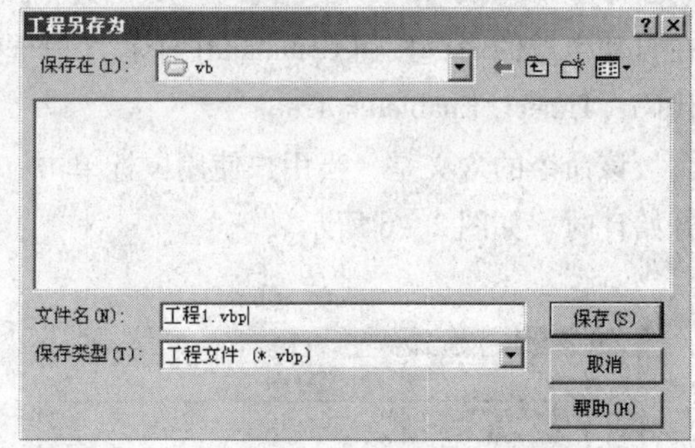

图 2-8 “工程另存为”对话框

如果是第一次保存，对话框中出现的缺省工程文件名是“工程 1. vbp”。编程人员可以根据自己的需要将其更改为其他名称，如 test1. vbp。然后单击对话框中的“保存”按钮即完成保存过程。如果是再次保存工程文件，因为系统已经知道保存的目标位置和文件名，这个对话框就不会出现。编程人员也可以将工程文件以另外的名称再次保存，这时可以单击 VB 集成开发环境窗口上“文件”菜单中的“工程另存为”菜单项即可。

2.1.4 运行程序

设计完成后，通过鼠标单击 VB 集成开发环境窗口上“工具栏”内的“启动”按钮，就可以看到程序的运行界面，如图 2-9 所示。

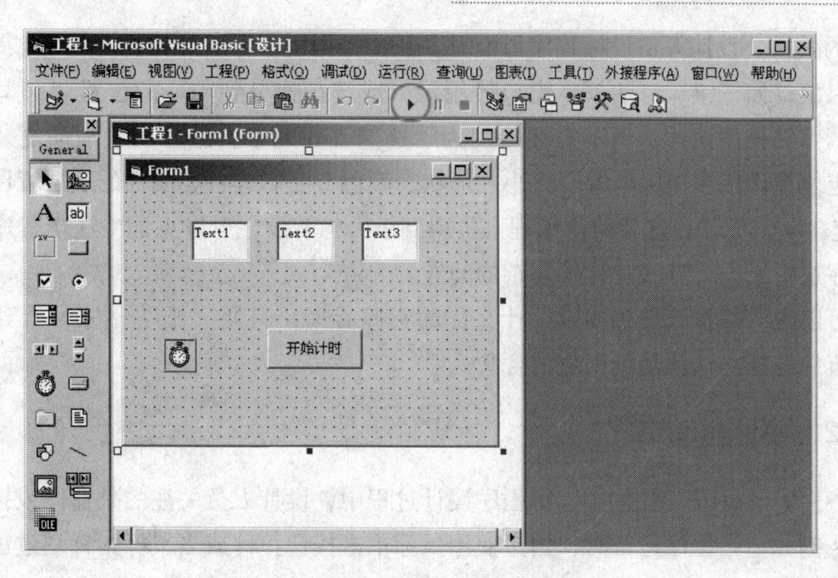

图2-9 通过“启动”按钮运行程序

这时用户用鼠标单击命令按钮“开始计时”，即看到界面上各个文本框内分别显示小时、分钟和秒的当前时间数值，如图2-10所示。

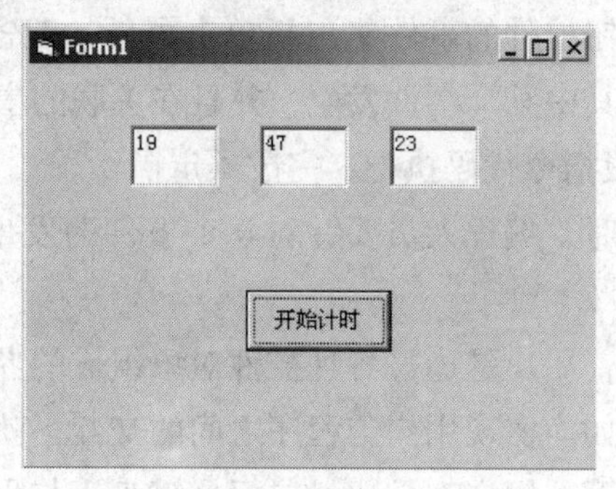

图2-10 程序运行结果

2.2 VB应用程序的特点

2.2.1 可视化设计

VB应用程序的一大特点，就是可视化程序设计。如同大家熟悉的Word、PowerPoint等编辑软件那样，运用VB集成开发环境提供的强大功能，在程序设计过程中可以实现“所见即所得”的效果。设计人员设计程序界面时，只要根据程序界面的需要，将 VB 提供的各种相应控件对象，如按钮、对话框、窗口等用鼠标或键盘拖曳到需要的位置“画”出来，就可以实现精美的界面设计，而不需要专门为了这些界面元素去编写大量烦琐复杂的程序代码。那些定位控件所在坐标位置、大小、形状、颜色、阴影等各类属性的底层程序代码，都由 VB 系统自动生成了。这就使得编程人员得到极大的解放，可以更加专注于程序设计过程中有关程序逻辑结构、算法设计等复杂的问题。

因此可以说，编程人员想要设计什么样的程序界面，只要“画”出来，看到的结果就是程序运行的结果。这就是可视化的含义。

2.2.2 事件驱动编程

所谓事件驱动编程，就是在进行程序设计过程中，设计人员关注的是窗体或控件对象识别的动作，例如，当程序运行时，用户使用鼠标单击按钮控件或当鼠标指针划过窗口控件的时候，程序应该发生什么反应（或者说应该执行什么指令）。这种对外部激励产生反应的过程，称为事件响应。在响应事件时，事件（键盘操作、鼠标拖动或单击、设定时间到等）驱动应用程序执行指定代码，完成既定操作或运算。VB 中为每个控件或窗体对象都预设了一系列的事件集。例如，按钮控件的事件集包括单击事件、双击事件、鼠标指针停留事件、鼠标指针越过事件等。如果其中某个事件发生，并且在关联的事件过程中有事先编制的指令代码，VB 就会自动调用该段指令代码执行，完成预定操作。

所以，在进行程序设计时，编程人员要针对某个事件的发生编制响应过程的程序代码。这就叫作事件驱动编程。

同时，由于程序运行时，用户是通过各种控件对象组成的界面与程序实现交互的，所以这个界面也称为用户界面。如何实现用户与程序之间的交互，就成为编程人员在编程过程中必须考虑的问题。一般情况下，用户都是通过鼠标、键盘等与程序进行交互，这样一来控件对象就要对鼠标、键盘的操作所引发的事件做出响应。这个响应就是执行一段预设的程序代码。由于事件的发生具有不可预知性，因此程序的执行也不一定是按传统程序设计那样沿一定的路径顺序或分先后执行，而是每次响应不同事件时执行不同的指令代码。

2.3 对象与事件驱动概念

在VB中创建一个应用程序，首先是创建一个窗体界面，建立应用程序与用户之间交互操作的桥梁。在这个界面上再添加命令按钮、文本框等各种控件，便于用户与应用程序之间进行交互操作。窗体、各种控件都是创建应用程序界面的基本构件，也是创建应用程序所使用的对象。因此，学习VB，首先要建立有关对象的概念。

2.3.1 对象、属性、类

1. 对象（Object）

在VB中，所谓对象，就是VB程序系统提供给编程人员使用的各种“物体”，如窗体（Form）、命令按钮（Command Button）、文本框（Text Box）等。

实际上，我们在日常生活中常常用到或是需要对之进行某种处理、加工的各种物体，都可以称为对象，如桌子、椅子、电脑等。

这些对象（Object），还可以由多个子对象构成。例如，电脑是一个对象，而电脑又是由CPU（Central Process Unit，中央处理单元）、内存、硬盘、主板、外设等多个部件（对象）组成，因此，电脑对象就由这多个子对象组成，“电脑”也可以称为这些子对象的一个“容器”（Container）对象。

2. 属性（Property）

每个对象都有属于自己的特性，称为属性（Property）。如桌子，与之相关的属性有它的大小尺寸、颜色、材质质地等。在VB中，每个对象都有一组特定的属性，对这些属性进行描述的数据集合，称为属性栏。属性栏中记录的对象属性数据叫作属性值。对象属性设置的方法一般有两种：

（1）预设法。在进行可视化程序界面设计时，利用属性窗口设置对象的属性。方法为：在属性窗口中选中要设置的属性，然后在窗口的右列中键入新的数值进行预设。

（2）程序更改法：在程序设计中通过属性更改命令语句更改对象的某个属性。方法为：

```
对象名．属性名＝属性值
```

“对象名．属性名”这种表达方式，是VB中引用对象属性的基本方法。例如，程序运行后欲将文本框对象Text1的字体改为“华文行楷”，在编程中可以通过以下命令语句实现：

```
Text1.font ="华文行楷"
```

（3）类（Class）。具有相同属性，或是大多数属性相同的对象，称为同一类对象。如气球，有红色的、黄色的，有圆的、扁的，但都是气球，这些不同形状或颜色的气球属于同一类对象。而电脑和气球就完全不能算是同一类对象，因为它们的属性区别太大。

2.3.2 方法与事件

1. 方法（Method）

“方法”是指对象本身所具有的、反映该对象功能的内部函数或过程。“方法”的内容是不可见的。我们只知道某个对象具有哪些“方法”、能完成哪些功能以及如何使用该对象的“方法”。但是我们并不知道该对象是如何实现这一功能的。当我们用“方法”来控制某个对象时，就是调用、执行该对象内部的某个函数或过程。

而事件过程则不同，它是可见的。我们知道某个对象的事件过程的功能和详细指令，也知道该事件过程是如何实现的，并且用户也可以改变这一事件过程。

因此，VB 中的“方法”实际上用于完成某种特定的功能，如窗体的显示方法、对象的移动方法等。“方法”只能通过程序代码来设置，在程序中通过命令语句设置“方法”时，还要根据不同对象不同“方法”的实际需要给出不同的参数等内容。也有的“方法”不需要参数或是没有返回的参数值，则程序指令可以直接调用对象的“方法”名来实现特定的动作。例如，图片框对象具有输出方法 Print，当需要输出图片框对象 Picture1 中的图片，则可以通过以下格式的命令在事件过程代码中调用这个方法：

```
Picture1.Print
```

运用这个“方法”，对图片进行打印输出，实现“打印”这个操作的细节，是由 VB 提供的许多复杂过程或函数等底层指令实现的，我们并不知道，也无须知道。

“方法”是与对象相关的，所以在调用时一定要指明对象。通常，调用“方法”的命令格式为：

```
对象名.方法名
```

2. 事件（Event）

对于对象而言，事件就是发生在对象身上的事情。比如一个静止的足球，用脚踢它后就会发生运动，脚踢球就是一个“事件”。

“事件”可分为系统事件和用户事件两种。系统事件由计算机系统自动产生，如定时信号；用户事件是由用户产生的，如键盘输入和鼠标的单击、双击、拖动等。用鼠标单击或双击是 Windows 应用程序的常见事件。

在 VB 中，“事件”是指由系统事先设定的、能被对象识别和响应的动作。VB 中提供了很多控件对象，用于编程人员在创建应用程序时使用。例如，命令按钮这个对象，在它身上可以发生的事件之一就是用户用鼠标按它一下。“按一下”这个动作对于命令按钮对象来说就是一个单击（Click）事件。实际上，发生在命令按钮控件对象身上的事件可以有多种，除了单击（Click）事件外，还有按下鼠标左键事件（MouseDown）、鼠标左键抬起事件（MouseUp）、鼠标指针移动事件（MouseMove）等。

不同的对象可能发生在其上的“事件”是不同的。某些事情只能发生在某些对象上，而不能发生在其他一些对象上。例如，命令按钮可以有按钮被单击（Click）等多个事件，但这个事件不能发生到计时器对象身上，计时器对象只能发生 Timer（时间间隔）一个事件。

VB 中不同的控件对象能够识别不同的事件，或者说不同的对象被预设了对不同事件的响应方式。例如，文本框控件预设了“文本变化”事件（Change）、定时控件预设了“达到预定时间”（Timer）事件，等等。

VB 控件的常用事件如表 2-1 所示。

表 2-1 VB 中控件的常用事件

事件名	说明
Click	单击鼠标事件
DblClick	双击鼠标事件
Load	加载窗体事件
Unload	卸载窗体事件
Resize	控件大小改变事件
Change	控件内容改变事件
KeyDown	键盘按键按下事件
KeyUp	键盘按键松开事件
KeyPress	按下可显示字符键事件
MouseDown	鼠标按下事件
MouseUp	鼠标松开事件
MouseMove	鼠标移动事件

3. 事件过程

“事件过程”是指对象对发生在其上的某一事件的反应。不同的对象对同一事件的反应可能是不同的，这是因为不同对象的事件过程是不同的。当在对象身上发生了某个事件后，必须对这个事件进行处理，为这个“处理”而编写的程序及程序执行的步骤就叫作事件过程。“处理”事件的前提是发生了某个事件，因此程序的执行实际上是依赖事件的发生。当事件没有发生时，程序就处于静止状态，不会被执行，处于停滞状态，或称为睡眠状态。

在窗体界面上建立了用于用户交互的对象之后，希望对象在某个事件发生时能做出预期的反应，就要为该对象在特定“事件”的“发生”这个事情上编写相应的程序代码，这个程序就叫作“事件过程”。所以 VB 开发应用程序的重点是在编写“事件过程”上，而不像传统的 BASIC 语言那样只是按照算法来编写代码。在 VB 中，针对对象发生的某个事件所需要进行处理而编写的程序统称为“事件过程”。事件过程的命名格式为：

```
Private Sub 控件名_事件名()
```

因此，从另一个角度说，VB 的程序设计的主要工作就是为对象编写事件过程的程序代码。

VB 预设了一个对象可能发生的多种事件。对每个事件都设置了一个对应的内容是“空”的事件过程框架。这个框架中没有具体的指令，只有“事件过程”的名称和表示过程结束的命令 End Sub。编写事件过程处理程序时，只需要在框架中填写需要的指令即可。要说明的是，我们并不一定需要为每一个预设的事件过程都编写处理程序，而只需要针对确实可能出现的事件。例如，对于命令按钮，一般情况下只需要考虑对发生在按钮身上的鼠标单击操作（Click）事件编写程序过程，而对其他可能发生的事件，如鼠标移动、拖曳等操作并不一定都需要去设计程序指令。

2.3.3 事件驱动程序设计

事件是窗体或控件识别的行为和动作。在响应事件时，事件驱动应用程序会执行 BASIC 代码。VB 的每一个窗体或控件都有一个预定义的事件集。如果其中有一个事件发生，而且在关联的事件过程中存在代码，则 VB 将调用该代码。

尽管 VB 中的对象自动识别预定义的事件集，但要判定它们是否响应具体事件以及如何响应具体事件则是编程的任务了。代码部分（事件过程）与每个事件对应。想让控件响应事件时，则可以把代码写入这个事件的“事件过程”之中。

对象所识别的事件类型多种多样，但多数类型为大多数控件所共有。例如，大多数对象都能识别 Click 事件：如果单击窗体，则执行窗体的“单击（Click）”事件过程中的代码；如果单击命令按钮，则执行命令按钮的“单击（Click）”事件过程中的代码。当然，不同控件对同一事件的响应过程代码会完全不一样。

代码编写完毕开始运行程序后，程序会等待某个事件的发生，如鼠标单击命令按钮等。当这个事件发生了，就会立即执行关于这个事件的处理程序，即事件过程要经过事件的触发才会被执行。这种机制被称为事件驱动程序设计，也就是说，程序的执行流程与事件的发生紧密联系，完全由事件控制。当发生事件后的处理程序完成有关处理后，整个程序再次进入等待状态，等待下一个事件的发生。因此，对于VB而言，程序的执行步骤为：

（1）等待事件的发生。

（2）事件发生，执行对应的处理事件过程。

（3）回到（1）继续等待。

也就是说，是一个反复等待事件发生—处理发生事件的周而复始的过程。

2.4 VB中的常用控件介绍

使用VB进行程序设计，与传统的程序设计最大的不同就在于，程序设计人员只要使用所需要的控件适当地进行组合以及设置各个控件对事件的相应过程，就可以很方便地设计出界面友好的交互式程序来。

在VB中，控件是由系统提供的、用户程序可以直接使用的对象。每个控件都有大量属性事件和方法，可以在界面设计过程中预先进行设定或是通过程序代码在程序运行过程中进行更改。

VB中的控件通常有3种类型。

第一种：内部控件。由VB系统提供的在默认条件下工具箱中显示的所有控件都是内部控件，如各种按钮控件、文本框、列表框等控件。这些控件被封装在VB的EXE文件中，不可以从工具箱中删除。编程人员可以直接将工具箱中显示的控件图标用鼠标拖到编辑平台上进行编辑。

第二种：ActiveX控件。这种类型的控件由VB系统单独保存在OCX类型文件中，其中包括各种版本VB提供的控件，如数据绑定网格、数据绑定组合框等。

第三种：可插入对象。由编程人员根据需要插入工具箱中的特殊对象，如Word文档、Excel工作表、PowerPoint幻灯片等，可以作为一个对象添加到工具箱中，供编程时随时使用。在工具箱中，每个控件都由一个特定形状的图标按钮表示，如表2-2所示。

表 2-2 VB 工具箱中的常用内部控件图标及说明

图标	说明
	图片框（PictureBox）控件，用于显示图形文件或文本文件
A	标签（Label）控件，可保存界面上不能被用户更改的文本内容
	文本框（TextBox）控件，用户可以在文本框中输入或更改数据、文本内容并及时显示出来
	框架（Frame）控件，可以美化界面设计并提供分组功能
	命令按钮（CommandButton）控件，用于创建界面上的交互命令按钮对象
	复选框（CheckBox）控件，可让用户选择开关状态，选择多个选项
	单选按钮（OptionButton）控件，可让用户选择开关状态，从多个选项中选择单个选项
	组合框（ComboBox）控件，将 TextBox 控件和 ListBox 控件的特性结合在一起，既可以在控件的文本框部分输入信息，也可以在控件的列表框部分选择一项
	列表框（ListBox）控件，显示供用户选择的项目列表，从其中可以选择一项或多项，如果项目总数超过了可显示的项目数，就自动在 ListBox 控件上添加滚动条
	数据（Data）控件，用于连接数据库，并在窗体的其他控件中显示数据库信息
	图形（Image）控件，用来显示图形。它可显示下面几种格式的图形：位图、图标、图元文件、增强型图元文件、JPEG 或 GIF 文件
	线段（Line）控件，显示水平线、垂直线或者对角线。在设计时，可以使用 Line 控件在窗体上绘制线段
	形状（Shape）控件，设计时用于绘制各种类型的形状，可以绘制矩形、正方形、椭圆、圆、圆角矩形或者圆角正方形等
	文件列表框（FileListBox）控件，用来显示当前路径下的文件名列表，供用户选择
	目录列表框（DirListBox）控件，用于显示目录列表，供用户选择
	驱动器列表框（DriveListBox）控件，用于显示当前可用的驱动器，供用户选择
	计时器（Timer）控件，以设定的时间间隔执行程序指令来触发某个事件，该控件在运行时看不见
	水平滚动条和垂直滚动条控件，用于提供简便的定位，还可以模拟当前所在的位置
	OLE 容器控件，创建 OLE 容器对象可把其他应用的数据嵌入 VB 应用程序中

2.4.1　标签控件（Label）

标签控件用来显示不能被更改的文本信息，一般用于显示标题和说明性文字。

（1）常用属性：

① 标题（Caption）属性：用于设置标签上显示的文字。

② 自动尺度（AutoSize）属性：用来设置标签是否能自适应大小，当设置数值为 True 时，可根据显示内容的多少自动调整大小以适应其内容；如果设置值为 False（默认），则标签的大小不能改变，超长的文字会被截断。

③ 对齐（Alignment）属性：用来设置标签中文本的对齐方式，共有 0、1、2 这 3 个属性数值，分别对应左对齐、右对齐和居中对齐 3 种方式，如表 2－3 所示。

表 2－3　标签的 Alignment 属性值及对齐方式

属性值	符号常数	对齐方式
0	LeftJustify	左对齐
1	RightJustify	右对齐
2	Center	居中对齐

④ 字体（Font）属性：本属性用来设置标签显示的字体，既可以在创建界面时设定，也可以在程序中改变。

⑤ 边框（BorderStyle）属性：用来设定标签的边框。默认属性值为 0，标签无边框；属性值若设为 1，标签有边框。

⑥ 底色（BackStyle）属性：只有透明、不透明两种属性，用来设置标签是否透明。默认情况下属性值为 1，标签不透明；若将属性值设置为 0，则标签透明，可透过标签看到后面的背景，效果如图 2－11 所示。

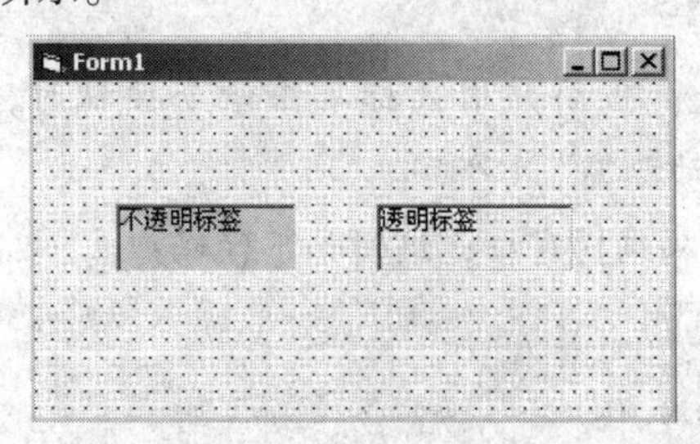

图 2－11　标签的 BackStyle 属性对比

⑦ 自动换行（WordWrap）属性：用来设置标签中的内容是否能够自动根据文字多少换行显示。默认属性值为 False，表明标签中的内容不能自动换行显示；属性值设置为 True 时，标签中的文字内容能够自动换行显示。

注意：需要自动换行显示文字内容时，应将 AutoSize 属性设置为 True，否则如果标签尺寸不够，换行后的文字内容不会被显示出来。

⑧ 可见（Visible）属性：本属性在大多数控件中都有，它能设定该控件是否可见。当值为 True，控件可见；当值为 False，控件隐藏。

（2）常用事件和方法。标签的常用事件有 Change 事件等，当标签显示的文本内容发生变化时触发 Change 事件。标签常用的方法为 Move 方法，其语法格式与窗体相同，用来在程序中改变标签的位置和大小。下面请看一个移动标签的实例。

【例 2－2】在一个窗体中添加一个标签、一个按钮，如图 2－12 所示。

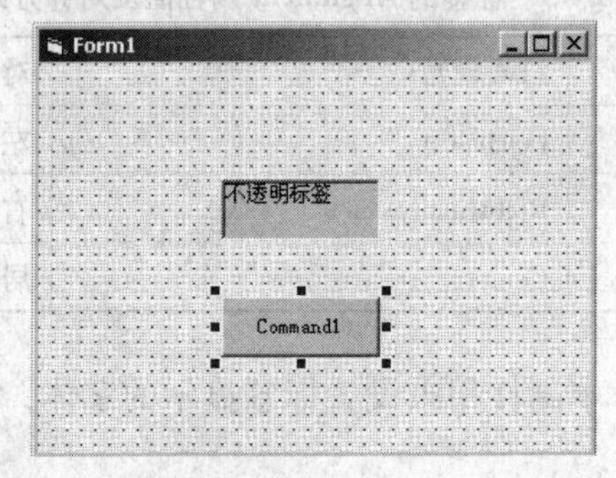

图 2－12　移动标签实例

双击命令按钮控件，打开代码窗口，编写如下代码：

```
Private Sub Command1_Click()
    Label1.Caption ="移动标签"
End Sub
```

以上代码表示的含义是，当用户用鼠标单击命令按钮时，标签显示的标题由原来的“不透明标签”更改为“移动标签”4 个字。

双击标签控件，打开代码编辑窗口，编写如下代码：

```
Private Sub Label1_Change()
    Label1.Left =Label1.Left +400
    Label1.Top =Label1.Top +400
End Sub
```

以上代码的含义是，当标签内容发生变化（Change）事件时，标签 Label1 的位置向右向下各移动 400 个像素位置。程序运行后，用鼠标单击命令按钮，可以看到标签发生移动到右边的情况，如图 2－13 所示。

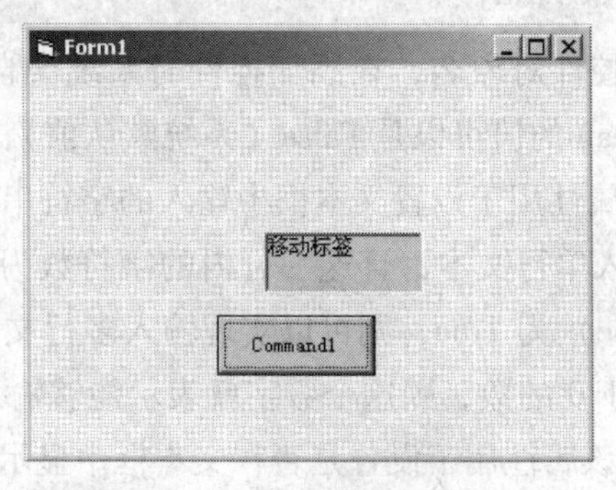

图 2－13 标签发生移动的结果

2.4.2 文本框控件（Text）

文本框控件既可以用来输出显示文本信息，也可以用来接收输入的文本信息，还可以对输入的信息进行编辑修改等操作。

（1）常用属性。在窗体界面上添加文本框控件后，通过工具栏上“属性窗口”按钮或是选择“视图”菜单中的“属性窗口”命令，也可以按 F4 键，打开文本框控件的属性窗口，对各个属性进行设置。文本框的应用很广泛，属性设置的内容也很多，从打开的属性窗口中可以了解所有属性的意义和取值范围。这里只重点介绍几个常用的属性。

① Text 属性。该属性用于设置程序运行时文本框中显示的文本内容。可通过属性窗口设置，也可在编程过程中通过语句命令设置。在程序中进行设置的语法格式为：

```
Object.Text[ =String]
```

说明：Object 为文本框控件对象名，在添加控件时系统会自动产生，如 Text1、String，为任意字符串。

例如，假设窗体中所添加的文本框控件对象名为 Text1，要在程序运行时显示“请输入文本信息”文本，可以用下面的语句实现：

```
Text1.Text ="请输入文本信息"
```

② MultiLine 属性。该属性用于设置文本框控件显示和输入文本信息时能否显示多行文本，取值有两个：

True：设置为“多行文本”，可以在文本框中输入并显示多行文本。

False：设置为“单行文本”，文本框中输入和显示的文本只能在单行中显示。

可以通过程序代码对该属性进行设置，代码的语法结构为：

```
Object.MultiLine [ =Boolean]
```

说明：Object 为文本框控件对象名，在添加控件时系统会自动产生，如 Text1。也可由编程人员定义对象名。Boolean 的值可以是 False（系统默认值），也可以是 True。

③ MaxLength 属性：该属性用于设置文本框中输入的字符串长度是否有限制。系统默认值为 0，表示文本框只能输入单行文本，且这一行内的字符数为 2 048 个。通过修改文本框控件的多行属性值（Multiline）为 True，则可以实现输入多行文本，整个输入文本的内容可以达到 32 kB。若设置为大于 0 的数，则这个数字就表示能够输入的字符数。

④ PasswordChar 属性。该属性用于设置是否在文本框中显示用户键入的字符。如果要设置，只能使用一个字符，如一个英文字符或某个标点符号（西文）。设置后，程序运行时无论用户在文本框中输入什么内容，都只会显示这个英文字符或者标点符号。该属性常用于程序中的密码输入设计。但需要注意的是，如果设置该属性，则 MultiLine 属性必须设置为 False，即只能在单行模式下使用该属性。

⑤ ScrollBars 属性。该属性用于设置文本框是否有水平或垂直滚动条，或二者皆有。设置时分别取 0、1、2、3 这 4 种数值。0 表示没有滚动条（系统默认值）；1 表示只有水平滚动条；2 表示只有垂直滚动条；3 表示同时有水平和垂直滚动条。要在文本框中设置有滚动条出现，MultiLine 属性必须设置为 True。

⑥ MousePointer 属性。该属性用于设置鼠标经过文本框时鼠标指针的形状。共有 16 种不同的鼠标指针形状可供选择。每一种用一个数字代表。其中，属性值 99—Custom 表示允许用户定义自己的鼠标指针。

⑦ MouseIcon 属性。该属性设置一个自定义的鼠标指针。要使该属性有效，MousePointer 属性必须设置为 99—Custom。

（2）文本框属性设置举例：

【例 2 -3】 设置文本框 MultiLine 属性和 ScrollBars 的属性。

① 新建一个工程，在屏幕上的窗体 Form1 上添加一个文本框控件 Text1，其 MultiLine 和 ScrollBars 属性设置如图 2 -14 所示。

② 设置完毕后，运行该程序，可以看到窗体上的文本框中出现水平和垂直滚动条，用户可以在其中输入多行文字，如图 2 -15 所示。

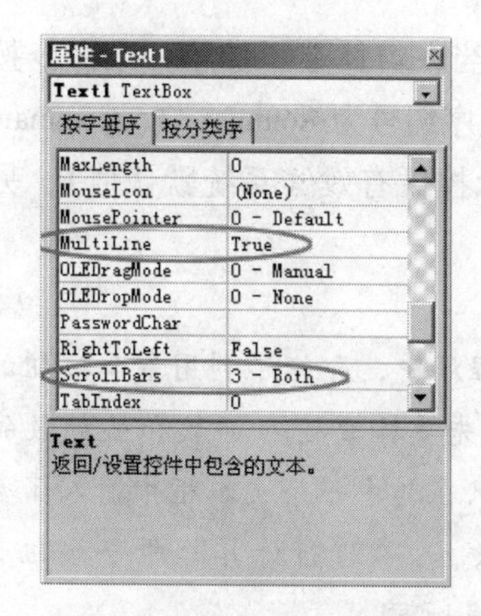

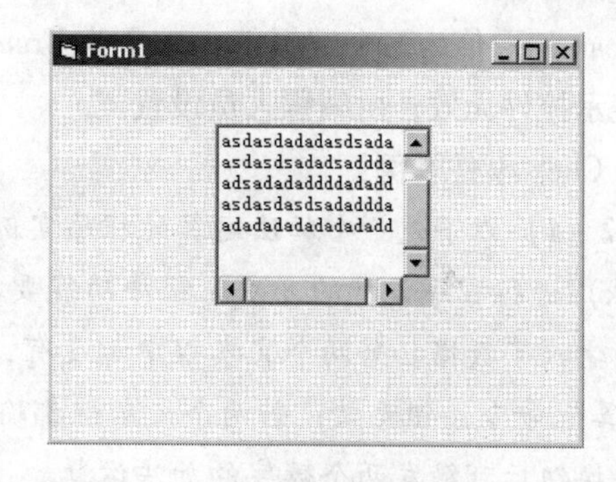

图2-14　TextBox控件的属性设置　　　**图2-15　文本框中出现水平和垂直滚动条**

2.4.3　命令按钮控件（CommandButton）

VB中的按钮控件可以分为两种。一种是命令按钮（CommandButton），另一种是单选按钮（OptionButton）。命令按钮在程序设计中常用来开始、中断或者结束一个程序或者进程。命令按钮的属性可以在属性窗口中设置，也可以通过程序代码进行设置。

下面介绍CommandButton的常用属性和事件方法。

（1）常用属性：

① Caption属性。该属性用于设置按钮上显示的提示文本信息，如“开始”“结束”等。

② Cancel属性。该属性的系统默认值为False。当该属性值设置为True时，则表示该命令按钮为缺省的“取消”按钮。这时，既可以用鼠标单击该按钮来选中它，也可以在键盘上按Esc键表示选中它；当属性值为False时，就不能用Esc键表示选中它。

③ Default属性。该属性的系统默认值为False。当该属性值设置为True时，则表示该命令按钮为缺省的“活动”按钮。这时，既可以用鼠标单击该按钮来选中它，也可以在键盘上按下Enter键表示选中它。

要注意的是：在一个窗体中，只能有一个命令按钮可以设置为缺省的“活动”按钮，也只能有一个命令按钮可以设置成缺省的“取消”按钮。

④ Enabled属性。该属性用于在程序运行过程中使控件处于有效或无效状态。属性的设置可以通过VB集成开发环境中的属性窗口设置，也可以在程序代码中由程序运行过程来设置。设置该属性的语法格式为：

```
Object.Enabled [ =Boolean]
```

说明：语句中的 Object 为命令按钮控件对象名，当在窗体上添加第一个命令按钮控件时，系统自动对其命名为 Command1，以后添加的则顺序编号为 Command2、Command3……

Boolean 的取值为两个逻辑值，一个为 True，表示控件有效（系统默认值），另一个为 False，表示控件无效，由编程人员设置。

（2）Click 事件举例：

【例 2－4】 以下是一个加法运算的程序实例。在程序中，介绍了利用命令按钮的单击事件（Click）进行程序设计的方法。程序功能要求是首先要检查输入加数和被加数的两个文本框是否输入了数据。若两个文本框中都没有，或者只在其中一个文本框中输入了数据，则“进行计算”命令按钮无效；若两个文本框都输入了数据，“进行计算”命令按钮有效，单击该命令按钮后可触发两个数字的加法运算。设计过程如下：

① 新建一个工程，在窗体 Form1 上添加 3 个文本框控件 Text1、Text2 和 Text3，用来作为加数、被加数和计算结果的输入输出显示；3 个标签控件 Label1、Label2 和 Label3，分别用于显示提示信息和运算符号；两个命令按钮控件 Command1 和 Command2。Command1 用于如前所述的启动“进行计算”；Command2 用于清除原有信息和数据。各个控件的初始属性设置如表 2－4 所示。

表 2－4　各控件属性初始设置

控件名	属性	初始设置
Label1	Caption	“请输入要进行累加计算的数字”
Label2	Caption	“＋”（加号）
Label3	Caption	“＝”（等号）
Command1	Caption	“开始计算”
	Enabled	False
Command2	Caption	“重新开始”
	Enabled	True
Text1	Text	“”（空白）
Text2	Text	“”（空白）
Text3	Text	“”（空白）

程序界面设计如图 2－16 所示。

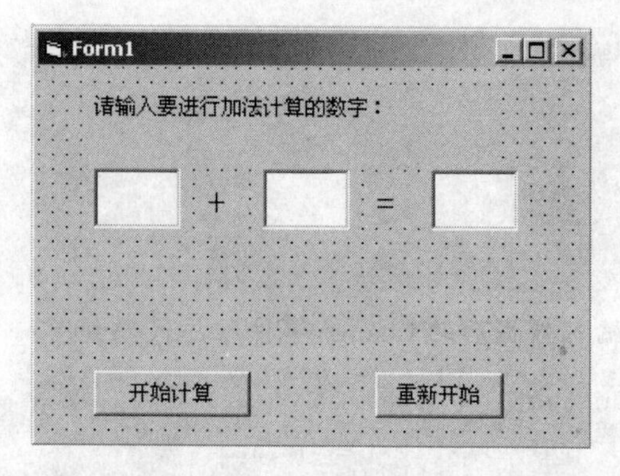

图 2-16　程序界面设计

② 编写指令代码。“开始计算”命令按钮的 Click 事件程序代码如下：

```
Private Sub Command1_Click()
    s = 0
    l = Val(Text1.Text)
    n = Val(Text2.Text)
    s = l + n
    Text3.Text = s
End Sub
```

“重新开始”命令按钮的 Click 事件程序代码如下：

```
Private Sub Command2_Click()
    Text1.Text = ""
    Text2.Text = ""
    Text3.Text = ""
    l = 0
    n = 0
    s = 0
    Label1.Caption = "请重新输入数字进行计算"
End Sub
```

程序窗体加载时的初始化代码如下：

```
Private Sub Form_Load()
    Text1.Text =""
    Text2.Text =""
    Text3.Text =""
End Sub
```

文本框控件 Text1 中输入数据后的 Change 事件程序代码如下：

```
Private Sub Text1_Change()
    If (Text1.Text ="" Or Text2.Text ="") Then
        Command1.Enabled = False
    Else
        Command1.Enabled = True
    End If
End Sub
```

文本框控件 Text2 中输入数据后的 Change 事件程序代码如下：

```
Private Sub Text2_Change()
    If (Text1.Text ="" Or Text2.Text ="") Then
        Command1.Enabled = False
    Else
        Command1.Enabled = True
    End If
End Sub
```

程序运行后的结果如图 2－17 所示。

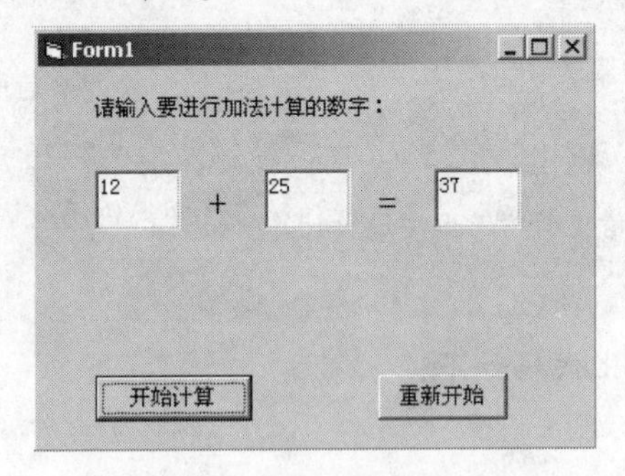

图 2－17 运行结果

2.4.4 单选按钮控件（OptionButton）

单选按钮用来显示一个可以打开或关闭的选项，而且在同一组中的单选按钮控件，用户只能选择其中的一项。单选按钮的属性可以在属性窗口中进行设置，也可以通过程序代码进行设置。下面介绍单选按钮的常用属性和事件方法。

（1）常用属性：

① Caption 属性。该属性用于显示界面上单选按钮的名称，在程序设计中用于交互作用的信息提示，如告诉用户按下这个按钮选择的是什么内容的选项。

② Value 属性。该属性用于设置一个单选按钮控件所代表的选项的选中状态，系统的默认值是 False，表示没有被选中。如果设置为 True，则表示被选中，通常是在程序代码中对其进行设置，设置的语法格式为：

```
Object.Value[ =Boolean]
```

说明：Object 为单选按钮控件对象名，在窗体上添加单选按钮控件后，系统会自动给添加的按钮控件命名，如 Option1、Option2……编程人员也可在属性窗口中的“名称”栏中自定义单选按钮控件名。

Boolean 为属性值，分别可以是：

- True——表示选中了控件所代表的选项。
- Flase——表示控件所代表的选项未被选中，False 为系统的默认值。

要注意的是，在一个窗体中有多个单选按钮控件时，在同一时刻只可能有一个被设置为 True。如果用鼠标单击点选，则同一时刻只有一个会被选中，选中后其属性值变成 True。

（2）Click 事件举例：

【例 2-5】 下面是一个说明单选按钮的 Click 事件的用法。程序功能是进行一个简单的两个数字的四则运算并显示运算结果。当用户选择某一个单选按钮，如“加法”，则进行加法运算，如果选择“减法”，就做减法运算，等等。程序主要是为了说明当窗体上有多个单选按钮时，同一时间内只可能有一个按钮处于被选中的状态。程序设计过程：

① 先设计屏幕界面，如图 2-18 所示。在窗体上添加两个标签控件、4 个单选按钮控件，每个控件的初始属性设置如表 2-5 所示。

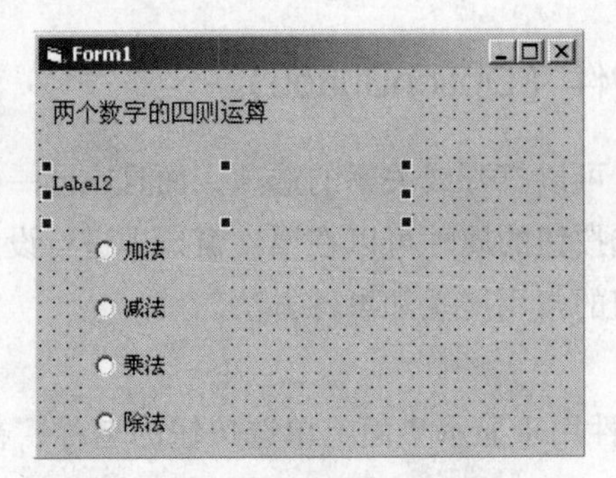

图 2-18 程序界面设计

表 2-5 程序中各控件初始属性设置

控件名	属性	初始设置值
Label1	Caption	“两个数字的四则运算”
Label2	Caption	“”（空白）
Option1	Value	False
Option2	Value	False
Option3	Value	False
Option4	Value	False

② 程序代码设计。窗体加载初始化代码：

```
Private Sub Form_Load()
    Option1.Value = False
    Option2.Value = False
    Option3.Value = False
    Option4.Value = False
    Label2.Caption = ""
End Sub
```

4 个单选按钮的 Click 事件代码设计：

```
Private Sub Option1_Click()
    Label2.Caption ="25 +5 =" & 25 +5
End Sub

Private Sub Option2_Click()
    Label2.Caption ="25 -5 =" & 25 -5
End Sub

Private Sub Option3_Click()
    Label2.Caption ="25 * 5 =" & 25 * 5
End Sub

Private Sub Option4_Click()
    Label2.Caption ="25 /5 =" & 25 /5
End Sub
```

说明：程序运行，当单击某个单选按钮时，就进行25与5两个数字相应的算术运算并显示运算结果，如图2－19所示。

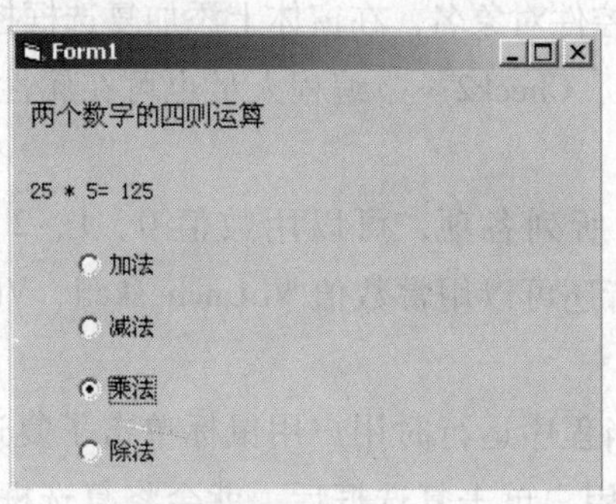

图2－19 程序运行结果

2.4.5 复选框控件（CheckBox）

复选框也是用来在程序中向用户提供选择的一种控件。用户选择复选框后，控件会显示一个“√”符号，再次点选时则“√”符号消失，这是与单选按钮在操作上的第一个区别。

与单选按钮在操作上的另一个区别是，在同一组的复选框控件中，用户可以选择其中的任意多个项。复选框控件的属性可以在属性窗口中进行设置，也可以通过程序代码进行设置。下面介绍复选框控件的常用属性和事件方法。

(1) 常用属性：

① Caption 属性。该属性用于显示界面上复选框的名称，在程序设计中用于交互作用的信息提示，如告诉用户按下这个按钮选择的是什么内容的选项。

② Value 属性。该属性用于设置一个复选框控件所代表的选项的选中状态，有3个不同数值，如表2-6所示。

表2-6　复选框的 Value 属性值和 VB 常数

属性值	常数	设置值	意义
0	VbUnchecked	Unchecked	未选中
1	VbChecked	Checked	被选中
2	VbGrayed	Unavailable	禁止选中

系统的默认值是0，表示没有被选中。如果设置为1，表示被选中；如果设置为2，则表示禁止点选。也可以在程序代码中对其进行设置，设置的语法格式为：

```
Object.Value[ =属性值]
```

说明：Object 为复选框控件对象名，在窗体上添加复选框控件后，系统会自动给添加的复选框控件命名，如 Check1、Check2……编程人员也可在属性窗口中的“名称”栏中自定义复选框控件名。

属性值如表2-5中的所列各项，可以用数值0、1、2，也可用设置值 Unchecked、Checked 或 Unavailable，或者还可以用常数值 VbUnchecked、VbChecked 或 VbGrayed 来进行设置。

(2) Click 事件举例。当程序运行时用户用鼠标单击了复选框控件，就会激发 Click 事件。例如，以下程序代码在用户单击复选框后，就会将复选框控件的标题（Caption）进行改变。

```
Private Sub Check1_Click()
    If Check1.Value = VbChecked Then
        Check1.Caption = "选中"
    Else
```

```
        If Check1.Value = Unchecked Then
            Check1.Caption ="未选中"
        End If
    End If
End Sub
```

在程序设计中，经常利用复选框的 Value 属性值情况，做出该选项是否被选中的判断。相应的例题将在后面章节介绍。

2.4.6　列表框控件（ListBox）

列表框控件用于显示项目列表，用户可以从中选择一个或多个项目。这在涉及问卷选择等实际程序设计过程中很有用处。

列表框所显示的项目列表系统默认为单列列表，如果项目数超过列表框可显示的数目，将会自动出现垂直和水平滚动条。

（1）主要使用方法和事件：

① AddItem 方法。

作用：向列表框添加项目。

语法格式如下：

```
Object.AddItem 项目字符串表达式 [,Index]
```

说明：Object 为列表框控件对象名，当在窗体上添加了列表框时，系统默认名为 List1、List2……也可通过属性窗口的名称栏自定义控件名。

项目字符串表达式：需要在列表框中显示的字符串表达式。若是文字常量，则需要用双引号将它括起来。

Index：指定在列表框中插入新项目的位置。数值 0 表示第一个位置，若省略则表示将项目插入末尾（或按排序秩序插入到适当位置）。

程序设计时，一般是在窗体 Form 加载事件过程中添加列表框中的项目。但也可以在其他时候通过 AddItem 方法动态添加项目内容。

下列程序代码将在窗体 Form1 加载时对添加到窗体上的列表框 List1 添加项目：武汉、长沙、株洲、广州、海口、三亚。

```
Private Sub Form_load()
    List1.AddItem "武汉"
    List1.AddItem "长沙"
    List1.AddItem "株洲"
    List1.AddItem "广州"
    List1.AddItem "海口"
    List1.AddItem "三亚"
End Sub
```

程序运行后的结果如图 2－20 所示。

如果要在指定位置添加一个新的项目，可以通过指定索引数值来进行。例如，在上述列表框中再增加一个项目“南宁”，且要加到“武汉”的前面，可以通过以下命令实现：

```
List1.AddItem "南宁",0
```

这里，0 表示添加项目到列表中的第一个位置。要注意索引值是从 0 开始计数的。添加后，结果如图 2－21 所示。

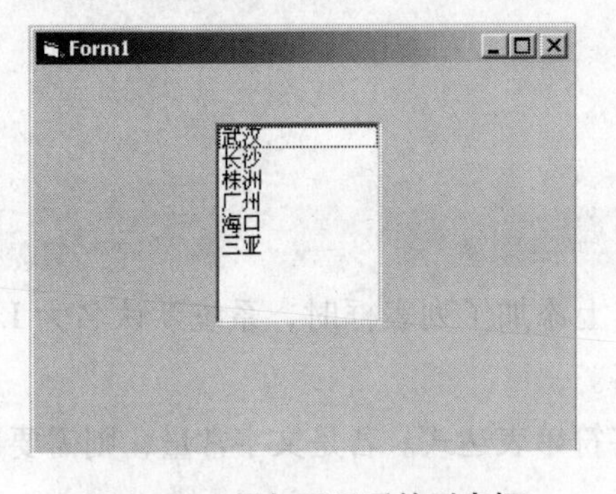

图 2－20　添加项目后的列表框

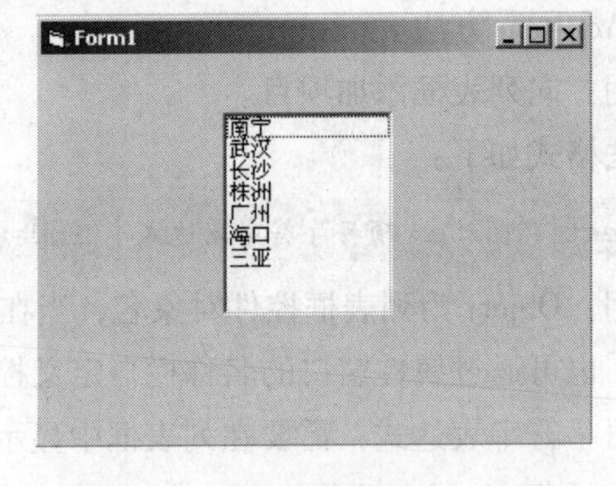

图 2－21　添加新项目在第一个位置

② RemoveItem 方法。

作用：从列表框中删除项目。

语法格式如下：

```
Object.RemoveItem  Index
```

说明：Object 如前述意义，代表列表框控件名；Index 则表示项目在列表框中的次序号。

例如，要删除列表框 List1 中的第一个项目，可在程序中使用语句：

```
List1.RemoveItem 0
```

③ Clear 方法。

作用：删除列表框中的所有项目

语法格式如下：

```
Object.Clear
```

Object 的意义同前，为列表框控件名。

④ Click 事件：当用户在一个项目上单击鼠标按钮时发生。

(2) 常用属性：

① Apearance 属性。该属性用来设置列表框的显示模式，有两个取值，分别是：

- 0——flat：表示平面模式，即列表框以平面的窗口形式显示。
- 1——3D：表示立体模式，即列表框以三维窗口形式显示。

② Columns 属性。该属性用于设置列表框中的项目是水平滚动还是垂直滚动，以及显示选项中列的排列方式。属性值可以是 0，或者大于 0 的任意正整数。如果设置为 0，则列表框内出现垂直滚动条，所有的项目排列在一列中，通过移动垂直滚动条来选择表中的项目；若果设置为大于 0 的正整数，则列表框内出现水平滚动条，所有的项目按照选择的数字排列在多个列中，通过移动水平滚动条来选择表中的项目。

属性的设置可以在设计时通过属性窗口直接设置，也可以在程序代码中进行动态设置。用代码设置的语法格式为：

```
Object.Columns[ =Number]
```

说明：Object 为列表框控件名，如 List1 等。

Number 为 0，或者 1 到 n 的任意数。

③ Enabled 属性。该属性用来设置列表框是否响应用户生成事件，即是否可用，有两个取值，分别是：

- True：表示列表框可用。
- False：表示列表框不可用，这时添加到列表框中的项目为灰色，用户不可在其中选择项目。

④ List 属性。该属性用于在设计阶段由编程人员直接向列表框中添加项目。在程序设计中还可以通过使用该属性来实现对列表框中各个项目的访问和引用。它是一个一维数组，数组中元素的值就是在执行时看到的列表项。设计时可以在属性窗口中输入 List 属性来建立列表项，运行时对 List 数组从 0 到 ListCount - 1 依次取值可以获得列表的所有项目。

引用列表框中项目的语法为：

```
Object.List(Index)
```

说明：Object 为列表框控件名，如 List1。Index 为项目在列表框中的序号，第一个项目序号为0，其余顺序后排。例如，要访问列表框控件 List1 中第3个项目，并将其内容在文本框控件 Text1 中显示，可用以下语句实现：

```
Text1.text = List1.list (2)
```

⑤ ListIndex 属性。该属性用于得到列表框中某个已选定项目的次序位置或者说当前选定项目的索引值。因此，这个属性只能在程序运行过程中用户选定了某个项目后才能使用。设置列表框的这个属性也将触发控件的 Click 事件。按照该属性的特点，用户选定第一个项目时，属性值为0，如果选定第二个项目，则属性值为1，依次类推。如果没有选定项目，则属性值为 -1。程序设计时通过这些数值就可以判断用户选定了列表框中的哪个项目。

⑥ ListCount 属性。该属性用于统计列表框中所有项目的个数。

⑦ MultiSelect 属性。该属性用于设置列表框中的项目是否可以多项选择，属性设置有3个数值：

- None：禁止多项选择，列表框中的项目一次只能选择一项。
- Simple：简单多项选择，列表框中的项目可以用鼠标单击或按空格键表示选定或取消选定这个项目。
- Extended：扩展多项选择，按下 Ctrl 键不放，同时用鼠标单击或按空格键表示选定或取消选定一个项目，按下 Shift 键的同时单击鼠标，或者按下 Shift 键并且拖动鼠标，就可以从前一个选定的项目连续选到当前鼠标所在位置的项目，即可进行连续项目的选择。

⑧ Selected 属性。该属性用于在程序中使用代码来选定列表框中的选项。例如，List1. Selected (2) = True 表示选中列表框 List1 中的第3项内容，如为 False 则表示未被选中。

⑨ Sorted 属性。该属性表示列表框中的项目是否按字母顺序排列。若设置为 True，则项目按字母顺序排列，设置为 False 则不按字母顺序排列。

⑩ Style 属性。该属性只能在设计时确定，用于设置列表框控制控件的外观，其数值可以设置为0（标准样式）和1（复选框样式）。设置为1时，列表框中的项目前面带有复选框，用户选中该项目则复选框中会出现“√”。两种设置的不同结果如图 2-22

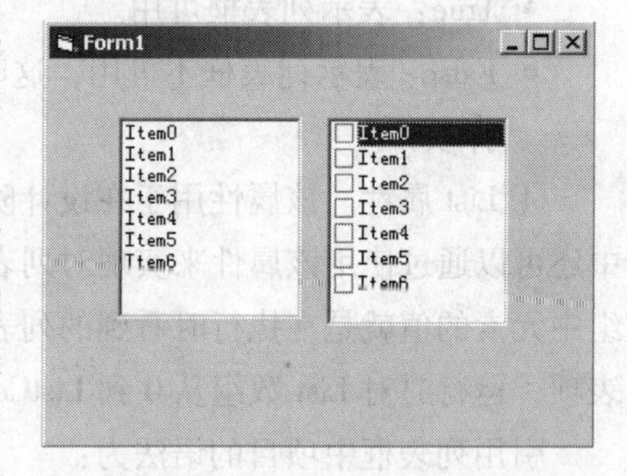

图 2-22 不同的 Style 属性设置结果

所示。图中给出了两个列表框，左边为标准列表框样式，右边为复选列表框样式。

(3) 应用举例。在日常应用中，经常会遇到需要将一个列表框中选定的项目添加到另一个列表框中的情况，如网上购物程序中顾客选中的商品、BBS论坛程序中需要增加或删除的客户名单等。下面的程序可以十分方便地实现这种要求。

【例2-6】设计一个程序，能够实现在两个列表框中进行项目增、减的功能。

设计过程：

① 界面设计。创建一个新工程，在窗体上添加两个列表框控件List1和List2；两个命令按钮控件Command1和Command2。将Command1按钮的Caption属性设置为“>>”，将Command2按钮的Caption属性设置为“<<”，界面设计如图2-23所示。

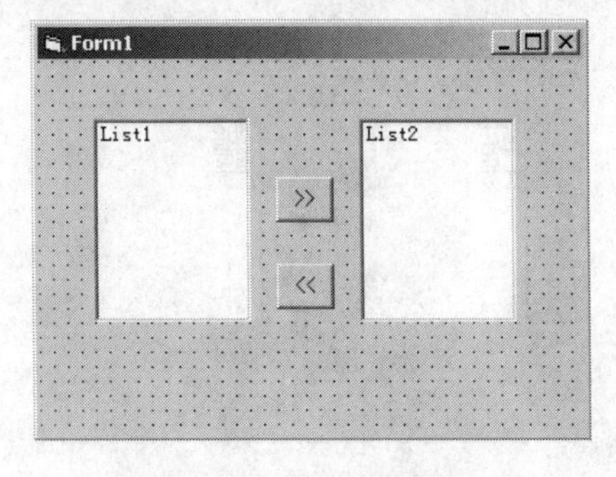

图2-23 界面设计效果

② 代码设计。编写窗体加载时向List1列表框添加项目的指令代码：

```
Private Sub Form_load()
    List1.AddItem "湖北"
    List1.AddItem "湖南"
    List1.AddItem "广东"
    List1.AddItem "广西"
    List1.AddItem "江苏"
    List1.AddItem "浙江"
End Sub
```

对两个命令按钮Command1和Command2的Click事件，分别编写如下代码：

```
Private Sub Command1_Click()
    List2.AddItem List1.Text          '将List1中选定的项目添加到List2中
    i = List1.ListIndex               '取得List1中刚才这个选定项目的序号
    List1.RemoveItem I                '删除这个选定项目
```

```
End Sub
Private Sub Command2_Click()
    List1.AddItem List2.Text          '将 List2 中选定的项目添加到 List1 中
    j = List2.ListIndex               '取得 List2 中刚才这个选定项目的序号
    List2.RemoveItem j                '删除这个选定项目
End Sub
```

程序运行后，用鼠标在左边列表框选定一个项目，然后单击“> >”按钮，可以看到该项目被添加到右边的列表框中；如果反过来在右边的列表框中选定一个项目后单击“< <”按钮，则看到该项目又回到左边列表框中。程序运行结果如图 2－24 所示。

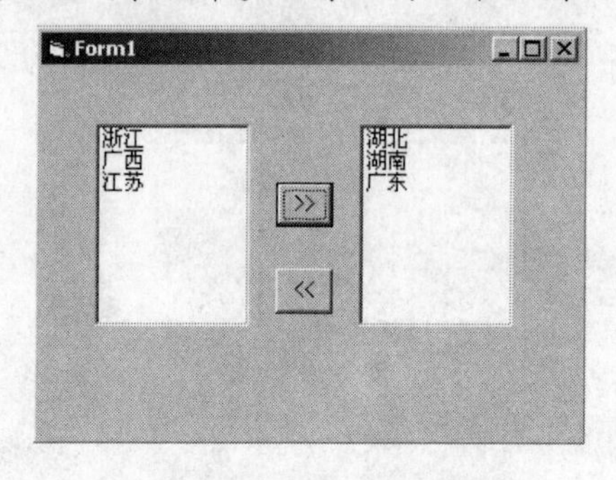

图 2－24 程序运行结果

想一想：该程序十分简单，但运行时有时会出错，通过运行程序看一下在什么情况下会出错？仔细分析原因，思考一下为什么会出错。等到后面章节学习了更多知识，再回过头来看看这个程序有没有更好的解决办法。

2.4.7 组合框控件（ComboBox）

组合框将文本框和列表框的功能组合到一起，可以有更多的应用形式。它的主要功能与列表框非常相近，但一次只能选择或输入一个选项，而不能设定为多重选择模式，其主要特点是有一个带向下箭头的方框。在程序运行时，按下此按钮就会下拉出一个列表框供用户选择项目。另外，还可以在组合框上方的框中输入数据。

（1）常用属性：

① Style 属性。该属性返回或设置一个用来指示控件的外观显示形状类型和行为的值，在运行时是只读的。其取值如下：

- 0（默认值）：包括一个下拉式列表和一个文本框的下拉式组合框。
- 1：包括一个文本框和一个不带下拉列表的简单组合框。

• 2：下拉式列表。

图2－25给出了3种样式的组合框，左边的是下拉式组合框，既可输入又可选择；中间的是简单组合框，只能输入不能选择；右边的是下拉式列表，只能选择不能输入。

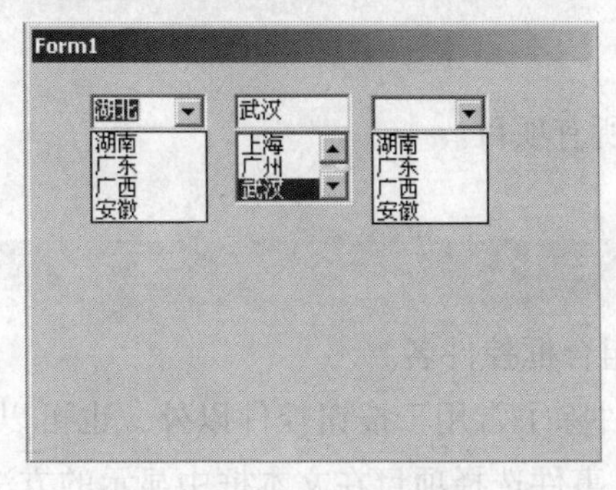

图2－25　组合框的3种不同形式示例

② 下拉组合框。Style属性选择0（系统默认值）时，组合框以下拉组合框的形式出现。这时用户可以像使用文本框那样直接输入文本，还可单击组合框右边的下拉箭头打开选项列表来选定某个项目，选中后就会在组合框的顶部显示项目文本。

③ 简单组合框。Style属性选择1时，组合框以简单组合框的形式出现。任何时候都在里面显示项目列表。用户可以在列表中进行选择，也可输入新的文本内容。

④ 下拉列表。Style属性选择2时，组合框以下拉列表的形式出现。它可以显示项目的列表，但必须单击表中的下拉箭头列表才能出现。它与前两种类型的最大区别是只能选择，不能输入新的文本内容。

（2）常用事件和方法。组合框的常用方法和事件有：

① AddItem方法。

作用：向组合框添加项目。

语法格式如下：

```
Object.AddItem 项目字符串表达式 [,Index]
```

说明：Object为列表框控件对象名，当在窗体上添加了组合框时，系统默认名为Combo1、Combo2……也可通过属性窗口的名称栏自定义控件名。

② RemoveItem方法。

作用：从列表框中删除项目。

语法格式如下：

```
Object.RemoveItem  Index
```

说明：Object 如前述意义，代表列表框控件名；Index 则表示项目在列表框中的次序号。

例如，要删除组合框控件 Combo1 中的第一个项目，可在程序中使用语句：

```
Combo1.RemoveItem 0
```

③ Clear 方法。

作用：删除组合框中的所有项目。

语法格式如下：

```
Object.Clear
```

Object 的意义同前，为组合框控件名。

④ Click 事件。Click 事件除了常用于按钮控件以外，也可以用于 ComboBox 控件。下面的例题说明用组合框的 Click 事件选择项目在文本框中显示的方法。

【例 2－7】 设计一个程序，当用户选择（单击）组合框中的项目后，能够在文本框中显示相应内容。

设计过程：

新建一个工程，在窗体上添加一个组合框控件、一个文本框控件，界面设计如图 2－26 所示。

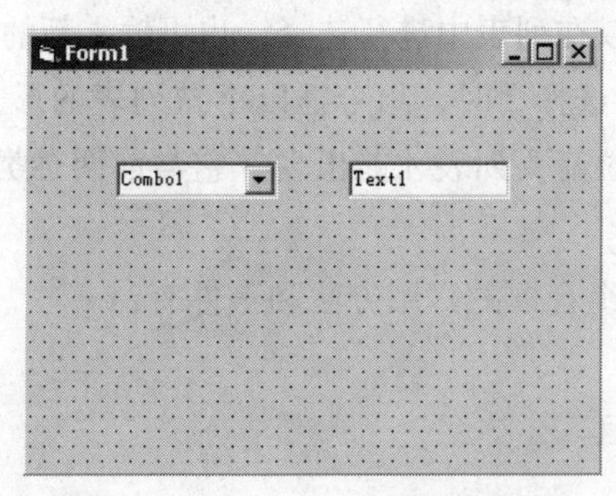

图 2－26 界面设计

代码设计。编写窗体加载时向 Combo1 组合框添加项目的指令代码：

```
Private Sub Form_load()
    Combo1.AddItem "湖北"
    Combo1.AddItem "湖南"
    Combo1.AddItem "广东"
    Combo1.AddItem "广西"
```

```
    Combo1.AddItem "江苏"
    Combo1.AddItem "浙江"
End Sub
```

组合框控件的 Click 事件代码程序如下：

```
Private Sub Combo1_Click()
    Text1.Text = Combo1.Text
End Sub
```

程序运行后，用鼠标单击组合框右边的下拉箭头打开组合框，然后再用鼠标单击选中其中的一个项目，可以看到被选定项目文本出现在右边的文本框中，如图 2－27 所示。用这个方法，可以实现对组合框中各个项目的逐个访问。

图 2－27 程序运行结果

2.4.8 滚动条控件（ScrollBar）

VB 为一些不能自动支持滚动显示多个项目内容的控件提供了垂直和水平滚动条控件，利用这两个控件，可以使不能支持滚动的控件实现滚动功能。其中水平滚动条控件是 HScrollBar，垂直滚动条控件是 VScrollbar。滚动条的结构为：两端各有一个滚动箭头，两个滚动箭头中间是滚动条部分，在滚动条上有一个能够移动的小方块，叫作滚动框。利用它们，可实现快速移动很长的列表或大量信息，可在标尺上指示当前位置，等等。

滚动条的图形如图 2－28 所示。

（1）常用属性。因为在程序设计中常常将水平和垂直滚动条一起使用，而且它们的属性很多地方都相同，所以这里把它们放在一起来介绍。

① Max 属性和 Min 属性。设置滚动条的最大值和最小值，其值介于 －32 768 到 32 767 之间。Max 的默认值为 32 767，Min 的默认值为 0。对于水平滚动条来说，最左边为 Min，

最右边为 Max；对于垂直滚动条来说，最下面为 Min，最上面为 Max。这个数值也代表了滚动条位置的 Value 属性最大设置值。

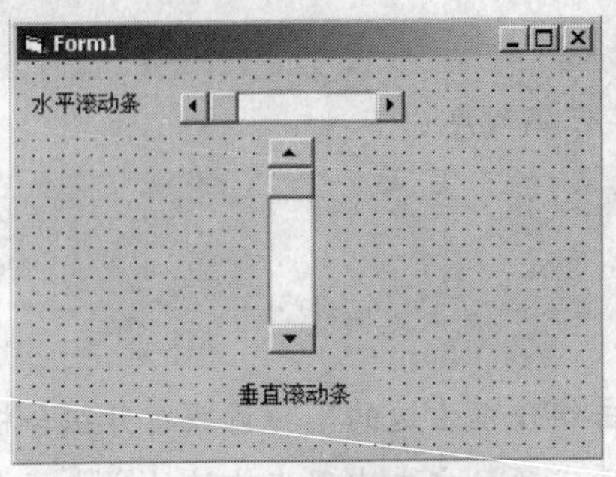

图 2－28　垂直和水平滚动条

它们的语法格式为：

```
Object.Max[ =Value]
Object.Min[ =Value]
```

② Value 属性。表示目前滚动条所在位置对应的值，它是滚动条控件中移动方块位置与最大、最小值换算而得的结果。

③ LargeChange 属性。设置用鼠标单击滚动条中间的轴时，每次增减的数值。系统默认的数值为 1，用户可以自己修改。

它的语法结构是：

```
Object .LargeChange [ =Number]
```

④ SmallChange 属性。设置用鼠标单击滚动条两边的箭头时，每次增减的数值。系统默认的数值为 1，用户可以自己修改。

```
Object .SmallChange [ =Number]
```

上面的 Object 代表所添加的滚动条控件名，如 HScroll1 或者 VScroll1 等，Number 为 1 ~ 32 767 的一个数字，缺省时，系统值都为 1。

（2）常用滚动条事件。下面介绍滚动条的常用事件。

① Scroll 事件。只在移动滚动框时被激活，单击滚动箭头或单击滚动条均不能激活该事件。一般可用该事件来监测滚动框的动态变化。

② Change 事件。在滚动条的滚动框移动后可以激活，即释放滚动框、单击滚动箭头或单击滚动条时，均会激活该事件。一般可用该事件来获得移动后的滚动框所在的位置值。

（3）应用举例。新建一个工程，在窗体中放置两个文本框 Text1 和 Text2，分别用来显示水平各垂直滚动框的位置，一个垂直滚动条和一个水平滚动条以及两个标签，如图 2-29 所示。

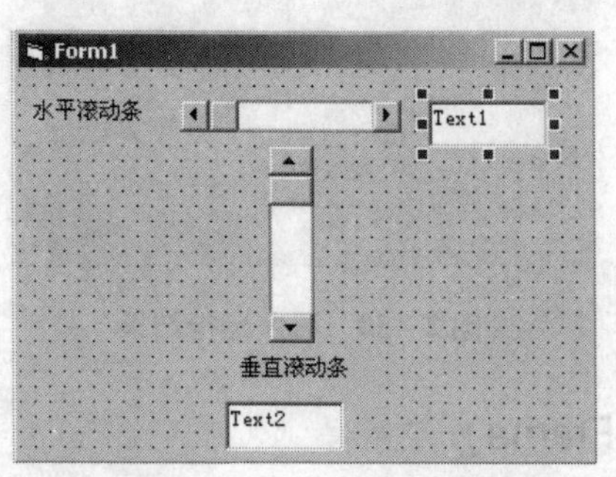

图 2-29 程序界面设计

垂直滚动条 VScroll1 的基本属性如下：

```
Max          100
Min          0
```

水平滚动条 HScroll1 的基本属性如下：

```
Max          100
Min          0
```

在这两个滚动条上分别设计如下事件过程：

```
Private Sub HScroll1_Change()
    Text1.Text = HScroll1.Value
    VScroll1.Value = HScroll1.Value
End Sub
Private Sub VScroll1_Change()
    Text1.Text = VScroll1.Value
    HScroll1.Value = VScroll1.Value
End Sub
```

通过这两个事件过程，使得在运行移动滚动条时在文本框中显示当前值，同时这两个滚动条同步移动。执行本程序，将水平滚动条移动至 100，其结果如图 2-30 所示。

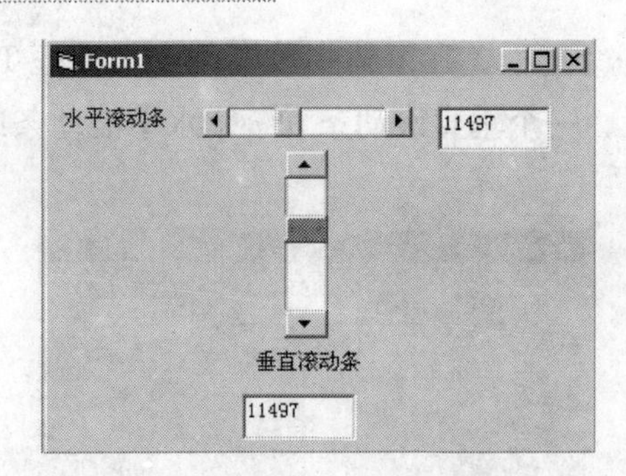

图 2-30　程序运行结果

2.4.9　框架控件（Frame）

框架是用来对其他控件进行分组的一种控件。分组后界面上各个控件按功能分类的布局会更加清晰、便于识别和使用。

通常在布局界面时，是先在窗体中安排框架，根据程序的特点将窗体界面用框架控件进行功能性的划分，如显示文本信息归为一类，进行人机交互归为另一类，等等。再把相应的控件如文本框、按钮等分别放在不同的框架内。这样安排后，框架和框架里面的各个控件就形成为一个整体，可以整体进行移动布局，如图 2-31 所示。

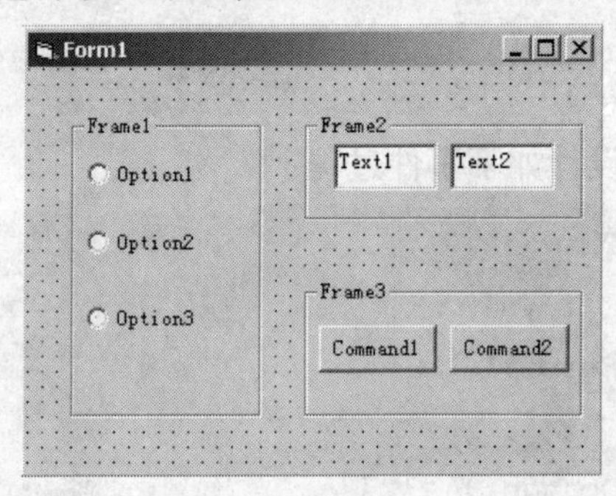

图 2-31　用框架布局窗体界面

2.4.10　计时器控件（Timer）

计时器控件（Timer），可以有规律地以一定的时间间隔激发计时器事件（Timer），进而执行相应的代码指令。与其他控件相比，计时器控件的特殊之处在于，设计阶段它以一个小时钟的图标显示在窗体上，而程序运行时它是不可见的。

（1）计时器控件的常用事件。计时器控件的常用事件是 Timer（）事件。它在一个预定时间间隔过后发生。通常，是在计时器属性设置中预定时间间隔，然后计时器就按照这个时间间隔定时开始工作。

（2）常用属性：

① Interval 属性。该属性用于设置计时器触发的时间间隔（周期）。取值范围为 0 ~ 65 535。数字设定后代表的是毫秒数，其中：

- 0（系统默认值）：表示计时器无效。
- 1 ~ 65 535：计时器触发时间间隔（毫秒）。

② Enabled 属性。该属性设置为 True 时，计时器开始工作，设置为 False 时计时器无效。

（3）应用举例：

【例 2-8】 设计一个可以显示系统时间和日期的程序。设计过程：

① 界面设计。新建一个工程，在窗体界面上添加一个计时器控件 Timer1、一个命令按钮控件 Command1，用于控制程序显示当前日期；6 个文本框控件 Text1、Text2、Text3、Text4、Text5、Text6，分别用于显示日期和时间的文本信息；6 个标签控件分别用于显示“年”“月”“日”和“时”“分”“秒”的文本信息，如图 2-32 所示。

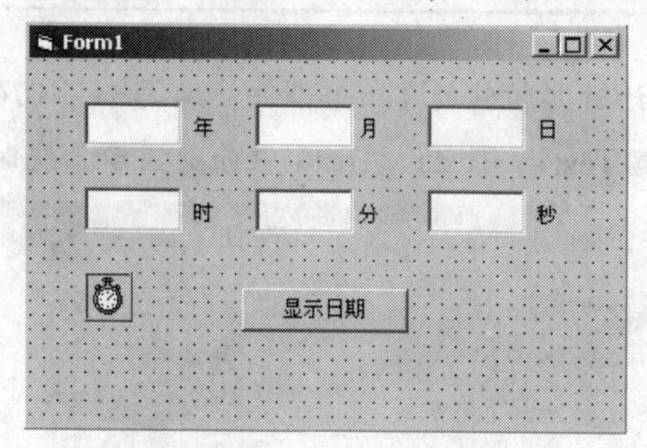

图 2-32　程序界面设计

② 控件属性设置。窗体上安放各个控件后，对各个控件进行属性的设置，如表 2-7 所示。注意，对于计时器控件 Timer 的时间间隔 Interval 属性设置为 10，表示每隔 10 毫秒激发一次计时事件，在显示时间的文本框中显示当前系统时间。

表 2-7　各控件属性设置情况

控件名	属性	设置值
Command1	Caption	显示日期
Timer1	Interval	10

续表

控件名	属性	设置值
Text1	Text	“”（空白）
Text2	Text	“”（空白）
Text3	Text	“”（空白）
Text4	Text	“”（空白）
Text5	Text	“”（空白）
Text6	Text	“”（空白）
Label1	Caption	“年”
Label2	Caption	“月”
Label3	Caption	“日”
Label4	Caption	“时”
Label5	Caption	“分”
Label6	Caption	“秒”

③ 编写程序代码。对计时器控件的 Timer 事件，编写如下代码，使得计时器每隔 10 毫秒就被触发一次，在文本框 Text4、Text5、Text6 中分别显示系统时间时、分、秒信息：

```
Private Sub Timer1_Timer()
    Text4.Text = Hour(Time)
    Text5.Text = Minute(Time)
    Text6.Text = Second(Time)
End Sub
```

对命令按钮 Command1 的 Click 事件编写如下代码，使得用户单击命令按钮时在文本框 Text1、Text2、Text3 中分别显示系统日期年、月、日信息：

```
Private Sub Command1_Click()
    Text1.Text = Year(Date)
    Text2.Text = Month(Date)
    Text3.Text = Day(Date)
End Sub
```

保存程序，然后运行程序，可见屏幕上显示如图 2－33 的界面。在窗体中的下面一行文本框（Text4、Text5、Text6）中，显示出当前系统的时间，并且每隔一段时间秒数会变化一个数值（实际上就是对计时器设定的时间间隔10毫秒），表明每隔10毫秒计时事件被激发一次。另外，程序刚刚运行时并没有显示日期信息，当用户用鼠标单击命令按钮“显示日期”后，日期信息才会显示在第一行的各个文本框中。程序运行的结果如图2-33所示。请注意，在运行的程序界面上，已看不到设计时安排在窗体中的计时器控件图标了。

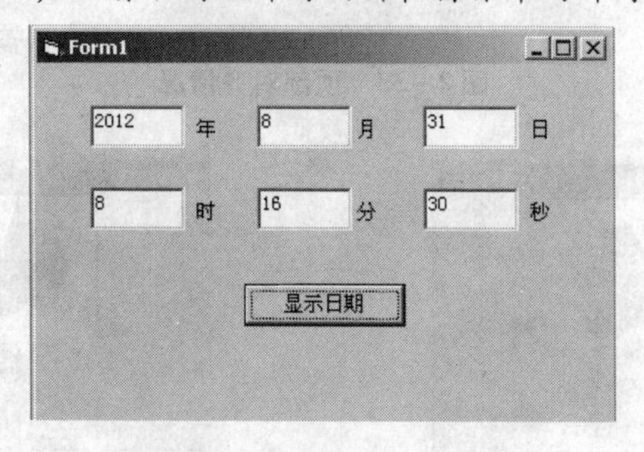

图2-33 计时器程序运行结果

2.4.11 图片框控件（PictureBox）

图片框控件（PictureBox）用于显示图形文件。它所支持的图形文件格式有：位图文件（BMP格式文件）、逐帧动画文件（GIF格式文件）、压缩图像文件（JPEG格式文件）、图标文件（ICON格式文件）以及Windows文件（WMF格式文件）等。图片框控件（PictureBox）不仅可以显示图片，还可以作为其他控件的容器，支持绘图和输出文字。

下面介绍它的常用属性和事件。

（1）常用属性：

① Align属性。该属性用于规定图片框对象在窗体上对齐显示的位置，有5个不同的属性值：

- 0—None：无规定，由设计时定义的控件位置和大小确定对象在窗体上显示的位置。
- Align Top：顶部对齐，对象显示在窗体的顶部，宽度与窗体相同。
- Align Bottom：底部对齐，对象显示在窗体的底部，宽度与窗体相同。
- Align Left：左对齐，对象显示在窗体的左边，高度与窗体相同。
- Align Right：右对齐，对象显示在窗体的右边，高度与窗体相同。

图2-34~图2-38分别为这5个不同属性的设置情况。

图 2－34 无规定情况

图 2－35 顶部对齐情况

图 2－36 底部对齐情况

图 2－37 左对齐情况

图 2－38 右对齐情况

② Appearance 属性。该属性用于设置图片框或图像框在窗体上显示的外观类型，有两个数值选择：

- Flat：图片框以二维平面的形式显现出来。
- 1—3D：图片框以三维立体的形式显现出来。

③ AutoSize 属性。该属性用于确定图片框自动调整尺寸与图片相适应，系统默认值为 False。这时，当图片尺寸大于图片框时，图片框大小不会改变，会裁掉超过图片框尺寸的部分后显示图片内容；当该属性设置为 True 时，图片框会根据图片的尺寸自动调整大小以显示图片的全部内容。

④ Picture 属性。该属性用于在图片框中加载一个图片文件。加载可以在设计时通过属性窗口进行，也可以通过程序代码进行。程序代码的语法格式为：

```
Object.Picture = LoadPicture("图片文件名")
```

例如：

```
Picture1.Picture = LoadPicture("F:\disny\05.jpg")
```

如果在程序运行中要清除图片框中的图片，可以用以下方法实现：

```
Object.Picture = LoadPicture()
```

即 LoadPicture（）函数中不写文件名。

（2）图片框常用事件。Click 事件：

当窗体上添加了图片框控件，在运行程序时用户用鼠标单击图片框时触发该事件。下面的例题说明通过图片框的 Click 事件更换图片框中显示的图片的方法。

新建一个工程，在窗体上添加一个图片框控件 Picture1，其初始属性设置如表 2－8 所示。

表 2－8　图片框的初始属性设置情况

属性名	设置值
Align	0—None
Appearance	1—3D
AutoSize	True
Picture	F：\ gif \ computer1. jpg

从上述属性设置可以看到，窗体上的图片框设置成自动调整尺寸模式，程序在运行前就加载了一个名为 F：\ gif \ computer1. jpg 的图片文件，如图 2－39 所示。

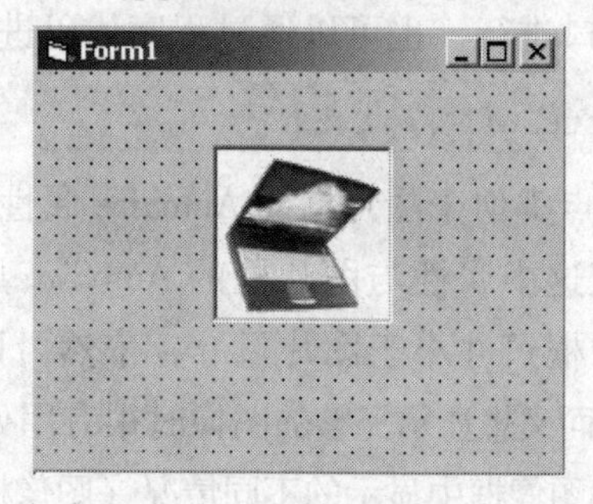

图 2－39　图片框中初始加载的图片

双击图片框控件，在打开的代码设计窗口中编写图片框控件 Picture1 的 Click 事件代码：

```
Private Sub Picture1_Click()
    Picture1.Picture = LoadPicture("F:\disny\04.jpg")
End Sub
```

保存程序后运行程序。刚开始运行时窗体界面上显示的是图片框初始加载的图片，用鼠标单击图片框后，出现另一幅图片。因这幅图片尺寸比原来的大，可以看到图片框尺寸也自动变大了，完整地显示了图片的全部内容，如图 2－40 所示。

图 2－40　运行程序用鼠标单击图片框后的结果

2.4.12　图像控件（Image）

实际上，图像控件与图片框控件的用途十分相似，也能够对图形文件输出显示。所支持的图像文件格式与图片框控件完全一致。从实际运用来看，图片框控件比图像控件功能更强，因为它既可以显示图片，还可以输出文字。

常用属性：

① Picture 属性。与图片框一样，Image 控件也有这个属性，同样是用于加载图形文件。加载可以在设计时通过属性窗口进行，也可以通过程序代码进行。程序代码的语法格式为：

```
Object.Picture = LoadPicture("图片文件名")
```

② Strech 属性。该属性有点类似于图片框的 AutoSize 属性，也有 False 和 True 两个属性值。系统默认值也是 False。但这个属性与图片框的 AutoSize 属性又有区别，它的最大特点是当设置为 True 时，如果图像框尺寸小于图片尺寸，依然可以全部显示图片的内容。这个特点对于屏幕窗体版面有限，而又想显示完整的图像时很有用处。图 2－41 说明了一幅同样大小的图片在同样大小的图片框和图像框中显示的不同情况（图像框的 Strech 属性被设置为 True）。

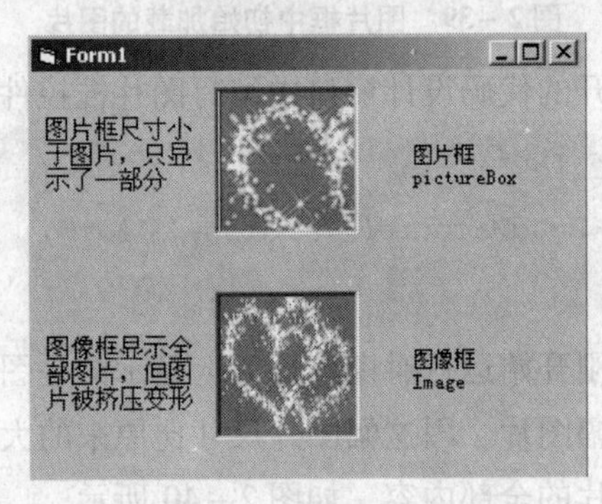

图 2－41　图片框和图像框的对比

2.4.13　窗　体

在 VB 集成开发环境中创建窗体后，窗体的外观、风格、式样等可以作为一个文件保存到磁盘上，其文件的扩展名是 frm。

在 VB 中，窗体是一个特殊的对象，它主要起一个容器的作用。前面介绍的所有控件必须放在窗体上，才能更好地发挥作用。

（1）窗体的分类。VB 中窗体（包括对话框）有两种类型：（有）模式窗体和无模式窗体。

对于“模式”窗体，必须将它关闭或隐藏，然后才能继续运行应用程序的其余部分。例如，我们常用到的消息对话框，在可以继续操作应用程序的其他部分之前，或者在切换到其他窗体或对话框之前，总是要求先单击“确定”或“取消”按钮，将其关闭（隐藏或卸载）。

对于“无模式”窗体（或对话框），可以在此窗体与另一窗体之间变换焦点，而不必关闭初始窗体。在该窗体显示的同时可继续在应用程序的其他任何位置工作。

（2）窗体的常用属性：

① Name 属性：Name 属性值就是窗体的标识名称。窗体的名称是工程中用于窗体的唯一标识。Name 属性的设置只能通过在属性窗口中进行设置。在程序中动态地设置窗体其他属性时必须通过 Name 进行。只要在程序中调用该窗体，就必须通过调用该窗体的 Name 属性来调用该窗体。

② BackColor 属性：设置窗体背景颜色。

③ BorderStyle 属性：该属性用于设置窗体运行时的外观样式和风格。注意，BorderStyle 属性只能在设计时通过属性窗口设置，不能通过程序代码设计实现。

在新建的 VB 工程中系统总是创建一个默认的窗体。它的默认名为 Form1，系统默认的 BorderStyle 属性设置是 2（Sizable），外观如图 2－42 所示，其窗体右上角有 3 个按钮，分别表示最小化、最大化和关闭操作。

VB 通过 BorderStyle 属性，提供了 6 种不同外观和运行风格的窗体。编程人员可以根据实际需要选用其中的某一种。这 6 种不同的属性值和对应的窗体外观风格分别是：

0：窗体无边框，运行后不能调整窗体大小也无关闭按钮。

1：固定单边框，运行后不能改变窗体大小，只显示关闭按钮。

2：（默认值）标准的 Windows 窗口边框，运行后窗体有最大化和最小化按钮。窗体大小可变，可用鼠标拖动改变其大小。

3：固定对话框，运行后不能调整其大小，只显示关闭按钮。

4：固定工具窗口，运行后窗体大小不能改变，只显示关闭按钮，标题栏字体变小。

5：可变大小工具窗口。运行后，窗体大小可以改变，只显示关闭按钮，标题栏字体变小。

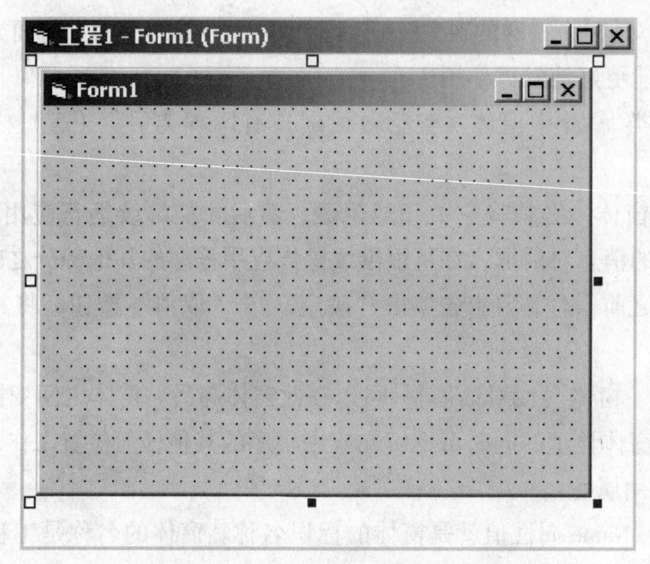

图 2－42　系统创建的默认窗体

④ Caption 属性：用于显示在窗体标题栏上的文字。当窗体最小化时，该文本被显示在窗体图标的下面。该属性可以在设计程序时在属性窗口中进行设置，也可以通过程序代码在程序运行过程中动态设置。用代码设置的语法格式为：

```
Object. Caption [ =String]
```

例如：

```
MyForm.Caption ="学生成绩管理窗口"
```

⑤ ControlBox 属性：设置窗体标题栏上是否具有控制菜单栏及按钮。

⑥ Enabled 属性：决定运行时窗体是否响应用户事件。

⑦ Height 属性：设置窗体的高度。

⑧ Width 属性：设置窗体的宽度。

⑨ Left 属性：设置程序运行时窗体的水平位置。

⑩ Top 属性：设置程序运行时窗体的垂直位置。

⑪ Visible 属性：设置程序运行时窗体是否可见。当 Visible 为 False 时，窗体是不可见

的。将值改为 True，运行时窗体就是可见的了。

⑫ WindowsState 属性：设置程序运行中窗体的最小化、最大化和原形这 3 种状态，程序运行时的最小化状态。

⑬ Icon 属性：该属性用于设置窗体在运行时窗体处于最小化时显示的图标。

⑭ Picture 属性：为了窗体的美观有时需要给窗体设置一个符合程序主题的背景图片。这可以通过设置窗体的 Picture 属性来实现。Picture 属性用于返回或设置窗体中要显示的图片，如图 2-43 所示。在设置 Picture 属性时，可以在设计程序时通过属性窗口来进行设置，也可以通过程序代码在程序运行过程中动态实现。其语法格式为：

```
Object. Picture [ =LoadPicture (Picturefilename)]
```

说明：Object 为窗体对象名称，如 Form1。

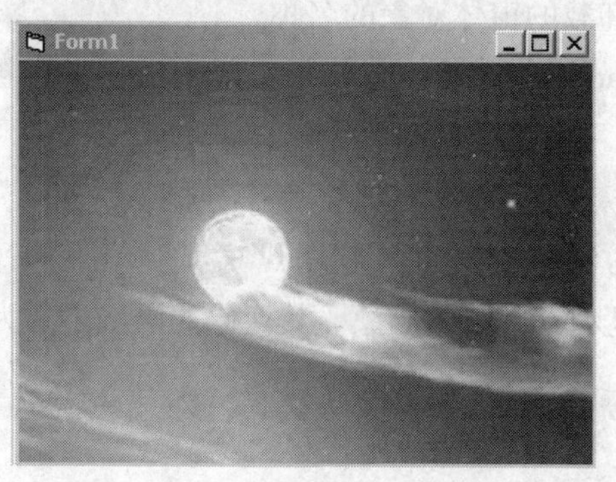

图 2-43　设置了背景图片的窗体

例如：通过 LoadPicture（）命令为窗体 Form1 设置图片背景，其语句格式如下：

```
Form1.Picture=LoadPicture("G:\VB\pic1.jpg")
```

⑮ StartUpPosition 属性：该属性用于设置程序运行时窗体初次显示的位置。该属性只能在设计时通过属性窗口进行设置，在运行时不能使用。

（3）添加和移除窗体：

① 添加窗体。在集成开发环境窗口上选择“工程”菜单中的“添加窗体”命令，在弹出的“添加窗体”对话框中，可在“新建”和“现存”这两个选项卡中添加新窗体和现存窗体。

② 移除窗体。移除窗体，可以在集成开发环境窗口上选择“工程”菜单中的“移除 Form1”命令来进行。需要注意的是，将窗体从工程中移除，并没有将其从硬盘上删除。

③ 加载与卸载窗体：

A. 利用 Load 语句加载窗体。利用 Load 语句可以把窗体加载到内存中。这里仅仅是加载到内存中，并没有显示出来，如果想显示出来需要使用 Show 方法。语法：

```
Load Object
```

说明：Object 为所要加载的窗体对象的名称。

B. 利用 Unload 语句卸载窗体。在利用 Load 语句加载窗体以后，已经加载的窗体会占用一部分的内存，如果不将其卸载会使计算机的运行速度变慢，影响程序的执行。利用 Unload 语句可以将窗体从内存中卸载。语法：

```
Unload Object
```

说明：Object 为所要卸载的窗体对象的名称。

注意：如果利用 Unload 语句卸载的窗体是工程中最后一个被卸载的窗体，此卸载将结束程序的执行。

（4）窗体的方法：

① 显示窗体（Show 方法）。

利用 Show 方法可以显示一个窗体对象。其代码的语法格式为：

```
Object. Show Style, Ownerform
```

说明：

Object：表示窗体名称，如 Form1。

Style：是一个可选的整数参数，它用于决定窗体是模式还是无模式。如果 Style 为 0，则窗体是无模式的；如果 Style 为 1，则窗体是模式的。

Ownerform：是一个可选字符串表达式形式的参数，用来指定窗体的父子关系。可将某个窗体名传给这个参数，使得这个窗体成为新窗体的拥有者。

例如：

```
Form2.Show                    '无模式调用 Form2 窗体
Form3.Show 1                  '有模式调用 Form3 窗体
```

② 隐藏窗体（Hide 方法）。利用窗体的 Hide 方法可以将窗体对象隐藏，但不能使其卸载。如果调用 Hide 方法时窗体还没有加载，那么 Hide 方法将加载该窗体但不显示它。语法格式为：

```
Object. Hide
```

隐藏窗体时，它就从屏幕上被删除，并将其 Visiable 属性设置为 False，用户将无法访问隐藏窗体上的控件。如果调用 Hide 方法时窗体还没有加载，那么 Hide 方法加载该窗体但不显示。

③ 移动窗体（Move 方法）。利用窗体的 Move 方法可以移动窗体对象。其语法格式为：

```
Object.Move Left,Top,Width,Height
```

说明：

Object 为窗体对象名称，如 Form1。

Left 参数：必需的，单精度值，指示 Object 左边的水平坐标（X 轴）。

Top 参数：可选的，单精度值，指示 Object 顶边的垂直坐标（Y 轴）。

Width 参数：可选的，单精度值，指示 Object 新的宽度。

Height 参数：可选的，单精度值，指示 Object 新的高度。

上述 4 个参数中，只有 Left 参数是必需的。但是，要指定任何其他的参数，必须先指定出现在语法中该参数前面的全部参数。例如，如果不先指定 Left 和 Top 参数，则无法指定 Width 参数。任何没有指定的尾部的参数则保持不变。

（5）窗体的事件：

① 单击和双击（Click/ DbClick 事件）。这里需要说明的是，在 Click 事件中使用 MsgBox 将阻止 DbClick 事件的发生。因此，在程序开发中，应避免在同时存在 Click 事件和 DbClick 事件的 Click 事件中使用 MsgBox 函数。

② 载入和卸载（Load/ Unload 事件）：

- 在一个窗体被装载时发生 Load 事件。当使用 Load 语句启动应用程序，或引用未装载的窗体属性或控件时，此事件发生。其语法格式为：

```
Private Sub Form_Load()
Private Sub MDIForm_Load()
```

- 当窗体从屏幕上被删除时发生 Unload 事件。当使用在 Control 菜单中的 Close 命令或 Unload 语句关闭该窗体时，此事件被触发。其语法格式为：

```
Private Sub Form_Unload(Cancel As Integer)
```

说明：

Form：为窗体对象。

Cancel：一个整数，用来确定窗体是否从屏幕删除。如果 Cancel 为 0，则窗体被删除；将 Cancel 设置为任何一个非零的值可防止窗体被删除。

③ 初始化（Initialize 事件）。当应用程序创建 Form、MDIForm 时发生 Initialize 事件。其

语法格式为：

```
Private Sub Object_Initialize()
```

注意：在使用 Initialize 事件时，要特别注意 SetFocus 方法的使用。不能在 Initialize 事件中使用 SetFocus 方法，如果使用，将弹出“无效的过程调用或参数”。

④ 调整大小（Resize 事件）。当一个窗体对象第一次显示或当该窗口对象状态改变时发生 Resize 事件。例如，一个窗体被最大化、最小化或被还原。其语法格式为：

```
Private Sub Object_Resize()
```

⑤ 焦点事件（GotFocus/ LostFocus 事件）：

• GotFocus 事件。

当对象获得焦点时产生该事件；获得焦点可以通过诸如 Tab 切换，或单击对象之类的用户动作，或在代码中用 SetFocus 方法改变焦点来实现。其语法格式为：

```
Private Sub Form_GotFocus()
```

• LostFocus 事件。

此事件是在一个对象失去焦点时发生，焦点的丢失或者是由于制表键移动或单击另一个对象操作的结果，或者是代码中使用 SetFocus 方法改变焦点的结果。

（6）窗体事件的生命周期：

① 窗体启动过程。窗体的启动过程，按照以下顺序进行：

```
Initialize 事件 → Load 事件 → Active 事件
```

窗体的 Initialize 事件和 Load 事件都发生在窗体被显示前，所以经常在事件过程中放置一些命令语句来初始化应用程序，但所能使用的命令语句是有限的，如 SetFocus 一类的语句就不能使用。而 Print 语句仅当窗体的 AutoRedraw 属性值为真（True）时，在 Load 事件中的 Print 语句才有效。

VB 程序在执行时会自动装载启动窗体，在使用 Show 方法显示窗体时，如果窗体尚未载入内存，则首先将其载入内存，并引发窗体的 Load 事件。若想将窗体载入内存不显示，可利用 Load 语句实现。

② 窗体运行过程。窗体的运行过程，按照以下顺序进行：

```
GotFocus 事件 → LostFocus 事件 → Deactive 事件
```

对于 GotFocus 事件，需要注意的是控件获得焦点的优先级要高于窗体获得焦点的优先级。对于多窗体的应用程序，当 Form1 由当前窗体变成非当前窗体时，若窗体是焦点或窗体上没有可以获得焦点的控件，则先触发 LostFocus 事件，后触发 Deactive 事件。当该窗体再次成为活动窗体时，只要该窗体加载完毕后没有卸载，就不会触发 Load 事件，但是会触发 Active 事件。

③ 窗体的关闭过程。窗体关闭时，是按照下面的顺序进行的：

```
QueryUnload 事件 → Unload 事件 → Terminate 事件
```

2.5 向窗体添加控件

进行可视化程序设计时，很重要的工作之一就是根据需要向窗体添加控件。有时也将这个过程称为“画”一个控件。下面介绍控件的添加方法。

2.5.1 在窗体上添加一个控件

在窗体上添加一个控件有两种方法。一种方法是用鼠标单击工具箱中的控件图标后，再到窗体上按下鼠标左键的同时拖动鼠标，就“画”出了控件。

另一种方法是在工具箱中用鼠标指针指向需要的控件图标，然后双击鼠标左键，这时窗体的正中位置就自动出现一个标准大小的控件，这时可以将它拖动到需要的位置，改变它的大小以适应实际的需要。

2.5.2 控件的缩放和移动

在窗体上添加了一个控件后，经常需要对它进行大小的改变和位置的移动以适应界面布局的需要。一个刚刚被添加到窗体上的控件（或者是刚被鼠标单击后的控件），它的四周边框上有 8 个蓝色小方块，表示这时这个控件是被选中的，也叫作“当前控件”，如图 2-44 所示。

(1) 控件的缩放。对于当前控件，只要将鼠标指针对准控件四周的 8 个蓝色小方块，就会出现双向箭头指针，这时拖动鼠标，就能改变控件的大小，实现缩放操作。

还可以在控件的属性窗口中修改与控件尺寸大小有关的控件的属性值 Left、Top、Width 及 Height 来改变控件的尺寸大小。其中，Left、Top 是窗体或控件左上角的坐标，Width 是控件的宽度，Height 是控件的高度。这样缩放可以做到很精确，但不直观。

另外，也可以在选定控件后，同时按下 Shift 键和方向键来改变控件的大小。

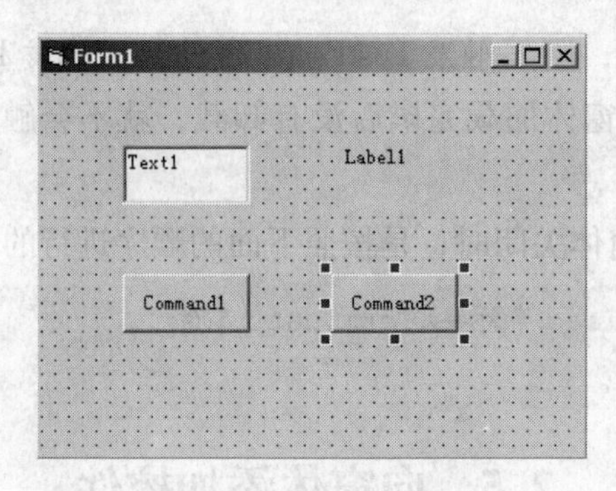

图 2 - 44　被选中的控件

（2）控件的移动。对于当前控件，只要将鼠标指针指向控件后按下鼠标左键，然后拖动鼠标就可以移动控件到所需的位置。另外，也可以选定控件后，同时按下 Ctrl 键和方向键来实现控件的上下左右移动。

2.5.3　控件的复制与删除

（1）控件的复制。复制控件，和 Windows 下的操作相同，也是通过复制、粘贴两个步骤完成的。

① 选定需要复制的控件，单击工具栏上的“复制”按钮，或者是按下 Ctrl + C 键，这时控件就被复制到剪贴板。

② 单击工具栏上的“粘贴”按钮，或者是按下 Ctrl + V 键，系统会出现一个询问“是否创建控件组”的提示框，如图 2 - 45 所示。单击“是”按钮，就会创建一个控件组；单击“否”按钮，就会在窗体的左上角处出现该控件的复制品。复制品的属性与原来控件的完全相同，只是控件名称属性（Name）的序号比原控件大。

图 2 - 45　是否创建控件组提示框

（2）控件的删除。要删除一个控件，只要选定后按下 Delete 键即可。

2.5.4　控件的对齐和排列

当窗体上同时有多个同类控件时，为了布局的整齐美观，常常需要使这些控件有相同的大小、整齐的排列。如果靠手工操作，很难做到这一点。VB 集成开发环境窗口上的“格式”菜单提供了这些功能。

（1）同时选定多个控件。要让多个控件对齐排列、调整位置，就需要同时选定多个控件。选定的方法有两种：

① 按下键盘上的 Shift 键后，连续用鼠标单击需要同时选定的各个控件。

② 在窗体上的空白区按下鼠标左键然后拖动鼠标，在各个控件之间画出一个虚线框，框内的多个控件就一次性被同时选定。

注意：同时被选定的多个控件中，只有最后一个被选定的控件四周有 8 个实心蓝色小方块，其他控件四周则是白色空心小方块，如图 2-46 所示。

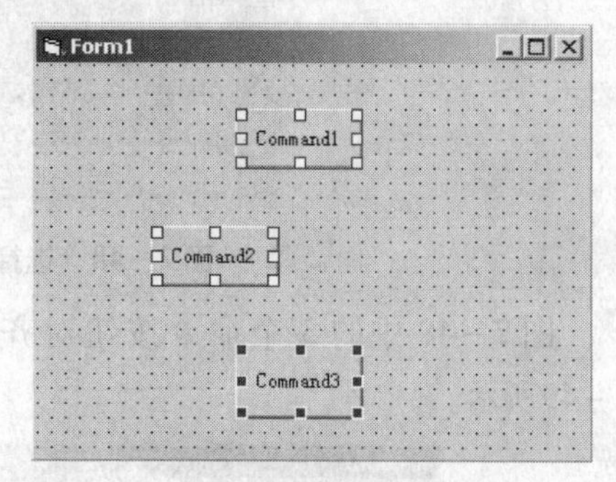

图 2-46 同时选定多个控件

（2）统一各个控件的尺寸。选定多个要对齐的控件后，首先需要统一它们的尺寸。方法是在窗口上“格式”菜单中选择“统一尺寸”菜单下的“两者都相同”选项，可以使多个控件“高度”和“宽度”尺寸完全一样，如图 2-47 所示。

在具体编程过程中，也可以根据实际情况选择“宽度相同”“高度相同”选项来调整各个控件的宽度和高度尺寸，使之各自相同。

图 2-47 统一多个控件的尺寸

（3）多个控件的对齐排列。选定多个控件后，根据实际情况通过“格式”菜单中的“对齐”命令来选择“左对齐”“右对齐”“顶端对齐”或是“底端对齐”等选项，使各个控件按照最后选定的那个有实心蓝色小方块的控件为标准进行对齐排列，如图 2-48 所示。

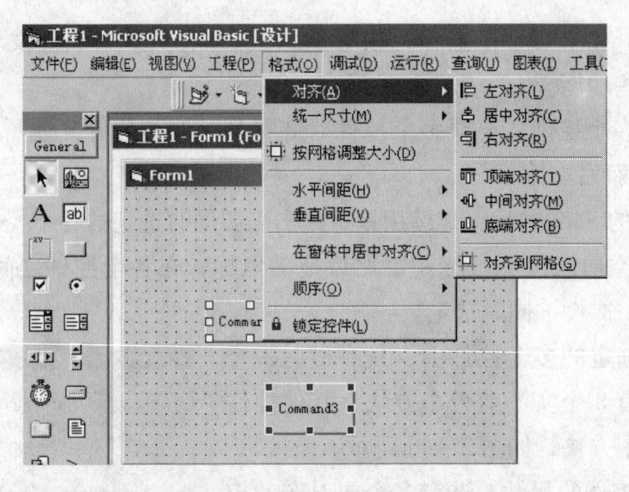

图 2-48 选择“格式”菜单中的“对齐”命令

图 2-48 中的 3 个命令按钮对齐排列之前和按照“左对齐”命令排列后的情况如图 2-49所示。

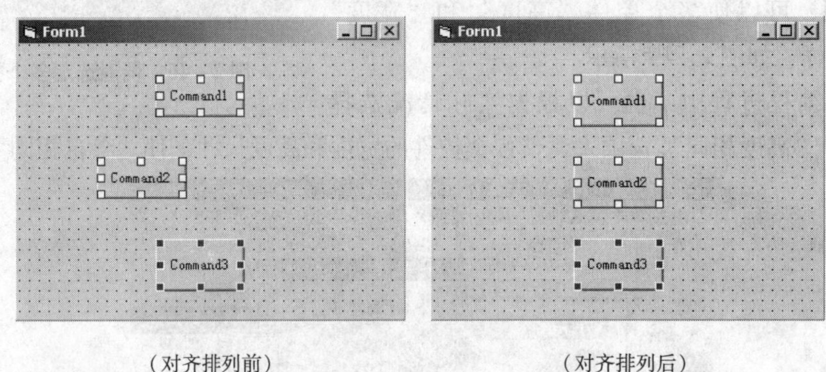

（对齐排列前）　　（对齐排列后）

图 2-49 3 个控件“左对齐”排列的情况

（4）调节多个控件相互之间的间距。窗体上添加的多个控件，相互间的间距常常不统一，需要通过调整使其美观整齐。调整的方法是通过窗口上的“格式”菜单中的“水平间距”和“垂直间距”两个命令分别进行调整。选择“水平间距”或“垂直间距”命令后，可以在各自的子菜单中再选择“相同间距”“递增”“递减”或是“移除”命令来实现各个控件有相同的间距（水平或者垂直）、间距递增、间距递减或者完全没有间距（间距移除）。

（5）使选定的多个控件按照窗体中心线水平或垂直对齐。有时候为了整个窗体上控件布局的对称，需要控件按照窗体的水平中心线或垂直中心线对齐排列。这时可以通过“格式”菜单上的“在窗体中居中对齐”命令，选择子菜单中的“水平对齐”或“垂直对齐”

命令，实现多个控件相对于窗体水平中心线的对齐或相对于窗体垂直中心线的对齐。

(6) 调整各个控件的叠放层次。多个控件出现在窗体上，有可能出现需要后一个控件“盖住”前一个控件的情况，即需要设置多个控件的重叠叠放。调整的方法是选定某一个需要改变层叠位置的控件，通过“格式”菜单中的“顺序”命令中的子菜单，选择“移至底层”或是“移至顶层”命令，改变这个控件的叠放层次，实现“盖住”另一个控件或是被另一个控件“盖住”的需求。

2.6 代码设计窗口

控件对象的触发事件，事件响应过程需要编程人员设计和编写相应的程序代码。VB 提供了代码设计窗口，也称代码编辑器。各种通用过程和事件过程的代码都要在代码设计窗口中进行编辑修改。

2.6.1 打开代码窗口的方法

可以通过以下方法打开代码窗口：

(1) 双击窗体上任意位置打开代码设计窗口。

(2) 单击鼠标右键，在打开的快捷菜单中选择“查看代码”命令打开代码设计窗口。

(3) 在集成开发环境窗口上选择“视图”菜单中的“代码窗口”命令，打开代码设计窗口。

2.6.2 代码窗口的结构

代码窗口左上角是“对象下拉列表框”，右上角是“过程下拉列表框”，中间是“代码编写区”，如图 2-50 所示。

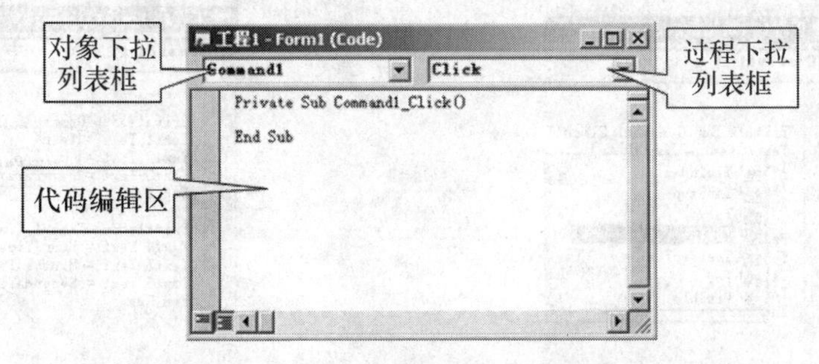

图 2-50 代码设计窗口的结构

（1）对象下拉列表框中，会自动列出当前窗体上所有控件对象（包括窗体自身）的名称，其中，无论窗体的名称更改为什么，下拉列表中的窗体对象名总是 Form 不变。

（2）过程下拉列表框中列出了所选对象的所有事件名，如窗体的 Load 事件等。

（3）代码编写区是编程人员编写指令代码的区域，VB 能够提供自动语法规则检查机制。如果编写的代码语句不符合 VB 语法规则，系统会立即给出相应提示。

2.6.3 查看代码的方式

VB 提供了两种查看代码的方式。一种叫“过程查看”，另一种叫“全模块查看”。打开代码设计窗口后，用鼠标单击窗口左下角的“过程查看”按钮“”，在窗口中只显示某一个控件对象已编写的事件过程代码。

用鼠标单击窗口左下角的“全模块查看”按钮“”，则窗口中显示所有控件对象已编写的事件过程的代码。

2.6.4 代码设计器提供的功能

（1）自动列出成员特性。当要输入控件的属性和方法时，只要在控件名后输入小数点，VB 就会自动显示一个下拉列表框，其中包含了这个控件的所有成员（属性和方法），如图 2－51所示。依次输入属性名的前几个字母，系统就会自动检索并显示出需要的属性名。

当从列表中选中某个属性名，按 Tab 键就可完成属性名代码的输入。这对于不熟悉控件有哪些属性，或不熟悉属性名的英文由哪些字母组成的情况十分方便，可以避免代码输入过程中的人为失误。

（2）自动显示快速信息。该功能可以显示语句和函数的语法格式。在输入符合规则的 VB 语句或函数名时，代码窗口中在当前行的下面会自动显示该语句或该函数的语法规则，如图 2－52 所示。

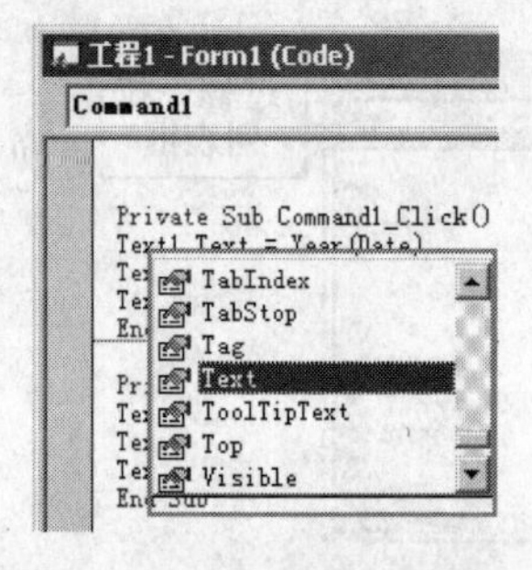

图 2－51 自动列出控件的所有属性和方法

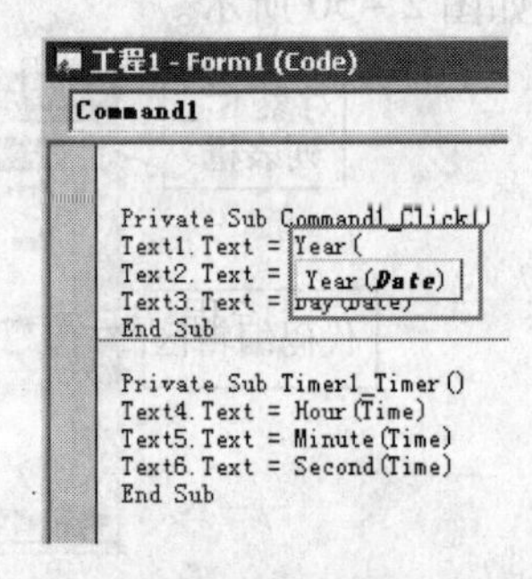

图 2－52 自动显示待输入函数的语法规则

语法格式中，第一个参数是黑色字体，输入第一个参数后，第二个参数也是黑色字体。该项功能可以通过同时按下 Ctrl + I 键获得。

（3）自动语法检查。输入程序语句、函数等过程中如果有语法错误，VB 会自动检测到并给出警告提示，同时该语句变成红色，如图 2－53 所示。

图 2－53 自动给出语法出错警告

2.7 工 程 管 理

使用 VB 创建应用程序时，必然涉及工程的概念。这里的工程，不是我们日常工作中所指的工程，它是一些文件的集合。在我们建立一个应用程序后，实际上 VB 系统已根据应用程序的功能建立了一系列的文件，而这些文件的有关信息就保存在称为"工程"的文件中。工程是指用来建立应用程序的所有文件的集合。工程管理是通过工程窗口来实现的。

2.7.1 VB 工程的组成

一个 VB 工程中应该包含这样几种类型的文件：

（1）工程文件：用于跟踪所有部件，相当于给出了一份与工程有关的全部文件和对象的清单，其扩展名为 vbp。每个工程都必须对应一个工程文件。

（2）工程组文件：若程序是由多个工程组成的工程组，则此时会生成一个工程组文件，扩展名为 vbg。

（3）窗体文件：每个窗体都必须对应一个窗体文件，扩展名为 frm。在一个工程中可以有多个窗体，所以相应存在多个窗体文件。

（4）模块文件：也叫标准模块文件，一般在大型应用程序中才可能用到，用于合理组织程序结构，扩展名为bas，主要由代码组成，声明全局变量和一些Public过程，可被整个程序内的多个窗体调用。该文件可以由用户自己生成，也可以不存在。

（5）类模块文件：在Visual Basic中，允许用户自己定义类，每个用户定义的类都必须有一个相应的类模块文件，扩展名为cls。

（6）数据文件：为一个二进制文件，用于保存窗体上控件的属性数据。此文件是由系统自动生成的，扩展名为frx，用户不能直接对其进行编辑。

（7）一个或多个包含ActiveX控件的文件（OCX），可选的。

（8）单个资源文件（RES格式文件），可选的。

2.7.2 建立、打开及保存工程

（1）单个工程的新建、打开和保存：

①“新建工程”：启动VB，在系统显示的“新建工程”对话框中选择“标准EXE”，然后单击“打开”按钮，即可新建一个VB应用程序工程。这个工程中含一个系统默认的窗体，窗体的名称和标题属性均为Form1；如果在已创建或已打开工程的VB集成开发环境窗口中使用“文件”菜单中的“新建工程”命令，则系统会提示用户保存当前打开的工程中所有修改过的文件并关闭当前工程，然后再次出现“新建工程”类别对话框，让用户进行选择新建工程的类别，如果继续选择“标准EXE”并单击“打开”按钮，则又一次建立一个新的应用程序工程。

②“打开工程”：选择此选项，可以打开一个已经存在的工程。若当前有工程存在，会先关闭当前工程，提示用户保存修改过的文件，然后打开一个现有的工程，包括工程文件中所列的全部窗体、模块等。

③“保存工程”：保存工程通常是以不同的文件类型分别将工程中的各类文件保存到磁盘上。保存工程时，是在集成开发环境窗口的“文件”菜单中选择“保存工程”或者“工程另存为”命令，这时系统首先会分别出现保存不同类型文件的对话框。通常是先出现保存窗体文件对话框，系统已自动在“保存类型”中选择了“窗体文件（*.frm)”，窗体文件的格式为FRM，如图2-54所示。在“保存在”下拉列表中选择文件保存的目标磁盘和文件夹路径名后，在“文件名”对话框中输入要保存的窗体文件名，然后单击“保存”按钮，即完成了窗体文件的保存。

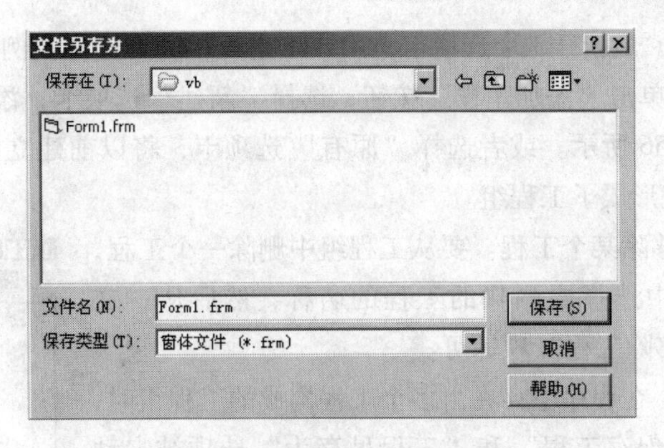

图 2-54 保存窗体文件对话框

窗体文件保存完毕后，系统又会自动出现“工程另存为”对话框，这时系统已自动在“保存类型”中选择了“工程文件（*.vbp)”，工程文件的格式为 VBP，如图 2-55 所示。

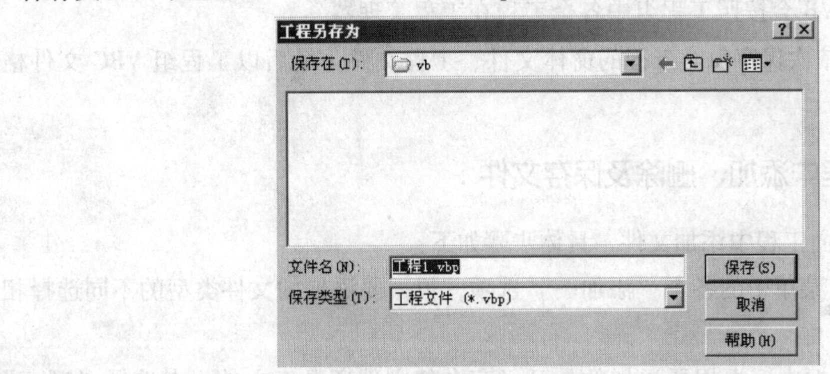

图 2-55 保存工程文件

在“工程另存为”对话框的“保存在”下拉列表中选择文件保存的目标磁盘和文件夹路径名后，在“文件名”对话栏中输入要保存的工程文件名，然后单击“保存”按钮，即可完成工程文件的保存。

通常，总是把不同类型的文件存放到不同文件夹中，这样更便于分类管理。

④“工程另存为”：用于以一个新名字将当前工程文件加以保存，同时系统会提示用户保存此工程中修改过的窗体、模块等文件。

(2）工程组的建立、移除和保存：

① 在原有的工程中添加新的工程。在原来已经创建的工程中，添加一个新的工程，就构成了工程组。添加新工程的方法可以是在创建一个工程后，再单击工具栏中的“添加工程”按钮或从“文件”菜单中选择“添加工程”命令，出现“添加工程”对话框，其中有

“新建”“现存”和“最新”3个选项卡，用户可进行相应的选择。例如，假如先打开已经存在的工程1，然后单击“添加工程”按钮，选择“新建”选项卡，添加工程2，这时的工程资源窗口如图2-56所示。或者选择“原有”选项卡，将以前建立的某个工程添加到现在的工程中，这样就形成了工程组。

② 从工程组中移除某个工程。要从工程组中删除一个工程，先从“工程”窗口中选择要删除的工程的名称，然后从“文件”菜单中选择“移除工程”项即可。

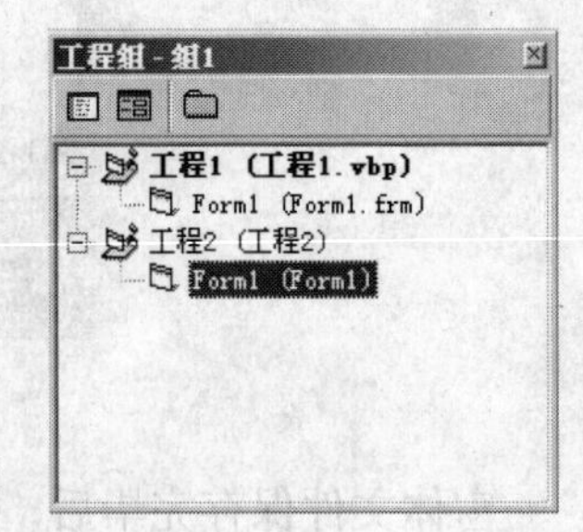

图2-56 工程组

③ 保存工程组。在程序中存在由多个工程构成的工程组时，“文件”菜单中的“保存工程”和“工程另存为”选项被自动修改为“保存工程组”和“工程组另存为”。所以在保存工程组文件时可以使用这两个选项。在“文件”菜单中选择了“保存工程组”命令时，VB会按照工程组中各个工程在工程管理器窗口中的排列次序，依次保存每个工程的窗体文件、工程文件，最后以工程组VBG文件格式保存工程组文件。

2.7.3 在工程中添加、删除及保存文件

(1) 添加文件。向工程中添加文件，具体步骤如下：

① 选择“工程”菜单中的各个“添加…”选项，根据要添加的文件类型的不同选择相应的选项。

② 在出现的对话框中，根据要添加的是已经存在的文件还是新文件，来选择“现存”卡片或“新建”卡片。

③ 根据选定的卡片，在其中选择新建文件的类型或现存文件的名字，并选择“打开”按钮即可。

注意：在添加一个现存的文件时，所谓“添加”，并不是将文件内容复制一份放在当前位置，而是用一个连接将当前工程与文件联系起来。一旦文件的内容被更改，则包含该文件的所有工程均会受到影响。所以，如果只想改变文件而不影响其他工程，可以在“工程资源管理器”中选定该文件，然后用“文件”菜单中的“文件另存为”选项换名保存该文件即可。其中的“文件另存为”选项根据文件类型的不同，选项名称也不同。

有时需要在代码中引用一部分文本文件的内容，此时可以使用向代码中插入文件来实现，具体步骤如下：

① 在“工程资源管理器”窗口内选定要插入文本文件的窗体或模块文件。

② 选择“查看代码”按钮，将该窗体或模块文件的代码窗口调出，将光标移动到要插入文本文件的位置。

③ 在“编辑”菜单中选择“插入文件”，然后在出现的浏览对话框中查找文本文件的名字即可。

（2）删除文件。在工程中删除一个文件，可以按照如下步骤执行：

① 在“工程资源管理器”窗口内选定要删除的窗体或模块文件。

② 这时在“工程”菜单的“移除”命令中会自动出现被选定的文件名，选择“移除 文件名”选项。只要在“工程资源管理器”中选定了要移除的文件，“工程”菜单中对于选中的每个文件都会自动出现一项对应的“移除 文件名”的选项。

注意：按照上述方法删除的文件，只是在该工程中不再存在，但仍在磁盘上存在，可以被其他工程使用。在保存当前删除过文件的工程时，系统会自动将被删除文件与工程的连接截断。如果使用其他方法将磁盘上的某个文件删除，则再打开包含该文件的工程时，就会出现错误信息，提示有一个文件丢失。

（3）保存文件。有些情况下需要只保存某个文件而不保存整个工程时，可以按照如下步骤执行：

① 在“工程资源管理器”中选定欲保存的文件。

② 在“文件”菜单中选择“保存 该文件名”。在“文件”菜单中对于工程中的每个文件都具有一项对应的“保存该文件名”的选项。

2.7.4 运行工程

1. 指定“启动工程”

如果是单个工程的应用程序，则执行运行命令时一定是当前打开的这个工程，无须指定是否为“启动工程”。但如果应用程序中包含多个工程组成的工程组，在执行“启动”命令时，VB 需要知道运行哪个工程。在默认情况下，VB 会首先运行添加到工程组中排列在第一个位置上的工程，这个工程在工程窗口中以粗字体显示名称。但实际应用过程中可能会出现需要工程组中的另一个工程作为 VB 首先执行的程序，这就需要编程人员根据实际需要指定另一个不同的工程为“启动”工程。其操作过程是先在“工程”窗口中选择另一个工程，然后单击鼠标右键并从出现的快捷菜单中选择“设置为启动”即可。这时 VB 会在工程窗口中以粗体字显示这个被另外指定的启动工程的名称。

2. 运行工程的方式

运行一个编制完成的工程，可以有两种方式。一种是在 VB 集成开发环境中直接运行程序：运行时，VB 集成环境将程序的指令逐条进行“翻译”，使这些人能够读懂，而计算机并不懂得的高级语言经过翻译——“解释”，成为计算机能够“懂得”并执行的二进制机器语言指令，这种一边翻译、一边执行的形式，就是所谓“解释性”运行方式。由此可见，解释性运行方式只能在 VB 集成开发环境的支持下才能进行。如果没有 VB 环境这个“翻译”的支持，计算机就无法弄懂用户使用高级语言编写的程序指令是什么意思。

另一种方式称为“可执行文件”方式。一个开发成功的软件，应该能够适用于各种不同的计算机软件环境。这就需要将它提前、全部、一次性“翻译”成计算机能够读懂并直接可以执行的二进制机器语言指令，这就是所谓的可执行文件。这种提前翻译的过程叫作“编译”过程。经过编译的 VB 应用程序工程文件，其文件格式为 Windows 操作系统支持的 EXE 格式，可以直接在 Windows 环境下运行而无须 VB 集成开发环境的支持。

（1）解释性运行。有 3 种方法可以开始此种运行方式：

① 在“运行”菜单中选择“启动”命令，可以直接执行工程程序。

② 直接按功能键 F5，也可以直接运行工程程序。

③ 在工具栏中用鼠标单击“启动”按钮“▶”运行工程程序。

工程运行后，有两种方法可以结束运行：

① 在“运行”菜单中选择“结束”选项。

② 在工具栏中用鼠标单击选择“结束”按钮“■”。

如果只是暂停程序的运行，可以有如下两种方法：

① 在“运行”菜单中选择“中断”选项。

② 在工具栏中用鼠标单击“中断”按钮“Ⅱ”。

在暂停后，如果要继续运行原来的程序，有如下两种方法：

① 在“运行”菜单中选择“继续”选项，此时的“继续”选项其实为最初的“启动”选项。

② 在工具栏中用鼠标单击“继续”按钮“▶”。

如果在暂停后，要重新启动程序，可以有两种方法：

① 在“运行”菜单中选择“重新启动”选项。

② 直接使用热键组合 Shift + F5。

（2）编译工程。将一个应用程序工程文件通过转换，生成可执行文件后，就可以脱离 VB 开发环境而独立运行了。这个转换的过程称为编译过程，VB 集成环境向编程人员提供了编译工程的功能，其使用方法如下：

① 在 VB 集成开发环境窗口的“文件”菜单中选择“生成××××.exe”命令，如图 2－57

所示。这里“××××”代表用户在VB环境中建立并通过运行、调试正确的工程文件名。

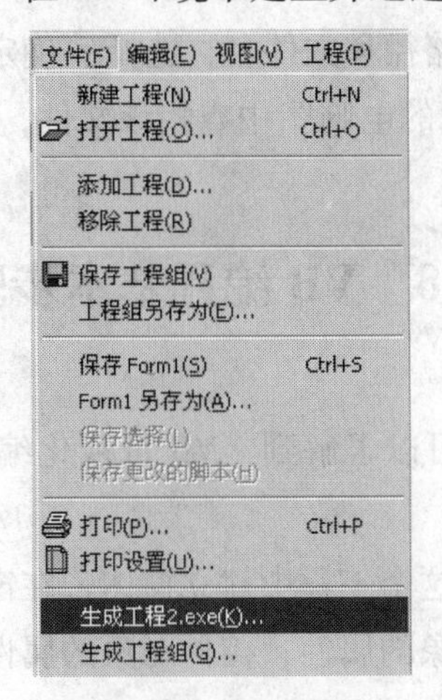

图2-57　选择生成可执行文件菜单

② 单击“生成××××.exe”选项后，系统会打开一个“生成工程”对话框，如图2-58所示。在这个对话框中的“保存在”下拉列表中选择保存可执行文件的目标磁盘和文件夹路径，在“文件名”对话栏中输入要保存的可执行文件名（文件名后缀为exe）。系统默认的文件名为当前的工程文件名，如果用户不想使用默认文件名，可以在“文件名”输入栏中直接键入新的文件名。然后单击“确定”按钮，即完成工程文件的编译转换，生成一个可执行文件。这个文件不需要VB集成开发环境的支持，可以直接在Windows操作系统环境下运行。

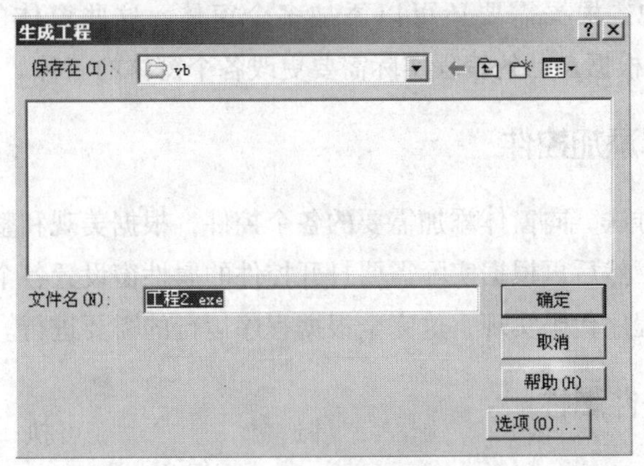

图2-58　生成可执行文件对话框

对于编译后生成的可执行文件，可以用两种方法在Windows环境下直接运行：

① 单击 Windows 桌面左下角的“开始”按钮，然后单击“运行”命令，在出现的对话框中键入生成的可执行文件所在路径和文件名，选择“确定”按钮或直接回车。

② 在“资源管理器”或“我的电脑”中查找该文件，然后用鼠标双击该文件名即可。

2.8 VB 编程基本步骤

通过前面的讨论，我们大致可以了解到，VB 可视化编程的基本过程可以归纳为以下 5 个方面：

(1) 创建一个新的工程，在这个工程中建立窗体，在窗体上布置需要的各种控件对象。

(2) 设置窗体和各个控件对象的属性，控件对象的属性也可以在程序代码中设置。

(3) 根据各个控件所需要的响应事件编写事件过程代码。

(4) 试运行程序，进行必要的调试和修改。

(5) 对工程进行编译，形成可执行文件。

这 5 个方面的工作，又可以细分为以下 7 个步骤：

2.8.1 新建工程

启动 VB 后，通常是在系统显示的“新建工程”对话框中选择“标准 EXE”，建立一个新的 VB 应用程序工程，这个工程中包含一个系统默认的窗体，窗体的名称和标题属性均为 Form1。在实际应用中，根据需要还可以添加多个窗体，这些窗体的名称分别是 Form2、Form3……用户也可以根据自己的编程实际需要更改各个窗体的名称。

2.8.2 向窗体添加控件

按照前面介绍的方法，向窗体添加需要的各个控件，根据美观和整齐的需要进行必要的大小调整和对齐排列。然后再根据实际需要打开控件的属性窗设置各个控件的属性。当然有的属性设置可以通过程序代码实现，这完全根据程序运行的需要进行。

2.8.3 设置控件属性

各个控件对象的属性设置，可以通过打开属性窗口进行。打开属性窗口的方法是：

(1) 选中某个控件，单击鼠标右键，在打开的快捷菜单中选择“属性窗口”命令，可以打开这个控件的属性窗口，然后进行相关属性的设置。

(2) 单击窗体上的空白区域选中窗体，然后单击鼠标右键，在打开的快捷菜单中选择“属性窗口”命令，在打开的属性窗口的控件名下拉列表中选择存在于窗体上的相应控件，进行相关属性的设置。

设置属性时注意区分控件对象的“名称”属性和“标题”属性的关系。向窗体上添加控件时，系统默认设置这个控件的名称属性和标题属性完全相同。名称属性和标题属性都可以更改，但应注意标题属性不能用于程序代码中对控件的识别和引用，在程序中通过代码引用或识别某个控件是以名称属性为标识进行的。

2.8.4 编写代码

控件布局和属性设置完成后，就可以编写代码了。编写代码的通常做法是用鼠标双击某个控件或者窗体上的空白处，打开代码编辑窗口，系统自动列出这个控件相应事件的空白过程框架，编程人员只需要在过程框架的空白处添加必要的指令就可以了，如图2-59所示。

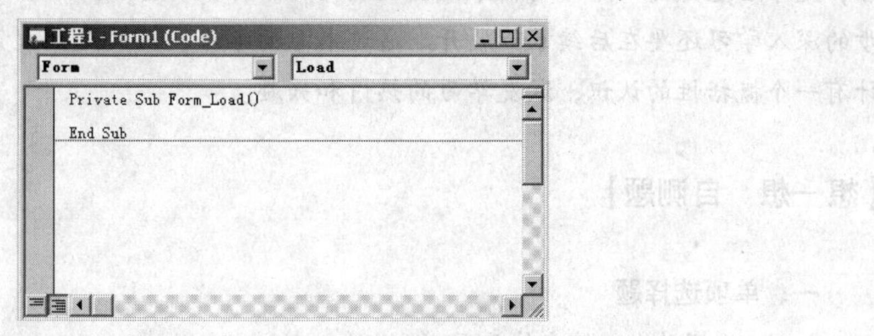

图2-59 空白的事件过程程序段

2.8.5 运行、调试工程

一般情况下，一个应用程序设计完毕后，首先都是在VB集成开发环境中进行“解释性”运行，观察运行结果是否正确，进行必要的调试和修改。

2.8.6 保存工程

一个良好的编程习惯，就是随时对所编写的应用程序进行保存。按照前面介绍的步骤，分别将工程中的各类文件按照不同类别进行分类保存，便于统一管理。每次修改程序后一定要记住进行保存操作，这样可以避免重复劳动和不必要的损失。

确信正确无误后再进行编译转换，生成可执行文件。

2.8.7 编译工程

一个经过试运行、调试并确信正确的工程，要经过编译才能成为正式的软件。VB 程序设计的最后一步就是编译工程，完成软件的开发设计。

【本章小结】

本章介绍了可视化编程的基本概念，初步介绍了对象、属性、方法以及事件与程序之间的关系。通过这些概念的讲解，初步引入了进行 VB 程序设计的步骤和方法，通过介绍常用控件，介绍了控件的属性设置、完成某个特定功能的方法以及产生某个动作的事件的简单程序设计步骤；介绍了 VB 程序设计的基本过程、工程文件的保存和编译转换步骤。这些内容，是今后进行更加深入的程序开发设计所必不可少的基础知识和前期准备。当然，更进一步的深入学习还要在后续章节展开。通过本章的学习，目的是让大家对于什么是 VB 程序设计有一个概括性的认识，激发学习的热情和兴趣。

【想一想　自测题】

一、单项选择题

2-1. 后缀为 bas 的文件表示（　　）。

A. 类模块文件　　B. 窗体文件

D. 窗体二进制数据文件　　D. 标准类模块文件

2-2. 当一个工程中含有多个窗体时，其中的启动窗体是（　　）。

A. 启动 VB 时创建的第一个窗体　　B. 第一个添加的窗体

C. 最后一个添加的窗体　　D. 在“工程属性”对话框中指定的窗体

2-3. 在文本框控件中将 Text 的内容全部显示为所定义的字符的属性是（　　）。

A. Password　　B. PasswordChar

C. 需要编程来实现　　D. 以上都不是

2-4. 无论何种控件，共同具有的属性是（　　）。

A. Text　　B. Name　　C. Caption　　D. ForeColor

2-5. 以下叙述中错误的是（　　）。

A. 一个工程中可以包含多个窗体文件

B. 全局变量必须在标准模块中定义

C. 在设计 Visual Basic 程序时，窗体、标准模块、类模块等需要分别保存为不同类型的文件

D. 在一个窗体文件中用 Private 定义的通用过程能被其他窗体调用

2-6. 要在窗体 Form1 内显示“myfrm”，使用的语句是（ ）。

A. Form. Caption ="myfrm"　　B. Form1. Caption ="myfrm"

C. Form1. Print "myfrm"　　D. Form. Print "myfrm"

2-7. 确定一个控件在窗体上位置的属性是（ ）。

A. Width 或 Height　　B. Width 和 Height

C. Top 或 Left　　D. Top 和 Left

2-8. 以下叙述中错误的是（ ）。

A. 一个工程中只能有一个 Sub Main 过程

B. 窗体的 Show 方法的作用是将指定的窗体载入内存并显示该窗体

C. 窗体的 Hide 方法和 Unload 方法的作用完全相同

D. 若工程文件中有多个窗体，可以根据需要指定一个窗体为启动窗体

2-9. 使图像框 Image 控件中的图像自动适应控件的大小应（ ）。

A. 将控件的 AutoSize 属性设为 True

B. 将控件的 AutoSize 属性设为 False

C. 将控件的 Stretche 属性设为 True

D. 将控件的 Stretche 属性设为 False

2-10. 若使图像框 Image 控件自动适应其中的图形大小，应（ ）。

A. 将控件的 Stretche 属性设为 True

B. 将控件的 Stretche 属性设为 False

C. 将控件的 AutoSize 属性设为 True

D. 将控件的 AutoSize 属性设为 False

2-11. 下列控件中不能响应 Click 事件的是（ ）。

A. Frame　　B. Label　　C. Timer　　D. Form

2-12. 如果希望以模态方式显示窗体 Form1，下列正确的语句是（ ）。

A. Form1. Show 0　　B. Form1. Show

C. Form1. Show 1　　D. 以上都不正确

2-13. 在下列选项中，不能将图像装入图片框和图像框的是（ ）。

A. 在界面设计时，通过 Picture 属性装入

B. 在界面设计时，手工在图像框和图片框中绘制图形

C. 在界面设计时，利用剪贴板把图像粘贴上

D. 在程序运行期间，用 LoadPicture 函数把图形文件装入

2-14. 保存新建的工程时，默认的文件夹是（ ）。

A. My Document　　B. VB 98

C. \　　D. Windows

2-15. 如果要在文本框中键入字符时，只显示某个字符，如星号（*），应设置文本框的（ ）属性。

A. Caption　　B. PasswordChar　　C. Text　　D. Char

2-16. 如果将文本框的（ ）属性设置为 True，则运行时不能对文本框中的内容进行编辑。

A. Locked　　B. MultiLine　　C. TabStop　　D. Visible

二、填空题

2-17. 在 VB 中，要想获得某个相关控件或语句的帮助信息，一般可首先选中该控件或语句，然后按________键。

2-18. 欲设置定时器的时间间隔为 2 秒，则属性 Interval 的值为________。

2-19. ________是应用程序的对外接口，是其他控件的载体和容器。

2-20. 将图片框的 AutoSize 属性设置成________时，可使图片框根据图片调整大小。

2-21. 每个应用程序都有开始执行的入口，在 VB 中将这种窗体称为________。

2-22. 定时器（Timer）控件可识别的事件是________，发生该事件的时间间隔由定时器的________属性设置。

2-23. 一个工程可以包括多种类型的文件，其中，扩展名为 vbp 的文件表示________文件；扩展名为 frm 的文件表示________文件；扩展名为 bas 的文件表示________文件；包含 ActiveX 控件的文件扩展名为________。

2-24. 对象是代码和数据的集合，例如，Visual Basic 中的________、________、________等都是对象。

2-25. 对象的方法用于________。当方法不需要任何参数并且也没有返回值时，调用对象的方法的格式为________。例如，对窗体 Form1 使用 Show 方法，应写成________。

2-26. Visual Basic 的控件通常分为 3 种类型，即________、________和________。其中，________不能从工具箱中删除。

2 –27. Timer 控件的________属性决定该控件是否对时间的推移做响应。将该属性设置为 False 会关闭 Timer 控件，设置为 True 则打开它。

2 –28. 要清除组合框 Combo1 中的所有内容，可以使用的语句是________。

2 –29. 使控件获得焦点的方法是________。

三、问答题

2 –30. 什么是工程?

2 –31. 一个工程可能包含哪些类型的文件?

2 –32. 什么是对象、属性、事件和方法?

2 –33. VB 可视化编程的基本步骤是什么?

【做一做 上机实践】

2 –34. 新建一个 VB 工程，在窗体 Form1 上添加 3 个文本框控件 Text1、Text2 和 Text3；4 个命令按钮控件 Command1、Command2、Command3 和 Command4，将它们的 Caption 属性分别设置为“加”“减”“乘”和“除”；另外，还有 4 个标签控件，分别作为窗体界面上的提示信息，具体布局如图 2 –60 所示。程序功能要求是，当用户在“操作数 1”和“操作数 2”两个文本框中输入了数据，单击“加”命令按钮时，“计算结果”文本框中就会显示这两个操作数相加计算的结果；单击“减”命令按钮时，“计算结果”文本框中就显示两个操作数相减运算的结果；单击“乘”命令按钮时，在“计算结果”文本框中显示两个操作数做乘法运算的结果；单击“除”命令按钮时，则“计算结果”文本框中显示两个操作数做除法运算的结果。

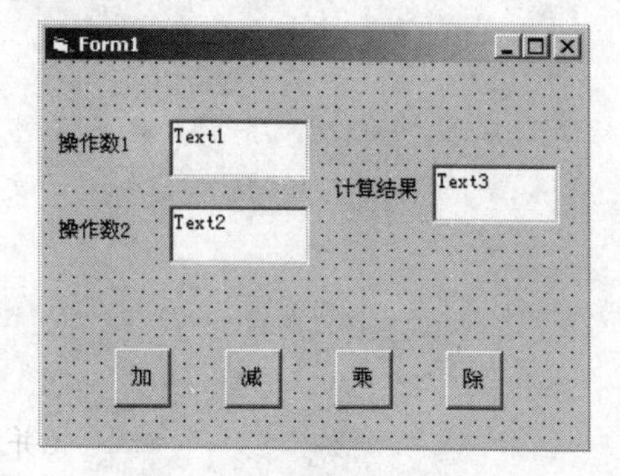

图 2 –60 窗体设计界面

想一想，这个程序中各个控件的属性应该怎样设置？应该针对哪些控件的什么事件书写程序代码？

【玩一玩　编程操练】

针对上述程序设计功能要求，试一试对4个命令按钮控件编写如下程序代码：

```
Private Sub Command1_Click()
    s = Val(Text1.Text)
    n = Val(Text2.Text)
    r = s + n
    Text3.Text = r
End Sub

Private Sub Command2_Click()
    s = Val(Text1.Text)
    n = Val(Text2.Text)
    r = s - n
    Text3.Text = r
End Sub

Private Sub Command3_Click()
    s = Val(Text1.Text)
    n = Val(Text2.Text)
    r = s * n
Text3.Text = r
End Sub

Private Sub Command4_Click()
    s = Val(Text1.Text)
    n = Val(Text2.Text)
    r = s/n
Text3.Text = r
End Sub
```

保存后运行程序，看看有什么样的结果？分析一下如果要使程序功能更加完善，不会因数据输入不当（例如，做除法运算时，作为被除数的第二个操作数输入为0）而出现溢出等错误，需要做哪些方面的改进？要做这些改进还需要学习哪些知识？

【看一看 网络课件学习】

1. 通过网络课件的 BBS 论坛给老师发帖提问，与同学讨论学习的心得体会。
2. 利用手机登录移动课件，在“自我检测”栏目中做有关本章节的自测题。

第3章　VB编程基础

导　读 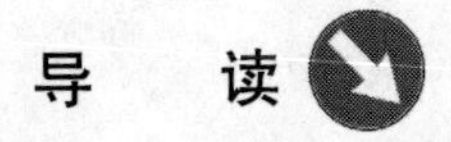

本章重点介绍VB的数据类型、常数和变量等这些程序设计中的基本数据元素，通过讲解表达式和操作符，让读者掌握VB中运算表达式的正确书写方法及运算的先后顺序，初步掌握程序设计的基础知识。

学习目标	VB中的数据类型、表达式、操作符的正确使用
应知	各种数据类型的定义
	什么是常量，什么是变量，常量的说明，变量的声明
	VB语句的书写规则
	常用标准函数的使用方法
应会	各种运算符的正确使用
难点	VB语句的书写规则
	数值型数据和字符型数据的区别，用户定义数据类型

学习方法

自主学习：自学文字教材。

参加面授辅导课学习：在老师的辅导下深入理解课程知识内容。

上机实习：结合上机实际操作，对照文字教材内容，深入了解体会VB中的各种数据类型，在熟悉VB语句书写规则的基础上熟悉并掌握各种表达式的书写规则。通过上机实习完成课后作业练习，巩固所学知识。

小组学习：参加小组学习，通过与小组中同学的讨论沟通，交流学习经验。

上网学习：通过网络课件或移动课件，进入BBS论坛，向老师发帖提问，获得学习帮助；参加同学之间的学习讨论，深入探讨各种运算符的正确使用方法和表达式的正确书写方法，在团队学习中使自己获得帮助并尽快掌握课程知识。

课前思考

VB 程序设计是面向对象的设计过程，为什么还要有变量和常量？为什么还要用到操作符号？VB 中函数的实质是什么？

教学内容

VB 程序设计是面向对象的设计过程。设计时要在窗体上放置各种控件对象，然后对这些控件对象进行属性设置，就触发事件和执行方法进行代码设计。因此，仅仅在窗体上放置了对象还不能说完成了程序的整体设计，还要给这些对象赋予各种响应事件而“动作”的指令代码，才能实现预期的功能。

因此，在用 VB 进行程序设计时也需和其他编程语言一样，要掌握 VB 编程语言中用到的数据、变量类型以及指令代码等基础知识。

3.1 标识符

标识符是程序员为变量、常量、数据类型、过程、函数、类等定义的名字。利用标识符可以完成对它们的引用。VB 中标识符的命名规则如下：

（1）标识符必须以字母开头，后跟字母、数字或下划线。

（2）标识符的长度不能超过 255 个字符。

（3）自定义的标识符不能和 VB 中的运算符、语句、函数和过程名等关键字同名，同时也不能与系统已有的方法和属性同名。

（4）关键字是 VB 保留下来的作为程序中有固定含义的标识符，不能被重新定义。VB 中的关键字如表 3－1 所示。

表 3-1 VB 中的关键字

As	Binary	ByRef	ByVal	Date	Else	Empty
Error	False	For	Friend	Get	Input	Is
Len	Let	Lock	Me	Mid	New	Next
Nothing	Null	On	Option	Optional	ParamArray	Print
Private	Property	Public	Resume	Seek	Set	Static
Step	String	Then	Time	To	True	WithEvents

3.2 基本数据类型

数据，是计算机进行运算和处理的基本对象。程序中需要处理的数据通常有数值数据和字符数据。数值数据可以是正数、负数、整数、小数等不同类型。字符数据可以是单个字符，也可以是由多个字符组成的字符串，这些字符或字符串可以是从键盘上输入的任何字符、标点符号和数字符号等。

VB 定义了多种数据类型，这些不同的数据类型，都是进行程序设计时常常要用到的，如表 3-2 所示。

表 3-2 VB 的标准数据类型

数据类型	类型名称	类型声明字符	所占字节	有效值
字节型	Byte	L	0~255	
布尔型	Boolean		2	True 或 False
整型	Integer	%	2	-32 768 ~ 32 767
长整型	Long	&	4	-2 147 483 648 ~ 2 147 483 647
单精度型	Single	!	4	负数：-3.402 823E38 ~ 1.402 98E-45 正数：1.401 298E-45 ~ 3.402 823E38
双精度型	Double	#	8	负数：-1.797 693 134 862 32E308 ~ -4.940 656 458 41247E-324 正数：4.940 656 458 412 47E-324 ~ 1.797 693 134 862 32E308

续表

数据类型	类型名称	类型声明字符	所占字节	有效值
货币型	Currency	@	8	-922 337 203 685 477.580 8 ~ 922 337 203 685 477.580 7
日期型	Date		8	January 1, 100 ~ December 31, 9999
对象型	Object		4	任何对象的引用
变长字符串型	String	$	字符串长度，1字节/字符	0 ~ 大约20亿字节
定长字符串型	String * size	$	size	1 ~ 65 535（64kB）字节
可变类型（数值）	Variant		不定	任何数值，最大可达到Double的范围
可变类型（字符）	Variant		字符串长度	与可变长度字符串有相同的范围

表中的类型声明字符是附加到变量名上的字符，其功能是指出变量的数据类型，用户根据类型声明符号可以很容易判断出变量的类型。

VB中的数据以4种形式存储：变量、常量、数组和记录。每一种形式都适合不同的特定任务，见表3-3。

表3-3 数据存储形式

名字	能够存储的数据
变量	一个可以改变的值
常量	一个固定的值
数组	多个数据类型（包括Variant数据类型）的值
记录	多个不同数据类型的数据值

3.2.1 数值型数据

VB有6种数值型的数据：整型、长整型、单精度型、双精度型、货币型和字节型。

（1）整型数据Integer。整型数据，表示不带小数点和指数符号的数。可以是正整数、负整数或0。

十进制整数只能包含数字0~9、正负号（正号可以省略）。在VB中，通常用16位二进制的形式（2个字节）来存储整型数，十进制整数的范围是-32 768~+32 767。

（2）长整型数据Long。长整型数据也是整型数，它表示的范围更大，VB中用32位二进制（4个字节）进行存储。十进制长整型数的范围是：-2 147 483 648~+2 147 483 647。

（3）单精度型数据Single。单精度型数据用来表示带有小数点部分的实数，VB中用32位（4个字节）浮点型二进制进行存储。所谓浮点存储形式，就是指用科学计数法以一个小数和10的整数次幂的乘积来表示的一个数。例如，123 456可以表示成$1.234\ 56\times10^5$。这种形式的数据，在VB中写成：1.23456E5，即以字母E来表示底数10，E5就代表10^5，小数和字母E之间不写乘号。单精度数表示的数据范围负数为-3.402 823E38~1.402 98E-45；正数为1.401 298E-45~3.402 823E38。

（4）双精度型数据Double。双精度数据也是带小数点的实数，VB中用64位二进制（8个字节）浮点形式存储。它表示的范围更大，负数为-1.797 693 134 862 32E308~-4.940 656 458 412 47E-324；正数为4.940 656 458 412 47E-324~1.797 693 134 862 32E308。

（5）货币型数据Currency。货币型数据，是VB中专门提供的一种处理货币数据的类型。它是一种特殊的小数。小数点后面的数据最多可以有4位数。货币型数据的存储范围是-922 337 203 685 477.580 8~922 337 203 685 477.580 7。

3.2.2 字符型数据String

字符型数据由ASCII字符串组成，包括标准的ASCII字符和扩展ASCII字符。在VB中，字符串是由双引号括起来的若干个字符，如"abc"、"武汉"等。其中一个西文字符占一个字节，一个汉字占两个字节，长度为0的字符串称为空字符串。字符串可以是定长字符串，也可以是变长字符串。

定长字符串一般在程序中事先声明（定义），在程序运行过程中，其长度始终不变。例如，声明一个长度为8的字符串变量后，如果赋予字符串变量的字符数少于8个，系统会自动用空格填补不足部分；如果多于8个，则自动截去超过部分的字符。在VB中，定长字符串的最大长度可为64 kB。

变长字符串指字符串的长度会在程序运行过程中随着变量赋值的改变而发生变化。按照默认规定，一个字符串变量如果没有事先定义为固定长度的，都属于可变长度字符串。例如，下面程序中先后出现的不同赋值语句，就给程序中同一个字符串变量x赋予了不同长度的字符串：

```
x ="abc"
x ="VB 程序设计"
x ="中华人民共和国"
```

通过程序的执行，变量 x 先后分别存储了不同长度的字符串数据。

变长字符串的最大长度可以达到 20 亿个字节。

3.2.3 布尔型数据 Boolean

布尔型数据是一个逻辑值，只有两个数值：真（True）或假（False）。在 VB 中，用两个字节来存储布尔型数据的数值。当把数值型数据转换成布尔型数据时，0 会自动转换成 False，其他非 0 数值则自动转换成 True；而当把布尔型数据转换成数值数据时，False 自动转换成 0，True 自动转换成 -1。

3.2.4 日期型数据 Date

VB 中用日期型数据来表示日期和时间，并且可以有多种格式的表示形式。表示日期的范围从公元100 年1 月1 日到公元9999 年12 月31 日，表示时间的范围从0 点0 分0 秒到23 点59 分59 秒。

在书写日期型数据时，是用两个#号把日期数据值或时间数据值括起来。例如：

```
#12/31/2011#      #2011-12-31#      #09:54:49AM#
```

如果输入的日期或时间格式不对或不存在，系统会自动提示报错。

3.2.5 对象型数据 Object

对象型数据用来表示应用程序中的对象。可以用 Set 语句指定一个被声明为 Object 的变量去引用应用程序所识别的任何实际对象。

3.2.6 变体型数据 Variant

除了定长字符串数据及用户定义类型外，变体型数据可以表示系统定义的其他所有类型的数据。因此，变体类型是 VB 中用途最广、使用最灵活的数据类型。在 VB 中，如果变量定义时没有被声明为指定类型的变量，则它被默认为 Variant 类型的变量，可以存储（表示）任何类型的数据。例如：

```
x ="abc"                      '变量x被赋值字符串"abc",字符类型
x =12345                      '变量x被重新赋值12345,数值型
x = #12/31/2011#              '变量x再次被赋予日期类型数据,日期型
```

除了可以像其他标准数据类型一样操作外，Variant 还包含 3 种特定值：Empty、Null 和 Error。

（1）Empty 值：在赋值之前，Variant 变量具有值 Empty。当需要知道是否已将一个值赋给所创建的变量时，可用 IsEmpty 函数测试 Empty 值：

```
If IsEmpty(x) Then x = 0
```

Empty 是不同于 0、零长度字符串（""）或 Null 值的特定值。当 Variant 变量包含 Empty 值时，可在表达式中使用它，将其作为 0 或零长度字符串来处理，这要根据表达式来定。

只要将任何值（包括 0、零长度字符串或 Null）赋给 Variant 变量，Empty 值就会消失。而将关键字 Empty 赋给 Variant 变量，就可将 Variant 变量恢复为 Empty。

（2）Null 值：通常用于数据库应用程序，表示未知数据或丢失的数据。由于在数据库中使用 Null 方法，Null 具有某些特性：

A. 对包含 Null 的表达式，计算结果总是 Null。于是说 Null 值可以通过表达式“传播”，如果表达式的部分值为 Null，那么整个表达式的值也为 Null。

B. 将 Null 值、含 Null 的 Variant 变量或计算结果为 Null 的表达式作为参数传递给大多数函数，将会使函数返回 Null。可用 Null 关键字指定 Null 值。

```
x = Null
```

也可用 IsNull 函数测试 Variant 变量是否包含 Null 值。

```
If  IsNull(x) And lsNull(y) Then
    z = Null
Else
    z = 0
End If
```

如果将 Null 值赋给 Variant 以外的任何其他类型变量，则将出现可以捕获的错误。而将 Null 值赋予 Variant 则不会发生错误，Null 将通过包含 Variant 变量的表达式传播（尽管 Null 并不通过某些函数来传播）。可以从任何具有 Variant 返回值的函数过程返回 Null。

（3）Error 值：可以指出已发生的过程中的错误状态。与其他类型错误不同，这里并未发生正常的应用程序级的错误处理。因此，程序员或应用程序本身可根据 Error 值进行取舍。

利用 CVErr 函数将实数转换成错误值就可建立 Error 值。

3.3 数据类型转换

在一些程序设计语言中，对数据类型的处理有严格的规定。如果将不同类型的数据值赋予同一个变量就可能会出逻辑错误。在 VB 中，一些数据类型可以自动转换。例如，数字字符可以自动转换成数值类型，但还有许多类型不能自动转换，需要通过 VB 提供的类型转换函数将已有数据转换成特定类型。表 3-4 是 VB 数据类型转换函数。

表 3-4 数据类型转换函数

函数名	转换后的类型或返回值
Cbool	Boolean
Cbyte	Byte
Ccur	Currency
Cdate	Date
CDbl	Double
Chr	返回字符码对应的字符
Cint	Integer
Clng	Long
CSng	Single
CStr	String
Cvar	Variant
CVErr	Error
Hex	十六进制数
Oct	八进制数
Str	将字符串以数字返回
Val	返回字符串内的数字

进行转换时，要求数据值在被转换类型的有效范围内，否则会发生错误。例如，如果被转换数据为 Long（长整型）类型，转换目的类型为 Integer（整型），则 Long 类型的数据必

须在 Integer 数据类型的有效范围内。

3.4 常量与变量

在进行程序设计时，通常要和两种类型的数据打交道，这就是常量和变量。

3.4.1 常 量

常量就是在程序运行过程中存储的数值保持不变的量。通常，它是一个有意义的符号或者名字，用来代表程序运行中不变的数值或字符串。在 VB 中常量可分为两类：

（1）系统内部常量。系统内部常量是 VB 系统提供的。这些常量可与应用程序中的对象、方法和属性一起使用。例如，表 3-5 所示 VB 中表示颜色的常量，在应用程序中可以随时引用。

表 3-5 VB 中的颜色常量

常量	值	描述
VbBlack	0x0	黑色
VbRed	0xFF	红色
VbGreen	0xFF00	绿色
VbYellow	0xFFFF	黄色
VbBlue	0xFF0000	蓝色
VbMagenta	0xFF00FF	紫红色
VbCyan	0xFFFF00	青色
VbWhite	0xFFFFFF	白色

如果要把窗体（Form1）的背景设置成绿色，前景设置成白色，可以通过以下指令进行：

```
Form1.BackColor = VbGreen
Form1.ForeColor = VbWhite
```

（2）符号常量。符号常量，也称为自定义常量，在程序设计中由编程人员根据需要进行定义，定义时要用关键字 Const 进行常量名声明。声明后在程序中的其他位置就可以引用这个符号来代表某个常数数值。

声明的语句格式为：

```
[Public|Private]Const 符号名[As 数据类型]=表达式
```

【例3-1】

```
Const PI=3.1415926
Dim x as Single
X=25*25*PI
Y=Sin(PI/6)
```

【例3-2】

```
Private Const FF=2.74139
Public Const JJ=1.732
```

使用常量时应注意：

(1) 用 Const 声明的常量在程序运行过程中是不能被重新赋值的。

(2) 符号常量必须在声明时赋值。

(3) 可以为被声明的常量指定数据类型，如 Const coin As Currency=0.33，缺省时为所赋值的数据类型。

(4) 在用常量为另一常量初始化时应注意不要出现循环引用。例如，

在模块1中有声明语句：

```
Public Const c1=c2+1.732
.....
```

在模块2中有声明语句：

```
Public Const c2=c1+3.14
```

如果出现这样的情况，VB 系统会出现错误信息报错。

适当地利用符号常量，可增强程序的可读性，便于程序设计过程中的编辑修改。

3.4.2　变　量

变量就是在程序运行过程中存储的数值可以改变的那些量。变量通常用英文字母组成的符号来表示，叫作变量名。一个变量占据一定的内存单元，这个内存单元中存放的数据就是变量的值。实际上变量的名称代表的是这个内存单元的地址，在程序执行过程中，一个变量

在某一个时刻只能存放一个值，如果在程序运行中数据发生变化，则这个内存单元中原来的数值被清除，被新的数值取代。

VB 中的变量有两种形式，一种是属性变量：在窗体设计过程中 VB 自动为各个控件对象（包括窗体本身）创建的一组变量。这类变量可供程序设计人员直接使用，如引用其值或赋予新值。

另一种是内存变量，是由程序设计人员根据程序设计的需要创建的。要注意的是，程序中创建的变量都有一定的作用范围。在同一个作用范围内，每个变量的名称必须唯一。其数据类型可以指定，也可以省略。如果省略指定类型，VB 系统自动定义该变量为 Variant 类型。大家在学习过程中，要注意区分变量数值和变量名这两个不同的概念。

（1）变量命名。程序中使用的变量，都有一个名称，便于对其进行调用和运算等操作。因此使用变量前必须给变量命名。在 VB 中，变量的命名遵守以下规则：

① 第一个字符必须是英文字母。

② 后接的字符可以是数字、字母、下划线，但不得有小数点、空格、+、-、%、,、#、$ 等符号。

③ 变量名的最后一个字符可以是类型说明符号，如!、@、#、$、%、& 等。类型说明符号在变量命名时也可以省略。但有类型说明符号的命名可以增强程序的可读性：从类型说明符就可以立即知道变量所属的类型，便于对程序的理解。

④ 变量名最长可达 255 个字符。

⑤ 变量名称不能与 VB 系统的保留字重名。例如，不能用 VB 中的保留字（诸如 input、let、Dim、integer、long 等）作为变量名使用。

⑥ 变量的命名最好使用 VB 建议的变量名前缀或后缀的约定来进行，这样的变量名容易被理解、有一定意义，如 Person_name、Person_Sex、Person_age 等。

⑦ VB 不区分变量名和其他名字中字母的大小写，如 WUHAN、wuhan 和 WuHan 指的是同一个名字。为了便于阅读，每个变量名的头字母最好用大写，使用大小写混合的形式组成变量名。

（2）变量声明。在 VB 中使用的变量，可以事先予以声明，即在程序代码中使用变量前，先对其进行类型定义和说明。在应用过程中，则应按照先前的定义说明，正确地进行赋值操作，将恰当类型的数值赋予变量名进行保存，这样便于合理地进行数据存储和运算。比如一个变量事先被定义为整型数据类型，若要将带有小数的数据赋予它并进行运算，则系统只会得出整型数据结果，小数部分会被省去而出现运算误差。

VB 中对变量的声明有两种方式：隐式声明和显示声明。

① 隐式声明。VB 允许变量不经声明就直接进行赋值，变量的类型由赋值的数据类型决定。这时 VB 默认变量类型为变体类型 Variant，例如：

```
X =1                      '变量 x 因被赋予整型数 1 而成为整型类型
TextChar ="武汉"          '变量 TextChar 因被赋予字符串数据"武汉"而成为字符类型
```

不经声明就使用变量虽然方便，但是在程序编辑过程中输入的变量及数值如果有所差错，却不容易被发觉，会造成程序出现莫名其妙的错误，特别是一些大型复杂的程序更是如此。因此，最好养成在使用变量前事先声明的良好编程习惯。

② 显式声明。变量使用前事先进行声明，称为显式声明。显式声明可以通过声明语句来进行。声明语句并不给变量赋值，而是说明变量的名称及数据类型。声明语句的语法格式为：

```
Dim          变量名 As 数据类型
```

例如：

```
Dim x As Integer                              '声明变量 x 为整型
Dim a As single,b As single, c As Single      '同时声明变量 a、b、c 为单精度型
Dim Myname As String                          '声明变量 Myname 为变长字符型
Dim MyChar As String *10                      '声明变量 MyChar 为定长字符型
Dim V As Variant                              '声明变量 V 为变体型
Dim y                                         '省略类型说明,变量自动为变体型
Dim MyBool As Boolean                         '声明变量 MyBool 为布尔型
Dim MyDate As Date                            '声明变量 MyDate 为日期型
```

使用声明语句建立一个变量后，VB 自动将数值类型的变量赋初始值 0，将字符型或变体型的变量赋空串，将布尔型变量赋 False。

使用变量时，VB 会自动将赋值的数据转换成与变量相符的数据类型，使变量的值与声明语句中的类型相匹配。例如，声明语句为：

```
Dim X As Integer
```

当程序中有如下代码：

```
x =2.7                       '数值 2.7 为单精度型
```

系统会自动按四舍五入将数值转换成整型数 3 存储到以 x 为名的存储单元，及变量 x 得到的赋值实际是整型数 3。

变量声明还可以通过强制显示进行。强制显示声明有两种方式。一种方式是用户在 VB

集成开发环境的菜单栏中选择“工具”菜单项，在打开的下拉菜单中选择“选项”菜单打开“选项”对话框后，在“编辑器”选项卡中勾选“要求变量声明”，如图 3－1 所示。

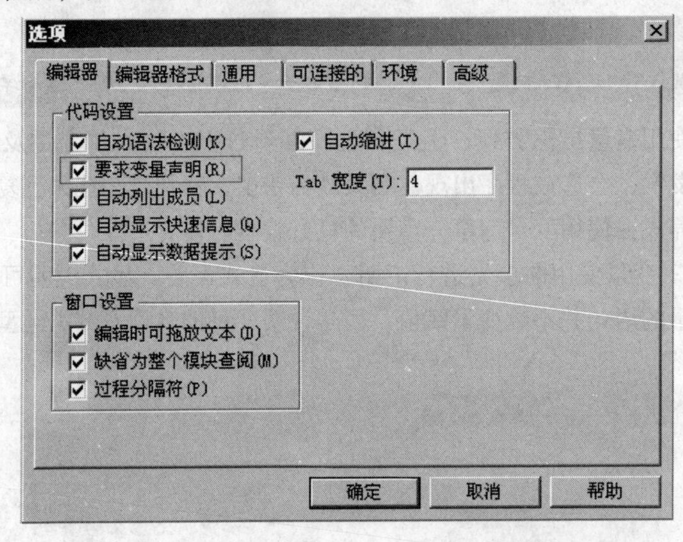

图 3－1　在“编辑器”选项卡中勾选“要求变量声明”

勾选后重新启动 VB，以后所有未经声明就直接使用的变量就会被系统认为非法而报错误信息。这项自动检查功能对于初学者而言，可以极大地减少由于输入误操作而产生的错误。

强制显示声明的另一种方式是在代码编辑窗口的对象列表中选择“通用”，然后在“声明区”（declarations）中输入声明语句 Option Explicit，如图 3－2 所示。声明了 Option Explicit 后，再运行程序，VB 就会帮助编程人员找到所有未经声明的变量。事实上，采用第一种方式时，系统自动将 Option Explicit 添加到了所有对象列表中的声明区中。

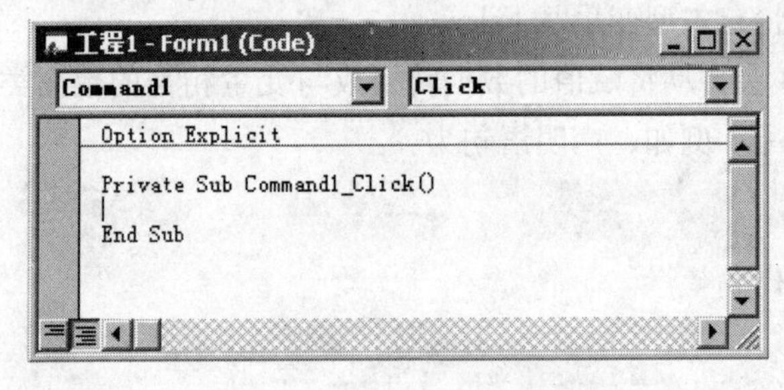

图 3－2　声明 Option Explicit

3.5 算术运算符和表达式

VB中的运算，就是对数据进行的处理过程。运算要通过运算符号来描述，因此运算符号也称为操作符。参与运算的数据则称为运算量或操作数。运算量和运算符组成了运算的表达式，即说明进行什么样的运算，参与运算的数据是哪些，运算的先后次序是什么，等等。运算量通常有常量，也有变量，还可以是函数。VB提供了大量的运算符号，可以实现各种运算，构成多种表达式。根据VB数据的类型和操作符的功能，组成了5类运算符和表达式，分别是算术运算符和算术表达式、字符串运算符和字符串表达式、日期运算符和日期表达式、关系运算符和关系表达式、逻辑运算符和逻辑表达式。

3.5.1 算术运算符

算术运算符是用来进行数学运算的符号。算术表达式也称为数值型表达式，由算术运算符、数值型常量、变量、函数以及运算符号组成，其运算后的结果是一个数值。

VB中主要有7个算术运算符，如表3-6所示。

表3-6 VB中的算术运算符

运算符	名称	算术运算式	用VB表达式表达
^	乘幂	ab	a^b
*	乘法	a×b	a*b
/	浮点除法	a÷b	a/ b
\	整数除法	取a÷b商的整数部分	a\b
Mod	求余（取模）	取a÷b的余数	a Mod b
+	加法	a+b	a+b
-	减法，取负	a-b	a-b

说明：

（1）上述7个运算符中，加（+）、减（-）、乘（*）、除（/）和乘幂（^）运算的意义与数学中基本相同。

（2）取负运算，只需要一个操作数，其他运算都需要有两个操作数，例如：

```
x = +5
- x                          结果是 -5
```

(3) 除法运算中，/ 符号和 \ 符号运算的区别是：1/2=0.5，1\2=0。整除符号 \ 用于整数除法，如果参与运算的数含有小数，系统会首先将其进行四舍五入，使其成为整型数或长整型数，然后再进行运算。运算后商有小数，则截去小数，取整数部分。

(4) 求余（模）运算符号 Mod 用来求整型除法的余数，其结果是第一个操作数（被除数）整除第二个操作数（除数）所得的余数。例如：

```
7 Mod 2                      结果为 1
2 Mod 7                      结果为 2
```

若表达式中除数和被除数都是小数，则系统先进行四舍五入取整后再进行求余运算：

```
6.6 Mod 1.5                  结果为 1
```

(5) 如果除法运算中除数为 0，或者进行乘幂运算时指数为负数而底数为 0 时，系统都会产生算术溢出的报错信息。

3.5.2 算术表达式书写规则

VB 表达式与数学上的表达式在书写时有一定的区别，主要表现在以下几个方面：

(1) 每个符号、数字，都占据一格，所有符号、数字要写在同一行上，不能在右上角或右下角写乘幂数和下标数。例如，10^2 用 VB 表达式表达，应写成 10^2，y_1+y_2 应写成：

```
y1 +y2
```

(2) 数学运算式中有时可以省略乘号，但 VB 表达式不可以省略，例如，$6a+4b(a+b)(c+d)$，用 VB 表达式表达，应写成：

```
6*a+4*b*(a+b)*(c+d)
```

(3) 所有数学中的括号，VB 中一律用小括号“(”和“)”表示，并必须严格配对。例如，数学表达式 $x\{3x^2+5[4y^2-2(x+y)]\}$ 用 VB 表达式表达，应写成：

```
x*(3*x^2+5*(4*y^2 - 2*(x+y)))
```

(4) 数学上的分式，应用括号和除号的正确组合来表达。例如，要把数学表达式：

$$\frac{x+y}{a+\dfrac{b^2+x}{3x-4y^2\sqrt{x-b}}}$$

写成正确的 VB 算术表达式，则应是：

```
(x+y)/(a+(b^2+x)/(3*x-4*y^2*Sqr(x-b)))
```

（5）一些数学中的常数，在 VB 中要事先进行常量声明，然后再使用。例如，求圆的面积，数学表达式为 $S=\pi R^2$，用 VB 表达式表达时，需事先声明符号常量 PI，然后再用算术表达式表达：

```
Const PI=3.1415926
S=PI*R^2
```

3.5.3 算术运算符的优先级

与数学中进行算术运算时运算符号有优先顺序一样，VB 中也有运算符号的优先顺序，这就是运算符号的优先级。算术运算符的优先级与数学上的一样，也遵循先乘除、后加减的运算法则。上述 7 个算术运算符号的优先级从高到低，如下所示：

运算	运算符	优先级
指数运算符	^	高
取负	-	↑
乘法、浮点除法	*，/	↑
整除	\	↑
取余(模)	Mod	↑
加法、减法	+，-	低

其中，乘、浮点除是同级运算符，加和减是同级运算符。如果一个表达式中有多种算术运算符号，就按照运算符的优先级别高低顺序进行运算；如果表达式中的运算符优先级相同时，运算按从左到右的顺序进行；如果运算式中包括括号时，则按最内层括号优先原则进行计算。

3.6 字符串运算符和字符串表达式

VB 中的字符串表达式，由字符串常量、字符串变量、字符串函数和字符串运算符组成。它可以是一个简单的字符串常量，也可以由若干字符串常量、字符串变量或字符串函数组合而成。

3.6.1 字符串运算符

VB 中的字符串运算符分别是“&”和“+”。

3.6.2 字符串表达式

VB 用“&”或“+”运算符连接两个字符串形成字符串表达式，例如：

```
"abc"&"def"                 '连接后成为新字符串"abcdef"
"武汉"&"湖北"               '连接后成为新字符串"武汉湖北"
"Y1234"&"Z5678"             '连接后成为新字符串"Y1234Z5678"
```

两个字符串连接后，& 符号右边的字符串直接添加到前面字符串的后边，形成一个新的字符串。另外，VB 中也可以用“+”号来连接两个字符串，效果与“&”类似。但“+”号容易与算术加法运算混淆，所以建议最好用“&”符号。同时，“&”运算符还可以自动实现非字符类型数据转换为字符类型的连接，而“+”则不能自动转换。例如：

```
10 & 12 & "abc"             '连接后成为新字符串"1012abc"
```

而如果写成 10 + 12 + "abc"系统会提示类型不匹配信息。

3.7 日期运算符和日期表达式

3.7.1 日期运算符

由于日期型数据之间只能进行加、减运算，因此日期运算符分别是“+”和“-”。

3.7.2 日期表达式

日期表达式由日期型常量、日期型变量、日期型函数及运算符“+”“-”构成。日期型表达式可以用来描述日期型数据之间的加、减运算。这种运算有 3 种形式：

(1) 两个日期型数据之间相减，结果是一个数值型数据（两个日期型数据之间相差的天数），例如：

```
#2011/12/27#-#2011/12/20#  运算的结果为数值型数据 7
```

(2) 一个日期型数据可以加上一个数值型数据，其结果仍然为一个日期型数据，例如：

```
#2011/11/20#+30            运算后结果为日期型数据 #2011/12/20 #
```

(3) 一个日期型数据可以减掉一个数值型数据，其结果仍然为一个日期型数据，例如：

```
#2011/12/20#-7             运算后结果为日期型数据 #2011/12/13 #
```

3.8 关系运算符和关系表达式

3.8.1 关系运算符

关系运算符用来对两个数或两个表达式进行比较，用以确定这两个数或表达式之间的关系。比较运算后的结果分别可以是 True、False 和 Null 这 3 种。当两个进行关系运算的表达式中任何一个的值为 Null 时，关系运动算的结果就为 Null。表 3－7 是 VB 中常用的 6 种关系运算符。关系运算符的优先级低于算术运算符，各个关系运算符的优先级是相同的。因此，如果遇到有算术运算符和关系运算符同时存在的关系表达式时，计算的顺序一定是先进行算术计算，再进行关系运算（判断）。

表 3－7　关系运算符

运算符名称	运算结果示例	
	True	**False**
=（等于）	1 =　1	1 =　2
< >（不等于）	4 < >2	2 < >2
<（小于）	1 <　2	3 <　2
>（大于）	2 >　1	2 >　3
< =（小于等于）	5 < =5	6 < =5
> =（大于等于）	5 > =5	5 > =6

3.8.2 关系表达式

关系表达式是指用关系运算符将两个表达式连接起来的式子，关系表达式的格式为：

```
<表达式1><关系运算符><表达式2>
```

例如：

```
2 +3 >5 -2
```

说明：

（1）关系表达式的运算次序为：先分别计算关系表运算符两侧表达式的值，然后再把二者进行关系比较：二者关系与关系运算符一致时，则关系运算结果为 True；若二者关系与运算符不一致，则关系运算结果为 False。

（2）若参与比较的两个表达式中，有任何一个的值为 Null，则关系运算的结果为 Null。

（3）数值型运算表达式得到的是数值型数据，数值型数据的关系运算是按数值大小进行比较。

（4）日期型数据将日期看成“yyyymmdd”8 位整数构成的数字，按数值大小进行比较。例如，表达式：

```
2012/02/14 >2011/02/14
```

运算的结果为 True。

（5）字符型数据进行关系比较运算时，按照字符的 ASCII 码进行比较。如果是比较两个字符串，则首先比较两个字符串的第一个字符，其中 ASCII 码数值较大的字符所在的字符串大。如果第一个字符相同，则对第二个字符进行比较，依次类推，直到比较出较大的一个。

按照 ASCII 编码，常用字符 ASCII 码大小关系如下：

" "（空格）<"0"<……<"9"<"A"……<"Z"<"a"<……<"z"<（所有汉字）

（6）对单精度或双精度数进行比较时，可能会出现错误。例如，数学上的等式：

3.0 * 1.0/ 3.0 = 1.0

由于计算机是采用二进制浮点数对其进行转换后再计算，转换过程中存在误差，因此很可能得出矛盾的比较结果。

（7）数学上的不等式 0 < x < y 不是关系表达式，而是后面将要介绍的逻辑表达式，因此不能用关系表达式表达。

关系运算举例：

- 关系运算"456" > "455"的值为 Ture。
- 关系运算 2 * 6 > = 12 的值为 True，而 2 * 6 > = 13 的值为 False。

3.9 逻辑运算符和逻辑表达式

3.9.1 逻辑运算符

逻辑运算符是进行逻辑运算的符号。VB 提供了 6 种逻辑运算符，按运算优先级从高到低的顺序排列如下：

(1) 逻辑非 Not。

(2) 逻辑与 And。

(3) 逻辑或 Or。

(4) 逻辑异或 Xor。

(5) 逻辑相等 Eqv。

(6) 隐含 Imp。

表3-8给出了逻辑运算符的运算结果说明。

表3-8 逻辑运算符运算说明

逻辑运算符	运算结果说明
逻辑非 (Not)	Not a 当a为True时结果为False，否则为True
逻辑与 (And)	a And b 当且仅当a、b同时为True时，结果为True，否则为False
逻辑或 (Or)	a Or b 当且仅当a、b同时为False时，结果为False，否则为True
逻辑异或 (Xor)	a Xor b 当a、b不同时结果为True，否则为False
逻辑相等 (Eqv)	a Eqv b 当a、b相同时结果为True，否则为False
隐含 (Imp)	a Imp b 当且仅当a为True，同时b为False时，结果为False，否则为True

3.9.2 逻辑表达式

用逻辑运算符将算术表达式、关系表达式、常量、变量、函数等连接起来，就成为逻辑表达式，用于判断操作数、表达式之间的逻辑关系。运算的结果是布尔类型，即要么是True，要么是False。

逻辑运算举例：

(1) Not运算举例。假设有如下语句定义变量A、B、C、D的初始数值：

```
Dim A,B,C,D,Y
A=10: B=8 : C=6 : D=Null
Y=Not(A>B)                  '先进行关系运算,A>B为True,则取非运算结果为False
Y=Not(B>A)                  '先进行关系运算,B>A为False,则取非运算结果为True
Y=Not(C>D)                  '先进行关系运算,因D为Null,运算结果为Null
```

(2) And运算举例。假设有如下语句定义变量A、B、C、D的初始数值：

```
Dim A,B,C,D,Y,X
A=10: B=8 : C=6 : D=Null
Y=A>B And B>C                 '因A>B同时B>C,两个关系同时为True,运算结果为True
Y=B>A And B>C                 '因B<A而B>C,两个关系只有一个为True,运算结果为False
Y=A>B And B>D                 '因D的值为Null,运算结果为Null
```

注意：数学上的不等式 $0<x<y$，要用逻辑表达式表达为：

```
X>0 And Y>X
```

（3）Or 运算举例。假设有如下语句定义变量 A、B、C、D 的初始数值：

```
Dim A,B,C,D,Y,X
A=10: B=8 : C=6 : D=Null
Y=A>B Or B>C                 '因A>B,且B>C,两个关系同时为True,运算结果为True
Y=A>B Or C>B                 '因A>B,而B>C,两个关系中只有一个成立,运算结果为True
Y=B>A Or C>B                 '因两个关系都不成立,同时为False,运算结果为False
```

（4）Xor 运算举例。假设有如下语句定义变量 A、B、C、D 的初始数值：

```
Dim A,B,C,D,Y,X
A=10: B=8 : C=6 : D=Null
Y=A>B Xor B>C                 '因A>B,且B>C,两个关系同时为True,运算结果为False
Y=A>B Xor C>B                 '因A>B,而B>C,两个关系中只有一个成立,运算结果为True
Y=B>A Xor C>B                 '因两个关系都不成立,同时为False,则运算结果为True
```

3.9.3 3种运算符之间的运算优先级的关系

在算术运算符、关系运算符和逻辑运算符3种运算符当中，逻辑运算符的优先级最低，算术运算符的优先级最高。因此在逻辑表达式中，当有算术运算符、关系运算符同时存在时，一定是先进行算术运算，再进行关系运算（判断），最后才进行逻辑运算。

另外，字符串运算符（字符连接符）“&”的运算优先级顺序在所有的算术运算符之后，在关系和逻辑运算符之前。算术运算符、关系运算符和逻辑运算符的优先级关系如表3-9所示，按照从左到右、从上到下的优先级依次减小。

表3-9　算术、关系、逻辑运算符的优先级顺序

算术运算符	关系运算符	逻辑运算符
指数运算　(^)	等于　(=)	逻辑非　(Not)
取负数　(-)	不等于　(<>)	逻辑与　(And)
乘、除运算　(*, /)	小于　(<)	逻辑或　(Or)
整除运算　(\)	大于　(>)	逻辑异或　(Xor)
求模运算　(Mod)	小于或等于　(<=)	逻辑相等　(Eqv)
加、减运算　(+, -)	大于或等于　(>=)	隐含　(Imp)
字符串连接　(&)		

3.10　常用内部函数

在VB中，所谓函数，实质上就是一种特殊的运算，这种运算需要指定一个或多个参数，然后得到一个运算的函数数值。

VB中的函数分为内部函数和用户自定义函数。内部函数是VB系统提供给编程人员使用的各种运算所需的函数，如数学运算函数、日期函数、字符串函数等。

用户自定义函数，则是由编程人员根据程序设计需要自己定义的由一段程序指令所构成的可以完成既定运算的函数（程序段）。以下是VB中常用的一些内部函数，具体使用方法可查阅VB联机帮助系统或有关技术手册。

3.10.1　数学函数

数学函数可以完成各种数学运算，如表3-10所示。

表3-10　常用数学函数

函数	说明	函数	说明
Sin（x）	返回弧度x的正弦值	Sgn（x）	返回数x的符号值
Cos（x）	返回弧度x的余弦值	Sqr（x）	返回数x的平方根值
Abs（x）	返回数x的绝对值	Int（x）	返回不大于x的最大整数值
Exp（x）	返回e的x次幂值	Fix（x）	返回数x的整数部分数值

3.10.2 字符串函数

VB 提供的字符串处理函数，可以对字符串进行各种方式的处理，常用的字符串函数如表 3－11 所示。

表 3－11 常用字符串处理函数

函数	说明	函数	说明
Str（x）	将数值型数据 x 转换成字符型数据	Space（x）	返回由指定数目空格字符组成的字符串
Val（x）	将数字字符串转换成相应的数值	Lcase（x）	返回以小写字母组成的字符串
Len（x）	返回字符串的长度	Ucase（x）	返回以大写字母组成的字符串
Ltrim（x）	去掉字符串 x 左边的空白部分	Rtrim（x）	去掉字符串 x 右边的空白部分
Trim（x）	去掉字符串 x 左右的空格，若为 Null 时，返回 Null	Asc（x）	返回字符串 x 首字母的 ASCII 编码值

3.10.3 判断函数

判断函数用于判断变量的属性等内容，在程序设计十分有用。常用的有：

（1）数组判断函数 IsArray（x）：判断变量 x 是否是数组，是则返回 True，否则返回 False。

（2）初始化判断函数 IsEmpty（x）：判断变量 x 是否已初始化，若没有被初始化，返回 True，否则返回 False。

（3）日期判断函数 IsDate（表达式）：判断表达式是否为日期表达式，是则返回 True，否则返回 False。

3.10.4 日期和时间函数

（1）Date（）：返回系统当前日期。

（2）Time（）：返回系统当前时间。

（3）Year（x）：返回 x 表示的日期中的年份。类似的还有 Month、Day、WeekDay 等。

3.11 VB 语句的书写规则

VB 中的语句就是执行具体操作的指令，每个语句都有特定目的的操作，每个语句一定以回车键结束。编写程序代码时，必须遵守 VB 程序语句的书写规则，否则系统会拒绝执行。

3.11.1 赋值语句

赋值语句是VB中最基本的语句之一，程序中各类变量都要通过赋值语句来赋予参加运算的数据，各种运算表达式计算的结果要通过赋值语句传递给变量进行保存，对象的属性也可以通过赋值语句进行定义。

赋值语句的基本格式有两种：

```
(1) [Let] 变量或属性 = 表达式
(2) Set 变量名 = 表达式
```

第一种是用来对变量进行赋值的赋值语句，这种语句以关键字Let起头。这一规定在早期的Basic语言系统中是必须遵守的，但在VB中可以省略。“=”号称为赋值号，注意它表示的是一种赋值的操作或数据的传递过程，而不是数学上的“等于”意义，这一点新学者务必特别注意。因此，通过赋值号书写的赋值语句可以有如下的形式：

```
x = 10
x = x + 1
```

上述语句表达的操作过程是先给变量x赋初值10，然后再在原来的基础上做加1运算，其结果仍然赋给变量x保存。因此这两条语句顺序执行完毕后，变量x存储的数值为11，与数学上的“等于”毫不相干。如果用数学上的“等于”意义去理解这个表达式，显然会得出荒谬的结果。

第二种语句以关键字Set起头，变量名为VB中定义的对象变量名，表达式为一对象表达式。

在书写赋值语句时，要注意变量与赋值数据或表达式之间的数据类型匹配问题。如果事先有将某个变量定义为数值类型的定义语句，则后面的赋值语句就不能将字符串型的数据赋给这个变量，否则系统会报类型匹配错误。同样，如果变量事先被定义为字符类型，就不能将数值类型数据赋给它，否则系统也会报错。例如：

```
Dim  x As String
x = 12345.0                  '运行时系统提示类型不匹配
```

赋值操作时，布尔类型和日期型都被看作数值类型的数据。如果变量事先被定义为Variant类型，就不会发生这类问题。例如，下面的指令执行过程中系统就不会报“类型错误”信息：

```
Dim  x As variant
X = 10
Print x
X = "Hubei Wuhan"
Print x
```

3.11.2 注释语句

注释语句是在程序中由编程人员添加的用于介绍指令功能、程序作用等内容的说明语句。其目的是为了让编写的程序具有更好的可读性，能够一目了然地了解某条指令的作用和所完成的功能。这样便于今后对程序的修改与维护。书写注释语句的方法有两种：一种是使用关键字 Rem，另一种是用单撇号（'）。凡是出现在 Rem 或单撇号后面的内容，系统都自动理解为属于程序的注释说明而不会进行编译执行。Rem 与单撇号在使用时的区别在于，使用 Rem 关键字时，必须使用冒号（:）将注释语句与前面的指令语句分隔开，而使用单撇号就不需要。例如：

```
Dim n As integer
Dim s As Integer
S = 0
For n = 1 to 100 :Rem 循环执行 100 次
    S = s + n
Next n
Print s
```

如果上面的注释语句用单撇号来代替关键字 Rem，就不需要使用冒号分隔指令和注释语句，可以直接写成：

```
For n = 1 to 100                    '循环执行 100 次
```

要注意的是，冒号（:）与单撇号（'），都是英文输入法下的键盘输入字符。

3.11.3 语句续行

如果一条指令语句过长，在一行中书写不下，为编写和阅读的方便，可以把它拆分为多行书写。拆分的规则是在一行的行尾加一个空格和一个续行符号（下划线“ _ ”）用来表示本语句还没写完，将转到下一行继续书写。例如：

```
Dim x As String
x ="Hubei"_
& "Radio and TV University"
```

VB 规定，程序一行的最大长度可以达到 1 023 个字符，但是为了阅读的方便，通常一行的长度都由编辑窗口的实际大小和程序编辑的排版美观来决定。拆分一行语句时，要注意不能使用续行符号把用引号引起来的字符串拆分成多行。

3.11.4 一行中书写多条语句

如果需要把多条语句写在一行里面，则可以通过在语句之间加冒号分隔开的方式进行。例如：

```
Dim x As Long : Dim y As String : Dim n As  Integer
```

是否一定要把多条语句写在一行，由编程者的习惯而定，没有硬性规定。

3.11.5 命令格式中的符号说明

在有关语句、命令的书写格式说明中，常会用到一些符号来表示相关的语法格式及书写规则。这些符号使用在大多数程序设计语言中是通用的或大致相同的，因此在这里做一简要介绍，如表 3－12 所示。

表 3－12 语法书写格式符号说明

使用的符号	含义说明
< >	必选参数符号，尖括号中的文本内容是书写语句命令时必需的内容，如果缺少则会发生语法错误
[ ]	可选参数符号，方括号中的内容表示语句中此项可以省略
|	多项选一符号，通常用竖线分隔多个选项，书写时必须选择其中之一
,…	表示同类项目的重复出现

3.12 记录类型数据（用户自定义类型）

在 VB 中的数据类型，除了前面介绍的各个基本类型外，还有由用户根据程序设计的需要自定义的数据类型。VB 允许用户自定义的数据类型为记录类型数据。所谓记录类型数据，就是由不同类型的数据组合起来的一个有机整体。例如，单位职工的信息记录数据，包括职工的编号、姓名、性别、年龄、家庭住址等各个项目。这些项目都用来反映与职工有关的某种信息，它们之间因“职工”而相互关联。如果用前面介绍的简单变量来对一个职工的状况进行描述，显然是不方便也不全面的，难以表现它们之间的内在联系。只有将它们组织为一个整体，才能够全面地对一个职工信息进行有效描述。在这个整体的项目集合中，可以包含不同类型的数据项，如“编号”“年龄”的类型可以是数值型，而“姓名”“性别”“家庭住址”等项目的类型可以是字符型，等等。

由这样的多个项目组合形成的数据，称为记录。记录在 VB 中又叫作“用户定义数据类型”。它是一种由多个项目构成的结构化的数据类型。记录中的各个项目称为记录的成员，各个成员可以有不同数据类型。

3.12.1 记录类型的定义

用户自定义记录类型用 Type... End Type 语句定义。其格式为：

```
[Public|Private]Type <记录类型名>
<成员名>  As  数据类型
.....
End Type
```

其中：Public 是可选的，用于声明可在所有工程的所有模块的任何过程中使用记录类型；Private 也是可选的，用于声明所定义的记录只能在包含该声明的模块中使用。Public 或 Private 不能同时出现。

记录类型的命名规则遵循标准的变量命名约定。

所有的 <成员名> 构成该记录数据类型中的各个成员的集合，各个成员都要进行类型声明。

成员的类型可以是诸如 Byte、Boolean、Integer、Currency、Single、Doulbe、Long、Date、String、String * Num、Object、Variant 以及其他的记录类型等形成的各种类型。

例如，定义单位职工信息记录类型：

```
Private Type StaffRecord                    '定义职工信息记录类型
    Number  As Integer
    Name  As String*20
    Sex As String*2
    Age As Integer
End Type
```

上面定义了一个记录类型，类型名称是StaffRecord，类型成员有Number、Name、Sex、和Age。

自定义类型还允许嵌套定义，即自定义类型定义中含有另一个自定义类型的成员，例如：

```
Type AddrType
    Address As String
    Zip As Integer
End Type

Type StaffRecord
    Name As String*20
    Sex As String *2
    Age As Integer
    Home As AddrType                    '自定义类型嵌套
End Type
```

由上面的例子可以看出，适当的嵌套自定义类型，可以使每个类型定义简洁明了。

3.12.2 定义记录类型变量

用Type语句定义了一个自定义类型后，就可以用它声明拥有自定义数据类型的变量了。这种变量也可以用Dim、Public、Private、ReDim或Static等关键字来声明。例如：

```
Dim Staff1,Staff2 As StaffRecord
```

上面的语句定义了两个变量Staff1和Staff2，其类型为StaffRecord，它们具有StaffRecord类型的结构，如图3-3所示。

	Number	Name	Sex	Age	Home.Address	Home.zip
Staff1	2012001	胡冰山	男	21	武汉市万寿路128号	430001
Staff2	2012002	李大路	男	22	武汉市中山路212号	430020

图3-3 StaffRecord类型变量的结构

3.12.3 记录类型变量的赋值

对于记录类型的变量，可以通过类似于对象属性的设置那样，以“变量名.成员名”的形式来给自定义类型变量中的元素赋值，例如：

```
Staff1.Name ="胡冰山"
Staff1.Age =21
```

也可以通过 With ... End With 语句结构来给自定义变量赋值，例如：

```
With Satff2
    .Name ="李大路"
    .Sex ="男"
    .Age =22
    .Home.Address ="武汉市中山路212号"
    .Home.Zip =430020
End With
```

如果两个变量都属于同一个用户自定义类型，也可以将其中一个变量的值赋给另一个变量。这种赋值是将一个变量的所有元素值赋给另一个变量的对应元素，例如：

```
Dim Staff3 As StaffRecord
Staff3 =Staff1
```

【本章小结】

本章介绍了标示符的基本概念，讲解了 VB 中常用的各种数据类型以及用户自定义类型，介绍了什么是变量，什么是常量，重点讲授了运算符号和表达式。学习时要注意掌握3类运算符号和表达式的书写规则，尤其要注意相互之间运算优先级的关系。

常用内部函数和语句书写规则，是下面进一步深入学习 VB 程序设计的基础，因此要掌握透彻并做到熟练运用。

【想一想　自测题】

一、单项选择题

3 -1. 在 Visual Basic 中，变量的默认类型是（　　）。

A. Integer　　B. Double　　C. Currency　　D. Variant

3 -2. MsgBox 函数返回值的数据类型是（　　）。

A. 字符串型　　B. 日期型　　C. 逻辑型　　D. 整型

3-3. 下列4项中合法的变量名是（ ）。

A. a-bc B. a_bc C. 4abc D. integer

3-4. 有程序代码如下：

```
Text1.Text ="Visual Basic 程序设计"
```

则 Text1、Text 和"Visual Basic 程序设计"分别代表（ ）。

A. 对象、值、属性 B. 对象、方法、属性

C. 对象、属性、值 D. 属性、对象、值

3-5. 如果仅需要得到当前系统时间，使用的函数是（ ）。

A. Now B. Time C. Year D. Date

3-6. 表达式16/ 4 -2^5 * 8/ 4MOD5 \ 2 =（ ）。

A. 20 B. 14 C. 2 D. 4

3-7. 下列赋值语句正确的是（ ）。

A. a+b=c B. c=a+b C. -a=b D. 5=a+b

3-8. 将数据项"China"添加到列表框 List1 中成为第一项，应使用的语句是（ ）。

A. List1. AddItem"China", B. List1. AddItem"China", 0

C. List1. AddItem"China", 1 D. List1. AddItem"1, China"

3-9. 下列不是字符串常量的是（ ）。

A. "你好" B. "" C. " True" D. #False#

3-10. 下列叙述中不正确的是（ ）。

A. "你好" B. "" C. " True" D. #False#

3-11. 下列叙述中不正确的是（ ）。

A. 变量名中的第一个字符必须是字母

B. 变量名的长度不超过255个字符

C. 变量名可以包含小数点或者内嵌的类型声明字符

D. 变量名不能使用关键字

3-12. 以下可以作为 Visual Basic 变量名的是（ ）。

A. SIN B. CO1 C. COS（X） D. X（-1）

3-13. 表达式5^2Mod25 \ 2^2 的值是（ ）。

A. 1 B. 0 C. 6 D. 4

3-14. 表达式25. 28 Mod 6. 99 的值是（ ）。

A. 1 B. 5 C. 4 D. 出错

3－15. 表达式 Int（－17.8）的值为（　）。

A. 18　B. －17　C. －18　D. －16

3－16. 表达式 Abs（－5）＋Len（"ABCDE"）的值为（　）。

A. 5ABCDE　B. －5ABCDE　C. 10　D. 0

3－17. 代数式 $\frac{a}{b+\frac{c}{d}}$ 对应的 Visual Basic 表达式是（　）。

A. a/ b＋c/ d　B. a/（b＋c）/ d　C.（a/ b＋c）/ d　D. a/（b＋c/ d）

3－18. 在一个语句行内写多条语句时，语句之间应该用（　）分隔。

A. 逗号　B. 分号　C. 顿号　D. 冒号

3－19. 在代码编辑器中，如果一条语句太长，无法在一行内写下（不包括注释），要折行书写，可以在行末使用续行字符（　），表示下一行是当前行的继续。

A. 一个空格加一个下划字符（_）　B. 一个下划字符（_）

C. 直接回车　D. 一个空格加一个连字符（－）

3－20. 如果要在文本框中键入字符时，只显示某个字符，如星号（*），应设置文本框的（　）属性。

A. Caption　B. PasswordChar　C. Text　D. Char

3－21. 在 Visual Basic 中，变量的默认类型是（　）。

A. Integer　B. Double　C. Currency　D. Variant

3－22. 下列符号哪些是合法变量名（　）?

A. x23　B. 8ab　C. END　D. X8［B］

3－23. 表达式 2^2＋4*3^2－6*2/ 3＋3^2 的值是（　）。

A. 45　B. 64　C. 32　D. 25

3－24. 数学式子 sin30°写成 VB 表达式应该是：（　）。

A. Sin30　B. Sin（30）

C. Sin（30）　D. Sin（30*3.14/ 180）

3－25. 函数 Int（Rnd（0）*100）的值是哪个范围内的整数？（　）。

A.（0~10）　B.（1~100）　C.（0~99）　D.（10~99）

3－26. 下列哪些符号不能作为 VB 的标识符？

（1）XYZ　（2）True1

（3）False　（4）1ABC

（5）A［7］　（6）Y_1

（7） IntA　　　　（8） A-2

（9） A3　　　　（10）"Comp"

3-27. 下列数据哪些是变量？哪些是常量？是什么类型的常量？

（1） name　　　　（2）"name"

（3） False　　　　（4） ff

（5）"11/16/99"　　　　（6） cj

（7）"120"　　　　（8） n

（9） #11/16/2000#　　　　（10） 12.345

二、填空题

3-28. TextBox和Label控件用来显示和输入文本，如果仅需要让应用程序在窗体中显示文本信息，可使用________控件；若允许用户输入文本，则应使用________控件。

3-29. 表达式 14/2-2^3*7 MOD 6 的值是________。

3-30. 执行赋值语句 a="Visual"+"Basic"后，变量a的值是________。

3-31. 变量的声明方法有隐式和________两种，如果采用隐式声明方法，那么VB会自动将变量声明为________。

3-32. 在Visual Basic的转换函数中将数值转换为字符串的函数是________；将数字字符串转换为数值的函数是________；将字符转换为相应的ASCII码的函数是________。

3-33. 数学式子sin30°写成Visual Basic表达式是________________________。

3-34. 闰年的条件是：年号（y）能被4整除，但不能被100整除；或者年号能被400整除。表示该条件的布尔表达式是：________________________。

3-35. Timer控件的________属性决定该控件是否对时间的推移做响应。将该属性设置为False会关闭Timer控件，设置为True则打开它。

3-36. 关系式 $-5 \leq x \leq 5$ 所对应的布尔表达式是________________________。

3-37. x是小于100的非负数，对应的布尔表达式是________________________。

三、写表达式

3-38. 把下列数学表达式写为VB表达式：

（1） $\dfrac{1+\dfrac{x}{y}}{1-\dfrac{y}{x}}$　　　　（2） $x^2+\dfrac{3xy}{4x^2+5y}$

（3） $\sqrt{|ab-c^3|}$　　　　（4） $\sqrt{t(t-a)(t-b)(t-c)}$

四、求表达式的值

3－39. 设 a＝5，b＝6，c＝7，d＝8，求下列 VB 表达式的值：

(1) a+3*c>3*20/(b*5)+d

(2) a*4 mod 3+b*4/d<>a

(3) a+b>c+d and b-c<a-d

(4) 3+a>4+b and not 4+b<5+c or a+b>3

3－40. 写出下列 VB 函数计算后的数值：

(1) Int (1.2345)

(2) Sqr (sqr (16))

(3) Fix (-3.59415)

(4) Int (abs (99-100) /2)

(5) Sgn (5*3+4)

(6) Lcase ("ABCD")

(7) Left ("Wuhan", 2)

(8) Val ("8 Year")

(9) Len ("HuBei Wuhan")

【做一做 上机实践】

3－41. 设计一个程序，计算一元二次方程 $ax^2+bx+c=0$ 的根。其执行界面如图 3－4 所示。其中方程的系数在程序运行后由用户通过键盘输入。

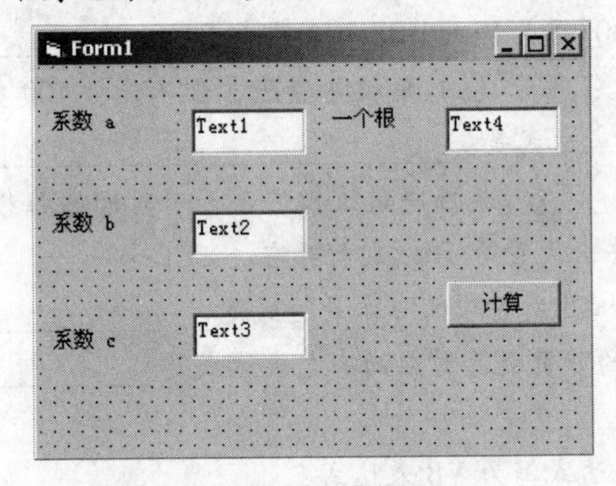

图 3－4 程序界面

【玩一玩 编程操练】

对于上面题号为 3－41 的练习题，试一试下面的程序代码，看一看可以完成计算吗？想一想给出的代码还有什么缺陷？可以从哪些方面进行改进？等到学习了选择结构程序设计后，再回头看看这个程序应该怎样改进。

```
Private Sub Command1_Click()
    a = Val(Text1.Text)
    b = Val(Text2.Text)
    c = Val(Text3.Text)
    x0 = ( - b + Sqr(b * b - 4 * a * c)) / (2 * a)
    Text4.Text = x0
End Sub
```

【看一看　网络课件学习】

1. 通过网络课件的 BBS 论坛给老师发帖提问，与同学讨论学习的心得体会。
2. 利用手机登录移动课件，在“自我检测”栏目中做有关本章节的自测题。

第4章　数据信息的基本输入输出

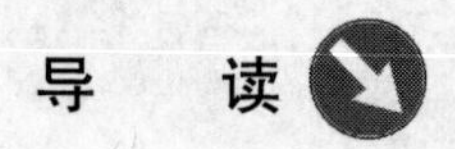

导　读

本章重点介绍 Visual Basic 中数据信息的基本输入输出操作方法。

学习目标	学会数据的输入、输出方法
应知	Print 方法的运用；Print 方法中的格式输出
	标签控件、文本框控件进行文本和数据信息的输入、输出方法
	消息框、输入框等控件的运用
应会	运用图片框输出文本信息
难点	消息框类型参数数值及含义

学习方法

自主学习：自学文字教材。

参加面授辅导课学习：在老师的辅导下深入理解课程知识内容。

上机实习：结合上机实际操作，对照文字教材内容，深入了解体会各种文本、数据的输入输出方法及特点。通过上机实习完成课后作业与练习，巩固所学知识。

小组学习：参加小组学习，通过与小组中同学的讨论沟通，交流学习经验。

上网学习：通过网络课件或移动课件，进入 BBS 论坛，向老师发帖提问，获得学习帮助；参加同学之间的学习讨论，深入探讨数据信息的基本输入输出方法，通过团队学习使自己获得帮助并尽快掌握课程知识。

课前思考

1. 掌握下列必需的课内专业英语词汇。

英文词汇	中文名
Abort	终止
Cancel	取消
Retry	重试
Ignore	忽略
Critical	警告
Question	问号
Exclamation	感叹号
Information	消息
Default	默认

2. VB 中数据信息的输入、输出方法有哪些？可以通过哪些控件输入和输出信息？
3. 用消息框输出信息的关键是什么，怎样使用 MsgBox 函数？
4. 怎样应用 InputBox 函数输入信息？

教学内容

计算机接收数据后进行运算处理，然后将处理完毕的结果以既定的方式呈现给用户，这是程序设计过程中编程人员必须周密安排与考虑的基本过程。因此，一个完整的程序总是包含数据的输入、运算处理和输出这 3 部分内容。VB 提供了十分丰富的输入输出形式和手段，可以通过各种控件来实现灵活多样且方便直观的输入输出操作。

4.1 数据输出

4.1.1 输出文本信息到窗体

VB 的输出操作可以是文本信息的输出，也可以是图形图像信息的输出，本节重点介绍文本信息的输出。首先介绍直接输出到窗体的方法。

（1）使用 Print 方法输出信息。Print 方法用于在窗体、立即窗口、图片框、打印机等对象中显示文本字符串和表达式的值。Print 方法的格式和功能与早期 Basic 语言中的 Print 语句类似。其语法格式如下：

```
[对象名称.] Print [表达式列表][ |,|; |]
```

说明：

① 对象名称可以是窗体（Form）、图片框（PictureBox）或打印机（Printer）。如果省略“对象名称”，则直接在窗体上显示输出内容，例如：

```
Form1.Print "Visual Basic"          '在 Form1 窗体中显示 Visual Basic
Print "Hello!"                      '直接在当前窗体上显示字符串“Hello!”
Picture1.Print "Hello!"             '在图片框 Picture1 上显示输出字符信息“Hello!”
```

② 表达式列表可以是一个或多个表达式，可以是数值表达式，也可以是字符串表达式。对于数值表达式，将输出表达式运算后的值；对于字符串表达式，则照原样输出。如果省略“表达式列表”，则输出一个空行，例如：

```
Print 2 +3                  '输出加法运算后的数值 5
Print "2 +3 ="              '原样输出引号内的字符串内容“2 +3 =”
Print                       '输出一个空行
```

③ 输出多个表达式时，各表达式之间用逗号（,）与分号（;）分隔，将有不同的输出格式效果：

A. 按标准格式（标准位置）输出。

在 Print 方法中，如果语句中各输出项之间用逗号分隔，则输出时各值分别输出在各个“标准位置”上。所谓“标准位置”，就是 VB 把每一行分为若干个区，每一个区为 14 列，各输出项的值自左而右一次输出在各个区内。例如，执行下列输出命令：

```
Private Sub Form_Click()
    Print 2, 4, 6, 8, 10
    Print 2, -4, -6, "x","y"
End Sub
```

可以看到第 1 行命令中的输出值 2、4、6、8、10 分别出现在 5 个区内。第 2 行命令中的 5 个输出项也输出在 5 个区内。对比前一行输出结果可以看到：如果是正数，则自动在数的前面留一空格；如果输出的是负数，则不留空格，在本区的第一列输出负号“ - ”；如果输出的是字符串，则从各区的第一列开始输出（没有符号位），如图4-1所示。

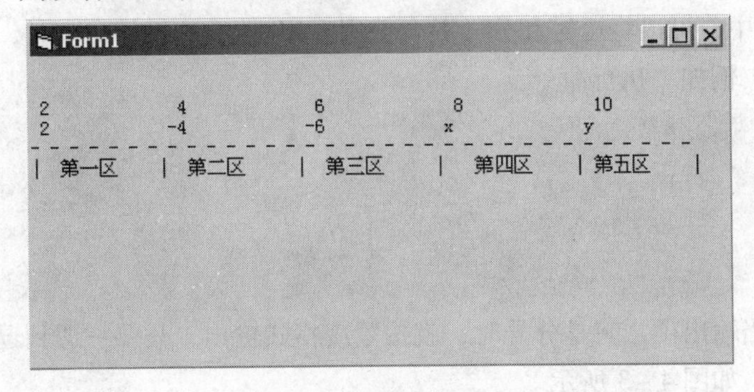

图4-1　标准格式输出

B. 按紧凑格式输出。

如果在Print语句中各输出项之间以分号“;”分隔，则以紧凑格式输出（一个数据紧跟着前一数据输出），例如，执行下列输出命令：

```
Private Sub Form_Click()
    Print 2; 4; 6; 8; 10
    Print
    Print 2; -4; -6; "x"; "y"
End Sub
```

可以看到紧凑格式输出时，如果是正数，各输出数据之间空两格，如果是负数，各输出数据之间只空一格，另一格用来输出负号“-”；如果输出的是字符串，则它们之间没有空格，如图4-2所示。

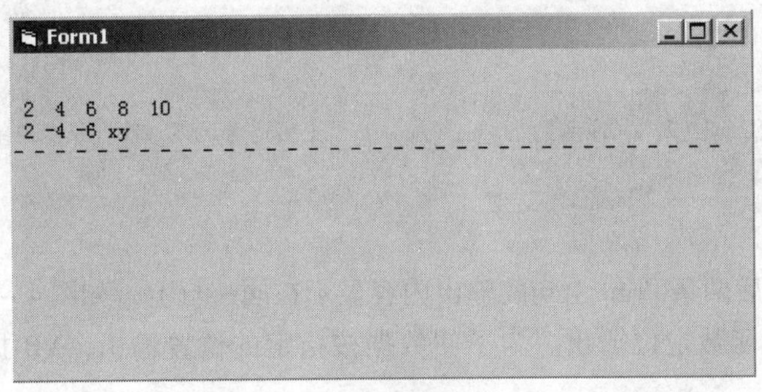

图4-2　紧凑格式输出

在实际编程中，如果用Print方法输出的内容没有在屏幕上显示，可在代码中加上Show方法，就可以让输出的内容在屏幕上显示出来。

④ 混合格式输出。

在 Print 方法中，可以将逗号和分号混合使用。VB 执行这样的命令时，分别按标准格式和紧凑格式处理。例如，执行命令：

```
Private Sub Form_Click()
    Print 2, 4, 6, 8, 10
    Print 2, -4; -6; 8, "x"; "y"; "z", 1, 3
End Sub
```

可以看到，当输出项之间是分号时，就按紧凑格式输出，只要一遇到逗号，就跳到下一个区再接着输出，如图 4 -3 所示。

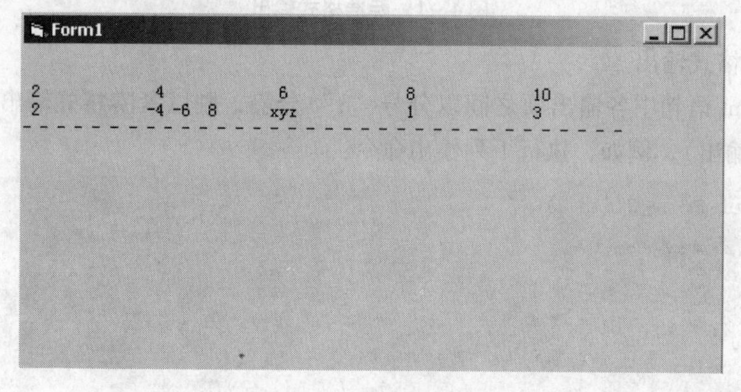

图 4 -3 混合格式输出

一般情况下，每一条 Print 语句执行后就要自动换行，到下一行上执行下一条 Print 语句指令。为了仍在同一行上显示，可以在 Print 语句的末尾加上分号或逗号。例如，执行命令：

```
Private Sub Form_Load()
    Show
    Print "姓名", "性别", "年龄",                '使用逗号结尾,下一行将连续显示
    Print "职称", "住址"
End Sub
```

执行上述指令后两条 Print 语句的输出内容显示在同一行上，如图 4 -4 所示。

（2）使用输出函数定位输出。为了使数据按指定的位置输出，VB 提供了几个与 Print 配合使用的函数。

① Tab 函数。Tab 函数与 Print 方法或 Print 语句一起使用，对输出进行定位。把显示或打印位置移到由参数 n 指定的列数，从此列开始输出数据。函数格式为：

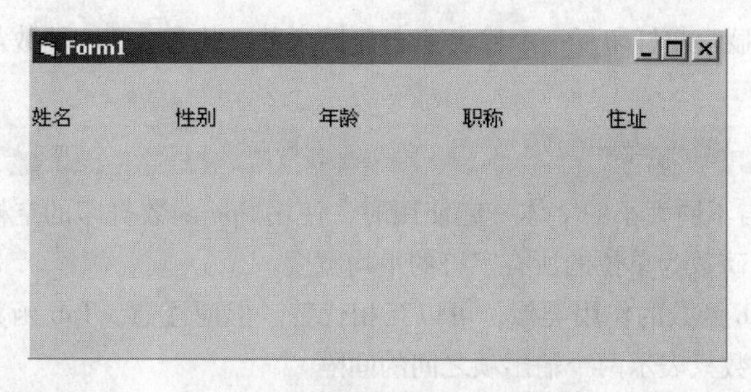

图4-4 连续输出显示输出项内容

```
Tab(n)
```

其中，n 为数值表达式，其值为整数，它是下一个输出位置的列号，表示在输出前把光标或打印头移到该列。通常最左边的列号为1。如果 $n<1$，则把输出位置移到第一列。

当在一个 Print 语句中有多个 Tab 函数时，每个 Tab 函数对应一个输出项，各输入项之间用分号隔开。如果后一个输出项的输出位置与前一个输出项有重叠，则输出时自动下移一行。例如，执行命令：

```
Private Sub Form_Click()
    Print Tab(10); "姓名"; Tab(50); "年龄"
    Print Tab(1); "姓名"; Tab(2); "年龄"          '后一输出项与前一输出项在位置上重叠
End Sub
```

在上述指令中因为第二条 Print 语句中 Tab 函数的参数使用不当，造成后一输出项与前一输出项在位置上的重叠，于是系统自动下移一行输出，如图4-5所示。

图4-5 Tab 函数参数不当造成输出重叠

② Spc 函数。在 Print 方法或 Print#语句中，用 Spc 函数跳过 n 个空格。使用格式如下：

```
Spc(n)
```

其中，n 是在显示或打印下一个输出项之前插入的空格数。Spc 函数与输出项间用分号隔开，例如：

```
Print "ABC"; Spc(5); "DEP"                    '输出： ABC      DFE
```

当 Print 方法与不同大小的字体一起使用时，使用 Spc 函数打印的空格字符的宽度总是等于选用字体内以磅数为单位的所有字符的平均宽度。

Spc 函数与 Tab 函数的作用类似，可以互相代替。但应注意，Tab 函数从对象的左端开始计数，而 Spc 函数只表示两个输出项之间的间隔。

除 Spc 函数外，还可以用 Space 函数，该函数与 Spc 函数的功能类似。

4.1.2 输出文本信息到图片框

图片框（PictureBox）控件可以输出图形、图像和文本，还可以像窗体一样作为容器包含其他的控件。而且，图片框控件还具有与窗体相同的一些属性和方法，因此前面的例子也可以用于图片框控件的文本输出。

【例 4-1】 使用 Print 方法在图片框中输出字符串或数值表达式。

(1) 建立一个新工程，在窗体中增加一个图片框控件 Picture1 和一个命令按钮 Command1，如图 4-6 所示。

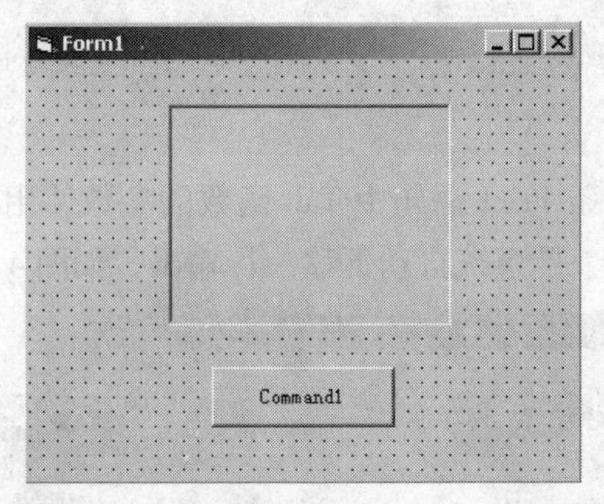

图 4-6 在窗体中增加图片框 Picture1 和按钮 Command1

(2) 设置图片框和命令按钮的属性，如表 4-1 所示。

表 4-1 控件属性设置

对象	属性	属性值	说明
Picture1	BackColor	白色	图片框的背景色
Command1	Caption	显示	按钮的标题

(3) 编写程序。命令按钮 Command1 的 Click 事件代码为：

```
Private Sub Command1_Click()
    Picture1.Print                                       '输出一行空行
    Picture1.Print "3 * 4 + 5 ="; 3 * 4 + 5              '输出运算表达式和计算结果
    Picture1.Print                                       '输出一行空行
    Picture1.Print "This is a good day for me!"          '双引号中内容原样输出
    Picture1.Print "we are students of hubei TVU"        '双引号中内容原样输出
End Sub
```

程序运行后用鼠标单击命令按钮，结果如图 4－7 所示。

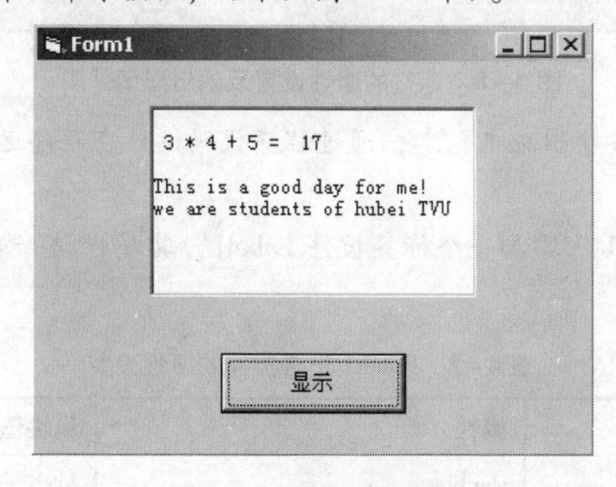

图 4－7　程序运行结果

4.1.3　使用标签控件输出文本信息

使用标签（Label）控件，也可以用来进行文本信息的输出显示。需要注意的是，标签控件输出的文本内容只能用 Caption（标题）属性来设置或修改，不能直接编辑。通常，标签用来在窗体上显示输出说明信息的文本内容，其他属性诸如边框样式（BordStyle）、背景颜色（BackColor）、前景颜色（ForeColor）和字体（Font）等则可以通过属性设置来改变其输出的效果和外观。例如，可以将边框样式属性设置成 1（默认为 0），这时标签就会出现一个边框，外观有如一个文本框，但实际上仍然只能输出标签的标题（Caption）信息内容，如图 4－8 所示。

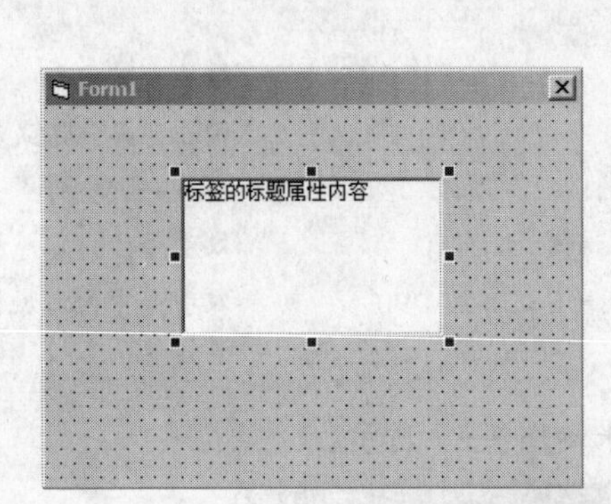

图 4－8　标签的属性设置及输出显示外观

【例 4－2】使用标签输出文本信息，通过程序代码设计在程序运行过程中更改标签的属性设置。

（1）先在窗口 Form1 上添加一个标签控件 Label1，其属性值如表 4－2 所示，外观效果如图 4－9 所示。

表 4－2　Form1 上各控件的属性设置

控件名	属性	属性值
Label1	Caption	欲穷千里目
	BordStyle	1—Fixed Single
	BackColor	&H8000000E&
	Font	宋体
Command1	Caption	更改显示信息

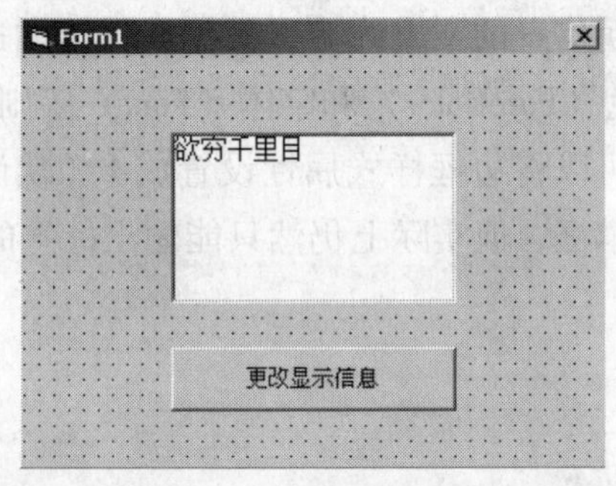

图 4－9　程序运行前标签 Label1 显示的文本信息外观

(2) 设计程序代码。如果要在程序运行中改变标签的文本显示信息内容，只能通过指令改变 Caption 属性值。假设程序运行前标签显示的文本信息（Caption 属性值）是“欲穷千里目”，程序运行后通过用户使用鼠标单击命令按钮，更改为“更上一层楼”。可以通过对命令按钮控件设置指令代码达到这个目的，对命令按钮添加程序代码如下：

```
Private Sub Command1_Click()
    Label1.Caption ="更上一层楼"                    '改变标签的标题内容
    Label1.Font ="隶书"                             '改变标签标题的字体
    Label1.FontSize =16                             '改变标签标题的字号
End Sub
```

程序运行前后的结果如图 4 - 10 所示。

图 4 - 10　程序运行后标签 Label1 显示的文本信息

4.1.4　使用消息框输出文本信息

(1) 人机交互消息框的构成。VB 程序中常常强调程序与用户通过界面进行交互，这种交互可以通过消息框实现。使用消息框时，既可以输入信息，也可以输出信息。输入信息通常是用户操作鼠标的事件，输出信息则表现在对话框的信息显示内容上。

要使屏幕上出现人机交互的消息框，可以通过在程序代码中使用 MsgBox 函数来实现。使用这个函数可以在消息框中显示指定的信息，并等待用户进行鼠标等输入操作，同时 MsgBox 函数还返回一个整数数值，代表用户单击鼠标的那个键，便于程序进行进一步的判断和处理。MsgBox 函数的语法格式为：

```
变量 =MsgBox( <消息内容 >[ <消息框类型 >[ , <消息框标题 >]])
```

说明：

① <消息内容>为用户所设置的在对话框中出现的文本信息，增加回车可以使文本信息

换行。在这样的情况下，消息对话框的宽度和高度会随着 <消息内容> 的增加而增加。VB 允许最多可以有 1 024 个文本字符。

② <消息框类型> 为用户设置的在对话框中出现的按钮和图标形式，一般有 3 个参数，每个参数的取值和含义如表 4－3 所示。

表 4－3 消息框类型参数数值及含义

参数	参数值	常量	对话框中出现的按钮与图标
参数 1 出现按钮	0	VbOkOnly	“确定” 按钮
	1	VbOkCancel	“确定” 和“取消” 按钮
	2	VbAbortRetryIgnore	“终止”、“重试” 和 “忽略”按钮
	3	VbYesNoCancel	“是”、“否” 和 “取消” 按钮
	4	VbYesNo	“是” 和 “否” 按钮
	5	VbRetryCancel	“重试” 和“取消” 按钮
参数 2 图标类型	16	VbCritical	停止图标
	32	VbQuestion	问号（?）图标
	48	VbExclamation	感叹号（!）图标
	64	VbInformation	消息图标
参数 3 默认按钮	0	VbDefaultButton1	指定默认按钮为第 1 按钮
	256	VbDefaultButton2	指定默认按钮为第 2 按钮
	512	VbDefaultButton3	指定默认按钮为第 3 按钮

③ 编程时 3 个参数可以同时出现，用参数 1 + 参数 2 + 参数 3 的格式进行表达；也可以只出现其中某一个。

④ <消息框标题> 为编程人员设置的消息对话框的标题，显示在对话框的标题栏中。如果没有设置，系统将把 VB 自动定义的程序工程名作为消息框的标题名显示。

⑤ 函数 MsgBox（）返回的值代表了人机交互过程中用户在对话框中选择了哪一个按钮，如表 4－4 所示。

表4-4 MsgBox函数返回数值所代表含义

返回值	常量	代表单击的按钮
1	VbOk	“确定”按钮
2	VbCancel	“取消”按钮
3	VbAbort	“终止”按钮
4	VbRetry	“重试”按钮
5	VbIgnore	“忽略”按钮
6	VbYes	“是”按钮
7	VbNo	“否”按钮

(2) MsgBox函数应用举例。

【例4-3】 使用MsgBox函数输出交互信息。

① 建立一个工程，在窗体上设置一个按钮控件和一个文本框控件，如图4-11所示。

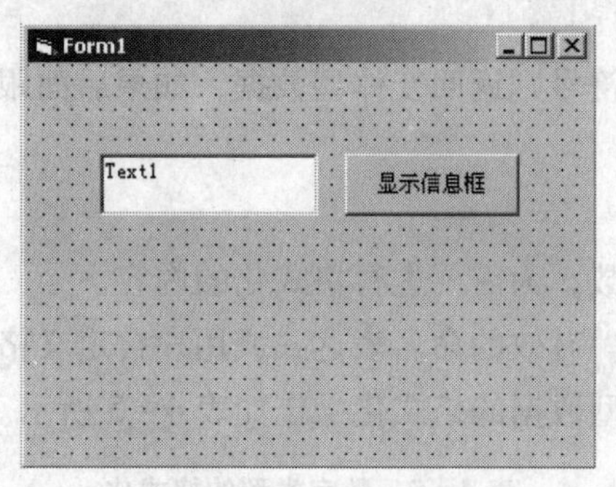

图4-11 程序界面设计

② 双击命令按钮控件，打开代码编辑窗口，编写如下指令代码：

```
Private Sub Command1_Click()
    msg = MsgBox("请用鼠标选择按钮后单击左键", 3 + 64 + 0, "提示信息")
    Text1.Text = msg
End Sub
```

说明：函数中的第一项双引号中的内容，是消息框中输出显示的文本信息，第二项内容有3个数字，第一个3表示消息框中出现“是”“否”和“取消”3个按钮；第二个数字64表示消息框中显示系统定制的消息图标ⓘ，最后一个数字0表示默认按钮为第一按钮“是”。

运行该程序后，先用鼠标单击命令按钮激发消息事件，屏幕上会立即出现如图 4－12 所示的消息对话框。使用鼠标单击“是”，或者“否”，或者“取消”按钮后，分别可以看到窗体上文本框中分别出现 Msg 函数返回的数字 6、7 和 2。

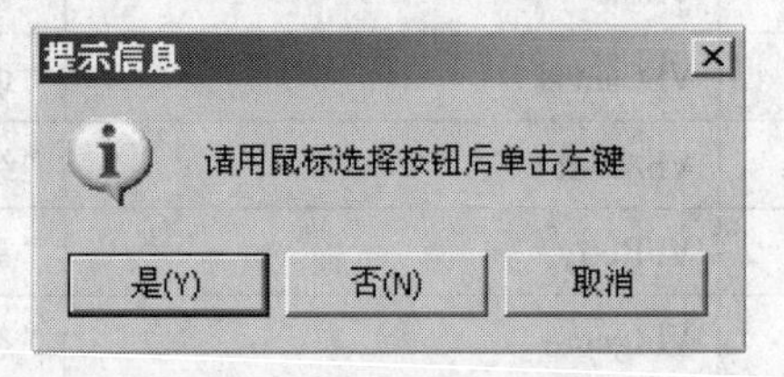

图 4－12 屏幕上出现的消息对话框

4.1.5 使用格式化函数输出

VB 提供了格式化数据输出函数 Format，可以使输出的数据、字符等具有规范统一的格式。格式化函数的语法为：

```
Format[ $ ] (表达式[ , 格式[ ,]])
```

Format 函数如果没有 $ 符号则返回变体型数据，如果后面跟上 $ 符号，则强制返回为文本数据。

说明：

- “表达式”为必要参数，为需要进行格式化的内容。
- “格式”为可选参数。有效的命名表达式或用户自定义格式表达式。

Format 函数对于数字类型数据的格式化操作如表 4－5 所示。

表 4－5 数字类型的格式化

固定格式参数	举例	返回值	说明
General Number	Format $ (″100，123.12″,″General Number″)	100123.12	普通数字，用来去掉千位分隔号
Currency	Format $ (″100123.12″,″Currency″)	￥100,123.12	货币类型，可添加千位分隔号或货币符号
Fixed	Format $ (″100123″,″Fixed″)	100123.00	带两位小数的数字
Standard	Format $ (″100123″,″Standard″)	100,123.00	带千位分隔号和两位小数

续表

固定格式参数	举例	返回值	说明
Percent	Format $ ("1.00","Percent")	100.00%	百分数
Scientific	Format $ ("100000","Scientific")	1.00E+05	科学记数法
""	Format $ ("100123","")	原值	自定义格式参数 不进行格式化
0	Format $ ("100123","0000000")	0100123	占位格式化，不足补0
.	Format $ ("100123.12",".000")	100123.120	强制显示小数点
E -、E +、e -、e +	Format $ (12.5,"0.00E+00")	1.25E+01	显示为科学记数（要注意格式语句，否则会和E的其他含义相混）
$	Format $ ("10.23","$.00")	$10.23	强制显示货币符号

Format 函数对于日期类型数据的格式化操作如表4-6所示。

表4-6　日期类型的格式化

固定格式参数	举例	返回值	说明
General Date	Format $ (Now,"General Date")	2012-04-15 14:56:15	基本类型
Long Date	Format $ (Now,"Long Date")	2012年4月15日	操作系统定义的长日期
Medium Date	Format $ (Now,"Medium Date")	12-04-25	中日期（yy/ mm/ dd）
Short Date	Format $ (Now,"Short Date")	2012-4-15	操作系统定义的短日期
Long Time	Format $ (Now,"Long Time")	15:06:36	操作系统定义的长时间
Medium Time	Format $ (Now,"Medium Time")	03:08 PM	带AM/ PM的12小时制，不带秒
Short Time	Format $ (Now,"Short Time")	15:08	24时制的时间，不带秒
:	Format $ (Time (),"hh:nn")	15:25	自定义格式参数，用来标识时间字符的间隔
/	Format $ (now,"yyyy/ mm/ dd")	2006-05-25	用来标识日期字符的间隔

注意：在中文操作系统中，系统自动将月份输为如：五月，而非May。

Format 函数对于文本类型的格式化操作，见表4-7。

表 4－7　文本类型数据的格式化

固定格式参数	举例	返回值	说明
	Format $ ("CHIN","@ a")	CaHIN	占位符，在匹配位置插入格式化文本，占位位置不存在时，显示空白（空字符串），@符号代表插入文本前的字符。有多个@占位符，是按从左至右匹配，并在相应的位置上显示格式化文本。 当占位符比原文本字符串多时，则在相应位置上添加空格
	Format $ ("CHIN","@ @ @ a")	CHIaN	
	Format $ ("CHIN","@ a@ @")	CaHIN	
	Format $ ("C","@ @ @ a")	空白空白 Ca	
<	Format $ ("I love you","<")	i love you	强制小写。将所有字符以小写格式显示
>	Format $ ("I love you",">")	I LOVE YOU	强制大写。将所有字符以大写格式显示

【例 4－4】Format 函数应用举例。在窗体上的命令按钮控件 Command1 的 Click 事件中输入以下程序代码，观察 Format 函数格式化输出的效果。

```
Private Sub Command1_Click()
    Dim MyTime, MyDate, MyStr
    MyTime = #17:04:23#
    MyDate = #Apr 26, 2012#
    MyStr = Format(Time, "Long Time")              '以系统设置的长时间格式返回当前系统时间
    Print MyStr
    MyStr = Format(Date, "Long Date")              '以系统设置的长日期格式返回当前系统日期
    Print MyStr
    MyStr = Format(MyTime, "h:m:s")                '返回"17:4:23"
    Print MyStr
    MyStr = Format(MyTime, "hh:mm:ss AMPM")        '返回"05:04:23 下午"
    Print MyStr
    MyStr = Format(MyDate, "dddd, mmm d yyyy")     '返回 "Thursday, Apr 26 2012"
    Print MyStr
    MyStr = Format(23)                             '返回 "23"。如果没有指定格式,则返回字符串
    Print MyStr
    MyStr = Format("HELLO", "<")                   '返回 "hello"
```

```
    Print MyStr
    MyStr = Format("This is it", ">")              '返回 "THIS IS IT"
    Print MyStr
    MyStr = Format $ (Now, "yyyy/mm/dd")           '返回 "2012 - 04 -15"
    Print MyStr
End Sub
```

运行程序，得到如图4－13所示结果。

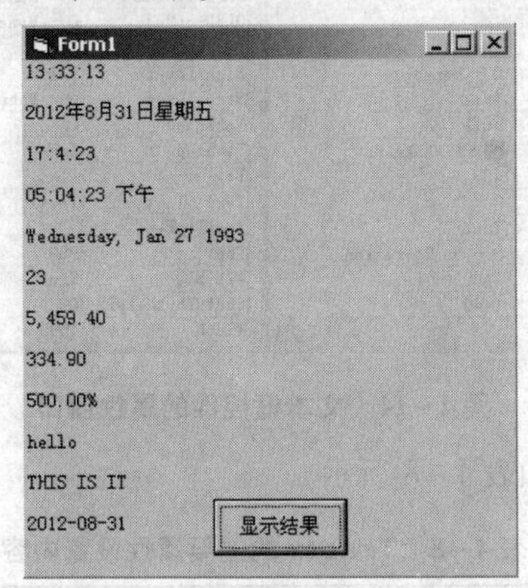

图4－13　程序运行结果

4.2 数 据 输 入

数据的输入，是实现人机交互的基本需要，也是程序运行的基本需要。很多程序运行时需要输入数据，或是在程序设计阶段就需要输入数据。VB中输入数据的方式有很多种，如前面第三章介绍过的赋值语句，就是在程序设计阶段输入数据。另外，使用更多的方法是在程序运行阶段，通过用户从键盘或鼠标等设备实现数据的输入，这可以通过文本框（TextBox）、输入框（InputBox）等控件的使用来达到目的。

4.2.1　使用文本框控件输入信息和数据

VB提供的文本框控件（TextBox），可以实现文本信息的输入、编辑和显示功能。默认情况下，文本框只能输入单行文本，且这一行内的字符数为2 048个。通过修改文本框控件的多行属性值（Multiline）为True，则可以实现输入多行文本，整个输入文本的内容可以达到 32 kB。文本框的属性设置如图 4 – 14 所示。

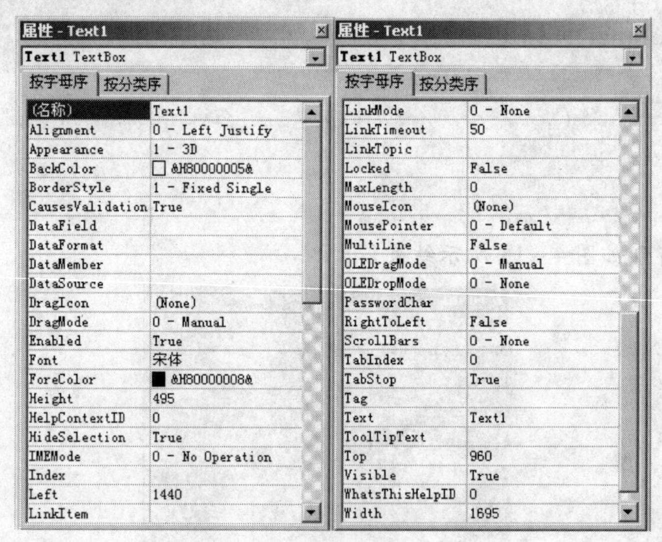

图 4 – 14 文本框控件的属性窗口

其中，主要的属性设置如表 4 – 8 所示。

表 4 – 8 TextBox 的主要属性设置内容

属性	说明
Text	程序运行时文本框中显示的文本内容
Locked	关闭编辑功能，默认为 False，可以编辑；设置为 True 时编辑功能关闭
Multiline	设置属性为 True 时可输入或显示多行文本
ScrollBass	默认为 0，无滚动条；1——有水平滚动条，2——有垂直滚动条；3——同时有水平和垂直滚动条
PasswordChar	指定显示在文本框中的替代字符，如一串"*"号等，用于密码输入
Visible	默认值为 True，文本框可见；设置为 False 则程序运行时文本框不可见
Enable	默认值为 True，文本内容可更改；设置为 False 则文本内容不可更改

需要注意的是：当 MultiLine 属性被设置为 True 时，PasswordChar 属性失效。

文本框以及文本框中显示的文本是否可以更改，在程序运行时受到 Visible、Locked、Enable 等属性值的控制。这些值的设定，可以通过不同的方式进行。如在程序设计时通过属性窗口设置，或是在程序运行中通过执行代码进行设置。另外，文本框中显示的内容还可以在程序运行时由用户输入后再显示等。

【例 4－5】 已知物体向上垂直抛出的初始速度为 v_0 米/ 秒，根据运动定理，t 秒后物体的高度 h 为：

$$h = v_0 t - gt^2 / 2$$

编写程序，从键盘上输入不同的初始速度 v_0 和时间 t，求物体的高度 h。

设计步骤如下：

(1) 运行 VB，建立一个新工程，进入集成开发环境窗口。在系统创建的窗体 Form1 上添加 3 个标签控件 Label1、Label2 和 Label3，3 个文本框控件和 2 个命令按钮控件。各控件的属性设置如表 4－9 所示。

表 4－9　各控件属性设置

控件名	属性	属性值
Text1，Text2，Text3	Text	" "（空白）
Label1	Caption	"初始速度 v0"
Label2	Caption	"时间 t 秒"
Label3	Caption	"抛射高度"
Command1	Caption	"计算"
Command2	Caption	"退出"

属性设置完成后，窗体界面布局如图 4－15 所示。

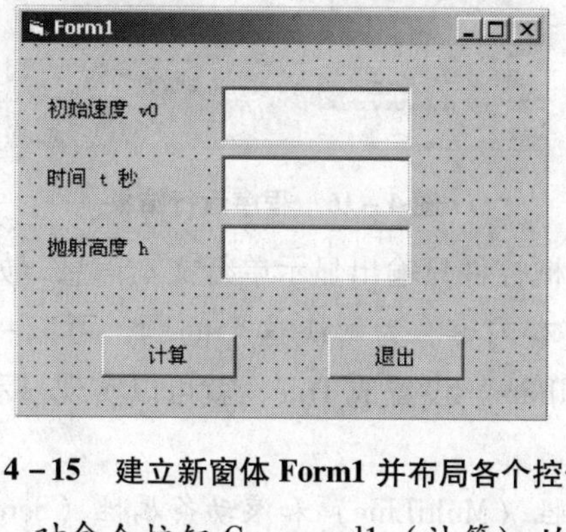

图 4－15　建立新窗体 Form1 并布局各个控件

(2) 编写程序事件代码。对命令按钮 Command1（计算）的 Click 事件代码为：

```
Private Sub Command1_Click()
    Const g = 9.8
    v = Val(Text1.Text)
    t = Val(Text2.Text)
    h = v * t - g * t^2 / 2
    Text3.Text = h
End Sub
```

命令按钮 Command2 的 Click 事件代码为：

```
Private Sub Command2_Click()
    Unload Me
End Sub
```

在上述代码设计中，命令按钮 Command1 的事件代码中使用了数值转换函数 Val（），功能是将文本框中输入的文字字符转换成数值数据。如果不予转换，将会发生数据类型不匹配的错误。程序运行后分别输入初始速度 v0 和时间 t 后，单击“计算”按钮可在文本框 3 中看到结果，如图 4－16 所示。按下“退出”按钮，则程序停止运行。

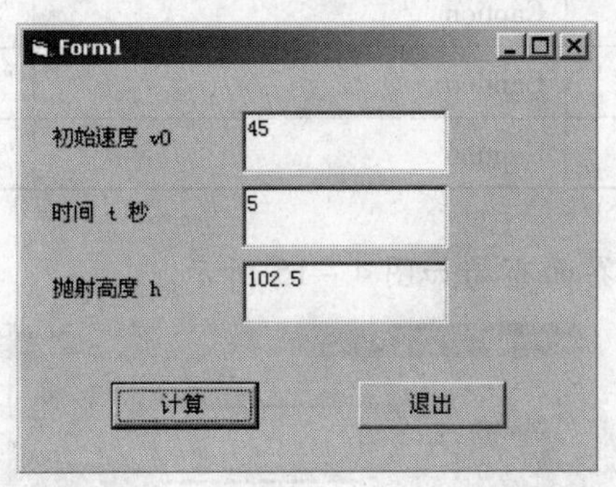

图 4－16　程序运行结果

系统默认情况下，文本框控件只输出显示单行文本信息，如果一行内的文本超过文本框的宽度，则只能显示部分文本内容。为解决这个问题，可以将文本框的多行属性（MultiLine）和滚动条属性（ScrollBars）设置成 True，就可以实现显示全部文本内容与多行显示的需求。

【例 4－6】 应用多行属性（MultiLine）和滚动条属性（ScrollBars）输出文本信息。

（1）启动 VB，建立一个新工程，在新工程的窗体上建立 2 个文本框控件和一个命令按钮控件，如图 4－17 所示。

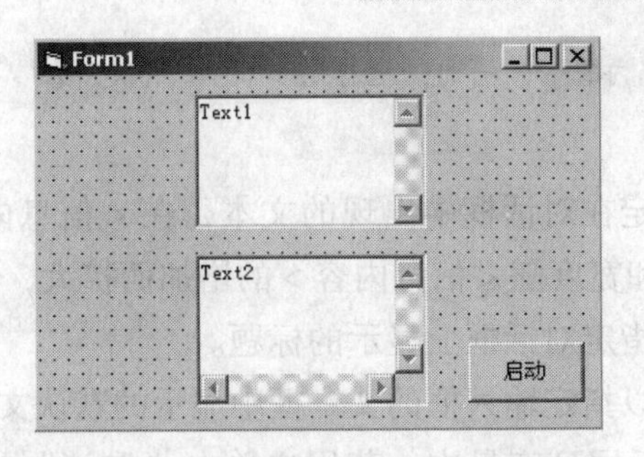

图4－17　有滚动条的文本框

窗体界面上各控件的属性设置值如表4－10所示。

表4－10　文本框和命令按钮的属性设置

控件名	属性	属性值	说明
Text1	MultiLine	True	设置为多行显示属性
	ScrollBar	2—Vertical	设置有垂直滚动条
Text2	MultiLine	True	设置为多行显示属性
	ScrollBar	3—Both	同时有垂直和水平滚动条
Command1	Caption	启动	按钮标题为“启动”

(2) 编写命令按钮 Command1 的 Click 事件代码:

```
Private Sub Command1_Click()
    Text2.Text = Text1.SelText                    '被选中的字符串在 Text2 中显示
End Sub
```

程序运行后，先在上面的文本框中通过键盘输入一些字符，可以看到当字符长度超出文本框尺寸时会自动换行；然后用鼠标在输入的文本上选择一部分字符后，单击命令按钮，可以看到下面的文本框出现了第1个文本框中选定的字符，如图4－18所示。

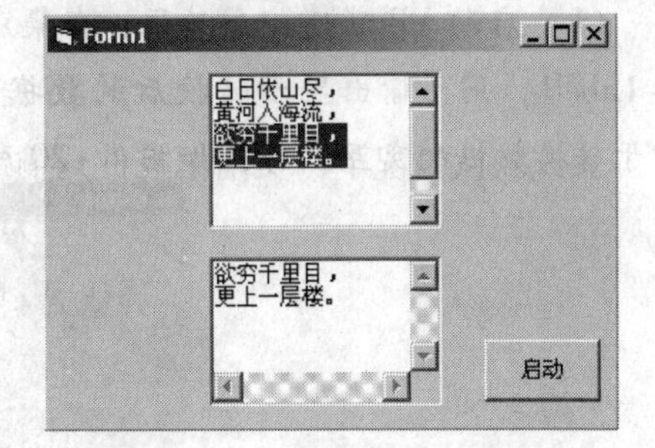

图4－18　程序运行后的结果

4.2.2　使用输入框输入

与 MsgBox 函数类似，InputBox 函数也是显示一个对话框，用于接收用户输入的信息，其语法格式为:

```
变量 = InputBox(<信息内容>[,<对话框标题>][,<默认内容>])
```

说明：

（1）<信息内容>指定在对话框中出现的文本，在<信息内容>中使用回车键可以使文本换行。对话框的高度和宽度随<信息内容>的增加而扩大，最多可有 1 024 个字符。

（2）<对话框标题>指定对话框上显示的标题。

（3）<默认内容>可以指定输入框的文本框中显示的默认文本。如果用户单击“确定”按钮，文本框中的文本将返回到变量中；若用户单击“取消”按钮，返回的将是一个零长度的字符串。

（4）填写函数中的各个参数时若省略了某些可选项，必须用逗号进行替代或分隔。

【例 4-7】 设计一个摄氏温度与华氏温度相互转换的程序，通过使用输入函数建立输入框输入华氏温度数据，转换成摄氏温度，如图 4-19 所示。

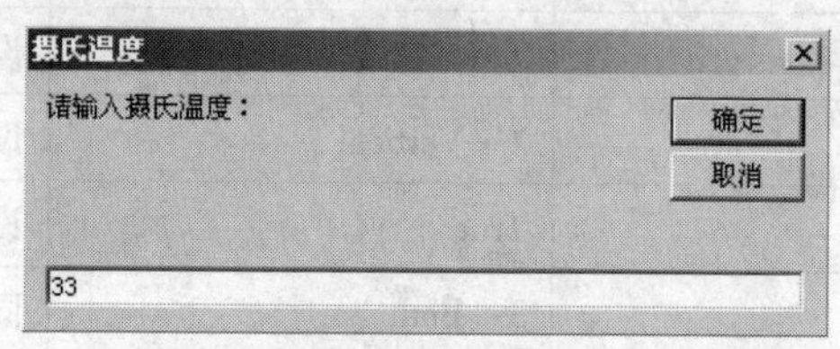

图 4-19　输入对话框

算法分析：设摄氏度温度为 C，华氏度温度为 F，则相互转换的公式为：

```
F=32+9*C/5
C=5*(F-32)/9
```

程序设计步骤如下：

（1）启动 VB 新建一个工程，在集成开发环境中布局界面，在 Form1 窗体上添加一个标签 Label1，用于输出显示转换后的数据信息，添加两个命令按钮 Command1 和 Command2，用于转换数据的交互操作，如图 4-20 所示。

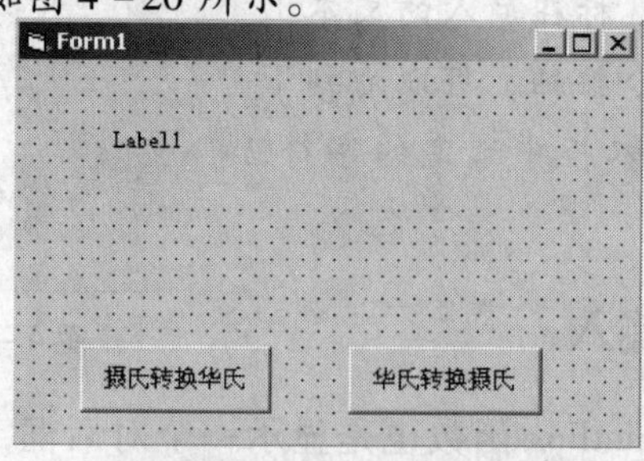

图 4-20　转换界面

（2）对命令按钮Command1和Command2分别编写转换时的Click事件代码。“摄氏转换华氏”按钮Command1的Click事件代码如下：

```
Private Sub Command1_Click()
    C = Val(InputBox("请输入摄氏温度:", "摄氏温度", 0))
    F = 9 * C / 5 + 32
    Label1.Caption = "摄 氏 " & Format(C,"####.##") & " 度 = 华氏"&Format(F, "####.##") & " 度"
End Sub
```

“华氏转换摄氏”按钮Command2的Click事件代码如下：

```
Private Sub Command2_Click()
    F = Val(InputBox("请输入华氏温度:", "华氏温度", 0))
    C = 5 * (F - 32) / 9
    Label1.Caption = "华 氏 " & Format(F,"####.##") & " 度 = 摄氏"&Format(C, "####.##") & " 度"
End Sub
```

程序运行后，单击某个按钮，会先出现如图4－19所示的输入对话框，待用户输入相应数字后实现相应的转换并显示转换的结果，如图4－21所示。

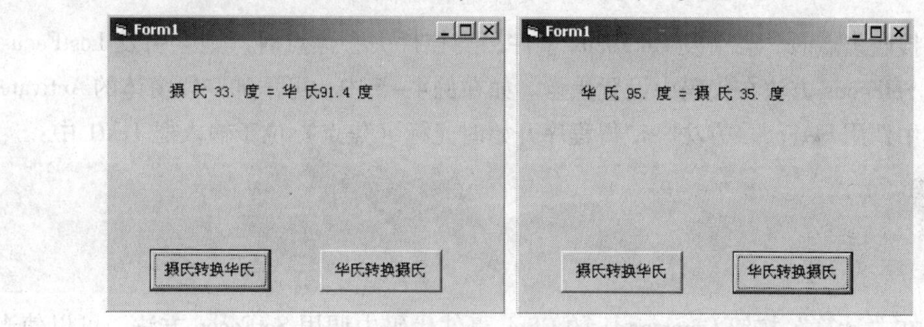

图4－21 转换结果

4.3 其他常用语句

4.3.1 卸载对象语句

程序运行后，用户需要结束其运行，就要从内存中卸载窗体或从内存中卸载某些控件，可以使用卸载命令Unload。其语法格式是：

```
Unload 对象名称
```

说明：

(1)“对象名称”是当前需要卸载的窗体（Form）对象或控件数组对象的名称。如果用 Me，则表示卸载当前所在的窗体对象。

(2) 只有在运行时添加到窗体上的控件数组元素才能用 Unload 语句卸载。重新加载被卸载的控件，其属性会被重新初始化。

4.3.2 焦点与 Tab 键序

(1) 焦点。所谓焦点（Focus），就是光标。当对象具有“焦点”时才能响应用户的输入，因此对象也就具有了接受用户鼠标或键盘输入的能力。在 Windows 环境中，在同一时刻只有一个窗口、窗体或控件具有这种能力。具有焦点的对象通常会以突出显示标题或标题栏的方式来表示。

当文本框具有焦点时，用户输入的数据才会出现在文本框中。只有控件的 Visible 和 Enabled 属性被设置为 True 时，控件才能接收焦点。某些控件不具有焦点，如标签、框架和计时器等。

当控件接收焦点时，会引发 GotFocus 事件，当控件失去焦点时，则会引发 LostFocus 事件。可以用 SetFocus 方法在代码中设置焦点。如在例 4－5 中，可添加一段窗体的 Activate 事件代码，其中调用 SetFocus 方法，使得程序开始时光标（焦点）位于输入框 Text1 中：

```
Private Sub Form_Activate()
    Text1.SetFocus
End Sub
```

另外，在“计算”按钮 Command1 的 Click 事件代码中调用 SetFocus 方法，可以使光标重新回到输入框 Text1。

当有多个对象需要分别具有焦点时，用户可以在程序运行时，通过用鼠标单击某个对象获得焦点，或是按下键盘上的 Tab 键、Tab + Shift 键等使焦点在各个对象之间轮流出现。

(2) Tab 键序。设计程序在窗体上建立一个控件时，VB 就给这个控件设定了一个默认的 Tab 键序值 TabIndex，这个属性决定控件接收焦点的顺序。默认情况下，第一个控件的 TabIndex 属性值是 0，第二个控件的 TabIndex 属性值为 1，第三个控件的 TabIndex 属性值为 2……依次类推。当用户在程序运行时按下 Tab 键时，焦点就自动根据 TabIndex 属性值按顺序在各个控件间移动。如果改变 TabIndex 属性值，就会改变焦点移动的顺序。

控件还有一个属性叫作 TabStop 属性，决定焦点是否能够停留在该控件上。默认情况下该属性值是 True，如果将控件的这个属性设置为 False，则在程序运行过程中按下 Tab 键时，焦点会跳过该控件，移动到下一个控件上。

【本章小结】

本章重点介绍了 Visual Basic 中数据信息的基本输入输出操作和方法。其中 Print 方法可以直接在窗体上输出文本字符串或表达式的值，配合 Tab（）函数、Spc（）函数或 Format（）函数，可以实现不同格式的数据输出，应熟悉它们的应用方法。

标签控件主要用来在窗体上显示和输出文本信息，在 VB 程序设计中应用广泛。

文本框控件既可以用来输入信息，也可以用来输出信息。但在输入信息时，要注意的是，如果要想获得数值数据，就要通过 Val（）函数进行转换。因为文本框输入的信息是字符串类型的。

消息框用于输出信息，可以实现很好的信息提示功能，是人机交互界面程序设计过程中常用的方法之一。在使用时要熟悉并记住各个参数的意义和取值。

输入框是一个函数形式，在程序设计中要通过调用这个函数才能实现对它的使用。

【想一想 自测题】

一、单项选择题

4-1. 如果 Tab 函数的参数小于 1，则打印位置在（　　）。

A. 第 0 列　　B. 第 1 列　　C. 第 2 列　　D. 第 3 列

4-2. 要在窗体 Form1 内显示 myfrm，使用的语句是（　　）。

A. Form. Caption ="myfrm"　　B. Form1. Caption ="myfrm"

C. Form1. Print "myfrm"　　D. Form. Print "myfrm"

4-3. MsgBox 函数的返回值的数据类型是（　　）。

A. 字符串型　　B. 日期型

C. 逻辑型　　D. 整型

4-4. 使用格式化函数 Format（"100123. 12"，"Standard"）后，可能得到的输出结果是（　　）。

A. 100123. 12　　B. 1,00123. 12　　C. 100,123. 12　　D. 100,23

4-5. 使用格式化函数 Format（"100123"，"Scientific"）后，可能得到的输出结果是（　　）。

A. 1. 00123E05　　B. 1. 00E5　　C. 1. 00E +05　　D. 100123E

4－6. 使用格式化函数 Format $ （"100123. 12"，". 000"） 后，可能得到的输出结果是（　　）。

A. 100123　　B. 100123. 12　　C. 100123. 000　　D. 100123. 120

4－7. 使用格式化函数 Format $ （"C"，"a@ @ @ @ b@"） 后，可能得到的输出结果是（　　）。

A. Ca　　b　　B. a　　bC　　C. a　　bc　　D. aC　　b

4－8. 使用格式化函数 Format $ （"ABCD"，"@ X@ @"） 后，可能得到的输出结果是（　　）。

A. ABCDX　　B. AXBCD　　C. ABXCD　　D. ABCXD

4－9. 使用格式化函数 Format $ （"ABC"，"<"） 后，可能得到的输出结果是（　　）。

A. abc　　B. Abc　　C. ABC <　　D. abc <

4－10. 当文本框控件的 MultiLine 属性被设置为 True 时，PasswordChar 属性是（　　）。

A. 失效　　B. 有效　　C. 以 * 显示　　D. 显示输入的字符

二、填空题

4－11. TextBox 和 Label 控件用来显示和输入文本，如果仅需要让应用程序在窗体中显示文本信息，可使用________控件；若允许用户输入文本，则应使用________控件。

4－12. MsgBox 函数中 <消息框类型> 参数取值为 0 时，表示对话框中出现的按钮________。

4－13. 在 MsgBox 函数中，________参数是必需的。

4－14. 在 MsgBox 函数中，<消息框类型> 参数取值为 1 时，表示对话框中出现________按钮。

4－15. Print 方法用于在________、________、________和________等对象中显示文本字符串和表达式的值。

4－16. 在 InputBox 函数中，________参数是必需的。

三、问答题

4－17. Tab （*n*） 函数和 Spc （*n*） 函数的区别是什么？

4－18. 什么是 Tab 键序？请予以说明。

4－19. 什么情况下按下 Tab 键时，焦点会跳过某个控件移动到下一个控件上。

四、写出程序执行的结果

4－20. 写出程序运行时连续单击 3 次窗体后，Form1 上的输出结果。

```
Private Sub Form_Click()
    Dim x As Integer
    Static y As Integer
    x = x + 2
    y = x + y
    Form1.Print "x ="; x, "y ="; y
End Sub
```

五、完善程序题

4-21. 程序运行界面如图4-22所示。要求从文本框中输入课程名称，然后按“添加”按钮，将其添加到列表框中；当选择列表框中某一项后，按“删除”按钮，则从列表框中删除该项；当选择列表框中某一项后，按“修改”按钮，把列表框中选取的项送往文本框且“修改”按钮变为“修改确认”。在文本框的内容修改好后，按“修改确认”按钮，再把文本框中修改后的信息送到列表框且“修改确认”按钮变为“修改”。

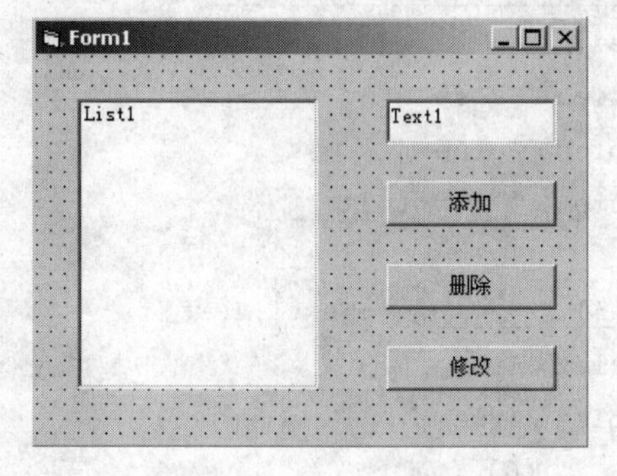

图4-22　程序运行界面

程序如下，请补充完整。

```
Private Sub Form_Load()
    List1.AddItem "计算机应用基础"
    List1.AddItem "程序设计基础"
    List1.AddItem "VB 程序设计"
    List1.AddItem "SQLServer 数据库应用"
    List1.AddItem "网站设计技术"
    List1.AddItem "系统开发规范与文档编写"
    List1.AddItem "信息系统测试"
End Sub
```

```
Private Sub Command1_Click()
    If Text1.Text < > "" Then
        List1. ______(1)______Text1.Text          '将文本框中的内容添加到列表框中
        Text1.Text =""
    Else
        MsgBox "请在文本框中输入信息!"
    End If
End Sub
Private Sub Command2_Click()
    List1.RemoveItem ______(2)______           '删除选定的项目
End Sub
Private Sub Command3_Click()
    If Command3.Caption ="修改"  Then
        Text1.Text = ______(3)______
        Text1.SetFocus
        Command1.Enabled = False
        Command2.Enabled = False
        Command3.Caption ="______(4)______"
    Else
        ______(5)______ = Text1.Text
        Command1.Enabled = True
        Command2.Enabled = True
        Text1.Text = ______(6)______
        Command3.Caption ="______(7)______"
    End If
End Sub
```

答:

【做一做　上机实践】

4－22. 利用两个标签控件制作阴影文字，如图 4－23 所示，文字内容为“春暖花开”。提示：利用标签控件的 Top、Left 和 BackStyle 等属性。

图4-23 阴影文字效果

4-23. 利用 Tab、Spc 函数在窗体上对齐输出学生的学号、姓名、性别、年龄等信息，输出程序运行结果，如图4-24所示。

Form1

学号	姓名	性别	年龄
2011001	李佳	女	18
2011002	胡萍	女	19
2011003	王峰	男	20

图4-24 程序运行结果

【玩一玩 编程操练】

4-24. 设计一个窗体说明 Print 方法的使用。新建一个工程，在窗体 Form1 上设计如下事件过程：

```
Private Sub Form_Click()
    Print "aa" & "bb", 2 * 6
    Print "aa" & "bb"; 2 * 6
    Print
    Print Now                        '显示当前日期和时间
    Print
    FontSize = 16                    '设置字体大小
    Print "12 * 5 ="; 12 * 5
    Print
    FontSize = 12
```

```
    Print "12 * 5 =", 12 * 5
    Print
    FontSize = 14
    FontBold = True                          '设置字体为黑体
    Print "中华人民";
    FontSize = 10
    Print "共和国"
End Sub
```

执行程序，在窗体屏幕中的任意位置处单击鼠标，观察执行结果。

4－25. 设计一个单位发工资计算各类钞票数量的程序：设某人应发工资 x 元，求出各种面额钞票的数量。程序界面设计如图 4－25 所示。

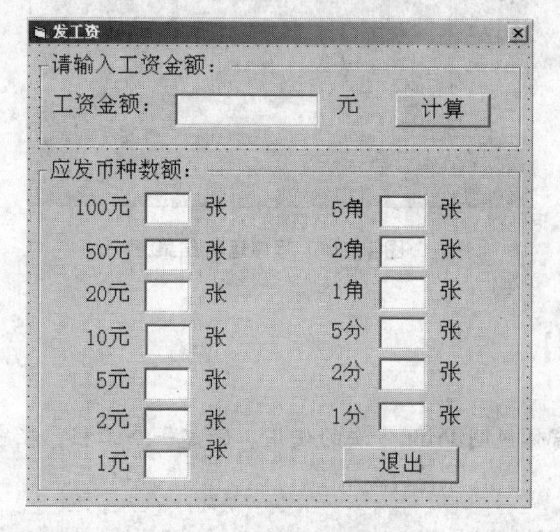

图 4－25 程序界面设计

参考程序代码如下：

```
Option Explicit
Private Sub Command1_Click()
    Dim Money As Single, t As Integer
    Dim y100% , y50% , y20% , y10% , y5% , y2% , y1%
    Dim j5% , j2% , j1
    Dim f5% , f2% , f1%
    Money = Val(Text1(0).Text)
```

```
    t = Fix(Money)
    '计算元
    y100 = t \ 100: t = t Mod 100
    y50 = t \ 50: t = t Mod 50
    y20 = t \ 20: t = t Mod 20
    y10 = t \ 10: t = t Mod 10
    y5 = t \ 5: t = t Mod 5
    y2 = t \ 2: t = t Mod 2
    y1 = t
    '计算角
    t = Fix((Money - Fix(Money)) * 10)
    j5 = t \ 5: t = t Mod 5
    j2 = t \ 2: t = t Mod 2
    j1 = t
    '呈现结果
    Text1(1).Text = y100
    Text1(2).Text = y50
    Text1(3).Text = y20
    Text1(4).Text = y10
    Text1(5).Text = y5
    Text1(6).Text = y2
    Text1(7).Text = y1
    Text1(8).Text = j5
    Text1(9).Text = j2
    Text1(10).Text = j1
    'Text1(11).Text = f5
    'Text1(12).Text = f2
    'Text1(13).Text = f1
End Sub
Private Sub Command2_Click()
    Unload Me
End Sub
```

【看一看　网络课件学习】

1. 通过网络课件的 BBS 论坛给老师发帖提问，与同学讨论学习的心得体会。
2. 利用手机登录移动课件，在“自我检测”栏目中做有关本章节的自测题。
3. 进入移动课件的“常见问题”栏目，看一看有没有对你的学习有所帮助的信息。

第5章　选择结构设计

导　读

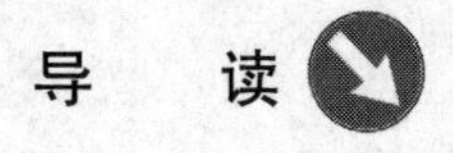

本章重点介绍 Visual Basic 中条件语句的使用和选择结构程序的设计方法。选择结构，也叫作分支结构，是3种基本程序结构中的一种。所有的程序都是由顺序、分支和循环这3种结构组成的。分支结构用于根据指定的条件，有选择地判断并执行预定的指令或程序段。

学习目标	条件选择语句、多分支选择语句的使用
应知	If 语句、If 语句的嵌套
	Select Case 语句
应会	运用条件选择语句编写程序，解决实际问题
难点	块 If 结构的正确使用

学习方法

自主学习：自学文字教材。

参加面授辅导课学习：在老师的辅导下深入理解课程知识内容。

上机实习：结合上机实际操作，对照文字教材内容，深入了解体会 If 语句、Select Case 语句的方法及特点。通过上机实习完成课后作业练习，巩固所学知识。

小组学习：参加小组学习，通过与小组中同学的讨论沟通，交流学习经验。

上网学习：通过网络课件或移动课件，进入 BBS 论坛，向老师发帖提问，获得学习帮助；参加同学之间的学习讨论，深入探讨分支结构程序设计的要点和方法，通过团队学习使自己获得帮助并尽快掌握课程知识。

课前思考

如何设计一个设置字体格式的程序，如图 5－1 所示。

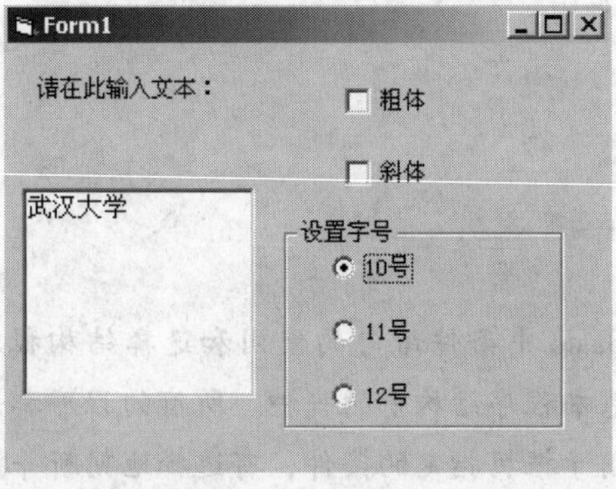

图 5－1　设置字体格式

当用户选中“粗体”选框时，文本框中的文本字体将全部变为粗体；当用户选中“斜体”选框时，文本框中的文本字体将全部变为斜体；当用户同时选中两个选框时，文本框中的字体将全部变为粗斜体；当用户单击“清除”按钮时，将清除文本框中的全部文字。

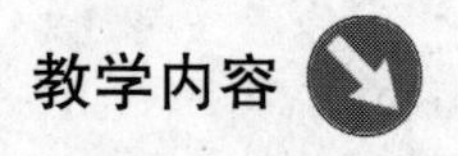

5.1　程序的基本结构

在程序设计中，程序的结构可以划分为 3 种基本类型，即顺序结构、选择结构和循环结构。

5.1.1　顺序结构

所谓顺序结构，就是按照指令出现的先后自然顺序，从第一条指令开始直到最后一条指令结束，顺序执行所有指令，如图 5－2 所示。

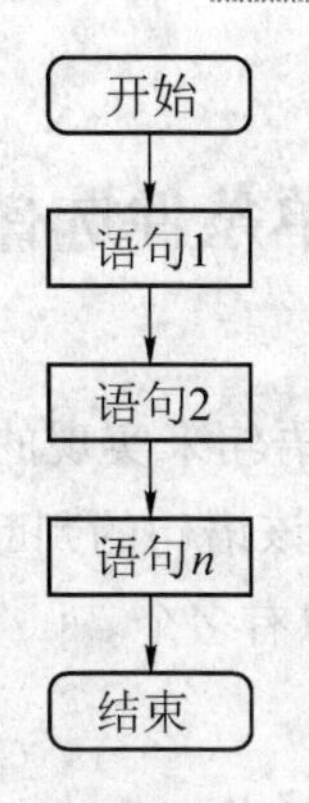

图5－2　顺序结构程序

5.1.2　选择结构

所谓选择结构，也叫作分支结构。就是程序在执行过程中，不一定按指令的先后顺序依次执行，而是根据给出的条件进行判断，然后选择满足条件的指令予以执行，如果条件不满足，则执行另一顺序的指令，如图5－3所示。

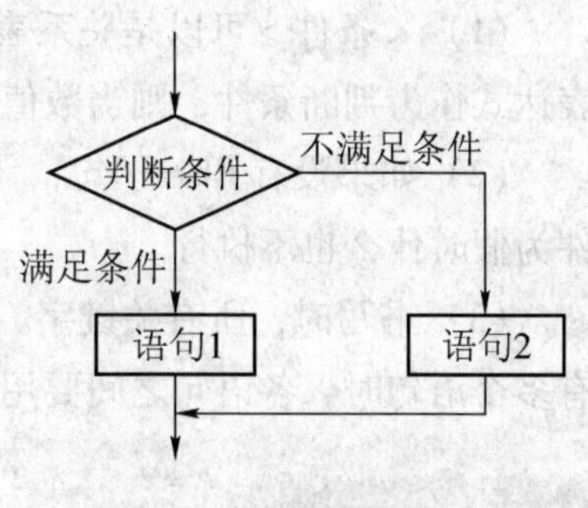

图5－3　选择结构程序

5.1.3　循环结构

循环结构实际上也是一种选择结构，它的特点是根据给定的判断条件，当条件满足时，反复执行某一部分指令；或是反复执行某一部分指令，每执行一次就对条件进行一次判断，直到条件满足为止，如图5－4所示。

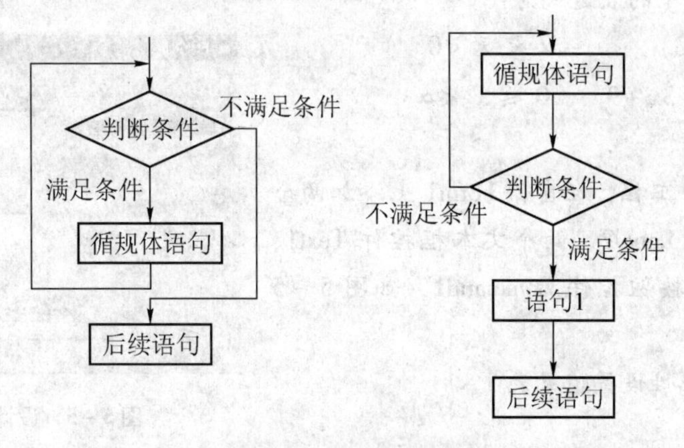

图5－4　循环结构程序

5.2 单条件选择语句 If

VB 中程序的选择结构是通过条件语句来实现的。常用的条件语句有 If 语句、Select 语句。If 语句称为单行结构条件语句，即该语句的判断条件是单个的；Select 语句则称为多分支（多条件）语句，它的判断条件可以有多个。

5.2.1 单行结构条件语句

单行结构条件语句比较简单，它的语法格式为：

```
If <条件> Then [ <语句1> ][Else <语句2> ]
```

说明：

(1) <条件>可以是关系表达式，也可以是逻辑表达式或者数值表达式。如果用数值表达式作为判断条件，则当数值为 0 时条件为假，非 0 时为真。

(2) 如果没有 Else 子句，<语句1>为必要参数，当条件为真时，执行<语句1>，条件为假时什么也不执行。

(3) 书写时，所有关键字、语句都必须在一行内书写完毕。如果关键字 Then 后面必须有多个语句时，各语句之间要用冒号分开，如下面的语句所示：

```
IF B>0  Then  A=2*A:B=B+A
```

【例 5-1】 设计一个程序，当用户从键盘上输入变量 x 不同的数值时，可以计算分段函数的值。分段函数 y 的表达式为：

$$y=\begin{cases}x^2+2x+3 & -\infty < x < 0\\ x^3+3x^2+3x+9 & 0 \leqslant x < \infty\end{cases}$$

设计过程：

(1) 新建一个工程，在窗体 Form1 上添加两个标签控件 Label1、Label2，两个文本框控件 Text1、Text2 和一个命令按钮控件 Command1，如图 5-5 所示。

(2) 各控件属性设置值见表 5-1。

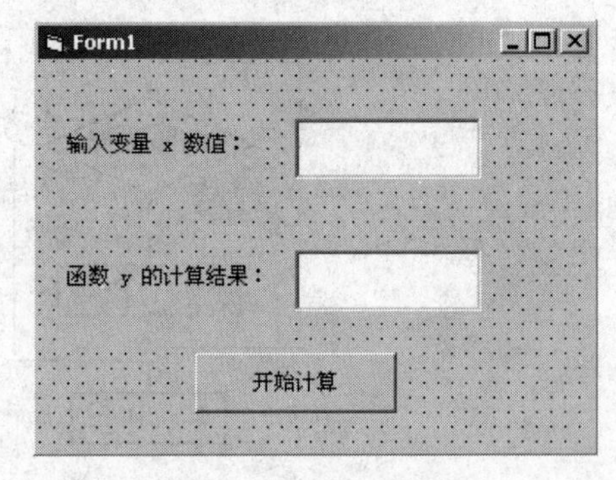

图 5-5 设计窗体界面

表5-1　窗体界面上各控件属性设置值

控件名	属性	设置值
Label1	Caption	"输入变量 x 数值"
Label2	Caption	"函数 y 的计算结果"
Text1	Text	" "（空白）
Text2	Text	" "（空白）
Command1	Caption	"开始计算"

(3) 命令代码设计。双击命令按钮 Command1，打开代码设计窗口，根据分段函数 y 的表达式书写命令代码如下：

```
Private Sub Command1_Click()
    x = Val(Text1.Text)
    If x < 0 Then y = x^2 + 2 * x + 3  Else y = x^3 + 3 * x^2 + 3 * x + 9
    Text2.Text = y
End Sub
```

(4) 运行程序。

单击 VB 集成环境窗口工具栏上的"启动"按钮，运行程序。在文本框 Text1 中输入数字4，然后单击命令按钮"开始计算"，可看到文本框 Text2 中显示计算出函数 y 的结果；再在文本框 Text1 中输入 -4 后单击"开始计算"按钮，可看到函数 y 的另一计算结果，分别如图5-6 (a)、(b) 所示。

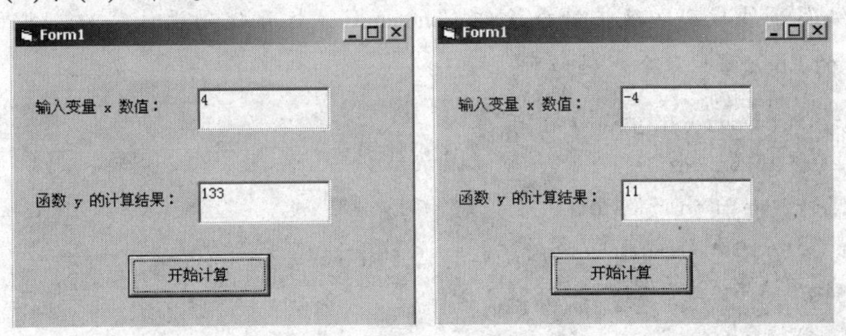

(a) x=4 的计算结果　　(b) x= -4 的计算结果

图5-6　分段函数计算的结果

【例 5-2】设计一个程序，用户从键盘输入一个 100 以内的正整数后，判断是否能够被 3 整除，能够整除则给出相应信息，不能整除则提示继续输入下一个数。当用户输入数据为负数时程序结束。

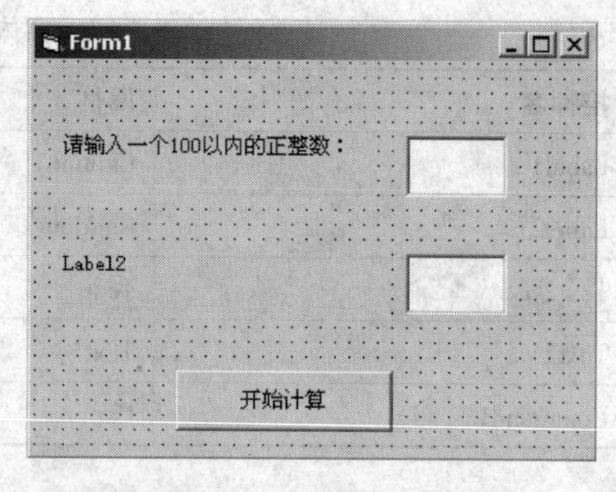

图 5-7 程序界面设计

设计过程：

(1) 新建一个工程，在窗体 Form1 上添加两个标签控件 Label1、Label2，两个文本框控件 Text1、Text2 和一个命令按钮控件 Command1，如图 5-7 所示。

(2) 各控件属性设置值见表 5-2。

表 5-2 窗体界面上各控件属性设置值

控件名	属性	设置值
Label1	Caption	"请输入一个 100 以内的正整数"
Label2	Caption	" "（空白）
Text1	Text	" "（空白）
Text2	Text	" "（空白）
Command1	Caption	"开始计算"

(3) 编写事件代码。双击命令按钮 Command1，打开代码设计窗口，书写命令按钮 Command1 的 Click 事件命令代码如下：

```
    Private Sub Command1_Click()
        x = Val(Text1.Text)
        If x < 0 Then Unload Me
        If (x Mod 3 = 0) Then Label2.Caption ="整除结果为:": Text2.Text = x/3 _ Else La-
bel2.Caption =" 不能被 3 整除 ": Text2.Text =""
    End Sub
```

(4) 运行程序。单击 VB 集成环境窗口工具栏上的“启动”按钮，运行程序。在文本框 Text1 中输入数字 24，然后单击命令按钮“开始计算”，可看到文本框 Text2 中显示整除计算结果 8；再在文本框 Text1 中输入 55 后单击“开始计算”按钮，可看到 Label2 控件显示“不能被3整除”信息；如果在Text1文本框中输入的是一个负数，则窗体被卸载，程序不再运行。运行结果如图5-8所示。

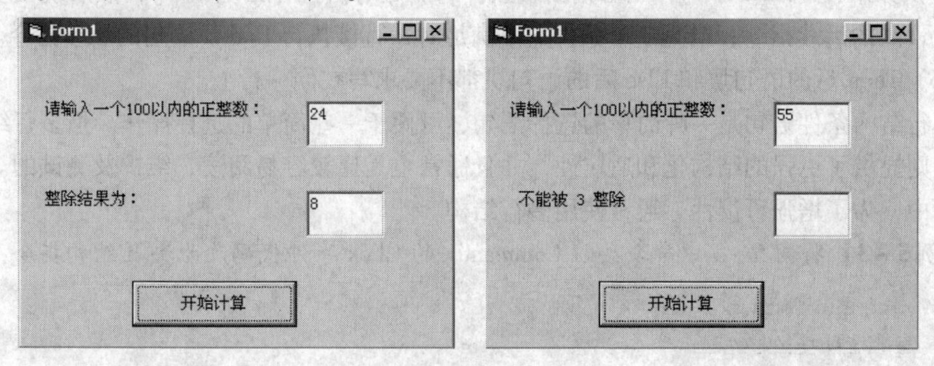

图5-8 程序运行结果

5.2.2 块形式的IF...Then语句

单行条件语句在使用时，如果遇到Then或者Else子句后面需要执行较多语句内容时，因为规定要把多个语句书写在一行内，就会在书写时显得不方便。为此，VB提供了块If语句——将一个选择结构用多个语句行来实现。因此，块If语句也称为多行If语句。块If语句的语法结构为：

```
If <条件> Then
    [语句块1]
[Else]
    [语句块2]
End IF
```

说明：

(1) 在块If结构中，以If <条件> Then句起头，并且书写在第一行；[语句块1] 另起一行书写，有多条语句时可以在多行中书写。

(2) 有Else子句时，[语句块2] 必须在关键字Else的下一行开始书写，同样如果有多条语句，可以在多行中书写。

(3) 块If结构必须以End If语句结尾，书写在最后一行。如果End If语句漏写，则系统认为出现语法错误。

(4) 程序运行时，先对 <条件> 进行判断，满足条件（条件判断为True时），执行Then后面的 [语句块1]，然后跳出块结构执行End If语句的后续指令。如果 <条件> 判断为 False，则执行 Else 后面的［语句块 2］，然后跳出块结构执行 End If 语句的后续指令。

（5）如果没有 Else 子句，则当判断 <条件> 满足时执行［语句块 1］，然后跳出块结构执行 End If 的后续指令；当判断 <条件> 不满足时，直接执行 End If 语句的后续指令。

（6）Then 后的语句块和 Else 后的语句块都不要求写在同一行上。

单行结构条件语句是一种简单的选择语句，可用于一些简单的选择操作。但多行结构条件语句则提供了更强的结构化和适应性，并且通常也是比较容易阅读、维护及测试的。在程序编写中，为了增强可读性，通常使用多行结构。

【例 5-3】 将例 5-2 中命令按钮 Command1 的 Click 事件代码改为块 If 结构指令：

```
Private Sub Command1_Click()
    x = Val(Text1.Text)
    If x < 0 Then Unload Me
    If (x Mod 3 = 0) Then
        Label2.Caption = "整除结果为:"
        Text2.Text = x/3
    Else
        Label2.Caption = " 不能被 3 整除 "
        Text2.Text = ""
    End If
End Sub
```

5.2.3 If 语句的嵌套

当判断的条件比较复杂，有多个情况需要进行判断时，可以使用嵌套的 If 语句结构。If 语句的嵌套就是指在 If 或 Else 语句后面的语句块中又包含另一个 If 语句。其语法格式有两种，第一种形式为：

```
If < 条件 1 > Then
    If < 条件 2 > Then
        [语句块 1]
    Else
        [语句块 2]
    End If
Else
    [其他语句]
End If
```

第二种形式为：

```
If <条件1> Then
    [语句块1]
ElseIf <条件2> Then
    [语句块2]
ElseIf <条件3> Then
    [语句块3]
    ……
Else
    [其他语句块]
End If
```

说明：

（1）在 If 块中，Else 和 ElseIf 子句都可以省略。可以有任意多个 ElseIf 子句，但是都必须在 Else 子句之前出现。

（2）在第一种形式中，当程序运行到嵌套的 If 块时，先判断 <条件1>，若判断结果为 True，则执行 Then 后面的语句，如嵌套的块 If 部分；如果条件为 False，则执行 Else 后面的语句，然后从 End If 的后续指令继续执行。

（3）在第二种形式中，当程序运行到嵌套的 If 块时，先判断 <条件1>，若判断结果为 True，则执行 Then 后面的 [语句块1]。如果判断的条件为 False，则每个 ElseIf 部分的条件（有多个 ElseIf 的情况下）都会依次判断，当找到某个条件为 True 时，则执行紧跟在相关 Then 关键字后面的语句块，之后从 End If 的后续指令继续执行；如果没有一个 ElseIf 条件为 True（或者连 ElseIf 语句都没有），则执行 Else 关键字后面的 [其他语句]，然后从 End If 的后续指令继续执行。

（4）嵌套可以是多层的，但内层条件语句必须包含在外层条件语句中。对块结构条件语句，关键字 If 和 End If 要成对出现。

【例 5-4】 个人工资收入所得税税率计算。假设个人所得税的起征点为 3 500 元，超过 3 500 元部分按不同税率进行征收。征收的税率见表 5-3。设计一个程序，输入一个工资数后，按照既定税率表进行扣税计算。

表 5－3　个人工资收入税率表

级数	全月工资收入超过 **3 500** 元部分	税率
1	不超过 1 500 元	3%
2	超过 1 500 元至 4 500 元的部分	10%
3	超过 4 500 元至 9 000 元的部分	20%
4	超过 9 000 元至 35 000 元的部分	25%
5	超过 35 000 元至 55 000 元的部分	30%
6	超过 55 000 元至 80 000 元的部分	35%
7	超过 80 000 元的部分	45%

分析：设工资收入数为 x 元，扣税数为 y 元，按照表 5－3，扣税数 y 可表达为：

$$y=\begin{cases}0 & (x\leqslant 3\,500)\\(x-3\,500)*0.03 & (3\,500<x\leqslant 5\,000)\\(1\,500)*0.03+(x-5\,000)*0.10 & (5\,000<x\leqslant 8\,000)\\1\,500*0.03+3\,000*0.1+(x-8\,000)*0.2 & (8\,000<x\leqslant 12\,500)\\1\,500*0.03+3\,000*0.1+4\,500*0.2+(x-12\,500)*0.25 & (12\,500<x\leqslant 38\,500)\\1\,500*0.03+3\,000*0.1+4\,500*0.2+26\,000*0.25+(x-38\,500)*0.3 & \\ & (38\,500<x\leqslant 58\,500)\\1\,500*0.03+3\,000*0.1+4\,500*0.2+26\,000*0.25+2\,000*0.3+(x-58\,500)*0.35 & \\ & (38\,500<x\leqslant 83\,500)\\1\,500*0.03+3\,000*0.1+4\,500*0.2+26\,000*0.25+2\,000*0.3+25\,000*0.35+ & \\(x-83\,500)*0.45 & (83\,500<x)\end{cases}$$

设计步骤：

（1）建立一个新工程，在窗体 Form1 上添加两个标签控件和两个文本框控件、一个命令按钮控件，如图 5－9 所示。

（2）编写命令按钮 Command1 的单击事件代码。

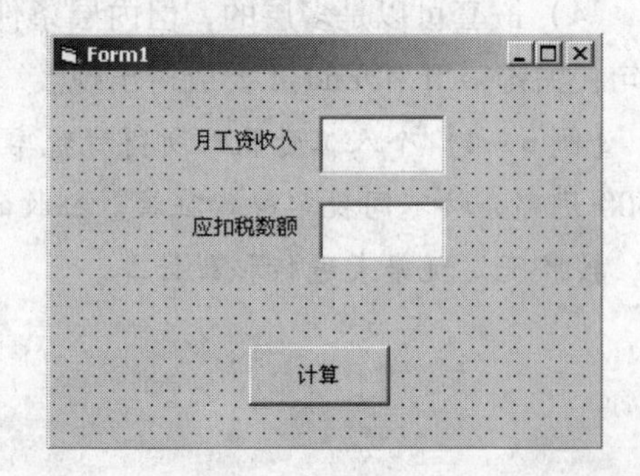

图 5－9　程序设计界面

```
Private Sub Command1_Click()
    x = Val(Text1.Text)
    If x < 3500 Then
        y = 0
    Else
        If x < = 5000 Then
            y = (x - 3500) * 0.03
        Else
            If x < = 8000 Then
                y = (1500) * 0.03 + (x - 5000) * 0.1
            Else
                If x < = 12500 Then
                    y = 1500 * 0.03 + 3000 * 0.1 + (x - 8000) * 0.2
                Else
                    If x < = 38500 Then
                        y = 1500 * 0.03 + 3000 * 0.1 + 4500 * 0.2 + (x - 12500) * 0.25
                    Else
                        If x < = 58500 Then
                            y = 1500 * 0.03 + 3000 * 0.1 + 4500 * 0.2 + 26000 * 0.25 + (x -
38500) * 0.3
                        Else
                            If x < = 83500 Then
                                y = 1500 * 0.03 + 3000 * 0.1 + 4500 * 0.2 + 26000 * 0.25
 + 2000 * 0.3 + (x - 58500) * 0.35
                            Else
                                If x > 83500 Then
                                    y = 1500 * 0.03 + 3000 * 0.1 + 4500 * 0.2 + 26000 *
0.25 + 2000 * 0.3 + 25000 * 0.35 + (x - 83500) * 0.45
                                End If
                            End If
                        End If
                    End If
                End If
```

```
            End If
        End If
    End If
    Text2.Text = y
    Text2.Locked = True
End Sub
```

(3) 运行程序，在“月工资收入”文本框中输入工资数，单击“计算”命令按钮，程序立即计算出应扣税数额，如图 5－10 所示。

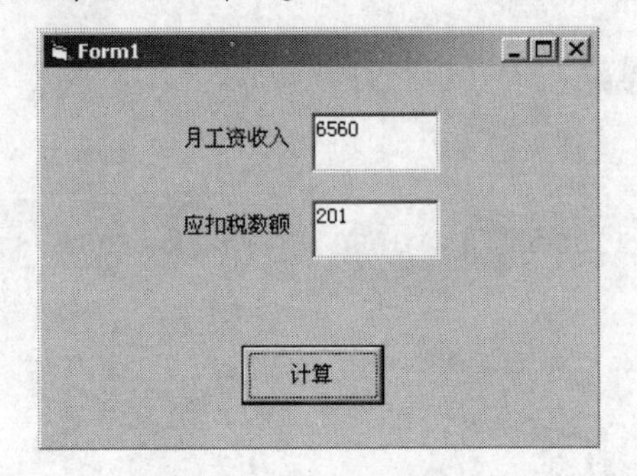

图 5－10 程序运行结果

【例 5－5】将上题中的嵌套 If 块结构改为嵌套 ElseIf 结构。

只需将命令按钮 Command1 的事件代码改为：

```
Private Sub Command1_Click()
    x = Val(Text1.Text)
    If x < 3500 Then
        y = 0
    ElseIf x < = 5000 Then
        y = (x - 3500) * 0.03
    ElseIf x < = 8000 Then
        y = (1500) * 0.03 + (x - 5000) * 0.1
    ElseIf x < = 12500 Then
        y = 1500 * 0.03 + 3000 * 0.1 + (x - 8000) * 0.2
    ElseIf x < = 38500 Then
        y = 1500 * 0.03 + 3000 * 0.1 + 4500 * 0.2 + (x - 12500) * 0.25
    ElseIf x < = 58500 Then
```

```
            y =1500 * 0.03 +3000 *0.1 +4500 *0.2 +26000 *0.25 +(x -38500) *0.3
        ElseIf x < =83500 Then
            y =1500 *0.03 +3000 *0.1 +4500 *0.2 +26000 *0.25 +2000 *0.3 +(x -58500) *0.35
        ElseIf x >83500 Then
            y =1500 * 0.03 + 3000 * 0.1 + 4500 * 0.2 + 26000 * 0.25 + 2000 * 0.3 + 25000 *
0.35 +(x -83500) * 0.45
        End If
        Text2.Text =y
        Text2.Locked = True
    End Sub
```

5.3 多分支选择结构 Select Case 语句

虽然利用 If 语句的嵌套格式可以实现多分支选择结构程序设计，但在书写程序时如果分支结构复杂，程序就会过长，很容易出错。VB 提供的多分支选择结构（Select Case）可以避免这个问题的发生。多分支选择结构的特点是，如果要根据单一表达式来执行多种可能的动作时可以使程序更为简洁。多分支选择结构的语法格式为：

```
Select Case    <测试条件>
[Case    <表达式表1>
    [语句块1]]
[Case    <表达式表2>
    [语句块2]]
……
[Case Else
    [其他语句块]]
End Select
```

说明：

（1）<测试条件>为必选参数，可以是任何数值表达式或字符表达式。

（2）Case 子句的<表达式表>用来测试其中是否有值与<测试条件>相匹配。Case 子句的<表达式表>可以是表 5 -4 所示形式的表达式表。

表 5-4 Case 语句中表达式表的各种形式

形式	示例	说明
表达式	Case 3+5	数值表达式
表达式 To 表达式	Case -3 To 3	用来指定一个值范围，较小的数要放在 To 之前
Is 关系表达式	Case Is <3500	可以配合关系运算符来指定一个数值范围。如果没有提供，则 Is 关键字会被自动插入

当使用多个表达式的列表时，表达式与表达式之间要用逗号“,”隔开。

(3) <语句块>为可选参数，是一条或多条语句，当<表达式表>中有值与<测试条件>相匹配时被执行。

(4) Case Else 子句用于指明其他语句列，当<测试条件>和所有的 Case 子句中的<表达式表>都不匹配时，则会执行这些语句。在设计程序时加上这个语句可以用来处理不可预见的测试条件值。

(5) 在执行时，Select Case 在结构的上方处理一个测试条件并计算一次，然后将测试条件的值与结构中每个 Case<表达式表>的值进行比较，如果相等，就执行与该 Case 语句相关的语句块，然后到 End Select 后面的语句继续执行；如果都不相等则执行 Case Else 对应的语句块或直接到 End Select 后面的语句继续执行（省略 Case Else 的情况下）。

【例 5-6】 将上题中的嵌套 If 块结构改为 Select Case 结构。

按照 Select Case 格式编写命令按钮 Command1 的事件代码如下：

```
Private Sub Command1_Click()
    x = Val(Text1.Text)
    Select Case x
    Case Is <3500
        y = 0
    Case Is < =5000
        y = (x - 3500) * 0.03
    Case Is < =8000
        y = (1500) * 0.03 + (x - 5000) * 0.1
    Case Is < =12500
        y = 1500 * 0.03 + 3000 * 0.1 + (x - 8000) * 0.2
    Case Is < =38500
        y = 1500 * 0.03 + 3000 * 0.1 + 4500 * 0.2 + (x - 12500) * 0.25
```

```
Case Is < =58500
        y =1500 * 0.03 +3000 * 0.1 +4500 * 0.2 +26000 * 0.25 +(x -38500) * 0.3
    Case Is < =83500
        y =1500 * 0.03 +3000 * 0.1 +4500 * 0.2 +26000 * 0.25 +2000 * 0.3 +(x -58500) * 0.35
    Case Is >83500
        y =1500 * 0.03 +3000 * 0.1 +4500 * 0.2 +26000 * 0.25 +2000 * 0.3 +25000 *
0.35 +(x -83500) * 0.45
    End Select
    Text2.Text =y
    Text2.Locked =True
End Sub
```

对比用块 If 结构设计的程序，可以看到，使用 Select Case 语句使程序明显简洁了许多。

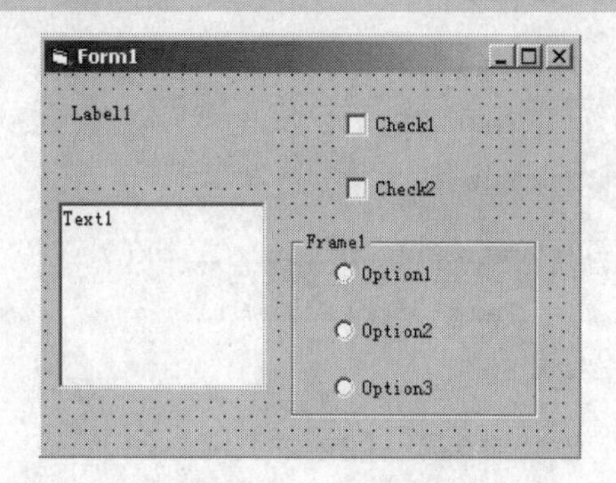

图 5 -11　程序界面设计

【例 5 -7】 课前思考解答。

（1）新建一个工程，在窗体 Form1 上建立一个文本框、一个 Lable 控件、一个 Frame 控件、两个复选框控件，3 个单选按钮控件，如图 5 -11 所示。

（2）设置窗体上各个控件对象的属性，如表 5 -5 所示。

表 5 -5　窗体界面上各控件属性设置值

控件名	属性	设置值
Label1	Caption	"请在此输入文本"
Frame1	Caption	"设置字号"
Option1、Option2、Option3	Caption	"10 号" "11 号" "12 号"
Check1、Check2	Caption	"粗体" "斜体"
Text1	Text	" "（空白）

（3）编写程序代码。

```
Private Sub Check1_Click()
    If Check1.Value =1 Then                          '判断复选框 1 有没有选中
        Text1.FontBold =True
```

```
    Else
        Text1.FontBold = False
    End If
End Sub
Private Sub Check2_Click()                    '判断复选框 2 有没有选中
    If Check2.Value = 1 Then
        Text1.FontItalic = True
    Else
        Text1.FontItalic = False
    End If
End Sub
Private Sub Option1_Click()
    Text1.FontSize = 10
End Sub
Private Sub Option2_Click()
    Text1.FontSize = 11
End Sub
Private Sub Option3_Click()
    Text1.FontSize = 12
End Sub
```

(4) 程序运行。在窗口工具栏上，单击启动按钮 ▸ 开始运行程序，单击暂停按钮 ‖ 暂停运行程序；单击停止按钮 ■ 停止运行程序。程序运行的结果如图 5-12 所示。

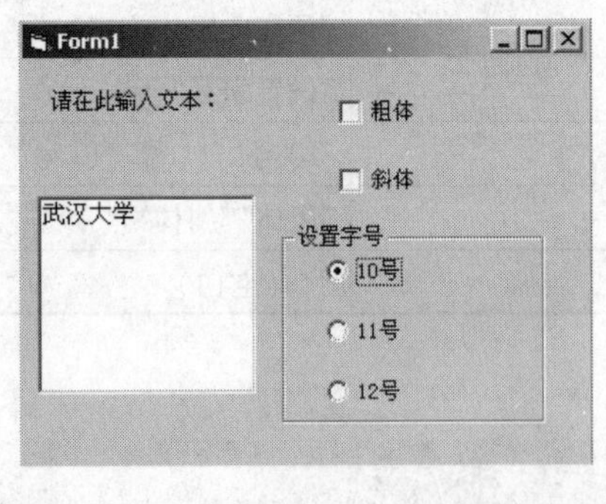

(a)

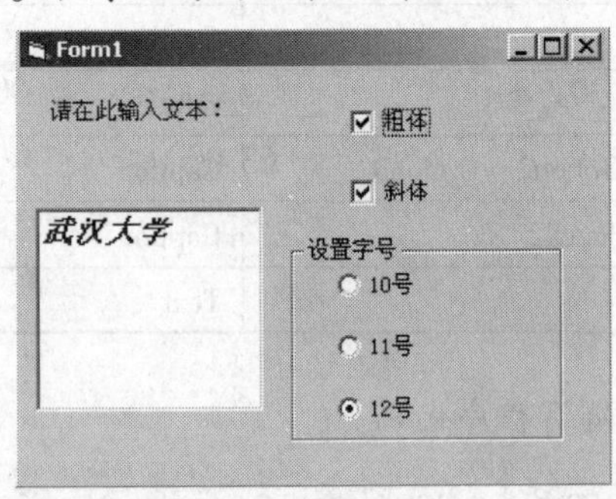

(b)

图 5-12　程序运行结果

如果这个题目要用多分支结构来设计，应该怎样更改程序代码？请大家课后进行思考并上机实习。

5.4 应用程序设计示例

【例5-8】设计一个如图5-13所示的商品打折计算器。商品打折的标准是，顾客一次购物：

(1) 在1 000元以上2 000元以下者，按九五折优惠。

(2) 在2 000元以上3 000元以下者，按九折优惠。

(3) 在3 000元以上5 000元以下者，按八五折优惠。

(4) 在5 000元以上者，按八折优惠。

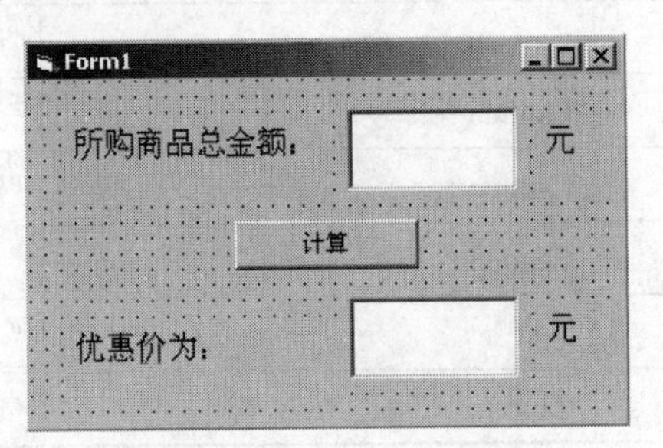

图5-13 打折计算器

编写程序，输入购物款数，计算并输出优惠价格。

分析：设购物款数为 x 元，优惠价为 y 元，按照上述条件有：

$$y=\begin{cases}x & (x<1\,000)\\ 0.95x & (1\,000\leqslant x<2\,000)\\ 0.9x & (2\,000\leqslant x<3\,000)\\ 0.85x & (3\,000\leqslant x<5\,000)\\ 0.8x & (x\geqslant 5\,000)\end{cases}$$

设计步骤如下：

(1) 建立一个新工程，在窗体上建立4个标签和2个文本框控件，1个按钮控件，如图5-14所示。

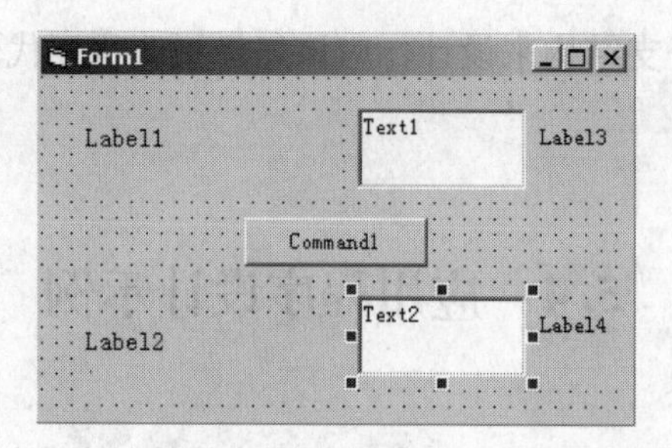

图 5-14 界面设计

(2) 设置窗体上各个控件对象的属性值，如表 5-6 所示。

表 5-6 窗体界面上各控件属性设置值

控件名	属性	设置值
Label1	Caption	"所购商品总金额:"
Label2	Caption	"元"
Label3	Caption	"优惠价格为:"
Label4	Caption	"元"
Text1、Text2	Text	" "（空白）
Command1	Caption	"计算"

(3) 编写命令按钮 Command1 的 Click 事件代码如下：

```
Private Sub Command1_Click()
    Dim x As Single, y As Single
    x = Val(Text1.Text)                    '获得 Text1 中的输入文本
    If x < 1000 Then
        y = x
    Else
        If x < 2000 Then
            y = 0.95 * x
        Else
            If x < 3000 Then
                y = 0.9 * x
            Else
```

```
            If x<5000 Then
                y=0.85*x
            Else
                y=0.8*x
            End If
        End If
    End If
  End If
  Text2.Text=y
End Sub
```

（4）运行程序，如图5-15（a）所示。在所购商品总金额文本框中输入金额1 314，单击“计算”按钮，获得优惠价格，如图5-15（b）所示。

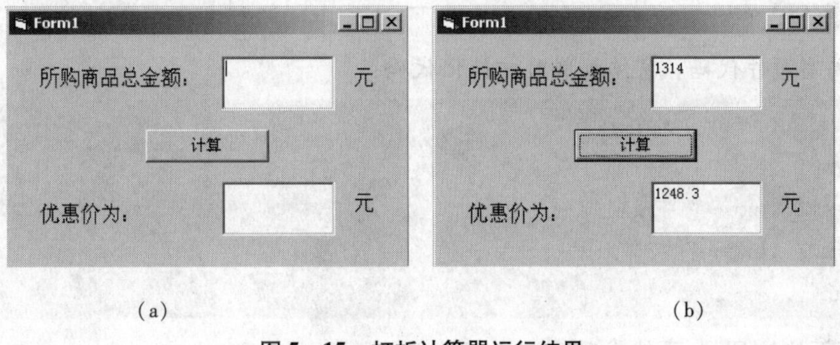

图5-15 打折计算器运行结果

说明：本例的知识点是IF...Else语句的嵌套。根据商品的价格分别给出不同的折扣。

【例5-9】设计一个小学生加、减法练习工具。程序运行后，用户单击“出题”按钮后，程序随机自动给出一位数的加法或减法运算题，用户通过键盘在答案框中输入答案并单击“提交”按钮，当答案正确时，系统给出“做对了！”的信息提示，如果输入的答案不正确，单击“提交”按钮后系统会给出“做错了！”的信息提示。

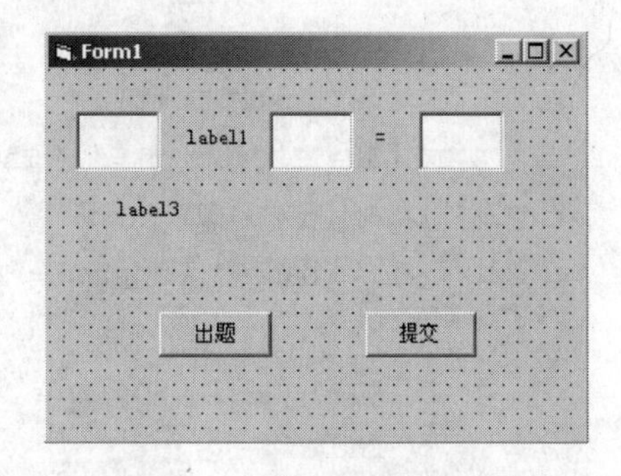

图5-16 算术题练习程序界面

设计步骤：

（1）新建一个工程，在窗体上添加如图5-16所示的各个控件。

（2）各控件初始属性设置如表5－7所示。

表5－7 各控件初始属性值

控件名	属性	属性值
Text1	Text	""（空白）
Text2	Text	""（空白）
Text3	Text	""（空白）
Label1	Caption	""（空白）
Label2	Caption	"="
Label3	Caption	""（空白）
Command1	Caption	"提交"
Command2	Caption	"出题"

（3）编写事件代码。窗体加载时初始化代码：

```
Private Sub Form_Load()
    Text1.Text = ""
    Text2.Text = ""
    Text3.Text = ""
End Sub
```

“提交”按钮Click事件代码：

```
Public a, b
Private Sub Command1_Click()
    If Text3.Text < > "" Then
        d = Val(Text3.Text)
        If Label1.Caption = "+" Then
            If (a + b = d) Then
                Label3.Caption = "做对了!"
            Else
                Label3.Caption = "做错了!"
            End If
        End If
```

```
    If Label1.Caption = "-" Then
        If (a - b = d) Then
            Label3.Caption = "做对了!"
        Else
            Label3.Caption = "做错了!"
        End If
    End If
  Else
    Label3.Caption = "请输入计算结果再提交!"
  End If
End Sub
```

"出题"按钮Click事件代码:

```
Private Sub Command2_Click()
    Randomize                                   '初始化随机数生成器
    a = Int(9 * Rnd)                            '获取一个个位数的随机数
    b = Int(9 * Rnd)
    p = Int(2 * Rnd)
    Select Case p
    Case 0
        Label1.Caption = "+"
    Case 1
        Label1.Caption = "-"
        If a < b Then
            c = a: a = b: b = c
        End If
    End Select
    Text1.Text = a
    Text2.Text = b
    Text3.Text = ""
    If Text3.Text = "" Then Label3.Caption = "请输入计算结果再提交!"
End Sub
```

(4) 运行程序，如图5-17所示，输入答案后单击提交按钮，系统给出相应信息。单击“出题”按钮，则系统显示一道新的算题，等待用户输入答案，如图 5－18 所示。

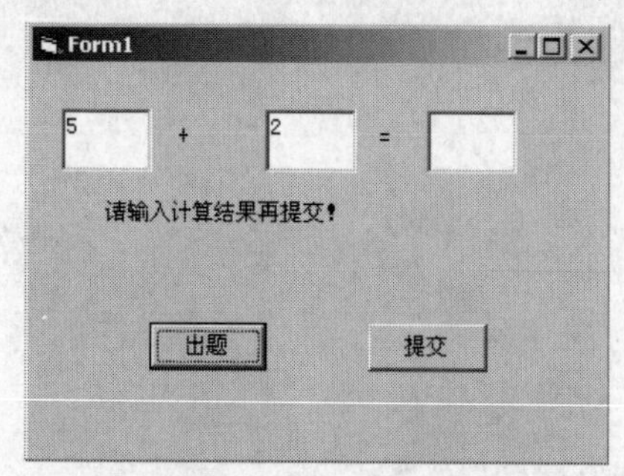

图 5－17 运行程序

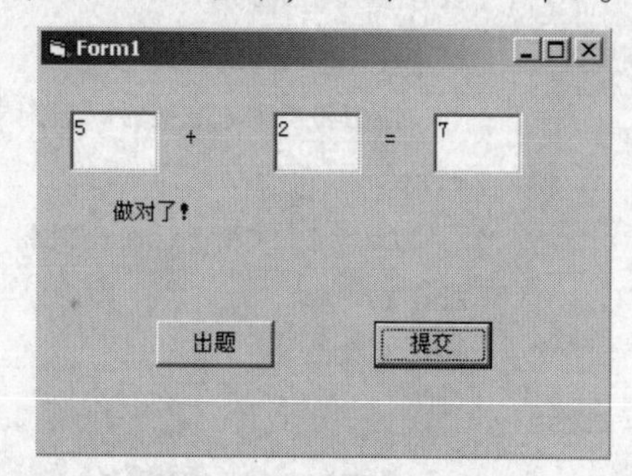

图 5－18 回答正确结果

说明：本例的知识点是 IF... Else 语句和 Select Case ... End Select 语句。Rnd 为获取随机数函数，Int 为取整函数。

【例 5－10】设计一个如图 5－19 所示的多功能计算器。

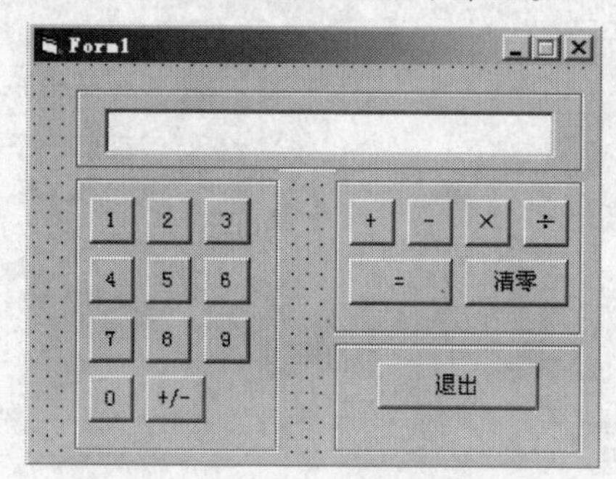

图 5－19 多功能计算器界面

设计过程：

(1) 新建一个工程，在窗体上按照图 5－19 添加各个控件。

(2) 设置各个控件的属性，如表 5－8 所示。

表 5－8 各控件初始属性值

控件名	属性	属性值
Textresult	Text	″″(空白)
Frame1 ~ Frame 4	Caption	″″(空白)
Command1	Caption	″1″
Command2	Caption	″2″
……	……	……

续表

控件名	属性	属性值
Command9	Caption	"9"
Command10	Caption	"0"
Command11	Caption	"+/ -"
Command12	Caption	"+"
Command13	Caption	"-"
Command14	Caption	"*"
Command15	Caption	"/"
Command16	Caption	"="
Command17	Caption	"清零"
Command18	Caption	"退出"

（3）程序代码设计：

① 设计变量：设计3个公用变量data1、data2和opt。data1用于存储第一个运算数，data2用于存储第二个运算数，opt用于存储运算符号。

② 窗体加载初始化事件代码：

```
Public data1, data2, opt As String
Private Sub Form_Load()
    data1 =""
    opt =""
    data2 =""
End Sub
```

③ 各个数字按钮的Click事件代码。

数字1按钮代码：

```
Private Sub Command1_Click()
    If opt ="" Then                  '如果还没有单击运算符号,则说明现在是第一个运算数
        data1 =data1 +"1"
        TextResult.Text =data1       '每单击一下该按钮就在文本框的尾部添加字符1
    Else
```

```
        data2 = data2 + "1"                '否则说明现在输入的是第二个运算数
        TextResult.Text = data2
    End If
End Sub
```

数字2按钮代码：

```
Private Sub Command2_Click()
    If opt = "" Then
        data1 = data1 + "2"
        TextResult.Text = data1
    Else
        data2 = data2 + "2"
        TextResult.Text = data2
    End If
End Sub
```

其他3、4……9、0各个按钮的代码与上面类似。

④ 正负号转换按钮（“+/ -”）的Click事件代码：

```
Private Sub Command11_Click()
    If opt = "" Then
        data1 = -1 * Val(data1)
        TextResult.Text = data1
    Else
        data2 = -1 * Val(data2)
        TextResult.Text = data2
    End If
End Sub
```

⑤ 各个运算符号命令按钮的Click事件代码。

这里以“+”“-”运算符号为例进行说明，其他请同学自行完成。

“+”号按钮Click事件代码：

```
Private Sub Command12_Click()
    opt = "+"
End Sub
```

“-”号按钮 Click 事件代码：

```
Private Sub Command13_Click()
    opt ="-"
End Sub
```

⑥“=”号按钮的 Click 事件代码：

```
Private Sub Command16_Click()
    Dim result As Double
    Select Case opt                          '以运算符号 opt 的值为多重分支条件
    Case "+"                                 'opt 为“+”时做加法运算
        result = Val(data1) + Val(data2)
    Case "-"                                 'opt 为“-”时做减法运算
        result = Val(data1) - Val(data2)
    Case "*"                                 'opt 为“*”时做乘法运算
        result = Val(data1) * Val(data2)
    Case "/"                                 'opt 为“/”时做除法运算
        result = Val(data1) / Val(data2)
    End Select
    opt =""
    data2 =""
    TextResult.Text = result                 '显示计算结果
    data1 = TextResult.Text                  '将计算结果作为第一个数字,以便继续运算
End Sub
```

⑦“清零”按钮的 Click 事件。计算完成后，要进行下一次计算，需要清除原来的所有数据。单击“清零”按钮可完成本操作。该按钮的 Click 事件代码为：

```
Private Sub Command17_Click()
    data1 =""
    data2 =""
    opt =""
    TextResult.Text =""
End Sub
```

⑧“退出”按钮 Click 事件代码：

```
Private Sub Command18_Click()
    Unload Me
End Sub
```

【本章小结】

在代码设计阶段，VB 主要采用结构化程序设计方法，该方法一般包括 3 个基本结构，分别是顺序结构、选择结构和循环结构。本章详细讲解了选择结构，选择结构通常用于解决实际应用中需要进行判断的问题。

本章给出了选择结构常用的两类语句——If 和 Select Case 语句，并详细地讲解了这两类语句的用法，给出了大量的实例来理解和掌握选择结构设计的方法。

本章首先从一个简单的字体格式程序入手，重点分析了选择结构的 IF 语句；然后介绍了 Select Case 语句的相关知识；最后介绍了一些界面控件的用法。希望同学们着重理解选择结构设计的方法，并通过实践不断提升自己的水平。学好本章的知识，为自己能够做到熟练进行程序设计而打下坚实的基础。

【想一想　自测题】

一、单项选择题

5 -1. 设 a = -5，b =2，下列逻辑表达式为真值的是（　　）。

A. Not （a > =0 And b <2）　　B. a * b < -6 And a/ b < -9

C. a + b > =0 Or Not b >0　　D. a = -2 * b Or a >0

5 -2. 表示条件“*a* 是大于 *b* 的奇数”的逻辑表达式是（　　）。

A. a > =b And Int （（a -1）/2） = （a -1）/2

B. a >b Or Int （（a -1）/2） = （a -1）/2

C. a >b And a Mod 2 =1

D. a >b Or （a -1） Mod 2 = =0

5 -3. 表示条件“*x* 是大于等于 5，且小于 95 的数”的条件表达式是（　　）。

A. 5 < =x <95　　B. 5 < =x, x <95

C. x > =5 and x <95　　D. x > =5 and x < =95

5 -4. 下列程序段（　　）能够正确实现：X < Y 则 A =15，否则 A = -15。

A.

```
If X < Y Then A = 15
A = -15
Print A
```

B.

```
If X < Y Then A = 15: Print A
A = -15: Print A
```

C.

```
If X < Y Then
    A = 15: Print A
Else
    A = -15: Print A
```

D.

```
If X < Y Then A = 15
Else: A = -15
Print A
```

5-5. 下列程序段的执行结果为（　　）。

```
A = 75
If A > 60 Then
    I = 1
ElseIf A > 70 Then
    I = 2
ElseIf A > 80 Then
    I = 3
ElseIf A > 90 Then
    I = 4
End If
Print "I ="; I
```

A. I = 1　　B. I = 2　　C. I = 3　　D. I = 4

5-6. 下列程序段的执行结果是（　　）。

```
x=2 : Y=2
1f X*Y<1 Then Y=Y -1 Else Y=Y+X
   Print Y-X>0
```

A. True　　B. False　　C. 1　　D. -1

二、填空题

5-7. 数学关系 8≤x<30 表示成正确的 VB 表达式为________。

5-8. 闰年的条件是：年号（Y）能被 4 整除，但不能被 100 整除；或者年号能被 400 整除。表示该条件的逻辑表达式是________。

5-9. 若 A=20，B=80，C=70，D=30，则表达式 A+B>160 Or (B*C>200 And Not D>60) 的值是________。

5-10. 关系式 -5≤X≤5 所对应的布尔表达式是________。

5-11. X 是小于 100 的非负数，对应的布尔表达式是________。

5-12. 根据下面所给的条件，写出相应的 VB 布尔表达式。

(1) 评选优秀教师的基本条件：工龄在 3 年以上，职称为“讲师”，发表论文数在 5 篇以上，获得学生评价得分在 90 分以上。

(2) 航空公司招聘空姐的条件是：性别（Sex）为女，年龄（Age）在 18~22 岁，身高（Size）在 1.60~1.75 米。

三、程序设计题

5-13. 购物优惠程序。某商场为了加速商品流通，采用购物打折的优惠办法，每位顾客一次购物的情形如下时，在窗体上添加两个文本框和一个命令按钮，要求在 Text1 中输入购物商品总金额，单击命令按钮，在 Text2 中输出优惠后的价格。程序运行结果如图5-20所示。

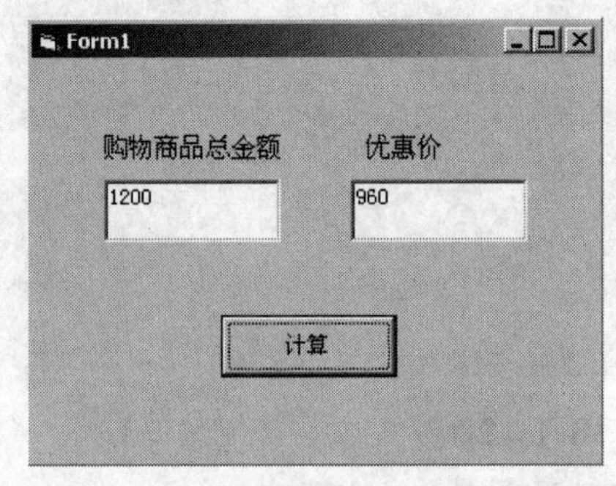

图 5-20　程序运行效果

(1) 在500元以上者，按9.5折优惠。

(2) 在800元以上者，按9折优惠。

(3) 在1 000元以上者，按8折优惠。

(4) 在1 500元以上者按7折优惠。

5-14. 编写一个摄氏温度与华氏温度之间转换的程序，程序运行界面如图5-21所示。

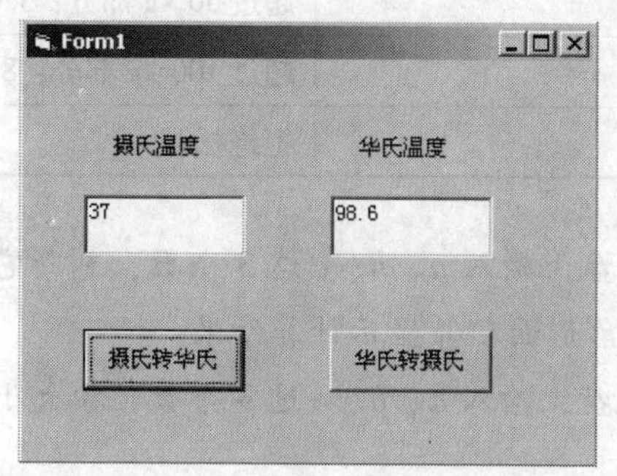

图5-21 程序运行效果

要使用的转换公式是：F=9/5*C+32，其中F为华氏温度，C为摄氏温度。

5-15. 创建一个如图5-22所示的登录界面，由两个标签（Label1、Labe12）和两个文本框（txtName、txtPassword）组成。其中，口令文本框（txtPassword）的PasswordChar属性设置为“*”，运行时要求输入姓名和密码，如果在两个文本框中分别输入“Guest:”和“12345”，则界面显示“欢迎使用本系统!”，否则显示“对不起，你不是本系统用户!”。

5-16. 用多分支选择结构设计一个程序，程序的功能是当用户输入一个数字（0~6）后，程序能够同时用中英文显示星期几。程序用户界面如图5-23所示。

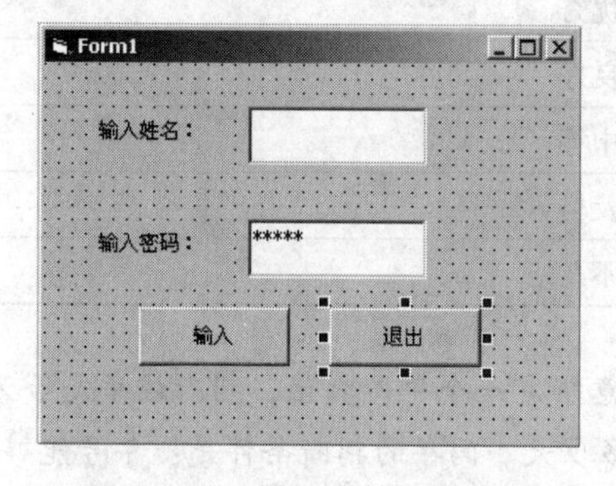

图5-22 用户界面

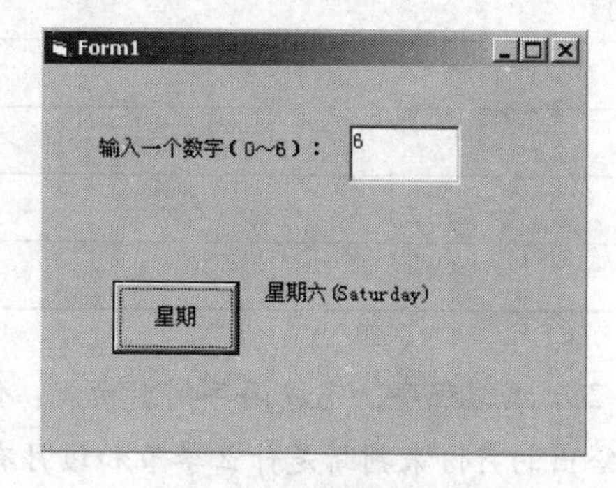

图5-23 判断星期数

5-17. 编写一个为航空公司计算旅客随身携带行李托运费的程序。旅客乘飞机随身携带的行李托运价格如表5-9所示。

表5-9 航空公司旅客行李托运价格表

行李重量 x/kg	每千克托运价格/元
$x \leqslant 20$	0.25
$20 < x \leqslant 50$	超过20 kg部分：0.5元/kg
$50 < x \leqslant 80$	超过50 kg部分：3.00元/kg
$80 < x \leqslant 100$	超过100 kg部分：8.00元/kg
$100 < x$	拒绝托运

5-21. 编写程序，从键盘上输入 a、b、c 这3个数，判断它们是否能够构成三角形的3个边。如果能，就计算该三角形面积并显示计算结果。

5-18. 编写程序，从键盘上输入 a、b、c 这3个数，按大小顺序对这3个数排列后输出排序结果。

5-19. 编写程序，从键盘上输入 a、b、c 这3个数，选出其数值在中间的数并输出结果。

5-20. 编写程序，求一元二次方程 $ax^2 + bx + c = 0$ 的根。

5-21. 编写一个判断学生考试成绩优、良、中、差的程序。判断的标准如表5-10所示：

表5-10 考试分数与等级关系对应表

考试分数	等级
90~100	优秀
80~89	良好
70~79	中等
60~69	及格
<60	不及格

5-26. 编写程序，完成闰年判断功能：任意给定一个年份数值，判断该年是否为闰年，并根据给出的月份来判断是什么季节和该月有多少天。闰年的判断条件是：年号能够被4整除但不能被100整除，或者能够被400整除。

5-22. 设计一个能够按照12小时制和24小时制进行转换的数字时钟。程序运行结果如图5-24所示。

5－23. 设计一个计时器，能够设置倒计时时间并进行倒计时。

5－24. 设计一个简易的计时器，单击“开始”按钮时程序开始计时，并且按钮标题变为“继续”；单击“继续”按钮继续计时，这时按钮变为“暂停”按钮；单击“暂停”按钮停止计时，显示记录的时间数。任何时候单击“重置”按钮，时间数都将重置为0。

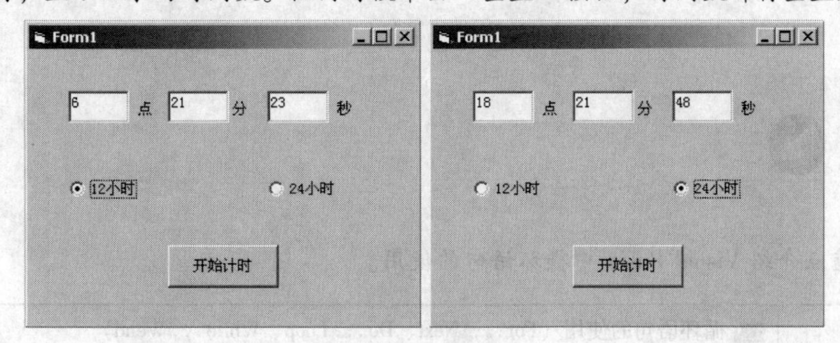

图5－24　程序运行结果

5－25. 设计一个程序，输入圆的半径 r 后，能够通过选择单选按钮来计算圆的周长，或者圆的面积、体积等数据。

【看一看　网络课件学习】

1. 通过网络课件的BBS论坛给老师发帖提问，与同学讨论学习的心得体会。

2. 利用手机登录移动课件，在“自我检测”栏目中做有关本章节的自测题，看看你掌握知识的情况如何。

3. 在移动课件的“常见问题”栏目中，看一看有没有对你学习有所帮助的信息。

第6章　循环结构设计

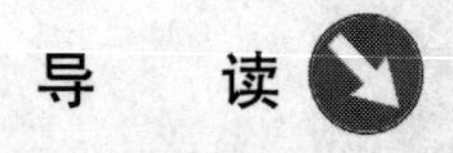

导　读

本章重点介绍 Visual Basic 中循环语句的使用。

学习目标	循环语句的使用（For... Next、Do... Loop、While... Wend）
应知	For... Next、Do... Loop、While... Wend 循环语句
	Do Events 函数与闲置循环
	循环语句的嵌套
应会	For... Next、Do... Loop、While... Wend 循环语句
难点	循环语句的嵌套、Do Events 函数与闲置循环

学习方法

自主学习：自学文字教材。

参加面授辅导课学习：在老师的辅导下深入理解课程知识内容。

上机实习：结合上机实际操作，对照文字教材内容，深入了解体会各种循环语句的方法及特点。通过上机实习完成课后作业练习，巩固所学知识。

小组学习：参加小组学习，通过与小组中同学的讨论沟通，交流学习经验。

上网学习：通过网络课件或移动课件，进入 BBS 论坛，向老师发帖提问，获得学习帮助，参加同学之间的学习讨论，深入探讨各种循环结构程序设计方法和技巧，在团队学习中获得帮助并尽快掌握课程内容。

课前思考

求 $s = 1 + 2 + 3 + \ldots + 100$ 的值，请思考你能用几种不同的方法实现？

教学内容

在程序设计过程中，经常会遇到某一段程序指令需要反复执行的情况；或者某一种计算和处理数据的方法基本一样，仅仅只是计算公式中数据或变量按一定规律有所改变，整个计算公式需要反复执行若干次。例如，课前思考所列的问题：基本的计算就是两个数的相加运算，数据从1开始，每次增加数值1，一直加到100。类似这样的问题如果使用顺序结构进行程序设计，会使程序十分冗长，降低运行效率。例如，用变量s代表累加和，如果采用顺序结构编写1到100的连续加法运算，指令需要写成下列形式：

```
s = 1 + 2
s = s + 3
s = s + 4
.....
s = s + 100
```

由此可见，需要反复书写99条指令才能完成需要的计算过程。显然这种方法是不可取的，有没有更好的方法或者程序结构呢？答案就是使用VB提供的循环结构程序。

程序设计中的循环结构，就是在程序指令的设计过程中，通过设定一定的条件，使得某一部分指令有规律地被反复执行。被反复执行的这些指令称为循环体。是否被反复执行，执行到什么时候停止，或者在什么条件下开始反复执行，执行多少次等则由控制循环的条件而定。按照不同的循环控制方式，循环程序的结构可以分为指定次数循环、当型（也称为前测型）循环和直到型（也称为后测型）循环。不论哪种结构的循环，都必须保证循环体的反复执行能够被终止，不会构成无限次数的循环（所谓死循环）。

6.1 For... Next 循环语句

For... Next 循环简称为 For 循环。它是一种指定循环次数（事先知道循环次数）的循环程序结构。在这种结构中，使用了一个称为循环变量的特殊变量作为计数器，指定它的初始数值，然后每重复执行一次循环，循环变量就会自动增加或减少一个指定的数值（称为步长值），直到循环变量的改变达到最终的指定值，循环才停止执行。

6.1.1 For...Next 语句的语法格式

```
For <循环变量> = <初值> To <终值> [Step 步长值]
    [语句块]
    [Exit For]
Next [循环变量]
```

功能：用来控制重复执行一组语句。指定循环变量以步长为增量，从初值到终值依次取值，并且对于循环变量的每一个值，把循环体内的［语句块］执行一次。

说明：

（1）关键字 For 和 Next 成对出现，For 是循环语句的开始，Next 是循环语句的结束，必须出现在 For 语句的后面。在关键字 For 和 Next 之间的［语句块］叫循环体，它们将被重复执行指定的次数，执行的次数由初值、终值、步长值决定。

（2）初值、终值和步长值都是数值表达式，步长值可以是正数，也可以为负数。如果步长值为 1，可以省略不写，即系统默认步长值为 1。

（3）<循环变量>为必要参数，是用作循环计数器的数值变量，这个变量不能是数组元素。在循环体内，一般不提倡再给循环变量另外赋值。循环变量从初值开始，逐次按照步长值增加或减少而改变，直到超过终值，这时循环停止执行。这里所说的“超过”有两种含义，即大于或者小于。

（4）<初值>和<终值>也都是必要参数。当初值小于终值时，<步长值>必须是正数；反过来，如果初值大于终值，则步长值必须为负数。

（5）如果循环体中安排了 Exit For 语句，当程序执行到该语句时直接跳出循环结构，不再执行循环体中 Exit For 的后续语句（如果有），而是转到 Next 后面的其他指令继续执行。

（6）Next 语句中的［<循环变量>］可以省略。

6.1.2 For...Next 语句的执行过程

进入 For...Next 循环后，程序按照以下步骤执行：

（1）若初值、终值和步长值为表达式，求出它们的值，并保存起来。

（2）将初值赋给循环变量。

（3）判断循环变量值是否超过终值（初值小于终值，且步长值为正时，指大于终值；初值大于终值且步长值为负时，指小于终值）；超过终值时立即跳出循环，执行 Next 之后的语句。否则继续执行循环体。

（4）遇到 Next 语句时，把循环变量的当前值加上步长值后再赋给循环变量。

（5）转到（3）。

执行的流程如图 6－1 所示。

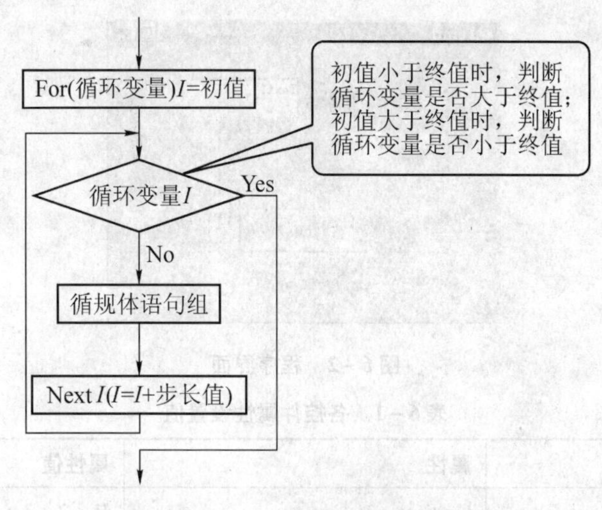

图 6－1　For 循环的执行过程流程图

6.1.3　For . . . Next 循环的循环次数

从图 6－1 可以看出，For 循环是先检测、后执行的循环形式。因此在下列两种情况下，循环体不会被执行：

（1）初值小于终值，步长值为负数。

（2）初值大于终值，步长值为正数。

（3）如果初值＝终值，不论步长值是正数还是负数，均执行一次循环体后跳出循环。

循环的次数可以用以下公式表示：

```
循环次数 n = INT((终值 - 初值) / 步长值 +1)
```

例如，初值等于 1，终值等于 10，步长值等于 2，则循环次数 n 为：

```
n = INT ((10 - 1)/2 +1) =5
```

【例 6－1】 课前思考题解答方法：用 For . . . Next 语句实现。

分析：求从1到100共100个数的累加和，共需相加100次。每次数字变化（增值）为1，我们可以用变量s来保存累加和，并赋初值为0；变量k作为循环变量并作为加数（加到s中的数），设置其初值为1，终值为100，步长值为1（可以省略）。

设计步骤：

(1) 创建一个新工程，在窗体上添加如图6-2所示控件并设置控件属性，各控件属性如表6-1所示。

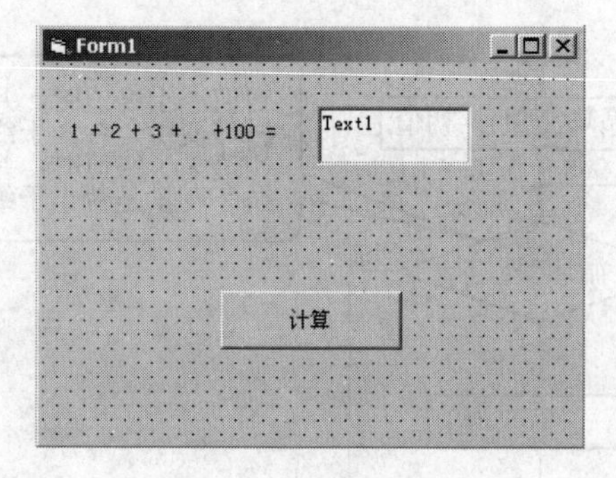

图6-2 程序界面

表6-1 各控件属性设置值

控件名	属性	属性值
Label1	Caption	"1 +2 +3 + . . . +100 ="
Text1	Text	" "（空白）
Command1	Caption	"计算"

(2) 编写程序代码。双击界面上的命令按钮，打开代码设计窗口，给命令控件Command1编写如下代码：

```
Private Sub Command1_Click()
    s = 0
    For  k = 1  To  100
        s = s + k
    Next  k
    Text1.Text = s
End Sub
```

(3) 运行程序。运行程序后，单击命令按钮“计算”，文本框Text1中显示出计算的结果5 050，如图6-3所示。

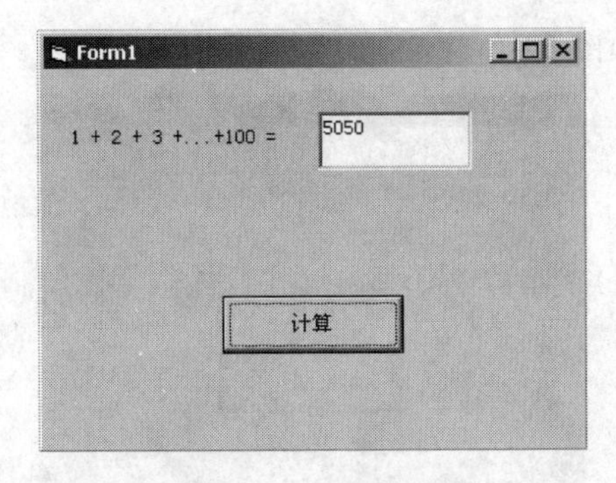

图6-3 计算结果

【例6-2】设计程序，计算级数 $1^3+2^3+3^3+4^3+...$，直到累加和超过200为止。

分析：本题也是一个求累加和的计算，但关键问题是不知道循环的次数到底是多少，无法设定循环变量的终值。我们可以事先将循环变量的终值设定为一个比较大的数，在循环体中用一个分支语句来检测累加的结果，只要累加和大于200时，就可以跳出循环，显示计算结果。

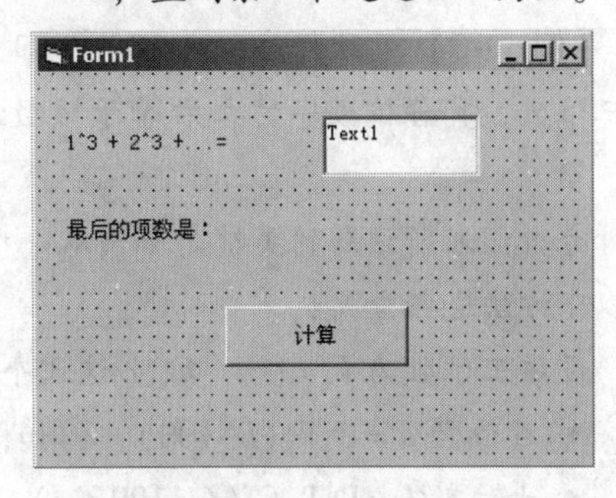

图6-4 程序用户界面

(1) 建立应用程序用户界面并设置各控件对象初始属性，如图6-4所示。

(2) 对命令按钮 Command1 编写 Click 事件代码：

```
Private Sub Command1_Click()
    s = 0
    For k = 1 To 100
        s = s + k^3
        If s > 200 Then
            Label2.Caption = "最后的项数是:" & k
            Exit For
        End If
    Next k
    Text1.Text = s
End Sub
```

（3）运行程序，结果如图 6－5 所示。

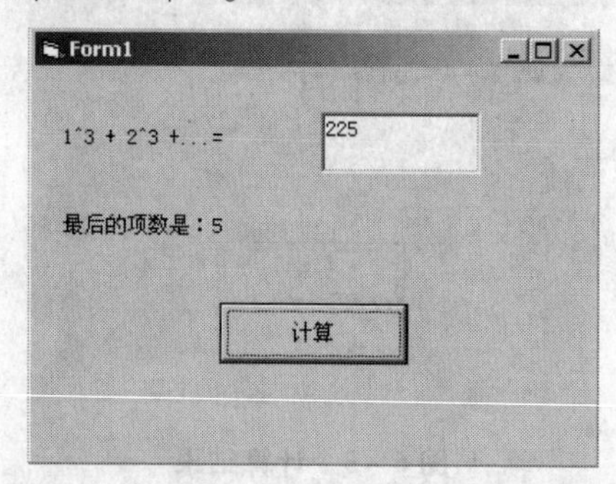

图 6－5 程序运行结果

【例 6－3】设计程序，求 100～999 所有的“水仙花”数。所谓“水仙花”数就是指一个三位数，其各位数字的立方等于该数本身。例如，$153 = 1^3 + 5^3 + 3^3$，故 153 就是“水仙花”数。

分析：求解该题的关键是如何从一个三位数中分离出百位数、十位数和个位数来。可以用以下方法进行分离：

设该三位数为 I，由 a、b、c 这 3 个数字组成，则：

- 百位数 a = INT（I/ 100），例如，INT（353/ 100）=3。
- 十位数 b = INT（（I - 100 * a）/ 10），例如，INT（（353 - 100 * 3）/ 10）=5。
- 个位数 c = I - INT（I/ 10）* 10，例如，353 - INT（353/ 10）* 10 = 353 - 35 * 10 = 3。

（1）设计用户界面，如图 6－6 所示。

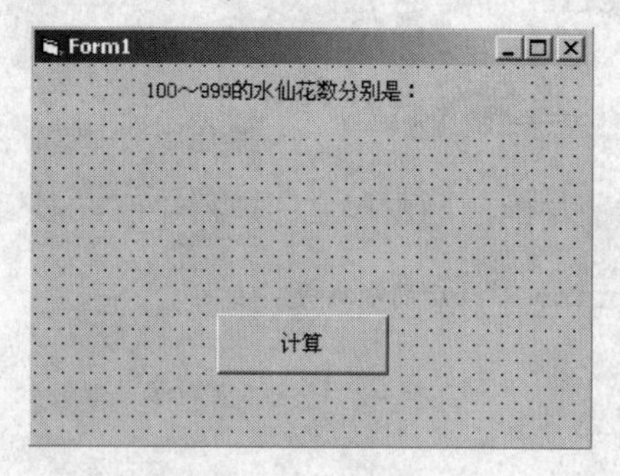

图 6－6 程序界面

（2）编写命令按钮 Command1 的 Click 事件代码如下：

```
Private Sub Command1_Click()
    For i = 100 To 999 Step 1
        a = Int(i/100)
        b = Int((i - 100 * a)/10)
        c = i - Int(i/10) * 10
        If i = a^3 + b^3 + c^3 Then
            Print
            Print "  ";
            Print i
        End If
    Next i
End Sub
```

(3) 运行程序，结果如图 6-7 所示。

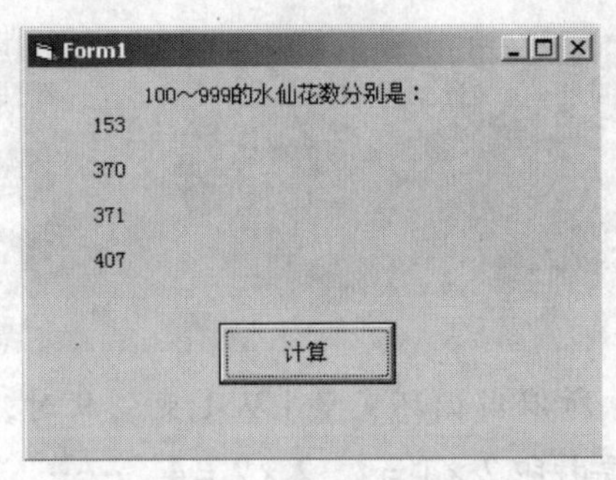

图 6-7 程序运行结果

6.1.4 For... Next 语句的嵌套

单层循环可以解决一些简单的问题，但实际应用中有许多问题需要两层甚至更多层循环才能完成计算或处理。在一个循环结构中还包含另一个循环结构称为循环的嵌套。用 For... Next 语句构造循环嵌套结构，就是在 For... Next 语句中的循环体部分再安排另一层 For... Next 语句。嵌套的层数没有限制，但应满足以下规则：

(1) 每层循环必须有一个唯一的变量名作为循环变量名。

(2) 内层循环必须完全放在外层循环的里面（外循环体内），内、外层循环不得相互交叉，如图 6-8 所示。

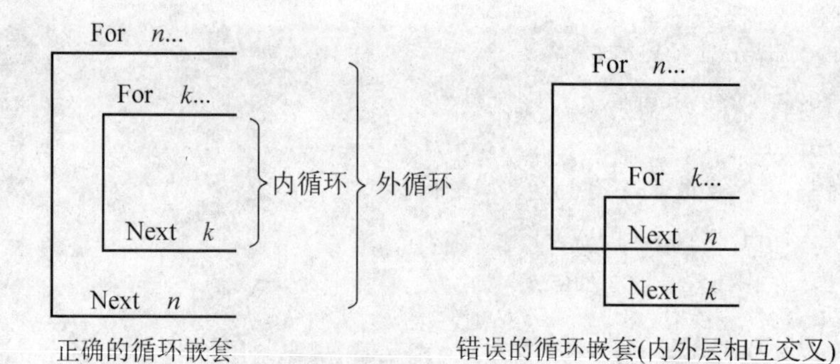

图 6-8　循环嵌套结构

【例 6-4】设计一个程序，打印乘法九九表，即打印 1×1=1，1×2=2，……，9×9=81。

分析：先考虑怎样实现打印 1×1=1，1×2=2，……，1×9=9。这只要一个简单的 For 循环结构就可以实现：

```
n=1
For j=1 To 9
    s=n*j
    Print s;
Next j
```

因为 n 被事先赋值为 1，所以当循环变量 j 从 1 变到 9 时，打印的结果就是 1×1=1，1×2=2，……，1×9=9。要打印 2×1=2，2×2=4，……，2×9=18，就要将程序一开头的 n 赋值为 2。当需要打印整个九九表时，n 的赋值就应从 1 开始，直到 9 为止依次改变。对应每个不同的 n 的数值，执行一次 j 从 1 到 9 改变的 For 循环。即 n 每次改变一个数值，j 就从 1 变化到 9，打印出 n 和 j 的乘积。这就提示我们要用到双层结构的 For 循环程序结构来解决这个问题：

```
For n=1 To 9
    For j=1 To 9
        s=n*j
        Print s;
    Next j
Next n
```

这个双层循环的执行过程是这样的：

(1) 把初值1赋给外层循环变量n(这个值一直保持到遇到外层循环的 Next n 后才改变)。然后开始执行外循环的循环体,即外循环 For 和 Next 之间的其他语句。

这时因为外循环的循环体正好又是一个 For... Next 语句构成的循环结构,称为内循环,于是在n=1时,j就要从1变化到9,反复执行9次,打印出1×1=1到1×9=9。

(2) 当内层循环被执行完毕后(j>9),程序才能够执行(遇到) Next n 语句,于是n增值为2。现在n<9,外循环的循环体还要被执行,这样就再次进入到内循环。因为n=2,于是这次内循环计算和打印的就是2×1=2到2×9=18。

(3) 内层循环执行完毕后,再次遇到 Next n 语句,n增值为3,因为这时n依然小于9,所以还要继续重复上述过程。如此反复,n的值由1依次变到9,最后一次打印出9×1=9到9×9=81。当n再次增值时,就超过终值9(n>9)了,于是外层循环结束,整个程序执行完毕。

这里应注意到,每次n改变时,内层循环变量j都被重新赋初值1。

设计过程:

(1) 新建一个工程,在窗体上添加一个命令按钮控件 Command1,并将其 Caption 属性设置为"开始计算",如图6-9所示。

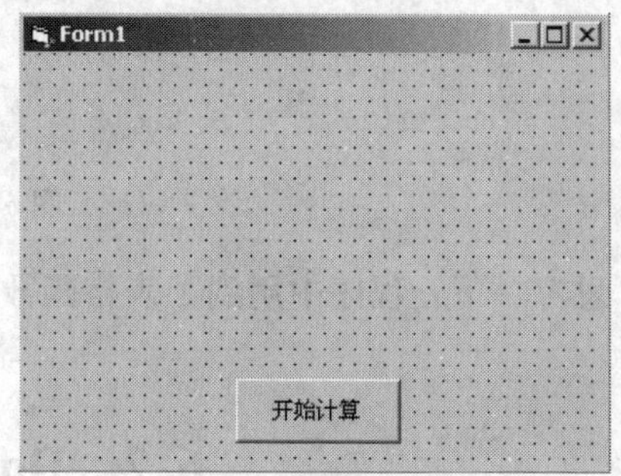

图6-9 程序界面设计

(2) 对命令按钮 Command1 编写 Click 事件代码如下:

```
Private Sub Command1_Click()
    Print
    Print " *";
    For i = 1 To 9
        Print Tab(i * 6); i;
    Next i
    Print
    For n = 1 To 9
        Print n; "";
        For j = 1 To 9
            s = n * j
            Print Tab(j * 6); s;
```

```
        Next j
        Print
    Next n
End Sub
```

(3) 运行程序，结果如图 6 - 10 所示。

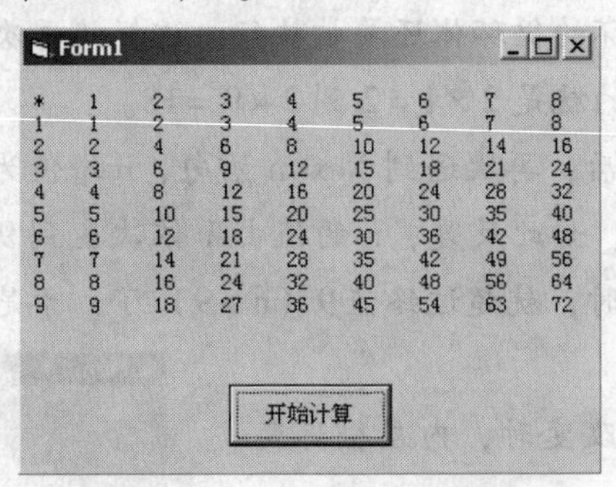

图 6 - 10 程序运行结果

思考一下：程序中用到了表格函数 Tab（j * 6），它的作用是什么？

6.2 Do ... Loop 循环语句

For ... Next 循环结构通常用于循环次数事先可以指定的情况。但实际应用中，有大量的问题的循环次数事先无法确定，这就需要用到 VB 提供的另一种循环结构：Do ... Loop 循环。

6.2.1 当型（前测型）Do ... Loop 循环语句语法格式

```
Do [While | Until <条件>]
    [语句块]
    [Exit Do]
Loop
```

说明：

(1) 关键字 Do 和 Loop 成对出现，Do 是循环语句的开始，Loop 是循环语句的终端。在关键字 Do 和 Loop 之间的语句块是循环体，它们将被重复执行一定的次数，执行的次数由

<条件>决定。<条件>是条件表达式，为循环可以进行的条件：当条件值为 True 时，执行循环体中的［语句块］；当条件值为 False 时不执行循环体，直接执行 Loop 语句的后续指令。

（2）当型循环结构的流程图见图 6－11。当循环条件为 True 时，重复执行循环体 A；当循环条件为 False 时，不再执行循环体 A，退出循环。如果在一开始，循环条件就为 False，则一次也不执行循环体 A。

（3）可以在循环体中安排 Exit Do 语句用于跳出循环区执行紧接在 Loop 后的其他语句。

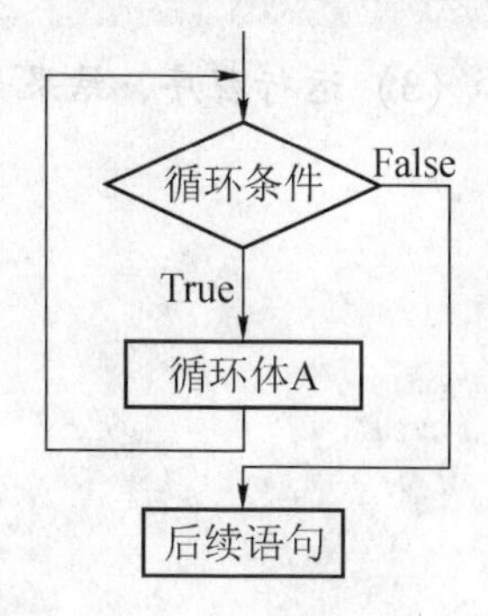

图 6－11 “当”型循环结构

【例 6－5】当型循环结构常用于设计循环次数未知的程序。例如，用当型循环来设计程序，计算级数 $1^3+2^3+3^3+4^3+...$，直到累加和超过 200 为止。

设计过程：

（1）建立应用程序用户界面并设置各控件对象初始属性，如图 6－12 所示。

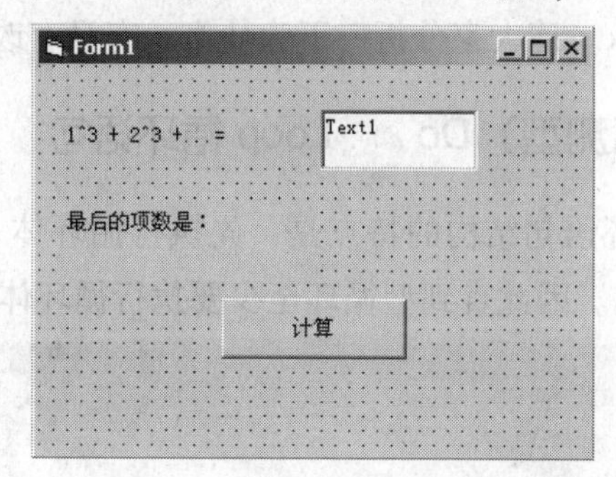

图 6－12 程序用户界面

（2）对命令按钮 Command1 编写 Click 事件代码：

```
Private Sub Command1_Click()
    s = 0
    k = 1
    Do while s < 200
        s = s + k^3
        k = k + 1
    Loop
```

```
    Label2.Caption ="最后的项数是:" & k -1
    Text1.Text = s
End Sub
```

(3) 运行程序，结果如图 6 -13 所示。

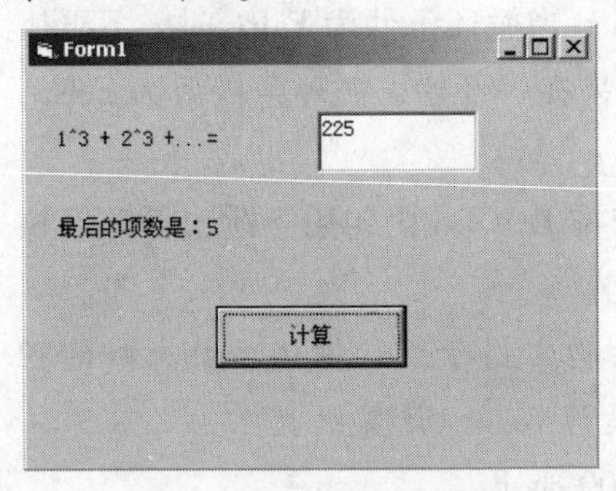

图 6 -13　程序运行结果

对比前面的例 6 -2，显然这个程序要简洁得多。但是请注意，计算最后运算的项数为 k -1，而不是例 6 -2 中的 k。请大家分析一下为什么，有没有改进的办法?

6.2.2　直到型（后测型）Do...Loop 循环语句

直到型 Do...Loop 循环语句结构的特点是：先执行循环体，然后检测条件，根据条件来决定是否继续执行循环体。因此直到型循环至少要执行循环体 1 次。它的语法格式为：

```
Do
    [循环体语句]
    [Exit Do]
Loop [ |While|Until|<条件 >]
```

说明：

<条件>是条件表达式，为循环继续的条件，其值为 True 或者 False。

(1) 关键字 Do 和 Loop 成对出现，Do 是循环语句的开始，Loop 是循环语句的终端。在关键字 Do 和 Loop 之间的语句块是循环体，它们将首先被执行一次，然后再判断 <条件>是否满足。<条件>是条件表达式，为循环可以进行的条件，当条件值为 True 时，结束循环，执行 Loop 的后继语句；当条件值为 False 时，执行循环体中的 [循环体语句]。

(2) 直到型循环结构的流程图见图 6 -14。若关键字为 While，是当条件为 False 时，退出循环；若关键字是 Until，则是直到条件为 Ture 时，退出循环。一开始时，不论循环条件为何，首先就执行一次循环体 A。

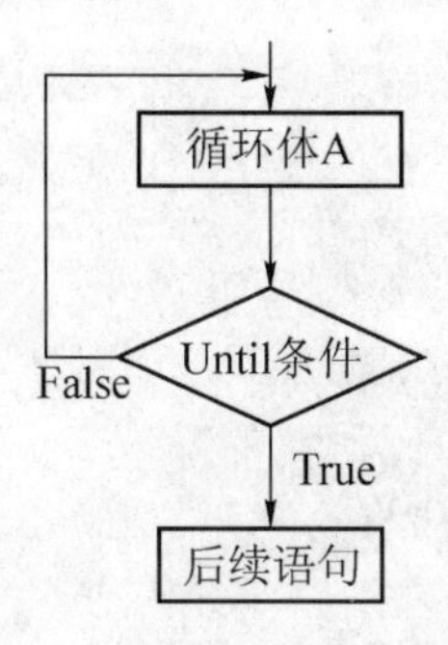

图 6-14　直到型循环结构

（3）可以在循环体中安排 Exit Do 语句，用于跳出循环区，执行紧接在 Loop 后的其他语句。

注意：使用这种循环语句，在循环体中一定要有修改循环条件的功能，否则会造成死循环。

【例 6-6】 课前思考解答方法 2——用 Do... Loop While 语句实现。

```
Sub  Sum2()
    s = 0
    k = 0
    Do
        k = k + 1
        s = s + k
    Loop While (k < 100)
    Print "s ="; s
End  Sub
```

【例 6-7】 课前思考解答方法 3——用 Do While... Loop 语句实现。

```
Sub  Sum3()
    s = 0
    k = 1
    Do While (k < = 100)
        s = s + k
        k = k + 1
    Loop
    Print "s ="; s
End  Sub
```

【例 6-8】课前思考解答方法 4——用 Do...Until Loop 语句实现。

```
Sub Sum4()
    s = 0
    k = 0
    Do
        k = k + 1
        s = s + k
    Loop  Until (k = 100)
    Print "s ="; s
End Sub
```

【例 6-9】课前思考解答方法 5——用 Do Until...Loop 语句实现。

```
Sub Sum5()
    s = 0
    k = 1
    Do Until (k = 101)
        s = s + k
        k = k + 1
    Loop
    Print "s ="; s
End Sub
```

6.3 While...Wend 循环语句

格式：

```
While  <条件>
    [语句块]
Wend
```

功能：当 While 语句中的 <条件> 为 True 时，重复执行语句块中的语句，当循环的条件为 False 时，退出循环。

说明：关键字 While 和 Wend 成对出现，While 是循环语句的开始，Wend 是循环语句的终端。[语句块] 为循环体，它们将被重复执行一定的次数，每执行一次判断一次条件，若条件为True，执行循环体，否则，循环结束。

注意：使用这种循环语句，也要在循环体中有修改循环条件的功能，否则会造成死循环。

【例6-10】 课前思考解答方法6——用While...Wend语句实现。

```
Sub Sum6()
    s = 0
    k = 1
    While k < = 100
        s = s + k
        k = k + 1
    Wend
    Print "s ="; s
End Sub
```

6.4 应用程序设计示例

【例6-11】 求10！的值。

分析：10！=10＊9＊…＊1，相乘的次数为10。可使用For...Next语句来循环相乘，设定两个变量sum、n，sum用来记录相乘的积，n用来记录相乘的次数，循环次数设为10次。

设计程序代码：

```
Sub Form - activate()
    Dim n As Integer, sum As Long
    sum = 1                                    '相乘的基数要设为 1
    For n = 1 To 10
        sum = sum * n
    Next n
    Print "10! =";sum
End Sub
```

【例6-12】 设计一个如图6-15所示的数值转换器，能分别转换十进制、二进制、八进制和十六进制。

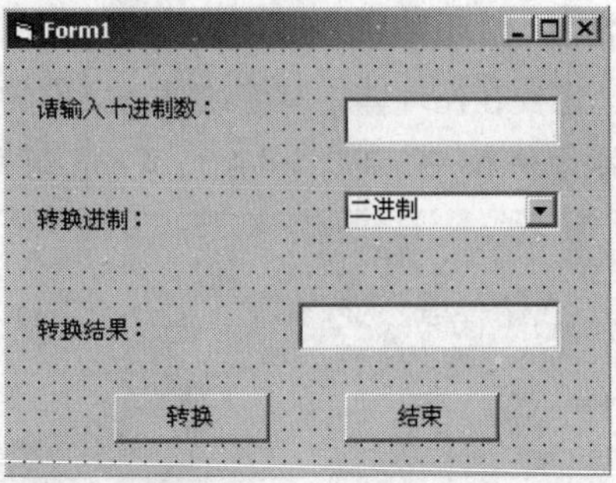

图 6－15　数值转换器

设计步骤：

（1）在窗体上建立 3 个 Label 控件、2 个 Text 控件、1 个 List 控件，如图 6－16 所示。

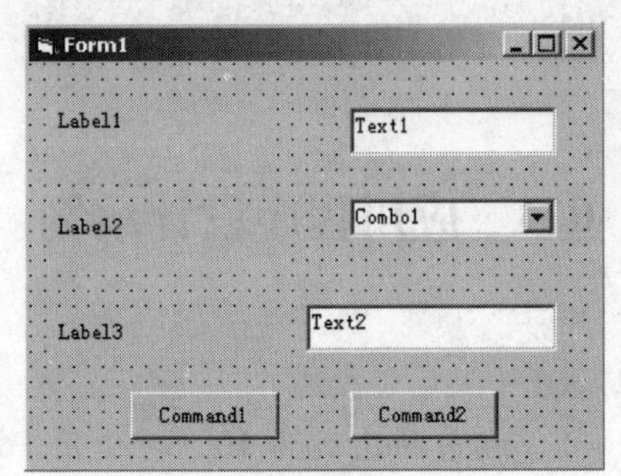

图 6－16　数值转换器

（2）设置对象属性。各控件属性设置如表 6－2 所示。

表 6－2　窗体上各控件属性设置值

控件名	属性	属性值
Label1	Caption	"请输入十进制数："
Label2	Caption	"转换进制："
Label3	Caption	"转换结果："
Text1	Text	""（空白）
Text2	Text	""（空白）
ComboBox	Text	"二进制"
Command1	Caption	"转换"
Command2	Caption	"结束"

(3) 设计代码。

分析：十进制整数转换成八进制数，基本方法是除八取余，即每次将十进制整数部分除以8，余数为该位权上的数，而商继续除以8，余数又为上一个位权上的数，这个步骤一直持续下去，直到商为0为止，最后读数时候，从最后一个余数起，一直到最前面的一个余数。

初始化ComboBox控件，将ComboBox控件选项设置为“二进制”“八进制”“十六进制”。其代码如下：

```
Private Sub Form_Load()
    Combo1.AddItem "八进制"
    Combo1.AddItem "十六进制"
End Sub
```

再对按钮Command1和按钮Command2编写相应的事件过程。

```
Private Sub Command1_Click()
    Dim y As String, x As Long, s As Integer
    Dim ch As String, n As Integer
    ch = "0123456789ABCDEF"
    n = Combo1.ListIndex
    If Combo1.ListIndex = -1 Then
        n = 2
    Else
        If Combo1.ListIndex = 0 Then
            n = 8
        Else
            n = 16
        End If
    End If
    y = ""
    x = Val(Text1.Text)
    If x = 0 Then
        Text2.Text = ""
        MsgBox "请输入要转换的十进制数"
        Exit Sub
    End If
```

```
    Do While x > 0
      s = x Mod n
      x = Int(x/n)
      y = Mid(ch, s + 1, 1) + y
    Loop
    Text2.Text = y
End Sub
Private Sub Command2_Click()
    Unload Me
End Sub
```

(4) 程序运行。如图 6－17（a）所示，在“请输入十进制数:”中输入十进制数 10，转换进制选择二进制，单击“转换”按钮，获得二进制转换结果 1010，结果如图 6－17（b）所示。将转换进制改为八进制，单击“转换”按钮，获得八进制转换结果 12，结果如图 6－17（c）所示。在“请输入十进制数:”中输入十进制数 100，转换进制选择十六进制，单击“转换”按钮，获得十六进制转换结果 64，结果如图 6－17（d）所示。

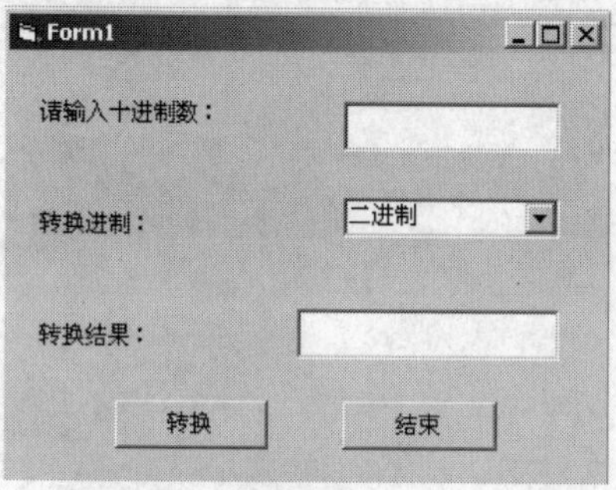

(a) 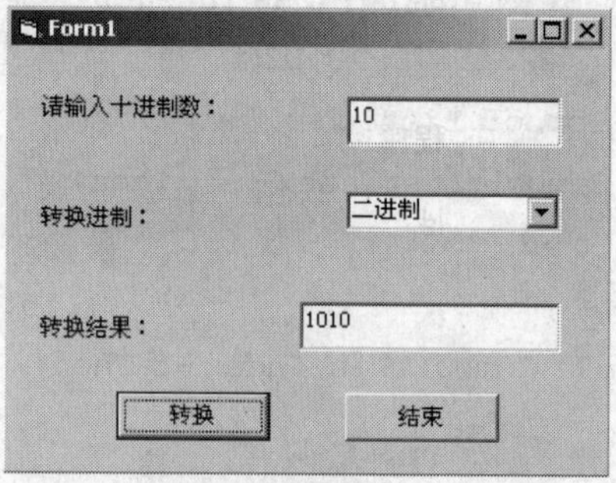　　(b)

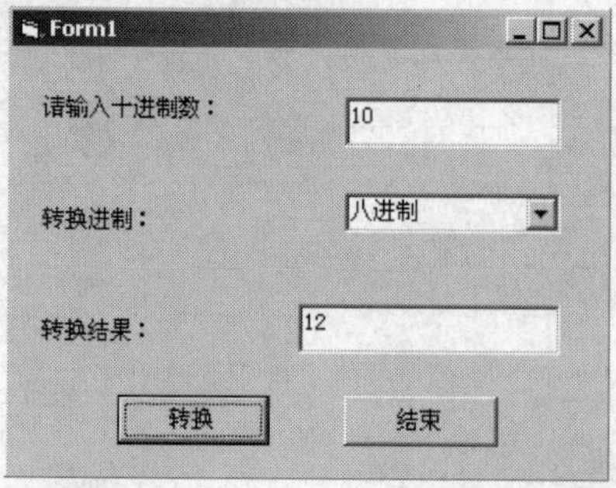

(c) 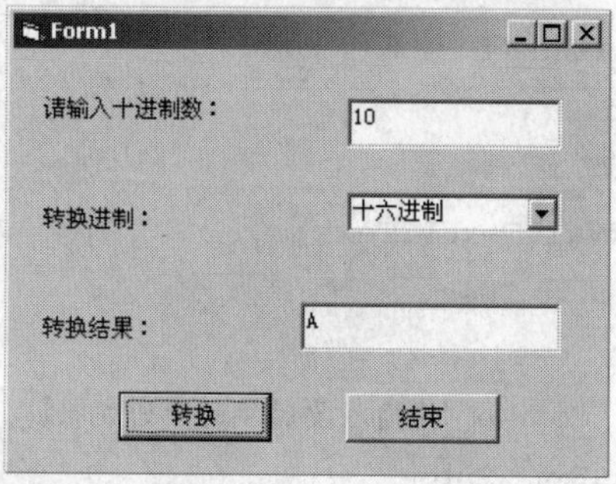　　(d)

图 6－17　数值转换器运行结果

【例6-13】设计一个如图6-18所示的选项移动工具。选择“经营商品”类别，可将其移动到“需采购商品”中。按钮“>”为将选定商品移动到“需采购商品”中，按钮“>>”为所有商品移动到“需采购商品”中，按钮“<”为将选定商品从“需采购商品”中移出，按钮“<<”为将所有商品从“需采购商品”中移出。

设计步骤：

(1) 新建一个工程，在窗体Form上添加1个Frame控件、2个List控件、3个Label控件和4个按钮控件，并按图6-19所示进行布局。

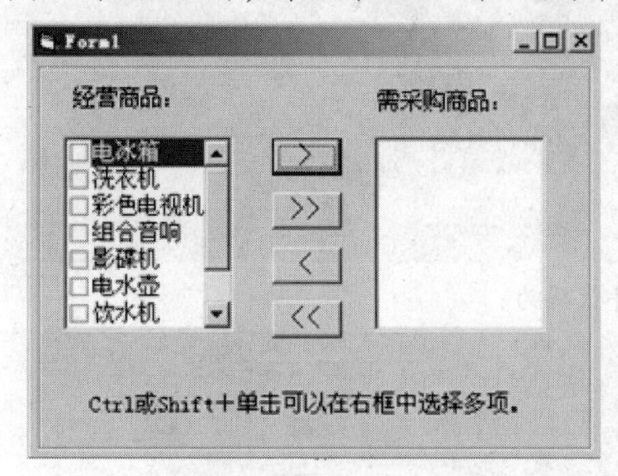

图6-18 程序运行时界面

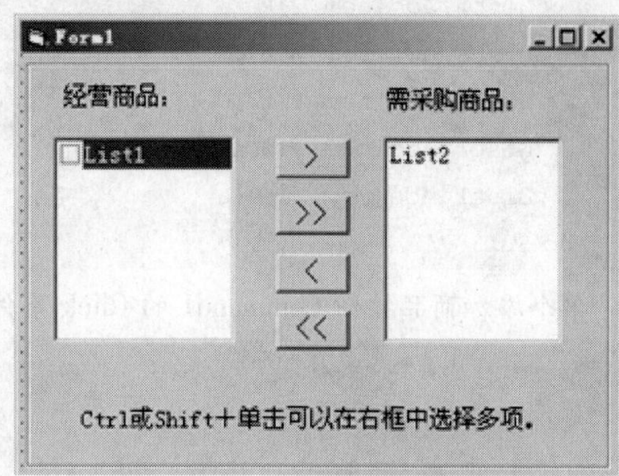

图6-19 选择采购商品

(2) 设置对象属性。各控件属性设置如表6-3所示。

表6-3 各控件属性设置

控件名	属性	属性值
Frame1	BorderStyle	1—Fixed Single
Label1	Caption	"经营商品:"
Label2	Caption	"需采购商品:"
Label3	Caption	"Ctrl或Shift+单击可以在右框中选择多项"
Command1	Caption	">"
Command2	Caption	">>"
Command3	Caption	"<"
Command4	Caption	"<<"
List1	Style	1—Checkbox
List2	Style	0—Standard

（3）编写程序代码。窗体加载时初始化 List 控件代码为：

```
Option Explicit
Private Sub Form_Load()
    List1.AddItem "电冰箱"
    List1.AddItem "洗衣机"
    List1.AddItem "彩色电视机"
    List1.AddItem "组合音响"
    List1.AddItem "影碟机"
    List1.AddItem "电水壶"
    List1.AddItem "饮水机"
    List1.AddItem "微波炉"
    List1.AddItem "照相机"
End Sub
```

单个添加商品按钮 Command1 的 Click 事件代码为：

```
Private Sub Command1_Click()
    Dim i As Integer
    Do While i < List1.ListCount
        If List1.Selected(i) = True Then
            List2.AddItem List1.List(i)
            List1.RemoveItem i
        Else
            i = i + 1
        End If
    Loop
End Sub
```

成批添加商品按钮 Command2 的 Click 事件代码为：

```
Private Sub Command2_Click()
    Dim i As Byte
    For i = 0 To List1.ListCount - 1
        List2.AddItem List1.List(i)
    Next i
    List1.Clear
End Sub
```

单个移除商品按钮 Command3 的 Click 事件代码为：

```
Private Sub Command3_Click()
    Dim i As Byte
    Do While i < List2.ListCount
        If List2.Selected(i) = True Then
            List1.AddItem List2.List(i)
            List2.RemoveItem i
        Else
            i = i + 1
        End If
    Loop
End Sub
```

成批移除商品按钮 Command4 的 Click 事件代码为：

```
Private Sub Command4_Click()
    Dim i As Byte
    For i = 0 To List2.ListCount - 1
        List1.AddItem List2.List(i)
    Next i
    List2.Clear
End Sub
```

(4) 运行程序。如图 6-20 (a) 所示，选择“电冰箱、洗衣机”，单击“>”按钮，可将“电冰箱、洗衣机”从“经营商品”列表框移动到“需采购商品”列表框中，如图 6-20 (b) 所示；在“需采购商品”中选定商品名后单击“<”按钮可从将商品移回到“经营商品”列表框中。若单击“>>”按钮，可将“经营商品”列表框中的所有商品成批移到“需采购商品”列表框中，如图 6-20 (c) 所示；若单击“<<”按钮，则将“需采购商品”列表框中的所有商品成批移回到“经营商品”列表框中，如图 6-20 (d) 所示。

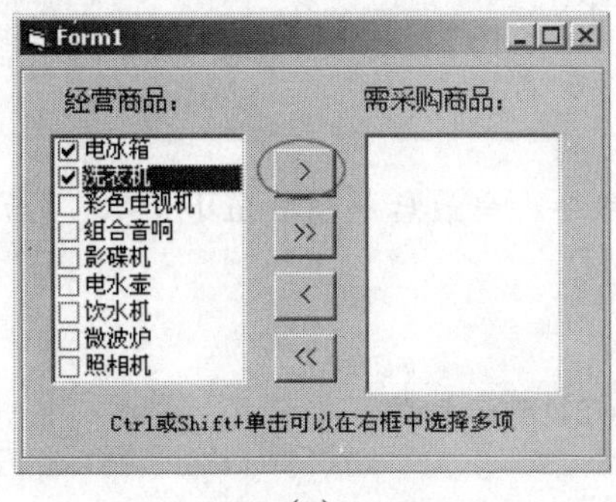

(a)

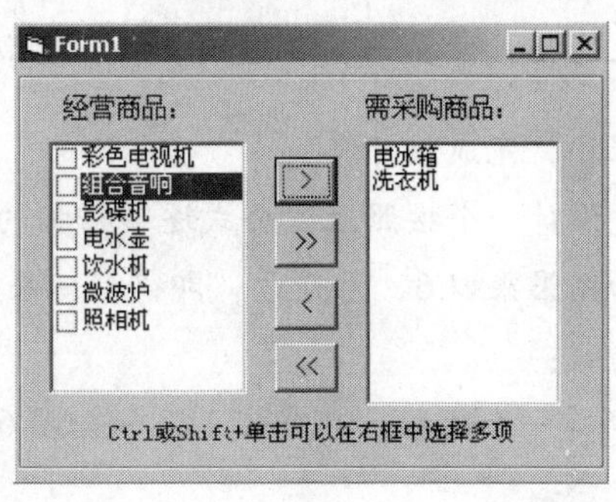

(b)

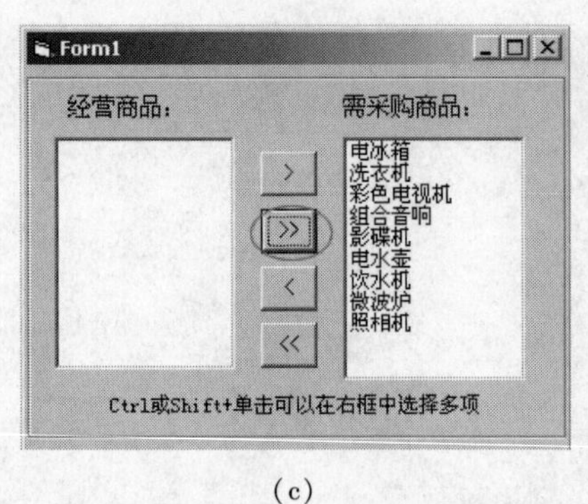

(c)

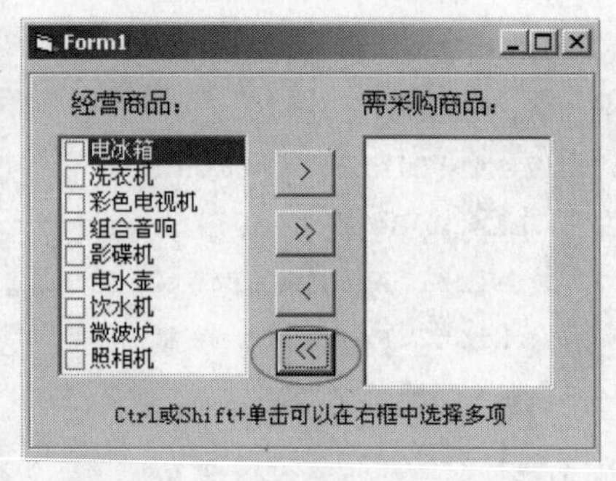

(d)

图 6-20　选择采购商品运行结果

【例 6-14】 设计程序代码，计算 1+2！+3！+4！+... +20！。

分析：按照题意，程序代码可以用 For... Next 循环结构实现：

```
Sub Sum()
    s = 0
    k = 1
    For n = 1 To 20
        k = k * n
        s = s + k
    Next n
    Print "s ="; s
End Sub
```

【例 6-15】 已知求 π 的近似值可用以下公式表示：

$$\frac{\pi^2}{6} = 1 + \frac{1}{2^2} + \frac{1}{3^2} + \ldots + \frac{1}{n^2}$$

通过上述公式计算$\frac{\pi^2}{6}$，即逐项相加，直到 $\frac{1}{n^2} < 10^{-10}$ 为止。然后就可以求得 π 的近似值。设计程序，完成该计算。

分析：设计一个按照上述公式逐项累加的程序，当最后一项数值小于 10^{-10} 后停止累加，然后将累加结果乘以 6，再开方，即得到结果。

设计过程：

(1) 新建一个工程，在窗体上添加如图 6-21 所示控件。

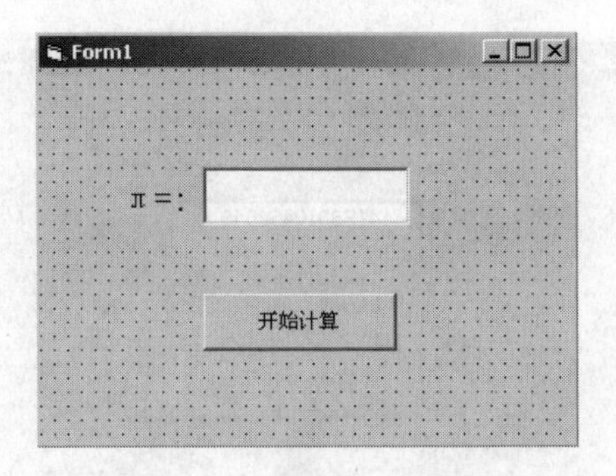

图6－21 程序界面设计

(2) 给各控件分别设置属性，如表6－4所示。

表6－4 各控件属性设置值

控件名	属性	属性值
Label1	Caption	"π =:"
Text1	Text	""（空白）
Command1	Caption	"开始计算"

(3) 编写命令按钮Command1的Click事件代码：

```
Private Sub Command1_Click()
    s = 0
    i = 1
    t = 1 / i * i
    While t > = 0.0000000001
        s = s + t
        i = i + 1
        t = 1 / (i * i)
    Wend
    pi = Sqr(s * 6)
    Text1.Text = pi
End Sub
```

(4) 运行程序。单击VB窗口上的启动按钮后运行程序，用鼠标单击窗体上的“开始计算”按钮，可以在文本框中看到计算的结果，如图6－22所示。

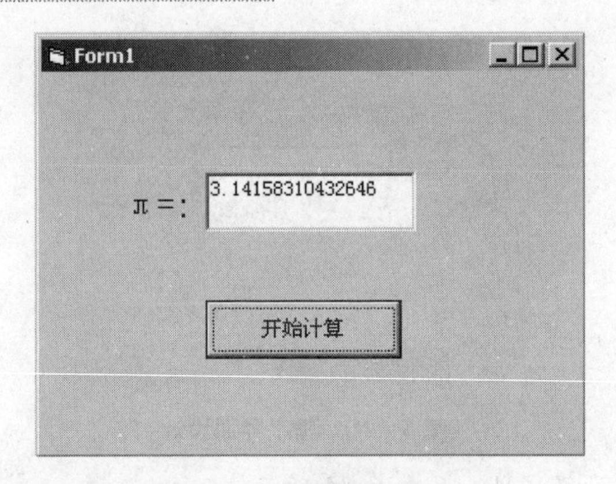

图 6－22　程序运行结果

大家可以看到，计算的结果距我们熟悉的 3.141 592 6 有一定的差距，那么，怎样才能更加接近精确值呢？应该怎样修改程序，请大家思考。

【例 6－16】 设计程序，计算并输出 10～100 能被 7 整除的所有数字。

分析：

某数能否被 7 整除，可以用求余运算是否为 0 来作为判断的条件。例如，49 除以 7 的余数为 0，表明 49 可以被 7 整除，而 100 除以 7 的余数不为 0，表明 100 不能被 7 整除。于是某数 x 是否能够被另一数 y 整除的判断条件就可以写成：

x　MOD　$y=0$

需要对 10～100 的所有数字进行上述检测，因此可以用循环结构的程序来实现。可以用 For 循环，也可以用 Do 循环。本例采用 Do 循环进行设计。

设计步骤：

(1) 新建工程，在窗体 Form 上添加一个文本框控件、两个命令按钮控件，如图 6－23 所示。

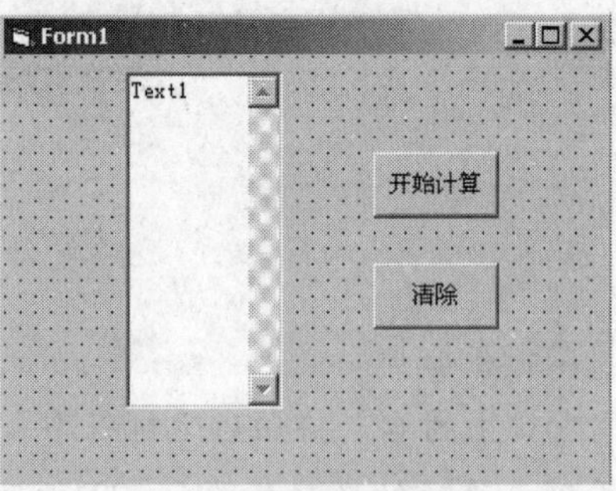

图 6－23　用户程序界面

(2) 给各个控件进行属性设置，各属性值如表 6－5 所示。

表 6－5 各控件属性设置值

控件名	属性	属性值
Text1	MultiLine	True
	ScrollBars	2—Vertical
Command1	Caption	"开始计算"
Command2	Caption	"清除"

(3) 编写程序代码。命令按钮“开始计算”的 Click 事件代码为：

```
Private Sub Command1_Click()
    x = 10
    y = 7
    Do While x < 100
        If  x  Mod  y = 0  Then
            Text1.Text = Text1.Text & Str(x) & Chr(13) & Chr(10)
        End If
        x = x + 1
    Loop
End Sub
```

命令按钮“清除”的 Click 事件代码为：

```
Private Sub Command2_Click()
    Text1.Text = ""
End Sub
```

(4) 运行程序。启动程序运行后，在窗体上单击“开始计算”按钮，文本框中出现10～100全部能够被 7 整除的数字，如图 6－24 所示。单击“清除”按钮，则文本框中的内容全部被清除掉。

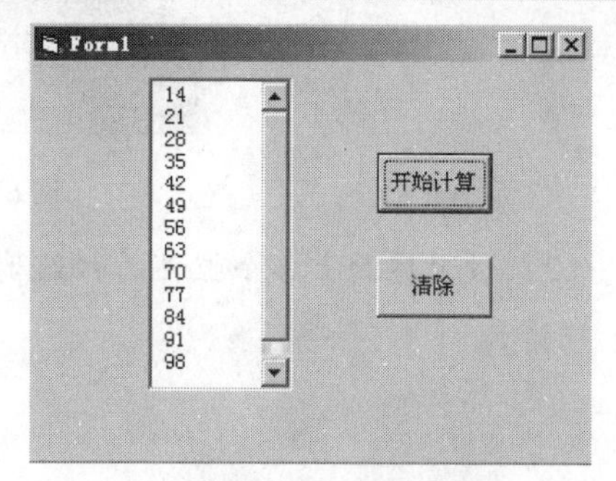

图 6－24 程序运行结果

【例 6－17】设计一个程序，计算当一个小球从 h 米高度自由落下，每次落地后反跳回原来高度的一半，再落下……求它第 n 次落地时，共经过多少米？第 n 次反弹的高度是多少？

分析：设 h_n 为某一周期中球的最高位置，开始时 $h_n=h$，每经历一次 h_n 就减少一半。r_n 为某一次反弹时所达到的高度（见图 6－25）。

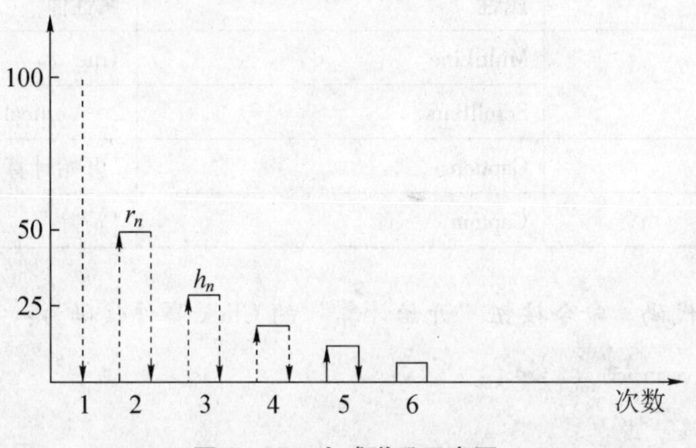

图 6－25　小球弹跳示意图

显然，在第一次反弹后，$h_n=r_n$，从一次着地到下一次着地所经历的路程长度为 r_n+h_n，在第一次着地前所经历的路程为 h_n（只有单程，无反弹，故设 r_n 初值为 0）。用 s_n 来累计球所经历的总路程，反复计算 n 次就应该得到最后的结果。

设计过程：

（1）新建一个工程，在窗体 Form 上添加如图 6－26 所示的各个控件。

图 6－26　用户程序界面

（2）设置界面上各个控件的初始属性值，见表 6－6。

表6-6 各控件属性设置值

控件名	属性	属性值
Text1	Text	""（空白）
Text2	Text	""（空白）
Label1	Caption	"输入小球的初始高度（米）："
Label2	Caption	"输入小球落地的次数（次）："
Label3	Caption	""（空白）
Label4	Caption	""（空白）
Command1	Caption	"开始计算"

（3）设计程序代码。依据上述分析，设计命令按钮 Command1 的 Click 事件代码为：

```
Private Sub Command1_Click()
    sn = 0
    hn = Val(Text1.Text)
    k = Val(Text2.Text)
    rn = 0
    For n = 1 To k
        sn = sn + hn + rn
        rn = hn/2
        hn = rn
    Next n
    Label3.Caption = "小球 " & k & " 次弹跳后的高度是:" & hn & " 米"
    Label4.Caption = "小球 "&k & " 次弹跳后经历的路程是:" & sn & " 米"
End Sub
```

（4）运行程序。单击 VB 窗口上的启动按钮运行程序，然后分别在文本框 Text1 中输入小球的初始高度 100，在 Text2 中输入弹跳的次数 10，再单击“开始计算”按钮，窗体上标签 3 和标签 4 就分别显示出 10 次后弹跳的高度是 0.097 656 25 米，10 次弹跳后经历的路程是 299.609 375 米的结果，如图 6-27 所示。

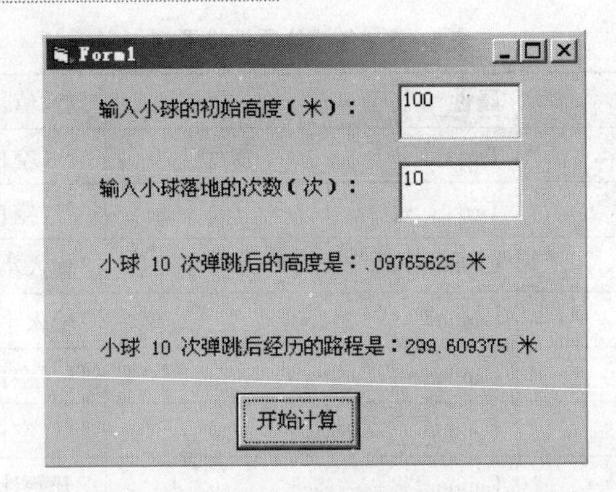

图 6－27　程序运行结果

【例 6－18】 用矩形法求函数的定积分。按照数学定义，求定积分，就是求函数曲线与积分区间共同围成的图形面积。所谓矩形法求函数的定积分，就是将函数曲线下围的面积用多个小矩形近似地代替，逐个累加后得到总的近似面积，如图 6－28 所示。

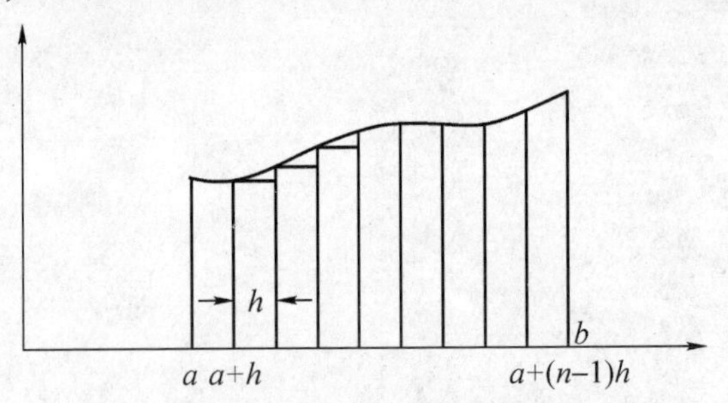

图 6－28　矩形法求定积分示意图

分析：矩形的面积是高×宽。现在将积分区间 $a \sim b$ 分为 n 份，每份宽度为 h，$f(x)$ 为高。在图 6－28 中，第一个小矩形的面积是 $f(a) * h$，第二个小矩形的面积是 $f(a+h) * h$，第三个小矩形的面积是 $f(a+2h) * h$……第 n 个小矩形的面积是 $f(a+(n-1)h) * h$。将所有这些小矩形面积累加起来，就近似得到定积分的结果。显然，所分的区间 n 越多，近似计算的结果就越精确。因此有：$h = (b-a) / n$。

根据以上分析，设计程序用矩形法计算函数 sin（x）的定积分：$\int_0^1 \sin x \mathrm{d}x$。

设计过程：

（1）新建一个工程，在窗体 Form 上添加如图 6－29 所示的各个控件。

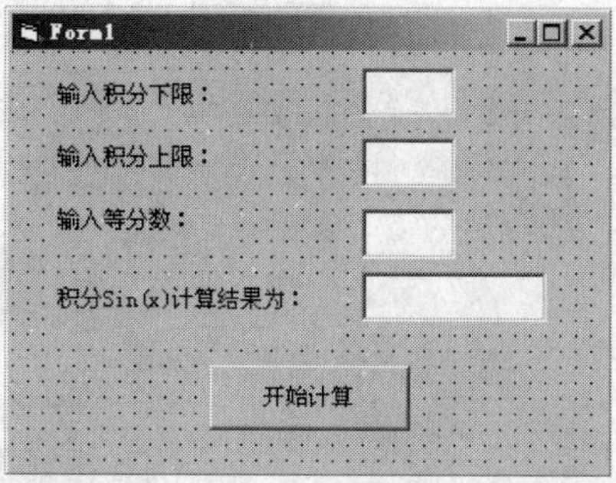

图6-29 用户程序界面

(2) 设置窗体上各个控件的属性值，如表6-7所示。

表6-7 各控件属性设置值

控件名	属性	属性值
Text1	Text	""（空白）
Text2	Text	""（空白）
Text3	Text	""（空白）
Text4	Text	""（空白）
Label1	Caption	"输入积分下限："
Label2	Caption	"输入积分上限："
Label3	Caption	"输入等分数："
Label4	Caption	"积分 Sin（x）计算结果为："
Command1	Caption	"开始计算"

(3) 设计命令按钮 Command1 的 Click 事件代码：

```
Private Sub Command1_Click()
    a = Val(Text1.Text)
    b = Val(Text2.Text)
    n = Val(Text3.Text)
    h = (b - a) / n
    x = a
    fx = Sin(x)
    s = 0
```

```
    For i = 1 To n
        si = fx * h
        s = s + si
        x = x + h
        fx = Sin(x)
    Next i
    Text4.Text = s
End Sub
```

(4) 运行程序。单击 VB 窗口上的启动按钮运行程序，分别输入积分上、下限和等分数后，单击“开始计算”按钮，可看到文本框 Text4 中显示的计算结果，如图 6－30 所示。

图 6－30 程序计算结果

运行程序时，如果等分数越大，计算的精度就会越高，大家可以上机试一试。

如果在上述的求积分问题中，采用“梯形”法来进行，程序应该怎样设计？

分析：将积分区间等分为 n 份，每个小区间近似为一个小的梯形，小梯形面积可用公式“（上底＋下底）×高/ 2”来计算。将计算得到的 n 个梯形面积累加，就可以得到定积分的值，如图 6－31 所示。

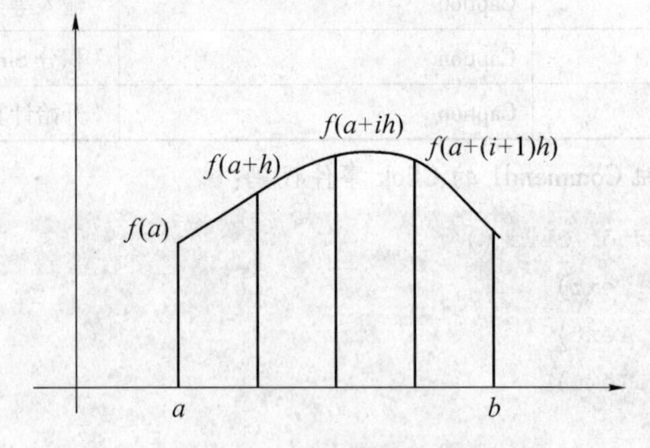

图 6－31 梯形法求定积分

设函数为 $f(x)$，将积分区间划分为 n 个区间，每个区间的宽度为：

$$h = (b - a) / n$$

每个划分间隔处的函数可以表示为：$f(a)$、$f(a+h)$、$f(a+2h)$ ……$f(a+(n-1)$

h)、f (b)。

第 i 个小梯形的面积可以表示成：

$$s_i = (f(a+ih) + f(a+(i+1)h)) * h/2$$

按照这个思路，可得上述求 sin (x) 函数积分的程序代码为：

```
Private Sub Command1_Click()
    a = Val(Text1.Text)
    b = Val(Text2.Text)
    n = Val(Text3.Text)
    h = (b - a)/n
    s = 0
    For i = 0 To n
        si = (Sin(a + i * h) + Sin(a + (i + 1) * h)) * h/2
        s = s + si
    Next  i
    Text4.Text = s
End Sub
```

大家可以上机试一试，看两个程序的结果有什么差别，分析一下原因。

【例6－19】 中国古代有一道著名的数学题：用100元钱买一百只鸡，公鸡4元一只，母鸡3元一只，小鸡一元2只。问公鸡、母鸡、小鸡各有多少？

分析：此题用代数方法是无法求解的，因为按照题意，有3个未知数，却只能列出2个方程。要解决这类问题，可以用“穷举法”进行。所谓“穷举法”，就是将各种数据组合的可能情况全部考虑到，对每一种数据组合检查它是否符合给定的条件，将符合条件的数据输出即可。

现在假设公鸡有 x 只，母鸡有 y 只，小鸡有 z 只。显然 x、y、z 可以有多种组合。我们可以先使 $x=0$，$y=0$，于是 $z=100-x-y=100$ 只，看这组数据的价钱是否是100元：100只小鸡的价钱是100只×1元/3只＝33.333元，不等于100，因此这一组合不符合题意。再取 $x=0$，$y=1$，$z=100-x-y=100-0-1=99$，再检验购买的价钱是否是100元。经检验也不是……就这样保持3个变量中的一个 $x=0$，使另一个变量 y 从0改变到100，依次进行检验；然后再使 $x=1$，y 再次从0变到100……，直到 $x=100$，y 再从0变到100，这样就把全部可能的组合一一测试一遍，将符合条件的组合输出打印出来，就得到问题的解。

根据上述分析，设计程序过程如下：

(1) 新建一个工程，在窗体 Form1 上添加各个控件，如图6－32所示。

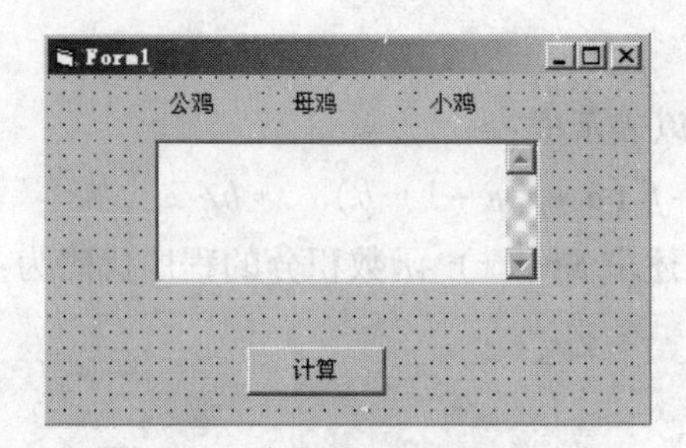

图 6－32　程序界面设计

（2）设置各控件属性，见表 6－8。

表 6－8　各控件属性设置值

控件名	属性	属性值
Text1	Text	""（空白）
	Multiline	True
	Scrollbars	2－Vertical
	Text	""（空白）
Label1	Caption	"公鸡"
Label2	Caption	"母鸡"
Label3	Caption	"小鸡"
Command1	Caption	"计算"

（3）编写命令按钮 Command1（计算）按钮的 Click 事件代码：

```
Private Sub Command1_Click()
    For x = 0 To 100
        For y = 0 To 100
            z = 100 - x - y
            If x * 4 + y * 3 + z / 3 = 100 Then
                Text1.Text = Text1.Text & Str(x) & "    " & Str(y) & "    " & Str(z) & Chr(13) & Chr(10)
            End If
        Next y
    Next x
End Sub
```

(4) 运行程序，单击“计算”按钮后，文本框中显示出计算的结果，如图6-33所示。

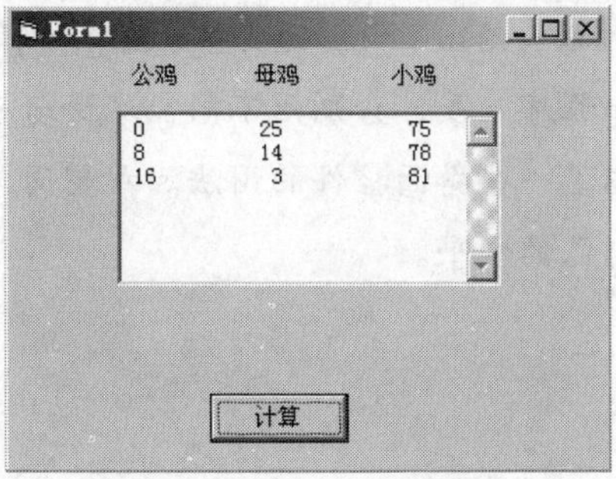

图6-33 计算结果

从计算结果可知，一共有3组数据可以满足题目的条件。实际上不需要让x和y从0变到100，因为公鸡每只4元，最多只能买25只；母鸡3元一只，最多买33只，因此程序可以改为：

```
Private Sub Command1_Click()
    For x = 0 To 25
        For y = 0 To 33
            z = 100 - x - y
            If x * 4 + y * 3 + z / 3 = 100 Then
                Text1.Text = Text1.Text & Str(x) & "    " & Str(y) & "    " & Str(z) & Chr(13) & Chr(10)
            End If
        Next y
    Next x
End Sub
```

运行这个程序，得到的结果完全相同。但由于循环的次数减少，后一个程序节省了更多的时间。运行后一个程序的两层循环一共要运行26×34=884次，而前一个程序的两层循环运行次数是101×101=10 201次。显然后一个程序的运行效率更高。

【本章小结】

在前面一章中讲解了结构化程序设计方法中的选择结构程序设计方法，本章讲解了循环结构程序设计方法，循环结构通常用于解决一些需要反复多次处理的问题。

本章给出了循环结构常用的3类语句——For ... Next、Do ... Loop 和 While ... Wend 语句，并详细地讲解了这3类语句的用法，给出了大量的实例来理解和掌握循环结构设计的方法。

本章首先从一个求累加和程序入手，分别用不同循环语句来实现，重点分析了这3类循环语句的异同之处。最后介绍了一些界面控件的用法。希望同学们着重理解循环结构设计的方法，并通过实践不断提升自己的水平。

【想一想　自测题】

一、单项选择题

6-1. 在窗体上画名称分别为 Text1、Text2 的文本框和名称为 Command1 的命令按钮，然后编写如下事件过程：

```
Private Sub Command1_Click()
    Dim x As Integer,n As Integer
    x =1
    n =0
    Do While x <20
       x = x * 3
       n = n +1
    Loop
    Text1.Text = Str(x)
    Text2.Text = Str(n)
End Sub
```

程序运行后，单击命令按钮，在两个文本框中显示的值分别是（　　）。

A. 15 和 1　　B. 27 和 3　　C. 195 和 3　　D. 600 和 4

6-2. 在窗体上画一个名称为 Text1 的文本框和一个名称为 Command1 的命令按钮，然后编写如下事件过程：

```
Private Sub Command1_Click()
    Dim array1(10,10) As Integer
    Dim i,j As Integer
    For i =1 To 3
       For j =2 To 4
```

```
        array1(i,j) = i + j
      Next j
   Next i
   Text1.Text = array1(2,3) + array1(3,4)
End Sub
```

程序运行后，单击命令按钮，在文本框中显示的值是（　　）。

A. 12　　B. 13　　C. 14　　D. 15

6-3. 在窗体上画一个名称为 Command1 的命令按钮，然后编写如下程序：

```
Private Sub Command1_Click()
   Dim i As Integer,j As Integer
   Dim a(10,10)As Integer
   For i = 1 To 3
      For j = 1 To 3
         a(i,j) = (i - 1) * 3 + j
         Print a(i,j);
      Next j
      Print
   Next j
End Sub
```

程序运行后，单击命令按钮，窗体上显示的是（　　）。

A.	B.	C.	D.
123	234	147	123
246	345	258	456
369	456	369	789

6-4. 以下能够正确计算 *n*! 的程序是（　　）。

A.

```
Private Sub Commandl_Click()
   n = 5:x = 1
   Do
      x = x * 1
      i = i + 1
   Loop While i < n
   Print x
End Sub
```

B.

```
Private Sub Commandl_Click()
    n =5: x =1:i =1
    Do
        x =x *1
        i =i +1
    Loop While i <n
    Print x
End Sub
```

C.

```
Private Sub Commandl_Click()
    n =5:x =1:i =1
    Do
        x =x *1
        i =i +1
    Loop while i < =n
    Print x
End Sub
```

D.

```
Private Sub Commandl_Click()
    n =5:x =1:i =1
    Do
        x =x *1
        i =i +1
    Loop While i >n
    Print x
End Sub
```

6-5. 在窗体上画一个列表框和一个文本框，然后编写如下两个事件过程：

```
Private Sub Form_Load ()
    List1.AddItem"357"
    List1.AddItem"246"
```

```
    List1.AddItem"123"
    List1.AddItem"456"
    Text1.Text = ""
End Sub
Private Sub List1_DblClick ()
    a = List1.Text
    Print a + Text1.Text
End Sub
```

程序运行后，在文本框中输入789，然后双击列表框中的456，则输出结果为（　　）。

A. 1245　　B. 456789　　C. 789456　　D. 0

6-6. 下列程序段的执行结果为（　　）。

```
I = 0
For G = 10 To 19 Step 3
    I = I + 1
Next G
Print "I = ";I
```

A. I = 4　　B. I = 5　　C. I = 3　　D. I = 6

6-7. 下列程序段的执行结果为（　　）。

```
N = 0
J = 1
Do Until N > 2
    N = N + 1
    J = J + N * (N + 1)
Loop
Print N; J
```

A. 0　1　　B. 3　7　　C. 3　21　　D. 3　13

6-8. 下列程序段的执行结果为（　　）。

```
N = 0
For I = 1 To 3
    For J = 5 To 1 Step -1
        N = N + 1
```

```
    Next J, I
  Print N; J; I
```

A. 12　0　4　　　　B. 15　0　4

C. 12　3　1　　　　D. 15　3　1

二、填空题

6－9. 在修改列表框内容时，RemoveItem 方法的作用是＿＿＿＿＿＿＿＿＿＿。

6－10. 在 VB 中向组合框中增加数据项所采用的方法为＿＿＿＿＿＿＿＿＿＿。

6－11. 为了使标签能自动调整大小以显示全部文本内容，应把标签的＿＿＿＿属性设置为 True。

6－12. VB 提供了结构化程序设计的 3 种基本结构，这 3 种基本结构是选择结构、＿＿＿＿、＿＿＿＿。

6－13. 在 Visual Basic 语言中有 3 种形式的循环结构。其中，若循环的次数可以事先确定，可使用＿＿＿＿循环；若要求先判断循环进行的条件，可使用＿＿＿＿循环。

三、阅读程序题

6－14. 阅读下面的程序，写出程序运行时单击窗体后 c、k 的值。

```
Private Sub Form_Click()
    Dim c As Integer, j As Integer, k As Integer
    k = 0
    c = 1
    For j = 1 To 6
        If j > 4 Then
            c = c + 4
            Exit For
        Else
            k = k + 1
        End If
    Next j
    Print c, k
End Sub
```

答：

6-15. 阅读下面的程序，写出程序运行后，文件框 Text1 的输出结果。

```
Private Sub Command1_Click()
    Dim s As Double
    Dim i As Integer
    s = 7
    i = 1
    Do While i < 10
        i = i + 2
        s = s + i
    Loop
    Text1.Text = s
End Sub
```

答：

6-16. 阅读下面的程序，写出程序运行时单击窗体后 c、k 的值。

```
Private Sub Form_Click()
    Dim c As Integer, j As Integer, k As Integer
    k = 2
    c = 3
    For j = 1 To 5
        If j > 3 Then
            c = c + 5
            Exit For
        Else
            k = k + 1
        End If
    Next j
    Print c, k
End Sub
```

答：

6－17. 阅读下面的程序，写出程序运行时单击窗体后 Form1 上的输出结果。

```
Private Sub Form_Click()
    Dim i As Integer, k As Integer
    k = 0
    For i = 1 To 4
        If i > 2 Then
            k = k + 5
            Exit For
        Else
            k = k + 2
        End If
    Next i
    Print k
End Sub
```

答：输出结果是：

6－18. 阅读下面的程序，写出程序运行后文件框 Text1 的输出结果。

```
Private Sub Form_Click()
    Dim I As Integer, j As Integer
    Dim c As Integer
    c = 0
    For I = 1 To 4
        For j = 1 To 2
            c = c + 4
        Next j
    Next I
    Print c
End Sub
```

答：文件框 Text1 的输出结果是：

6－19. 阅读下面的程序，写出程序运行时单击窗体后 Form1 上的输出结果。

```
Private Sub Form_Click()
    Dim i As Integer, k As Integer, c As Integer
    For i = 1 To 5
        If i Mod 2 = 0 Then
            k = k + 2
        Else
            c = c + 2
        End If
    Next i
    Print k, c
End Sub
```

答：Form1 上的输出结果是：

四、程序设计题

6－20. 编写程序，计算 1＋2＋3＋4＋... ＋100。

（1）使用 For 循环语句设计程序。

（2）使用当循环语句设计程序。

6－21. 输入一个整数 m，判断 m 是否为素数，并输出判断结果。

6－22. 用近似公式求自然对数的底 e 的值。已知，e 可表示成如下泰勒级数形式：

$$e \approx 1 + \frac{1}{1!} + \frac{1}{2!} + \frac{1}{3!} + \ldots + \frac{1}{n!}$$

精度要求：最后一项的数值小于 10^{-5}。

6－23. 编程序求交错级数的值：

$$1 - \frac{1}{2} + \frac{1}{3} - \frac{1}{4} + \ldots + \frac{1}{99} - \frac{1}{100}$$

6－24. 编程序求 $\frac{1}{1 \times 2} + \frac{1}{2 \times 3} + \frac{1}{3 \times 4} + \ldots + \frac{1}{n(n+1)}$ 的值，$n = 20$。

6－25. 设计程序，在文本框中将 100～200 不能被 3 整除，也不能被 7 整除的数输出显示出来。

6－26. 设计程序，用矩形法求积分 $\int_0^1 xe^x dx$ 的值，设划分的区间 $n=100$。

6－27. 设计程序，用梯形法求积分 $\int_0^1 x\sin x dx$ 的值，设划分区间 $n=100$。

6－28. 找出 1～100 的全部素数。

【做一做 上机实践】

6－29. 猜数游戏。程序中预先给定某个数（不显示），用户从键盘反复输入整数进行猜测。每次猜数如果没有猜中，程序会提示输入的数是过大还是过小。猜中时在界面上的文本框中显示已猜的次数，最多允许猜 20 次。界面如图 6－34 所示。

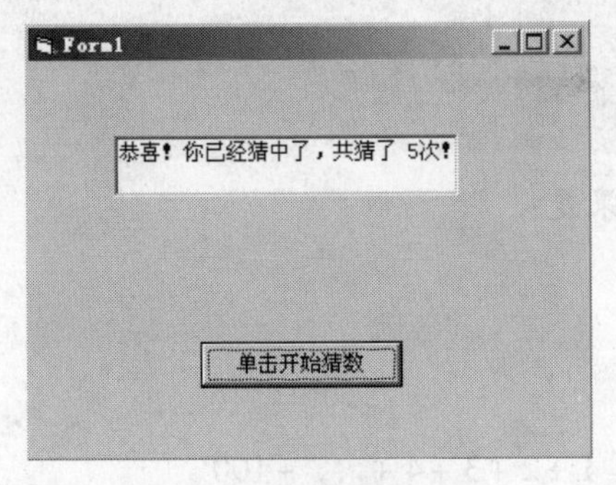

图 6－34 猜数游戏界面

运行程序，体验一下自己编写游戏程序的快乐。

【看一看 网络课件学习】

1. 通过网络课件的 BBS 论坛给老师发帖提问，与同学讨论学习的心得体会。

2. 利用手机登录移动课件，在“自我检测”栏目中做有关本章节的自测题，看看你掌握知识的情况如何。

3. 在移动课件的“常见问题”栏目中，看一看有没有对你学习有所帮助的信息。

第7章　数　　组

导　　读

之前学习的数据类型是对简单的、少量的数据进行处理，若对大量的数据进行处理，就需要用到数组。数组是用于描述一组具有相同属性的（或相关属性的）数据，在程序设计中数组的使用非常广泛，可以使程序更加简练、清晰。

学习目标	熟练掌握数组、数组元素的概念，数组的下标和维数，控件数组的概念
应知	数组、数组元素的概念
	数组元素的操作
	数组的下标和维数
	控件数组的概念
应会	数组元素的操作，如何建立控件数组
难点	数组的应用、控件数组的应用

学习方法

自主学习：自学文字教材。

参加面授辅导课学习：在老师的辅导下深入理解课程知识内容。

上机实习：结合上机实际操作，对照文字教材内容，深入了解体会数组的定义、使用方法及特点。通过上机实习完成课后作业与练习，巩固所学知识。

小组学习：参加小组学习，通过与小组中同学的讨论沟通，交流学习经验。

上网学习：通过网络课件或移动课件，进入BBS论坛，向老师发帖提问，获得学习帮助；参加同学之间的学习讨论，深入探讨数组的建立和应用方法，尤其是控件数组的应用技巧，在团队学习中获得帮助并尽快掌握课程内容。

课前思考

设计一个如图 7－1 所示的矩阵乘积运算程序，求矩阵 ***A*** 和 ***B*** 的积 ***C***，即 ***C*** = ***A*** * ***B***。设 ***A***、***B*** 分别为 4 * 3 和 3 * 2 的矩阵，则 ***C*** 为 4 * 2 的矩阵，输入 ***A*** 和 ***B*** 的矩阵元素，输出结果 ***C***。

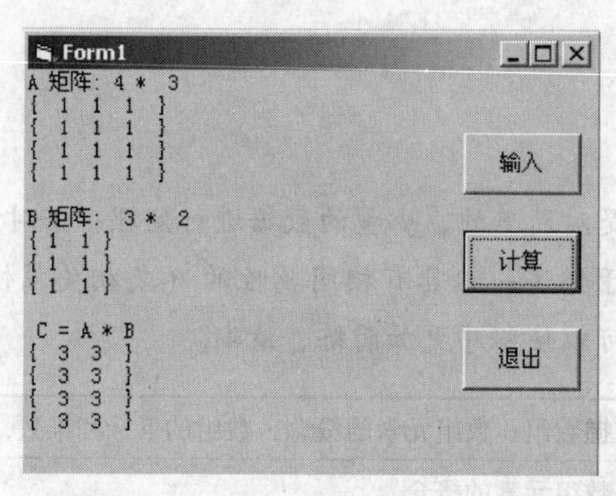

图 7－1　矩阵计算

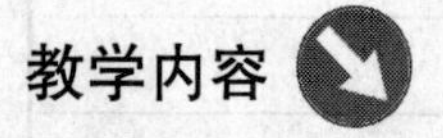

教学内容

7.1　数组的概念

数组是一组有序数据的集合。数组中所有元素具有统一的数组名称，各个元素按下标排列并被唯一地识别。数组中的元素可以属于同一种数据类型。如果数组的数据类型为 Variant 时，各个元素可以包含不同种类的数据。

数组通常用来处理大批量的数据。尤其是可以用一个数组名代表逻辑上相关的一批数据，用不同的下标分别表示该数组中的各个元素。

例如，记录一个班上 50 名学生期末考试的成绩，如果用简单变量来存储，则需要 50 个变量分别存储 50 名学生的姓名，另外 50 个变量存储每个学生各自一门课程的成绩。如果需要存储成绩的课程不止一门，则需要定义的单个变量名将更多。这在实际编程过程中将会很不方便。

而采用数组后，由于数组中所有元素有统一的名称，通过下标变化就可以得到不同的元素变量，这样就不会因变量众多而使程序编写变得冗长。

在 VB 中使用数组，必须事先声明。下面介绍有关数组的声明语句。

7.1.1 数组的定义与声明

数组分为固定数组和动态数组两类。固定数组在声明时必须明确给出数组的维数和下标的上、下界，且上、下界在声明以后不能再改变。动态数组在声明时只需声明数组名，不需要明确数组大小。在 VB 中声明数组可以用 Dim 语句、Private 语句、Public 或 Static 语句。下面重点介绍 Dim 语句声明数组的方法。

用 Dim 语句声明（定义）数组的语法格式如下：

```
Dim 数组名(<维数定义>)[As <类型>]
```

其中 <维数定义> 指定数组的维数以及各维的范围，语法格式为：

```
[<下标1下界>To]<下标1上界>[,[<下标2下界>To]<下标2上界>]…
```

说明：

（1）用［］括起来的内容为可选内容。如果不指定 <下标下界>，则数组的下界由 Option Base 语句指定，默认情况下为 0。

例如：

```
Dim A(10) As Long                    '共11个元素,下标为0~10
Dim B(5) As Integer                  '共6个元素,下标为0~5
```

可以用 To 关键字来显式指定下标下界，例如：

```
Dim C (1 To 5) As Integer            '共5个元素,下标为1~5
```

（2）数组的命名规则与简单变量命名规则相同。

（3）VB 中下标的上、下界为 Long 型数据，实际应用中不得超过 Long 型数据的范围。

（4）如在声明数组时省略了下标下界，则默认下界为 0。下标下界不得大于下标上界。数组元素在上、下界内是连续定义的，系统对每个下标值代表的数组变量都分配存储空间。所以声明数组的大小要适当。

（5）声明数组时要对数组进行初始化操作。对于数值型数组应将所有元素初始化为 0，对于字符串型数组应将每个元素初始化为空。

7.1.2 用 Option Base 语句定义数组下标下界缺省值

可使用 Option Base 语句来声明数组下标下界的缺省值。Option Base 语句在模块级别中使用，其格式为：

Option Base {0 | 1}

说明：缺省状态下数组的下界为0，不需要使用 Option Base 语句。如果使用该语句规定数组下界为1，则必须在模块的数组声明之前使用 Option Base 语句。VB 规定缺省值要么是0，要么通过 Option 语句定义为1。例如：

```
Option Base 1
Dim A(10) As Integer                                     '下标默认为1~10,共有10个元素
```

7.1.3 对数组元素的引用

（1）数组的每一个元素就是一个变量，数组就是所有这些变量的有序集合；通过给出带下标的数组名就可以对数组元素进行引用操作，下标必须用圆括号括起来；不能把A（2）写成A2,因为后者是简单变量。

（2）下标可以是变量、常数或表达式。下标还可以是另一个下标变量（数组元素）。例如，若x（3）=4，k=10，那么y（x（3））就是y（4），y（k+1）就是y（11）。

（3）下标必须是整数，否则系统会四舍五入自动取整。例如，x（4.4）将被系统视为x（4），x（5.5）则视为x（6）。

（4）操作时给出的数组名、数组类型和维数要和声明数组时的维数一致。

（5）引用数组元素的方法是在数组名后的括号中指定下标，例如：

```
x=A(3):  y=B(3,4)
```

7.1.4 动态数组

在事先不知道数组的大小时，可以声明该数组为动态数组，在程序中需要时再指定数组的大小。声明一个动态数组与声明固定数组类似，可以使用不同的语句限定数组的有效使用范围。若希望数组为全局数组，可使用 Public 语句声明数组；若希望数组为模块数组，可使用 Dim 语句声明数组；若希望数组为局部数组，则使用 Static 或 Dim 语句声明数组。在声明动态数组时不需要给出数组的长度。

声明和使用动态数组的步骤为：

（1）用 Dim 语句声明一个维数为“空”的数组名。

```
Dim 数组名( )
```

例如，声明一个动态数组A，可以使用如下语句：

```
Dim  A()
```

（2）在程序中需要使用动态数组时，要用ReDim语句来指定数组的大小，然后再使用：

```
ReDim 数组名(数组长度 -1)
```

例如：给上例的A数组指定元素个数为10时，可以使用如下语句：

```
ReDim A(9)
```

通常是使用已经赋过值的整型变量来指定元素个数。如x=9，上面的语句等价为：

```
ReDim A(x)
```

7.1.5 数组的维数

数组下标的个数称为数组的维数，前面介绍的数组都只有一个下标，称为一维数组。有两个下标的数组，称为二维数组。二维数组的声明方法如下：

```
Dim A(1 To 3, 1 To 4) As Integer
Dim B(2, 3) As Long
```

与一维数组一样，如果在声明多维数组时没有显式指定下标下界，则隐含默认下标下界为0。

上面分别定义了一个名称为A和名称为B的由3行4列元素组成的二维数组，它们各自的元素分别是：

```
A(1,1), A(1,2), A(1,3), A(1,4)
A(2,1), A(2,2), A(2,3), A(2,4)
A(3,1), A(3,2), A(3,3), A(3,4)
B(0,0), B(0,1), B(0,2), B(0,3)
B(1,0), B(1,1), B(1,2), B(1,3)
B(3,0), B(3,1), B(3,2), B(3,3)
```

还可以定义二维以上的数组，如：

```
Dim C(3,4,5)
```

二维以上的数组都称为多维数组。多维数组中元素的个数可以通过以下公式计算：

```
元素个数 =(下标上界 - 下标下界 +1) ×(下标上界 - 下标下界 +1) ×…(  )
```

例如，上面数组 A 中的元素个数是（3－1＋1）×（4－1＋1）＝12 个，数组 B 中的元素个数为（2－0＋1）×（3－0＋1）＝12 个。而 C 中元素的个数则有（3－0＋1）×（4－0＋1）×（5－0＋1）＝120 个。

显然，随着维数的增多，数组元素的个数也迅速增加，这将受到内存容量的限制。因此，在 VB 中规定，数组的维数不得超过 16。

7.1.6 对数组元素的操作

下面是几个应用数组的简单例题。

【例 7－1】 将 1～50 的整数分别赋值给数组 A 中的各个元素。

程序代码如下：

```
Private Sub fa()
    Dim A(49) As Integer
    For i =1 To 50
        A(i -1) =i
    Next
End Sub
```

【例 7－2】 声明一个二维字符串数组 X，用来存放职工姓名和工号。

程序代码如下：

```
Private  Sub CFXH()
    Dim  X(1 To 4, 1 To 2) As String
    X(1, 1) ="王刚"
    X(1, 2) ="0001"
    X(2, 1) ="张强"
    X(2, 2) ="0002"
    X(3, 1) ="陈小梅"
    X(3, 2) ="0003"
    X(4, 1) ="王卫奇"
    X(4, 2) ="0004"
End Sub
```

【例 7－3】 某班 30 个学生，要求给出全班总平均成绩和低于平均成绩的学生的学号［假设学生成绩已经存入 src（29）数组中］。

分析：先用 For 循环求出全班的总平均成绩，再用 For 循环输出低于平均学习成绩的学号。

程序代码如下：

```
Private Sub Command1_Click()
    Dim num(29),src(29)
    sum = 0
    For i = 1 To 30
        sum = sum + src(i - 1)
    Next
    Average = sum/30
    Print "平均成绩:"average
    Print "低于平均分数的学生学号:"
    For i = 1 To 30
        If src(i - 1) < average  Then
            Print i
        End If
    Next
End Sub
```

【例 7 - 4】现在来完成课前思考任务。

(1) 在窗体上建立 3 个 Command 控件，如图 7 - 2 所示。

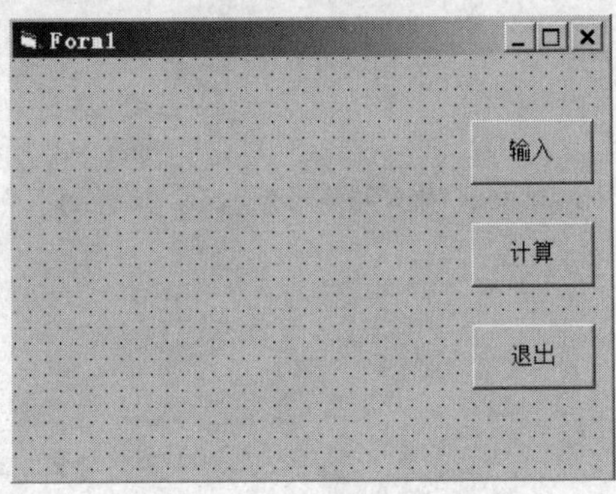

图 7 - 2　矩阵运算界面

(2) 设置控件属性，将 3 个命令按钮的 Caption 属性分别设置为“输入”“计算”和“退出”。

(3) 代码实现。

先声明3个数组a、b、c，分别来存放矩阵***A***、***B***和它们的积***C***。

```
Const  m = 4, p = 3, n = 2
Dim  a(1 To m, 1 To p)  As  Integer
Dim  b(1 To p, 1 To n)  As  Integer
Dim  c(1 To m, 1 To n)  As  Integer
```

“输入”按钮Click事件代码：

```
Private Sub Command1_Click()                          '输入A、B矩阵
    Dim  I  As Integer, j  As Integer, k  As Integer
    Print  "a 矩阵:"  & Str(m) &  "×"  & Str(p)
    For i = 1 To m
        Print "|";
        For k = 1 To p
            a(i, k) = InputBox("输入矩阵元素 A(" & Str(i) & "," & Str(k) & ")")
            Print a(i, k);
        Next k
        Print "|"
    Next i

    Print "b 矩阵:" & Str(p) & "*" & Str(n)
    For k = 1 To p
        Print "|";
        For j = 1 To n
            b(k, j) = InputBox("输入矩阵元素 b(" & Str(k) & "," & Str(j) & ")")
            Print b(k, j);
        Next j
        Print "|"
    Next k
End Sub
```

“计算”按钮Click事件代码：计算矩阵***A***、***B***的积。

```
Private Sub Command2_Click()                    '计算C矩阵
    For i = 1 To m
        For j = 1 To n
            sum = 0
            For k = 1 To p
                sum = sum + a(i, k) * b(k, j)
            Next k
            c(i, j) = sum
        Next j, i
        Print "c = A * B"
        For i = 1 To m
            Print "{";
            For j = 1 To n
                Print c(i, j);
            Next j
        Print "}"
    Next i
End Sub
```

【例7-5】 设计一个程序，随机产生10个数，然后通过选择排序将其按递增顺序排列后输出。

分析：选择排序的思路是：

(1) 对于有n个数的一个序列，从中选出最小的数与第一个数交换位置（递增排序时选最小数，递减排序则选最大数）。

(2) 第一次交换后，除第一个数外，在剩下的$n-1$个数中，再选择次最小的数，与第2个数交换位置。

(3) 重复(2) $n-1$遍，直到最后完成排序。

为了便于理解，用5个数来说明排序的过程：

```
原始数据序列： 9  4  5  1  3
第一次交换后： 1  4  5  9  3
第二次交换后： 1  3  5  9  4
第三次交换后： 1  3  4  9  5
第四次交换后： 1  3  4  5  9
```

程序设计过程:

(1) 新建一个工程，在窗体 Form1 上添加两个框架控件、两个标签控件和两个命令按钮控件，如图 7-3 所示。

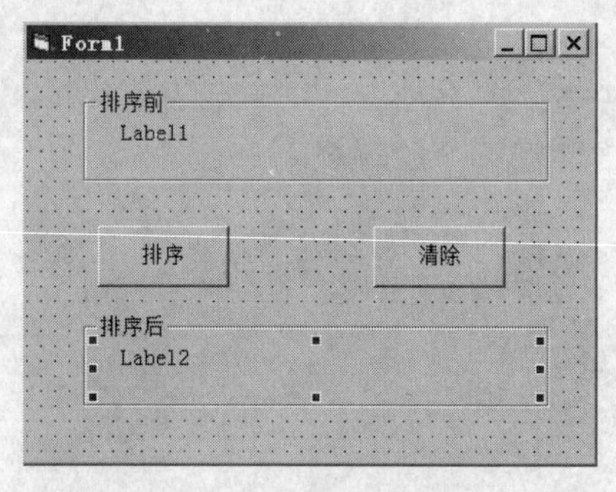

图 7-3 程序界面

(2) 设置各个控件的属性，如表 7-1 所示。

表 7-1 各控件属性初始设置值

控件名	属性	属性值
Frame1	Caption	排序前
Frame2	Caption	排序后
Label1	Caption	" " (空白)
Label2	Caption	" " (空白)
Command1	Caption	"排序"
Command2	Caption	"清除"

(3) 代码设计。编写“排序”按钮 Command1 的 Click 事件代码为:

```
Private Sub Command1_Click()
    Dim A (1 To 10) As Single
    Randomize
    For i =1 To 10
        A (i) = Int(Rnd * 90 +10)
        Label1.Caption = Label1.Caption & A (i) & " "
    Next i
```

```
    For i = 1 To 9
        For j = i + 1 To 10
            If A(j) < A(i) Then
                t = A(i)
                A(i) = A(j)
                A(j) = t
            End If
        Next j
    Next i

    For i = 1 To 10
        Label2.Caption = Label2.Caption & A(i) & " "
    Next i
End Sub
```

编写“清除”按钮Command2的Click事件代码为：

```
Private Sub Command2_Click()
    Label1.Caption = ""
    Label2.Caption = ""
End Sub
```

(4) 运行程序，单击“排序”按钮，程序产生10个随机数，在框架Frame1中的标签控件Label1中显示，并将排序后的结果在框架Frame2中的标签控件Label2中显示出来。单击“清除”按钮后，界面上的所有数据消失，再次单击“排序”按钮，可进行下一次排序操作，如图7－4所示。

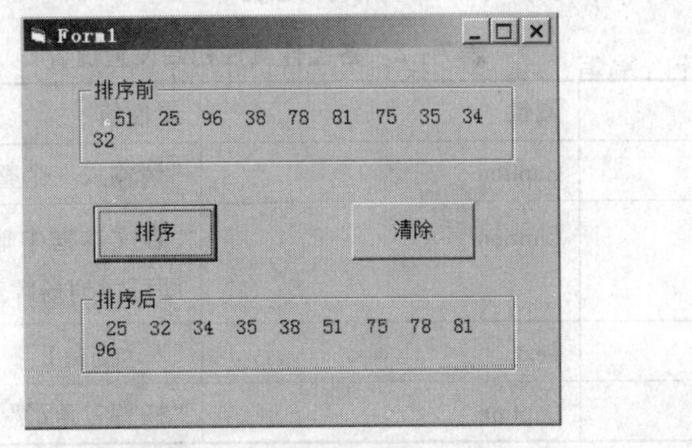

图7－4 程序排序结果

【**例 7-6**】用程序打印杨辉三角形。杨辉三角形第 1 行有一个数，值为 1。第 2 行有两个数，值为 1、1。第 n 行的数字个数为 n 个，每个数字等于上一行的左右两个数字之和，如图 7-5 所示。

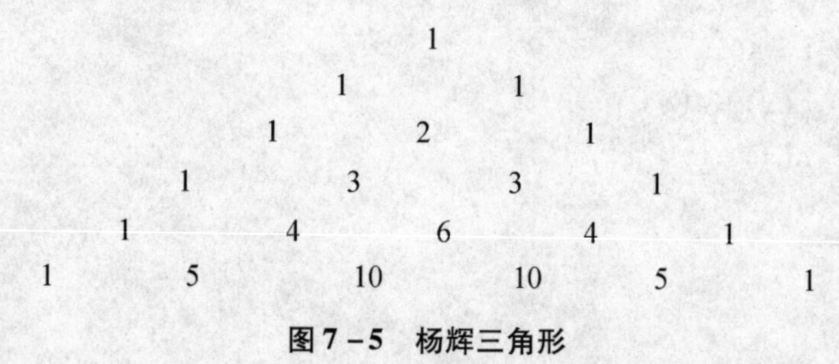

图 7-5 杨辉三角形

设计步骤：

(1) 在窗体上建立一个 Frame 控件、一个 Lable 控件、一个 TextBox 控件，如图 7-6 所示。

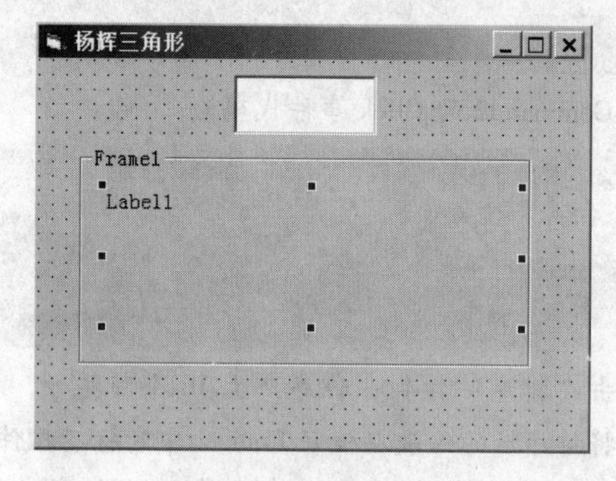

图 7-6 程序界面设计

(2) 设置界面上各个对象的初始属性，见表 7-2。

表 7-2 各控件属性初始设置值

控件名	属性	属性值
Frame1	Caption	"请输入一个整数"
Label1	Caption	"在文本框中输入一个整数 n 后，按回车键即可得到杨辉三角形的前 n 行"
Text1	Text	""（空白）
Form1	Caption	"杨辉三角形"

(3) 设计文本框键入数字事件的代码如下：

编写文本框 Text1 中键盘输入事件的代码：

```
Private Sub Text1_KeyPress(KeyAscii As Integer)
    Dim n As Integer, i As Integer, j As Integer
    Const k = 6
    Dim p As String
    Dim a() As Integer
    If KeyAscii = 13 Then
        n = Val(Text1.Text)
        ReDim a(n, n)
        For i = 1 To n
            a(i, 1) = 1
            a(i, i) = 1
        Next i
        For i = 3 To n
            For j = 2 To n - 1
                a(i, j) = a(i - 1, j - 1) + a(i - 1, j)
            Next j
        Next i
        For i = 1 To n
            p = p & Space(k * (n - i))
            For j = 1 To i
                p = p & Format(a(i, j), String(2 * k, "@ "))
            Next j
            p = p & VbCr
        Next i
        MsgBox p
    End If
End Sub
```

(4) 运行程序。

按下 F5 键或单击工具栏上“运行”按钮，屏幕上出现如图 7－7 所示窗口，在窗口中的文本框中输入整数 5 并按下回车键，得到输出的杨辉三角形结果如图 7－8 所示。

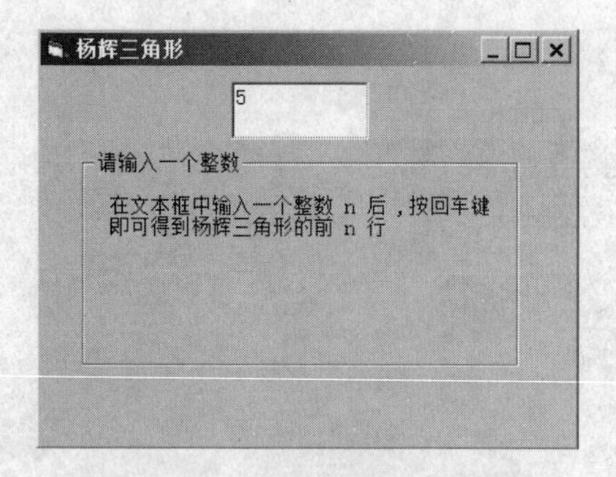

图 7-7　程序运行时的界面

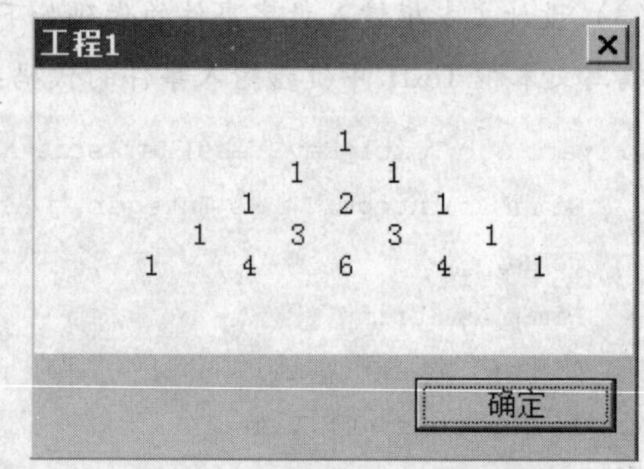

图 7-8　输出的杨辉三角形

【例 7-7】 求斐波那契数列的前 n（$n<100$）项并输出。斐波那契数列定义如下：$F_0=0$，$F_1=1$，$F_2=1$，$F_3=2$，$F_4=3\cdots\cdots F_n=F(n-1)+F(n-2)$（$n>=2$，$n\in\mathbf{N}^*$）。

设计步骤：

（1）在窗体上建立一个 Frame 控件、一个 List 控件、一个 Text 控件、一个 Lable 控件和一个按钮，如图 7-9 所示。

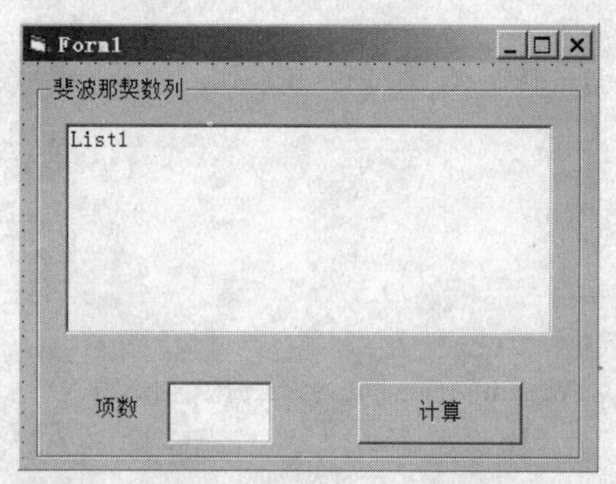

图 7-9　程序界面设计

（2）设置对象属性。Frame1 的 Caption 属性更改为“斐波那契数列”，List1 的 DataFormat 更改为“通用”，Lable1 的 Caption 属性设置为“项数”，Command1 的 Caption 属性设置为“计算”，Text1 的 Text 属性设置为空。

（3）设计命令按钮 Command1 的 Click 事件代码为：

```
Private Sub Command1_Click()
    Dim f(99) As Double, N As Integer, i As Integer
    Dim p As String
```

```
    N = Val(Text1.Text)
    List1.Clear
    f(1) = 1: f(2) = 1
    p = Format("Fib(" & 1 & "):", "! @ @ @ @ @ @ @ @ @ @ @ ") & Format(f(1), "##########")
    List1.AddItem p, 0
    p = Format("Fib(" & 2 & "):", "! @ @ @ @ @ @ @ @ @ @ @ ") & Format(f(2), "##########")
    List1.AddItem p, 0
    For i = 3 To N
        f(i) = f(i - 2) + f(i - 1)
        p = Format("Fib(" & i & "):", "! @ @ @ @ @ @ @ @ @ @ @ ") & Format(f(i), "##########")
        List1.AddItem p, 0
    Next i
End Sub
```

(4) 运行程序。

按下 F5 键或单击工具栏上的“运行”按钮，弹出如图 7－10 所示窗口，在项数文本框中输入 8，单击“计算”按钮，得到运行结果如图 7－11 所示。

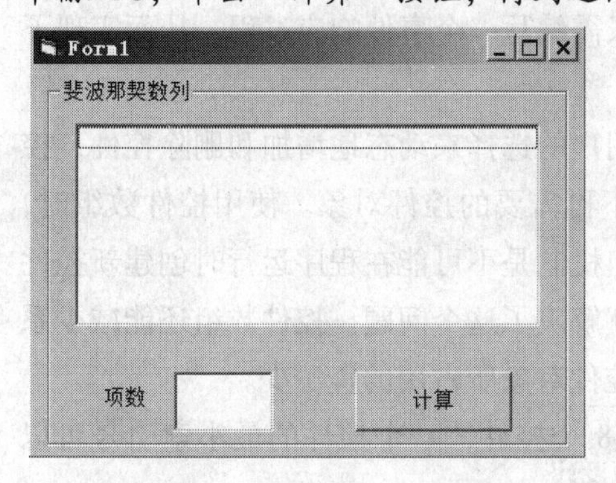

图 7－10　程序开始运行的界面

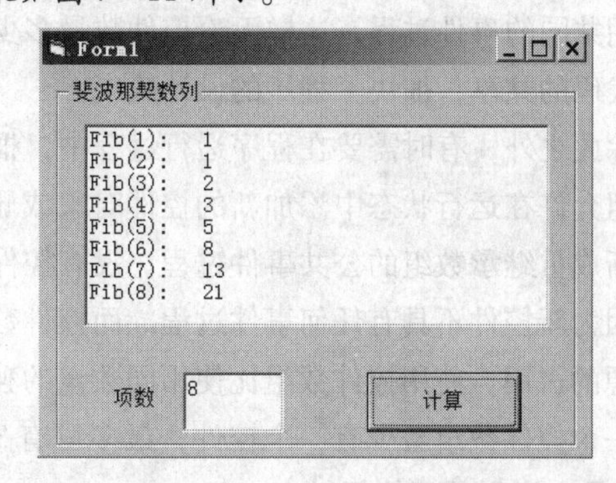

图 7－11　输入项数 8，单击“计算”得到前 8 项的结果

7.2 控件数组

VB 除了可以将许多同样的数据存储在一个统一的变量名称里面（称为数组），也可以将许多相同的控件集合在一起，以控件数组的形式保存。控件数组中的所有控件共享同样的事件过程，这样不仅使得程序更加简练、清晰，也节约了系统资源。

7.2.1 控件数组的概念

（1）什么是控件数组。VB 除了提供数组来处理批量数据之外，还提供了控件数组来处理大量同种类型的控件对象。控件数组是一组具有相同名称和相同类型的控件，每一个控件称为控件数组的一个元素。

控件数组的使用类似于前面介绍的数组变量：有相同的名称，由下标索引值来识别各个控件元素。例如：Lable1（0）、Lable1（1）、Lable1（2）为一个标签控件数组中的各个控件元素。

控件数组中的每个控件可以有自己的属性设置值，当有若干个控件执行大致相同的操作时，控件数组共享同样的事件过程，在程序运行中，当事件发生时，VB 将控件的索引号（每一个控件都具有唯一的索引号，相当于一般数组的下标）传递给公用的事件过程，用来决定识别事件是哪一个控件所引发的。

（2）用控件数组的目的。在面向对象的程序设计中，设计各种控件是一件基础性而又烦琐的工作。当向界面添加大量控件，有时添加的控件可能具有相同的类型，仅仅是参数不同，但处理完全相同的事件过程……控件数组为我们解决上述问题提供了方便。控件数组元素使用共同的事件过程，这样无论控件数量多少，只需编写一个事件响应过程，从而实现了程序代码的共享，加快了程序的设计速度。

除此之外，有时需要在程序运行过程中，根据用户的选择来动态地增加和删除控件；控件数组允许在运行状态中添加新的控件对象或删除不再需要的控件对象。使用控件数组时，每个新成员继承数组的公共事件过程。没有控件数组机制是不可能在程序运行时创建新控件的，因为新控件不具有任何事件过程。而控件数组就解决了这个问题。控件数组还能减少系统资源的占用，使用控件数组比使用同数量的独立控件对象所占用的资源少。

一个控件数组至少有一个控件，最多可有 32 768 个控件，一个控件的最小索引号可以是 0，最大索引号不能超过 32 767。

7.2.2 建立控件数组的方法

控件数组的建立是基于控件的，与普通数组的建立有所区别。建立控件数组通常有 3 种方法：

- 使多个相同类型的控件有相同的名称。
- 通过复制窗体上已有控件构成多个同类控件，从而形成控件数组。
- 更改相同控件的索引属性值（为 0 ~ 32 767 的整数），形成控件数组。

（1）使多个相同类型的控件有相同的名称：

① 在窗体上添加多个同类型的控件。

② 选定控件数组中的第一个元素名称，将其更改为控件数组名。

③ 再选定下一个同类控件，将其名称更改为控件数组名（在属性窗口选择“（名称）”属性，也就是 Name 属性），此时系统会出现如图 7－12 所示的提示对话框，选择“是”按钮。

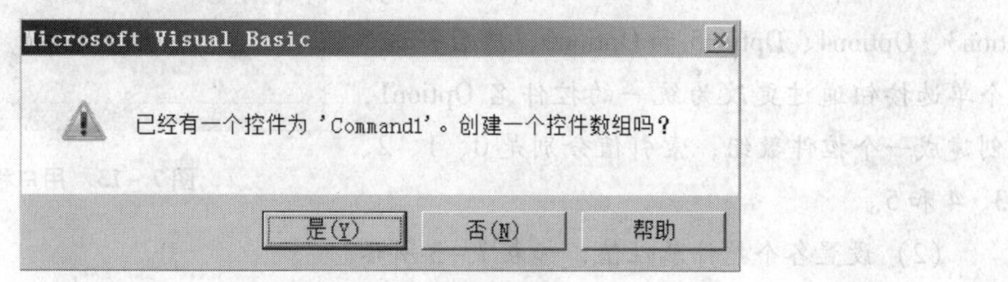

图 7－12 创建控件数组对话框

④ 此时该控件的名称与第一个控件一样，索引属性值自动改为 1，而先前改名的第一个控件的索引属性值自动改为 0。

⑤ 重复步骤③，依次再更改其他同类的控件名为同一个名称，此时，各控件的索引属性值自动形成一个有序的序列，构成一个有统一名称、索引序列号不同的控件数组。以此索引序列号就可以唯一识别控件数组中的各个控件元素。

（2）通过复制窗体上已有控件的方式构建控件数组：

① 在窗体上添加一个控件，并将该控件作为控件数组的第一个元素。

② 将此控件复制到窗体界面，屏幕上也会出现如图 7－12 所示的对话框，提示用户是否创建控件数组，此时选择“是”按钮，即创建控件数组。

③ 此时界面上有两个相同的控件，第一个元素的索引属性自动更改为 0，第二个自动设置成 1，再重复步骤②，直至添加了控件数组的所有元素，即完成控件数组的构建。

（3）通过更改相同控件的索引属性值（为 0～32 767 的整数）创建控件数组。首先在窗体上添加多个同类型的控件，直接指定控件数组中第一个控件的索引值为 0，再更改其他控件的索引属性值。各个控件的索引属性值可以不连续，但不能重复，最后将这些控件的名字更改为统一的控件数组名，即完成控件数组的创建。

7.2.3 控件数组的使用

【例 7－8】 设计一个如图 7－13 所示界面的程序，当在文本框中分别输入数后，可根据用户选择的不同运算符号进行相应的计算并显示结果。

设计步骤：

(1) 新建一个工程，在窗体 Form1 上添加两个框架控件 Frame1 和 Frame2，用于划分界面不同功能区域；添加 3 个文本框控件 Text1、Text2、Text3，用于输入计算的数据和显示计算的结果；6 个单选按钮 Option1、Option2、Option3、Option4、Option5 和 Option6，然后将这 6 个单选按钮通过更改为统一的控件名 Option1，创建成一个控件数组，索引值分别是 0、1、2、3、4 和 5。

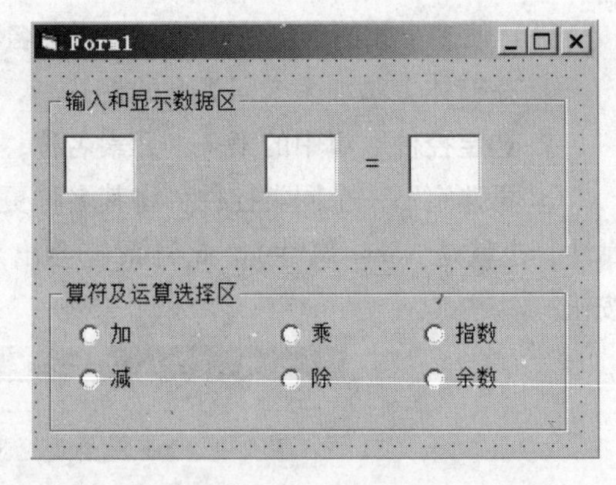

图 7-13　用户程序界面

(2) 设置各个控件属性值，如表 7-3 所示。

表 7-3　各控件属性初始设置值

控件名	属性	属性值
Frame1	Caption	"输入和显示数据区"
Frame2	Caption	"算符及运算选择区"
Label1	Caption	" "（空白）
Label2	Caption	"="
Text1	Text	""（空白）
Text2	Text	""（空白）
Text3	Text	""（空白）
Option1（0）	Caption	"加"
Option1（1）	Caption	"减"
Option1（2）	Caption	"乘"
Option1（3）	Caption	"除"
Option1（4）	Caption	"指数"
Option1（5）	Caption	"余数"

(3) 设计单选按钮控件数组 Option1 的 Click 事件代码：

```
Private Sub Option1_Click(Index As Integer)
    Dim x As Single, y As Single
```

```
    x = Val(Text1.Text)
    y = Val(Text2.Text)
    Select Case Index
    Case 0
        Label1.Caption = "+"
        Text3.Text = x + y
    Case 1
        Label1.Caption = "-"
        Text3.Text = x - y
    Case 2
        Label1.Caption = "*"
        Text3.Text = x * y
    Case 3
        Label1.Caption = " ÷ "
        Text3.Text = x/y
    Case 4
        Label1.Caption = "^"
        Text3.Text = x^y
    Case 5
        Label1.Caption = " Mod "
        Text3.Text = x Mod y
    End Select
End Sub
```

(4) 运行程序，先在文本框 Text1 和 Text2 中分别输入数字 8 和 3，然后单击各个单选按钮，可在文本框 Text3 中分别得到加、减、乘、除等运算的结果，如图 7－14 所示。

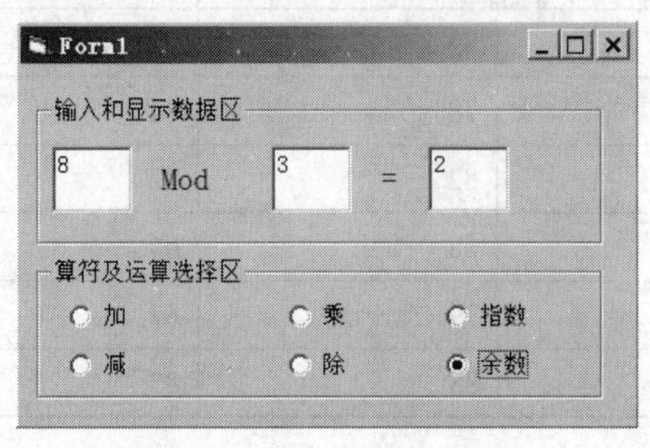

图 7－14 程序运行结果

从与前面章节的例题对比可以看出，应用控件数组 Option1 后，程序设计十分简洁，不再需要分别对每个单选按钮控件编写事件代码，只需对统一控件名为 Option1 的控件数组按照索引数值进行代码设计就可以了。

下面再看一个利用控件数组简化程序设计的例子。

【例 7-9】 建立一个如图 7-15 所示的学生成绩查询表。程序能够完成以下功能：列表框中显示学生姓名的同时，文本框显示与学生对应的课程成绩；单击课程名称按钮时，最下面的文本框中显示该门课程的全班平均成绩，以及分数在平均成绩以下的学生姓名。

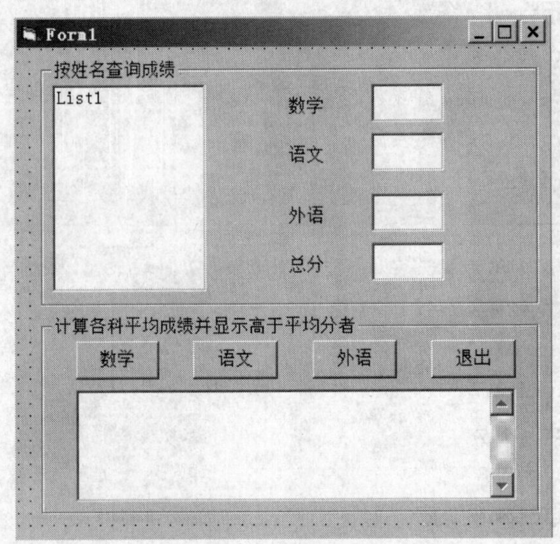

图 7-15 学生成绩查询表

分析：假定现在全班有 10 名学生，学生姓名和各门课程成绩如表 7-4 所示。

表 7-4 学生成绩表

学生姓名	数学	语文	外语	总分
陈高阳	89	85	91	265
赵世杰	75	78	84	237
李民维	64	82	72	218
马英丽	88	68	64	220
杨广民	79	79	87	245
李灵君	91	88	87	266

续表

学生姓名	数学	语文	外语	总分
陈吉至	68	73	64	205
王东明	58	68	65	191
姜大伟	76	81	88	245
吴晓林	78	89	82	249

分析上表，可以考虑学生姓名用一个一维数组 A（1 To 10）保存；每个学生有数学、语文和外语 3 门课程的成绩以及 3 门课程的总成绩需要保存，可以定义一个二维数组 B（1 To 10，1 To 4）用于这个目的，如表 7－5 所示。

表 7－5 数组 A 和数组 B 存储姓名和成绩对应关系

学生姓名	数学	语文	外语	总分
A（1）	B（1，1）	B（1，2）	B（1，3）	B（1，4）
A（2）	B（2，1）	B（2，2）	B（2，3）	B（2，4）
……	……	……	……	……
A（10）	B（10，1）	B（10，2）	B（10，3）	B（10，4）

分析如表 7－4 和 7－5 所示的存储对应关系，可以看到数组 B 的“行”下标与学生姓名对应，“列”下标与课程对应。掌握了这个关系对于程序设计十分重要。

3 个课程按钮的作用是分别计算数学、语文和外语的平均分数，并得到低于平均分数的所有学生姓名。

设计过程：

（1）新建一个工程，在窗体上建立 4 标签控件 Label1 ~ Label4，5 个文本框控件 Text1 ~ Text5，两个框架控件 Frame1 和 Frame2，一个列表框控件 List1，4 个命令按钮控件 Command1 ~ Command4，如图 7－16

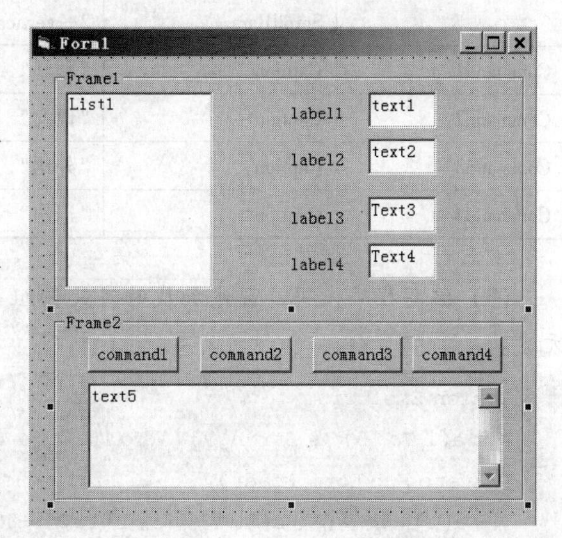

图 7－16 学生成绩查询表界面

所示。

（2）根据图7-15设置各个控件对象的初始属性值如表7-6所示。

表7-6　各控件属性初始设置值

控件名	属性	属性值
Frame1	Caption	"按姓名查询成绩"
Frame2	Caption	"计算各科平均分数并显示低于平均分者"
Label1	Caption	"数学 "
Label2	Caption	"语文"
Label3	Caption	"外语"
Label4	Caption	"总分"
Text1	Text	""（空白）
Text2	Text	""（空白）
Text3	Text	""（空白）
Text4	Text	""（空白）
Text5	Text	""（空白）
	Multiline	True
	ScrollBars	2—vertical
Command1	Caption	"数学"
Command2	Caption	"语文"
Command3	Caption	"外语"
Command4	Caption	"退出"

（3）编写程序代码。窗体加载时定义数组A、B，并将学生姓名、各科成绩赋予各个元素。

```
Option Explicit
Dim a(1 To 10) As String, b(1 To 10, 1 To 4) As Integer
Private Sub Form_Load()
    a(1) ="陈高阳": b(1, 1) =89: b(1, 2) =85: b(1, 3) =91
    a(2) ="赵世杰": b(2, 1) =75: b(2, 2) =78: b(2, 3) =84
```

```
    a(3) ="李民维": b(3, 1) =64: b(3, 2) =82: b(3, 3) =72
    a(4) ="马英丽": b(4, 1) =88: b(4, 2) =68: b(4, 3) =64
    a(5) ="杨广民": b(5, 1) =79: b(5, 2) =79: b(5, 3) =87
    a(6) ="李灵君": b(6, 1) =91: b(6, 2) =88: b(6, 3) =87
    a(7) ="陈吉至": b(7, 1) =68: b(7, 2) =73: b(7, 3) =64
    a(8) ="王东明": b(8, 1) =58: b(8, 2) =68: b(8, 3) =65
    a(9) ="姜大伟": b(9, 1) =76: b(9, 2) =81: b(9, 3) =88
    a(10) ="吴晓林": b(10, 1) =78: b(10, 2) =89: b(10, 3) =82
End Sub
```

窗体 Activate 事件：在列表框中添加学生姓名，清空文本框并计算总分：

```
Private Sub Form_Activate()
    Dim n As Integer
    For n = 1 To 10
        List1.AddItem a(n), n - 1
        b(n, 4) = b(n, 1) + b(n, 2) + b(n, 3)
    Next n
    Text1.Text = ""
    Text2.Text = ""
    Text3.Text = ""
    Text4.Text = ""
End Sub
```

单击列表框事件：在文本框中显示与列表框对应索引号（学生姓名）的各门课程成绩与总分：

```
Private Sub List1_Click()
    Dim n As Integer
    n = List1.ListIndex + 1
    Text1.Text = b(n, 1)
    Text2.Text = b(n, 2)
    Text3.Text = b(n, 3)
    Text4.Text = b(n, 4)
End Sub
```

命令按钮 Command1（数学）Click 事件：计算平均分并得到所有本课程低于平均分的

学生姓名：

```
Private Sub Command1_Click()
    Dim s As Integer, n As Integer, p As String
    s = 0
    For n = 1 To 10
        s = s + b(n, 1)
    Next n
    s = s/10
    p = ""
    For n = 1 To 10
        If b(n, 1) < s Then p = p & a(n) & "  "
    Next n
    Text5.Text = "数学平均分为:" & Str(s) & "分" & Chr(13) & Chr(10)
    Text5.Text = Text5.Text & "低于平均分者是:" & p & Chr(13) & Chr(10)
End Sub
```

命令按钮 Command2（语文）Click 事件：计算平均分并得到所有本课程低于平均分的学生姓名：

```
Private Sub Command2_Click()
    Dim s As Integer, n As Integer, p As String
    s = 0
    For n = 1 To 10
        s = s + b(n, 2)
    Next n
    s = s/10
    p = ""
    For n = 1 To 10
        If b(n, 2) < s Then p = p & a(n) & "  "
    Next n
    Text5.Text = "语文平均分为:" & Str(s) & "分" & Chr(13) & Chr(10)
    Text5.Text = Text5.Text & "低于平均分者是:" & p & Chr(13) & Chr(10)
End Sub
```

命令按钮 Command3（外语）Click 事件：计算平均分并得到所有本课程低于平均分的

学生姓名：

```
Private Sub Command3_Click()
    Dim s As Integer, n As Integer, p As String
    s = 0
    For n = 1 To 10
        s = s + b(n, 3)
    Next n
    s = s/10
    p = ""
    For n = 1 To 10
        If b(n, 3) < s Then p = p & a(n) & "  "
    Next n
    Text5.Text = "外语平均分为:" & Str(s) & "分" & Chr(13) & Chr(10)
    Text5.Text = Text5.Text & "低于平均分者是:" & p & Chr(13) & Chr(10)
End Sub
```

退出命令按钮 Command4 的 Click 事件代码为：

```
Private Sub Command4_Click()
    Unload Me
End Sub
```

(4) 运行程序，单击窗口左上方列表框中的某个学生姓名，右上方的文本框中就会显示出该学生各门课程成绩及总分数。单击窗口下方的某个课程命令按钮（如“数学”），就会在下方的文本框中显示本课程的平均分数及所有成绩低于平均分数学生的姓名，如图 7－17、图 7－18、图 7－19 所示。

分析上述程序，发现 3 个命令按钮的 Click 事件代码十分相似。为了简化程序，可将 3 个命令按钮 Command1、Command2 和 Command3 设置成一个控件数组 Cmd，则上述 3 段代码过程可以简化成为 3 个按钮共用的一段代码，并通过单击命令按钮时返回的参数 Index 来判断应该计算和显示哪门课程的平均成绩：

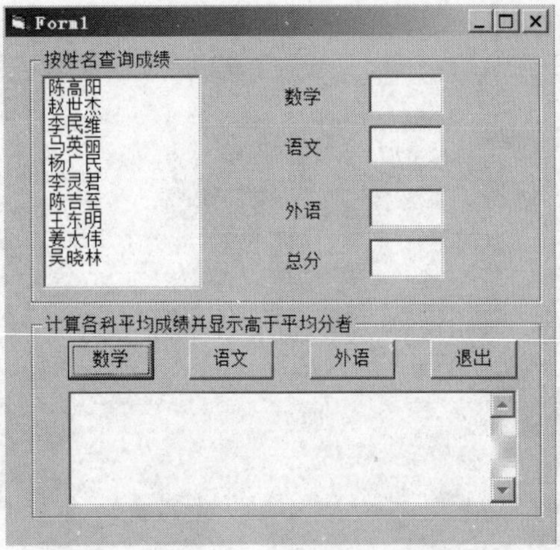

图 7－17　程序运行界面

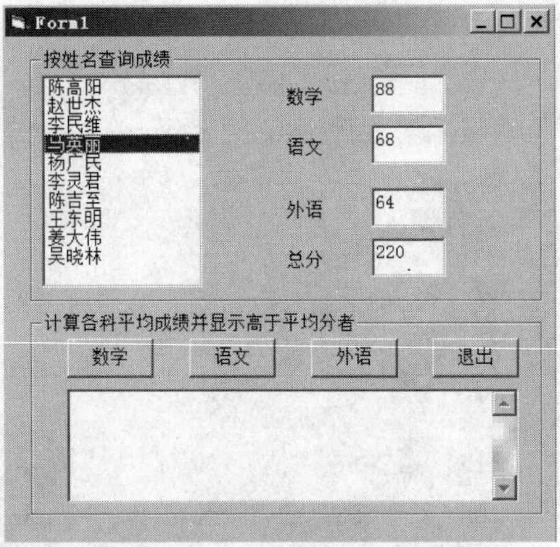

图 7－18　查看某个学生成绩

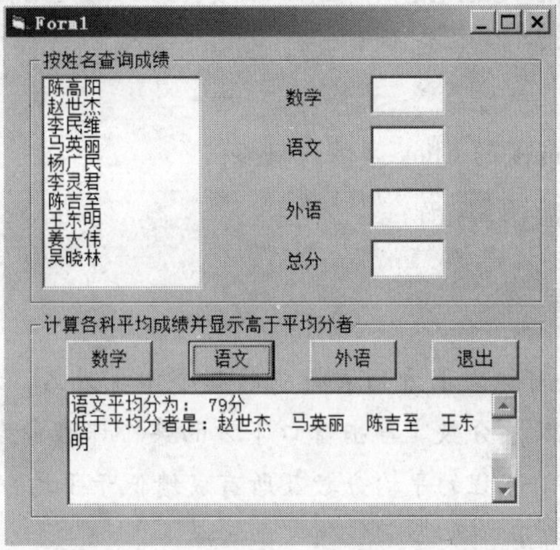

图 7－19　查看某门课程平均成绩

```
Private Sub Cmd_Click(Index As Integer)
    Dim s As Integer, n As Integer, p As String
    s = 0
    For n = 1 To 10
        s = s + b(n, Index + 1)
    Next n
    s = s/10
```

```
    p = ""
    For n = 1 To 10
       If b(n, Index + 1) < s Then p = p & a(n) & "  "
    Next n
    Text5.Text = Cmd(Index).Caption & "课程平均分是:" & Str(s) & "分" & Chr(13) & Chr(10)
    Text5.Text = Text5.Text & "低于平均分者是:" & Chr(13) & Chr(10)
    Text5.Text = Text5.Text & p & Chr(13) & Chr(10)
End Sub
```

【本章小结】

本章主要介绍由基本数据类型组成的复合数据类型——数组。

本章的主要内容是数组和控件数组。数组是一种复合数据类型，它在程序设计中被广泛使用，数组可以使许多程序编制起来更加简单、容易、清晰。控件数组是一种特殊的数组，数组元素是控件对象，主要用于程序界面的设计，通过控件数组能简化程序代码的设计。

本章首先从一个求矩阵乘积程序入手，介绍了一般数组的基本概念。接着介绍了控件数组的概念和建立方法，说明了控件数组和一般数组之间的差别，并通过实例说明了一般数组和控件数组的应用。希望同学们加强对数组这一复合数据类型的理解，着重掌握数组的用法。

【想一想　自测题】

一、单项选择题

7-1. 下列数组声明语句，正确的是（　　）。

A. Dim a [3, 4] As Integer　　B. Dim a (3, 4) As Integer

C. Dim a (n, n) As Integer　　D. Dim a (3 4) As Integer

7-2. 如果创建了命令按钮数组控件，那么 Click 事件的参数是（　　）。

A. Index　　B. Caption　　C. Tag　　D. 没有参数

7-3. 假定有如下语句：

```
Private Sub Command1_Click()
   Counter = 0
```

```
    For i =  1 To 4
        For j = 6 To 1 Step -2
            Counter = Counter + 1
        Next j
    Next i
    Label1.Caption = Str(Counter)
End Sub
```

程序运行后，结果为（　　）。

A. 11　　B. 12　　C. 16　　D. 20

7-4. 下面语句定义的数组元素个数是（　　）。

```
Dim arr(3 To 5, -2 To 2)
```

A. 20　　B. 12　　C. 15　　D. 24

7-5. 下面语句定义的数组元素个数是（　　）。

```
Dim a(-3 To 4, 3 To 6)
```

A. 18　　B. 28　　C. 21　　D. 32

7-6. 如有以下程序代码：

```
Private Sub Command1_Click()
    Dim arr1(10), arr2(10)
    For i = 1 To 10
        arr1(i) = 3 * i
        arr2(i) = arr1(i) * 3
    Next i
    Text1.Text = Str(arr2(i/2 - 0.1))
End Sub
```

程序运行后，在文本框中显示的是（　　）

A. 36　　B. 45　　C. 54　　D. 63

二、填空题

7-7. 控件数组的名字由________属性指定，而数组中的每个元素由________属性决定。

7-8. 设某个程序中要用到一个二维数组，要求数组名为A，类型为整型，第一维下标从-1到2，第二维下标从0到3，则相应数组声明语句为________。

7-9. 如有以下程序代码，填写空格处：

```
Private Sub Command1_Click()
    Dim arr
    arr = Array(358, 32, 46, 73, 23, 59, 26, 91, 583, 12)
    For i = 1 To 9
        For j = i + 1 To 10
            If arr(i) > = arr(j) Then
                a = ____________          (答：        )
                arr(j) = ____________     (答：        )
                arr(i) = ____________     (答：        )
            End If
        Next j
    Next i
    For i = 1 To 10
        Print arr(i);
    Next i
End Sub
```

程序运行后，将________。

三、阅读程序题

7-10. 阅读下面的程序，写出程序运行时单击窗体后窗体 Form1 上的输出结果：

```
Private Sub Form_Click()
    Dim A(1 To 3) As String
    Dim c As Integer
    Dim j As Integer
    A(1) = "4"
    A(2) = "8"
    A(3) = "12"
    c = 1
    For j = 1 To 3
        c = c + Val(A(j))
    Next j
    Print c
End Sub
```

答：窗体 Form1 上的结果是（　　）。

7－11. 假设运行以下程序，写出运行的结果：

```
Private Sub Command1_Click()
    Dim  a(2,3)
    For  n =1 to 2
        For  j =1 to 3
            A (n, c) = n + j
            Print a(n, j); "  ";
        Next  j
        Print
    Next  n
End Sub
```

答：输出结果为（）。

四、编写程序题

7－12. 编写程序，随机产生10个两位整数，找出其中的最大数和最小数，求10个数的平均值。程序运行后单击“开始”按钮开始运算，单击“清除”按钮可清除前一次的内容，产生的随机数在文本框中显示，运行后的最大数、最小数和平均数在窗体界面上显示，如图7－20所示。

7－13. 将下列字符存放到数组A中，并以倒序打印出来。字符如下：

A B C D E F G H I J K L M N O P Q R S T

7－14. 设计程序，输入一串字符，统计各个字母出现的次数，可以不区分大小写。

7－15. 设计程序，产生20个0～50的随机整数并存放到数组中，然后对数组按升序排序，排序后的结果在文本框中显示。程序界面如图7－21所示。

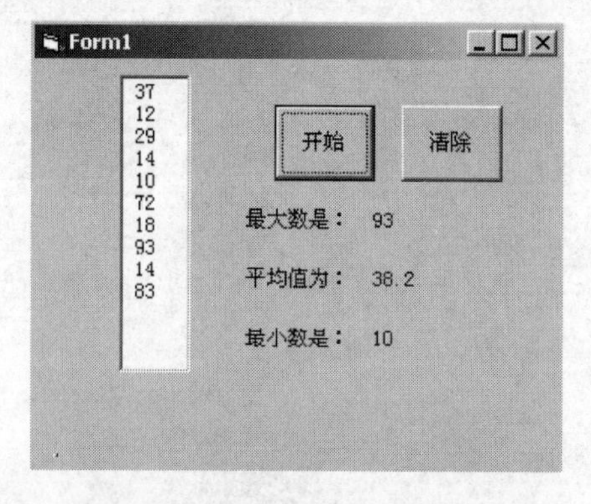

图7－20　7－12题程序运行结果

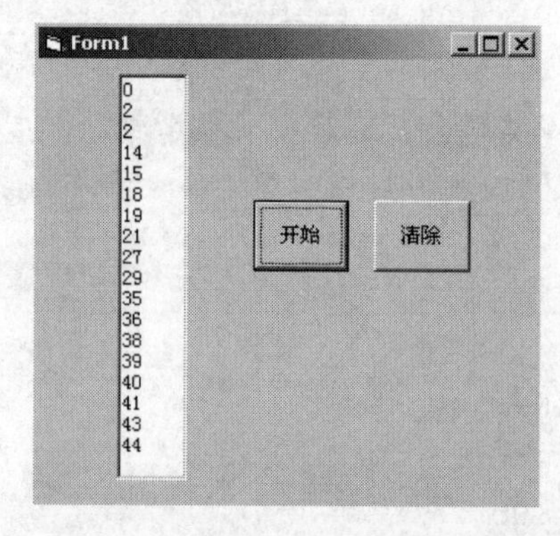

图7－21　7－15题程序运行结果

7－16. 编写一个程序，定义 **A** 数组为 **A**（1，4），**B** 数组为 **B**（4，1），将 **A** 数组的各行元素转换成 **B** 数组对应的各列元素，即：

$$\boldsymbol{A}=\begin{pmatrix}1 & 2 & 3 & 4 & 5\\ 6 & 7 & 8 & 9 & 0\end{pmatrix} \qquad \boldsymbol{B}=\begin{pmatrix}1 & 6\\ 2 & 7\\ 3 & 8\\ 4 & 9\\ 5 & 0\end{pmatrix}$$

7－17. 利用二维数组写一个程序，完成矩阵 **A**、**B** 的相加减运算并形成新的矩阵 **C**。

$$\boldsymbol{A}=\begin{pmatrix}10 & 20 & 30 & 40 & 50\\ 65 & 57 & 85 & 97 & 10\end{pmatrix} \qquad \boldsymbol{B}=\begin{pmatrix}1 & 2 & 3 & 4 & 5\\ 0 & 1 & 0 & 1 & 1\end{pmatrix}$$

7－18. 设计一个程序，程序运行后随机生成一个 5×5 的矩阵，然后求出对角线上各元素的和，并求出对角线上最大元素的值和它所在的位置。生成的矩阵及运算的结果在窗体上显示出来，如图 7－22 所示。

```
Form1
15  35  18  42  36
16  41  45  26  23
11  43  32  15  17
46  50  14  38  31
47  49  22  18  29

the sum is:  155

the max number is: 41

position is:( 2 , 2 )
```

图 7－22　程序运行结果

7－19. 某班有 10 名学生，现在假设要对数学、物理、英语和化学 4 门课程进行奖金评定。按规定，某位学生的某门课程成绩超过全班平均成绩 10% 者发给一等奖学金，超过 5% 者发给二等奖学金。编写一个程序完成上述功能（可参考例题 7－9 完成设计）。设学生成绩如表 7－7 所示，程序运行后的界面如图 7－23 所示。

表 7－7　学生成绩表

姓名	数学	物理	英语	化学
吴明	89	85	91	79
赵青	75	78	84	89
李波	64	82	72	99

续表

姓名	数学	物理	英语	化学
马丽	88	68	64	69
邱云	79	79	87	79
王君	91	88	87	89
陈洁	68	73	64	99
肖东	58	68	65	69
姜伟	76	81	88	79
林晓	70	89	82	89

7－20. 在上题中，设计程序计算全班学生每门课程的总分，同时计算每个学生的总分，最后计算总平均分数。程序运行后结果如图 7－24 所示。

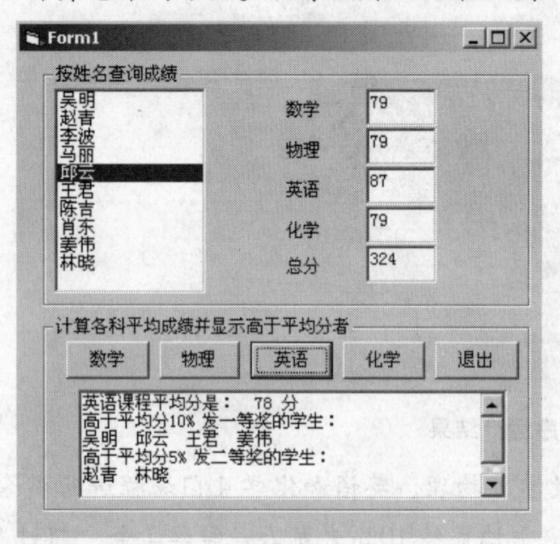

图 7－23 7－19 题程序运行结果

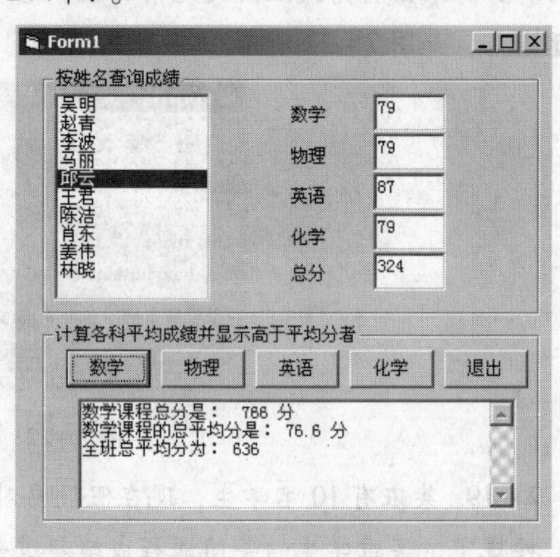

图 7－24 7－20 题程序运行结果

【玩一玩 编程操练】

7－21. 现有飞入效果的文字，效果如图 7－25 所示。设计一个程序，实现这种文字的飞入效果。

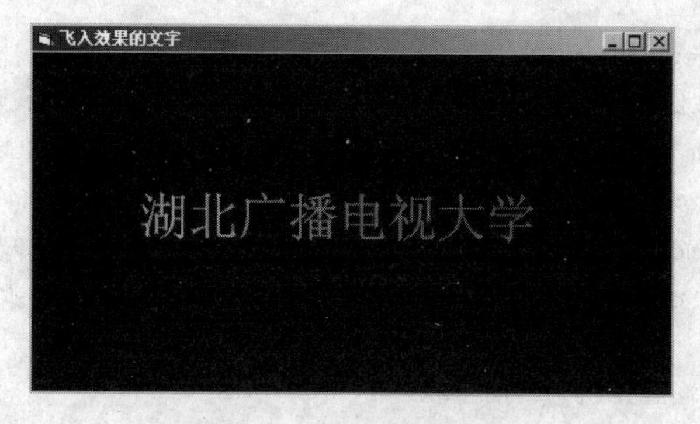

图7-25 飞入效果的文字

参考程序：

```
Option Explicit
Dim NextToFly As Integer, X0 As Integer, Y0 As Integer, Y As Integer
Private Sub Form_Click()
    Form_Resize
End Sub

Private Sub Form_Resize()
    Dim i As Integer
    On Error Resume Next
    Y0 = Form1.Height
    X0 = Form1.Width/2 + 100
    For i = 1 To 9
        Label1(i).Top = Y0
        Label1(i).Left = X0
        Label1(i).ForeColor = RGB(i * 20, 240 - i * 20, 0)
        Label1(i).FontSize = Form1.ScaleWidth/260
    Next i
    Y = Y0 /2 - Label1(1).Height
    Form1.BackColor = VbBlack
    Timer1.Enabled = True
    Label1(0).Caption = ""
    NextToFly = 1
End Sub
```

```
Private Sub Timer1_Timer()
    Static i As Integer, X As Integer
    X = Label1(NextToFly - 1).Left + Label1(NextToFly - 1).Width + 10
    If Label1(NextToFly).Top > Y Then
        Label1(NextToFly).Left = Label1(NextToFly).Left - (X0 - X) / 20
        Label1(NextToFly).Top = Label1(NextToFly).Top - (Y0 - Y) / 20
    Else
        Label1(NextToFly).Left = X
        Label1(NextToFly).Top = Y
        NextToFly = NextToFly + 1
        Beep
        If NextToFly = 9 Then Timer1.Enabled = False
    End If
End Sub
```

7-22. 设计一个程序，实现利用滚动条控件控制色彩的变化，并返回色彩的 RGB 数值。

程序功能：直接在文本框中修改 RGB 数值，可以使图片框中显示相应色彩，或是用鼠标拖动某一个滚动条，改变图片框中的色彩，如图 7-26 所示。

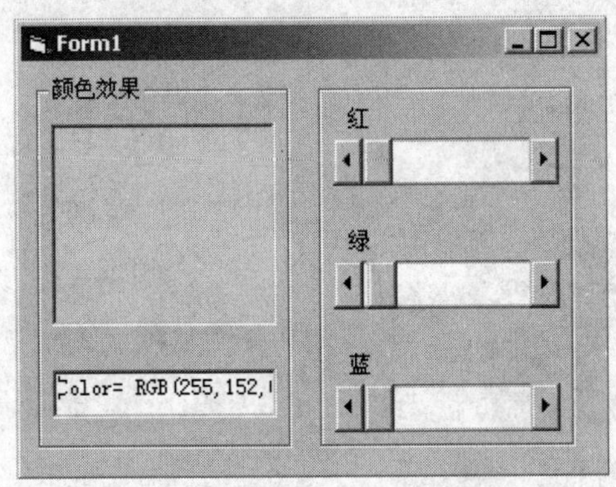

图 7-26 程序效果图

建立滚动条控件数组 HScroll1（0）、HScroll1（1）和 HScroll1（2），设置控件数组的初始属性，如表 7-8 所示。

表7-8 各控件属性初始设置值

控件名	属性	属性值
Frame1	Caption	"颜色效果"
Frame2	Caption	""（空白）
Label1	Caption	"红"
Label2	Caption	"绿"
Label3	Caption	"蓝"
Hscroll1（0）～Hscroll1（2）	Max	0
	Min	255
	Value	255
Text1	Text	"Color = RGB（255，152，0）"

新建工程后，分别输入以下程序代码：

```
Private Sub HScroll1_Change(Index As Integer)
    Picture1.BackColor = RGB(HScroll1(0), HScroll1(1), HScroll1(2))
    r = LTrim(Str(HScroll1(0)))
    g = LTrim(Str(HScroll1(1)))
    b = LTrim(Str(HScroll1(2)))
    Text1.Text = "Color = RGB(" & r & "," & g & "," & b & ")"
End Sub
```

```
Private Sub Text1_GotFocus()
    Text1.SelStart = 10
End Sub
```

```
Private Sub Text1_KeyPress(KeyAscii As Integer)
    If (KeyAscii = 13) Then
        a = InStr(10, Text1.Text, ",")
        b = InStr(a + 1, Text1.Text, ",")
        c = InStr(b + 1, Text1.Text, ",")
        HScroll1(0) = Val(Mid(Text1.Text, 11, a - 10))
        HScroll1(1) = Val(Mid(Text1.Text, a + 1, b - a))
```

```
        HScroll1(2) = Val(Mid(Text1.Text, b + 1, c - b - 1))
    End If
End Sub
```

说明：函数 InStr（n，<字符串 1>，<字符串 2>）从字符串 1 第 n 个位置开始查找字符串 2 首次出现的位置，并返回一个整数。

分析一下上述程序段各自的作用，试一试颜色改变的效果，是不是很有趣呢？

【看一看　网络课件学习】

1. 通过网络课件的 BBS 论坛给老师发帖提问，与同学讨论学习的心得体会。

2. 利用手机登录移动课件，在“自我检测”栏目中做有关本章节的自测题，看看你掌握知识的情况如何。

3. 在移动课件的“常见问题”栏目中，看一看有没有对你的学习有所帮助的信息。

4. 在移动课件的“应用技巧”栏目中，看一看一些有用的相关知识，拓展你的视野。

第8章 过　　程

导　读

本章介绍 VB 中的过程与函数的概念，重点介绍事件过程和通用过程的区别，子过程和用户函数过程的定义方法以及调用过程中参数数值的传递方式。

学习目标	熟悉什么是事件过程和通用过程，什么是 Sub 过程和 Function 过程以及它们的声明方式；过程调用中形参与实参的概念及数值的传递过程
应知	Sub 过程和 Function 过程的声明，形参和实参及数值的传递过程
应会	Sub 过程和 Function 过程的调用和引用
难点	参数的按值传递和按地址传递

学习方法

自主学习：自学文字教材。

参加面授辅导课学习：在老师的辅导下深入理解课程知识内容。

上机实习：结合上机实际操作，对照文字教材内容，深入了解体会过程的定义、使用方法及特点。通过上机实习完成课后作业与练习，巩固所学知识。

小组学习：参加小组学习，通过与小组中同学的讨论沟通，交流学习经验。

上网学习：通过网络课件或移动课件，进入 BBS 论坛，向老师发帖提问，获得学习帮助；参加同学之间的学习讨论，深入探讨过程定义、调用的方法和技巧，理解形参、实参之间信息传递的不同渠道，通过团队学习获得帮助并尽快掌握课程内容。

课前思考

VB 中定义与调用函数、定义与调用过程有什么区别？什么是形参，什么是实参？它们之间在调用函数或过程时的对应关系如何？形参、实参之间按值传递与按址传递信息的本质区别是什么？

教学内容

在程序设计中，一个大的应用程序通常由若干个程序模块组成，每个程序模块又可分成若干个子模块。每个子模块又由各个相互独立的程序段组成，每个程序段完成一个比较简单的逻辑功能或者特定的操作过程，这个程序段就叫作过程。如果是所有模块都可以调用的过程，就叫作通用过程。使用过程有很多好处，如果在多个模块中需要执行相同的功能或进行相同的操作，如果都要编写程序指令，就会造成多个位置有代码相同的指令，这样既使编程人员重复劳动，又不利于程序的修改。如果采用通用过程，就可以使模块设计简洁，结构清晰，易于修改，还可以实现代码共享，减少重复劳动，也便于检查代码中的错误，提高程序设计的效率，是实现结构化程序设计思想的有效途径和重要方法。在 VB 中，根据过程是否返回值，分为子程序过程（Sub 过程）和函数过程（Function 过程）两种。

8.1 子程序过程

VB 的子程序过程，也称 Sub 过程，是在响应事件时执行的程序段，类似于用户自定义函数，不同之处在于子过程不返回与其名称相关联的值。在 VB 中，子过程又可分为事件过程和通用过程两类。

事件过程是一个与具体窗体或控件有关的过程。当对象（如“窗体”）发生了某个事件（如“单击”），需要有相应的处理程序来做出反应，这个处理程序就是事件过程。VB 自动创建处理过程程序段的框架，处理过程的指令代码内容由用户编写。

通用过程是几个不同的事件都要用到的一段程序代码，它是独立于事件过程之外，可供其他事件过程调用的过程。建立通用过程可以不必为每一个事件都编一段相同的程序代码，既可以使程序简练，又便于程序的维护。

8.1.1 事件过程

事件是窗体或控件对象能够识别的动作。VB 的每个窗体和控件都有一个预定义的事件集。运行程序时，当用户对某个控件对象发出一个动作，如鼠标单击、键盘按下等，即表示在这个对象身上发生了某个事件。当某个事件发生，而且恰好在与该事件关联的事件过程中存在事先编写好的用于处理事件的程序代码，VB 就会自动通过事件的名称调用与该事件对应的事件过程来进行处理，完成既定的操作。在这个环节中，事件名称与事件过程建立了联系，当对象对一个事件的发生做出认定时，VB 就自动用相应于事件的名称调用该事件过程。因此事件过程是依附于窗体和控件对象上的。每个事件对应一个事件过程，要让控件能够响应事件，就要把相应的代码写入到这个事件的事件过程中。控件对象事件过程的语法格式为：

```
Private  Sub  <对象名>_<事件名>([(参数表)])
     [语句块]
End  Sub
```

说明：

(1) 控件事件过程名由控件对象的实际名称（在控件的 Name 属性中定义）、下划线 "_" 和 "事件名" 共同构成。由于 VB 的每个窗体和控件都有一个预定义的事件集，因此编程人员也可以通过选择不同的事件名来构成事件过程名。选择的方法是：

在代码编辑器窗口的 "对象" 列表框中选定窗体中存在的对象名称（如命令按钮 Command1），在 "过程" 列表框中选择对象的事件名，系统就会在代码编辑器窗口中生成该对象所选事件的过程框架供编程人员编写代码，如图 8-1 所示。

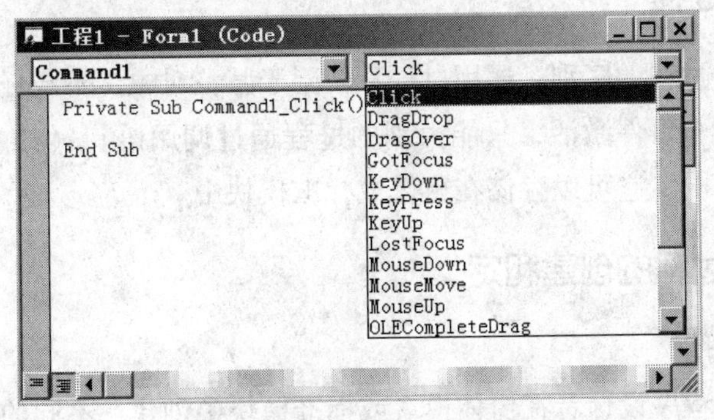

图 8-1 在代码编辑器窗口中选择对象和事件名

(2) 对于窗体控件，事件过程名由特定字符 Form、下划线和事件名联合组成。这里要特别注意的是与其他控件对象的事件过程名不同，不能用窗体的 Name 属性名作为过程名中的 <对象名>。

例如，新建一个窗体后，系统自动给窗体定义名称为 Form1（Name 属性为 Form1），但窗体的事件过程中 <对象名> 只能是 Form 而不能是 Form1。如果希望单击窗体 Form1 后，在窗体上显示“你好!”，则该窗体事件过程代码为：

```
Private  Sub  Form_Click()
    Print "你好!"
End  Sub
```

（3）编程人员为了程序的可阅读性，经常需要改变控件的名称（Name 属性）。例如，添加了一个命令按钮，VB 自动命名为 Command1，如果这时进入代码编辑器窗口编写命令按钮的单击事件代码，VB 会自动给出过程名：

```
Private Sub Command1_Click()
```

如果编程人员在进入代码编辑器窗口前将命令按钮的 Name 属性更改为 CmdAdd，再进入代码编辑器，VB 也会自动给出过程名：

```
Private Sub CmdAdd_Click()
```

但如果已经编写了过程代码，再去更改控件对象的 Name 属性，VB 就会失去控件与事件过程之间以控件名为联系的对应关系，进而找不到对应的事件过程而无法响应事件。在这种情况下，要么就是重新编写事件代码，要么就是重新更改控件的名称，使其与事件过程名中的控件名一致。

8.1.2 通用过程

通用过程和事件过程的区别：通用过程不依附于某一对象，不与任何特定对象事件相联系，不是由对象的某个事件激活，只能由别的过程通过调用语句（如 Call 语句）调用才起作用，被调用次数不限。它可以存储在窗体或标准模块中。

8.1.3 通用过程的创建和定义

1. 通用过程的创建

通用过程必须由程序设计者在窗体模块或标准模块中创建。不同的创建方式，其被调用的范围不同。在窗体模块中创建的通用过程只能在该窗体模块调用，在标准模块中创建的通用过程能被项目中的任何模块调用。

在窗体模块中建立通用过程：打开代码编辑器窗口后，在对象列表框上选“通用”，然后输入子过程头，如输入：

```
Sub  A(A,B)
    .....
End Sub
```

在标准模块中建立通用过程：在 VB 集成开发环境窗口中打开“工程”菜单，选择其中的“添加模块”命令，出现如图 8－2 所示的“添加模块”对话框。

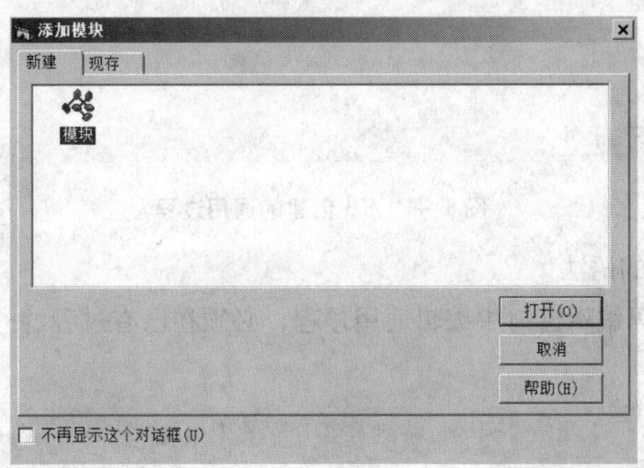

图 8－2　“添加模块”对话框

在“添加模块”对话框上有“新建”和“现存”两个选项卡，“新建”指重新建立标准模块，“现存”是打开原来已有的模块。选择“新建”选项卡，单击对话框中的“打开”按钮，系统会自动打开“代码编辑器”窗口，供编程人员编辑通用过程。这时如果单击 VB 窗口上的“工具”菜单，选择“添加过程”命令，就会出现如图 8－3 所示的“添加过程”对话框。

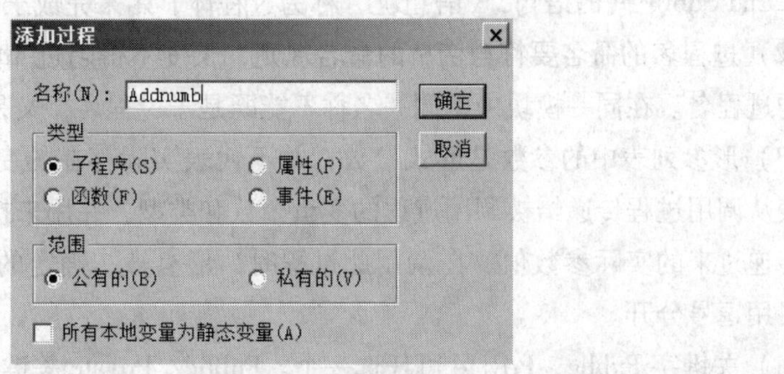

图 8－3　“添加过程”对话框

在这个对话框中输入子过程的名称，单击“确定”按钮后，VB 会自动在代码编辑窗口中给出通用过程的名称等内容供编程人员填写代码，如图 8 - 4 所示。

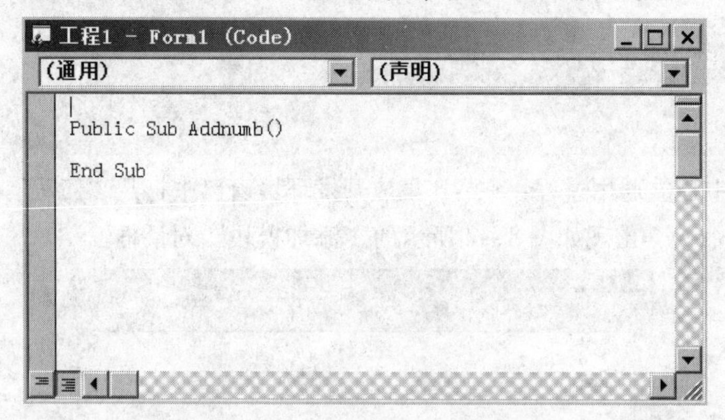

图 8 - 4　VB 创建的通用过程

2. 编辑通用过程的语法

如果是直接在代码编辑窗口中编辑通用过程，必须在已有过程的外面，按下面的语法格式输入通用过程：

```
[Private | Public] [Static] Sub <过程名>[(形参列表)]
    [语句块]
    [Exit Sub]
    [<语句块>]
End  Sub
```

说明：

(1) 关键字 Sub 和 End Sub 是子过程的开始和结尾，每次调用子过程都要执行关键字 Sub 和 End Sub 之间的语句，“语句块”称为过程体，用来完成子过程的功能。

(2) 过程名的命名要符合变量的命名规则，长度不得超过 40 个字符。一个过程只能有唯一的过程名。在同一模块中，同一名称不能既是子过程名，又是函数过程名。

(3) 形参列表中的参数是形式参数，并不代表实际存在的变量，也没有固定的值，只是代表从调用过程传递给被调用过程的变量个数和类型，并用来接收该过程被调用时由调用过程传递过来的实际参数值。在调用此过程时，形参被一确定的值代替。有多个形式参数时，要用逗号分开。

(4) 关键字 Public、Private 可任选一个。Public、Private 关键字表明模块被调用的范围。Public 表示子过程是公用过程，所有模块的所有过程都可调用这个子过程。Private 表示子过程是局部过程，只有在包含其定义的模块中的其他过程可以调用这个过程。若该参数省略，子过程默认是公用的子过程。

(5) 关键字 Static 是可选的，表示子过程是静态子过程。如果使用了 Static 关键字，则该过程中所有局部变量的存储空间只分配一次，且这些变量的值在整个程序运行期间都存在，即在每次调用该过程时，局部变量都将保留上一次调用子过程时的值。如果没有使用关键字 Static，过程每次被调用时都要重新为其变量分配存储空间，在调用子过程结束之后释放变量的存储空间，局部变量的值全部消失。

(6) 不能用定长字符串变量或定长字符数组作为形式参数。不过可以在 Call 语句中用简单定长字符串作为实际参数，在调用 Sub 过程之前，把它转换成变长字符串变量。

(7) 在过程内不能再定义过程，但可以调用其他子过程或函数过程（Function 过程）。

(8) 过程中可以安排任意多个 Exit Sub 语句从过程中退出并返回函数值。

(9) <形参列表>中形参的语法为：

```
[[Optional][ByVal |ByRef] |ParamArray]<变量名>[()][As<类型>][=<默认值>]...
```

其中，Optional 表示参数不是必需的关键字。如果使用了该选项，则<形参列表>中的后续参数都必须是可选的，而且必须都使用 Optional 关键字声明。如果使用了 ParamArray，则任何参数都不能使用 Optional。

ByVal 表示该参数按值传送。

ByRef 表示该参数按地址传送，且是 VB 默认选择。

ParamArray 只用于<形参列表>的最后一个参数，指明最后这个参数是一个 Variant 类型的 Optional 数组。使用 ParamArray 关键字可以提供任意数目的参数。ParamArray 关键字不能与 ByVal、ByRef 或 Optional 一起使用。

<类型>代表传递给该过程的参数的数据类型，可以是 Byte、Boolean、Integer、Long、Currency、Single、Double、Date、String（只能是变长字符串）、Object 或 Variant 类型。如果没有选择参数 Optional，则可以指定用户定义类型或对象类型。如果形参中的变量用<类型>声明了变量的数据类型，则实际参数中的对应变量也要声明为相同的数据类型。

<默认值>代表任何常数或常数表达式。只对 Optional 参数合法。如果类型为 Object，则显式的默认值只能是 Nothing。

8.1.4 通用过程的调用

通用过程的调用是在程序中用调用语句实现的。使用调用过程语句可以将控制权转移到另一个过程，执行完过程后再返回调用处的下一条指令继续执行。图 8-5 是一个过程调用的示例。A 过程在执行过程中，首先遇到“调用过程 A1”语句，将程序执行控制权转到过程 A1，过程 A1 执行完毕后就将控制权转回到主调过程 A 的下一条指令继续执行，直至遇到“调用过程 A2”指令，此时控制权又转到过程 A2，A2 执行完后再将控制权交给过程 A。

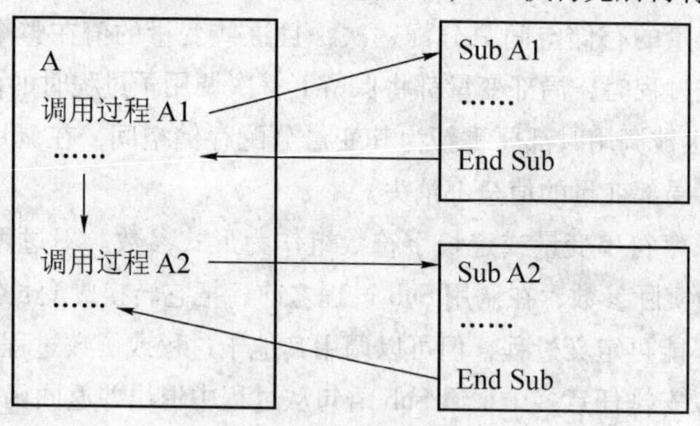

图 8－5　过程调用示意图

调用过程语句的语法格式如下：

```
[Call] <过程名> [(实际参数列表)]
```

说明：

如果使用关键字 Call 来调用一个有参数的过程，实际参数列表就必须加上圆括号。如果省略关键字 Call 来调用过程，必须省略实际参数列表外面的圆括号。例如，对于子过程 A，其形参为 x、y、z，调用时需要传递的实参为 5、6、7，则以下两种调用方式是等价的：

第一种调用方式：Call　A (5, 6, 7)。

第二种调用方式：A　5, 6, 7。

实际参数可以是传递给过程的常量、变量、数组或表达式的列表，各参数间要以逗号隔开。若要将整个数组传给一个过程，可使用数组名做实际参数并在数组名后加上空括号。

如果不需要给过程传递参数，可省略参数列表，则为调用无参数过程。

【例 8－1】 工厂要加工一批半径不等的圆盘工件。为了合理下料，需要设计一个程序，可以分别计算各个圆盘的单个面积和所有该规格圆盘的总面积。

分析：本例看似很复杂，其实仔细分析，不论计算半径 R 为何种规格的圆盘单个面积，都是通过一个公式进行计算：

$$S = 3.14 \times R^2$$

于是，可以设计一个通用过程来完成这个功能。

设计过程：

(1) 新建一个工程，在窗体 Form1 上添加两个标签控件 Label1 和 Label2，两个文本框控件 Text1 和 Text2，一个命令按钮 Command1，如图 8-6 所示。

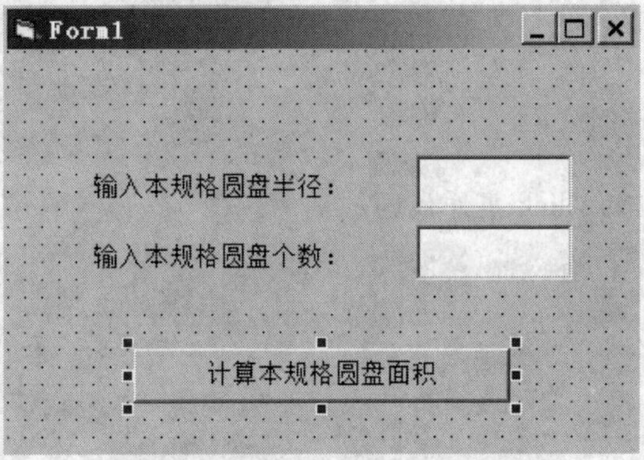

图 8-6 计算圆盘面积的程序界面

(2) 设置界面上各个控件的属性，见表 8-1。

表 8-1 各控件属性初始设置值

控件名	属性	属性值
Label1	Caption	"输入本规格圆盘半径"
Label2	Caption	"输入本规格圆盘个数"
Command1	Caption	"计算本规格圆盘面积"
Text1	Text	""（空白）
Text2	Text	""（空白）

(3) 代码设计。计算不同圆盘面积的通用过程代码：

```
Const pi =3.1415926
Sub area(r, y)
    Dim s
    s =pi * r * r
    MsgBox "本规格圆盘面积是:" & s
    MsgBox "本规格圆盘个数是:" & x & "个;" & "总面积和是:" & s * x
End Sub
```

界面初始化代码：

```
Private Sub Form_Load()
    Text1.Text = ""
    Text2.Text = ""
End Sub
```

命令按钮 Command1 的 Click 事件代码：

```
Private Sub Command1_Click()
    If Text1.Text = "" Then
        MsgBox "请输入本规格圆盘半径:"
        Exit Sub
    End If
    If Text2.Text = "" Then
        MsgBox "请输入本规格圆盘个数:"
        Exit Sub
    End If
    r = Val(Text1.Text)
    m = Val(Text2.Text)
    Call area(r, m)
End Sub
```

（4）运行程序。在 VB 窗口上单击“启动”按钮运行程序，分别在文本框中输入圆盘半径和个数，单击“计算本规格圆盘面积”按钮，就能计算出单个圆盘面积和所有本规格圆盘的总面积，在信息框中显示出来，如图 8－7、图 8－8 所示。

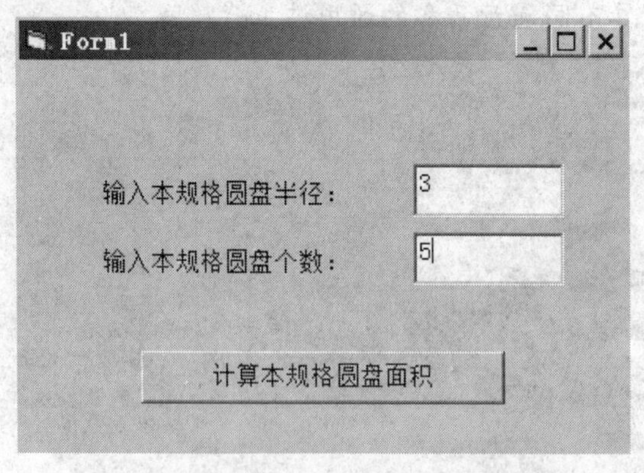

图 8－7 运行程序，输入圆盘半径和个数

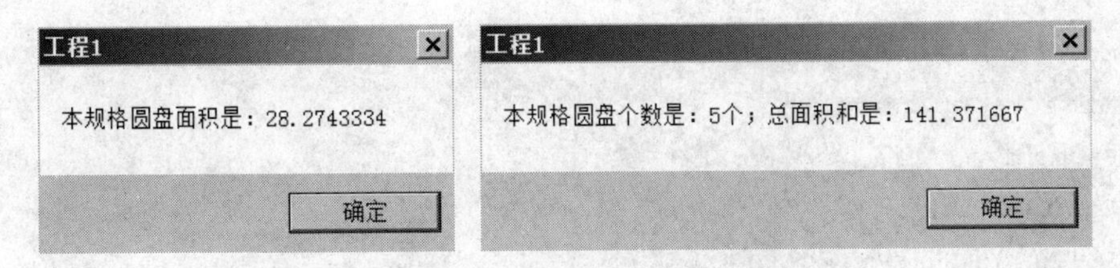

图8－8 单个圆盘面积和所有同一规格圆盘总面积

【例8－2】设计一个随机数生成程序，并将此随机数序列排序。

设计过程：

(1) 新建一个工程，在窗体Form1上添加一个列表框控件List1，一个标签控件Lable1，一个文本框控件Text1和两个命令按钮控件Command1、Command2，如图8－9所示。

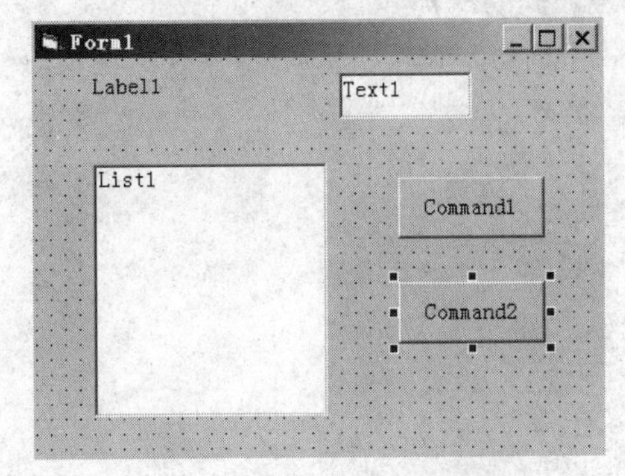

图8－9 随机数排序程序界面

(2) 设置各个控件对象的初始属性，如表8－2所示。

表8－2 各控件属性的初始设置值

控件名	属性	属性值
Label1	Caption	"请输入随机数个数:"
Command1	Caption	"排序"
Command2	Caption	"退出"
Text1	Text	""（空白）

(3) 设计代码。产生随机数过程：

```
Sub rnod(B() As Integer, x As Integer)
    Dim i As Integer
    Randomize
    For i =1 To x
        B(i) = Int(Rnd * 100)
    Next i
End Sub
```

排序过程代码:

```
Private Sub Command1_Click()
    Dim A(1 To 100) As Integer
    Dim i As Integer, x As Integer
    x = Val(Text1.Text)
    rnod A, x
    For i =1 To x
        For j = i +1 To x
            If A(i) >A(j) Then
                t =A(i)
                A(i) =A(j)
                A(j) =t
            End If
        Next j
    Next i
    List1.Clear
    For i =1 To x
        List1.AddItem (A(i))
    Next i
End Sub
```

(4) 程序运行。

按下F5键或单击工具栏上的“启动”按钮，弹出如图8-10(a)所示窗口，在文本框中输入整数10，单击“排序”按钮，得到排序结果，如图8-10(b)所示。

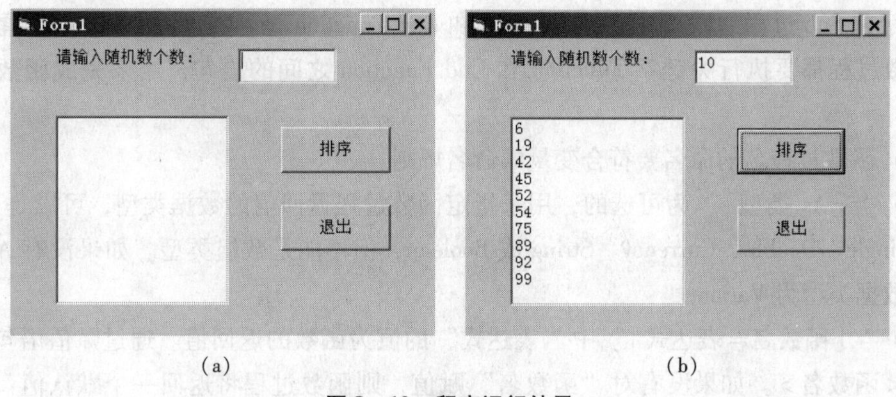

(a) (b)

图8-10 程序运行结果

8.2 函数过程（Function 过程）

在程序设计过程中，经常会用到 VB 内置的、具有特定功能的函数（如 Sin、Cos 等）。除此之外，VB 还提供了由用户自己编写函数的机制，即函数过程（又称 Function 过程）。在使用方法上，函数过程与 VB 的内置函数一样，要出现在表达式中，而不像 Sub 子过程那样，可以作为一个独立的基本语句调用。同时，函数过程也可以在程序或函数中嵌套使用。

8.2.1 函数过程的定义

函数过程可由下面的语法格式定义：

```
[Public |Private |Friend] [Static] Function <函数名>[(参数列表)] [As 类型]
    [语句块]
    [函数名=表达式]
    [Exit Function]
    [语句块]
    [函数名=表达式]
End Function
```

说明：

(1) 定义函数过程和定义子过程基本上是一样的，语句中相同关键字的含义和使用方法，以及参数列表中参数的格式完全一样。Function 过程的功能与 Sub 子过程功能非常相识，最主要的区别在于 Function 函数可直接返回一个值给调用程序。

（2）和 Sub 过程一样，关键字 Function 和 End Function 是函数过程的开始和结尾，每次调用函数过程都要执行关键字 Function 和 End Function 之间的语句，用来完成函数过程的功能。

（3）函数过程名的命名要符合变量的命名规则。

（4）“［As 类型］”为可选的，用来指定函数过程返回值的数据类型，可以是 Integer、Long、Single、Double、Currency、String 或 Boolean，但不能是数组类型。如果没有 As 子句，默认的数据类型为 Variant。

（5）“［函数名 = 表达式］”中“表达式”的值为函数的返回值。通过赋值语句将函数值赋给 <函数名>。如果没有对“函数名”赋值，则函数过程将返回一个默认值：数值函数返回 0，字符串函数返回一个零长度字符串，变体型函数返回 Empty。因此，为了使一个 Fuction 过程能够实现预定的计算功能，设计程序时都应该为 <函数名>赋值。

（6）形参列表的类型要与实参一一对应，调用函数时，通常设置一个变量名来接收函数的返回值，这个变量的类型要与函数定义时的类型一致（与定义函数过程语句中［As 类型］一致）。

（7）在函数过程中可以安排一个或多个 Exit Function 语句跳出函数过程。

（8）调用函数时，调用的实参也可以是函数自己，这叫作函数调用的嵌套。例如，函数名为 MyFnc（x），则可以有如下嵌套调用的形式：

```
y =Myfnc(Myfnc(MyFnc…(MyFnc(x)…))
```

嵌套调用时，系统首先算出最里层的函数值，作为实参再去调用次里层的函数，计算出这次的函数值后，又一次作为实参调用外一层的函数，……直到最外层函数被调用。

与 Sub 过程一样，可以通过在 VB 的代码编辑器窗口中直接输入来创建 Function 过程，也可以通过使用“工具”菜单提供的“添加过程”对话框来定义 Function 过程。在这个过程中，在“添加过程”对话框中要选择“函数”选项。当系统自动给出 Function 函数过程框架后，还要在过程名后面添加适当的形式参数类型和函数返回值类型说明等。

【例 8 –3】设计一个求数 n 的阶乘的函数过程。

在代码编辑器窗口中直接输入以下代码：

```
Public Function fact(x As Integer)As Long
    Dim p As long,I As Inrteger
    p =1
    For I =1 To x
        p =p * I
```

```
    Next I
    fact = p
End Function
```

8.2.2 函数过程的调用

调用函数过程（包括 VB 内部函数和用户自定义函数）有两种基本调用方式。一种是直接调用方式，另一种是通过 CALL 语句调用。

（1）直接调用。

如果程序需要调用函数过程的返回值，则需用此方法。直接调用方式和调用 VB 内部函数的方法一样，就是在表达式中直接写上函数的名字和相应的参数即可。例如，要调用例 8－3 中的阶乘函数，求 5!，可以在程序中用以下代码实现：

```
T  =  fact(5)                    '将函数值赋给变量 T
```

或者

```
Print fact(5)                    '表达式中直接引用函数值
```

（2）用 Call 语句调用。

函数过程也可以像调用 Sub 过程那样，通过 Call 语句来调用。例如，调用上例中的阶乘计算函数，也可以用下面的语句实现：

```
Call fact(5)
fact 5
```

使用这种方法是将函数直接作为一条语句来用。这样调用函数，函数的返回值将被放弃。因此，在下面的 3 条语句中，第一条和第二条语句返回值被放弃，只有第三条语句保留了函数的返回值 120：

```
Call fact(5)
fact 5
X = fact(5)
```

【例 8－4】 设计程序，求级数 $S=1!+2!+3!+\cdots+n!$ 前 n 项的和。

设计过程：

(1) 新建一个工程，在窗体上建立如图 8－11 所示的界面。

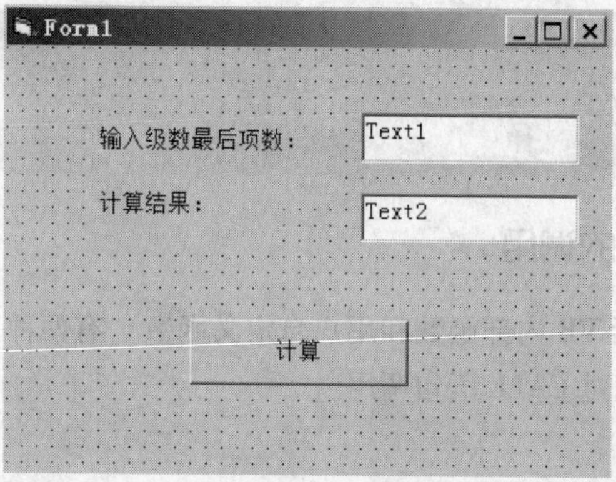

图 8－11　计算级数前项和界面

（2）设置窗体上各控件的初始属性，如表 8－3 所示。

表 8－3　各控件属性初始设置值

控件名	属性	属性值
Label1	Caption	"输入级数最后项数"
Label2	Caption	"计算结果"
Command1	Caption	"计算"
Text1	Text	""（空白）
Text2	Text	""（空白）

（3）代码设计：

窗体加载初始化代码：

```
Private Sub Form_Load()
    Text1.Text = ""
    Text2.Text = ""
End Sub
```

计算阶乘函数过程：

```
Public Function fact(x As Integer) As Long
    Dim p As Long, i As Integer
    p = 1
    For i = 1 To x
```

```
        p = p * i
    Next i
    fact = p
End Function
```

“计算”按钮 Command1 的 Click 事件代码：

```
Private Sub Command1_Click()
    Dim sum As Long, i As Integer
    If Text1.Text = "" Then
        MsgBox "输入级数最后项数!"
        Exit Sub
    End If
    n = Val(Text1.Text)
    sum = 0
    For i = 1 To n
        sum = sum + fact(i)
    Next i
    Label2.Caption = "1!"
    For i = 2 To n
        Label2.Caption = Label2.Caption & " + " & i & "!"
    Next i
    Label2.Caption = Label2.Caption & " = "
    Text2.Text = sum
End Sub
```

(4) 运行程序。单击 VB 窗口工具菜单上的“启动”按钮，运行程序，在“输入级数最后项数”后面的文本框中输入级数的最后项数，如 5，就可得到计算结果，如图 8 - 12 所示。

注意：在上述程序设计过程中，作为通用过程的函数过程 Fact（x）在定义时，形参 x 被定义为 Integer 类型，函数 Fact 的值通过 As 关键字被定义为 Long 类型，那么在调用这个函数时，调用程序中的实参 i 应与 x 一致，也要定义为 Integer，接收函数返回值的变量 sum 则应与函数类型 Long 一致。

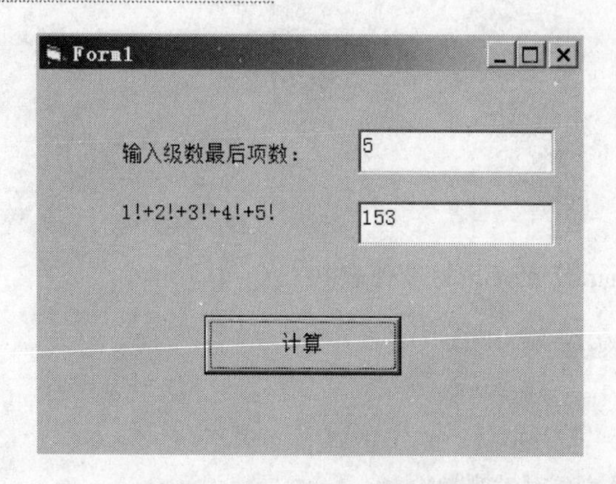

图 8－12　程序运行结果

【例 8－5】设计一个程序，求任意 3 个数的最大公约数。

设计步骤：

(1) 新建一个工程，在窗体上建立 1 个 Frame 控件，1 个按钮控件，3 个 Text 控件，1 个 Lable 控件。程序界面如图 8－13 所示。

(2) 设置控件对象属性。各控件对象初始属性设置见表 8－4。

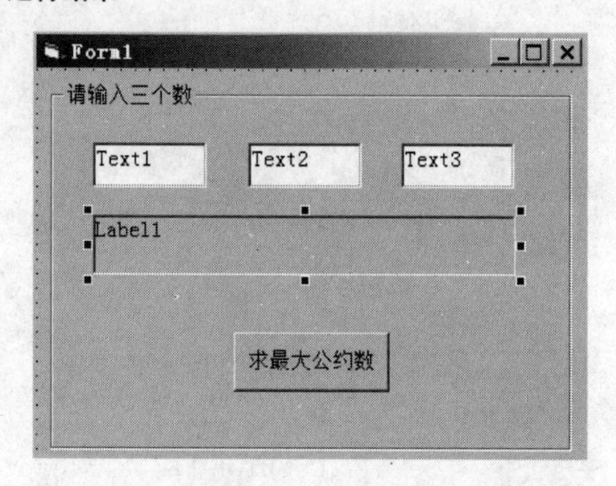

图 8－13　程序界面

表 8－4　各控件属性初始设置值

控件名	属性	属性值
Frame1	Caption	"请输入 3 个数"
Label1	Caption	""（空白）
Command1	Caption	"计算"
Text1	Text	""（空白）
Text2	Text	""（空白）
Text3	Text	""（空白）

(3) 代码设计。计算公约数函数代码：

```
Private Function Hcf(m As Long, n As Long) As Long
    Dim d As Long
    d = IIf(m < n, m, n)
    Do While m Mod d < > 0 Or n Mod d < > 0
        d = d - 1
    Loop
    Hcf = d
End Function
```

窗体加载初始化代码：

```
Private Sub Form_Load()
    Text1.Text = ""
    Text2.Text = ""
    Text3.Text = ""
    Label1.Caption = ""
End Sub
```

“计算”按钮 Command1 的 Click 事件代码：

```
Private Sub Command1_Click()
    Dim L&, m&, n&
    L = Val(Text1.Text)
    m = Val(Text2.Text)
    n = Val(Text3.Text)
    If L * m * n = 0 Then Exit Sub
    Label1.Caption = "3 个数的最大公约数是:" & Hcf(Hcf(L, m), n)
End Sub
```

（4）运行程序。按下 F5 键或单击工具栏上“启动”按钮，弹出如图 8-14（a）所示窗口，在文本框中依次输入整数 5、25 和 15 这 3 个数，用鼠标单击“计算”按钮，结果如图 8-14（b）所示。

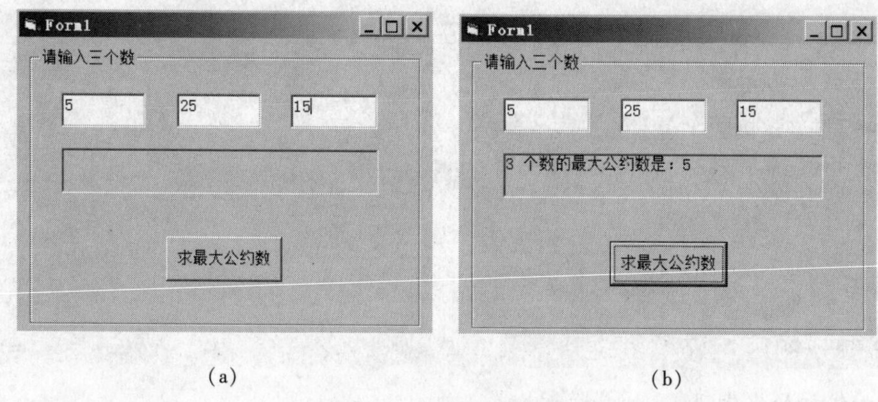

(a) (b)

图 8－14 程序运行结果

8.3 参数的传递

在程序设计中，调用过程或函数，本质上都是从主程序（或者说主调程序）转到一个子程序段（或者说被调程序）去执行一段指令，进行相应的处理或计算。在这个过程中，主调程序和被调程序之间信息的互换是必不可少的。主调程序和被调程序之间信息交换可以通过全程变量，或者通过参数这两种方式来完成。全程变量属于公共变量，在主调和被调程序中都能够用，所以在传递数据过程中没有问题。在本节重点讨论通过参数传递数据信息过程中要注意的各种问题。

8.3.1 形式参数和实际参数

实际参数（简称实参）就是在调用通用过程或函数过程时，要由主调程序传递给被调程序的数据信息。实参出现在主调程序的调用语句中，有多个实参时称为实参表。实参表中各个实参之间用逗号分隔开，实参可以是常数、已赋值的合法变量名、有确定值的表达式或者有确定元素值的数组名，数组名的后面要有左右圆括号。

形式参数（简称形参）就是在被调程序中所安排的专门用于接收从主调程序传递数据信息的变量名。形式参数通常出现在 Sub 过程和函数过程的定义语句中，有多个形参时，称为形参表。形参表中的各个变量名之间用逗号分隔，形参还可以是带左右圆括号的数组名或除了定长字符串以外的合法变量名。

在定义被调过程（函数）时，形参为实参保留位置，在调用过程中，实参按照形参的顺序依次将实际值传递给各个形参。例如：

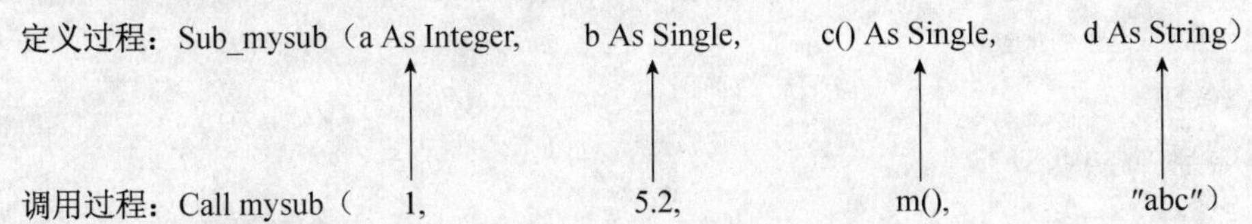

<实参表>和<形参表>中对应位置上出现的变量名可以不一样，但实参、形参的个数必须一样，对应顺序位置上各实参与各形参的类型应该一致。

8.3.2 数值传递与地址传递

在 VB 中，实参和形参之间通过两种方法传递数据信息，一种是按值传递，另一种是按地址传递。按地址传递也称为“引用”，是 VB 默认的方法。二者的区别在于使用按值传递的形参前面有 ByVal 关键字。

形参数列表中的形式参数具有下列语法格式：

```
[ByVal|ByRef]<形参名>[()][As 数据类型][=默认值]
```

关键字 ByVal 和 ByRef 只能任选一个。在定义过程时，在形参名前使用了关键字 ByVal，参数就是按值传递；在形参名前使用了关键字 ByRef，则参数就是按地址传递。如果没有 ByVal 或 ByRef 关键字，则采用默认按地址传递的方式进行。

（1）按地址传递。按地址传递，就是在调用过程时，主调程序将保存实参数值的内存地址传递给被调过程，让被调过程根据实参变量的内存地址去访问实际变量的内容。当被调过程发生了形参变量值的改变，因这时实参变量与形参变量使用同一个内存地址单元，这就使得主调程序中的实参变量值也发生同样的改变，从而实现子过程改变主程序中变量原来值的目的。

【例 8-6】 按地址传递调用说明。

假设有通用过程如下：

```
Sub mysub(n As Integer)
    n = n + 10
    Print "n ="; n
End Sub
```

作为主调过程的程序段为：

```
Private Sub Form_Click()
    Dim  x As Integer
    X =10
    Call mysub(x)
    Print "x =";x
End Sub
```

上例中调用子过程时，主调程序中变量 x 被赋予初值 10，由于是按址传送，形参变量 n 得到的是实参变量 x 的内存地址，子过程对形参变量 n 的赋值操作，实际上也就是对实参变量 x 的赋值操作（两个变量共用一个内存地址），当子过程中 n 做了一次 n = n + 10 的赋值操作后，实参变量 x 也被做了同样的改变。因此主调过程中执行 Print x 指令时，输出的是被子过程改变过的值 20，而不是原来的值 10，如图 8 – 15 所示。

图 8 – 15　传址调用后的结果

（2）按值传递。以按值传递方式调用过程，就是通过数值传送实际参数。系统将需要传递的实参的值复制到一个临时存储单元，然后把该临时单元的地址传送给被调用的过程。由于被调过程得到的不是实参变量的原始地址而是实参变量的副本地址，形参、实参各自有不同的内存单元，被调用的过程访问的是实参副本地址，改变的也是实参副本的值。因此形参改变数据不会影响到原来的实参值。

【例 8 – 7】 按值传递调用说明。

假设通用过程如下：

```
Sub mysub(ByVal n As Integer)
    n =n +10
    Print "n ="; n
End Sub
```

作为主调过程的程序段仍是：

```
Private Sub Form_Click()
    Dim x As Integer
        X=10
    Call mysub(x)
    Print "x=";x
End Sub
```

由于主调程序调用子过程时采用的是按值传送方式，实参变量 x 和形参变量 n 不是同一个内存单元，子过程中对 n 的赋值操作并没有影响到实参变量 x，因此主调程序对变量 x 的赋值没有被改变，调用子过程 MySub 后 Print 语句输出的仍然是 x 原来的数值 10，如图 8-16 所示。

图 8-16 传值调用后的结果

因此，用户可以根据上述这两个调用过程方式的不同特点，来设计不同需求的子过程调用程序，以满足不同功能设计的需要。

要注意的是：在按地址传递参数时，实参不能是常量或表达式，否则作为按值传递处理。

【例 8-8】 利用传址方式进行子过程调用。设计一个程序，由子过程随机产生 3 组数据，每组 10 个数，并求出每组的最大数。然后在主调程序中显示这 3 组数据及其中的最大数。

设计过程：

(1) 新建一个工程，在窗体 Form1 上添加如图 8-17 所示各个控件对象。

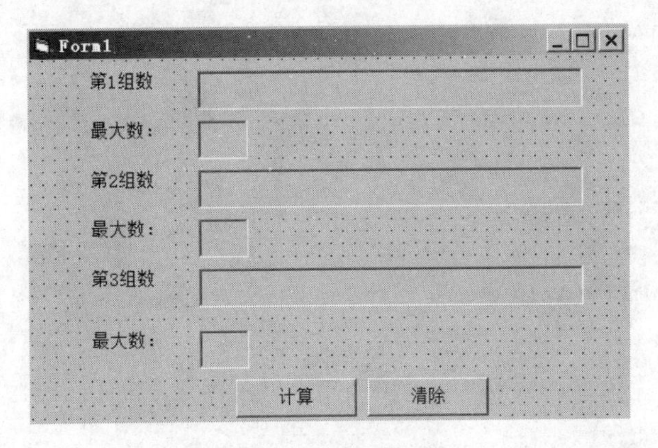

图 8-17 程序界面设计

（2）设置各控件的初始属性，如表 8－5 所示。

表 8－5　各控件属性初始设置值

控件名	属性	属性值
Label1 ~ Label3	Caption	""（空白）
Label4 ~ Label6	Caption	""（空白）
Label7 ~ Label9	Caption	"第 1 组数""第 2 组数""第 3 组数"
Label10 ~ Label12	Caption	"最大数"
Command1	Caption	"计算"
Command2	Caption	"清除"

（3）设计程序代码。"计算" 按钮 Command1 Click 事件代码为：

主程序：

```
Private Sub Command1_Click()
    Dim x(1 To 10) As Integer, maxnum As Integer
    maxnum = 0
    Call randnumb(x(), maxnum)
    For i = 1 To 10
        Label1.Caption = Label1.Caption & x(i) & " "
    Next i
    Label4.Caption = maxnum
    maxnum = 0
    Call randnumb(x(), maxnum)
    For i = 1 To 10
        Label2.Caption = Label2.Caption & x(i) & " "
    Next i
    Label5.Caption = maxnum
    maxnum = 0
    Call randnumb(x(), maxnum)
    For i = 1 To 10
        Label3.Caption = Label3.Caption & x(i) & " "
    Next i
```

```
    Label6.Caption = maxnum
End Sub
```

“清除”按钮 Command2 的 Click 事件代码为：

```
Private Sub Command2_Click()
    Label1.Caption = ""
    Label2.Caption = ""
    Label3.Caption = ""
    Label4.Caption = ""
    Label5.Caption = ""
    Label6.Caption = ""
End Sub
```

产生 10 个随机数和计算其中最大数的通用过程代码为：

```
Sub randnumb(a() As Integer, m As Integer)
    Randomize
    For i = 1 To 10
        a(i) = Int(Rnd * 90 + 10)
        If m < a(i) Then
            m = a(i)
        End If
    Next i
End Sub
```

代码分析：

产生随机数的子过程 randnumb 有两个形参：一个是数组类型形参 a ()，另一个是形参 m，都定义为整型，用于接收从主调程序传来的实参变量地址。

主调程序定义的实参变量有数组变量 x (1 to 10)，简单变量 maxnum，它们的类型与形参完全一致。当主调程序通过 Call 语句以数组名 x () 和变量名 maxnum 作为实参调用子过程 randnumb 时，传过去的只是数组中各元素和简单变量 maxnum 的地址。子过程通过随机函数产生随机数后，分别赋值给数组变量 a () 的各个元素，求出各元素中的最大数后赋值给变量 m。由于形参数组 a () 中各元素与实参数组 x () 中各元素地址对应相等，形参变量 m 与实参变量 maxnub 也共用一个内存单元地址，因此子过程 randnum 中对形参数组元素和形参变量 m 的赋值，也就改变了实参数组 x () 中各元素和实参变量 maxnum 的值。因此，当调用结束后，主调程序中输出实参数组元素，实际上就是子过程产生并传递过来的各个随机数和求出的最大数。

(4) 运行程序，单击 VB 窗口工具栏上的“启动”按钮运行程序，单击界面上的“计算”按钮，得到 3 组随机数，并得到 3 组数中各自的最大数。单击“清除”按钮后，再次单击“计算”按钮，可得到另一批结果，如图 8－18 所示。

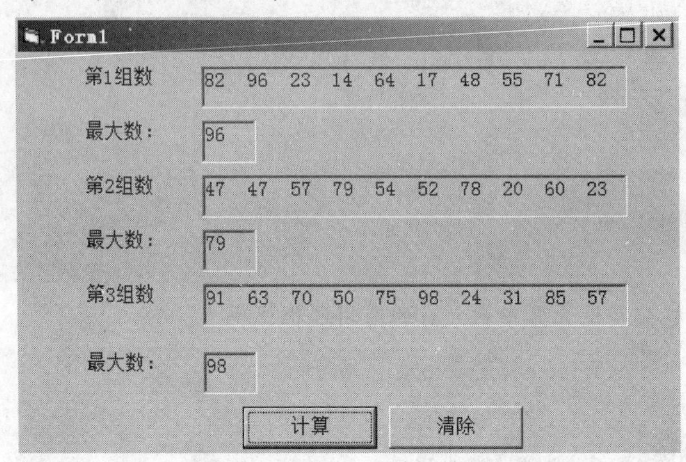

图 8－18　程序运行结果

8.3.3　使用可选参数

如果在过程的形参表中写入了关键字 Optional，即意味着指定过程的参数为可选的。如果在形参表中某个顺序位置上指定了一个参数为可选参数，则参数表中此参数后面的其他参数也必是可选的，并且都要用 Optional 关键字来声明。例如，以下函数的参数 c 是可选参数：

```
Function Addnumb (a As Integer,b As Integer,Optional c As Integer)
    If IsMissing(c) Then
        Addnumb = a + b
    Else
        Addnumb = a + b + c
    End If
End Function
```

其中，IsMissing 函数用于测试丢失的可选参数。在未提供某个可选参数时，实际上将该参数作为具有 Empty 值的变体来赋值。

以下语句调用上述函数都是正确的：

```
x = Addnumb(2,3)                    '调用后 x 的值为 5
y = Addnumb(2,3,4)                  '调用后 y 的值为 9
```

8.3.4 提供可选参数的默认值

也可以给可选参数指定默认值。例如，以下函数的参数 c 是可选参数，并指定默认值为 10：

```
Function Addnumb(a As Integer,b As Integer,Optional c As Integer = 10)
    Addnumb = a + b + c
End Function
```

以下语句调用上述函数都是正确的：

```
x = Addnumb(2,3)                    '调用后 x 的值为 15
y = Addnumb(2,3,4)                  '调用后 y 的值为 9
```

分析：第一次调用过程中实参少了一个，但因子过程中形参已经被指定了默认值 10，因此函数做加法运算的结果是 Addnumb = 2 + 3 + 10 = 15；第二次调用过程中指定了 3 个实参，对应形参 c 的是实参 4，因此调用时函数 Addnumb 就不用 c 的默认值，而是用实参值 4 进行计算，所以得到数值 9。

8.3.5 使用不定数量的参数

按前面的介绍，主调程序调用子过程时，实参的个数应等于被调过程形参表中形参的个数。但如果被调过程形参表说明中使用了 ParamArray 关键字，就不受这个限制，被调过程可以接收任意个数的参数。请看以下示例：

```
Dim  x  As Variant
Dim s As Integer
Dim intNums As Integer
Function Addnumb (ParamArray intNums())
    For Each x In intNums
        s = s + x
    Next x
    Addnumb = s
End Function
```

如果执行

```
y = Addnumb(2,3,4,5)
```

则调用后 y 的值为 14。

而如果执行

```
y = Addnumb(1,3)
```

则调用后 y 的值为 4。

分析：函数中的 For Each x In ... 语句，是 VB 提供的另一种特殊循环结构，专门用于数组或对象集合（本书不涉及集合）中的每个元素。其语法为：

```
For Each  <成员>  In  <数组>
    [语句块]
    [Exit For]
Next [ <成员> ]
```

说明：

<成员>是一个 Variant 变量，它为循环提供，并在 For Each ... Next 语句中重复使用，它实际上就是数组中的每个元素。

<数组>是一个数组名，没有括号和上下界。

在上面的程序中，主调程序传递给函数形参数组 intNums（）的实参，第一次是 4 个数 2、3、4、5，所以循环就执行 4 次，做 2 + 3 + 4 + 5 的运算，函数返回的数值是 14。第二次调用时传递的实参是 2 个数 1 和 3，因此循环只进行 2 次，做 1 + 3 的运算，函数返回值为 4。

【本章小结】

在面向对象程序设计当中，任何大的程序都由一个个的模块构建起来，而模块又是由许多过程组成的。本章给出了子程序过程和函数过程。其中子程序过程又分为通用过程和事件过程。

本章介绍了子程序过程的概念，详细阐述了事件过程和通用过程的定义和创建方法。接着给出了函数过程的定义、调用方法，重点分析了子程序过程和函数过程的异同点。然后介绍了调用过程中实参和形参的对应关系，以及参数传递的两种形式——数值传递和地址传递。

【想一想 自测题】

一、单项选择题

8-1. 下列关于变量的说法不正确的是（ ）。

A. 局部变量是指那些在过程中用 Dim 语句或 Static 语句声明的变量

B. 局部变量的作用域仅限于声明它的过程

C. 静态局部变量是在过程中用 Static 语句声明的

D. 局部变量在声明它的过程执行完毕后就被释放了

8-2. 下列叙述中不正确的是（ ）。

A. VB 中的函数功能类似于 Sub 过程

B. Sub 过程不可以递归

C. 子过程不返回与其特定子过程名相关联的值

D. 过程是没有返回值的函数，又常被称为 Sub 过程，在事件过程或其他子过程中可以按名称调用过程

8-3. 以下说法错误的是（ ）。

A. 函数过程没有返回值　　B. 子过程没有返回值

C. 函数过程可以带参数　　D. 子过程可以带参数

8-4. 下列哪条语句是错的：（ ）。

A. Exit Sub　　B. Exit Function　　C. Exit While　　D. Exit Do

8-5. 不能脱离控件（包括客体）而独立存在的过程是（ ）。

A. 事件过程　　B. 通用过程　　C. Sub 过程　　D. 函数过程

8-6. Sub 过程与 Function 过程最根本的区别是（ ）。

A. Sub 过程可以用 Call 语句直接使用过程名调用，而 Function 过程不可以

B. Function 过程可以有形参，Sub 过程不可以

C. Sub 过程不能返回值，而 Function 过程能返回值

D. 两种过程参数的传递方式不同

8-7. 假定有以下两个过程：

```
Sub S1(ByVal x As Integer, ByVal y As Integer)
    Dim t As Integer
    t = x
    x = y
    y = t
End Sub
```

```
Sub S2(x As Integer, y As Integer)
    Dim t As Integer
    t = x
    x = y
    y = t
End Sub
```

则以下说法中正确的是（　　）。

A. 用过程 S1 可以实现交换两个变量值的操作，S2 不能实现

B. 用过程 S2 可以实现交换两个变量值的操作，S1 不能实现

C. 用过程 S1 和 S2 都可以实现交换两个变量值的操作

D. 用过程 S1 和 S2 都不能实现交换两个变量值的操作

8-8. 单击命令按钮时，下列程序的执行结果为（　　）。

```
Private Sub Command1_Click()
    Dim x As Integer, y As Integer
    x = 12: y = 32
    Call PCS(x, y)
    Print x; y
End Sub

Public Sub PCS(ByVal n As Integer, ByVal m As Integer)
    n = n - 10
    m = m - 10
End Sub
```

A. 12　32　　B. 2　32　　C. 2　3　　D. 12　3

二、填空题

8-9. 在VB中，除了可以指定某个窗体作为启动对象之外，还可以指定________作为启动对象。

8-10. 函数过程（Function Procedure）用来完成特定的功能并________。

8-11. 子过程是________的函数，又常被称为Sub过程，在事件过程或其他子过程中可以________调用过程。

8-12. 在事件过程或其他过程中可以________调用函数过程。

8-13. 函数过程________返回一个值。

8-14. Sub过程与Function过程最根本的区别是________。

8-15. 通用过程可以通过执行“工具”菜单中的________命令来建立。

8-16. 使用Public Const语句声明一个全局符号常量时，该语句应放在________。

8-17. 过程级变量是指在过程内部声明的变量，只有在该过程中的代码才能访问这个变量。模块级或窗体级变量的作用域是________，全局变量在整个应用程序中有效，其作用域是________。

三、判断正误并说明理由

8-18. 子过程不能接收参数。（　）

8-19. 函数过程不能接收参数。（　）

8-20. 子过程不返回与其特定子过程名相关联的值。（　）

8-21. 在定义了一个函数后，可以像调用任何一个VB内部函数一样使用它，即可以在任何表达式、语句或函数中引用它。（　）

8-22. 以下两个语句都调用了名为MgProc的Sub过程，A、B是参数。

```
Call    My Proc    A、B
MyProc(A、B)
```

（　）

8-23. 以下两个语句都调用了名为Year（Now）的函数。

```
Call Year(Now)
Year Now
```

（　）

8-24. 标准模块是程序中的一个独立容器，包含全局变量、Function（函数）过程和Sub过程，包含对象或属性设置。（　）

8-25. 在 Visual Basic 中，用 Dim 定义数组时数组元素也自动赋初值为零。 (　　)

8-26. 在 Sub 过程定义的参数中设置静态局部变量的是 Static。 (　　)

四、问答题

8-27. 什么是过程?

五、阅读程序

8-28. 阅读下面的程序，写出程序运行时，单击命令按钮后窗体上的输出结果。

```
Function F(a As Integer)
    Dim b As Integer
    Static c As Integer
    b = b + 2
    c = c + 2
    F = a + b + c
End Function

Private Sub Command1_Click()
    Dim a As Integer
    a = 4
    For i = 1 To 3
        Print F(a)
    Next i
End Sub
```

答：单击命令按钮后窗体上的输出结果是：

8-29. 阅读下面的程序，写出程序运行时单击窗体后，Form1 上的输出结果。

```
Sub Change(x As Integer, y As Integer)
    Dim t As Integer
    t = x
    x = y
    y = t
    Print x, y
```

```
End Sub

Private Sub Form_Click()
    Dim a As Integer, b As Integer
    a = 30: b = 40
    Change a, b
    Print a, b
End Sub
```

答：Form1 上的输出结果是：

8-30. 写出下列语句的输出结果：

```
Sub Form_Click()
    A = 10: b = 15: c = 20: d = 25
    Print A; Spc(5); b; Spc(7); c
    Print A; Spc(8); b; Space $(5); c
    Print c; Spc(3); "+"; Spc(3); d;
    Print Spc(3); "="; Spc(3); c + d
End Sub
```

答：输出结果是：

8-31. 设有如下程序：

```
Private Sub search(a()As Variant,ByVal key As Variant,Index% )
    Dim I%
    For I = LBound(a) To UBound(a)
        If key = a(I) Then
            index = I
            Exit Sub
        End If
    Next I
```

```
    Index = -1
End Sub

Private Sub Form_Load()
    Show
    Dim b() As Variant
    Dim n As Integer
    b = Array(1,3,5,7,9,11,13,15)
    Call search(b,11,n)
    Print n
End Sub
```

答：程序运行后，输出结果是（　　）。

8-32. 在窗体上画一个命令按钮，然后编写如下程序：

```
Function fun(ByVal num As Long) As Long
    Dim k As Long
    k = 1
    num = Abs(num)
    Do While num
        k = k * (num Mod 10)
        num = num \ 10
    Loop
    fun = k
End Function

Private Sub Command1_Click()
    Dim n As Long
    Dim r As Long
    n = InputBox("请输入一个数")
    n = CLng(n)
    r = fun(n)
    Print r
End Sub
```

答：程序运行后，单击命令按钮，在输入对话框中输入345，输出结果为（　　）。

8－33. 以下程序的执行结果是（　　）。

```
Private Sub subl(Byval p As Integer)
   p=p*2
End Sub
Private Sub Command1_lick()
   Dim i As Integer
   i=3
   Call subl(i)
   If  i>4 Then  i=i Mod 2
   Print cstr(i)
End Sub
```

8－34. 为窗体上的命令按钮编写如下程序：

```
Function Trans(ByVal num As Long) As Long
    Dim k As Long
    k=1
    Do While num
        k=k*(num Mod 10)
        num=num\10
    Loop
    Trans=k
    Print Trans
End Function

Private Sub Command1_Click()
    Dim m As Long
    Dim s As Long
    m=InputBox("请输入一个数")
    s=Trans(m)
End Sub
```

答：程序运行时，单击命令按钮，在输入对话框中输入789，输出结果为（　　）。

8－35. 设有如下程序：

```
Private Sub Form_Click()
    Dim a AS Integer,b As integer
    A = 20:b = 50
    pl a,b
    p2 a,b
    p3 a,b
    Print"a =";a,"b =";b
End Sub

Sub pl(x As Integer,ByVal y As Integer)
    x = x + 10
    v = v + 20
End Sub

Sub p2(byVal x As Integer, y As Integer)
    x = x + 10
    y = y + 20
End Sub
Sub p3(ByValx As Integer, ByVal y As Integer)
    x = x + 10
    y = y + 20
End Sub
```

该程序运行后，单击窗体，则在窗体上显示的内容是（　　）。

六、程序设计题

8－36. 定义并调用函数，求3～20的各素数之和。

8－37. 用函数调用的方法计算$\sum n!$，设最后一项为5!

【做一做　上机实践】

8－38. 已知数学上的组合公式可表示为：

$$C_m^n = \frac{m!}{n!\ (m-n)!}$$

设计程序，用户从界面上的文本框分别输入m、n后，程序能够计算出m个项目中每次

取 n 个的组合数。程序界面如图 8－19 所示。

图 8－19　程序界面

8－39. 利用过程编写求三角形面积的程序。设计一个界面，用户在窗体上分别输入 3 个数 A、B、C 后，程序计算出由 A、B、C 所构成的三角形的面积。程序界面如图 8－20 所示。

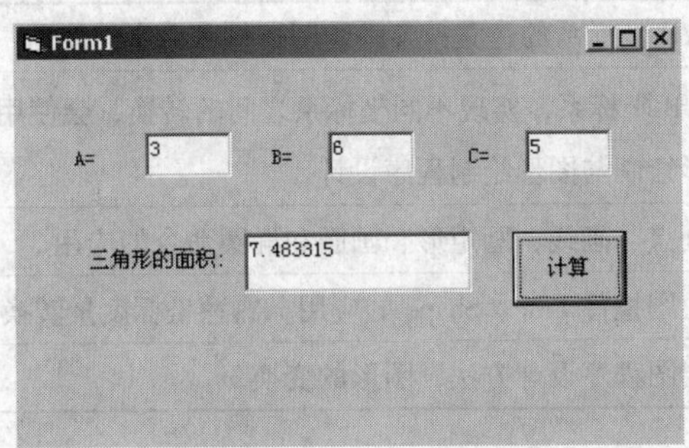

图 8－20　程序界面

【看一看　网络课件学习】

1. 通过网络课件的 BBS 论坛给老师发帖提问，与同学讨论学习的心得体会。

2. 利用手机登录移动课件，在“自我检测”栏目中做有关本章节的自测题，看看你掌握知识的情况如何。

3. 登录移动课件“他山之石”栏目所给的网址，浏览网上有关资源，拓展你的视野。

第9章　VB绘图程序设计方法

导　读

本章介绍VB中的绘图程序设计方法，重点介绍坐标系、绘图控件及各种绘图命令的应用。

学习目标	掌握VB坐标系的建立；各种绘图控件和命令的使用
应知	建立VB坐标系，实现不同坐标系之间的转换，会使用各种绘图控件和绘图命令进行图形绘制与图形绘制程序设计
	掌握画点、画线、画矩形、画圆和椭圆命令的应用
应会	理解绘图控件Line、Shape的应用，熟悉坐标度量转换方法
难点	各种绘图程序设计方法，图形的变换

学习方法

自主学习：自学文字教材。

参加面授辅导课学习：在老师的辅导下深入理解课程知识内容。

上机实习：结合上机实际操作，对照文字教材内容，深入了解体会图形图像和多媒体的使用方法及特点。通过上机实习完成课后作业与练习，巩固所学知识。

小组学习：参加小组学习，通过与小组中同学的讨论沟通，交流学习经验。

上网学习：通过网络课件或移动课件，进入BBS论坛，向老师发帖提问，获得学习帮助；参加同学之间的学习讨论，深入探讨VB绘图程序设计的方法与技巧，在团队学习中获得帮助并尽快掌握课程内容。

课前思考

VB 有丰富的绘图功能，可以实现各种复杂图形的绘制和设计。如果想利用 VB 提供的绘图指令实现如图 9－1 所示的电子挂钟，应该怎样进行程序设计呢？学习了本章内容后，相信大家会有所收获。

图 9－1　用 VB 绘图指令设计的电子挂钟

教学内容

VB 作为 Windows 环境下的可视化开发工具，不但继承了 Windows 界面的风格，还为用户提供了自己特定的绘图工具。这些工具包括线条控件、形状控件、图片框和图像框控件等。利用这些控件，可以实现界面修饰、动画设计和各种科学曲线的绘制。

绘制图形以及科学曲线，要在一个“绘图板”上进行，为了精确地描述图形所在的位置，这个“绘图板”还要有坐标系统用来确定“点”和“线”的起点和终点。为了图形的美观，所绘制的图形的背景、线条、形状等还要着色。因此，在介绍具体的各个绘图控件工具前，先要了解 VB 提供的坐标系和颜色。

9.1　坐标系统和颜色

9.1.1　标准 VB 坐标系

标准 VB 坐标系用于描述一个像素在屏幕窗体上的位置或打印到纸上的点的位置。和数学上的平面直角坐标系类似，水平方向为横轴，轴上每个点称为 X 坐标；垂直方向为纵轴，轴上每个点称为 Y 坐标。于是，在屏幕窗体上的任何一个点的位置，都可以用 X 坐标和 Y 坐标的值（X，Y）来准确定位。X 轴与 Y 轴的交汇点称为坐标原点，与数学不同的是，VB 标准坐标系的原点位于窗体控件的左上角，X 轴向右、Y 轴向下为正方向，起始点刻度为（0，0）。窗体的 Height、Width 属性表示窗体外观尺度的长和宽。窗体的 ScaleHeight、ScaleWidth 属性分别为窗体坐标系的最大可见坐标值，如图 9－2 所示。

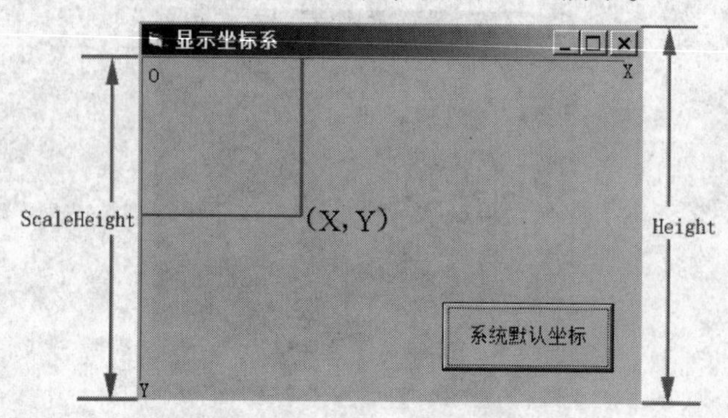

图 9－2　窗体上的坐标系

注意：ScaleHeight、ScaleWideth 属性指窗体上可用绘图区的大小，指窗体的内部长、宽尺度，不包括窗体边框和菜单。它与窗体的 Height、Width 属性值不相同。

VB 支持多种坐标系，包括用户自定义单位的用户定义坐标系。图形的绘制与移动都与坐标系有密切的关系。采用不同的坐标系，同一位置的坐标不相同。最常用的坐标系是基于像素的，但像素并不是所有应用程序的最佳单位，因为用像素为单位时会受到屏幕分辨率改变的影响。选用不同分辨率的显示器，会使具有相同像素单位的图形发生形变。因此掌握坐标系是非常重要的。坐标系的 3 个要素分别是坐标原点、坐标度量单位、坐标轴的长度与方向。在 VB 中，默认坐标系的单位为 twips，它等于 1/20 点。坐标系单位由控件的 ScaleMode 属性决定，VB 中具有坐标系单位属性（ScaleMode 属性）的控件主要有窗体控件和图片框控件。VB 为它们都提供了 8 个坐标单位，如表 9－1 所示。

表 9－1　VB 坐标系

数值	内部常数	说明	大小
0	VbUser	用户自定义坐标系	坐标属性由用户设置
1	VbTwips	缇（twip），默认值	1 440 twips/ inch
2	VbPoints	磅（point），打印机点	72 dot/ inch

续表

数值	内部常数	说明	大小
3	VbPixels	像素（pixel），与屏幕的物理点对应，受屏幕分辨率影响	
4	VbCharacters	系统字符大小，默认值为 8×16 pixel or 120×240 twip	120×240 twips
5	VbInches	英寸（inch）	
6	VbMillimeters	毫米（millimeter）	
7	VbCentimeters	厘米（centimeter）	

9.1.2　自定义坐标系

在窗体和图片框中，与绘图有关的属性见表 9-2。

表 9-2　窗体和图片框中与绘图有关的属性

属性	功能
CurrentX、CurrentY	设置或返回当前光标位置（窗体、图片框当前光标不可见）相对于窗体或图片框左上角为原点（0，0）的坐标
Height、Width	设置或返回窗体或图片框的高度和宽度，单位由容器而定
ScaleHeight、Scale-Width	设置或返回窗体、图片框内部宽度和高度等分数，这里的宽度和高度是指除去边界或标题行后的净宽度和净高度，即用户定义坐标的单位
Left、Top	设置或返回窗体或图片框左上角在容器中的坐标值
ScaleLeft、ScaleTop	用于设置或返回窗体、图片框左上角的坐标值

注意：不论窗体或图片框实际的尺寸有多大，都可以等分成若干份，等分的份数越多，说明宽度（高度）单位越小，反之越大。因此用户可根据绘制图形数据的大小、范围来等分窗体或图片框，使绘图数据位于由用户定义的坐标范围内。

VB 对象的坐标容许用户自行定义，定义方法有两种。

（1）重定义坐标原点、坐标轴方向和度量单位。通过设置对象的 ScaleTop、ScaleLeft、ScaleHeight、ScaleWidth 属性来实现。

属性 ScaleTop 和 ScaleLeft 的值是用户定义坐标系中原点的坐标，所有对象的 ScaleTop 和 ScaleLeft 属性的默认值为 0，故对象的默认原点为左上角。

属性 ScaleWidth，ScaleHeight 的值可确定对象坐标系 X 轴与 Y 轴的正向及最大坐标值。

默认时其值均大于0，此时，X轴的正向向右，Y轴的正向向下。

ScaleWidth 值为正值时，表示将X轴从左到右增加；为负值时，则从右到左增加。

ScaleHeight 值为正值时，表示将Y轴从上到下增加；为负值时，则从下到上增加。

当对象的 ScaleWidth 和 ScaleHeight 属性值更改时，X轴与Y轴的度量单位自动发生更改，度量单位分别为1/ ScaleWidth 和1/ ScaleHeight。

例如，在窗体 Form1 上绘制图形时，需要设置窗体左上角坐标为（10，20），右下角坐标为（60，50），则可使用下面的代码：

```
Form1.ScaleWidth =50
Form1.ScaleHeight =30
Form1.ScaleTop =20
Form1.ScaleLeft =10
```

坐标原点在（0，0）处，该窗体的位置如图9-3所示。

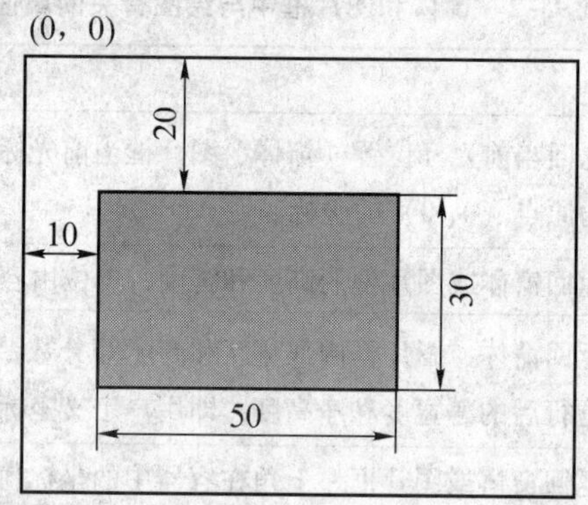

图9-3　窗体位置

一旦设置了上述4个属性，则对象4个角的坐标为：

- 左上角：(ScaleLeft，ScaleTop)
- 右下角：(ScaleLeft + ScaleWidth，ScaleTop + ScaleHeight)
- 左下角：(ScaleLeft，ScaleTop + ScaleHeight)
- 右上角：(ScaleLeft + ScaleWidth，ScaleTop)

须说明的是，这4个属性的值也可以为负数。例如，下面的代码可将窗体坐标原点定在左下角，向上和向右时坐标值增加，与平时大家习惯用的坐标相似，右上角的坐标为（50，100），更符合于绘制各种曲线图的习惯。

```
ScaleLeft = 20
ScaleTop = 100
ScaleWidth = 50
ScaleHeight = -100
```

例如，下面的代码可将坐标原点定在图片框 Picture1 的中心，其坐标位置如图 9 - 4 所示。

```
Private Sub Form_Load()
    Picture1.ScaleLeft = -15
    Picture1.ScaleTop = -25
    Picture1.ScaleWidth = 30
    Picture1.ScaleHeight = 50
End Sub
```

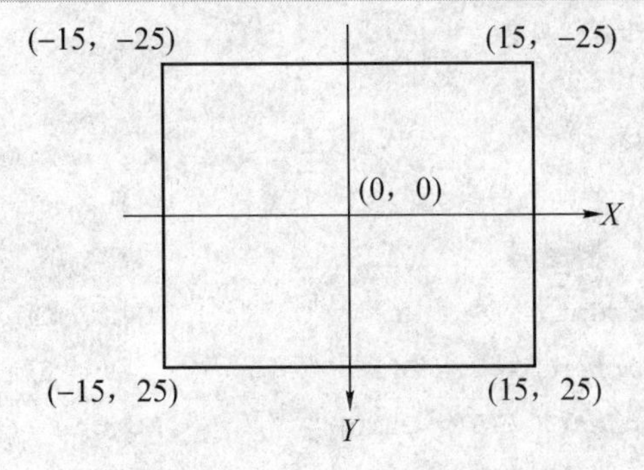

图 9 - 4　图片框位置

【例 9 - 1】重新设置窗体的坐标系。将窗体原点坐标设置在窗体中心，用红色的线画出原点、X 轴和 Y 轴，并给出标示，如图 9 - 5 所示。

图 9 - 5　用户自定义坐标系

设置过程：

① 创建一个新的工程，在窗体上添加一个命令按钮，给命令按钮的Caption属性设置为“绘制坐标系”。

② 设置窗体的绘图区大小（高、宽分别为400、600），并使得X轴的正向向右，Y轴的正向向上，故ScaleWidth=600，ScaleHeight=-400。再设置原点坐标，将坐标分别向下移200，向右移300，故ScaleTop=200，ScaleLeft=-300。最后画出X轴和Y轴，画线命令是Line（x1，y1）-（x2，y2），表示从（x1，y1）坐标到（x2，y2）坐标绘制一条直线，详细内容将在9.3节中介绍。

③ 设计程序代码如下：

```
Private Sub Command1_Click()
    Cls                      '清除运行时在窗体上中显示的文本和图形
    Form1.ScaleWidth = 600
    Form1.ScaleHeight = -400
    Form1.ScaleLeft = -300
    Form1.ScaleTop = 200
    Line (-290, 0)-(290, 0), RGB(255, 0, 0)         '画X轴
    Line (0, 190)-(0, -190), RGB(255, 0, 0)         '画Y轴
    CurrentX = 10: CurrentY = -5: Print "O"         '标记坐标原点(10, -5)
    CurrentX = 280: CurrentY = 20: Print "X "       '标记X轴
    CurrentX = 10: CurrentY = 190: Print "Y "       '标记Y轴
End Sub
```

程序运行后结果如图9-5所示。

（2）采用Scale方法。

Scale方法是用户定义对象坐标系统的实用方法，用它完全可以代替上面介绍的用ScaleTop、ScaleLeft、ScaleWidth、ScaleHeight属性定义坐标系统，且更方便。

使用此方法可直接定义对象的左上角坐标值和右下角坐标值，一旦这两个角的坐标值确定，则另两个角坐标值也就定下来了。

语法如下：

```
[对象].Scale[(LeftX,TopY)-(RightX,BottomY)]
```

说明：[对象]为所用到的绘图对象，为可选项，指窗体、图片框、打印机等支持Scale方法的对象名。该参数默认时，则为带有焦点的窗体对象。

（LeftX，TopY）为可选项，指新坐标系中绘图对象左上角坐标值。

（RightX，BottomY）为可选项，指新坐标系中绘图对象右下角坐标值。

执行Scale语句后，窗体对象的ScaleMode属性变为0，LeftX、TopY、RightX、BottomY的值自动赋给ScaleWidth、ScaleHeight、ScaleTop、ScaleLeft。Scale定义了控件的水平尺寸为（RightX - LeftX）单位，垂直尺寸为（BottomY - TopY）单位。这时控件的寻址控件，不影响外部尺寸。

若要将对象坐标恢复为标准坐标，执行“绘图对象.Scale”语句。

9.1.3 坐标度量转换

由于VB通过对象的ScaleMode属性提供了8种不同的坐标系度量单位，因此为了适应屏幕分辨率的改变，有时需要对坐标系的度量单位进行转换。为此，VB提供了坐标度量单位转换语句。转换语句的语法格式如下：

```
[绘图对象.]ScaleX(value[,fromScale[,toScale]])
[绘图对象.]ScaleY(value[,fromScale[,toScale]])
```

说明：“绘图对象”是窗体等容器类对象；value是容器中控件的宽和高；fromScale是控件原来所用的度量单位；toScale是容器坐标系将要用的度量单位。表9-3为各种不同坐标单位之间的换算关系。

表9-3 度量单位换算关系表

1英寸	72磅
1英寸	1 440缇
1英寸	2.54厘米
1磅	20缇
1字符	8×16像素或120×240缇
1像素	15缇

注意：度量单位规定的是对象打印时的大小，屏幕上的实际物理距离可因监视器尺寸而异。

9.1.4 使用颜色

计算机可进行绘图、图像处理，给用户呈现色彩斑斓的颜色。VB中的颜色用4个字节的长整型数值数据存储，可表示近 1 600 万种颜色数值。

颜色的设置一般有以下 4 种方法。

(1) 通过 RGB 函数设置。

语法格式如下：

```
RGB(red, green, blue)
```

说明：函数的 3 个参数 red、green、blue 分别代表红、绿、蓝三基色，取值范围均为 0 ~ 255的整数，参数设置超过 255 时数值用 255 代替。0 表示亮度最低，255 表示亮度最高。函数返回值为长整型。

用三基色混合可产生 256 × 256 × 256 种颜色，其中常用的几种颜色设定见表 9 - 4。

表 9 - 4　几种常见颜色 RGB 值

颜色	对应的 RGB 函数设定	颜色	对应的 RGB 函数设定
黑色	RGB（0，0，0）	红色	RGB（255，0，0）
绿色	RGB（0，0，255）	白色	RGB（255，255，255）
蓝色	RGB（0，255，0）	黄色	RGB（255，255，0）

(2) 通过 QBColor 函数设置。

语法格式如下：

```
QBColor(ColorValue)
```

说明：参数 ColorValue 的取值范围为 0 ~ 15 的整数。其可用值及其所对应的颜色如表 9 - 5所示。函数返回值为长整型。

表 9 - 5　参数 ColorValue 值对应颜色

参数值	对应颜色	参数值	对应颜色	参数值	对应颜色	参数值	对应颜色
0	黑色	4	红色	8	灰色	12	亮红色
1	蓝色	5	洋红色	9	亮蓝色	13	亮洋红色
2	绿色	6	黄色	10	亮绿色	14	亮黄色
3	青色	7	白色	11	亮青色	15	亮白色

QBColor 函数采用 QuickBasic 所使用的 16 种颜色，属于早期版本 Basic 的颜色值。

(3) 使用系统常量值设置。

VB 将一些常用的颜色定为系统常数。这些颜色可直接被用户引用而无须重新定义。有 8 种常用的颜色定义为系统常数，分别为 VbBlack 黑色、VbRed 红色、VbGreen 绿色、VbYellow 黄色、VbBlue 蓝色、VbMagenta 洋红色、VbCyan 青色、VbWhite 白色。还有一些对应于 Windows 系统中各窗口、控件等颜色的常量，例如，VbWindowText 表示系统窗口文本颜色。对于这些常量，可通过单击 VB 集成开发环境窗口的“视图”菜单，在打开的下拉菜单中选择“对象浏览器”选项，或按下键盘上的 F2 键激活对象浏览器，选择 SystemColor-Constant 即可见，如图 9-6 所示。

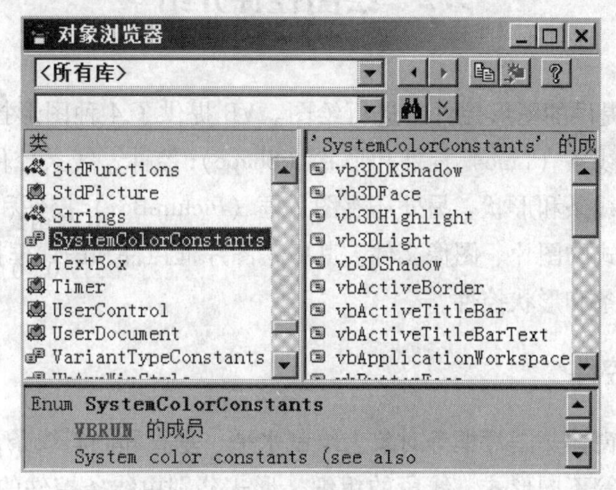

图 9-6 对象浏览器

(4) 直接使用颜色数值设置。所谓颜色数值，就是一个 6 位的十六进制数，用“&H”字符开头，“&”字符结尾，中间 6 位十六进制数，每两位为一个颜色值，从右到左依次是红、绿、蓝，各占两位，其表达形式为：&HBBGGRR&。其中，BB 指定蓝颜色的值，GG 指定绿颜色的值，RR 指定红色的值。每个数段都是两位十六进制数，即从 00 ~ FF，中间值为 80。

例如：

```
&H000000&  黑
&H0000FF&  红
&H00FF00&  绿
&HFF0000&  蓝
&HFFFFFF&  白
```

两位十六进制 00 ~ FF 有 256 个值，可以任意组合。

设置窗体背景颜色为蓝色，可以用命令：

```
Form1.BackColor = &HFF0000&
```

它相当于：

```
Form1.BackColor = RGB(0, 0, 255)
```

9.2 绘图控件介绍

我们可使用 VB 提供的图形控件来进行绘图。VB 提供了 4 种图形控件以简化与图形有关的操作，它们是：线条（Line）控件和形状（Shape）控件，线条控件和形状控件可在窗体上绘制各种简单的线条和形状。另外还有图片框（PictureBox）控件和图像框（Image）控件，用于显示各种格式的图片、图像文件。其中，图片框控件和图像框控件已在第二章介绍过，这里重点介绍线条和形状控件。

9.2.1 线条控件

线条控件用于在窗体、图片框等对象上绘制水平、垂直和倾斜线条，线条的形式可以是实线、虚线、点划线等不同形式。线段的粗细、形式分别由线条控件的 BorderWidth 属性和 BorderStyle 属性设定。用线条控件在窗体上绘制线条的效果如图 9 - 7 所示。

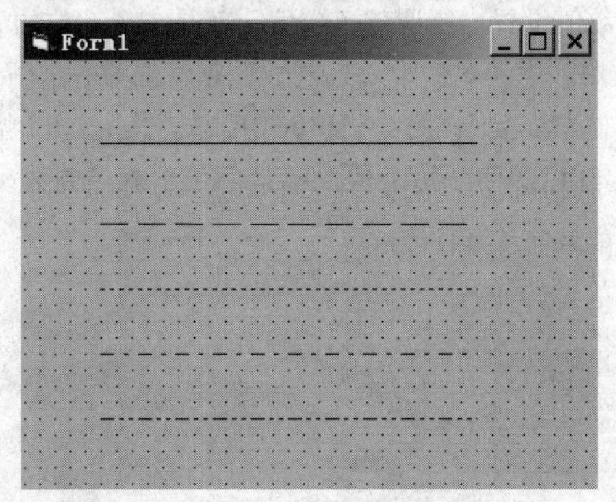

图 9 - 7 用线条控件在窗体上绘制的线条

线条控件的常用属性分别是：

BorderWidth 属性：设置线段的宽度，取值范围为 1 ~ 8 192 的整数，单位为像素。

BorderStyle 属性：设置线段的线型，线型参数如表9-6所示。

表9-6 线段的线型参数

数值	内部常数	说明
0	VbTransparent	透明线
1	VbBSSolid	实线（默认值）
2	VbBSDash	虚线
3	VbBSDot	点线
4	VbBSDashDot	点划线
5	VbBSDashDotDot	双点划线
6	VbBSInsideSolid	内实线

BorderColor 属性：设置线段的颜色。

x1、y1、x2、y2 属性：设置线段起点和终点的坐标值，这些属性决定线段显示时的位置。可通过改变 x1、y1、x2、y2 值来移动线条。

9.2.2 形状控件

形状控件用于在图形容器中创建矩形、正方形、椭圆形、圆形、圆角矩形或圆角正方形等图形，并可对其进行不同形式的填充。

形状控件的常用属性有：

BackStyle 属性：设置一个值，它指定形状控件的背景是透明的还是非透明的。

BorderWidth 属性：设置形状边框的宽度。其取值与线条控件一样。

BorderStyle 属性：设置形状边框的线型。当 BorderWidth 属性值为1时，BorderStyle 可以取表中所有值，否则只能取实线和内实线。

Shape 属性：Shape 控件的外观。其取值及说明如表9-7所示。

表9-7 Shape 属性值

内部常数名	值	说明
VbShapeRectangle	0	矩形（默认值）
VbShapeSquare	1	正方形
VbShapeOval	2	椭圆

续表

内部常数名	值	说明
VbShapeCircle	3	圆
VbShapeRoundedRectangle	4	圆角矩形
VbShapeRoundedSquare	5	圆角正方形

FillStyle 属性：设置 Shape 控件的填充模式，默认值为 1（透明填充）。当 FillStyle 属性为默认值时，FillColor 属性将被忽略。该属性取值及说明如表 9－8 所示。

表 9－8　FillStyle 属性值

内部常数名	值	说明
VbFSSolid	0	实心
VbFSTransparent	1	空心（默认值）
VbHorizontalLine	2	水平线
VbVerticalLine	3	垂直线
VbUpwardDiagonal	4	向上对角线
VbDownwardDiagonal	5	向下对角线
VbCross	6	十字交叉线
VbDiagonalCross	7	对角交叉线

FillColor 属性：设置填充形状所使用的颜色，默认值为 0（黑色）。

注意：线型控件和形状控件不能作为其他控件的容器。它们也不能置于位于同一设计容器中（如窗体对象、图片框对象）的其他控件之上，当它们与其他控件重叠时，总是它们被覆盖。通过设置不同 Shape 属性和不同 FillStyle 属性，形状控件在窗体上可以绘制的不同形式的图形如图9－8所示。

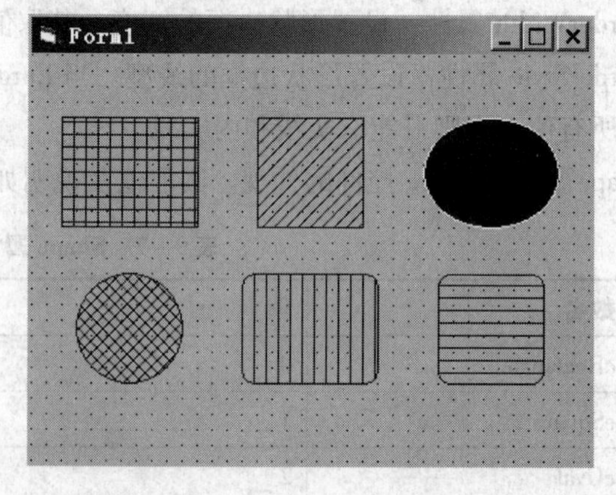

图 9－8　不同 Shape 和不同填充模式下的 Shape 控件效果

9.3 绘图命令介绍

除了上述介绍的图形控件可进行绘图之外，VB还提供了大量的图形方法来绘制图形。可以应用图形方法在窗体、图片框及打印机等对象中绘制点、直线、矩形、圆等图形及文字。本节简要介绍4种常用的图形方法。

9.3.1 清除屏幕图像命令 Cls

Cls命令用于清除所有图形和Print输出。

语法格式：

```
[对象名].Cls
```

说明："对象名"指窗体、图片框或打印机名称，默认时为当前窗体。

例如：

```
Form1.Cls                    '清除窗体Form1上的所有图形和输出内容
```

9.3.2 画点命令 PSet

PSet方法用于画点。

语法格式：

```
[对象名].PSet [Step](x,y),[颜色]
```

说明：

"对象名"指窗体、图片框或打印机名称，默认时为当前窗体。

"(x, y)"参数指定所画点的位置坐标，单精度浮点数。默认值为当前坐标点。当前坐标点就是调用图形方法所画最后点的位置，由对象的CurrentX、CurrentY属性保存。

"[Step]"为可选项，表示画点的坐标采用相对位置，即使用该选项时，参数(x, y)表示的是相对于当前坐标点（对象的CurrentX、CurrentY属性值）移动(x, y)个单位后绘图。若不使用此选项，参数(x, y)表示的是相对于(0, 0)（对象左上角）个单位后绘图。

"[颜色]"参数也是可选项，用于指定所画点的颜色。默认时PSet取绘图对象所设置的前景色（ForeColor属性值）画点。"颜色"设置为背景颜色，可清除某个位置上的点。

【例 9-2】 用 PSet 方法在当前窗体上画一条竖直的线段。

程序如下：

```
Private Sub Form_Click()
    For i = 0 To ScaleHeight
        PSet Step(0, 1)
    Next
End Sub
```

【例 9-3】 编写程序，在窗体上的图片框控件中绘制如图 9-9 所示的正弦曲线。

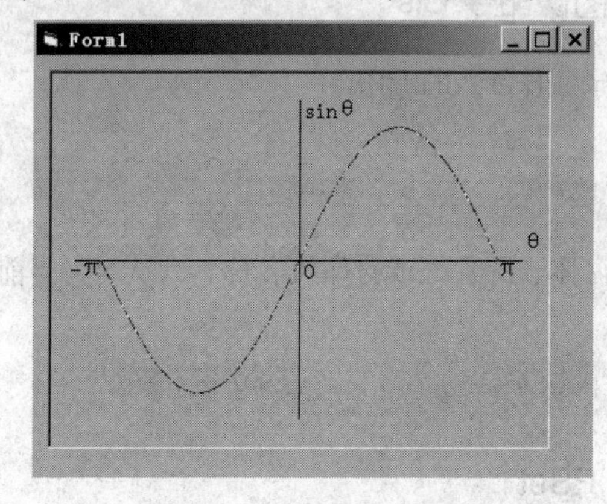

图 9-9　正弦函数图像

程序分析：先自定义坐标系，根据正弦函数公式 $y = \mathrm{Sin}\theta$，求出不同 θ 值（$-\pi < \theta < \pi$）对应的函数坐标（θ，Sin（θ）），最后在屏幕绘图区用 PSet 方法将所有点显示出来，即可得到正弦函数曲线。

设计过程：

（1）新建一个工程，在窗体 Form1 上添加 1 个图片框控件 Picture1。

（2）给图片框控件 Picture1 的单击事件编写代码如下：

```
Private Sub Picture1_Click()
    Const PI = 3.1415926              '定义 PI 常量
    Picture1.Scale (-5 * PI/4, 1.4) - (5 * PI/4, -1.4)
                                      '定义图片框 Picture1 的坐标系
    Dim i As Integer                  '设定水平轴等分数,即 2π 周期内的等分数
    Dim j As Integer                  '循环控制变量
```

```
    Dim tt As Double            '角度增量
    Dim x As Double
    Dim y As Double
    Picture1.Line ( -PI*9/8, 0) -(PI*9/8, 0)
                                '画X轴
    Picture1.Line (0, 1.2) -(0, -1.2)                     '画Y轴
    Picture1.CurrentX = 0.1: Picture1.CurrentY = 0: Picture1.Print "O"
                                '标记坐标原点
    Picture1.CurrentX = -3.6: Picture1.CurrentY = 0: Picture1.Print "-π"
                                '标记刻度
    Picture1.CurrentX = PI: Picture1.CurrentY = 0: Picture1.Print "π"
    Picture1.CurrentX = PI*9/8: Picture1.CurrentY = 0.2: Picture1.Print "θ"
                                '标记X轴
    Picture1.CurrentX = 0.1: Picture1.CurrentY = 1.2: Picture1.Print "Sinθ"
                                '标记Y轴
    i = 600
    tt = 2*PI/600
    For j = 0 To i
        x = -PI + j*tt
        y = Sin(x)
        Picture1.PSet (x, y), QBColor(Int(Rnd()*16))
                                '逐点绘制曲线上的点,生成曲线
    Next j
End Sub
```

(3) 运行程序。程序编辑结束后，单击“运行”按钮，单击“图片框”，在图片框中即画出其坐标系及正弦曲线，结果如图9-9所示。

【例9-4】设计一个窗体，使用鼠标在其上任意绘制图形。

设计过程：新建一个工程，在窗体Form1上不放置任何控件。双击窗体Form1打开代码设计窗口，对Form1的Load事件编写如下事件过程代码：

```
    Dim mouse As Boolean                    '用于标识是否按下鼠标键
    Private Sub Form_Load()
        mouse = False
        Me.DrawWidth = 2                    '设置绘制点的大小(宽度)
        Me.ForeColor = VbRed                '设置绘制点的颜色
    End Sub
    Private Sub Form_MouseDown(Button As Integer, Shift As Integer, X As Single, Y As
Single)
        mouse = True
        Me.PSet (X, Y)
    End Sub
    Private Sub Form_MouseMove(Button As Integer, Shift As Integer, X As Single, Y As
Single)
        If mouse Then Me.PSet (X, Y)
    End Sub
    Private Sub Form_MouseUp(Button As Integer, Shift As Integer, X As Single, Y As
Single)
        mouse = False
    End Sub
```

编写完毕后运行程序，在窗体界面上拖动鼠标，随着鼠标的移动，可以绘制出各种曲线，如图 9 - 10 所示。

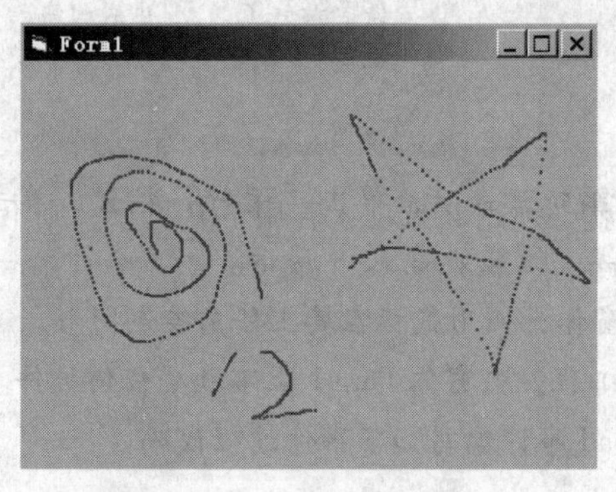

图 9 - 10　程序运行结果

9.3.3 画直线和矩形命令 Line

Line 方法用于在窗体或图片框内画直线或矩形，此外，还可以利用 Line 方法生成多边形、曲线等较复杂的图形。

语法格式：

```
[对象名.]Line[Step][(x1,y1)]-[Step](x2,y2)[,颜色][,B[F]]
```

其中：

“[对象名]”指窗体、图片框或打印机名称，默认时为当前窗体。

“[Step]”为可选项，表示后面的起始点参数（x1，y1）采用相对位置，与前面 Pset 命令的 Step 参数含义一样。

“[(x1，y1)]”参数为可选项，指定线段的起点坐标或矩形的左上角坐标。默认时为当前点，即（CurrentX，CurrentY）。

“[Step]”为可选项，表示后面的终点参数（x2，y2）采用相对位置。使用该选项时，说明后面的参数（x2，y2）表示的是相对于（x1，y1）的坐标。

“[(x2，y2)]”参数为必选项，指定线段的终点坐标或矩形的右下角坐标，单精度浮点数。

“[颜色]”指定绘制图形的颜色，可选项，默认时取绘图对象所设置的前景色（ForeColor 属性值）。

“[B]”为可选项，表示当前绘制的为矩形。默认时，表示绘制的为直线。

“[F]”为可选项，表示用画矩形的颜色来填充矩形。默认时矩形的填充由 FillColor 和 FillStyle 属性决定。

注意：

(1) 若用了 F 选项，就必须用 B 选项。若用了 B 选项，则不一定需要 F 选项。

(2) 各参数可根据实际要求进行取舍，但如果舍去的是中间参数，参数之间的位置分隔符“,”不能舍去。

例如：

绘制一个左上角在（100，100），右下角在（200，200）的矩形：

```
Line(100,100)-(200,200),,B          '正确
Line(100,100)-(200,200),B           '错误,缺少分隔符“,”
```

画一条起点在（100，100），终点在（500，500）的直线：

```
Line(100,100) - (500,500)
```

画一条从当前位置（CurrentX，CurrentY）到（500，500）的直线：

```
Line - (500,500)
```

画一个左上角在（100，100），右下角在（500，600）的红色实心矩形：

```
Line(100,100) - Step(400,500),RGB(255,0,0),BF
```

【例 9-5】 设计一个程序，用户使用鼠标在窗体单击时，能够绘制随机大小和颜色的五角星。

设计过程：新建一个工程，在窗体 Form1 上不放置任何控件。对该窗体设计如下事件过程：

```
Const pi = 3.14159
Private Sub star(x As Single)
    Randomize
    n = Int(Rnd * 16)
    colr = QBColor(n)
    Line - Step(x * Sin(pi / 10), - x * Cos(pi / 10)), colr
    Line - Step(x * Sin(pi / 10), x * Cos(pi / 10)), colr
    Line - Step( - x * Cos(2 * pi / 10), - x * Sin(2 * pi / 10)), colr
    Line - Step(x, 0), colr
    Line - Step( - x * Cos(2 * pi / 10), x * Sin(2 * pi / 10)), colr
End Sub
Private Sub Form_MouseUp(Button As Integer, Shift As Integer, x As Single, y As Single)
    PSet (x, y)
    star (Rnd * 2000)
End Sub
```

其中使用 star 子过程绘制一颗五角星，以五角星的左下角为起点，依次向上、右下、左上、右上，最后回到左下角，每个角的角度为 2π/ 10，利用三角函数可以得到顶点的相对坐标。Rnd（）是随机函数，Randomize 语句与随机函数一起使用，使产生的数值更趋于随机性。

运行本工程，出现 Form1 窗体的空白屏幕，多次按下鼠标键时，在窗体上出现多个随机大小和颜色的五角星，如图 9-11 所示。

图9-11 程序运行结果

9.3.4 画圆和椭圆命令 Circle

Circle 方法用于绘制圆、椭圆、圆弧和扇形，此外，还可以利用 Circle 方法绘制出各种复杂图形。

语法格式：

```
[对象名.]Circle[[Step](x,y),半径[,颜色][,起始角度][,终止角度][,高宽比]]]
```

其中：

“[对象名]”指窗体、图片框或打印机名称，默认时为当前窗体。

“[Step]”为可选项，表示后面的参数（x，y）采用相对位置，与前面介绍的 Pset 命令的 Step 参数含义一样。

“（x，y）”为圆心坐标，单精度浮点数。

“半径”指定半径值，若当前绘制的为椭圆，指椭圆的最大半径。

“[颜色]”为可选项，指定绘制图形的颜色，默认时取绘图对象所设置的前景色（ForeColor 属性值）。

“[起始角度]”为可选项，指定圆弧的起始角度。单位为弧度，其范围为 $0\sim2\pi$，默认值为0（水平向右），系统将按逆时针方向从圆弧的起始角度向终止角度画弧，单精度浮点数。

“[终止角度]”为可选项，指定弧的终止角度。单位为弧度，其范围为 $0\sim2\pi$，默认值为 2π，单精度浮点数。

“起始角度”和“终止角度”这两个参数通常用作绘制圆弧。

当在起始角、终止角取值前加一负号时，画出扇形，负号表示画圆心到圆弧的径向线。

例如，绘制圆心为（600，600），半径为400，起始弧度为PI/ 16，终止弧度为15 * PI/ 16 的一段圆弧。

```
Picture1.Circle (500, 600), 400,, 0, 3.14
```

结果见图9－12（a）。

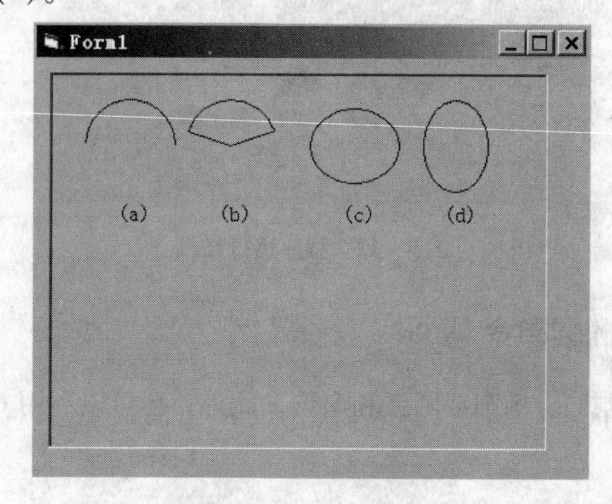

图9－12　用 Circle 语句在 Picture 控件中画圆、圆弧

绘制圆心为（600，600），半径为400，起始弧度为PI/8，终止弧度为7 * PI/8 的扇形。

```
Picture1.Circle (1400, 600), 400,, -0.3, -2.84
```

结果见图9－12（b）。

“[高宽比]”为可选项，指椭圆的水平半径和垂直半径的比值，单精度浮点数，默认值为1.0。若“高宽比”大于1，“半径”参数指的是水平半径；若小于1，“半径”参数指的是垂直半径。

例如：绘制长宽比分别为0.8和1.4的两个椭圆。

```
Picture1.Circle (2500, 600), 400,,,, 0.8
Picture1.Circle (3400, 600), 400,,,, 1.4
```

结果见图9－12（c）（d）。

注意：Circle 方法不能用当前点作为圆心而省略其坐标，要以当前点为圆心画圆，命令如下：

```
Circle Step(0,0),200。
```

9.4 图像应用程序中常用方法

9.4.1 图像属性设置

(1) 设置线段宽度。线段宽度通常根据窗体、图片框等容器对象的 DrawWidth 属性值来确定。

```
使用格式:[对象名].DrawWidth[ =属性值]
```

说明:

“对象名”指窗体、图片框或打印机等容器对象的名称。

DrawWidth 属性值单位为像素，取值范围为 1 ~ 32 767 的整数，单位为像素，默认值为 1。对于 Line 控件、Shape 控件，通常设置其 BorderWidth 属性来定义线的宽度或点的大小。

(2) 设置线段形式。

线段形式通常根据容器对象的 DrawStyle 属性值确定。

使用格式:

```
[对象名].DrawStyle[ =属性值]
```

说明:

“[对象名]”指窗体、图片框或打印机等容器对象的名称。

该属性取值及其对应的说明见表 9 - 6。

(3) 设置填充图案。封闭图形（主要是圆、椭圆及矩形等）的填充方式由 FillColor、FillStyle 这两个属性决定。这两个属性值的详细说明见 9.2 节。

9.4.2 图片的加载

图片的加载通常有两种方式，分别是在设计阶段加载和在程序运行阶段加载。

(1) 在设计阶段加载图片。通过窗体、图片框等控件的属性窗口设置。选择图片框控件后单击右键，选择“属性窗口”命令打开属性窗口，弹出如图 9 - 13 所示窗口，选择 ... 按钮，弹出如图 9 - 14 所示“加载图片”对话框，选择要加载的图片即可。

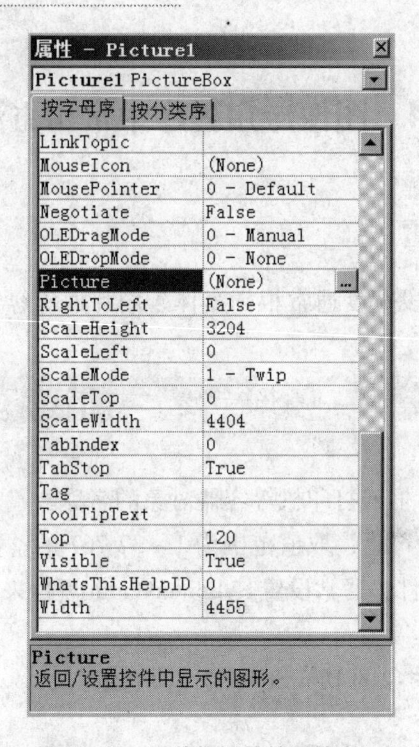

图 9-13 图片框控件的属性窗口

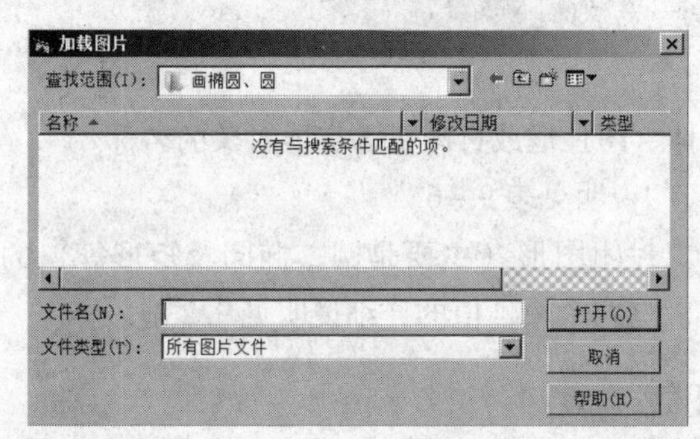

图 9-14 加载图片窗口

（2）程序运行阶段加载图片。使用 LoadPicture 函数加载图形，其语法格式为：

```
Object.Picture = LoadPicture("图片文件名")
```

其中，Object 是当前窗体或图片框等容器对象。

例如，设计程序，单击当前窗体 Form1 后加载一幅指定的图片文件，指令如下：

```
Form1.Picture = LoadPicture("F:\photo\fish.jpg")
```

9.4.3　图片的移动

Move 方法可以使对象（除了图片外，还有按钮控件、文本框控件）移动。

语法格式：

```
[对象名].Move Left,[Top],[Width],[Height]
```

其中：

- 对象名指被移动的控件对象。
- Left 为必选参数，指对象移动目的坐标的左上顶点横坐标。
- Top 为可选参数。指对象移动目的坐标的左上顶点纵坐标。
- Width 和 Height 为可选参数，分别指对象的宽度和高度。

9.5　图形的变换

使用 PaintPicture 方法，可以在窗体、图片框和 Printer 对象上的任何地方绘制图形，对图形进行复制、翻转、改变大小、重新定位及水平或垂直翻转等操作。

该方法只能对用 Picture 属性、LoadPicture 函数设置的图形进行操作，用绘图方法绘制的图形在未存储成图形文件前不能用它操作。其使用格式如下：

```
object.PaintPicture pic,dx,dy,dw,dh,sx,sy,sw,sh,opcode
```

其中各参数的说明如下：

- object：可选的，是窗体或图片框对象。如果省略，默认对象为带有焦点的窗体。
- pic：必需的，指要绘制到 object 上的图形源。它由窗体或图片框的 Picture 属性决定。
- dx、dy：必需的，是传送目标矩形区域左上角坐标，可以是目标控件的任一位置。
- dw、dh：可选的，是目标矩形区域的宽和高。
- sx、sy：可选的，是要传送图形矩形区域左上角坐标。
- sw、sh：可选的，是要传送图形区域的大小。
- opcode：可选的，指定传送的像素与目标中现有的像素组合模式。

应用时可以省略变换格式中任何可选的尾部参数。如果省略了一个或多个可选的尾部参数，则不能在指定的最后一个参数后面使用逗号。如果想指定某个可选参数，则必须先指定语法中出现在该参数前面的全部参数。

PaintPicture 方法中的参数除 Opcode 外，度量单位受到 ScaleMode 属性的影响，结果受到 AutoRedraw 属性的影响，在使用该方法前，最好将 ScaleMode 属性设置为像素，AutoRedraw 属性设置为 True。

在使用 PaintPicture 方法复制时翻转只要改变坐标系即可。如果设置图形宽 sw 为负数，则水平翻转图形；如果设置图形高度 sh 为负数，则上下翻转图形；如果宽度和高度都为负数，则两个方向翻转图形。例如，目标宽度为负数，PaintPicture 方法将像素复制到原点的左边，如果控件的坐标原点在左上角，目标图形就在控件以外，为使目标图形复制到控件中，必须将原点设置到另一角，实现时可以任意选定源或目标的坐标系。

【例 9-6】 设计一个窗体，以说明 PaintPicture 方法的使用方法。

新建一个工程，在窗体 Form1 中分别添加图片框 Picture1 和 Picture2，命令按钮 Command1 和 Command2。Picture1 的 Picture 属性设置为 beany. cur，Picture2 的 AutoRedraw 属性设置为 True，如图 9-15 所示。

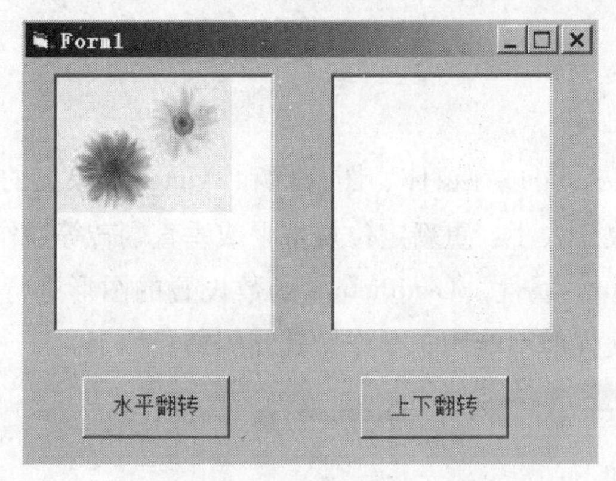

图 9-15　程序界面设计

各控件属性设置如表 9-9 所示。

表 9-9　程序界面上各控件属性设置

控件名	属性	属性值	说明
Picture1	Picture	flower. jpg	事先加载一幅图片
Picture2	AutoRedraw	True	用于显示变换结果
Command1	Caption	“水平翻转”	用于水平翻转图片
Command2	Caption	“上下翻转”	用于上下翻转图片

给命令按钮 Command1 和 Command2 分别设计如下事件过程：

```
Private Sub command1_Click()                    '实现图片的水平翻转
    Dim sw, sh, sx, sy As Integer
    sw = Picture1.ScaleWidth
    sh = Picture1.ScaleHeight
    sx = sw
    sy = 0
    Picture2.Picture = LoadPicture("")                '清除原有图片
    Picture2.PaintPicture Picture1.Picture, 0, 0, sw, sh, sx, sy, - sw, sh
End Sub
Private Sub Command2_Click()                    '实现图片的上下翻转
    Dim sw, sh, sx, sy, dw, dh As Integer
    sw = Picture1.ScaleWidth
    sh = Picture1.ScaleHeight
    dw = 1.5 * sw                               '实现对图片的放大
    dh = 1.5 * sh
    sx = 0
    sy = sh
    Picture2.Picture = LoadPicture("")                '清除原有图片
    Picture2.PaintPicture Picture1.Picture, 0, 0, dw, dh, sx, sy, sw, - sh
End Sub
```

执行本工程，单击“水平翻转”命令按钮，如图9-16所示，从中看到Picture2中的图片已发生了水平翻转。单击“上下翻转”命令按钮，如图9-17所示，看到Picture2中的图片已发生了上下翻转。

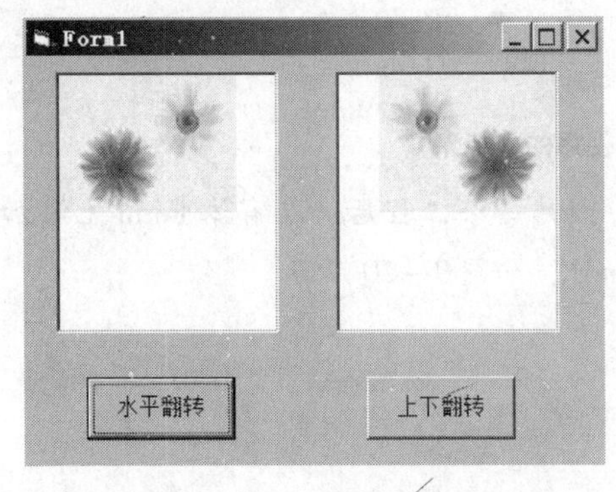

图9-16　实现水平翻转

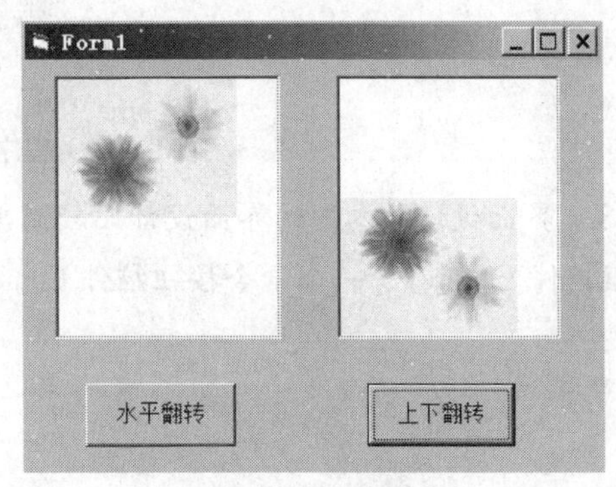

图9-17　实现上下翻转

9.6 绘图程序设计案例

【例 9-7】 设计一个程序，完成函数 $y=\cos(3x)\times\sin(5x)$ 曲线的绘制。

分析：

(1) 函数 $y=\cos(3x)\times\sin(5x)$ 的曲线如图 9-18 所示。

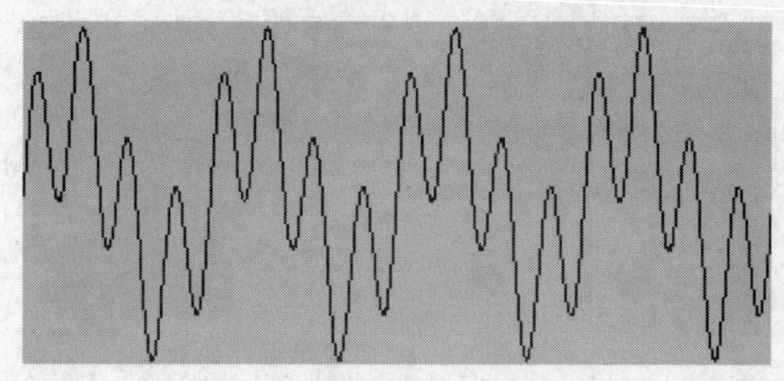

图 9-18 函数 $y=\cos(3x)\times\sin(5x)$ 的曲线

(2) 要设计这个程序，首先要定义坐标系。为了避免坐标运算，将图片框的坐标系定义为如图 9-19 所示的形式。

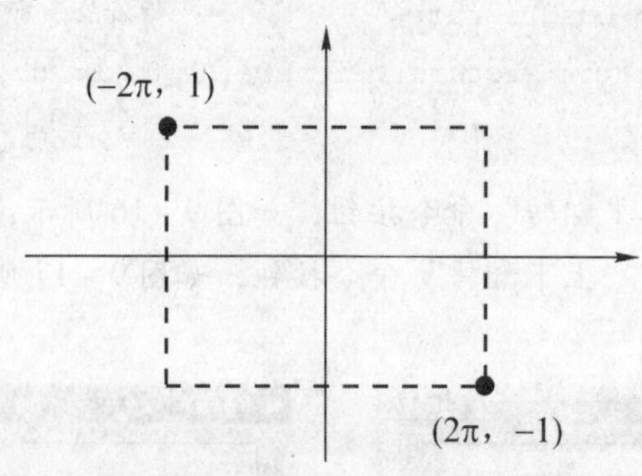

图 9-19 程序中使用的坐标系

(3) 界面设计。本题的界面设计比较简单，新建一个工程后，在窗体 Form 上添加一个图片框控件 Picture1、一个命令按钮控件 Command1，如图 9-20 所示。

图9-20 程序界面设计

(4) 设计程序代码：命令按钮 Comamnd1 的 Click 代码如下：

```
Private Sub Command1_Click()
    Dim i, pi
    pi =4 * Atn(1)                                  '求圆周率
    Picture1.Scale ( -2 * pi, 1) -(2 * pi, -1)      '建立坐标系
    Picture1.CurrentX = -2 * pi                     '设置当前坐标位置
    Picture1.CurrentY =0
    For i = -2 * pi To 2 * pi Step 0.01
        Picture1.Line -(i, Cos(3 * i) * Sin(5 * i))  '绘制曲线
    Next i
End Sub
```

(5) 运行程序，得到如图9-21所示的结果。

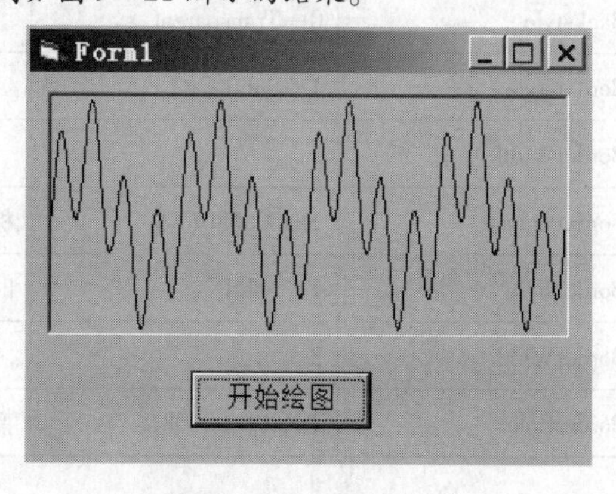

图9-21 程序运行结果

【例9-8】设计程序，实现课前思考题中的指针式电子挂钟。

设计步骤：

（1）构造用户界面。新建一个工程，在窗体 Form1 在添加 1 个 Shape 控件（画一个圆），3 个 line 控件（作为 3 条不同颜色的指针），1 个标签控件（用于显示数字时间）和 1 个定时器控件（用来计时），如图 9-22 所示。

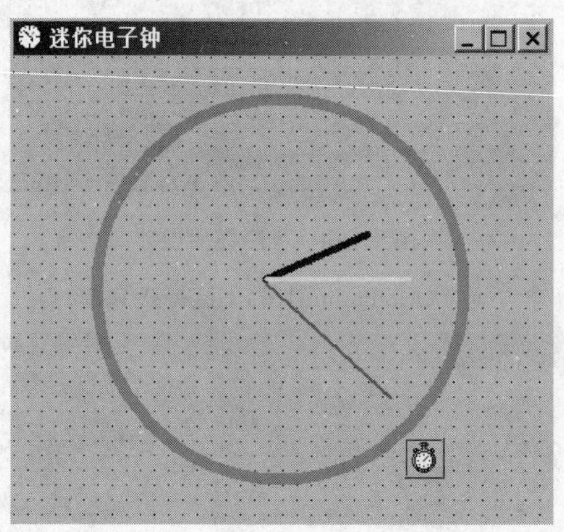

图 9-22 时钟界面设计

（2）设置各控件属性。各控件的属性设置如表 9-10 所示。

表 9-10 窗体上各控件属性设置

控件名	属性	属性值	说明
Shape1	Shape	3—Circle	画一个圆，作为钟面
	Backstyle	0—Transparent	
	Borderstyle	1—Solid	
	BorderWidth	5	
	BorderColor	&H000080FF&	棕黄色
Line1	Borderstyle	1—Solid	时针
	BorderWidth	3	
	BorderColor	&H800000008&	黑色

续表

控件名	属性	属性值	说明
Line2	Borderstyle	1—Solid	分针
	BorderWidth	3	
	BorderColor	&H00FF0000&	蓝色
Line3	Borderstyle	1—Solid	秒针
	BorderWidth	3	
	BorderColor	&H000000FF&	红色
Label1	Caption	""（空白）	显示数字时间

（3）程序代码设计：

```
Option Explicit
Dim r As Single, x0 As Integer, y0 As Integer     '半径及圆心

Private Sub Form_Click()              '单击窗体可使电子钟暂停
    Timer1.Enabled = Not Timer1.Enabled
End Sub

Private Sub Form_Resize()
    Dim i As Integer
    Form1.Cls
    Timer1.Interval = 1000
    x0 = Form1.ScaleWidth/2
    y0 = Form2.ScaleHeight/2
    Shape1.Move x0 - Shape1.Width/2, y0 - Shape1.Height/2
                                    '移圆至窗体中心
    Line1.X1 = x0                   '移指针一端至窗体中心
    Line2.X1 = x0
    Line3.X1 = x0
    Line1.Y1 = y0
    Line2.Y1 = y0
    Line3.Y1 = y0
```

```
    r = Shape1.Width / 2 - 80
    For i = 0 To 330 Step 30                    '画电子钟的刻度线
        If i Mod 90 = 0 Then
            Form1.DrawWidth = 5
            Form1.ForeColor = VbRed
            Form1.Line (x0 + r * Sin(i * 3.1416 / 180), y0 - r * Cos(i * 3.1416 / 180)) -
(x0 + r * 0.85 * Sin(i * 3.1416 / 180), y0 - r * 0.85 * Cos(i * 3.1416 / 180))
        Else
            Form1.ForeColor = VbBlue
            Form1.DrawWidth = 3
            Form1.Line (x0 + r * Sin(i * 3.1416 / 180), y0 - r * Cos(i * 3.1416 / 180)) -
(x0 + r * 0.9 * Sin(i * 3.1416 / 180), y0 - r * 0.9 * Cos(i * 3.1416 / 180))
        End If
    Next i
    Form1.ForeColor = VbBlack
    For i = 30 To 360 Step 30                   '写电子钟的时间刻度值
        Form1.CurrentX = x0 + r * 0.75 * Sin(i * 3.1416 / 180) - 170
        Form1.CurrentY = y0 - r * 0.75 * Cos(i * 3.1416 / 180) - 100
        Form1.Print i \30
    Next i
End Sub

Private Sub Timer1_Timer()
    Dim h As Integer, m As Integer, s As Integer  '时、分、秒
    Dim hh As Single, mm As Single, ss As Single
                                                '时、分、秒所对应的角度数
    h = Hour(Time)
    m = Minute(Time)
    s = Second(Time)
    If s = 0 Then Beep
    ss = s * 6                                  '1 秒转过 6 度
    mm = (m + s / 60) * 6                       '1 分钟转过 6 度
    hh = (h + m / 60 + s / 3600) * 30           '1 小时转过 30 度
```

```
    Label1.Caption = h & "时" & m & "分" & s & "秒"
                                        '确定指针的另一端位置
    Line1.X2 = x0 + r * 0.6 * Sin(hh * 3.1416 / 180)
    Line1.Y2 = y0 - r * 0.6 * Cos(hh * 3.1416 / 180)
    Line2.X2 = x0 + r * 0.7 * Sin(mm * 3.1416 / 180)
    Line2.Y2 = y0 - r * 0.7 * Cos(mm * 3.1416 / 180)
    Line3.X2 = x0 + r * 0.9 * Sin(ss * 3.1416 / 180)
    Line3.Y2 = y0 - r * 0.9 * Cos(ss * 3.1416 / 180)
End Sub
```

(4) 运行结果及程序结构分析。

按下F5键或单击工具栏上的“运行”按钮，弹出如图9－23所示窗口，单击鼠标左键，电子钟停止计时，再次单击鼠标左键，电子钟继续计时。

图9－23 指针式时钟运行结果

【本章小结】

本章主要介绍了在VB中进行绘图设计的基本方法。首先，介绍了VB提供的系统标准坐标系和用户自定义坐标系两种方式的坐标系，详细阐述了VB提供的绘图控件：Line（线条)、Shape（形状），介绍了Cls、Line、Circle、PSet等绘制图形的方法。利用这些图形控件和绘图方法，可绘制了各种几何图形，对图形进行多种处理，实现各种特殊效果，等等。通过指针式电子钟编程实例，介绍了绘图命令、方法的具体运用。

【想一想　自测题】

一、单项选择题

9－1. 在设计动态绘图效果时，用时钟控件来控制动画速度的属性是（　　）。

A. Enabled　　B. Interval

C. Timer　　D. Move

9－2. 用 Line 方法画直线后，当前坐标在（　　）。

A. （0，0）　　B. 直线起点

C. 直线终点　　D. 容器的中心

9－3. 在下列选项中，不能将图像装入图片框和图像框的是（　　）。

A. 在界面设计时，通过 Picture 属性装入

B. 在界面设计时，手工在图像框和图片框中绘制图形

C. 在界面设计时，利用剪贴板把图像粘贴上

D. 在程序运行期间，用 LoadPicture 函数把图形文件装入

9－4. 下面错误的语句是（　　）。

A. Line（200，200）－（400，400），RGB（255，0，0）

B. Line（200，200）－（400，400），，B

C. Line（200，200）－（400，400），，F

D. Circle（600，600），300，RGB（255，0，0）

9－5. 在下面的选项中，能绘制填充矩形的语句是（　　）。

A. Line（200，200）－（500，500），B

B. Line（200，200）－（500，500），，BF

C. Line（200，200）－（500，500），BF

D. Line（200，200）－（500，500）

9－6. 在下面的选项中，能绘制一条水平直线的选项是（　　）。

A. Line（1000，2000）－（1000，2000）

B. Line（1000，2000）－（1000，3000）

C. Line（1000，2000）－（2000，2000）

D. Line（1000，2000）－（2000，3000）

9-7. 在下面的选项中，能绘制椭圆的语句是（　　）。

A. Circle (1000, 1000), 500, RGB (255, 0, 0), 0.5

B. Circle (1000, 1000), 500, RGB (255, 0, 0),, 0.5

C. Circle (1000, 1000), 500, RGB (255, 0, 0),,, 0.5

D. Circle (1000, 1000), 500, RGB (255, 0, 0),,,, 0.5

9-8. 图像框（Image）和图片框（Picture）在使用时有所不同，以下叙述中正确的是（　　）。

A. 图片框比图像框占内存少　　B. 图像框内还可包括其他控件

C. 图片框有Stretch属性而图像框没有　　D. 图像框有Stretch属性而图片框没有

9-9. 以下各项中，Visual Basic不能接收的图形文件是（　　）。

A. ICO文件　　B. JPG文件

C. PSD文件　　D. BMP文件

9-10. 为了使图片框的大小可以自动适应图片的尺寸，则应设置图片框的（　　）属性。

A. 将其Autosize属性值设置为True

B. 将其Autosize属性值设置为False

C. 将其Stretch属性值设置为True

D. 将其Stretch属性值设置为False

9-11. 为清除PictureBox控件中的图形，下列方法正确的是（　　）。

A. Set Picture. Picture = LoadPicture ("C: \ win1. bmp", VbLPLarge, VbLPColor)

B. Picture. Picture = LoadPicture ("C: \ win1. bmp", VbLPLarge, VbLPColor)

C. Set Picture. Picture = LoadPicture

D. Picture. Picture = LoadPicture ("")

9-12. 以下哪类控件能用来显示图形：（　　）。

A. Label　　B. PictureBox

C. TextBox　　D. OptionButton

9-13. 以下控件中可以作为容器控件的是（　　）。

A. Image图像框控件　　B. PictureBox图片框控件

C. TextBox文本框控件　　D. ListBox列表框控件

9-14. 以下关于图片框控件的说法中，错误的是（　　）。

A. 可以通过Print方法在图片框中输出文本

B. 清空图片框控件中图形的方法之一是加载一个空图形

C. 图片框控件可以作为容器使用

D. 用 Stretch 属性可以自动调整图片框中图形的大小

9-15. 在 Visual Basic 中，(　　) 属性用于设置窗体的背景色。

A. BackColor　　B. Font

C. Caption　　D. FillColor

9-16. 用 Cls 方法可清除窗体或图片框中的信息的是（　　）。

A. Picture 属性设置的背景图案　　B. 在设计时放置的控件

C. 程序运行时产生的图形和文字　　D. 以上方法都对

9-17. 若在 Shape 控件内以 FillStyle 属性所指定的图案填充区域，而填充图案的线条的颜色由 FillColor 属性指定，非线条的区域由 BackColor 属性填充，则应（　　）。

A. 将 Shape 控件的 FillStyle 属性设置为 2 至 7 间的某个值，BackStyle 属性设置为 1

B. 将 Shape 控件的 FillStyle 属性设置为 0 或 1，BackStyle 属性设置为 1

C. 将 Shape 控件的 FillStyle 属性设置为 2 至 7 间的某个值，BackStyle 属性设置为 0

D. 将 Shape 控件的 FillStyle 属性设置为 0 或 1，BackStyle 属性设置为 0

9-18. 比较图片框（PictureBox）和图像框（Image）的使用，正确的描述是（　　）。

A. 两类控件都可以设置 AutoSize 属性，以保证装入的图形可以自动改变大小

B. 两类控件都可以设置 Stretch 属性，使得图形根据物件的实际大小进行拉伸调整，保证显示图形的所有部分

C. 当图片框（PictureBox）的 AutoSize 属性为 False 时，只在装入图形文件（*.wmf）时，图形才能自动调整大小以适应图片框的尺寸

D. 当图像框（Image）的 Stretch 属性为 False 时，图像框会自动改变大小以适应图形的大小，使图形充满图像框

二、填空题

9-19. 以窗体 Form1 的中心为圆心，画一个半径为 500 的圆的语句是______。

9-20. 若窗体的左上角坐标为（-200，250），右下角坐标为（300，-150），则 X 轴的正向朝向______，Y 轴的正向朝向______。

9-21. 窗体 Form1 的左上角坐标为（0，600），窗体 Form1 的右下角坐标为（800，-200）。X 轴的正向朝向______，Y 轴的正向朝向______。

9-22. 执行指令 "Line (200，200,) - Step (500，500,)" 后，CurrentX = ______。

分析：语句中 Step（500，500）的意思是相对于当前点（200，200）的坐标，则当前

坐标 CurrentX = 700。

9-23. 执行指令“Line (200, 200,) - (500, 500,)”后，CurrentX = ________。

9-24. 要使图像框能够自动调整大小以适应其中的图形，应将图像框________属性设置为________。

三、做一做 上机实践

9-25. 编程序，在窗体上绘制圆的渐开线，绘制效果如图9-24所示。

已知，圆的渐开线直角坐标系的参数方程为：

$$\begin{cases} x = a(\cos t + t\sin t) \\ y = a(\sin t - t\cos t) \end{cases},$$

图9-24 圆的渐开线

9-26. 仿照例9-3，编程绘制下列函数曲线：

(1) $y=\cos(\theta)$ 运行结果如图9-25所示。

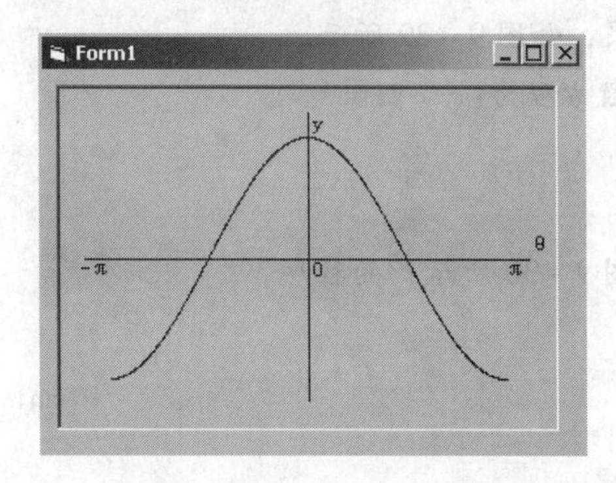

图9-25 $y=\cos(\theta)$ 曲线

（2）$y=e^x$，如图 9－26 所示。

（3）$y=\sin(x)\sin(x)-\cos(x)\cos(x)$，如图 9－27 所示。

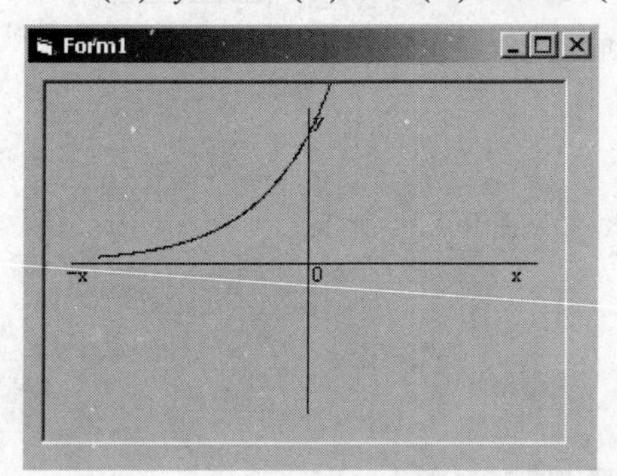

图 9－26　$y=e^x$ 曲线

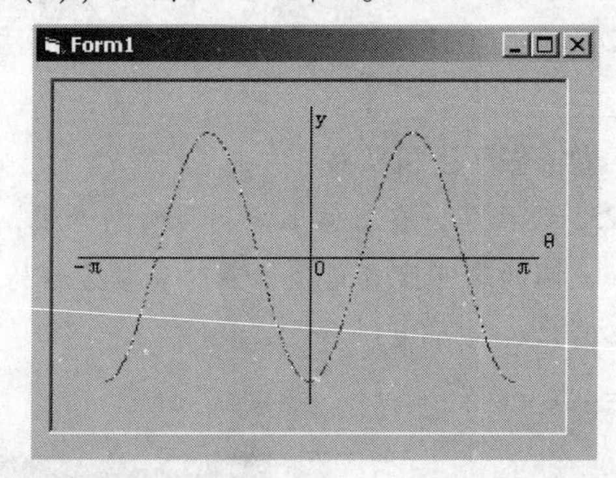

图 9－27　$y=\sin(x)*\sin(x)-\cos(x)*\cos(x)$ 曲线

（4）$y=x(\sin(x)\sin(x)-\cos(x)\cos(x))$，如图 9－28 所示。

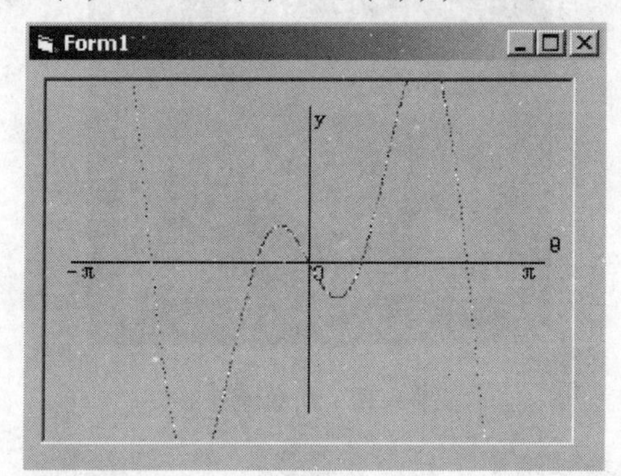

图 9－28　$y=x*(\sin(x)*\sin(x)-\cos(x)*\cos(x))$ 曲线

（5）$y=x^2/2$ 运行结果，如图 9－29 所示。

9－27. 已知，圆的参数方程为：

$$\begin{cases} x=a\cos t \\ y=a\sin t \end{cases}$$

编写一个绘制圆（如图 9－30 所示）的程序。

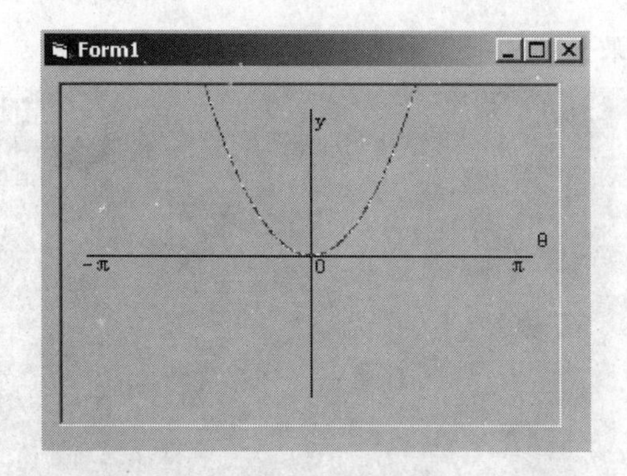

图 9－29　$y=x^2/2$ 曲线

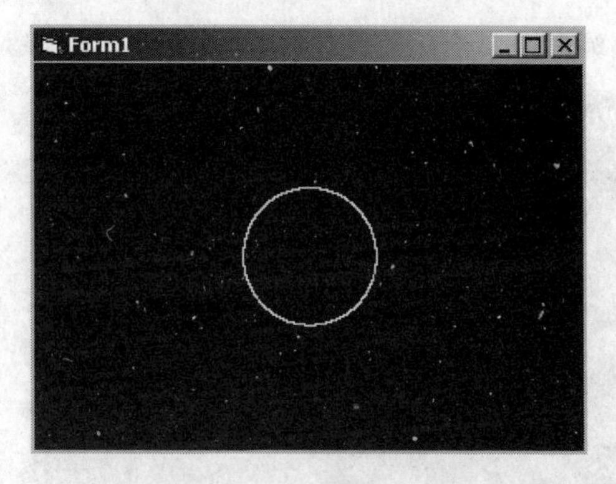

图 9－30　绘制圆图形结果

如果将程序

```
xt = a * Cos(t)
yt = a * Sin(t)
```

改为：

```
xt = a * Cos(t)
yt = b * Sin(t)
```

其中 a > b，就可得到一个长轴为 X 轴的椭圆，如图 9－31 所示。想一想，如果要得到长轴为 Y 轴的椭圆，该怎样修改程序？

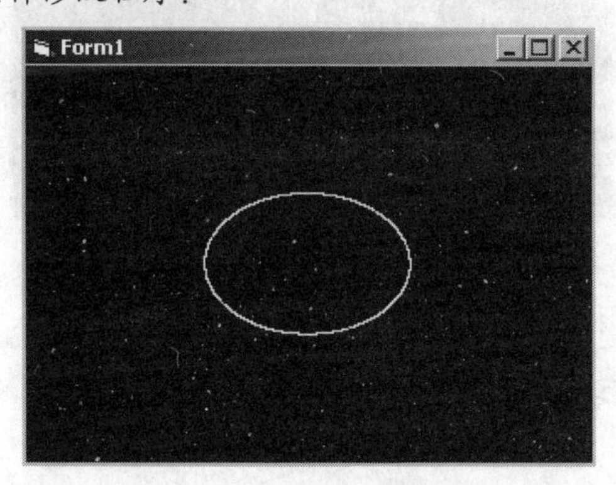

图 9－31　程序运行结果

9－28. 已知李萨茹图形的参数坐标方程为：

$$X = A_1\sin\ (\omega_1 t + \psi_1)$$

$$Y = A_2\sin\ (\omega_2 t + \psi_2)$$

编写绘制李萨茹图形的程序。程序运行结果如图 9－32 和图 9－33 所示。

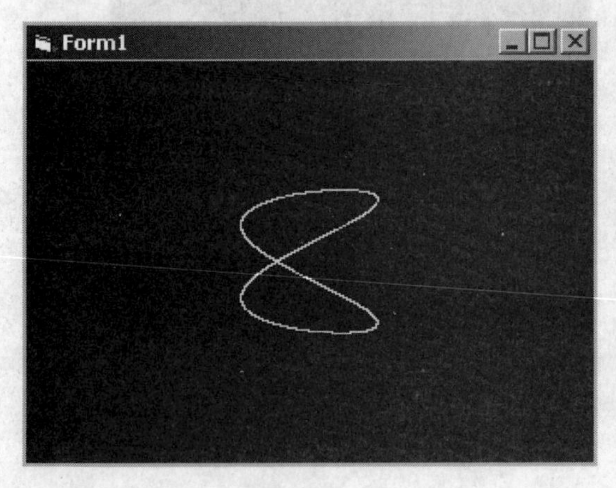

图 9－32　李萨茹图形 $\omega_1=2\omega_2$

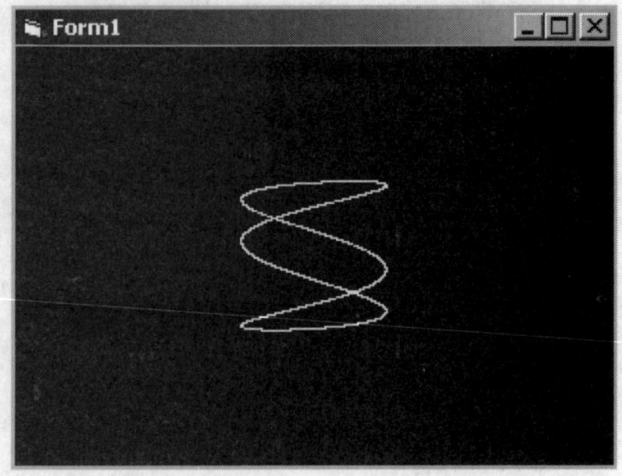

图 9－33　李萨茹图形 $\omega_1=3\omega_2$

9－29. 设计程序，如图 9－34 所示，鼠标左键单击，颜色发生改变，鼠标右键单击，矩形框显示或隐藏。

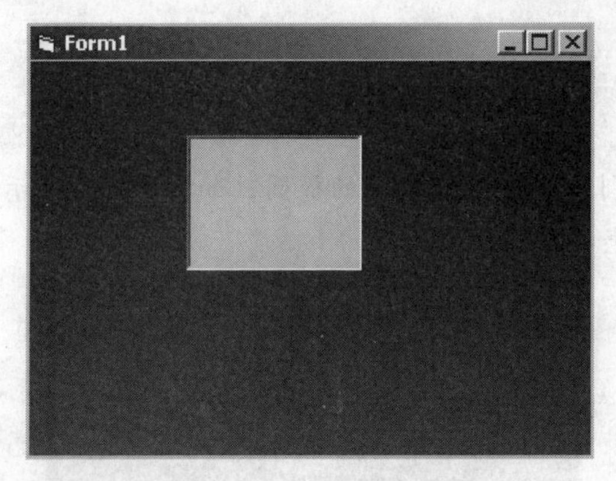

图 9－34　颜色变换

【看一看　网络课件学习】

1. 通过网络课件的 BBS 论坛给老师发帖提问，与同学讨论学习的心得体会。

2. 利用手机登录移动课件，在“自我检测”栏目中做有关本章节的自测题，看看你掌握知识的情况如何。

3. 登录移动课件“他山之石”栏目所给的网址，浏览网上的有关资源，拓展你的视野。

第10章　文件处理

导　读

文件的读、写操作，实际上就是对文件上数据的取出和写入的过程。

打开文件，实质上就是将文件由磁盘调入内存，获得对这个文件的控制权，等待程序的进一步处理；写文件操作实际上就是对已经调入内存的文件中的数据所进行的各种编辑操作，如读取数据、修改数据、删除数据等。关闭文件操作实质上就是放弃对文件的控制权，将文件存回到磁盘。因此，文件操作在有大量数据需要处理的应用程序中非常重要。

本章内容介绍 VB 的文件类型和对于不同类型文件的读、写操作，讲解在 VB 中各种进行文件读写操作的语句和方法，详细介绍 VB 中专门用于文件处理的驱动器列表框（DriveListBox）控件、目录列表框（DirListBox）控件和文件列表框（FileListBox）控件在文件处理中的功能以及程序设计方法。

学习目标	了解文件的分类，熟悉不同类型文件的基本读写操作语句，掌握文件处理控件的使用方法
应知	文件的分类，不同类型文件的适用范围
	不同类型文件的基本读写操作语句
	理解并掌握 Open ... For Input 和 Open For Output 语句的区别
	理解并掌握 VB 中各个文件处理控件的应用方法、重要属性和重要事件
应会	运用文件处理控件进行可视化程序设计
难点	二进制文件的读写操作
	文件处理控件的属性、事件和方法

学习方法

自主学习：自学文字教材。

参加面授辅导课学习：在老师的辅导下深入理解课程知识与内容。

上机实习：结合上机实际操作，对照文字教材内容，深入了解 VB 中文件处理的方法和过程。通过上机实习完成课后作业与练习，巩固所学知识。

小组学习：参加小组学习，通过与小组中同学的讨论沟通，交流学习经验。

上网学习：通过网络课件或移动课件，进入 BBS 论坛，向老师发帖提问，获得学习帮助；参加同学之间的学习讨论，深入探讨文件处理的原理和方法，通过团队学习获得帮助并尽快掌握课程内容。

课前思考

当程序设计时遇到大量数据需要处理时，该怎样向处理程序输送数据？数据文件以什么样的类型存储更适合实际应用的需要？怎样用 VB 设计出直观、简便的文件处理程序？需要用哪些控件？使用这些文件处理控件时应注意它们的哪些重要属性和事件方法？

教学内容

10.1 文件的基本概念和分类

在计算机中，所谓文件，就是存储在外部存储介质上的数据和程序的集合。文件名就是识别文件的标识。为了方便用户存取，在计算机系统中，都包含文件管理系统，以文件为单位管理这些数据和程序，向用户提供对文件的各种处理操作，诸如打开、读写、编辑、删除等。

在 Windows 中编程时，常常要对文件、文件夹等进行添加、移动、修改、创建和删除等操作，这当中还涉及获得驱动器的信息和对驱动器的操作。VB 允许用两种不同的方法来对文件、文件夹和驱动器进行操作。一种是使用传统的 Open 和 Write 等语句实现，另一种是通过使用VB系统提供的FileSystem Object（FSO）对象模型实现。从VB的第一版到现在，文件处理都是通过使用Open语句等一些相关语句和函数来实现的，现在这种方法逐步被淘汰并转向使用FSO对象模型。

通常，根据文件包括什么类型的数据（文件的组成结构）和文件的存取方式来确定文件的类型。如果按照文件的存取方式及组成结构，可以把文件分为顺序文件和随机文件；如果按照文件数据的编码方式，可以把文件分为ASCII码文件和二进制文件；如果按照文件的特征属性，可以把文件分为系统文件、隐藏文件、只读文件、存档文件和读写文件等；如果按照文件的数据性质，可以把文件分为程序文件和数据文件。在实际应用中，可以根据不同的需要选择不同类型的文件进行数据的存储和管理。

10.2 文件的输入输出操作

在VB中，常常对3种类型的文件进行处理与操作。这3种文件分别是：顺序文件、随机文件和二进制文件。

虽然每种文件的存取方式有所不同，但处理的步骤大体相似，都有以下基本过程：

（1）使用Open语句打开文件，并为文件指定一个文件号。所谓打开文件，本质上就是将磁盘上的文件数据调入指定的内存缓冲区。程序根据文件的存取方式使用不同的模式打开文件。

（2）从文件中将全部或部分数据读取到变量中。

（3）使用、处理或编辑变量中的数据。

（4）将处理后的数据重新写回文件中。

（5）文件操作结束，使用Close语句关闭文件。所谓关闭文件，本质上就是将保存在内存缓冲区中的文件存入磁盘，并释放内存缓冲区。

下面，分别就顺序文件、随机文件和二进制文件的处理操作进行介绍。

10.2.1 顺序文件的读写操作

顺序文件的特点是文件中文本数据的写入、存放和读取的顺序是一致的。也就是说，最先写入的数据放在文件的最前面，随后写入的数据依次向后存放。读取时先读最前面的数据，然后再依次向后读取其他各个数据。通常，顺序文件指的是普通的文本文件，文件中的字符包括文本字符及控制字符，如换行符等。数据是以ASCII码保存的，如图10－1所示。

V	B	6	·	0	S	y	s	t	m		nul

图 10－1 ASCII 码

在顺序文件中查找某个数据必须从文件头开始找起，逐个比较，直到找到目标为止。若要修改某个数据，则需将整个文件读出来，修改后再将整个文件写回磁盘，因此很不灵活。但由于顺序文件是按行存储，所以这种方式对于需要以文本文件的形式进行存储和管理的应用程序来说就是非常理想的。例如，一般的程序文件（如 C 程序文件）都是顺序文件。

顺序文件的优点是操作简单，缺点是无法任意取出某一个记录来修改，一定得将全部数据读入，在数据量很大时或只想修改某一个记录时，显得非常不方便。一般的顺序文件只用于要求少量空间、不经常进行数据修改的有规律的文本文件。

(1) 顺序文件的打开和关闭。由于顺序文件按行存储，通常它是一个文本文件，数字和字符均以 ASCII 码形式存储。下面讨论顺序文件的操作语句。

① 打开顺序文件。打开顺序文件的语句格式为：

```
Open <文件名> [for MOD1][Access MOD2][Lock] As [#] <文件号> [Len = buffersize]
```

说明：

<文件名>为需要打开的包括路径的文件名，如 C：\ MyFile \ file1. txt。

可选参数 MOD1 指定了文件的存取方式，有 3 种方式可选：

- Input（输入）：相当于读文件。用 Input 方式只能打开已经存在的文件。
- Output（输出）：相当于写文件。用 Output 方式能够将数据以覆盖方式写入磁盘文件中（原有数据被覆盖）。
- Append（添加）：相当于将数据添加在文件尾部。

当以 Output 和 Append 方式打开一个不存在的文件时，Open 语句会首先创建该文件，然后再打开它。

可选参数 MOD2 叫作访问方式，指定文件的读写模式，说明打开文件所允许的操作，也有 3 种模式可选：

- Read：只读模式，只能将数据从文件读到内存中，不能改写。
- Write：只写模式，只能往文件中写入数据信息。
- ReadWrite：读写模式，对文件中的数据可读可写，但只限于 Append 方式。

可选参数 Lock 设定其他应用程序是否可以访问该文件，有 3 种锁定模式可选：

- Shared：其他程序可以对该文件进行读写操作。
- Lock Read：锁定读操作，不允许其他程序对该文件进行读取操作。

- Lock Write：锁定写操作，不允许其他程序对该文件进行写操作。

<文件号>可以为打开的文件指定一个缓冲区号（1～511 的一个整数），Len 指定该缓冲区的大小，buffersize 则为小于或等于 32 767 Byte 的一个整数。如果是顺序文件，该数值就是文件的字符数。

例如：

以读方式打开 D 盘 myfile 文件夹中的 file1. txt 文件，语句为：

```
Open "D:\myfile\file1.txt" for input As #1
```

以写方式打开 D 盘 myfile 文件夹中的 file2. txt 文件，语句为：

```
Open "D:\myfile\file2.txt" for Output As #2
```

以添加方式打开 D 盘 myfile 文件夹中的 file3. txt 文件，语句为：

```
Open "D:\myfile\file3.txt" for Append As #3
```

② 顺序文件的关闭。文件打开进行各种操作结束后，要进行关闭操作。关闭顺序文件的语句格式为：

```
Close [[[#]<文件号>],[[#]<文件号>]...]
```

说明：

<文件号> 指 Open 语句打开文件时指定的文件号。

Close 语句可以同时关闭多个已经打开的文件。

例如：

关闭文件号为 1 的文件：

```
Close #1
```

同时关闭文件号为 1 和 2 的两个已打开文件：

```
Close #1,#2
```

关闭所有已打开的文件：

```
Close
```

（2）其他函数。在对文件的操作过程中，无论哪种文件类型（随机、顺序、二进制）的文件，经常要用到下列函数：

① LOF（）函数，以字节方式返回被打开文件大小。其调用语法如下：

```
LOF(文件号)
```

例如，LOF（1）返回#1 文件的长度。

② LOC（）函数，返回被打开文件的当前位置。其调用语法如下：

```
LOC(文件号)
```

对于顺序文件的计算以 128 字节为单位，返回当前文件是第几个 128 字节；对于随机文件，它返回当前读写的记录号；对于二进制文件，返回当前的字节位置。

③ Eof（）函数，返回值指出读文件过程中是否到了文件末端。其调用语法如下：

```
Eof(文件号)
```

返回 True，则到达文件末端；否则返回 False。

对于顺序文件，读写操作不能同时进行。每进行一次读或写操作，都必须重新打开文件，读或写完之后再关闭文件。

（3）顺序文件的写操作。以 Output 或 Append 方式打开顺序文件后，可以使用 Print#语句或 Write#语句向文件中写（输出）数据。

```
Print #语句
```

语句格式：

```
Print #<文件号>,[输出项列表]
```

说明：

① Print 语句的功能是将各输出项的值写入到指定的文件中。

② 输出项可以是常量、变量或表达式，输出项多于一个时，各输出项之间可以用逗号或分号分隔。

③ 输出项用分号分隔时，按紧凑格式输出到文件。如果输出项是字符串，则输出项之间不留空格；如果输出项是数值型数据，则在整数前面留一个前导空格，在负数前面输出一个负号。

④ 输出项之间使用逗号分隔时，按 10 列一个分区的分区格式输出到文件。

⑤ 在输出项中可以使用 Spc（*n*）函数输出 *n* 个空格，使用 Tab（*n*）函数指定其后的输出项从第 *n* 列开始输出。

⑥ 语句的末尾可以加分号、逗号或不加任何符号。加分号时，表示下一个 Print#语句的输出不换行，直接按紧凑格式输出；加逗号时，也表示不换行，但是按分区格式输出；不使用任何符号时，表示下一个 Print#语句的输出项换行输出。

【例 10－1】 使用 Print#语句将数据写入到 G 盘 myFile 文件夹中的文件 file1. txt。

先在 G 盘上建立文件夹 myFile，然后运行 VB，创建一个窗体，打开窗体的代码编辑窗口输入以下程序：

```
Private Sub Form_Click()
    Open "G:\myFile\file1.txt" for output as #1
    Print #1,"This is a test"          '向文件输出一行文本信息
    Print #1,                          '向文件输出一个空行
    Print #1,"编号","姓名","性别"      '按分区格式输出数据到文件
    Print #1,"4*9=";4*9;               '按紧凑格式输出数据到文件
    Print #1,Spc(2);"输出空格测试"     '用 Spc 函数向文件中写入两个空格
    Print #1,Tab(8);"跳格输出测试"     '用 Tab 函数从第 8 列开始输出
    Close #1
End Sub
```

运行该程序，单击窗体，就可以在G盘myfile文件夹中建立file1.txt文件，并将数据直接输出到该文件中。输出完毕后，可以在Windows系统中通过记事本打开该文件查看输出的结果，如图10－2所示。

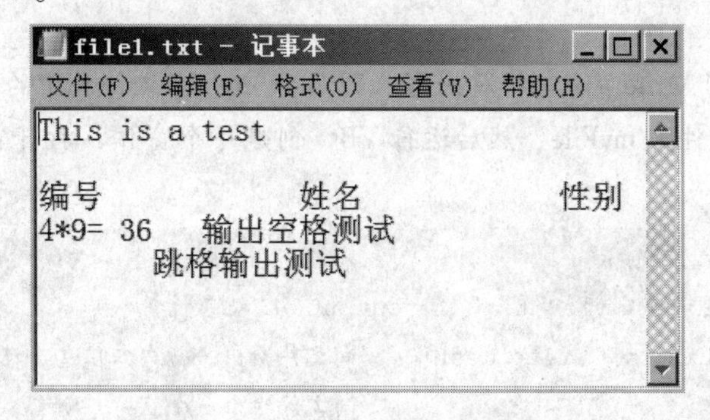

图10－2 Print#语句输出数据的结果

在实际应用中，经常要把一个文本框的内容以文件的形式保存在磁盘上，假设文件名为myfile.txt，文本框名为Text1，共有下列两种方法。

方法一：把整个文本框内容一次性地写入文件。

```
Open "myfile.txt" for output AS #1
Print #1,text1.text
Close #1
```

方法二：把整个文本框的内容一个字符一个字符地写入文件。

```
Open "test.dat" for output AS #1
For I =1 To len(text1.text)
    Print #1,mid(text1.text,I,1)
Next I
Close #1
```

Write # 语句

语句格式:

```
Write # <文件号>,[输出项列表]
```

说明:

Write #语句的功能与 Print #语句基本相同，主要区别是:

① Write #语句在各输出项之间自动插入逗号。

② Write #语句为字符串加双引号。

③ Write #语句在将最后一个字符写入文件后会插入回车换行符，即 Chr（13） + Chr (10)。

【例 10 -2】 使用 Write #语句将数据写入到 G 盘 myFile 文件夹中的文件 file2. txt。

在 G 盘上建立文件夹 myFile，然后运行 VB，创建一个窗体，打开窗体的代码编辑窗口并输入以下程序:

```
Private Sub Form_Click()
    Open "G:\myFile\file2.txt" for output as #1
    Write #1, "This is a Write test"    '向文件输出一行文本信息
    Write #1,                           '向文件输出一个空行
    Write #1, "第一分区","第二分区"       '按分区格式输出数据到文件
    Write #1, "5 * 6 =";5 * 6;          '按紧凑格式输出数据到文件
    Write #1,Spc(2);"输出空格测试"        '用 Spc 函数向文件中写入两个空格
    Write #1,Tab(8);"跳格输出测试"        '用 Tab 函数从第 8 列开始输出
    Close #1
End Sub
```

运行该程序，单击窗体，就可以在 G 盘 myFile 文件夹中建立 file2. txt 文件，并且将数据直接输出到该文件中。输出完毕后，可以在 Windows 系统中通过记事本打开该文件并查看输出的结果，如图 10 - 3 所示。

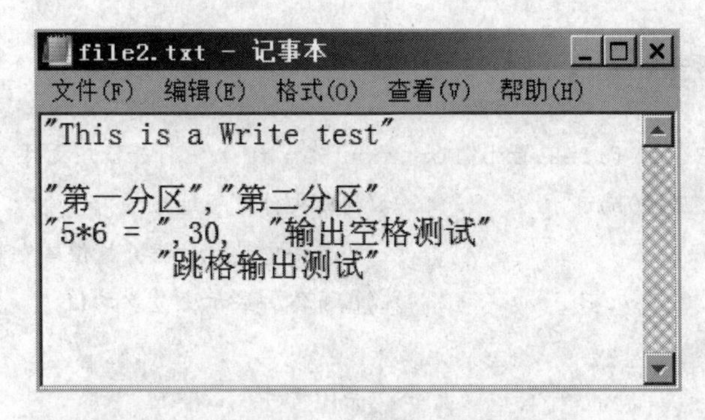

图10－3　用Write#语句写文件的结果

对比图10－2和图10－3可以看出用Print#语句和Write#语句写文件的区别所在：

① Print#语句中用逗号分隔输出项，可以按分区格式输出；而Write#语句使用逗号分隔输出项却不能按分区格式输出，而是在实际输出项之间用逗号分隔。因此对于Write#语句，输出项用逗号还是用分号分隔，实际输出的结果是一样的。

② Print#语句生成的数据文件，数据项之间没有引号，而Write#语句生成的数据文件，数据项之间自动加上了引号。

（4）顺序文件的读操作。以Open .... For Input As方式打开顺序文件后，可以使用Input #语句、Line Input#语句或Input函数从文件中读取数据。

```
Input #语句
```

格式：

```
Input # <文件号>,<变量列表>
```

说明：

① Input #语句的功能是从指定文件中读取数据并将其赋值给对应的变量。

② 变量列表中的变量可以是基本类型的变量和数组元素，但不能是数组或对象变量。

③ Input #语句一般与Write#语句配合使用，即如果数据文件是用Write#写入生成的，那么就应该用Input#读取该数据文件。

【例10－3】使用Input #语句从G盘的myFile文件夹中读取已经建立并存有数据的文件file2. txt中的数据。

启动VB，创建一个工程，在新建的窗体上添加一个按钮Command1，双击命令按钮控件，打开代码编辑窗口，输入以下程序代码：

```
Private Sub Command1_click()
    Dim a
    Open "G:\myFile\file2.txt" For Input As #1     '打开输入文件
    Do While Not Eof(1)                           '判断文件是否结束
        Input #1,A                                '从文件中读取数据并赋值给变量 A
        Print A                                   '在窗体上显示变量 A 的值
    Loop
    Close #1                                      '关闭文件
End Sub
```

其中，函数 Eof ( ) 的作用是检测读取文件时是否到达文件结尾，到达时函数返回值为 True，否则为 Flase，括号内的数值为打开的文件号。

程序运行后，单击命令按钮，可以看到窗体上显示出读取文件中的数据如图 10－4 所示。

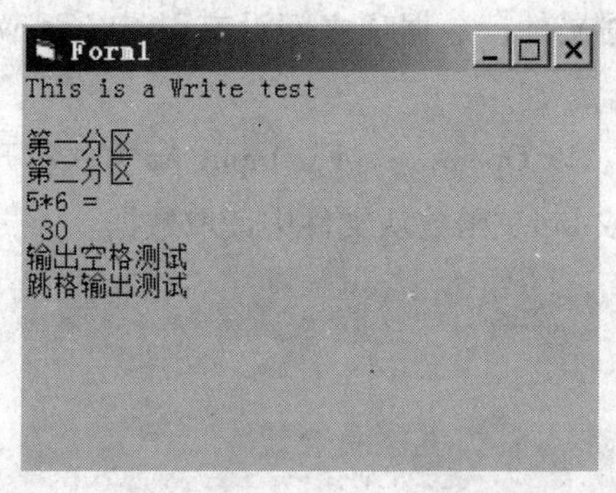

图 10－4 使用 Input #语句读取文件数据的情况

```
Line Input #语句
```

格式：

```
Line Input #<文件号>,<变量>
```

说明：

① 该语句的功能是从指定文件中读取一行数据并将值赋给字符串变量。

② 读取一行数据时，遇到回车符号 Char (13) 或回车换行符号 Char (13) + Char (10) 停止。

③ 一般与 Print#语句配合使用。

【例 10－4】 使用 Line Input#语句从 G 盘的 myFile 文件夹中读取已经建立并存有数据的

文件 file1. txt 中的数据。

启动 VB，创建一个工程，在新建的窗体上添加按钮 Command1，双击命令按钮控件，打开代码编辑窗口，输入以下程序代码：

```
Private Sub Command1_click()
    Dim a
    Open "G:\myFile\file1.txt" For Input As #1    '打开输入文件
    Do While Not Eof(1)                           '判断文件是否结束
        Line Input#1,A                            '从文件中读取数据并赋值给变量A
        Print A                                   '在窗体上显示变量A的值
    Loop
    Close #1                                      '关闭文件
End Sub
```

程序运行后，单击命令按钮，可以看到窗体上显示出读取文件中的数据，如图 10-5 所示。

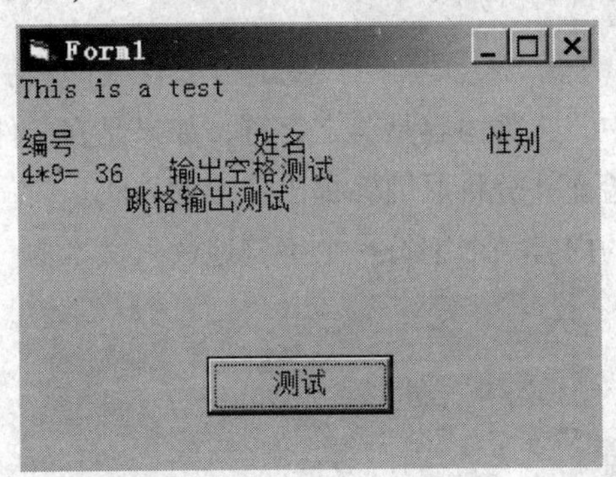

图 10-5 使用 Line Input #语句读取数据结果

对比上述两个程序的输出显示结果，大家可以从中看出什么区别吗？想一想为什么会有这样的区别？

Input 函数

格式：

```
Input( <字符个数>,[#] <文件号>)
```

说明：

该函数的功能是按照参数表中指定的字符个数在指定的文件中读取并返回所有读取的字符，包括逗号、回车符号、空白列、换行符号、引号和前导空格等。

将一个顺序文本文件的内容读入文本框有下列 3 种方法。假定文本框名称为 Text1，文本文件名为 myfile. txt。

方法一：把文本文件的内容一行一行地读入文本框。

```
Text1.text =""
Open "myfile.txt" For Input As #1
Do While Not Eof(1)
    Line Input #1,inputdata
    Text1.text = text1.text + inputdata + Vbcrlf
Loop
Close #1
```

方法二：把文本文件的内容一次性读入文本框。

```
Text1.text =""
Open "G:\myFile\myfile.txt" For Input As #1
Text1.text = Input(lof(1),1)
Close #1
```

注意：在上面的例子中，文件内容是英文字符，如果是在文件内容中，文字符将会发生什么情况呢？请大家上机验证并分析原因，提出修正的办法。

方法三：把文本文件的内容一个字符一个字符地读入文本框。

```
Dim inputdata As string * 1
Text1.text =""
Open "myfile.txt" For Input As #1
Do While Not Eof(1)
    inputdata = Input(1,#1)
    Text1.text = text1.text + inputdata
Loop
Close #1
```

思考：使用 Input 函数分别从刚才建立的 file1. txt、file2. txt 中读取不同数目的字符并在窗体上输出显示出来，看看有什么样的结果，程序应该怎样设计？

10. 2. 2　随机文件的读写操作

随机文件由长度相同的数据记录组成，适合有固定长度记录结构的数据文件的存储。文件中每一行称为一条记录。每个记录又是由若干不同数据类型和不同长度的字段组成，各字段的长度之和就是这一条记录的总长度，文件中各个记录的总长度一定相同，整个文件就如同一张二维表格，只要通过记录号（行号）就可以定位查找指定的记录。随机文件的读写速度较快，但占据的磁盘空间较大。

（1）打开与关闭随机文件。随机文件的打开仍然是 Open 语句，语句格式是：

```
Open <文件名> For Random As [#] <文件号> [Len=记录长度]
```

说明：

① <文件名>是包含路径名在内的所要打开的完整文件名称。

② <记录长度>指定每条记录的长度，可以比实际记录长度大，但不能小于实际记录的长度，否则会出错。

③ 文件打开后即可进行读写操作。

关闭随机文件的语句仍然是 Close 语句。格式为：

```
Close <文件号>
```

（2）随机文件的读写操作。

在 VB 中，通过 Get#语句将随机文件的记录读入内存，通过 Put#语句将内存中的数据写入随机文件。

向随机文件写入记录的语句格式为：

```
Put[#]<文件号>,[记录号],<变量名>
```

说明：

① 该语句把变量中的数值写入到指定文件中记录号指定的记录位置。

② [记录号] 是大于 1 的整数，省略记录号时，新记录插入到当前记录之后。

【例 10-5】 设计一个程序，向随机文件写入如表 10-1 所示的职工信息。

表 10-1　职工信息表

序号	姓名	性别	年龄
1	Tom	male	21
2	John	female	21
3	Jerry	male	22
4	Peter	male	22
5	Roase	female	25

设计过程：

启动 VB，在窗体上添加如图 10－6 所示的各个控件，并编写如下程序代码：

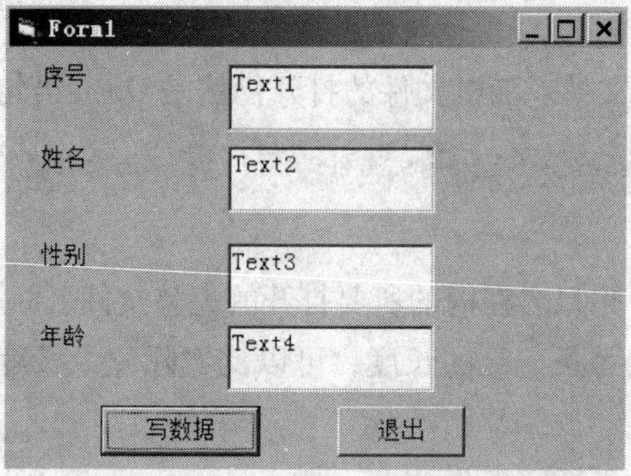

Form1

序号	Text1
姓名	Text2
性别	Text3
年龄	Text4

写数据　　退出

图 10－6　设计数据写入界面

```
Private Type Mytype                 '用户定义数据类型
    numb As integer
    name As String * 20
    sex As String * 8
    age As Integer
End Type

Private Sub Command1_Click()        '写入数据命令按钮
    Dim p As Mytype
    Dim i As Integer
    Open "G:\myFile\inf.txt" For Random As #1 Len = Len(p)
    i = LOF(1) / Len(p)             '计算记录号
    p.numb = val(Text1)
    p.name = Text2
    p.sex = Text3
    p.age = val(Text4)
    Put #1, i + 1, p
    Text1 = ""
    Text2 = ""
    Text3 = ""
```

```
    Text4 =""
    Text1.SetFocus
    Close
End Sub

Private Sub Command2_click()
    Unload Me
End Sub
```

其中，LOF（1）函数用于返回所打开文件的总长度字节数；函数 Len（p）则返回变量 p 的字节数，即每条记录的长度，二者相除，得到的数据为当前记录号。

运行上述程序后，按照表 10－1 所示输入各个职工数据，单击“退出”按钮结束程序运行后，可以通过 Windows 中的记事本在指定路径中打开文件 inf. txt 查看结果。但看到的数据是一些乱码，这是因为记事本程序的功能主要是打开顺序文件而非随机文件。虽然记录数据中出现乱码，但并没有改变记录数据的真实数值，这一点，可以通过以下读随机文件语句的使用看到实际的结果。

从随机文件读取记录的语句格式为：

```
Get[#]<文件号>,[记录号],<变量名>
```

说明：该语句的功能是从已经打开的随机文件指定的文件号中依次读取［记录号］指定的记录，并赋值给 <变量名> 指定的变量。读取一条记录后，文件记录指针自动指向下一条记录，记录号自动加 1。

【例 10－6】 设计一个程序读取以上创建的随机文件 inf. txt 中的记录，并通过文本框控件显示读取的数据。

启动 VB，新建一个工程，在窗体 Form1 上添加一个按钮控件和一个文本框控件，如图 10－7 所示。

编写如下代码程序：

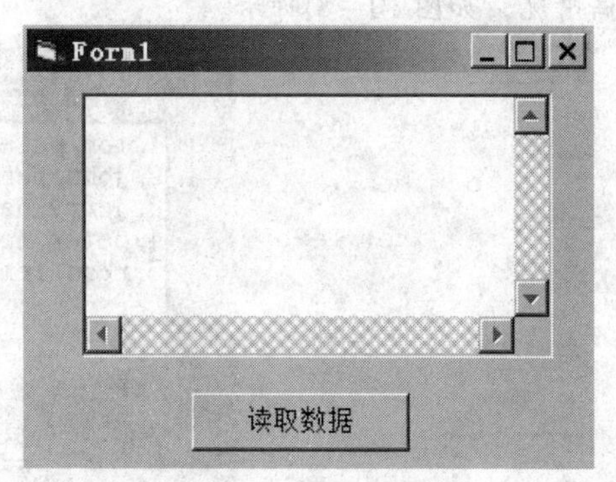

图 10－7 读取数据界面

```
Private Type Mytype
    numb As Integer
    name As String * 20
    sex As String * 8
    age As Integer
End Type

Private Sub Command1_Click()
    Dim p As Mytype
    Dim i As Integer
    Dim n As Integer
    Open "G:\myFile\inf.txt" For Random As #1 Len = Len(p)
    n = LOF(1) / Len(p)
    Text1.Text = ""
    For i = 1 To n
        Get #1, i, p
        Text1.Text = Text1.Text + Trim(Str(p.Numb)) + "," + Trim(p.name) + "," + Trim
(p.sex) + "," + Trim(Str(p.age)) + VbCrLf
    Next i
    Close
End Sub
```

运行上述程序后，可以看到窗体界面上文本框中显示出随机文件 inf. txt 中保存的真实数据情况，如图 10 - 8 所示。

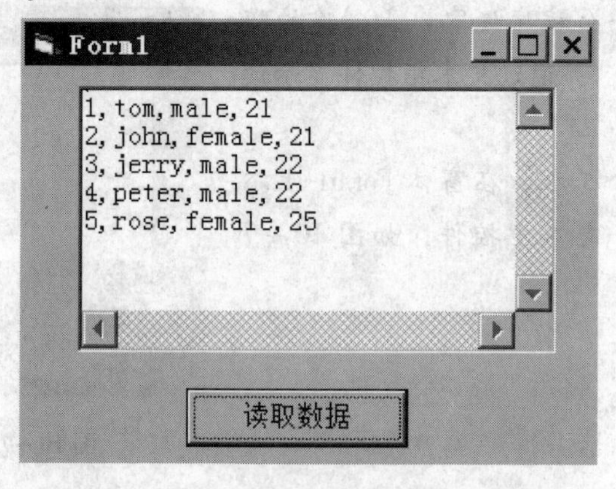

图 10 - 8　读取随机文件中的数据显示结果

10.2.3　二进制文件

磁盘上的文件本质上都是以二进制方式存储的。二进制文件与随机文件类似，不同之处在于记录数据没有固定长度的限制。二进制文件的存取方式是以字节为单位对文件进行访问，用户程序可以读写文件的任何字节，且对文件的类型没有特殊限制和要求。因此这种方式在实际运用中较为灵活，但程序设计也相对复杂。本节仅介绍二进制文件操作的基本语句。

(1) 二进制文件的打开和关闭。打开二进制文件仍然使用 Open 语句，语句格式是：

```
Open <文件名>For Binary As #<文件号>
```

关闭二进制文件同样使用 Close 语句，用法和前面介绍的一样，不再赘述。

(2) 二进制文件的写操作。二进制文件的写操作，也是用 Put 语句实现，格式如下：

```
Put#<文件号>,[位置],变量名
```

说明：

该语句实现将一个变量的数值写入打开的文件中，一次写入长度等于变量长度的数据。[位置] 参数是二进制文件中的字节数，表示从这个字节开始写入数据。规定文件中第一个字节的位置数是1，第二个字节数的位置是2，以此类推。如果省略该参数，则在当前记录指针的下一个字节开始处写入数据。

(3) 二进制文件的读操作。二进制文件的读操作也是通过 Get 语句实现，语句格式为：

```
Get #<文件号>,[位置],变量名
```

说明：

① 该语句从指定位置开始读出长度等于变量名长度的数据，并存入该变量名中。数据读出后文件指针移动一个变量长度的位置，指向下一个位置。[位置] 参数同样是一个字节数，表示在此处开始读取数据；如果省略，则将在当前记录指针的下一个字节开始读取。

② 二进制文件还可以通过 Input 函数读取数据，语句格式为：

```
变量名=Input(字节数,#<文件号>)
```

通过使用该函数，可以从文件号指定的文件中读取字节数指定长度的数据（字符串形式）并返回到变量名。

另外，由于文件中的数据是以二进制形式存放的，不能像顺序文件和随机文件那样用“记事本”一类的程序直接打开阅读，因此对数据保密有一定的效果。

10.3 常用文件系统操作控件

上一节中，我们介绍了通过传统的文件打开和读写方式对文件的基本操作。这一节我们介绍 VB 提供的各种文件处理方法。这些对文件的操作，可以通过文件系统控件来实现。常用的文件系统控件主要有驱动器列表框（DriveListBox）、目录列表框（DirListBox）和文件列表框（FileListBox）等，下面分别介绍。

10.3.1 DriverListBox 控件

DriverListBox 控件在 VB 集成系统工具箱上的外观如图 10－9 所示。

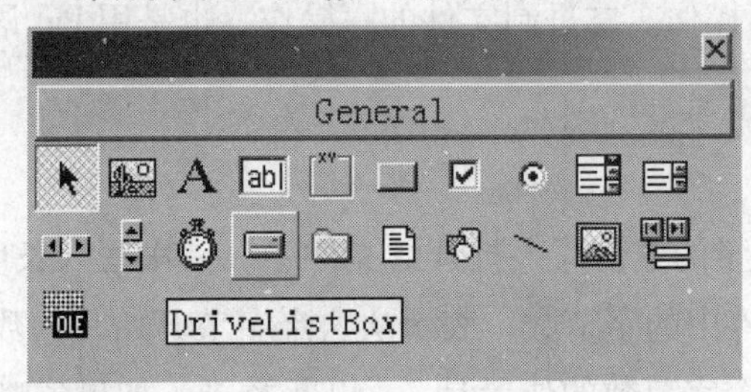

图 10－9 VB 工具箱中的 DriverListBox 控件图标

DriverListBox 控件的功能是在程序运行过程中，用来显示用户系统中所有有效磁盘驱动器的列表，为用户提供一个选择有效磁盘驱动器的功能。它的一个很重要的属性就是 Drive 属性，可以在程序运行阶段通过设置 Drive 属性的值来改变 DriverListBox 控件的缺省驱动器。下面看一个利用 DriverListBox 控件进行驱动器选择的程序设计例题。

【例 10－7】设计一个利用 DriverListBox 控件选择驱动器的程序。

设计过程：

（1）启动 VB，新建一个工程。在窗体 Form1 上添加一个 DriverListBox 控件，如图 10－10所示。DriverListBox 控件的属性可全部采用默认值。

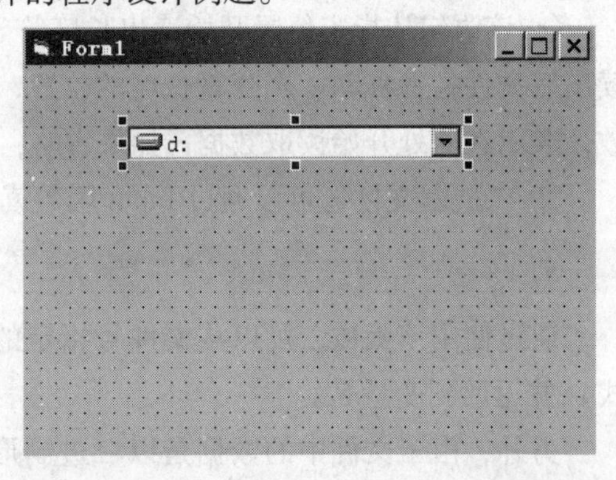

图 10－10 添加 DriverListBox 控件后的窗体

（2）对窗体添加指令代码：

双击窗体 Form1，在窗体的 Form_Load（）

事件中添加如下代码：

```
Private Sub Form_Load()
    Drive1.Drive ="E:\"
End Sub
```

说明：Form_Load（）事件在程序运行后会被激活，通过 Drive1. drive ="E:\"指令来实现设置控件的缺省驱动器为 E。

（3）存储新建的工程文件后运行程序，可以看到，由于程序中设置了默认驱动器为 E 盘，所以程序开始界面中驱动器列表框中显示的是 E 盘，如图 10－11 所示。用户单击驱动器列表框右侧的下拉图标▼，就可以打开如图 10－12 所示的驱动器列表。

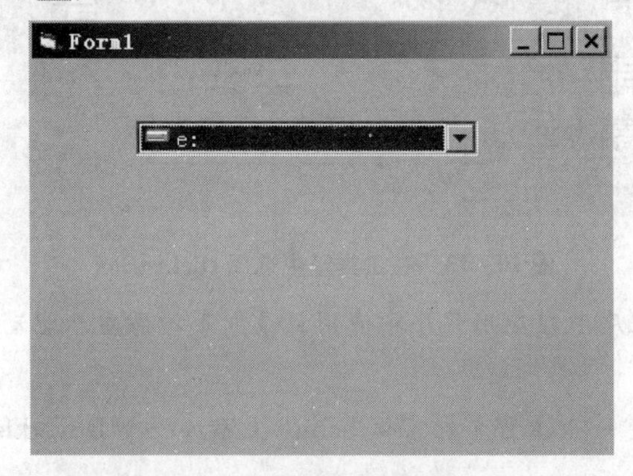

图 10－11 设置默认驱动器为 E 盘

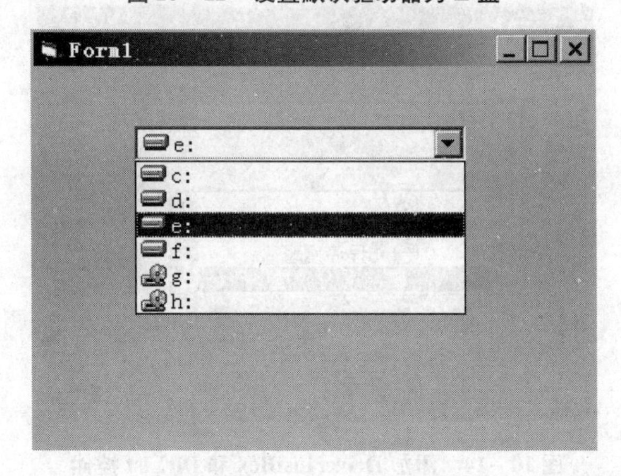

图 10－12 打开驱动器列表

10.3.2 DirList 控件

DirList 控件的功能是在程序运行过程中，以列表方式显示当前驱动器上所有文件夹目录及分层的目录结构，但不包含文件名。在应用程序中，用到 DirList 控件时，一定要同时使用 DriveListBox 控件与之同步关联，这样才能使显示的目录列表与所选择的驱动器相关。DirList 控件可在 VB 应用程序窗口的工具箱中选择，如图 10 - 13 所示。

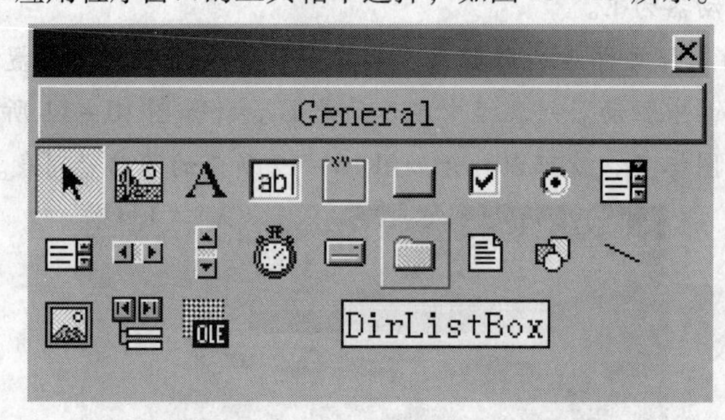

图 10 - 13 在工具箱中选择 DirListBox

【例 10 - 8】 设计程序，在应用程序中使用目录列表控件显示驱动器上的文件夹目录。

设计过程：

(1) 启动 VB，新建一个工程。在窗体 Form1 上添加一个 DriverListBox 控件和一个 DirList 控件，如图 10 - 14 所示。

图 10 - 14 添加 DriverListBox 和 DirList 控件

(2) 在窗体 Form1 的 Form_Load ( ) 事件中添加关联指令。关联的方式是，分别对驱动器列表控件和目录列表控件编写如下指令代码：

```
Private Sub Drive1_Change()
    Dir1.Path = Drive1.Drive
                    '设置目录列表控件的路径与驱动器列表控件同步
End Sub

Private Sub Form_Load()
    Drive1.Enabled = True
    Dir1.Enabled = True
    Drive1.Drive ="C:\"
End Sub
```

(3) 存储工程文件后运行程序，可看到结果如图 10 - 15 所示。

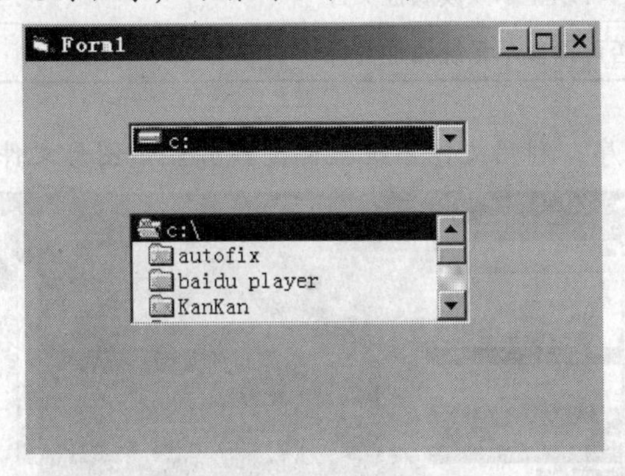

图 10 - 15 程序运行结果

10.3.3 FileListBox 控件

FileListBox 控件的功能是在程序运行过程中，根据 Path 属性指定的目录，将文件定位并列举出来。FileListBox 控件可在 VB 应用程序的工具箱中选择，如图 10 - 16 所示。

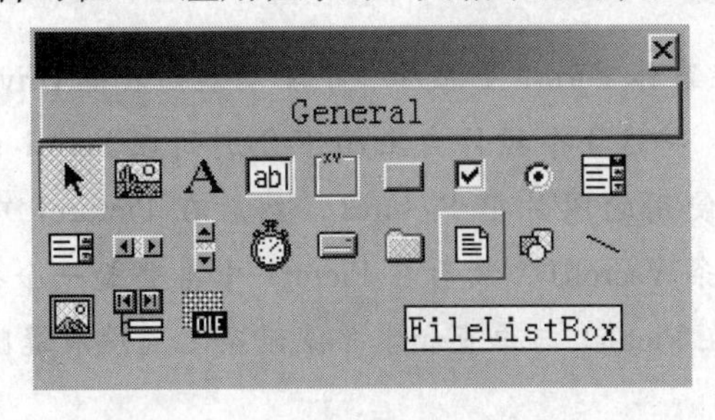

图 10 - 16 工具箱中的 FileListBox 控件

使用 FileListBox 控件时要注意它的一些重要属性设置的意义，如表 10 - 2 所示。

表 10 - 2 FileListBox 控件重要属性

属性	说明
Filename	返回或设置所选文件的路径和文件名，设计时不可用
MultiSelect	是否允许用户选择多个文件。True——允许；False——不允许
Pattern	设定允许显示文件名的类型，如 *. exe、 *. com 等，默认为 *. *
Archive	是否可以显示归档属性文件
Hidden	是否可以显示隐藏属性文件
Normal	是否可以显示标准属性文件
ReadOnly	是否可以显示只读属性文件
System	是否可以显示系统属性文件

【例 10 - 9】 设计程序，利用文件系统控件查找并显示图形文件，如图 10 - 17 所示。

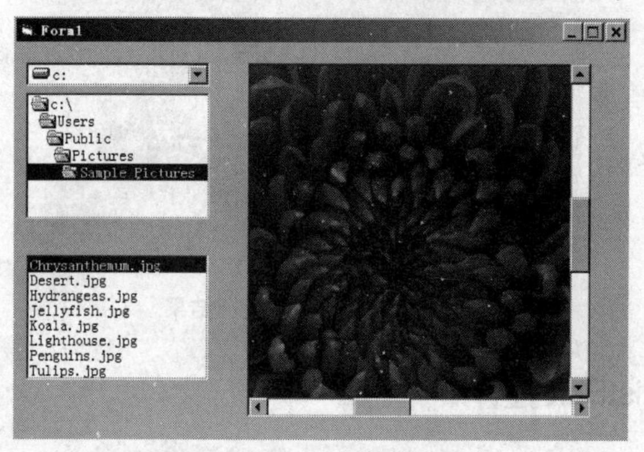

图 10 - 17 显示图形文件

设计过程：

(1) 启动 VB 后，在窗体 Form1 上添加一个驱动器列表框 Drive1，一个目录列表框 Dir1 和一个文件列表框 File1，将这 3 个控件自上而下分别列在 Form1 的左列；在窗体 Form1 的右边添加一个作为容器使用的图片框 Picture1，然后在 Picture1 中叠加上一个水平滚动条 Hscroll1 和一个垂直滚动条 Vscroll1，最后在 Pictur1 中再叠加一个播放图片文件用的图片框 Pictur2，使 Pictur2 恰好在 Pictur1 与垂直和水平滚动条之间没有缝隙，如图 10 - 18 所示。

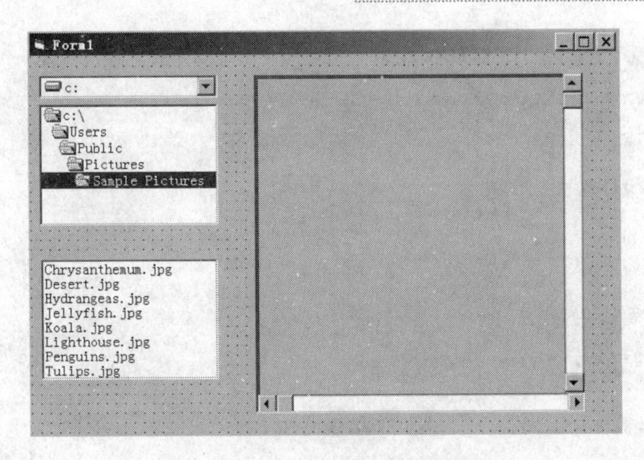

图 10-18 界面设计

(2) 控件属性设置。将 File1 的 Pattern 属性设置为“*.jpg”，使文件列表框中只显示 JPG 格式的文件，将 Picture2 的 Autosize 属性设置为 Ture，将 Vscroll1he Hscroll1 的 LargeChange 属性、Smallchange 属性分别设为 2 000 和 200。

(3) 分别对各个控件编写程序代码如下：

```
Private Sub Dir1_Change()
                              '设置文件列表控件的路径与目录列表控件同步
    File1.Path = Dir1.Path
End Sub

Private Sub Drive1_Change()
                              '设置目录列表控件的路径与驱动器列表控件同步
    Dir1.Path = Drive1.Drive
End Sub

Private Sub File1_Click()
    ChDrive Drive1.Drive
    ChDir Dir1.Path
    With Picture2
        .Height = 3495: Left = 0: .Top = 0: .Width = 3855
        .Picture = LoadPicture(File1.FileName)
    End With
```

```
    VScroll1.Max = Picture2.Height - 3495
    HScroll1.Max = Picture2.Width - 3855
    VScroll1.Value = 0
    HScroll1.Value = 0
End Sub

Private Sub Form_Load()
    File1.Path = "G:\vb"
End Sub

Private Sub HScroll1_Change()
    Picture2.Left = 0 - HScroll1.Value
End Sub

Private Sub VScroll1_Change()
    Picture2.Top = 0 - VScroll1.Value
End Sub
```

保存程序后运行该程序，先选择路径，然后选择文件名，可看到右边图片框中显示出图片内容，如图 10－17 所示。

10.3.4 VB 中常用文件处理语句和函数

在上面的例子中，我们用到了 ChDrive 和 ChDir 语句，用来改变当前驱动器和当前目录路径。除此之外，VB 中还提供了许多常用的文件处理语句和命令，用来对文件进行各种操作。下面分别介绍。

(1) ChDrive 语句。语句格式：

```
ChDrive <驱动器名>
```

说明：该语句的功能是改变当前的驱动器到 <驱动器名> 指定的驱动器。驱动器名是一个用双引号括起来的字符串表达式，它指定一个存在的驱动器。如果字符串长度为 0，则当前驱动器不会改变。如果驱动器名中有多个字符，则 ChDrive 只取首字母。例如：

```
ChDrive "Disk"
```

则当前驱动器被更改为 D。

（2）ChDir 语句。语句格式：

```
ChDir <路径名>
```

说明：该语句的功能是将当前路径改变到<路径名>指定的路径。路径名是一个用双引号括起来的字符串表达式，它指定哪个目录或文件夹将成为新的默认目录或文件夹。路径名可以包含驱动器，如果没有指定驱动器，则在电脑当前驱动器上改变默认目录或文件夹。另外，ChDir 语句改变默认目录位置，但不会改变默认驱动器位置。例如，如果默认驱动器是G，则下面的语句将会改变驱动器 F 上的默认目录，但 G 仍然是默认的驱动器。

```
ChDir "F:\VB"                    '将当前目录改为 F:\VB
```

（3）Kill 语句。语句格式：

```
Kill <文件名>
```

说明：该语句的功能是删除<文件名>指定的文件。<文件名>是由双引号括起来的字符串表达式，可以带有驱动器、路径、文件目录和文件夹名。同时，Kill 语句还支持通配符（*）和（?）的使用。例如：

① 删除 D 盘上 VB 文件夹中所有文本文件，命令格式为：

```
Kill D:\VB\*.txt
```

② 删除 D 盘上 VB 文件夹中文件名首字母为 P，第 2 个字母任意，第 3 个字母为 L 的所有可执行文件，命令格式为：

```
Kill D:\VB\P?L.exe
```

（4）FileCopy 语句。语句格式：

```
FileCopy <源文件名>,<目标文件名>
```

说明：该语句的功能是将<源文件>指定的文件复制到<目标文件>指定的文件，即源文件是被复制的文件，目标文件是复制后的文件。源文件和目标文件名中都可以包含驱动器、目录及文件夹名。要注意的是，该语句不能对一个已经打开的文件进行复制操作，只有关闭后才能进行复制。例如，将驱动器 F 上文件夹 VB 中的文件 myfile.txt 复制到 G 盘的 txt 文件夹中，复制后的文件名为 mynewfile.txt，命令格式为：

```
FileCopy F:\vb\myfile.txt G:\txt\mynewfile.txt
```

（5）MkDir 语句。语句格式：

```
MkDir <目录名>
```

说明：该语句的功能是创建新的目录（或文件夹）。<目录名>或文件夹名是由双引号括起来的字符串表达式，其中可以包含驱动器名。如果没有驱动器名，则 MkDir 会在当前驱动器上创建一个新的目录或文件夹。例如：

```
MkDir "职工信息"              '在当前驱动器中创建一个"职工信息"文件夹
```

（6）RmDir 语句。语句格式：

```
RmDir <目录名>
```

说明：该语句用来删除 <目录名>所指定的目录或文件夹。目录名或文件夹名是由双引号括起来的字符串表达式，其中可以包含驱动器名。如果没有驱动器名，则该 RmDir 会在当前驱动器中删除指定目录或文件夹。但是要注意，所删除的目录或文件夹中必须没有文件，否则会出错。因此，要删除目录，应该先用 Kill 语句删除其中的文件，再来删除目录。例如，删除 F 盘上的“职工信息”目录（文件夹），如果其中含有文件，则要通过以下方式才能完成：

```
Kill "F:\职工信息\*.*"
RmDir "F:\职工信息"
```

（7）CurDir 函数。调用格式：

```
变量名 = CurDir(<驱动器名>)
```

说明：该函数功能是获得<驱动器名>指定的驱动器的路径。其中<驱动器名>是由双引号括起来的字符串表达式，它是可选参数，用来指定一个存在的驱动器。如果没有指定驱动器名，或是驱动器名是零长度字符串（""），则 CurDir 返回当前驱动器路径。返回的值为 Variant 类型。例如：

- 假设 F 盘的当前目录为 F:\vb\myfile。
- 假设 G 盘的当前目录为 G:\txt\vbfile。
- 假设 F 盘为当前驱动器。

以下指令执行后，变量 Mypath 的值分别是：

```
Dim Mypath As string
Mypath = CurDir            Mypath 的值为 F:\vb\myfile
Mypath = CurDir("F")       Mypath 的值仍为 F:\vb\myfile
Mypath = CurDir("G")       Mypath 的值为 G:\txt\vbfile
```

（8）SetAttr 语句。语句格式：

```
SetAttr <文件名>,<文件属性值>
```

说明：该语句的功能是将 <文件名> 指定的文件设置为 <文件属性值> 指定的属性。<文件名> 是必要参数，是由双引号括起来的字符串表达式，其中可以包含驱动器名、目录或文件夹名。<文件属性值> 是如表 10－3 所示的常数或数值表达式，其总和表示文件的属性。

表 10－3 文件\目录（文件夹）属性值表

常数	数值	属性说明
VbNormal	0	常规（默认）文件
VbReadOnly	1	只读文件
VbHidden	2	隐藏文件
VbSystem	4	系统文件
VbDirectory	16	目录或文件夹
VbArchive	32	存档文件，上次备份后文件已经改变
VbAlias	64	指定的文件名是别名

例如，将当前目录下的文件 myfile. txt 设置为存档和只读文件，命令如下：

```
SetAttr "myfile.txt",VbArchive + VbReadOnly
```

注意：该命令只能用于没有打开的文件，如果对已经打开的文件进行属性设置则会发生错误。

（9）GetAttr 函数。语句格式：

```
变量名 = GetAttr( <文件名> )
```

说明：该函数的功能是返回 <文件名> 指定文件的属性。<文件名> 是由双引号括起来的字符串表达式，可以包含驱动器名、目录或文件夹名。函数返回的值为一整型数值，该数值就是指定文件、目录或文件夹的属性值，取值与表 10－3 相同。

例如，假设当前目录下有一个文件 myfile. txt，通过下列程序可以取得该文件的属性值：

```
Dim  I As Integer
I = getAttr("myfile.txt")
If  I = 0 Then
    Print "普通文件"
End If

If  I = 1 Then
    Print "只读文件"
End If

If  I = 2 Then
    Print "隐藏文件"
End If

If  I = 4 Then
    Print "系统文件"
End If

If  I = 16 Then
    Print "目录或文件夹"
End If

If  I = 32 Then
    Debug.Print "存档文件"
End If
```

（10）Name 语句。语句格式：

```
Name <旧文件名> As <新文件名>
```

说明：该语句的功能是重新命名一个文件、目录或文件夹。

其中<旧文件名>为字符串表达式，指已经存在的文件名，包括目录或文件夹及驱动器名。

<新文件名>也是字符串表达式，指重新命名的新文件名称，同样也包括目录或文件夹及驱动器名。

如果没有目录和驱动器名，则表明在当前驱动器和当前目录中进行重新命名。

例如，将F盘上vb文件夹中的文件file1.txt重新命名为newfile.txt，命令格式为：

```
Name F:\vb\file1.txt As F:\vb\newfile.txt
```

如果是在当前驱动器和当前目录中进行同样的操作，则命令可以写成：

```
Name file1.txt As newfile.txt
```

（11）Shell函数。函数调用格式：

```
变量名=Shell(<可执行文件名>[,窗口形式])
```

说明：该函数的功能是执行一个可执行文件，同时返回一个双精度型数值给变体型变量名。<可执行文件名>为所要执行的可执行程序（EXE）名称及其目录或文件夹及驱动器名。

窗口形式，是一个可选的整型数值参数，表明执行程序时窗口的形式。参数数值及窗口形式的对应关系见表10-4。

表10-4 窗口形式设置参数

设置数值	窗口形式说明
0	窗口被隐藏，且焦点会移到隐式窗口
1	窗口具有焦点，且还会还原到它原来的大小和位置
2	窗口会以一个具有焦点的图标来显示
3	窗口是一个具有焦点的最大化窗口
4	窗口会被还原到最近使用的大小和位置，而当前活动的窗口仍然保持活动
6	窗口会以一个图标来显示，而当前活动的窗口仍然保持活动

如果［窗口形式］参数省略，则程序是以具有焦点的最小化窗口来执行的。

【例10-10】 通过Shell函数调用Windows中的计算器应用程序。

设计过程：新建一个工程，在窗体Form1的Form_Load（）事件中添加如下代码：

```
Private Sub Form_Load()
    Dim str1 As String
    Form1.Hide
    str1 = Shell("C:\WINDOWS\system32\calc.exe", 1)
End Sub
```

程序说明：程序首先定义了一个字符串变量 str1，用于存储程序执行情况，如果运行正常，就会返回所调用程序的 ID，否则会返回 0；然后通过 Form1. Hide 语句隐藏 VB 程序中的窗体；最后通过 str1 = Shell ("C: \ WINDOWS \ system32 \ calc. exe", 1) 语句完成对 Windows 中计算器程序的调用。

运行该程序后，窗体 Form1 被隐藏，屏幕上只出现计算器应用程序的界面，如图 10 – 19 所示。

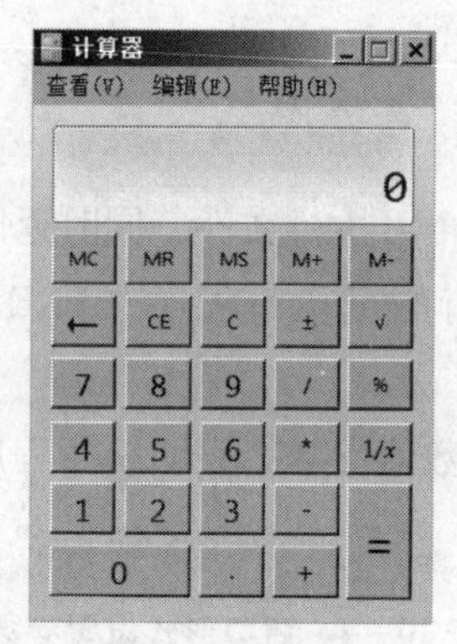

图 10 – 19 程序运行结果

利用 Shell 函数，可以实现很多类似的应用程序调用，在实际运用中很有意义。

注意：Shell 函数是以异步的方式来执行其他程序的，也就是说，有可能 Shell 调用的程序还没有执行完毕，就已经执行到程序中 Shell 函数调用之后的其他语句了。这一点在设计程序时应予以注意。

【本章小结】

文件是记录的集合，VB 提供了 3 种访问模式：顺序访问模式、随机访问模式和二进制访问模式。按访问模式不同可以把文件分成 3 类：顺序文件、随机文件和二进制文件。

顺序访问模式：规则最简单，读出时从第一条记录“顺序”读到最后一条记录，写入时也一样，不可以在数据间乱跳，顺序访问模式是专门提供给文本文件的。文本文件的每一行就是一条记录，每一条记录可长可短，并且记录与记录之间是以“换行”字符为分隔符号。

随机访问模式：在随机访问模式中，文件中的每条记录的长度都是相同的，记录与记录之间不需要特殊的分隔符号，用户只要给出记录号，就可以直接访问某一特定记录。与顺序模式相比，它的优点是存取速度快，更新容易，但占用存储空间大。

二进制访问模式：二进制文件是最原始的文件类型，它直接把二进制编码存放在文件中，没有什么格式。二进制访问模式是以字节数来定位数据的，允许程序按所需的任何方式组织和访问数据，也允许对文件中各字节数据进行存取访问和改变。

所有文件的存储其实质都是二进制的，所以任何文件都可以用二进制模式访问。二进制与随机模式很相似，如果把二进制文件中的每一个字节看作一条记录的话，则二进制模式就成了随机模式。

打开文件的命令是 Open 命令。打开文件就是获得这个文件的控制权，一般情况下，当文件处于打开状态时只有打开者才能对它进行操作。打开文件时要指定一个整数作为文件号，以后的操作都是针对这个代号进行的，而不是针对文件名。文件号也叫句柄，在程序中一个文件号只能指向一个文件，不能出现两个文件同时具有相同句柄的情况。

关闭文件的命令是 Close，即释放文件的控制权。

VB 中用于文件处理的控件有 3 种：驱动器列表框（DriveListBox），目录列表框（DirListBox）和文件列表框（FileListBox）。利用这 3 个控件可以建立文件管理程序。

（1）重要属性。表 10－5 中列出了 3 种控件各自的重要属性。

表 10－5 文件系统控件的重要属性

属性	适用的控件	作用	示例
Drive	驱动器列表框	包含当前选定的驱动器名	Drive. Drive ="C"
Path	目录和文件列表框	包含当前路径	Dir1. path ="C: \ WINDOWS"
FileName	文件列表框	包含选定的文件名	MsgBox File1. FileName
Pattern	文件列表框	决定显示的文件类型	File1. Pattern =" * . BMP"

（2）重要事件。表 10－6 中列出了 3 种控件各自的重要事件。

表 10－6 文件系统控件的重要事件

事件	适用的控件	事件发生的时机
Change	驱动器和目录列表框	驱动器列表框的 Change 事件是在选择一个新的驱动器或通过代码改变 Drive 属性的设置时发生； 目录列表框的 Change 事件是在双击一个新的目录或通过代码改变 Path 属性的设置时发生
PathChange	文件列表框	当文件列表框的 Path 属性改变时发生

续表

事件	适用的控件	事件发生的时机
PatternChange	文件列表框	当文件列表框的 Pattern 属性改变时发生
Click	目录和文件列表框	用鼠标单击时发生
DblClick	文件列表框	用鼠标双击时发生

【想一想 自测题】

一、单项选择题

10-1. 改变驱动器列表框的 Drive 属性值，将激活（ ）。

A. KeyDown 事件　　B. KeyUp 事件

C. Change 事件　　D. Scoll 事件

10-2.（ ）函数判断文件指针是否到了文件结束标志；（ ）函数返回文件的字节数；（ ）语句用于设置对文件"锁定"；（ ）语句用于设置对文件"解锁"。

A. EOF、LOF、Lock、Unlock　　B. LOF、EOF、Lock、Unlock

C. EOF、LOF、Unlock、Lock　　D. LOF、EOF、Unlock、Lock

10-3. 顺序文件的读操作通过（ ）语句可以实现。

A. Input #和 Read#　　B. Read#和 Get#

C. Get#和 Input #　　D. LineInput #和 Input #

10-4. 如果准备读文件，打开顺序文件 text. dat 的正确语句是（ ）。

A. Open "text. dat" For Write As #1

B. Open "text. dat" For Input As #1

C. Open "text. dat" For Binary As #1

D. Open "text. dat" For Random As #1

10-5. 如果准备向随机文件中写入数据，正确的语句是（ ）。

A. Print #1, rec　　B. Write #1, rec

C. Put #1,, rec　　D. Get #1,, rec

10-6. 当改变驱动器列表框中的驱动器时，为了使目录列表框中的内容同步跟着改变，应当（ ）。

A. 在 Dir1_Change（）事件中加入代码 Dir1. Path = Drive1. Drive

B. 在 Dir1_Change（）事件中加入代码 Drive1. Drive = Dir1. Path

C. 在 Dirve1_Change（）事件中加入代码 Dir1. Path = Drive1. Drive

D. 在 Dirve1_Change（）事件中加入代码 Drive1. Drive = Dir1. Path

10－7. 目录列表框 Path 属性的作用是（　　）。

A. 显示当前驱动器或指定驱动器上的目录结构

B. 显示当前驱动器或指定驱动器上的某目录下的文件

C. 显示根目录下的文件名

D. 显示路径下的文件

二、填空题

10－8. 为了在运行时把当前路径下的图形文件 picturefile. jpg 装入图片框 Picture1，所使用的语句为________。

10－9. 使用 Output 方式打开一个已存在的文件时，磁盘上的原有同名文件将被覆盖，其中的数据将会________。

10－10. 在 Visual Basic 中，文件系统控件包括________、________和文件列表框（FileListBox）。三者协同操作可以访问任意位置的目录和文件，可以进行文件系统的人机交互管理。

10－11. 每次重新设置驱动器列表框的 Drive 属性时，都将引发________事件。可在该事件过程中编写代码修改目录列表框的路径，使目录列表框的内容随之发生改变。

10－12. 目录列表框用来显示当前驱动器下的目录结构。刚建立时显示________的顶层目录和当前目录，如果要显示其他驱动器上的目录信息，必须改变路径，即重新设置目录列表框的________属性。

10－13. 对驱动器列表框来说，每次重新设置驱动器列表框的________属性时，将引发 Change 事件；对目录列表框来说，当________属性值改变时，将引发 Change 事件；对于文件列表框来说，重新设置的________属性，将引发 Change 事件。

10－14. 以顺序输入模式打开“C:\ source1. txt”文件的命令是________；以输出方式打开“C:\ source2. txt”文件的命令是________。

10－15. 以下程序段简要说明驱动器列表框、目录列表框及文件列表框三者协同工作的情况，将程序段补充完整。

```
Private Sub Drive1_Change()
    __________________
End Sub
Private Sub Dir1_Change()
    __________________
End Sub
```

10－16. 为了在运行时把当前路径下的图形文件 picturefile. jpg 装入图片框 Picture1，所使用的语句为________。

三、问答题

10－17. 文件管理系统有什么作用？

10－18. 文件系统有哪些控件？

10－19. 磁盘驱动器列表发生变动后，如何通知目录列表？

10－20. 目录列表发生变动后，如何通知文件列表？

10－21. 文件按照其数据存放的方式，分为几种类型？

四、阅读程序补充代码

10－22. 在窗体上建立一个驱动器列表框、目录列表框、文件列表框、图片框、文本框。要求程序运行后，驱动器列表框 Drive1 的默认驱动器设置为 D 盘，选择 File1 中所列的图片文件（*. bmp、*. gif 和 *. jpg)，则相应的图片显示在图片框 Picture1 中，文件的路径显示在文本框中。程序运行结果如图 10－20 所示。

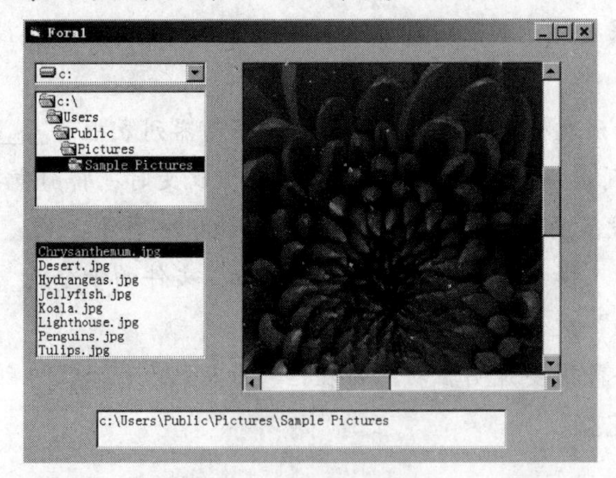

图 10－20　程序运行结果

程序代码如下（请补充完整）：

```
Private Sub Form_Load()
    Drive1.Drive = ________(1)________
    File1.Pattern ="*.bmp;*.gif;*.jpg"
End Sub
Private Sub Drive1_Change()
    Dir1.Path = ________(2)________
    Text1.Text = Drive1.Drive
End Sub
Private Sub Dir1_Change()
    ________(3)________
    ________(4)________
End Sub
Private Sub File1_Click()
    Picture1.________(5)________ = LoadPicture(File1.Path +"\"+File1.FileName)
    FileName = File1.Path +"\"+File1.FileName
    Text1.Text = ________(6)________
End Sub
```

10－23. 使用顺序文件读写方式编写一个简单的记事本应用程序，其运行界面如图10－21所示。假设D盘的根目录下有一个名为w1.txt的文本文件，程序运行时，当单击“打开”按钮（Command1）时，程序将w1.txt文件中的内容显示在文本框（Text1）中，当单击“保存”按钮（Command2）时，将Text1中的内容保存在w1.txt文件中。当单击“退出”按钮（Command3）时，关闭本窗体。

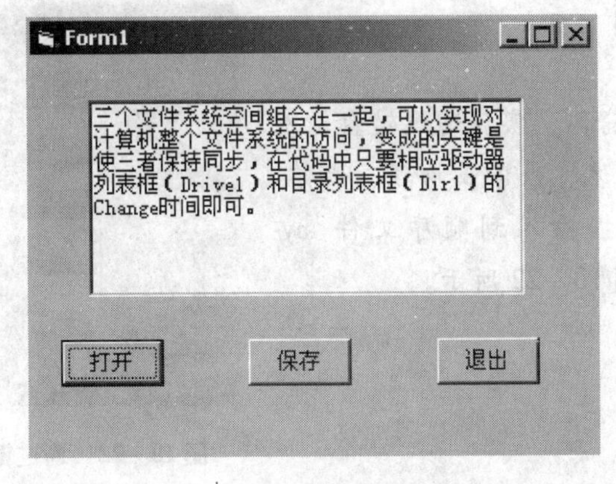

图10－21　记事本程序运行界面

程序如下，请补充完整。

```
Private Sub Command1_Click()
    Dim strtxt As String
    Text1 =""
    Open ______(1)______                    '以读方式打开文件
    Do While ______(2)______                '判断文件是否结束
        Input #1, strtxt                    '从文件中读取数据并将其赋值给变量strtxt
        Text1 = Text1 + ______(3)______     '将内容显示在文本框中
    Loop
    ______(4)______                         '关闭文件
End Sub

Private Sub Command3_Click()
    Open "D:\W2.Txt" For Output As #1       '以写方式打开文件
    Write #1, ______(5)______               '在文本框中写入内容
    Close #1
End Sub

Private Sub Command4_Click()
    Unload Me
End Sub
```

【做一做　上机实践】

10－24. 设计一个窗体，实现通过键盘输入数据，将包括学号、姓名、数学、物理、化学、英语等学生成绩的数据输入到顺序文件 myfile1. txt 中，其界面如图 10－22 所示。

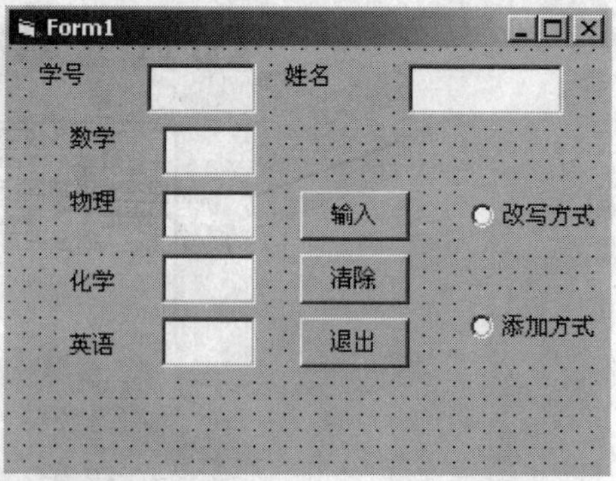

图 10－22　通过键盘输入学生记录窗体

10-25. 设计一个窗体以显示上例中 xs. dat 文件的记录，其界面如图 10-23 所示。

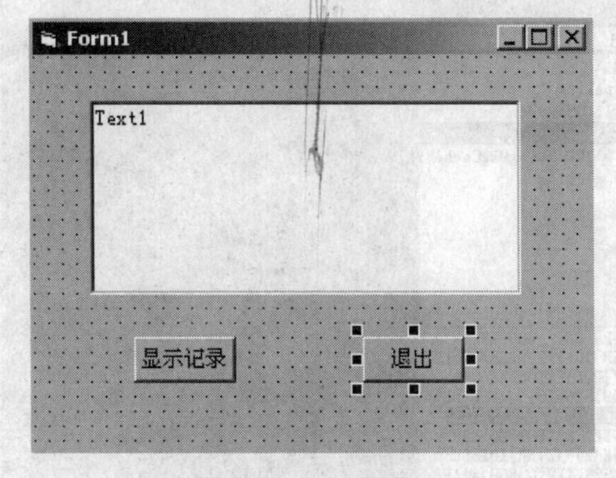

图 10-23　显示记录窗体

10-26. 以随机文件方式实现练习 10-24 的功能，这里的随机文件为 myfile2. txt（见图 10-24）。

10-27. 设计一个窗体显示上例的随机文件 myfile2. txt 中指定记录号的记录，其界面如图 10-25 所示。

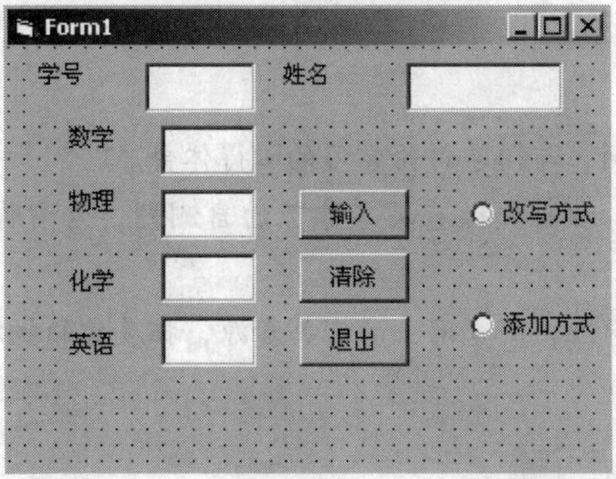

图 10-24　通过随机文件输入学生记录

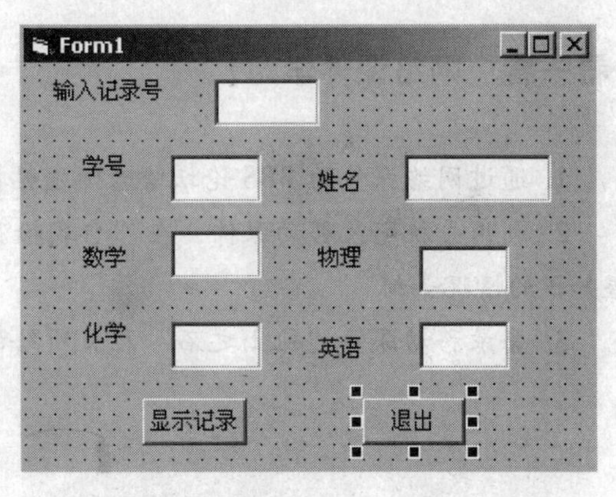

图 10-25　显示随机文件中的学生记录

10-28. 编写程序，要求：程序运行后，驱动器列表框 Drive1 的默认驱动器设置为 D 盘，选择驱动器的盘符，则在目录列表框中显示该驱动器下的目录；单击目录列表框中的某一目录，在文件列表框 File1 中显示该目录下的图片文件（*. jpg）；选择 File1 中所列的图片文件，则相应的图片显示在图片框 Picture1 中。程序运行结果如图 10-26 所示。

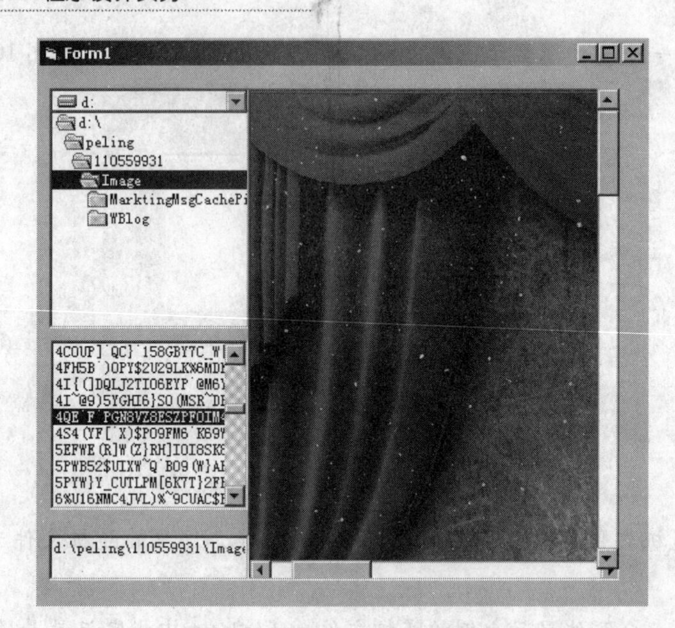

图 10 - 26　程序运行效果

【看一看　网络课件学习】

1. 通过网络课件的 BBS 论坛给老师发帖提问，与同学讨论学习的心得体会。

2. 利用手机登录移动课件，在“自我检测”栏目中做有关本章节的自测题，看看你掌握知识的情况如何。

3. 登录移动课件“他山之石”栏目所给的网址，浏览网上的有关资源，拓展你的视野。

第11章　数据库程序设计

导　读

本章讨论数据库的基本概念，介绍VB中提供的用于访问数据库的Data控件、DBGrid控件和ADO Data控件的使用方法。

学习目标	了解VB访问数据库的各种方法，掌握数据库应用程序设计的基本步骤
应知	关系数据库的基本概念和基本结构
	VB提供的数据库访问对象及数据库访问机制
应会	熟悉各种数据控件的属性、方法和事件
难点	访问数据库应用程序的设计方法和过程

学习方法

自主学习：自学文字教材。

参加面授辅导课学习：在老师的辅导下深入理解课程知识内容。

上机实习：结合上机实际操作，对照文字教材内容，深入了解VB访问数据库的各种方法及有关控件使用的特点。通过上机实习完成课后作业与练习，巩固所学知识。

小组学习：参加小组学习，通过与小组中同学的讨论沟通，交流学习经验。

上网学习：通过网络课件或移动课件，进入BBS论坛，向老师发帖提问，获得学习帮助；参加同学之间的学习讨论，研究数据库访问的机制和控件应用技巧，通过团队学习帮助自己尽快掌握课程知识。

课前思考

VB 访问数据库有哪些方法？VB 与数据库通过什么桥梁连接？

VB 中常用的数据库引擎有哪几种？各自的作用是什么？VB 是通过哪些控件实现对数据库的访问的？

教学内容

数据库是用于存储大量数据的文件，它通常包括一个或多个表。数据库应用成为当今计算机应用的主要领域之一。VB 提供了功能强大的数据库管理功能和多种访问数据库的方法，本章通过介绍 VB 提供的各种数据库访问控件，讨论在应用程序中如何实现对数据库的访问、查询和更新等各种基本操作。

11.1 数据库的基本概念

所谓数据库，就是数据的集合。形象地说就是数据的“仓库”。但如果把大量的数据集中“堆放”到这个“仓库”中是没有任何意义的，还应该有一种能够对这些数据进行维护并负责让用户进行访问的机制。就像图书馆，不是简单地将所有的图书堆放在书库中，而是要对这些图书进行分类、编号，按类别、书名、出版社、作者姓名等内容建立档案。用数据库管理系统的术语来说，这就是数据记录。将这些数据记录按某种顺序或规则分门别类地进行存放——这就是数据的组织结构或数据的结构模型。数据库对数据的组织形式通常有层次型、网状型和关系型 3 种模型。最常用的数据结构模型是关系模型。以关系数据模型为基础构建的数据库就是关系数据库。关系数据库以一个二维表的形式（关系）来组织并存储数据。表中的每一行称为一个记录，每一列称为一个字段。一个数据库可以由多个表组成，表与表之间通过关系来连接。

与图书馆对图书的管理机制相似，计算机中的数据库管理系统也是将各种需要处理的数据信息存放到计算机的存储设备中，按照一定的规则建立数据之间逻辑上的联系与数据在存储位置上的对应关系，并按照这个关系来存放和管理数据。在一定的管理规则下，数据库管理系统能够按照用户的需求，对数据进行检索、查询、编辑和修改，并且能够使用户对数据的应用与数据的具体存放位置无关，就是所谓数据库数据独立性的具体表现。

综上所述，我们可以定义数据库的概念如下：数据库是存储在计算机内的有一定组织方式的数据的集合。数据库管理系统是一个数据库管理软件，它的功能就是对数据库进行维护，接受和实现用户提出的访问数据库的各种命令与要求。数据库系统就是指计算机系统中建立数据库后的系统构成，它由数据库、数据库管理系统和用户构成。

11.1.1　关系数据库的基本结构

(1) 表。表用于存储数据，它以行列方式组织对数据的存储。图11-1就是一个典型的关系数据库示意图。关系数据库以二维表的形式（关系）存放数据。表中的一行称为一个记录，每一列称为一个“字段”。

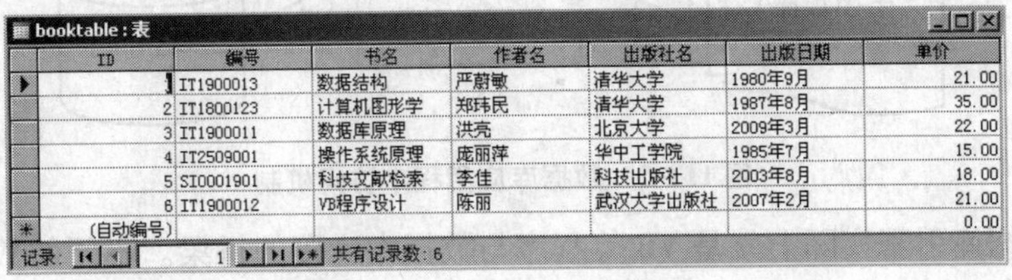

booktable : 表

ID	编号	书名	作者名	出版社名	出版日期	单价
1	IT1900013	数据结构	严蔚敏	清华大学	1980年9月	21.00
2	IT1800123	计算机图形学	郑玮民	清华大学	1987年8月	35.00
3	IT1900011	数据库原理	洪亮	北京大学	2009年3月	22.00
4	IT2509001	操作系统原理	庞丽萍	华中工学院	1985年7月	15.00
5	SI0001901	科技文献检索	李佳	科技出版社	2003年8月	18.00
6	IT1900012	VB程序设计	陈丽	武汉大学出版社	2007年2月	21.00
(自动编号)						0.00

记录: 1 共有记录数: 6

图11-1　数据库中的“表”

(2) 记录。记录是指表中的一行，在一般情况下，记录和行的意思是相同的。在图11-1中，每册图书的信息所占据的一行，就是一个记录，描述了一本书的基本情况，如编号、书名、作者名称等。

(3) 字段。字段是表中的一列，也称为“域（Field）”。在一般情况下，字段和列所指的内容是相同的。例如，在图11-1中，“编号”一列就是一个字段。

(4) 关系。关系是一个从数学中来的概念，在关系代数中，关系就是指二维表。

(5) 索引。索引是建立在表上的单独的物理数据库结构，基于索引的查询使数据获取更为快捷。索引是表中的一个或多个字段，索引可以是唯一的，也可以是不唯一的，主要是看这些字段是否允许重复。主索引是表中的一列和多列的组合，作为表中记录的唯一标识。外部索引是相关联的表的一列或多列的组合，通过这种方式来建立多个表之间的联系。

(6) 存储过程。存储过程是一个编译过的SQL程序。在该过程中可以嵌入条件逻辑、传递参数、定义变量和执行其他编程任务。

11.1.2　VB数据访问对象及数据库访问机制

(1) VB可访问的3种数据库类型。在VB中，可以访问的数据库按类型可以分为3种：

① 本地数据库：如 Microsoft Access。

② 外部数据库：采用 ISAM（Indexed Sequntial Access Methed，索引顺序访问方法）的数据库，如 dBase、Foxpro、Excel 等。

③ 远程数据库：通过网络连接到服务器端提供的大型数据库系统，如 SQL Server、Oracle 等。

（2）数据库引擎。数据库用来存储数据，应用这些数据需要数据库应用程序，这在结构上就形成了所谓前后台的架构。例如，后台是数据库及数据库管理系统（如 SQL Server 系统），或者数据文件（如 Access 数据文件），而前台就是各种应用程序，如 VB 程序等。前后台之间进行通信的主要机制就是数据库引擎，如图 11－2 所示。

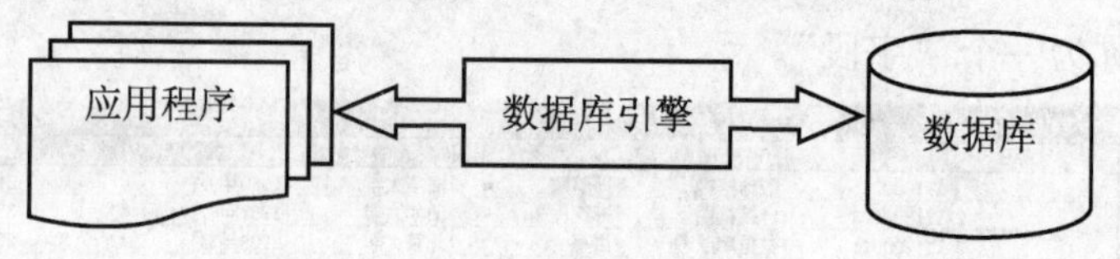

图 11－2　数据库应用程序访问机制

因此，数据库引擎实际上就是 VB 等程序与数据库连接的桥梁。不同的数据库管理系统（DBMS）支持的数据库引擎各不相同。在 VB 中，常用的数据库引擎有 3 种，分别是：Jet，ODBC 和 OLE DB。

① Jet 引擎。Jet 的全称是 Joint Engine Technology，也叫作联合数据库引擎技术，是 Microsoft 公司开发的用于本地数据库（如 Accesss）、外部数据库（如 dBase、Foxpro、Excel 等）的数据库引擎。它也可以支持访问远程数据库（比如 SQL Server、Oracle 等），但必须经过 ODBC 来转接。

② ODBC。ODBC 的全称是 Open Database Connectivity，也叫作开放数据库连接，是一种建立数据库驱动程序的标准，当前几乎所有的数据库管理系统都支持这种数据库引擎。ODBC 是在数据库和应用程序之间提供的一个抽象层，通过这个抽象层实现对支持 ODBC 的数据库系统进行访问。

③ OLE DB。OLE DB 的全称是 Object Linking and Embedding DataBase，也叫作对象链接嵌入数据库。因为 ODBC 仍然存在一些缺陷，于是 Microsoft 公司在 1996 年提出了一种新的数据库访问机制 UDA（Universal Data Access），它的核心是一系列对象模型（COM）接口，被命名为 OLE DB。这些接口允许程序设计人员创建数据提供者（Data Providers）。数据提供者能够很灵活地表达各种格式存储的数据，通用性比 ODBC 更好。

（3）数据对象。数据库实质上是一个庞大的、不同类型的数据集合。早期的数据库系统不提供对外接口，仅可由特定软件访问数据，随着计算机技术的发展和应用水平的提高，数据库系统逐渐发展、完善了对外接口，成为标准的应用支持平台。程序员再也不必自己编写数据管理程序，只需使用标准接口连接数据库即可获得数据库系统的全部功能。而访问数据库是现代应用程序必备的基本功能之一。VB程序系统为程序设计人员提供了多种访问数据库的手段，包括数据控件、DAO、RDO及ADO等数据访问对象模型。

① DAO。数据访问对象DAO（Data Access Objects）出自VB 6.0提供的一个对象库，为处理数据提供了完整、灵活的支持。DAO模型是设计关系数据库系统结构的对象类的集合。它们提供了管理关系型数据库系统所需的全部操作的属性和方法，其中包括创建数据库，定义表、字段和索引，建立表间的关系，定位和查询数据库等。在程序中使用它可以访问Access、Foxpro、dBase等数据库，某些条件下也可以访问ODBC数据库。

② RDO。远程数据对象RDO（Remote Data Objects）是位于ODBC API（Application Programming Interface，应用程序编程接口）和驱动程序管理器之上的对象模型，它提供一系列的对象来满足远程数据访问的特殊要求。尽管RDO在访问Jet数据库时受到限制，只能通过现存的ODBC驱动程序来访问关系数据库，但它能访问任意的ODBC数据源，特别适用于智能的数据库服务器（如SQL Server和Oracle等）。RDO具有短小快速的特性。

③ ADO。活动数据对象ADO（ActiveX Data Object），是Microsoft 1996年发布的一种新的数据访问技术。该技术可屏蔽远程数据访问的复杂性而高效、快速地访问多种数据库，是基于OLE DB之上的更简单、更高级的用于存取数据源的COM组件。它允许开发人员编写访问数据库中数据的代码时不用关心数据库是如何实现的，而只用关心到程序与数据库的连接。编写程序访问数据库的时候，关于SQL（Structured Query Language，结构化查询语言）的知识不是必要的，但是特定数据库支持的SQL命令仍可以通过ADO中的命令对象来执行。

一般来说，如果要开发个人的小型数据库系统，用Access数据库比较合适，要开发大、中型的数据库系统，用ODBC数据库更为适宜。而dBase和Foxpro数据库由于已经过时，目前不常使用。

11.2 Access数据库

Access 2000数据库管理系统是Microsoft Office 2000的一个组件，是最常用的本地数据库之一。在VB中可以方便地使用Data控件和ADO控件对其进行各种操作。

11.2.1 创建 Access 数据库

（1）在 Windows 开始菜单的“所有程序”选项中选择 Microsoft Access 菜单，就可以启动 Access，打开如图 11－3 所示的对话框。

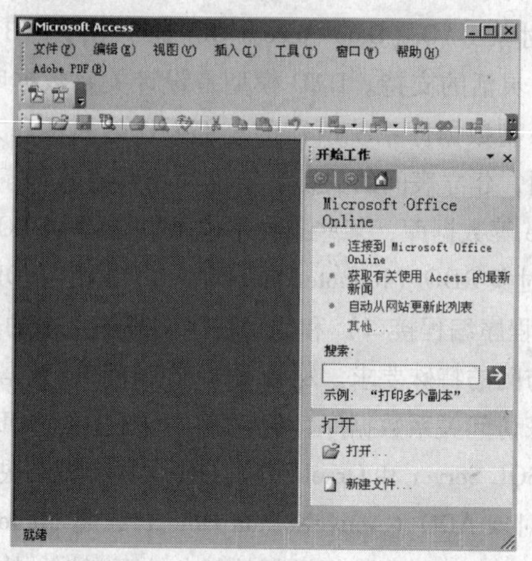

图 11－3 启动 Access 应用程序

（2）在对话框右侧选“新建文件”后，再选择“空数据库”。

（3）在打开的“文件新建数据库”对话框中，输入新建数据库文件名（如 tushudb1），并选择保存目标位置，然后单击“创建”按钮，如图 11－4 所示。

图 11－4 文件新建数据库对话框

（4）单击“创建”按钮后，系统会弹出如图 11－5 所示的“tushudb1：数据库”对话框，至此一个空的 Access 数据库文件创建完毕，并以指定的文件名（tushudb1.mdb）保存在指定的文件夹中。用户可以通过对话框继续创建表的结构内容，也可以退出 Access 待以后需要时再打开文件继续后继工作。

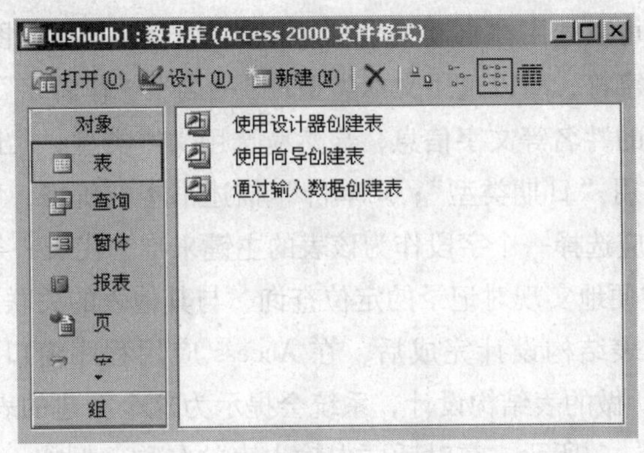

图 11－5 “tushudb1：数据库”对话框

11.2.2 创建 Access 数据表

新建一个数据库文件后，这个文件中是没有任何信息和数据的组织结构关系的，需要进一步对数据记录的字段组织结构、内容以及具体的记录进行设计和录入，才能使其成为一个具有数据记录的数据库文件。首先要进行的工作是设计表结构，也就是设计表中各个字段的构成。设计方法如下：

（1）设计表结构。在图 11－5 中双击“使用设计器创建表”选项，打开如图 11－6 所示的创建表结构对话框。

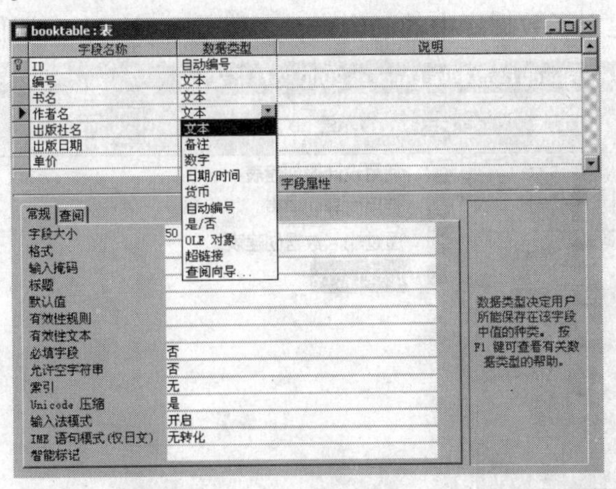

图 11－6 创建表结构对话框

在设计器对话框中的“字段名称”中依次输入表的栏目名称，如“ID”“编号”“书名”“作者名”等，再在每个字段名的“数据类型”中选择这个字段数据的类型，例如：ID号是图书的顺序编号，可以选用“自动编号”类型；“编号”可以是图书的编目号，除数字符号外，还会用到文字字符，所以选用文本类型；“书名”“作者名”“出版社名”等字段描述图书的名称、作者的姓名等文字信息，显然应选用文本类型；“出版日期”描述的是记录的日期信息，应该选用“日期类型”；“单价”描述书本的价格，应选择“货币”类型；等等。另外，每个表中应选择一个字段作为该表的主键来唯一代表一条记录，例如，本例中选用ID，这样就可以方便地实现对记录的定位查询、与其他表的关联等各种操作。

（2）保存表结构。表结构设计完成后，在Access应用程序窗口“文件”菜单中选择“保存”选项保存刚才所做的表结构设计，系统会提示为这个新建的表命名，弹出一个“另存为”对话框，如图11－7所示。在对话框中输入表的名称，例如，本例输入表名称booktable，然后单击“确定”按钮，保存表结构。

图11－7　“另存为”对话框输入表名称

这时在数据库对话框中可看到表的名称，如图11－8所示。保存完毕后再在窗口的“文件”菜单中选择“关闭”选项，关闭表设计器对话框。到此为止，我们建立了一个数据库，名称是tushudb1。还建立了数据库中的一个表，名称是booktable。记住这些重要信息，对我

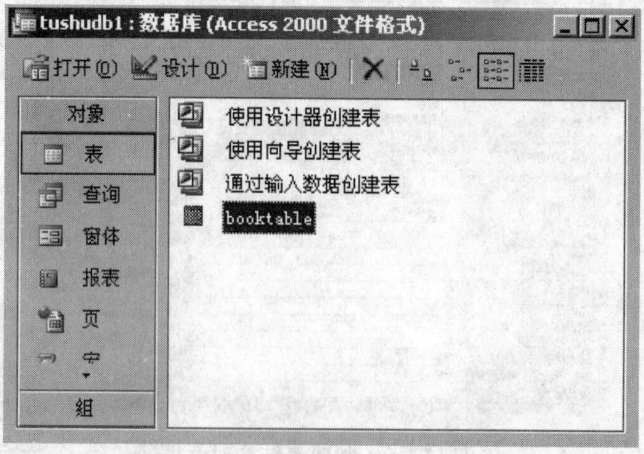

图11－8　booktable表设计完成后

们今后的应用是十分重要的。

11.2.3 修改表结构

如果需要修改表结构，可以在数据库对话框中选择表名称后，单击工具栏中的“设计”按钮，以重新打开表结构设计窗口，进行必要的修改。修改完毕后依然要保存，然后关闭对话框。

11.2.4 输入记录数据

保存表结构后，tushudb1 数据库对话框中会出现表的名称，如图 11-8 所示。双击对话框中的表名称 booktable，就能打开表数据输入窗口，这时可以按照各个字段内容依次输入每个数据记录的信息，如图 11-9 所示。输入完毕后在窗口“文件菜单”中选择“保存”后再关闭窗口，即完成数据库和表结构、表中数据记录的录入操作过程。至此，一个完整的数据库就建立完成了。

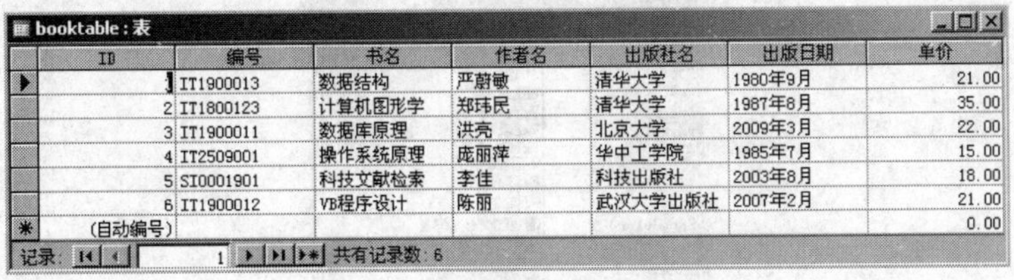

booktable : 表

ID	编号	书名	作者名	出版社名	出版日期	单价
1	IT1900013	数据结构	严蔚敏	清华大学	1980年9月	21.00
2	IT1800123	计算机图形学	郑玮民	清华大学	1987年8月	35.00
3	IT1900011	数据库原理	洪亮	北京大学	2009年3月	22.00
4	IT2509001	操作系统原理	庞丽萍	华中工学院	1985年7月	15.00
5	SI0001901	科技文献检索	李佳	科技出版社	2003年8月	18.00
6	IT1900012	VB程序设计	陈丽	武汉大学出版社	2007年2月	21.00
(自动编号)						0.00

记录: 1 共有记录数: 6

图 11-9 表数据输入窗口

11.3 使用数据控件 Data

VB 通过使用数据控件（Data）、数据绑定控件（文本框、组合框等）、数据访问对象（DAO）、远程数据控件（RDO）和 ADO 数据控件等来实现对数据库的访问。在这些工具中，DATA 控件的运用最为简单，它的使用方法十分快捷、方便，也不需要编写任何代码指令，只需要进行简单的属性设置就可以完成，是初学者的首选。

11.3.1 Data 控件的属性

VB 的 Data 控件属于标准控件，可以直接在工具箱中选取后添加到窗体。在 DATA 控件的所有属性中，有 3 个重要属性与数据库密切相关，决定了所要访问的数据库资源，它们分别是

Connect 属性、DatabaseName 属性和 RecordSource 属性。下面重点介绍这几个常用的属性。

（1）Connect（连接）属性。该属性用于设置所连接数据库的类型。VB 提供了多种可访问的数据库类型，其中比较常用的有 Microsoft Access、dBase 和 Foxpro 等。可以在属性窗口中单击 Connect 属性右边的按钮，在出现的一个公用对话框中选择相应的数据库类型，如图 11－10 所示。需要说明的是，对话框中出现的 Access 表示连接的是 Access 97 格式的数据库，Access 2000 表示连接的是 Access 2000 格式的数据库。初始安装 VB 6.0 系统时，Connect 属性并不支持 Access 2000 格式的数据库，要做到这一点，必须到 Microsoft 官方网站上下载安装 VsSp5 补丁程序，这样 Connect 属性的取值列表中才会出现 Access 2000 选项，支持对这一格式数据库文件的连接。另外，Connect 属性也可以在程序设计中利用语句进行设置。

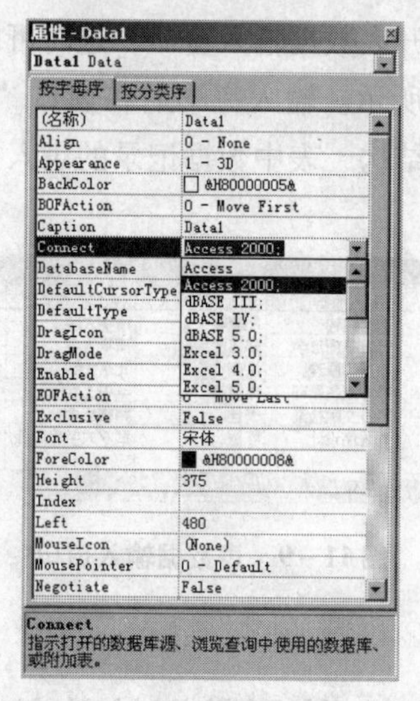

图 11－10 Connect 属性的设置

（2）DatabaseName（数据库名）属性。该属性用于设置被访问的数据库的文件名和路径。可以在属性窗口中单击 DatabaseName 属性右边的按钮，在出现的一个公用对话框中选择相应的数据库文件名，也可以在运行时利用语句进行设置。如果在设计或程序运行时改变了 Data 控件的 DataBaseName 属性，改变了被打开数据库的路径和文件名称，应使用 Refresh（刷新）方法重新打开新数据库。

在程序中设置数据库名属性的语句格式是：

```
Object.DatabaseName ="数据库文件名"
```

说明：

Object 为数据控件名，例如添加到窗体上的数据控件，系统自动命名为 Data1。“数据库文件名”则为带路径的数据库文件名。例如：

```
Data1.DatabaseName ="G:\vb\tushu.mdb"
```

（3）RecordSource（记录源）属性。该属性主要用于设置数据控件 Data 打开的数据库表名或查询名，可以是一个表名、一个数据库中已存在的查询或一条 SQL 语句。如果在运行时通过代码改变了该属性值（连接到其他数据源），则必须使用 Refresh 方法使该改变生效，并需要重新建立记录集（RecordSet）。

另外，数据控件 Data 还有以下一些属性，在使用中也常常用到。

（4）Exclusive（独占）属性。该属性用于设置是单用户（独占）方式还是多用户方式打开指定的数据库。设置为 True 时是单用户方式；为 False（默认值）是多用户方式。

（5）ReadOnly（只读）属性。该属性用于设置是否以只读方式打开指定的数据库。设置为 True 是只读方式；为 False（默认值）是读写方式。

（6）Recordset 属性。该属性返回一个指定数据源中的记录集或运行一次查询所得的记录的结果集合。

（7）RecordsetType 属性。该属性用于设置创建的 Recordset 对象的类型，其取值如下：

① dbOpenTable：表记录集类型，一个记录集，代表能用来添加、更新或删除的单个数据库表。

② dbOpenDynaset：动态集类型，一个动态记录集，代表一个数据库表或包含从一个或多个表取出的字段的查询结果。可从 Dynaset 类型的记录集中添加、更新或删除记录，并且任何改变都将反映在基本表上。

③ dbOpenSnapshot：快照类型，一个记录集的静态副本，可用于查找数据或生成报告。一个快照类型的 Recordset 能包含从一个或多个在同一数据库中的表里取出的字段，但字段不能更改。

11.3.2 数据绑定控件常用属性

在 VB 中，文本框、列表框、图片框等控件，都可以用来作为访问数据库时用于显示数据库数据的控件对象。在使用这些控件显示数据库信息时，要将它们与数据控件绑定在一起，成为数据控件的绑定控件。这就必须对以下属性进行设置：

（1）DataSource 属性。该属性用来设置与文本框等控件绑定在一起的数据控件，可通过属性窗口设置，如图 11-11 所示，也可以在程序运行时通过语句设置。通过语句设置的语法是：

```
Object.DataSource = <数据控件名>
```

例如，程序中使用数据控件访问数据库，其控件名自动定义为Data1，文本框控件Text1用于显示数据表中的某个字段信息，则绑定语句为：

```
Text1. DataSource = Data1
```

（2）DataField 属性。该属性返回或设置当前数据库表中当前记录的当前字段名称。可在属性窗口中选择要显示的字段，如图 11－12 所示，也可通过程序运行时的命令语句进行设置。设置语句的语法格式为：

```
Object.DataField = <字段名>
```

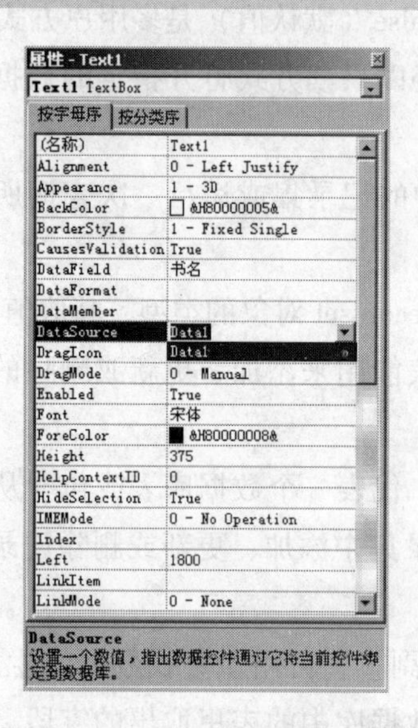

图 11－11　DataSource 属性设置

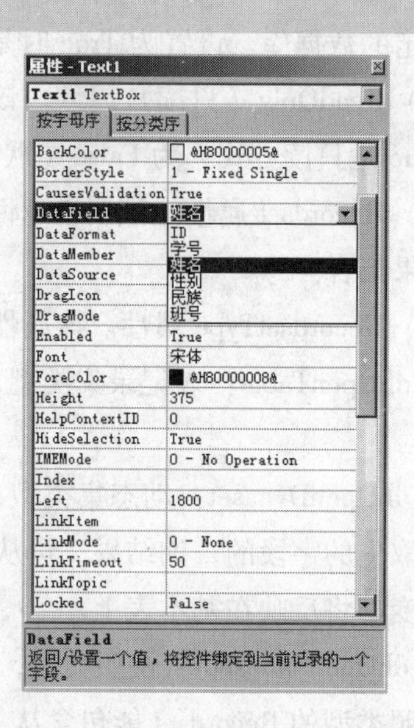

图 11－12　DataField 属性设置

例如：

```
Text1.DataField ="姓名"
```

【例 11－1】设计一个 VB 程序，依次在窗体界面上显示数据库 tushudb1 中表 booktable 中的数据信息。其设计过程：

（1）界面设计。启动 VB，新建一个工程。在窗体 Form1 中添加如下控件：标签 Label1、Label2、Label3；文本框 Text1、Text2、Text3；数据控件 Data1。将标签 Label1、Label2、Label3的 Caption 属性分别更改为“书名”“作者名”和“出版社名”，如图 11－13 所示。

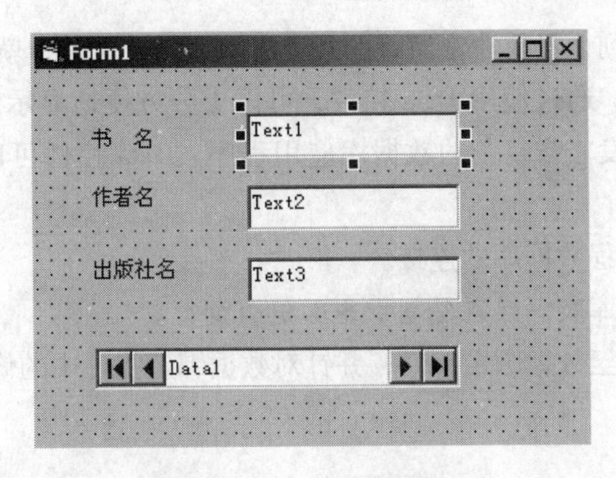

图 11－13　程序界面设计

(2) 控件属性设置。将数据控件 Data1 的 DatabaseName 属性设置为刚才建立的数据库文件名 G:\vb\tushudb1.mdb，再将 Data1 的 RecordSource 属性设置为数据库中刚才建立的数据表 booktable。注意，在设置了 DatabaseName 后，RecordSource 属性中的值会自动出现数据库中各个表的名称，由于刚才我们只设计了一个表，所以这时只有一个表名称 booktable 出现，直接选择就可以了。

然后，再将文本框控件 Text1、Text2、Text3 的 DataSource 属性设置成 Data1，即与数据控件绑定；将各自的 DataField 属性分别与数据库中表文件的相应字段绑定，即分别设置成"书名""作者名"和"出版社名"。

(3) 运行程序。完成属性设置后，运行程序，可以看到文本框中分别显示数据库中各条记录的有关内容，单击 Data1 控件的左、右按钮，显示的记录内容还会发生相应改变，如图 11－14 所示。

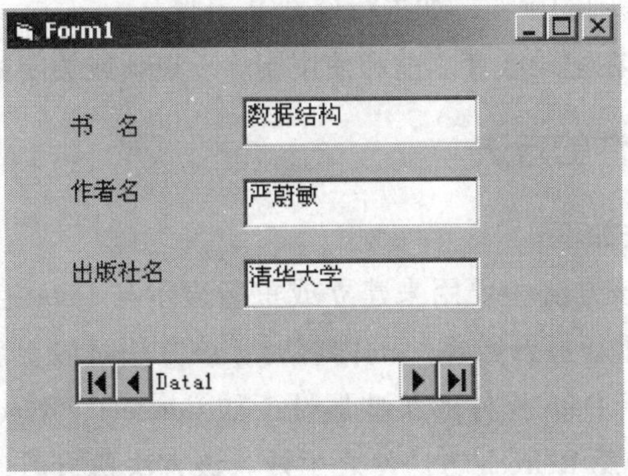

图 11－14　程序运行结果

由这个例题可以看到，只要非常简单的几个步骤和属性设置，就可以实现 VB 应用程序访问数据库文件的目的。通过使用 Data 控件，可以十分方便地显示所访问数据库中表文件的记录内容，还可以开发非常复杂的数据库应用程序。Data 控件可以不使用代码完成以下功能：

- 完成对本地和远程数据库的连接。
- 打开指定的数据库表，或者是基于 SQL 的查询集。
- 将表中的字段传至数据绑定控件，并针对数据绑定控件中的修改来更新数据库。
- 关闭数据库。

11.3.3 Data 控件的事件

VB 中的 Data 控件也能够支持多种事件，如 MouseDown、MouseMove 等。与数据库访问有关的常用事件有：

（1）Error 事件。当 Data 控件产生执行错误时触发，使用语法如下：

```
Private Sub Data1_Error(DataErr As Integer, Response As Integer)
    ...(错误处理指令)
End Sub
```

其中：Data1 是 Data 控件的名字；DataErr 为返回的错误号；Response 设置执行的动作，为 0 时表示继续执行，为 1 时显示错误信息。

（2）Reposition 事件。当用户单击 Data 控件上某个箭头按钮，或是在代码中使用了某个 Move 或 Find 方法使某一个记录成为当前记录后触发 Reposition 事件。通常，是利用该事件进行以当前记录内容为基础的操作，如进行计算等。

（3）Validate 事件。在记录改变之前和使用删除、更新或关闭操作之前触发该事件。

11.3.4 Data 控件的方法

Data 控件的常用方法如下：

（1）Refresh 方法。该方法主要用来建立或重新显示与 Data 控件相连接的数据库记录集。在 Data 控件打开或重新打开数据库的内容时，该方法可以更新 Data 控件的数据设置。如果在程序运行时修改了 Data 控件的某些属性，如 Connect、RecordSource 或 Exclusive 等，则必须在修改完属性后使用 Refresh 方法使之生效。该方法执行后，记录指针将指向记录集中的第一条记录。

（2）UpdateRecord 方法。该方法将数据绑定控件上的当前内容写入到数据库中，即可以在修改数据库后调用该方法来确认修改，但不触发 Validate 事件。

(3) UpdateControls 方法。该方法可以将数据从数据库中重新读入到数据绑定控件中，即可以将 Data 控件记录集中的当前记录填充到某个数据绑定控件。

(4) Close 方法。该方法主要用于关闭数据库或记录集，并且将该对象设置成空。要注意的是，使用该方法之前，必须使用 Update 方法更新数据库或记录集中的数据，以保证数据的正确性。

11.3.5 数据记录对象（Recordset）

VB 提供的 Recordset 对象代表在数据库中用户正在使用的数据字段。一个 Recordset 对象表示一个或多个数据库表中对象集合的多个对象，或运行一次查询所得到的记录结果。一个 Recordset 对象相当于一个变量，与数据库表相似，记录集也是由行和列组成的，但不同的是记录集可以同时包含多个表中的数据。VB 的 Jet 数据库引擎提供了大量记录集属性和方法，用户可以用 Recordset 对象的属性和方法来对数据库中的记录进行查询、排序、增加和删除操作。

1. Recordset 对象的方法

(1) Move 方法。Move 方法用于记录指针的移动，常用于浏览数据库中的数据记录，一共包含 4 种方法：

- MoveFirst：将记录指针移动到记录集中的第一条记录。
- MoveNext：将记录指针移动到当前记录的后一条记录。
- MovePrevious：将记录指针移动到当前记录的前一条记录。
- MoveLast：将记录指针移动到当前记录集中的最后一条记录。

这些方法的功能分别是将记录定位在记录集的首记录、下一个记录、上一个记录和最后一个记录上。当一个记录集刚刚被打开时，记录指针指向记录集中的第一条记录，第一条记录为当前记录。

(2) Find 方法。Find 方法用于在动态集和快照类型的记录集中查找符合指定条件的记录。若找到符合条件的记录则将记录指针指向该记录，并将 Recordset 对象的 Nomatch 属性设置成 Flase，否则将指针指向记录集的末尾，并将 Recordset 对象的 Nomatch 属性设置成 True。Find 方法也包含 4 种方法：

- FindFirst：查找符合条件的第一条记录。
- FindLast：查找符合条件的最后一条记录。
- FindNext：查找符合条件的下一条记录。

● FindPrevious：查找符合条件的前一条记录。

例如，要查找数据库中“姓名”字段中包含“王”字的第一条记录，可以使用下列语句实现：

```
Data1.Recordset.FindFirst "姓名 like '王'"
```

注意：这些查找方法只适用于动态集类型和快照集类型的记录集，对于表记录集类型则使用另一种方法 Seek 进行查找操作。

（3）Seek 方法。该方法只用于对表记录集类型的记录集中的记录查找。该方法必须和一个活动的索引一起使用，而且活动索引指定的字段必须是已经设置为索引的才能使用。Recordset 的 Nomatch 属性可以作为是否符合条件的记录的判断依据，如果该属性值为 True，表明没有找到符合条件的记录。

（4）AddNew 和 Edit 方法。AddNew 方法为数据库添加一条新记录。调用该方法将清除数据绑定控件中的所有内容，并将一条空记录添加到记录集的末尾。实际上该方法只是清除缓冲区并允许输入新的记录，但并没有把新记录添加到记录集中。要想真正增加记录，还要通过使用 Update 方法才能实现。

Edit 方法将当前记录放入缓冲区，使当前记录集进入可以被编辑修改状态。和 AddNew 方法一样，如果最后不使用 Update 方法，所有的编辑结果将不会改变数据库中记录的结果。

必须注意，新添加或编辑修改后的记录，只有在执行了 Update 方法后或通过 Data 控件移动当前记录时，才会被添加到数据库文件中。

（5）Delete 和 Update 方法。Delete 方法用于删除一个记录，一旦使用了该方法，记录就永远消失，不可恢复。

Update 方法进行记录集中的记录更新。

注意：如果使用 AddNew 和 Edit 方法之后，没有立即使用 Update 方法，而是重新使用 Edit、AddNew 等操作移动了记录指针，复制缓冲区将被清空，则原来输入的信息将会全部丢失，不会存入记录集中。

（6）Close 方法。该方法关闭指定的记录集。

2. Recordset 的属性

Recordset 的常用属性如下：

（1）Bookmark 属性。该属性返回或设置当前记录集指针的书签，和我们在阅读时使用的书签一样，用于标识记录集中的记录，以便在需要时快速地将记录指针指向一个记录。BookMark 采用的是 String 类型。在程序中可以使用该属性重定位记录集的指针。例如，要把移动到其他位置上的记录指针迅速移回到原位，可以使用下面的语句：

```
Mybookmark = data1.Recordset.BookMark
Data1.Recordset.Movefirst
Data1.Recordset.BookMark = mybookmark
```

注意：存储书签的变量必须是 Variant 类型。

(2) AbsolutePosition 属性。该属性用于返回当前记录的序号，但不能将其作为记录编号替代使用。因为如果执行了删除、添加等操作后，记录的位置可能会改变。

(3) BOF 和 EOF 属性。这两个属性用来指示记录指针是否指向了第一条记录之前或最后一条记录之后。如果这两个属性同时为 True，表示该记录集中无任何记录。

【例 11-2】 设计一个图书管理程序，程序运行后显示数据库中当前记录的各项数据内容，如图 11-15 所示。

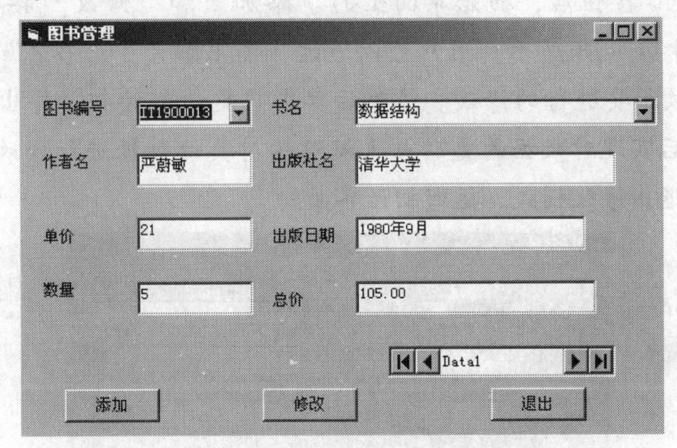

图 11-15 程序运行的结果

(1) 程序设计要求：

① 用户通过图书编号或者书名的下拉列表选择或输入后按 Enter 键，可以看到指定图书的作者名、出版社名等有关信息。

② 单击“添加”或“修改”按钮后，程序进入到密码输入界面，如图 11-16 所示。需要用户正确输入密码（本例中为 123456），输入密码正确则进入添加界面，如图 11-17 所示。在添加界面中输入新记录的各项数据后，单击“更新”按钮使更新有效，并继续显示下一个添加记录的界面。单击“取消”按钮，则退出添加数据，回到初始界面；如果输入密码出错达到 3 次，则给出错误信息后退出运行。

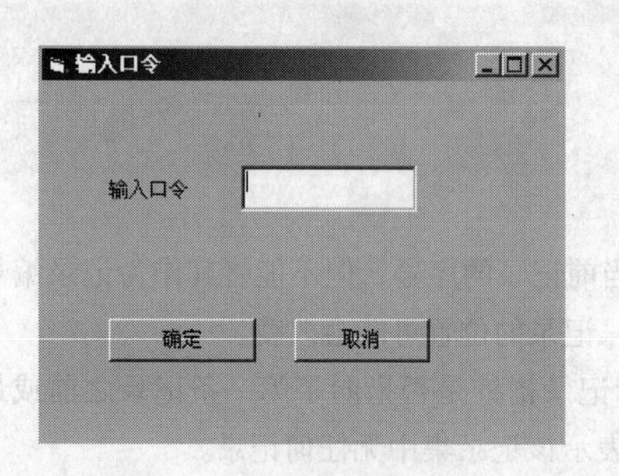

图 11－16　输入口令界面

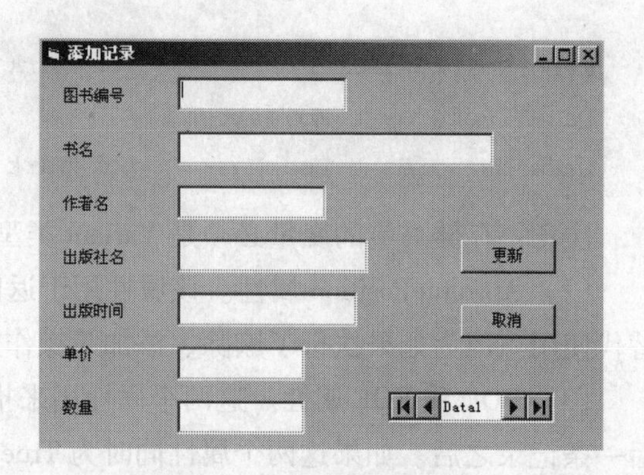

图 11－17　添加记录界面

③ 单击“修改”按钮后，初始界面上的“添加”和“修改”按钮变成“删除”和“更新”按钮，如图 11－18 所示。用户可以通过“图书编号”“书名”找到需要修改的记录，直接在界面上做所要进行的修改。修改后单击“更新”按钮，弹出“更新确认”对话框，按“确认”键后实现对数据的更新并可以继续对其他数据进行修改，直到单击界面上的“退出”按钮，退出修改模式，返回初始界面。

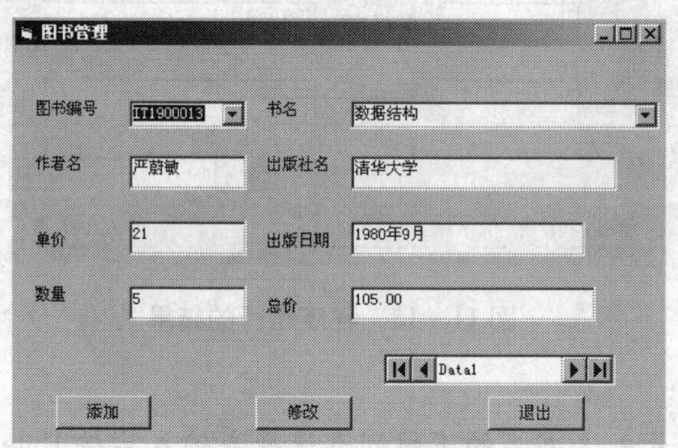

图 11－18　更新记录界面

④ 单击“删除”按钮，将显示“删除确认”对话框，单击“确认”按钮后将删除当前显示的记录数据。

(2) 设计步骤：

① 设计数据库。通过 Access，在 G 盘的 vb 文件夹中建立 tushudb1 数据库和 booktable 数据表，如图 11－19 所示。

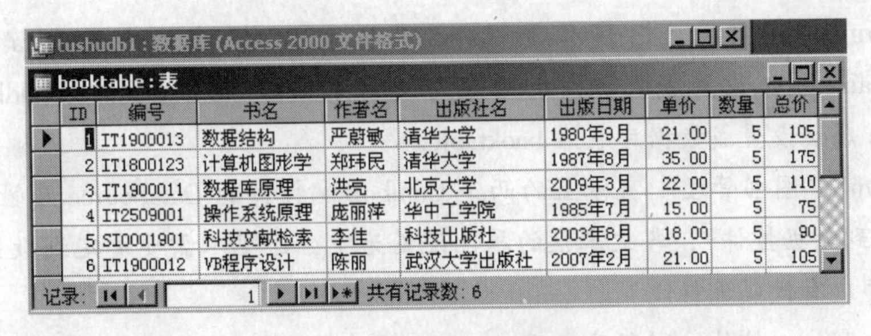

tushudb1 : 数据库 (Access 2000 文件格式)

booktable : 表

ID	编号	书名	作者名	出版社名	出版日期	单价	数量	总价
1	IT1900013	数据结构	严蔚敏	清华大学	1980年9月	21.00	5	105
2	IT1800123	计算机图形学	郑玮民	清华大学	1987年8月	35.00	5	175
3	IT1900011	数据库原理	洪亮	北京大学	2009年3月	22.00	5	110
4	IT2509001	操作系统原理	庞丽萍	华中工学院	1985年7月	15.00	5	75
5	SI0001901	科技文献检索	李佳	科技出版社	2003年8月	18.00	5	90
6	IT1900012	VB程序设计	陈丽	武汉大学出版社	2007年2月	21.00	5	105

记录: 1 共有记录数: 6

图 11－19　设计数据库

② 设计程序界面。新建一个工程，在这个工程中添加并设计 3 个窗体：Form1 图书管理初始界面，Form2 添加数据界面，Form3 输入密码界面，如图 11－20、图 11－21 和图 11－22 所示。

图 11－20　Form1：图书管理初始界面

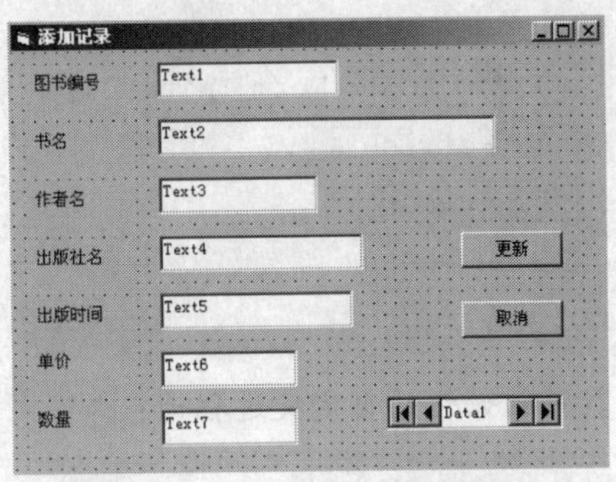

图 11－21　Form2：添加记录界面

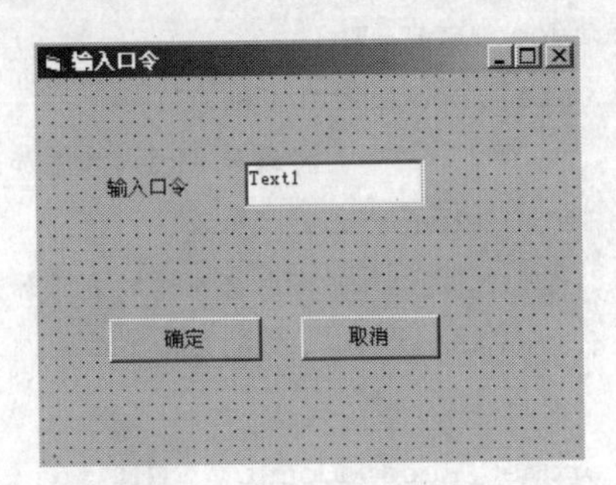

图 11－22　Form3：输入密码界面

说明：

- 在窗体 Form1 “图书管理” 界面中，添加 5 个按钮，其中 “删除” 和 “更新” 按钮在位置上与 “添加” 和 “修改” 按钮重叠，但在启动时看不见，只有在程序运行时，单击了 “修改” 按钮后，“添加” 和 “修改” 按钮看不见了，“删除” 与 “更新” 按钮才显示出来并起作用。

- 将 Form1“图书管理”窗体和 Form2“添加记录”窗体中的 Data 控件的 DataBaseName 属性设置成数据库的路径与文件名 G:\vb\tushudb1.mdb，将 RecordSource 属性设置成数据库表名 booktable。
- 将 Form1“图书管理”窗体上的两个 ComboBox 控件的 DataSource 属性设置成 Data1（绑定到数据控件），各文本框的属性设置为空，这里不需要绑定到数据字段，因为在程序中有代码进行设置。

③ 给各个窗体、控件编写程序代码。

Form1 图书管理窗体初始化的代码为：

```
Public panduan As Integer
Dim reccount As Integer
    Private Sub Form_Initialize()
Data1.Refresh
Call gengxin
Call chushihua
End Sub
```

数据初始化的自定义过程为：

```
Sub chushihua()
    Data1.Recordset.MoveFirst
    Do While Data1.Recordset.EOF = False
        Combo1.AddItem Data1.Recordset("编号")
                                    '将编号字段内容添加到组合框列表
        Combo2.AddItem Data1.Recordset("书名")
                                    '将书名字段列表添加到组合框列表
        Data1.Recordset.MoveNext
    Loop
    recount = Data1.Recordset.RecordCount
    Data1.Recordset.MoveFirst
    Combo1.Text = Data1.Recordset("编号")
    Combo2.Text = Data1.Recordset("书名")
    Call xianshi
End Sub
```

编号组合框 ComboBox1 的 Click 事件代码为：

```
Private Sub Combo1_Click()
    Data1.Recordset.MoveFirst          '将记录指针指向第一条记录
    Data1.Recordset.FindFirst "编号 ='" & Combo1.Text & "'"
    Combo2.Text = Data1.Recordset("书名")
    Call xianshi
End Sub
```

在“编号”组合框中按 Enter 键时执行的代码为：

```
Private Sub Combo1_KeyUp(KeyCode As Integer, Shift As Integer)
    If KeyCode = 13 Then
        Data1.Recordset.MoveFirst
        Data1.Recordset.FindFirst "编号 ='" & Combo1.Text & "'"
        Combo2.Text = Data1.Recordset("书名")
        If Data1.Recordset.NoMatch Then
            MsgBox "查无此书!", 48, "注意"
                                         '未找到记录时给出提示信息
        Else
            Call xianshi                 '调用显示过程
        End If
    End If
End Sub
```

“书名”组合框 Combo2 的 Click 事件代码为：

```
Private Sub Combo2_Click()
    Data1.Recordset.MoveFirst
    Data1.Recordset.FindFirst "书名 ='" & Combo2.Text & "'"
    Combo1.Text = Data1.Recordset("编号")
    Call xianshi                         '调用显示过程
End Sub
```

在“书名”组合框中按 Enter 键时执行的代码为：

```
Private Sub Combo2_KeyUp(KeyCode As Integer, Shift As Integer)
    If KeyCode = 13 Then
```

```
        Data1.Recordset.MoveFirst
        Data1.Recordset.FindFirst "书名 = '" & Combo2.Text & "'"
        Combo2.Text = Data1.Recordset("编号")
        If Data1.Recordset.NoMatch Then
            MsgBox "查无此书!", 48, "注意"
        Else
            Call xianshi                    '调用显示过程
        End If
    End If
End Sub
```

“添加”按钮 Command1 的 Click 事件代码为：

```
Private Sub Command1_Click()
    panduan = 1
    Form3.Show 1
End Sub
```

“修改”按钮 Command2 的 Click 事件代码为：

```
Private Sub Command2_Click()
    panduan = 2
    Command1.Visible = False
    Command2.Visible = False
    Command4.Visible = True
    Command5.Visible = True
End Sub
```

更新数据的自定义过程为：

```
Sub gengxin()
    Do While Data1.Recordset.EOF = False
        Data1.Recordset.Edit
        Data1.Recordset("总价") = Data1.Recordset("单价") * Data1.Recordset("数量")
        Data1.Recordset.Update
        Data1.Recordset.MoveNext
    Loop
End Sub
```

刷新文本框中显示信息的自定义过程为：

```
Sub xianshi()
    Text1 = Data1.Recordset("作者名")
    Text2 = Data1.Recordset("出版社名")
    Text3 = Data1.Recordset("单价")
    Text4 = Data1.Recordset("出版日期")
    Text5 = Data1.Recordset("数量")
    Text6 = Format(Data1.Recordset("总价"), "0.00")
End Sub
```

“退出”按钮Command3的Click事件代码为：

```
Private Sub Command3_Click()
    If Command1.Visible = False Then
        Command1.Visible = True
        Command2.Visible = True
        Command4.Visible = False
        Command5.Visible = False
    Else
        Unload Me
    End If
End Sub
```

“删除”按钮Command4的Click事件代码为：

```
Private Sub Command4_Click()
    a = MsgBox("当前记录将被删除,确定?", 4 + 48, "警告")
    If a = vbNo Then Exit Sub
    Data1.Recordset.Delete
    Data1.Refresh
    Combo1.Clear
    Combo2.Clear
    Call chushihua
End Sub
```

“更新”按钮Command5的Click事件代码为：

```
Private Sub Command5_Click()
    a = MsgBox("当前记录将被修改,确定?", 4 + 48, "警告")
    If a = vbNo Then Exit Sub
    Data1.Recordset.Edit
    With Data1
        .Recordset("编号") = Combo1.Text
        .Recordset("书名") = Combo2.Text
        .Recordset("作者名") = Text1
        .Recordset("出版社名") = Text2
        .Recordset("单价") = Text3
        .Recordset("出版日期") = Text4
        .Recordset("数量") = Text5
        .Recordset("总价") = Val(Text3) * Val(Text5)
    End With
    Combo1.Clear
    Combo2.Clear
    Data1.Refresh
    Call chushihua
End Sub
```

添加记录窗体的代码：

"更新"按钮 Command1 的 Click 事件代码为：

```
Private Sub Command1_Click()
    If  Text1 = "" Or Text2 = "" Or Text3 = "" Or Text4 = "" Or Text5 = "" Or Text6 = "" Or
Text7 = "" Then
        MsgBox "请输入完整信息!", 48
        Text1.SetFocus
        Exit Sub
    End If
    With Data1
        .Recordset.AddNew
        .Recordset("编号") = Text1
        .Recordset("书名") = Text2
```

```
        .Recordset("作者名") = Text3
        .Recordset("出版社名") = Text4
        .Recordset("出版日期") = Text5
        .Recordset("单价") = Val(Text6)
        .Recordset("数量") = Val(Text7)
        .Recordset.Update
    End With
    Text1 = "": Text2 = "": Text3 = "": Text4 = "": Text5 = "": Text6 = "": Text7 = ""
    Text1.SetFocus
End Sub
```

"取消"按钮Command2的Click事件代码为:

```
Private Sub Command2_Click()
    Unload Me
End Sub
```

添加记录窗体Form2初始化的代码为:

```
Private Sub Form_Load()
    Text1 = "": Text2 = "": Text3 = "": Text4 = "": Text5 = "": Text6 = "": Text7 = ""
End Sub
```

"输入密码"窗体Form3的代码:

```
Dim cishu As Integer
```

"确定"按钮Command1的Click事件代码为:

```
Private Sub Command1_Click()
    If Text1 = "123456" Then
        Form2.Show 1
        Unload Me
        If Form1.panduan = 1 Then
            Unload Form1
            Form3.Show 1
        Else
            Form1.Text1.Locked = False
```

```
            Form1.Text2.Locked = False
            Form1.Text3.Locked = False
            Form1.Command1.Visible = False
            Form1.Command2.Visible = False
            Form1.Command3.Visible = True
            Form1.Command4.Visible = True
        End If
    Else
        If cishu < 2 Then
            MsgBox "无效口令,请重新输入!", 48, "错误"
            Text1 = ""
            Text1.SetFocus
            cishu = cishu + 1
        Else
            MsgBox "你无权使用!", 48, "警告"
            Unload Me
        End If
    End If
End Sub
```

“取消”按钮 Command2 的 Click 事件代码为：

```
Private Sub Command2_Click()
    Unload Me
    Form2.Show
End Sub
```

窗体 Form3 初始化的代码为：

```
Private Sub Form_Load()
    Text1.Text = ""
End Sub
```

【例 11－3】 设计一个程序，通过 Data 控件对学生数据库 student1.mdb 中的数据表 stdtb1 进行添加、删除、查询和更新操作。

设计过程：

(1) 启动 Access，在 G 盘的“VB 程序例题”文件夹中建立 student1.mdb 数据库和

stdtb1 数据表，如图 11－23 所示。

student1：数据库（Access 2000 文件格式）

stdtb1：表

ID	学号	姓名	性别	民族	班号
1	2011001	王晓华	女	汉	1
2	2011002	李东	男	汉	1
3	2011003	张力	男	汉	1
4	2011004	魏萍	女	回	2
5	2011005	陈丽	女	汉	2
6	2011006	胡晓波	女	汉	2
8	2011007	丁三	男	汉	4

记录：1 共有记录数：8

图 11－23 设计数据库

（2）设计程序界面。新建一个工程，在窗体 Form1 中设计如图 11－24 所示界面。

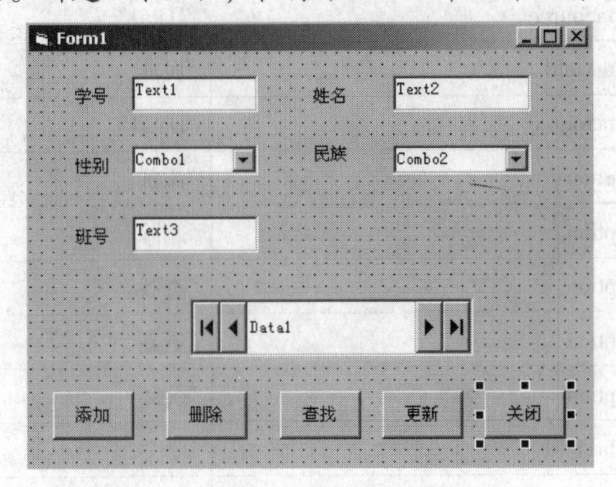

图 11－24 程序界面设计

在 Form1 界面上添加以下控件：

- 5 个标签控件：Label1、Label2、Label3、Label4 和 Label5。
- 1 个 Data 控件：Data1。
- 3 个文本框控件：Text1、Text2 和 Text3。
- 2 个组合框控件：Combo1 和 Combo2。
- 5 个命令按钮控件：Command1 ~ Command5，分别将 5 个按钮的名称更改为：cmdAdd、cmdDelete、cmdFind、cmdUpdate 和 cmdClose。

将这些控件按照如图 11－24 所示进行布局排列后分别设置属性。各个控件的属性设置如表 11－1 所示。

表 11-1 各控件主要属性设置情况表

控件名称	属性	属性值
Data1	Caption	"Data1"
	Connect	"Access 2000"
	DatabaseName	"G:\ vb 程序例题\ student1. mdb"
	DefaultType	2 '使用 Jet
	ReadOnly	0 'False
	RecordsetType	1 'Dynaset
	RecordSource	" stdtb1 "
Combo1	DataField	"性别"
	DataSource	"Data1"
Combo2	DataField	"民族"
	DataSource	"Data1"
CmdAdd	Caption	"添加"
CmdDelete	Caption	"删除"
cmdFind	Caption	"查找"
cmdUpdate	Caption	"更新"
cmdClose	Caption	"关闭"
Text1	DataField	"学号"
	DataSource	"Data1"
Text2	DataField	"姓名"
	DataSource	"Data1"
Text3	DataField	"班号"
	DataSource	"Data1"
Label1	Caption	"学号:"
Label2	Caption	"姓名:"
Label3	Caption	"性别:"
Label4	Caption	"民族:"
Label5	Caption	"班号:"

注意：Data控件的Connect属性设置为"Access 2000"，DefaultType属性设置为“2—使用Jet”，DatabaseName属性设置指向数据库所在的目标盘和路径位置及文件名："G:\vb程序例题\student1.mdb"；DataBaseName指定后，RecordSource属性设置栏目中就会自动出现表stdtb1的名称，这时只要进行选定就可以和数据库、表连接上了。

(3) 给各个控件编写程序代码。

“添加”按钮的Click事件命令代码为：

```
Private Sub cmdAdd_Click()
    Data1.Recordset.AddNew
    cmdDelete.Enabled = False
    cmdFind.Enabled = False
    cmdUpdate.Enabled = True
    text1.SetFocus
End Sub
```

“删除”按钮的Click事件命令代码为：

```
Private Sub cmdDelete_Click()
    If MsgBox("真的要删除当前记录吗", vbYesNo, "信息提示") = vbYes Then
        Data1.Recordset.Delete
        Data1.Recordset.MoveNext
        If Data1.Recordset.EOF Then
            Data1.Recordset.MoveFirst
            If Data1.Recordset.BOF Then
                cmdDelete.Enabled = False
                cmdFind.Enabled = False
            End If
        End If
    End If
End Sub
```

“关闭”按钮的Click事件命令代码为：

```
Private Sub cmdClose_Click()
    Unload Me
End Sub
```

“查找”按钮的 Click 事件命令代码为：

```
Private Sub cmdFind_Click()
    Dim str As String
    str = InputBox("输入查找表达式,如班号 ='1'", "查找")
    If str = "" Then Exit Sub
    Data1.Recordset.FindFirst str
    If Data1.Recordset.NoMatch Then
        MsgBox "指定的条件没有匹配的记录",, "信息提示"
    End If
End Sub
```

“更新”按钮的 Click 事件命令代码为：

```
Private Sub cmdUpdate_Click()
    Data1.UpdateRecord
    Data1.Recordset.Bookmark = Data1.Recordset.LastModified
    cmdUpdate.Enabled = False
    cmdDelete.Enabled = True
    cmdFind.Enabled = True
End Sub
```

Data1 控件的错误响应事件命令代码为：

```
Private Sub Data1_Error(DataErr As Integer, Response As Integer)
    MsgBox "数据错误事件命中错误:" & Error $ (DataErr)
    Response = 0                    '忽略错误
End Sub
```

Data1 控件的记录重定位事件命令代码为：

```
Private Sub Data1_Reposition()
    Screen.MousePointer = vbDefault
    On Error Resume Next
    Data1.Caption = "记录:" & (Data1.Recordset.AbsolutePosition + 1)
End Sub
```

窗体 Form1 的初始化命令代码为：

```
Private Sub Form_Initialize()
    If Data1.Recordset.EOF And Data1.Recordset.BOF Then
                                          '检测记录集是否为空
        cmdFind.Enabled = False
        cmdDelete.Enabled = False
    Else
        Data1.Recordset.MoveFirst   '指向第一个记录
    End If
    cmdUpdate.Enabled = False
End Sub
```

(4) 运行程序。保存工程后运行程序，运行的结果如图 11－25 所示。

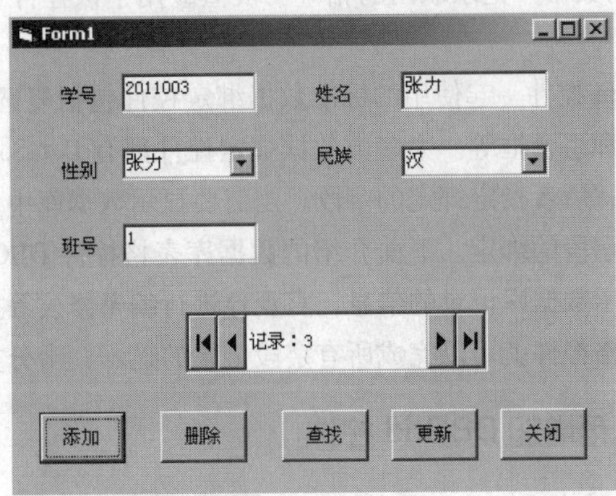

图 11－25　程序运行结果

- 单击 Data1 控件的“左”“右”箭头按钮，可以看到数据记录相应发生变化。
- 单击“查找”按钮后弹出如图 11－26 所示“查找”对话框，按照图中所示格式输入查找条件后，如果记录存在，就会显示出所查找记录的所有数据。

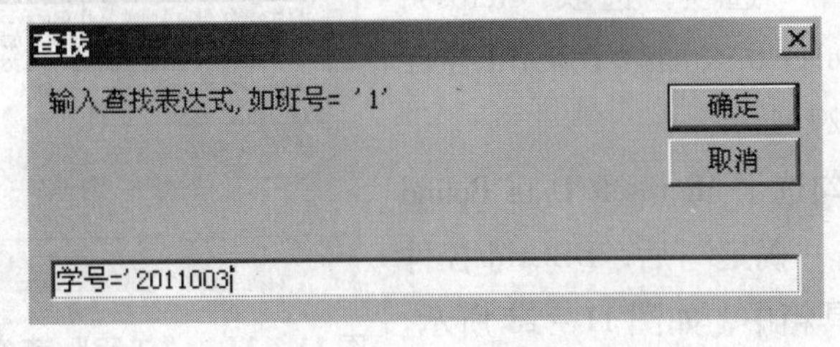

图 11－26　查找对话框

- 进行了“添加”操作后，“更新”按钮由灰色变为黑色，要单击“更新”按钮，“添加”操作才有效。

11.4 使用数据库表格控件 DBGrid

从前面的讨论可以看到，VB 提供的数据控件 Data 可以十分简单、方便、快捷地访问数据库，利用它访问数据库时只需要编写少量的代码即可。但是，只有 Data 控件是不够的，还必须利用数据绑定控件来与之配合才行，如前面用到的文本框控件等。数据绑定控件也叫数据识别控件，可通过它显示并访问数据库的信息。当一个控件通过设置属性被绑定到 Data 控件时，VB 会把从当前数据库记录取出的相应字段值应用于该控件，使该控件显示数据信息并接受更改等操作。

在 VB 中可以与 Data 控件一起使用的标准数据绑定控件包括复选框、图像框、图片框、标签、文本框、列表框和组合框等。大多数数据绑定控件都有 DataSource 和 DataField 属性，前者指定绑定的数据源，后者指定绑定的字段。当需要显示数据库中多个字段时，就需要使用多个控件分别实现各字段的绑定。下面介绍的数据库表格控件 DBGrid，可以与 Data 控件配合后以表格的形式显示数据库记录的信息，直观地进行编辑修改等操作，即使数据库有多个字段，也只需一个表格控件就可以完成所有字段记录的显示，十分方便。

11.4.1 给工具箱增加 DBGrid 控件

其他的常用内部控件在 VB 的工具箱中都可以找到，但数据库表格控件 DBGrid 在使用之前，必须经过添加操作添加到工具箱后才能使用。添加的方法是通过 VB 窗口菜单上的“工程”菜单中的“部件”选项，选取 Microsoft Data Bound Grid Control 5.0 来加载 DBGrid 控件到工具箱，如图 11－27 所示。

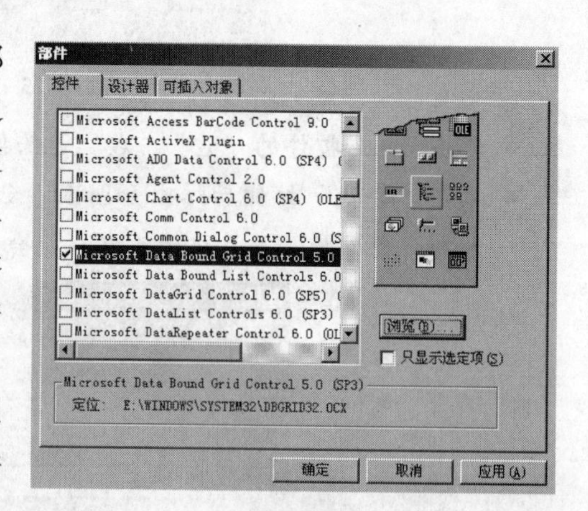

图 11－27 “工程”菜单中的“部件”对话框

在图 11－27 中，勾选了 Microsoft Data Bound Grid Control 5.0 并单击“确定”后，DBGrid 控件的图标就会出现在工具箱中，如图 11－28 所示。这时就可以像内部控件一样对它进行使用了。

图 11－28　出现在工具箱中的 DBGrid 控件

11.4.2　DBGrid 控件中表的修改

DBGrid 控件实际上就是一个二维表。当第一次在窗体上添加 DBGrid 控件时，它只有两行和两列，第一行用于与字段绑定，第二行用于输入数据（用星号标记），如图 11－29 所示。这样一个“表”显然不能满足实际的需求，需要进行修改以便和数据库中的表相一致。

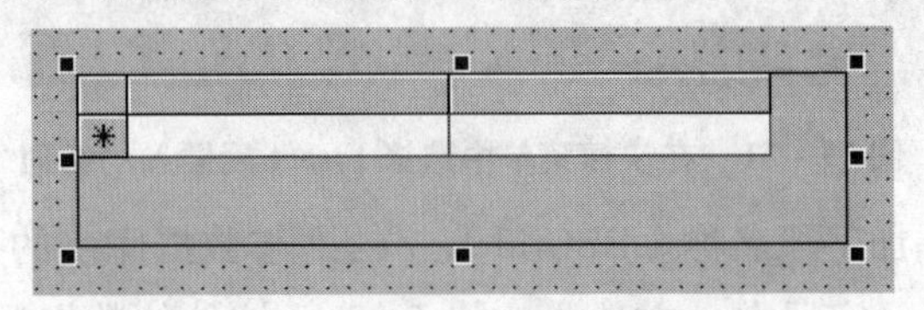

图 11－29　第一次添加到窗体上的 DBGrid 控件

修改的方式有两种。一种是手工方式，另一种是自动方式。两种方式的共同前提是事先在窗体上添加 Data 控件，再进行 DBGrid 控件的有关修改与设置。

（1）手工操作：

① 增加 DBGrid 控件表格的列数。选中新添加的 DBGrid 控件，单击鼠标右键，在打开的快捷菜单中选择 Edit（编辑）选项，如图 11－30 所示。

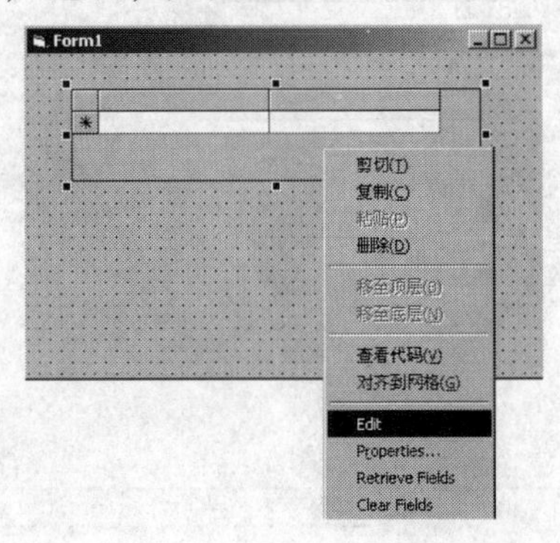

图 11－30　在快捷菜单中选择 Edit

选择 Edit 选项后，菜单会变成如图 11－31 所示的形式，在这个菜单中选择 Insert、Append、Delete 等选项，就可以插入或追加新列，或删除列，或者剪切和粘贴列，以此来调整列的数量设置。不断地选择 Insert（插入）或 Append（添加），就可以逐步增加表格的列数。

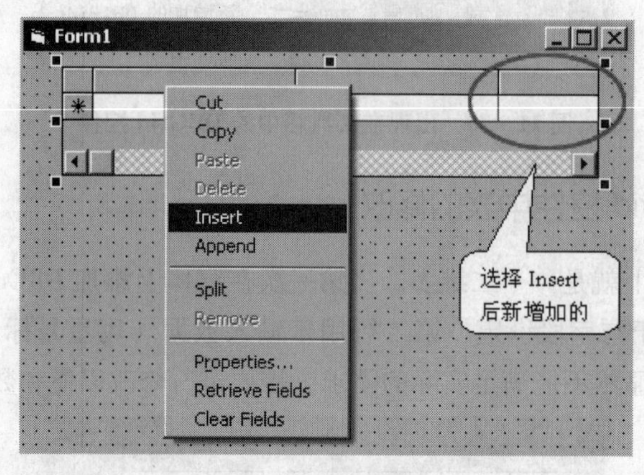

图 11－31　在快捷菜单中选择 Insert 后插入的新列

② 给表格的栏目添加字段名称。DBGrid 表格的列与数据库表的列数相一致后，就要给表中第一行添加（绑定）字段名。方法是：将 DBGrid 控件的数据源（DataSource）属性设置为 Data 控件名 Data1，即与数据控件 Data1 绑定。然后在 VB 窗口的“视图”菜单中选择“属性页”选项，打开“属性页”对话框，选中对话框中的 Columns 选项卡，单击卡中 Column 下拉列表右边的箭头，可以看到显示出新增加各列的默认列名：Column0、Column1、Column2、Column3……如图 11－32 所示。

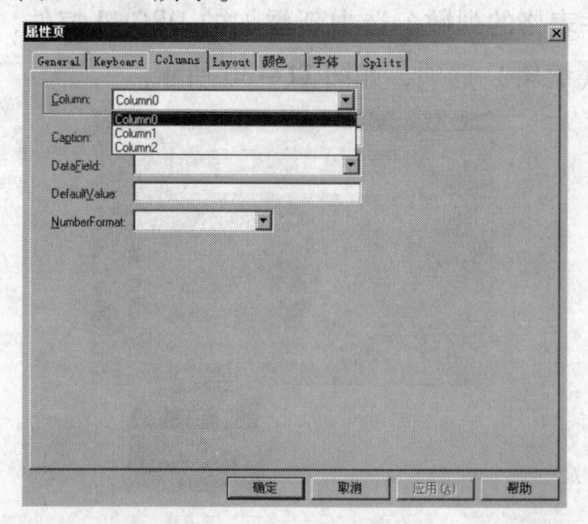

图 11－32　DBGrid 控件属性页中的 Column 选项卡

选择一个列名，如 Column1 后，再用鼠标单击对话框中的 DataField 下拉列表右边的下拉箭头，由于 DBGrid 控件刚才已经与 Data1 控件绑定，连接了数据库表，所以这时下拉列表中会出现数据库表中各个字段的名称，如图 11－33 所示。

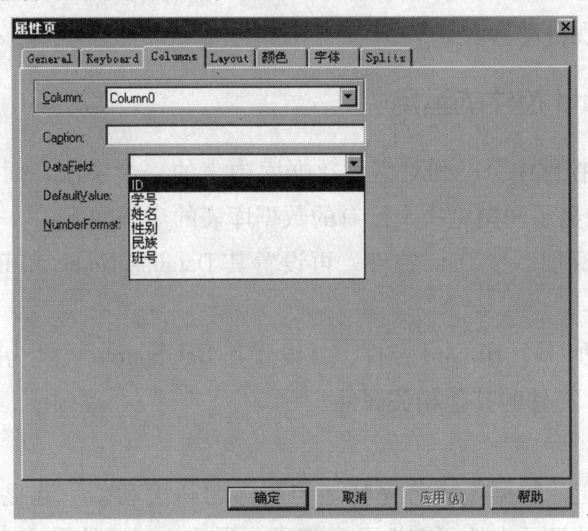

图 11－33 各列与 DataField 的绑定操作

依次选中各个列和各个 DataField，就实现了 DBGrid 中各列与数据库表中各个字段的绑定。绑定后 DBGrid 表的形式如图 11－34 所示。这时，对于表中列的宽度等仍然可以单击右键后在快捷菜单中选择 Edit（编辑）选项后进行编辑调整。

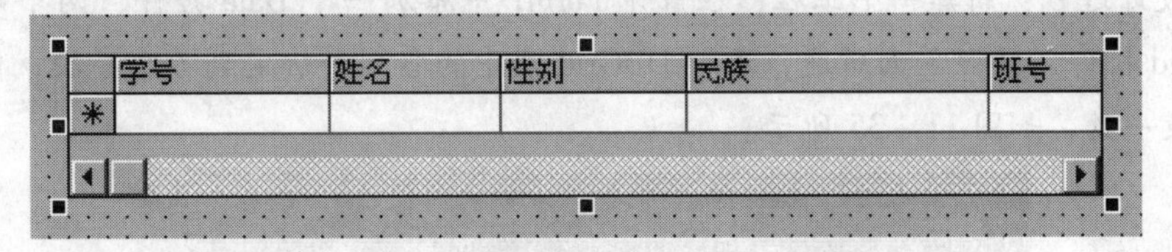

图 11－34 DBGrid 各列与 DataField 绑定后的结果

（2）自动修改：

① 在窗体上添加 Data 控件，连接数据库表。在窗体上添加数据控件 Data，默认的控件名为 Data1。把 Data 控件的数据库名（DataBaseName）属性和记录源（RecordSource）属性设置为指定的数据库文件名和表名，再在窗体上添加 DBGrid 控件，然后设置 DBGrid 控件的 DataSource 属性为数据控件名 Data1。

② 自动添加列和字段名。

当把 DBGrid 控件的 DataSource 属性设置为 Data 控件时，如果 DBGrid 控件的列与数据库表的列数相同，各个列标题会用自动出现 Data 控件记录集里的各个字段名。如果 DBGrid 控件的列与数据库表的列数不一样，可以选中 DBGrid 控件，单击鼠标右键，在打开的快捷菜单中选择 Retrieve Fields（检索字段），系统就会自动对 DBGrid 控件进行各列的添加与自动绑定字段操作，实现自动修改。

11.4.3 DBGrid 控件的运用

实际上，DBGrid 控件中每一列对应着数据库中表的一个字段，而每一行则对应一个记录。使用 DBGrid 控件显示和浏览一个已有的数据库表的步骤如下：

（1）在新窗体中添加一个 Data 控件，再设置其 DatabaseName 和 RecordSource 属性为想要访问的数据库和表。

（2）在窗体中添加一个 DBGrid 控件，并设置其 DataSource 属性为刚创建的 Data 控件。

（3）设置 DBGrid 控件的其他相关属性。

（4）运行程序。

程序运行时，指定的数据库表将完整地与列标题和滚动条一起显示在 DBGrid 控件中，可直接拖动滚动条滚动显示表的所有记录和字段。另外，还可编辑表里的任意单元格，将属性页中的 AllowAddNew 和 AllowDelete 属性设置为 True，就可以插入新记录和删除选中记录数据，通过选择并删除整行就能删除该记录。

【例 11－4】 应用 DBGrid 控件来浏览前例中的学生数据库，显示记录信息。

（1）设计过程：新建一个工程，在窗体 Form1 中添加一个 Data 控件、两个命令按钮和一个 DBGrid 控件，按照前面所述，添加 DBGrid 表中的各列并绑定到各个字段，使之与数据库表各字段一致，如图 11－35 所示。

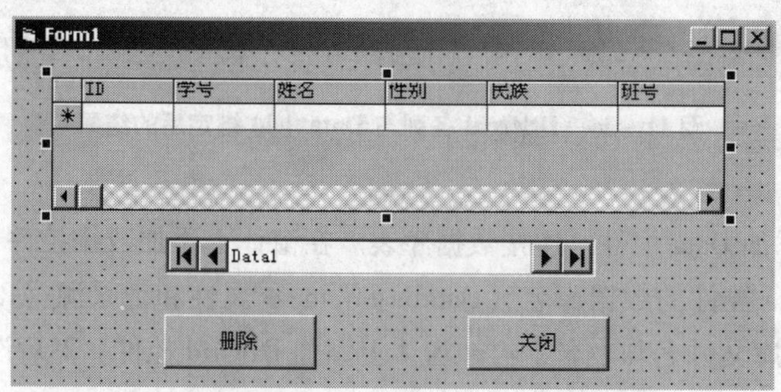

图 11－35 应用 DBGrid 控件程序设计界面

窗体中的各控件及其属性设置如表 11－2 所示。

表 11－2 各控件及其属性设置

控件名	属性	设置值
Command1	Caption	"删除"
Command2	Caption	"关闭"
Data1	Caption	"Data1"
	Connect	"Access 2000"
	DatabaseName	"G:\ vb 程序例题\ student1. mdb"
	DefaultType	2 '使用 Jet
	ReadOnly	0 'False
	RecordsetType	1 'Dynaset
	RecordSource	"stdtb1"
DBGrid1	AllowAddNew	True
	AllowDelete	True
	AllowUpdate	True
	DataSource	data1

（2）设计完毕后，保存工程并运行程序，执行界面如图 11－36 所示。将记录移动到最后一个记录的下方时，便可以输入一个新记录了。用鼠标在某个单元格单击，就可选中该单元格的数据，进而做编辑、修改或删除操作，但删除时只是删除这个字段（单元格）中的内容而不是删除整行记录。如果用鼠标单击表中左边的当前记录指针箭头，就可以选中整行记录，按下键盘上的 Delete 键后便可删除该记录，也可以用鼠标单击界面上的“删除”按钮进行删除操作。

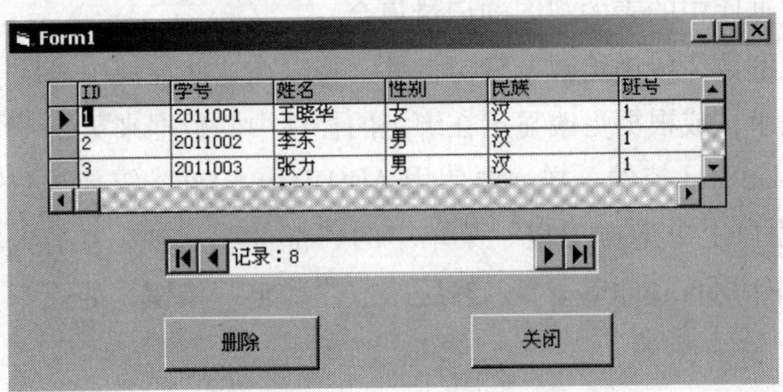

图 11－36 应用 DBGrid 控件浏览数据库程序执行界面

本例设计的各事件过程如下：

```
Private Sub Command1_Click()
    Data1.Recordset.Delete
End Sub
```

```
Private Sub Command2_Click()
    Unload Me
End Sub

Private Sub Data1_Reposition()
    Screen.MousePointer = vbDefault
    On Error Resume Next
    Data1.Caption = "记录:"&(Data1.Recordset.AbsolutePosition + 1)
End Sub
```

11.5 使用 ADO Data 控件

ADO Data 控件（有时简称为 ADO 控件）与 VB 固有的 Data 控件相似，使用 ADO Data 控件，可以利用 Microsoft ActiveX Data Objects（ADO）快速建立数据绑定控件和数据提供者之间的连接。ADO Data 控件可以实现以下功能：

- 连接一个本地数据库或远程数据库。
- 打开一个指定的数据库表，或定义一个基于结构化查询语言（SQL）的查询、存储过程或该数据库中的表的视图的记录集合。
- 将数据字段的数值传递给数据绑定控件，可以在这些控件中显示或更改这些数值。
- 添加新的记录，或根据更改显示在绑定的控件中的数据来更新一个数据库。

与前面介绍的 DBGrid 控件一样，要使用 ADO Data 控件，需要先进行“添加控件”操作，方法是在 VB 窗口上单击“工程”菜单中的“部件”选项，在打开的“部件”对话框中勾选 Microsoft ADO Data Control 6.0，然后单击“确定”按钮，如图 11－37 所示。

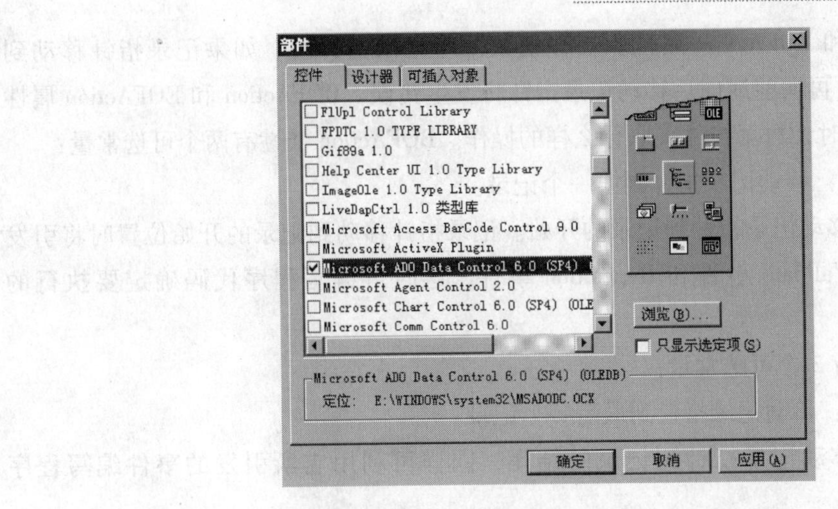

图 11-37　"工程"菜单的"部件"对话框

勾选完毕后，就可以在 VB 中的控件工具箱内看见 ADO 控件图标了，如图 11-38 所示。通过 ADO 数据控件可以直接对记录集进行访问，移动记录指针，不需要编写代码即可实现对数据库的操作。

图 11-38　工具箱中新添加的 ADO 控件图标

11.5.1　ADO 控件的常用属性

ADO Data 控件的常用属性如下：

(1) Align 属性，用来把 ADO 数据控件摆放在窗体的特定位置，有 5 个可选数值：

- 0——VbAlignNone　可以用鼠标拖动控件到窗口的任何位置。
- 1——VbAlignTop　将控件放到窗口的顶端。
- 2——VbAlignBottom　将控件放到窗口的底部。
- 3——VbAlignLeft　将控件放到窗口的最左边。
- 4——VbAlignRight　将控件放到窗口的最右边。

（2）BOFAction 和 EOFAction 属性。当移动数据库记录指针时，如果记录指针移动到 BOF 或 EOF 位置后，再向前或向后移动记录指针将发生错误。BOFAction 和 EOFAction 属性指定当发生上述错误时，数据控件采取什么样的操作。BOFAction 属性有两个可选常量：

- adDoMoveFirst：移动记录指针到第一个记录。
- adStayBOF：移动记录指针到记录的开始。记录指针移动到记录的开始位置时将引发数据控件的 Validate 事件和 Reposition 事件，这时可编写程序代码确定要执行的操作。

EOFAction 属性有 3 个可选常量：

- adDoMoveLast：移动记录指针到最后一个记录。
- adStayEOF：移动记录指针到记录的结尾，同样可利用它所引发的事件编写程序代码。
- adDoAddNew：当记录指针移动到文件尾部时，引发数据控件的 Validate 事件，然后自动执行 AddNew 方法添加新记录，并在新记录上引发 Reposition 事件。

（3）ConnectionString 属性。ConnectionString 属性用来建立到数据源的连接的信息。由于 VB 的 ADO 对象模型可以连接不同类型的数据库，所以在使用 ADO Data 控件时也能够通过 ConnectionString 属性来设置要连接的数据库。

在设计时，可以首先将 ConnectionString 属性设置为一个有效的连接字符串，也可以将 ConnectionString 属性设置为定义连接的文件名。该文件是由“数据链接”对话框产生的。

设置 ConnectionString 属性的步骤如下：

① 单击 ADOData 控件，并在“属性”窗口中单击 ConnectionString 属性的“...”按钮，出现如图 11－39 所示的“属性页”对话框。

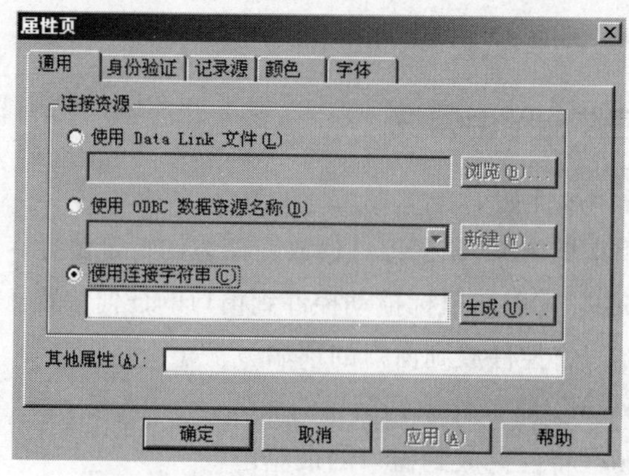

图 11－39 ADO 控件“属性页”对话框

② 如果已经创建了一个 Microsoft 数据链接文件（UDL），可选择“使用 Data Link 文件”单选按钮，并单击“浏览”按钮，以找到计算机上的文件。

③ 如果使用 DSN（Data Source Name），则单击“使用 ODBC 数据源名”连接，并从框中选择一个 DSN，或单击“新建”按钮创建一个。

④ 如果想创建一个连接字符串，选择“使用连接字符串”单选按钮后单击“生成”按钮，打开“数据链接属性”对话框，先在其中的“提供程序”选项卡中选择适当的 OLE DB 的提供程序。如果使用的是 Access 2000 数据库文件，则选择 Microsoft Jet 4.0 OLE DB Provider，如图 11－40 所示。

然后再在对话框的“连接”选项卡中选择或输入需要使用的数据库文件名，如“G:\VB\程序例题\student1.mdb”，然后单击“确定”按钮，创建一个连接，如图 11－41 所示。

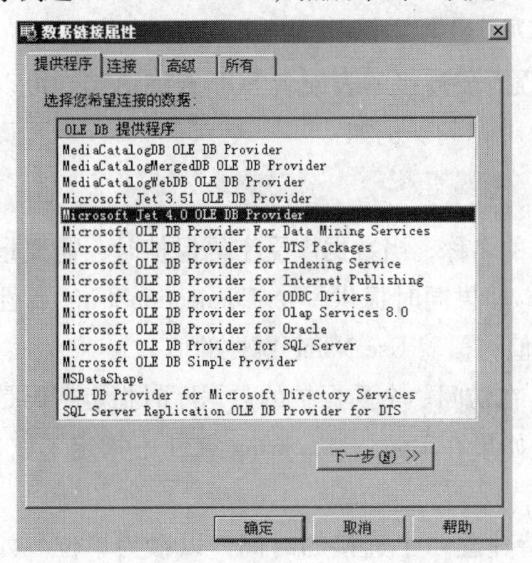

图 11－40　“数据链接属性”的“提供程序”选项卡

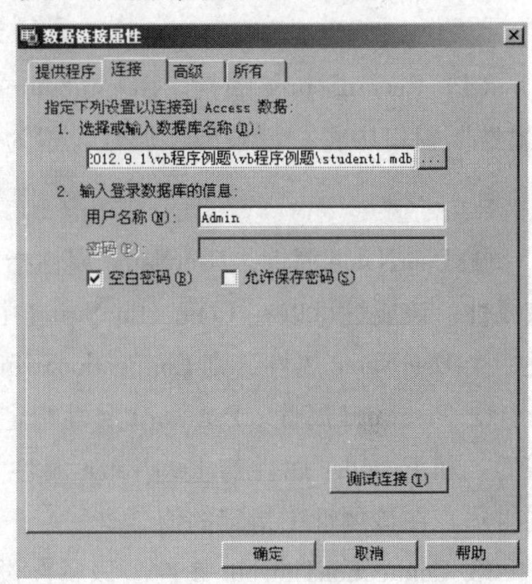

图 11－41　输入需要使用的数据库文件名

⑤ 单击“确定”按钮后，“属性页”对话框的“使用连接字符串”对话框中会出现下面的字符串：

Provider = Microsoft.Jet.OLEDB.4.0; Data Source = G:\vb\程序例题\student1.mdb; Persist Security Info = False 在运行时，可以动态地设置 ConnectionString 更改数据库。

⑥ 在“属性页”中选择“记录源”选项卡，在“记录源”的“命令类型”对话框中选择“2—adCmTable”，在“表或存储过程名称”对话框中选择数据库表名，如 stdtb1，与数据库表绑定，如图 11－42 所示。至此，设置 ConnectionString 属性过程完毕，可以使用 ADO 控件了。

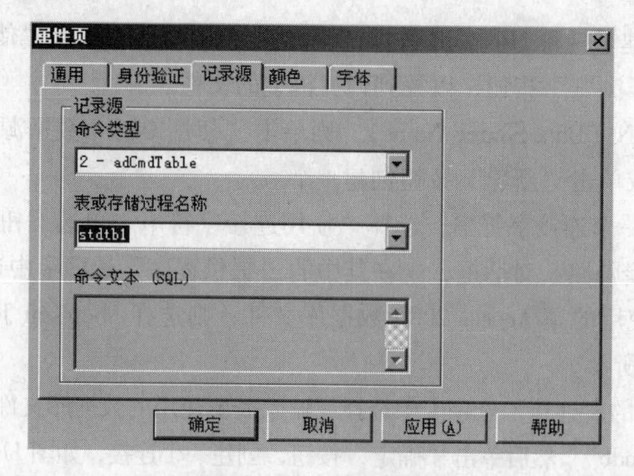

图 11－42　选定数据源

（4）RecordSource 属性。RecordSource 属性设置要连接的表或者 SQL 查询语句。可以在“属性”窗口中将“记录源”属性设置为一个 SQL 语句。例如：

```
Select * From student1 Where 性别 ="男"
```

① UserName 属性。UserName 属性指定用户的名称，当数据库受密码保护时，需要指定该属性。该属性可以在 ConnectionString 中指定。如果同时提供一个 ConnectionString 属性以及一个 UserName 属性，则 ConnectionString 中的值将覆盖 UserName 属性的值。

② Password 属性。Password 属性指定密码，在访问一个受保护的数据库时指定密码是必需的。和 Provider 属性与 UserName 属性类似，如果在 ConnectionString 属性中指定了密码，则将覆盖在该属性中指定的值。

③ ConnectionTimeout 属性。该属性设置等待建立一个连接的时间，以秒为单位。如果连接超时，则返回错误。

11.5.2 ADO Data 控件的方法

ADO Data 控件的常用方法如下：

（1）UpdateControls 方法。该方法用于更新绑定控件的内容。绑定控件是通过设置控件的 DataSource 属性和 DataField 属性，从而将该控件与 ADO Data 控件的某个字段绑定到一起。使用绑定控件，可以让该控件的内容自动更新，取回记录集当前记录的内容或者将更新的内容保存到记录集中。

（2）AddNew 方法，用于在 ADO Data 控件的记录集中添加一条新记录。其使用语法如下：

```
Adodc1.Recordset.AddNew
```

其中Adodc1是一个ADO Data控件的名字。在添加语句之后，应该给相应的各个字段赋值，然后调用UpdateBatch方法保存记录，或者调用CancelUpdate方法取消保存。

（3）Delete方法，用于在ADO Data控件的记录集中删除当前记录。其使用语法如下：

```
Adodc1.Recordset.Delete
```

（4）MoveFirst、MoveLast、MoveNext和MovePrevious方法，用于在ADO Data控件的记录集中移动记录。MoveFirst、MoveLast、MoveNext和MovePrevious方法分别移到第一个记录、最后一个记录、下一个记录和上一个记录。其使用语法如下：

```
Adodc1.Recordset.MoveFirst
Adodc1.Recordset.MoveLast
Adodc1.Recordset.MoveNext
Adodc1.Recordset.MovePrevious
```

（5）CancelUpdate方法，用于取消ADO Data控件记录集中的添加或编辑操作，恢复修改前的状态。其使用语法如下：

```
Adodc1.Recordset.CancelUpdate
```

（6）UpdateBatch方法，用于保存ADO Data控件记录集中的添加或编辑操作。其使用语法如下：

```
Adodc1.Recordset.UpdateBatch
```

11.5.3 ADO Data控件的应用例子

【例11-5】设计一个运用ADO Data控件的程序，实现对学生数据库的浏览查询等操作。

设计过程：

（1）先设计一个窗体，将事先已经添加到工具箱中的ADO Data控件放置到窗体上，其名字为Adodc1，进入其属性窗口，单击ConnectionString属性右边的“...”按钮，出现“属性页”对话框，单击其中的“使用连接字符串”选项，再单击其右边的“生成”按钮进入“数据链接属性”对话框的“提供者”选项卡，选择其中的Microsoft Jet 4.0 OLE DB Provider，单击“下一步”按钮，出现如图11-41所示的“连接”选项卡，单击“选择或输入数据库名称”右边的“...”按钮，在出现的“打开”对话框中选中“G:\ vb程序例题\

student1. mdb”数据库，单击“测试连接”按钮，在成功连接后单击“确定”按钮返回。

(2) 在属性窗口中单击 RecordSource 属性右边的“...”按钮，在出现的对话框中的“命令类型”中选择“2 - adCmdTable”。在“表或存储过程名称”列表中选择数据表 stdtb1，单击“确定”按钮返回。

(3) 在窗体中添加其他标签、文本框和命令按钮，如图 11 - 43 所示。

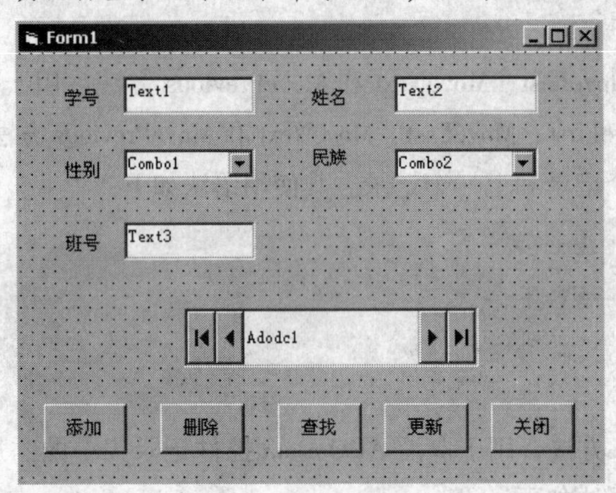

图 11 - 43 ADO Data 控件应用例子界面设计

窗体各控件的属性设置如表 11 - 3 所示。

表 11 - 3 各控件属性设置

控件名	属性名	设置值
Adodc1	ConnectMode	3
	CommandType	2
	ConnectString	Provider = Microsoft. Jet. OLEDB. 4. 0; Data Source = G: \ vb \ 程序例题 \ student1. mdb; Persist Security Info = False
	RecordSource	Stdtb1
cmdUpdate	Caption	"更新"
cmdClose	Caption	"关闭"
cmdFind	Caption	"查找"
cmdDelete	Caption	"删除"
cmdAdd	Caption	"添加"

续表

控件名	属性名	设置值
Text1	DataField	"学号"
	DataSource	"Adodc1"
Text2	DataField	"姓名"
	DataSource	"Adodc1"
Text3	DataField	"性别"
	DataSource	"Adodc1"
Text4	DataField	"民族"
	DataSource	"Adodc1"
Text5	DataField	"班号"
	DataSource	"Adodc1"
Labels1	Caption	"学号:"
Labels2	Caption	"姓名:"
Labels3	Caption	"性别:"
Labels4	Caption	"民族:"
Labels5	Caption	"班号:"

注意：用于显示数据库中表记录字段信息的各控件，如文本框等，依然需要实现与 ADO data 控件的绑定。其方法依然是：文本框控件的 DataSource 属性为 ADO data 控件的控件名（绑定到 ADO data 控件），文本框控件的 DataField 属性则绑定到表中的各个字段。

（4）设计各个控件的指令代码。窗体上各控件设计的事件代码如下：

"添加"按钮的 Click 事件代码如下：

```
Private Sub cmdAdd_Click()
    bAdd = True
    Adodc1.Recordset.AddNew
    cmdDelete.Enabled = False
    cmdFind.Enabled = False
    cmdUpdate.Enabled = True
    Text1.SetFocus
End Sub
```

“删除”按钮的 Click 事件代码如下：

```
Private Sub cmdDelete_Click()
    If MsgBox("真的要删除当前记录吗", vbYesNo, "信息提示") = vbYes Then
        Adodc1.Recordset.Delete
        Adodc1.Recordset.MoveNext
        If Adodc1.Recordset.EOF Then
            Adodc1.Recordset.MoveFirst
            If Adodc1.Recordset.BOF Then
                cmdDelete.Enabled = False
                cmdFind.Enabled = False
            End If
        End If
    End If
End Sub
```

“关闭”数据按钮的 Click 事件代码如下：

```
Private Sub cmdClose_Click()
    Unload Me
End Sub
```

“查找”按钮的 Click 事件代码如下：

```
Private Sub cmdFind_Click()
    Dim str As String
    Dim mybookmark As Variant
    mybookmark = Adodc1.Recordset.Bookmark
    str = InputBox("输入查找表达式,如年龄 = 9", "查找")
    If str = "" Then Exit Sub
    Adodc1.Recordset.MoveFirst
    Adodc1.Recordset.Find str
    If Adodc1.Recordset.EOF Then
        MsgBox "指定的条件没有匹配的记录",, "信息提示"
        Adodc1.Recordset.Bookmark = mybookmark
    End If
End Sub
```

"更新"按钮的 Click 事件代码如下：

```
Private Sub cmdUpdate_Click()
    Adodc1.Recordset.Update
    Adodc1.Recordset.MoveLast
    cmdUpdate.Enabled = False
    cmdDelete.Enabled = True
    cmdFind.Enabled = True
End Sub
```

窗体加载事件代码如下：

```
Private Sub Form_Load()
    If Adodc1.Recordset.EOF And Adodc1.Recordset.BOF Then
        cmdFind.Enabled = False
        cmdDelete.Enabled = False
        cmdUpdate.Enabled = False
        Adodc1.Recordset.MoveFirst
    End If
End Sub
```

程序运行的界面如图 11-44 所示。

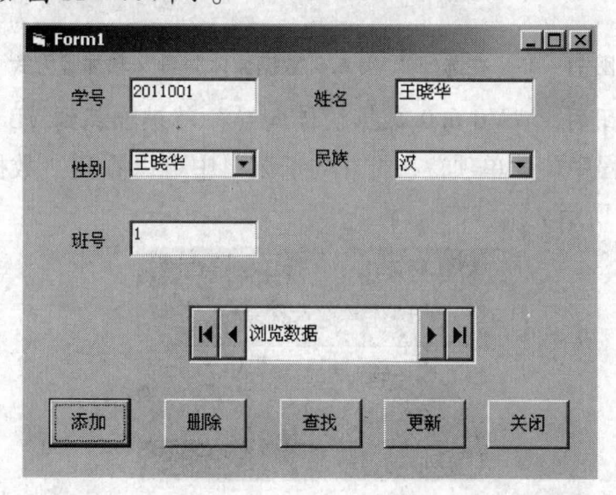

图 11-44 ADO Data 控件应用程序执行界面

11.6 使用“数据窗体设计器”进行界面设计

“数据窗体设计器”可以创建数据窗体，并把它们添加到当前的 VB 工程中。使用这个工具，不必编写任何代码，就能创建用于浏览、修改和查询数据库数据记录的应用程序。

“数据窗体设计器”是作为外接程序存在的。因此当一个新工程启动时，它并不出现在系统窗口的菜单中。使用之前要从窗口菜单的“外接程序”菜单中执行“外接程序管理器”命令，在打开的对话框中，选择“VB 6.0 数据窗体向导”并选择加载方式，如图 11-45 所示。

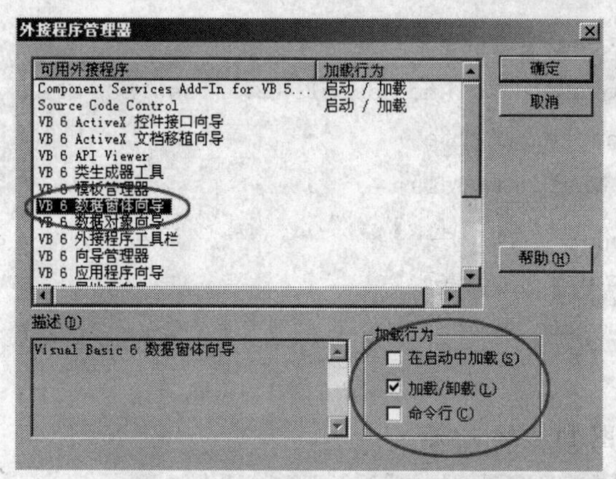

图 11-45 在选择“VB 6.0 数据窗体向导”和加载方式

单击“确定”按钮后，“VB 6.0 数据窗体向导”就被加载到 VB 窗口的“外接程序”菜单中，单击“外接程序”菜单项，在打开的子菜单中可以看到“数据窗体向导”选项已被加入，如图 11-46 所示。

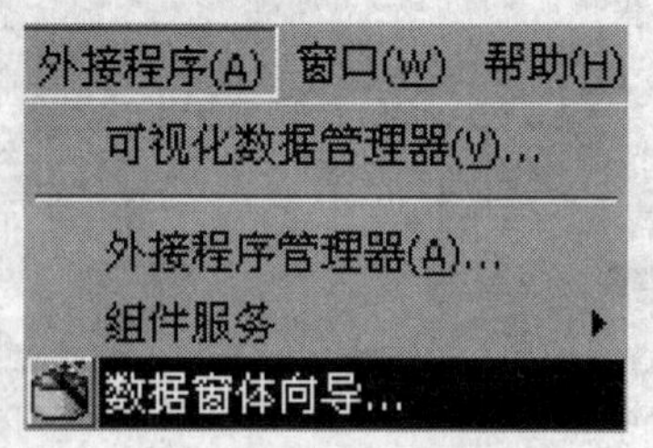

图 11-46 加入到系统菜单

数据窗体设计器的使用步骤如下：

（1）打开“数据窗体向导”对话框。在 VB 窗口中单击“外接程序”菜单，在打开的弹出菜单中选择刚才加入的“数据窗体向导”选项，打开如图 11－47 所示的“数据窗体向导”对话框。

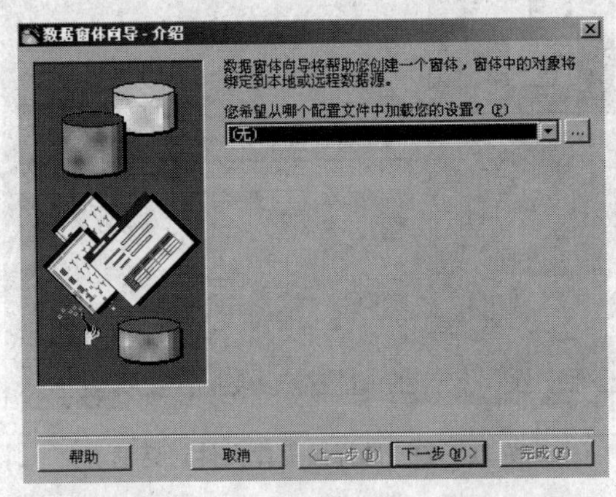

图 11－47　打开“数据窗体向导”对话框

（2）选择数据库类型。单击“下一步”按钮，进入选择数据库格式对话框，在这里选择所用数据库的格式，如 Access，如图 11－48 所示。

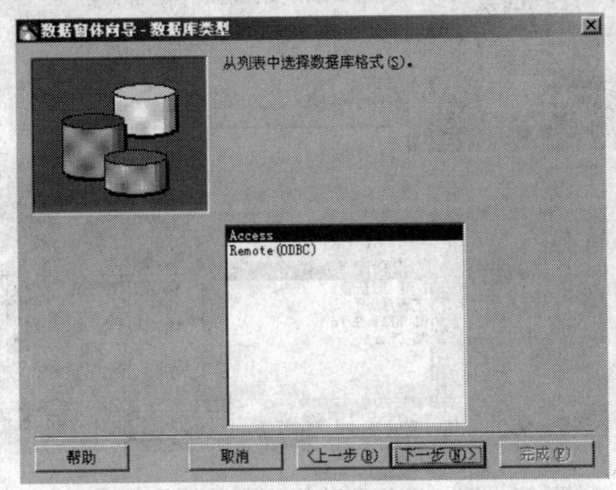

图 11－48　选择数据库格式对话框

（3）选择数据库文件。选择 Access 数据库格式后，单击“下一步”按钮，进入选择数据库文件对话框，如图 11－49 所示。单击“浏览”按钮，找到并打开需要使用的数据库文件名后，图中的“数据库名称”对话栏中出现数据库文件名。本例中为“G:\ VB 程序例题\ student1. mdb”。

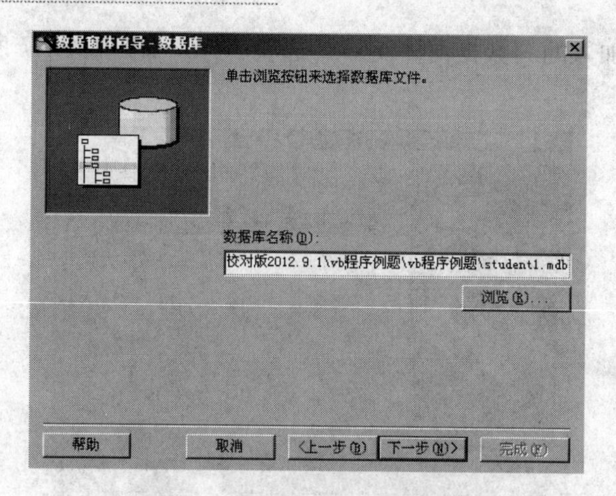

图 11－49　选择数据库文件对话框

（4）选择窗体和数据绑定类型。数据库文件选择完毕后，单击“下一步”按钮，进入窗体和数据绑定类型选定对话框，如图 11－50 所示。

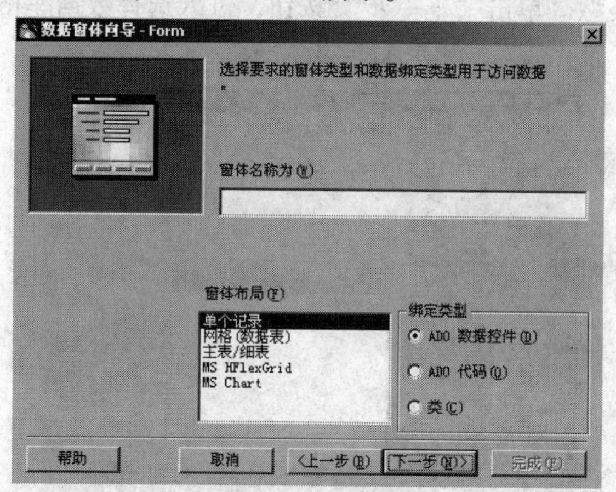

图 11－50　选择窗体类型和数据绑定类型

在如图 11－50 所示对话框中的“窗体名称”对话栏中输入程序将创建的窗体名称，如 sjb；在“窗体布局”对话栏中选择窗体布局类型，例如，可以根据需要选择“单个记录”是“网格（数据表）”。本例中选择“网格（数据表）”。

（5）选择记录源。单击“下一步”按钮，进入“选择记录源”对话框，如图 11－51 所示。

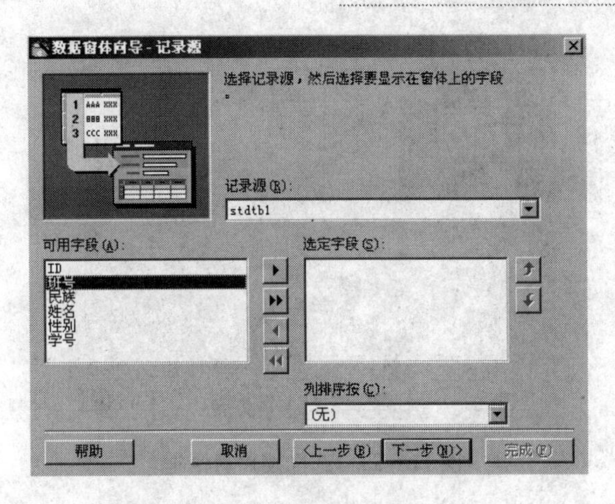

图11-51 选择记录源对话框

在“选择记录源”对话框中的“记录源”对话栏中输入或选择数据库表，本例中是student1. mdb 数据库中的表 stdtb1。可看到对话框中的“可用字段”对话栏中出现数据库表stdtb1 中所有可用字段的名称，用鼠标单击“选定字段”对话栏左边的黑色箭头“> >”按钮将其全部移到“选定字段”列表框中，选定要在窗体上显示的字段，如图 11-52 所示。

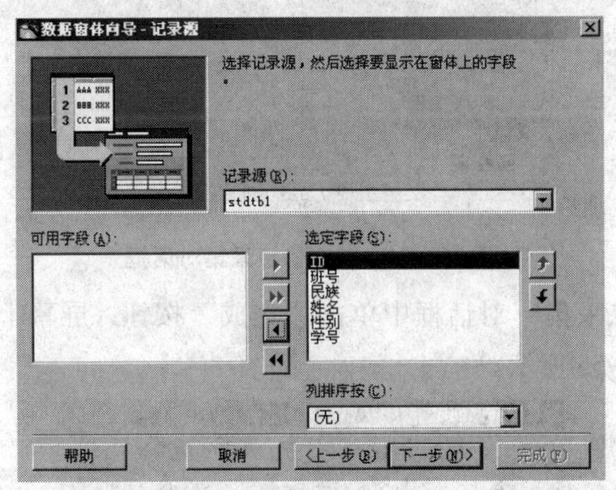

图11-52 选定记录源和要在窗体上显示的字段名

(6) 选择控件。单击对话框中的“下一步”按钮，进入“控件选择”对话框，选择需要放在窗体上的控件，如“添加按钮”“更新按钮”“删除按钮”等不同控件，如图 11-53 所示。这些控件不一定需要全选，设计时可以根据需要在“可用控件”列表中勾选。

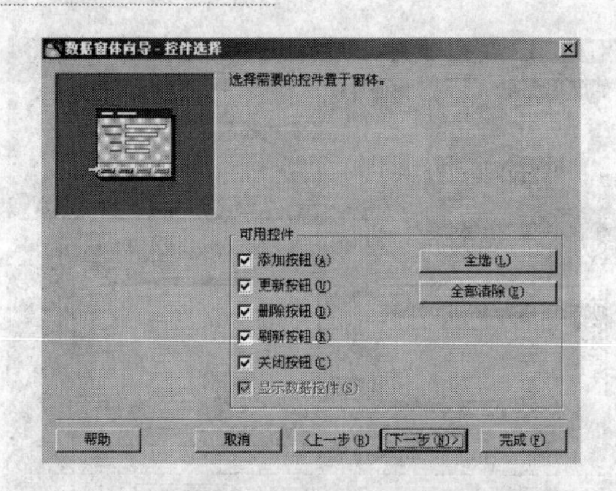

图 11-53 选择控件对话框

(7) 完成信息采集。控件选择勾选完毕后单击“下一步”按钮，进入完成信息采集对话框，如图 11-54 示。

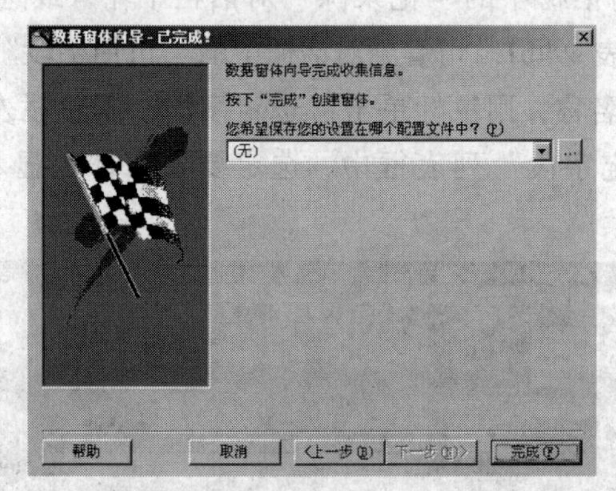

图 11-54 完成信息采集对话框

(8) 在“完成信息采集”对话框中单击“完成”按钮，屏幕上出现“数据窗体已创建”信息框，如图 11-55 所示。

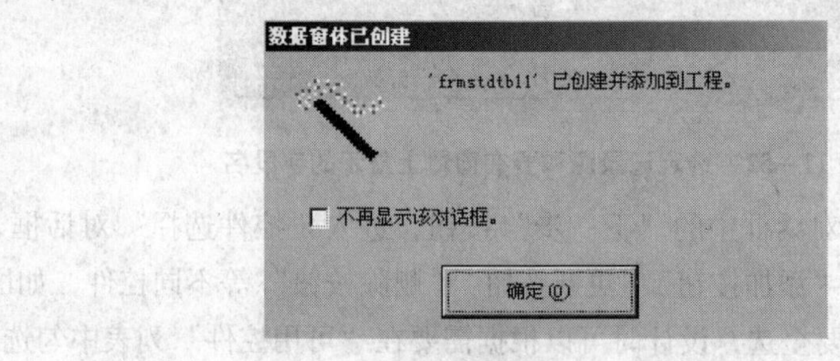

图 11-55 完成窗体创建信息框

(9) 单击信息框中的"确定"按钮，屏幕上出现系统自动创建的数据窗体，窗体的名称为 frmstdtb1，如图 11－56 所示。

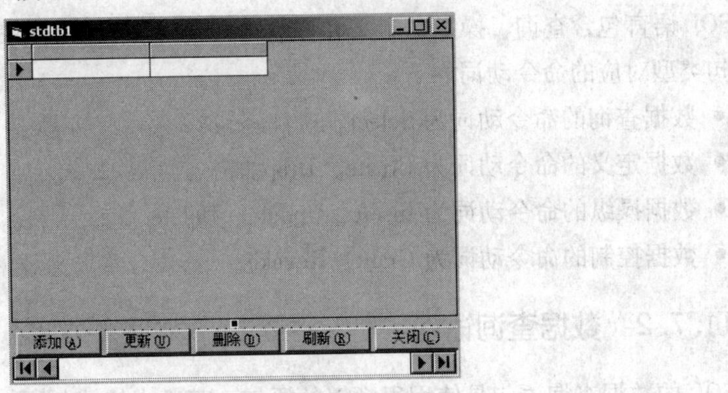

图 11－56　新创建的数据窗体

实际上，该窗体是 VB 自动生成的，其中包括一个 DBGrid 控件、5 个命令按钮（标题分别为"添加""更新""删除""刷新"和"关闭"，对应的命令按钮名字分别是 cmdAdd、cmdUpdate、cmdDelete、cmdRefresh 和 cmdClose）和一个 ADO 控件（名字为 datPrimaryRS ADODC）。

(10) 单击"工程"菜单中的"工程 1 属性"菜单项，出现"工程属性"对话框。在"启动对象"组合框中选择启动主窗体为刚才新创建的窗体 frmstdtb1，然后运行程序。这时界面如图 11－57 所示，可以通过命令按钮执行相应的数据表操作。

stdtb1

ID	班号	民族	姓名	性别	学号
1	1	汉	王晓华	女	2011001
2	1	汉	李东	男	2011002
3	1	汉	张力	男	2011003
4	2	回	魏萍	女	2011004
5	2	汉	陈丽	女	2011005
6	2	汉	胡晓波	女	2011006
8	4	汉	丁三	男	2011007
7	3	汉	肖娟	女	2011008

添加(A)　更新(U)　删除(D)　刷新(R)　关闭(C)

图 11－57　运行后的数据窗体

11.7　结构化查询语言（SQL）

结构化查询语言（SQL）是目前各种关系数据库管理系统广泛采用的数据库语言，很多数据库和软件系统都支持 SQL 或提供 SQL 语言接口。本节介绍基本的 SQL 语言，特别是 Select 语句，在以后的数据库编程中会经常用到。

11.7.1 SQL 语言的组成

SQL 语言包含查询、操纵、定义和控制等几个部分。它们都是通过命令动词分开的，各种语句类型对应的命令动词如下：

- 数据查询的命令动词为 Select。
- 数据定义的命令动词为 Create、Drop。
- 数据操纵的命令动词为 Insert、Update、Delete。
- 数据控制的命令动词为 Grant、Revoke。

11.7.2 数据查询语句

SQL 的数据查询语句是使用很频繁的语句，其基本格式如下：

```
Select 字段表  Form 表名  Where 查询条件  Group By 分组字段  Having 分组条件  Order By 字段 [Asc |Desc]
```

各子句的功能如下：

- Select：指定要查询的内容。
- Form：指定从其中选定记录的表名。
- Where：指定所选记录必须满足的条件。
- Group By：把选定的记录分成特定的组。
- Having：说明每个组需要满足的条件。
- Order By：按特定的次序将记录排序。

其中，“字段表”内可使用统计函数对记录进行计算，它返回一组记录的单一值，可以使用的统计函数如表 11 -4 所示。

表 11 -4　SQL 的统计函数

统计函数	说明
Avg	返回特定字段中值的平均数
Count	返回选定记录的个数
Sum	返回特定字段中所有值的总和
Max	返回特定字段中的最大值
Min	返回特定字段中的最小值

“查询条件”由常量、字段名、逻辑运算符、关系运算符等组成，其中的关系运算符如表11－5所示。

表11－5　关系运算符

符号	说明
<	小于
< =	小于等于
>	大于
> =	大于等于
=	等于
< >	不等于
BETWEEN 值1 AND 值2	在两值之间
IN	（一组值）在一组值中
LIKE *	与一个通配符匹配

* 通配符可使用“?”代表一个字符位，“*”代表零个或多个字符位。

11.7.3　使用SQL

下面我们通过几个例子说明SQL的基本使用方法。

在程序运行时，可以通过使用SQL语句设置Data控件的RecordSource属性，这样可以建立与Data控件相关联的数据集。使用SQL语句的查询功能不影响数据库中的任何数据，只是在数据库中检索符合某种条件的数据记录。

【例11－6】以下SQL语句用于建立一个学生表stdtb1。

```
CREATE TABLE stdtb1
    (
    学号 CHAR(5),
    姓名 CHAR(10),
    性别 CHAR(2),
    民族 CHAR(12),
    班号 CHAR(5)
    );
```

【例 11-7】 运用 Select 语句将学生表 stdtb1 中所有记录挑选出来作为 Data1 控件的记录集。

```
Data1.RecordSource ="Select * From stdtb1"
```

【例 11-8】 运用 Select 语句将学生表 stdtb1 中的学号、姓名和班号 3 列的所有记录都挑选出来作为 Data1 控件的记录集。

```
Data1.RecordSource ="Select 学号,姓名,班号 From  stdtb1"
```

【例 11-9】 运用 Select 语句将学生表 stdtb1 中所有男学生的学号、姓名和班号 3 列挑选出来作为 Data1 控件的记录集。

```
Data1.RecordSource ="Select 学号,姓名,班号 From stdtb1 WHERE 性别 ='男'"
```

【本章小结】

VB 中访问数据库的数据控件有 Data 控件和 ADO data 控件。它们都是访问数据库十分有效的工具，都能够提供有限的不需编程而访问现存数据库的功能。

数据控件 Data 可以返回数据库中记录的集合，使用时要通过它的 3 个基本属性 Connect、DatabaseName 和 RecordSource 设置要访问的数据库资源。要显示所访问的数据库记录，还需要将数据绑定控件诸如文本框、列表框等控件的 DataSource 属性与 Data 控件绑定；DataField 属性与数据库表的字段绑定。

Visual Basic 6.0 还提供了网格控件 DBGrid，几乎不用编写代码就可以实现多条记录数据的显示。当把网格控件与数据控件绑定后，就可以实现数据库表中多个字段的自动显示。

ADO Data 控件（有时简称为 ADO 控件）与 VB 固有的 Data 控件相似，可以实现连接一个本地数据库或远程数据库进行访问的功能。在访问过程中，也需要将数据字段的数值传递给数据绑定控件，通过这些控件显示或更改数据库记录的数值。

【想一想　自测题】

一、单项选择题

11-1. 使用 ADO 数据模型时，使 Recordset 和 Connection 对象建立连接的属性是（　　）。

A. CommandType　　　　B. Open

C. ActiveConnection　　　　D. Execute

11－2. 不属于VB数据库引擎的是（　　）。

A. ODBC　　B. Jet引擎

C. BDE　　D. OLE DB

11－3. ADOrs为Recordset对象，从Tabel中获取所有记录的语句是（　　）。

A. ADOrs. New "Select * From Tabel"

B. ADOrs. Open "Select * From Tabel"

C. ADOrs. Execute "Select * From Tabel"

D. ADOrs. Select "Select * From Tabel"

二、填空题

11－4. 在VB中，将Access称为________，SQL Server称为________。

11－5. 假设ADOcn为一个Connection对象，那么在VB程序中声明并创建ADOcn的语句是________________。

11－6. ADO模型中一般可通过Connection对象的________方法执行增加、删除、修改操作。使用ADO模型时，建立Recordset和Connection对象连接的属性是________。

三、阅读程序，补充完善题

11－7. 已知存在一名为“学生”的SQL Server数据库，其中的students数据表用来存储学生的基本情况信息，包括学号、姓名、籍贯、性别。请编写一个简单的应用程序，向students表中添加学生记录。程序的基本逻辑是：当窗体被加载时，程序连接SQL Server数据库；当单击“增加”按钮时，首先查询学号是否重复，如果不重复则向students表中添加学生记录。其运行界面如图11－58所示。

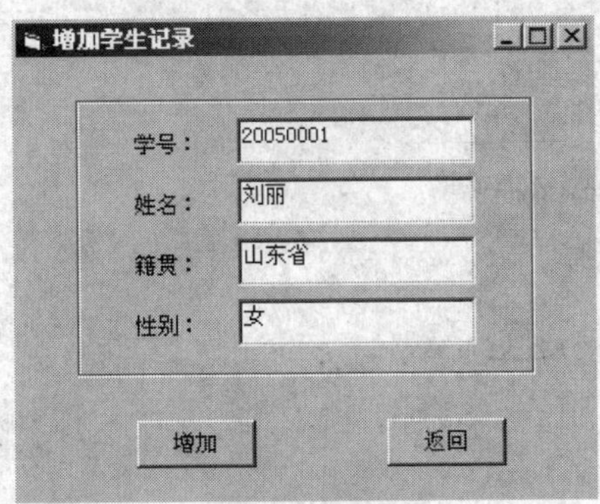

图11－58　程序运行界面

程序如下，请补充完整。

```
'声明对象变量ADOcn,用于创建与数据库的连接
Private ADOcn As Connection
Private Sub Form_Load()                    '连接SQL Server数据库
    Dim strDB As String
    strDB ="Provider = SQLOLEDB;LSF;User ID = sa;Password = ;Database = ____(1)____ "
    If ADOcn Is Nothing Then
        Set ADOcn = ____(2)____
        ADOcn.Open strDB
    End If
End Sub

Private Sub Command1_Click()               '增加学生记录
    Dim strSQL As String
    Dim ADOrs As ____(3)____ Recordset
    ADOrs.ActiveConnection = ADOcn
    ADOrs.Open "Select 学号 From Students Where 学号 =" + "'" + Text1 + "'"
    If Not ____(4)____ Then
        MsgBox "你输入的学号已存在,不能新增加!"
    Else
        StrSQL = "Insert Into students (学号,姓名,,籍贯, 性别)"
        StrSQL = strSQL + Values(" + "'" + text1 + "', '" + text2 + "','" + text3 + "','" +
text4 + "')"
        ADOcn.Execute ____(5)____
        MsgBox "添加成功,请继续!"
    End If

Private Sub Command2_Click()
    Unload Me
End Sub
```

分析：数据库应用程序的大致过程框架是

(1) 连接后台数据库。

(2) 连接数据库中的某张表。

(3) 对这张表进行查询（Select）、插入（Insert）、修改（Update）、删除（Delete）操作。

据此，根据题意应首先在窗体的 Load 事件中编写连接后台数据库的事件过程。在 Command1_Click（）事件过程中，首先连接数据库中的 students 数据表，然后进行查询，查询结果用 MsgBox 给出提示信息，再对 students 数据表进行插入（Insert）操作。

【做一做　上机实践】

11－8. 采用 Data 控件实现对 student1. mdb 数据库的学生表 stdtb1（其结构见图 11－59）的数据操作，其执行界面如图 11－60 所示。

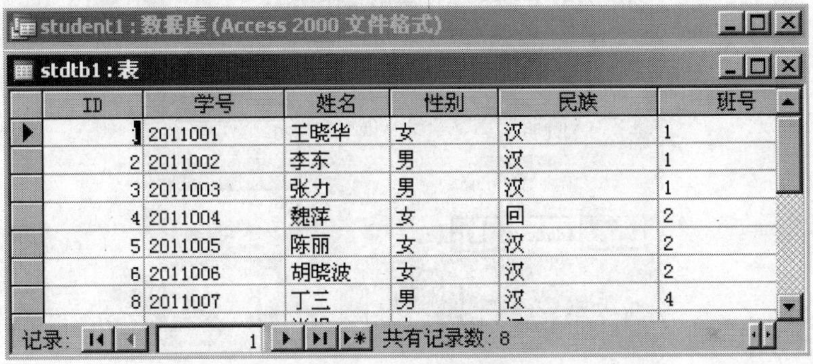

student1 : 数据库 (Access 2000 文件格式)

stdtb1 : 表

ID	学号	姓名	性别	民族	班号
1	2011001	王晓华	女	汉	1
2	2011002	李东	男	汉	1
3	2011003	张力	男	汉	1
4	2011004	魏萍	女	回	2
5	2011005	陈丽	女	汉	2
6	2011006	胡晓波	女	汉	2
8	2011007	丁三	男	汉	4

记录: 1　共有记录数: 8

图 11－59　数据库 student1. mdb 数据表 stdtb1

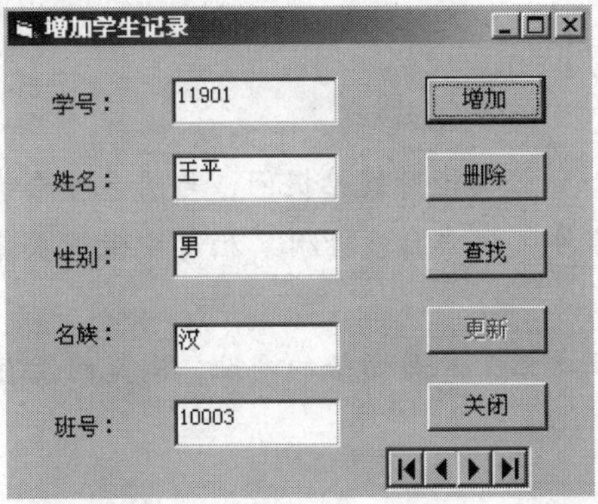

增加学生记录

学号：11901
姓名：王平
性别：男
名族：汉
班号：10003
增加
删除
查找
更新
关闭

图 11－60　对学生表执行的数据操作界面

11－9. 有一个学生成绩表，其内容和结构如图 11－61 所示。

stdcjb：表

ID	编号	班级	姓名	高等数学	大学语文	大学物理	基础化学
1	2011001	无线电1班	李涛	90	85	89	87
2	2011002	无线电1班	黄静	95	97	99	90
3	2011003	无线电1班	曾成	85	88	80	89
4	2011004	无线电1班	魏萍	88	99	88	66
5	2011005	无线电1班	胡宁	87	98	81	75
6	2011006	无线电1班	周阳	93	89	80	77
7	2011007	无线电1班	温键	92	88	89	79
8	2011008	无线电1班	张泉	90	86	85	78

记录：1 共有记录数：17

图 11－61 学生成绩表

使用 ADO Data 控件实现对其记录的添加、编辑和删除功能。执行界面如图 11－62 所示。

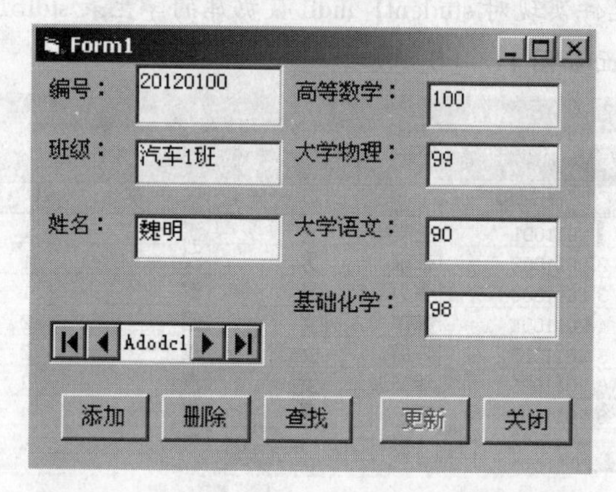

图 11－62 对学生表执行添加、编辑、删除操作

【看一看 网络课件学习】

1. 通过网络课件的 BBS 论坛给老师发帖提问，与同学讨论学习的心得体会。

2. 利用手机登录移动课件，在“自我检测”栏目中做有关本章节的自测题，看看你掌握知识的情况如何。

3. 登录移动课件“他山之石”栏目所给的网址，浏览网上有关资源，拓展你的视野。

第 12 章　调试与错误处理

导　读

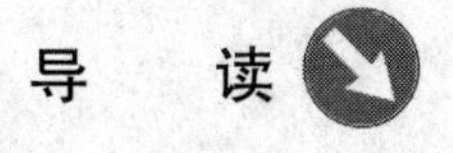

任何程序的设计开发过程，都是一个不断修正错误的过程。设计人员需要对编写的程序进行调试，找出错误和问题，然后逐一解决，直到程序运行正确为止。无论程序员怎样细心编写程序，总有考虑不周全的地方，出错在所难免，因此调试程序是程序开发过程中必不可少的一个阶段，在程序设计的早期尤为重要。

学习目标	了解 Visual Basic 的调试环境，学会使用调试工具
应知	程序运行过程中错误的捕获和处理方法
	了解条件编译
应会	使用调试工具进行程序调试
难点	错误捕获及处理机制

学习方法

自主学习：自学文字教材。

参加面授辅导课学习：在老师的辅导下深入理解课程知识内容。

上机实习：通过实际进行程序调试以及编制错误捕获程序，了解错误捕获及处理的方法和机制。

小组学习：参加小组学习，通过与小组中同学的讨论沟通，交流学习经验。

上网学习：通过网络课件或移动课件，进入 BBS 论坛，向老师发帖提问，获得学习帮助；参加同学之间的学习讨论，深入探讨 VB 程序运行过程中错误的捕获与处理的方法，学会程序调试的基本技巧，通过团队学习获得帮助并尽快掌握课程内容。

怎样发现程序设计中的错误并最快地加以修正解决？程序错误有运算逻辑错误、语法错误，还有没有其他类型的错误？怎样能够尽可能地避免错误发生？哪些错误能够消灭在萌芽状态？

教学内容

12.1 程序的错误类型

任何一个程序开发设计出来后，都有可能出现以下 3 种类型的错误：

(1) 语法错误。

编辑指令代码时产生的语法错误会引起系统的编译错误，所以有时也把这种情况称为编译错误。这种错误的发生，有可能是编程人员对程序设计语言系统的语法规则不熟悉引起的，也有可能是在编写程序过程中，输入指令语句时键盘误操作引起的，如遗漏了某些必要的标点符号，函数调用时缺少参数或表达式中的括号不匹配，输入某些标点符号时误将中文符号作为西文符号使用，等等。在 VB 6.0 中，由于系统有自动语法检查机制，所以这类情况发生得较少并能够在编程过程中及时改正。

例如，下面的各条语句编写就是语法错误引起的编译错误：

```
Prnit "Visual Basic 6.0 系统"        '指令关键字 Print 书写错误
If x <5 Than Print x                 '关键字 Then 误写为 Than
x = a * (b + c * (x + y)             '括号不匹配,缺少一个右括号“)”
y = Cos()                            '函数调用缺少参数
```

一般来说，在程序代码的编辑阶段，VB 会及时对代码语句进行语法检查。当查到输入的语句不符合语法规定发生语法错误时，VB 系统都会及时给出编译错误提示信息，通知编程人员，并对错误原因做出概要说明。单击出错信息框中的帮助按钮，可以得到这条指令或语句的语法说明或错误解决办法提示，如图 12 - 1 所示。

图12-1　出错提示信息框

（2）逻辑错误。编写程序时，所有语句命令都输入正确了，并不一定代表程序就是正确的。因为还可能发生算法逻辑错误。这类错误因为没有违反VB系统的语法规则，在编程过程中系统的语法检查机制不会察觉，因此不易被发现。但可能在程序运行中出现运算错误或错误的运行结果。例如，运算符号的使用出现差错，该用“+”号却用成了“-”号，没有注意运算符号的优先级等运算规则而使得运算结果出现偏差以及对控件的绑定发生错位等。这类逻辑错误十分隐蔽，不易被发现，因此是程序调试的重点，也是难点。

（3）运行错误。如果语句执行了无法完成的任务，发生数据溢出等就会出现这类错误，如除法运算中作为除数的变量数值变为零、变量数据的类型不匹配、打开的文件找不到、磁盘空间不足等。这类错误在编程初期系统的语法检查机制也不会发现，只有运行程序后才出现相应的提示或者表现出来。

例如，下面的程序段在编辑过程中不会发生编译错误，但运行时就会出现如图12-2所示的除数为零的提示。因为作为除数的变量i最后变成零了，产生了运行错误。

```
Private Sub Command1_Click()
    Dim i As Integer
    Dim c As Integer
    Dim b As Integer
    c =100
    For i =10 To 0 Step -1
        Show
        b = c/i
        Print b;
    Next i
End Sub
```

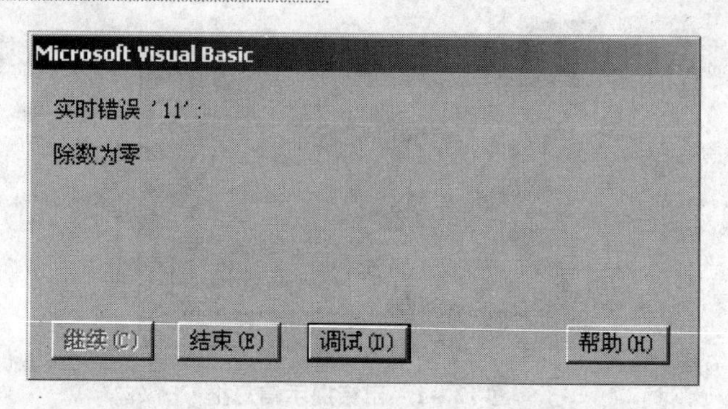

图 12-2 程序运行后给出的出错信息提示框

12.2 程序调试

程序调试就是在编写的程序中查找并修正错误的过程。在 VB 系统中，这个过程一般从程序编写阶段就开始了，例如，编写程序时如果某条指令语句不符合语法规则，系统会立即给出提示信息，要求进行更正。另外，VB 系统还提供了一些十分有用的程序调试工具，可以用来帮助分析程序代码的运行过程及变量和属性如何随程序指令的执行而改变，这样编程人员就可以通过调试工具深入到程序内部观察程序的运行状况，从而确定产生错误的原因。

12.2.1 VB 系统的工作模式

VB 6.0 系统向编程人员提供了系统工作状态的 3 种模式。从程序的最初设计到最后完成，系统的工作状态可分为设计模式、运行模式和中断模式 3 种。

（1）设计模式。创建应用程序工程、编写指令代码等工作主要在设计模式下进行。在这个状态下，设计人员通过 VB 集成开发环境设计窗体、界面、添加控件及编写指令代码。在这个阶段，系统对于输入的语句会自动进行语法规则检查，发现错误后，会给出提示信息并将出错的语句用红色进行标记，便于设计人员及时更改。

（2）运行模式。在运行模式下，VB 系统运行程序员创建的 VB 工程。这时如果在 VB 集成开发环境窗口中的“工程资源管理器”窗口中选择所创建的窗体，单击鼠标右键，在打开的快捷菜单中选择“查看代码”选项，就可以在程序运行状态下打开程序代码查看(但不能更改)，如图 12-3 所示。

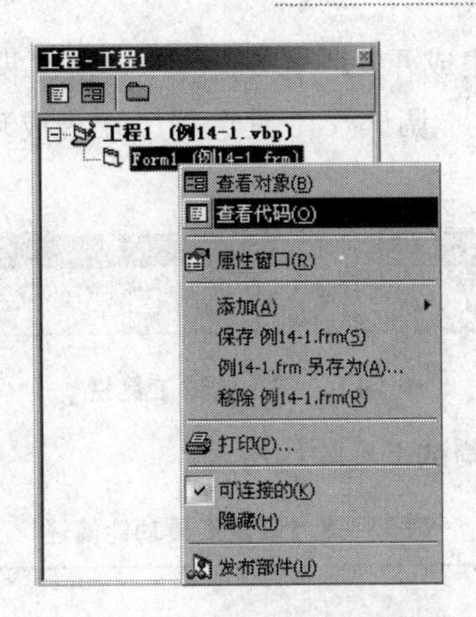

图 12－3 在工程资源管理器中选择查看代码

（3）中断模式。运行程序时，如果在 VB 集成开发环境窗口中的“运行”菜单中选择“中断”命令，或者按下 Ctrl + Break 键，就切换到中断模式。在中断模式下，也可以查看代码并进行编辑更改。更改了指令代码后可以从中断的位置继续执行程序指令。VB 提供的调试工具只能在中断模式下使用。

12.2.2 调试工具

Visual Basic 6.0 提供了一些十分有效的调试工具，可以帮助编程人员分析程序的执行过程和变量、对象属性的变化情况。这些调试工具分别是断点工具、临时表达式工具、单步运行工具等。打开 VB 集成开发环境窗口中的“调试”菜单，就可以看到各个调试功能选项，如图 12－4 所示。

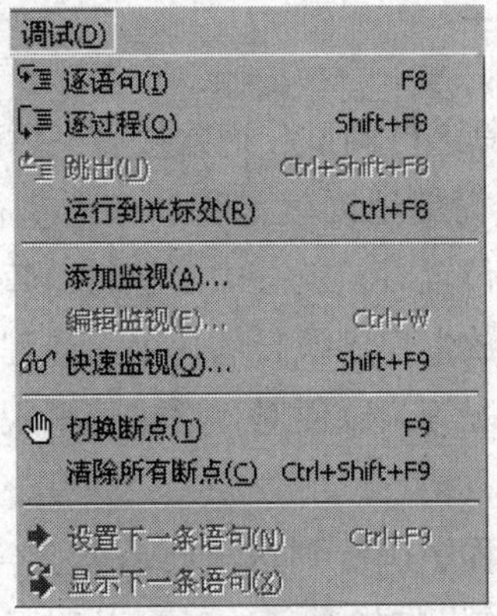

图 12－4 VB 集成开发环境中的调试功能菜单

另外，还可以通过在 VB 集成开发环境的窗口中单击“视图”命令，在打开的菜单中选择“工具栏”选项，最后选择“调试”工具选项，在集成环境窗口上显示“调试”工具栏，如图 12－5 所示。

图 12－5　调试工具栏

表 12－1 简要说明了每个调试工具的作用。

表 12－1　调试工具功能简述

调试工具	作用
断点	在代码窗口中选中一行，程序运行到该行处中断执行
逐语句	执行应用程序代码下一行，并跟踪到过程中
逐过程	执行应用程序代码下一行，但不跟踪到过程中
跳出	执行当前过程的其他部分，并在调用过程的下一行处中断执行
本地窗口	显示局部变量的当前值
立即窗口	当前应用程序处于中断模式时，允许执行代码或查询值
监视窗口	显示选定表达式的值
快速监视	当应用程序处于中断模式时，列出表达式的当前值
调用堆栈	当处于中断模式时，出现一个对话框，显示所有已调出但尚未完成运行的过程

12.2.3　程序调试的方法

使用 VB 提供的程序调试工具进行调试，通常按以下方法进行。

（1）设置断点。所谓断点，简单地说就是程序中断执行的位置。当在某条指令上设置了断点后，程序执行到这条指令位置时，就会中断执行，暂停下来等待操作人员进一步的命令再继续执行。利用断点，可以放慢程序执行的速度，让程序设计人员能够逐步看到指令执行的过程和状况、变量的取值情况等，以便对程序进行深入分析，判断程序在执行过程中错误产生的位置和原因。

在某条指令上设置断点后，程序执行到这里时，就会暂时停下来（设置断点的这条语句还没有被执行），等待进一步的操作指令。这时可以利用 VB 提供的调试工具，进行各种调试工作。在程序调试过程中，可能需要设置多个断点，或者不断变换断点的位置。VB 提供了切换断点和清除断点的功能，可以在程序代码中的多个位置设置断点。一条指令被设置了断点，也可以根据需要随时将断点标记切换到另外一条语句上，或是彻底清除掉所有断点标记。

设置断点的操作步骤是：

打开代码设计窗口，将编辑光标移动到需要设置断点的指令位置，通过以下 3 种方式中的任何一种都可以设置断点标记：

① 按下 F9 键设置断点。

② 直接用鼠标单击该条语句行左边语句起头处的灰色标记区设置断点。

③ 在 VB 集成开发环境窗口菜单上单击“调试”命令，在打开的菜单中选择“切换断点”命令设置断点。

被设置了断点的语句从代码设计窗口看，会被用红色亮条标记显示，语句开头的灰色标记区会出现一个红色圆点，如图 12－6 所示。

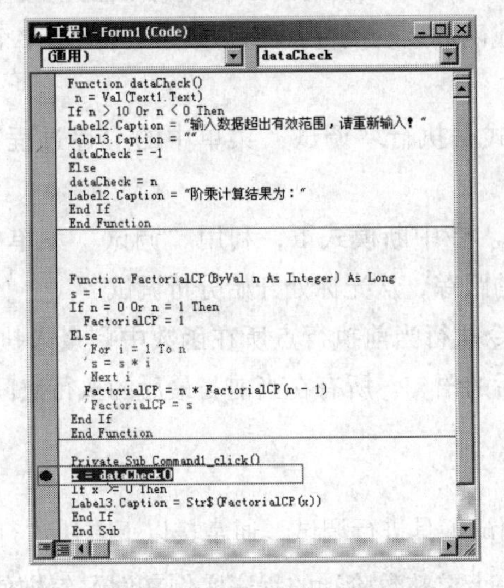

图 12－6　设置了断点的语句标记

（2）清除断点。根据程序调试的进程需要清除设置过的断点。清除的方法可以是以下任何一种：

① 直接将鼠标指针指向语句标记区的断点标记——红色圆点，单击鼠标清除这个断点。

② 将编辑光标移动到欲清除断点语句行上，执行窗口菜单“调试”命令中的“切换断点”命令或是按下 F9 键，可以清除这个断点。

③ 同时按下 Ctrl + Shift + F9 键，或是执行窗口菜单“调试”命令中的“清除所有断点”

命令，即可一次性清除所有断点。需要注意的是，程序调试完毕，所有错误修改后，一定要彻底清除所有断点，才能正常运行。

（3）跟踪执行轨迹。当能够确定某条指令存在问题导致程序运行异常时，运用断点查找错误十分有效。但通常情况下，程序中存在的错误和问题并不明显，不容易被确定，只能估计可能出问题的某个范围。这样就需要在这个范围内逐条执行指令，分步查看执行结果。这就是跟踪执行。

VB 提供了在中断模式下使用的 4 种跟踪执行的方式，分别是：

① 逐语句执行。逐语句执行，也称单步执行，一次只执行一条语句，每执行完一条语句，可以通过立即窗口查看执行结果。按下 F8 键或执行“调试”菜单中的“逐语句”命令，可以进入单步执行状态。执行时程序先进入运行模式，执行完一条指令后自动进入中断模式，并将代码窗口中语句标记区的指针移到下一条语句位置。

② 逐过程执行。逐过程与逐语句类似，区别在于当前语句中若包含过程或函数调用，逐语句执行将进入到过程或函数逐步执行，而逐过程执行则把整个过程或函数当作一条语句对待。

进入逐过程执行的方式是执行“调试”菜单中的“逐过程”命令，或是按下 Shift + F8 键。

③ 运行到光标处执行。在中断模式下，利用“调试”菜单中的“运行到光标处”选项，可以跳过对无关代码的跟踪，从光标处开始分析调试。

④ 跳出执行。跳出命令执行当前执行点所在函数中剩余未执行的行。下一个被显示的语句是紧随在该过程调用后的语句。所有在当前与最后的执行点间的代码都会被执行。此功能仅在中断模式中有效。

12.2.4 调试示例

下面通过建立和运行一个求整数阶乘的程序实例来学习怎样使用 VB 的调试工具进行程序调试。程序的功能是当用户输入一个正整数时，会自动对输入的数据进行检查，如果数据有效则求出阶乘数值并输出显示计算结果，如数据无效则会给出提示信息，要求重新输入数据。

【例 12 -1】 程序调试举例。

程序设计步骤：

(1) 启动 VB，新建一个工程，在窗体 Form1 上添加一个文本框控件 Text1，用于程序运行后输入数据；添加一个命令按钮控件 Command1，其 Caption 属性设置为“开始计算”，用于交互命令的输入；再添加3个标签控件Label1、Label2和Label3，其中Label1的Caption属性设置为："请输入0~10的正整数"，用于程序运行时向用户显示提示信息；另外两个标签则用于程序运行后显示运算的结果信息，如图12-7所示。

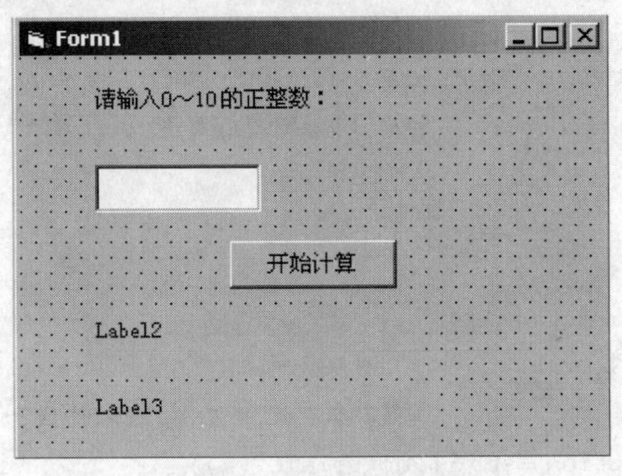

图12-7 计算阶乘程序界面

(2) 编写指令代码。对命令按钮控件Command1编写指令代码。这其中包括以下几个部分：

① 对用户输入的数据进行有效性检测的函数DataCheck。

② 对数据进行阶乘计算的函数FactorialCP。

③ 接受用户单击鼠标事件，开始调用函数进行数据检测和阶乘计算的过程Command1_Click。

函数DataCheck的代码如下：

```
Function DataCheck()
    N = val(text1.text)        '将用户在文本框中输入的数字字符转换成数值数据
    If n > 10 And n < 0 Then                  '对数据进行有效性检测
        Label2.Caption = "输入数据超出有效范围,请重新输入!"
        Label3.Caption = ""                   '清除原来的标签显示内容
        DataCheck = -1
    Else
        DataCheck = n
        Label2.Caption = "阶乘计算结果为:"
    End If
End Fuction
```

函数FactorialCP的代码如下：

```
Function FactorialCP(Byval n As Integer) As Long
    If n = 0 Or n = 1 Then
        FactorialCP = 1          '如果输入数据为 0 或 1,按定义阶乘值 = 1
    Else
        FactorialCP = n * FactorialCP(n - 1)
                                 '按递归算法计算阶乘值
    End If
End Function

Private Sub Command1_Click()
    x = datacheck()              '调用数据检测函数
    If x > = 0 Then              '如果数据有效,用 Label3 控件显示计算结果
        Label3.Caption = str $ (FactorialCP(x))
    End If
End Sub
```

(3) 运行程序：

① 程序编写完毕后运行程序，输入正整数 5，得到如图 12 - 8 所示结果。

② 继续运行程序，输入数字 -1，却没有显示输入数据出错信息，这时看到的是图 12 - 9 所示的现象。显然这是一个错误的计算结果，说明程序对超出规定范围（0 ~ 10 的正整数）的数据不能进行正确的检测和处理。

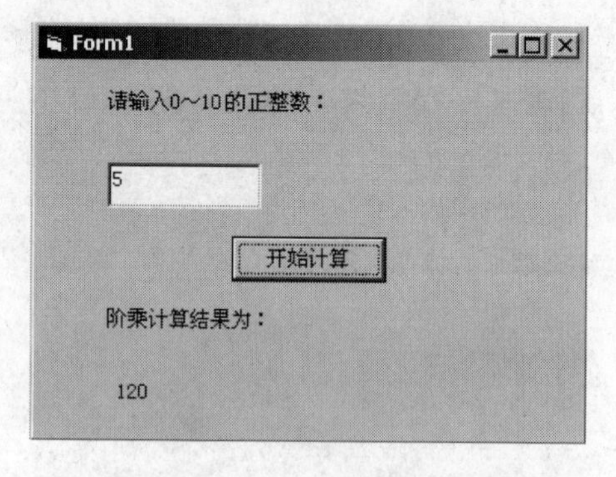

图 12 - 8　输入 5 计算 5 的阶乘

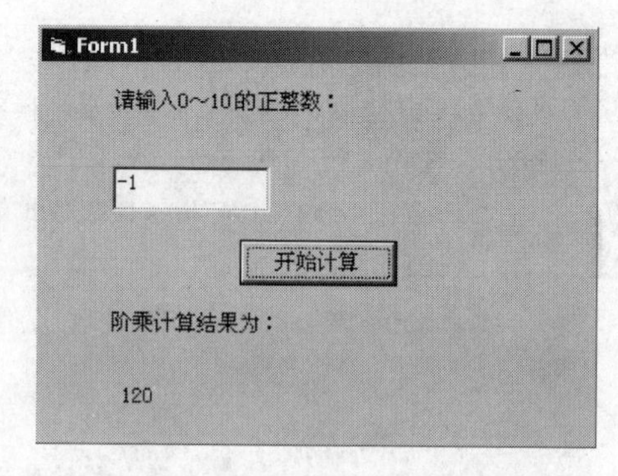

图 12 - 9　输入 -1 的计算结果

(4) 调试程序。为此，需要进行程序调试，查找出错的位置并予以修正。由于输入数据 -1 时程序没有给出错误提示信息，因此推测错误可能在检测输入数据有效性的函数 DataCheck 部分。

① 设置断点。打开命令按钮 Command1 控件的代码窗口，找到命令按钮的 Click 事件过程“Private Sub Command1_Click（）”，在调用函数 DataCheck（）的位置 x = DataCheck（）语句行设置断点。设置断点的方法是：打开“调试”菜单，单击“切换断点”菜单项或按 F9 键，这时所选的语句会出现一条红色亮条，标识所设断点处，如图 12－10 所示。

如果要去除断点，可以用鼠标再次单击红色圆点，或是在“调试”菜单中选择“清除所有断点”选项即可清除已设置的断点。

② 再次运行程序。输入无效数据－1 后单击“开始计算”按钮，程序运行到断点处会中断执行。代码窗口中刚才设置断点处的语句被黄色亮条标记，并有一黄色箭头指向中断位置，如图 12－11 所示。

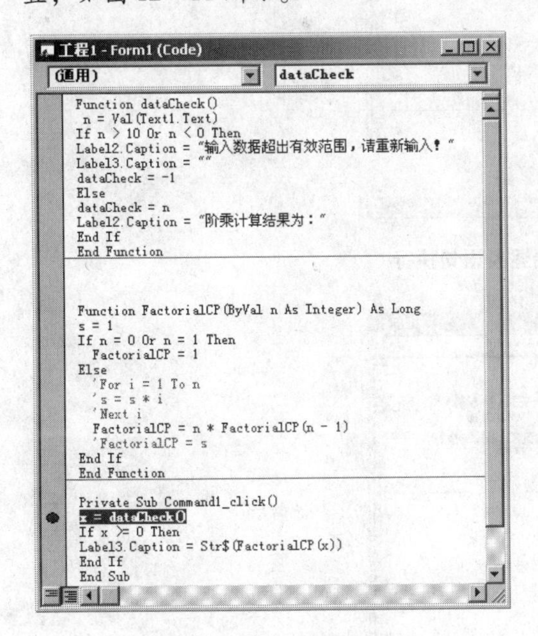

图 12－10　设置断点

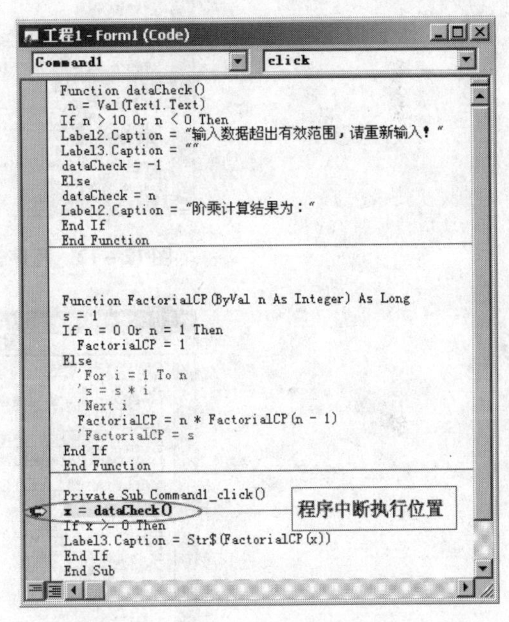

图 12－11　程序中断执行位置被标记出来

③ 单步执行程序。打开“调试”菜单，单击“逐语句”菜单或按下 F8 键，开始单步执行程序。这时，函数 Function DataCheck（）被黄色亮条标记，表示程序的执行进入到函数 DataCheck（）。继续按 F8 键，可看到黄色亮条逐步在下面的语句上移动，表明系统在逐条执行指令，如图 12－12 所示。当黄色亮条移动到判断语句“If n > 10 And n < 0 Then”时，黄色亮条直接跳到 Else 语句，没有执行 If 后面的语句“Lable2. Caption = '输入数据超出有效范围，请重新输入!'”，如图 12－13 所示，表明问题出在这里。仔细分析 If 语句的判断条件，发现“n > 10 And n < 0”在逻辑上矛盾。这个判断条件用了 And 运算，表示只有当 n 的

值同时满足大于10和小于0时判断条件才成立，显然这是不可能的事情。所以无论输入什么样的数据，程序都不会执行显示出错信息的语句。应该把判断条件改为“If n > 10 Or n < 0”，才能修正这个逻辑错误。

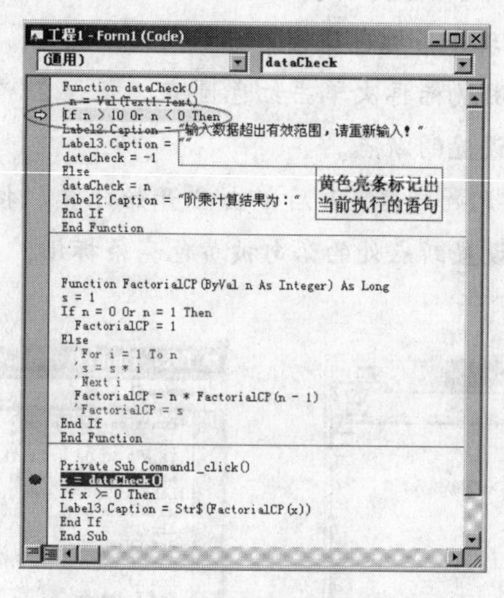

图 12－12　程序开始逐条语句执行

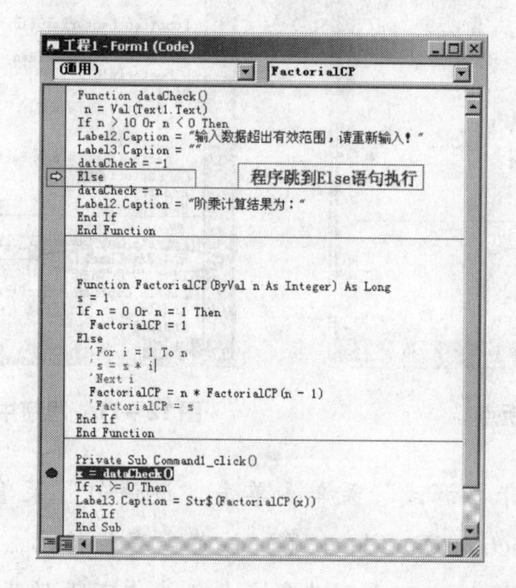

图 12－13　程序跳到 Else 语句执行，没有做出正确判断

结束正在运行的程序，修改程序代码后在“调试”菜单中选择“清除所有断点”，去掉刚才设置的中断断点，再次运行程序，当输入超出范围的数据时，程序能够给出错误信息，如图 12－14 所示，说明调试结果正确，程序已能正常计算。

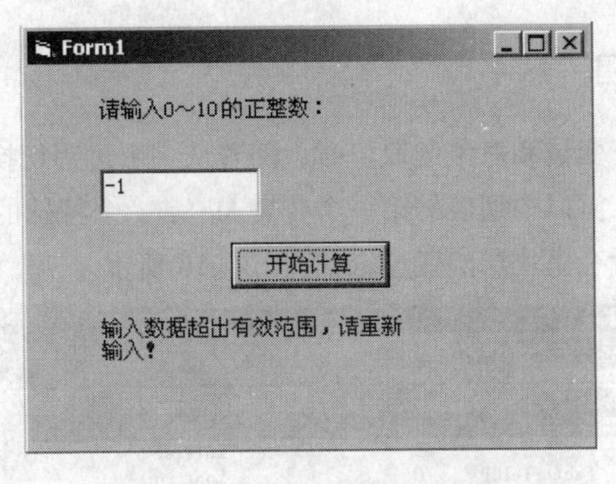

图 12－14 程序正确运行结果

12.3 使用调试窗口

调试程序时，常常需要知道执行某程序后，变量或对象发生变化的情况如何。若变量或对象属性的取值与预想不一样，则不正确的赋值一定发生在前面已经执行的语句，然后再逐条语句往回查找，逐步缩小和孤立错误范围，直到找到错误位置。

VB 提供了 4 种调试窗口，分别是立即窗口、本地窗口、监视窗口和调用堆栈窗口，用于在程序运行过程中监视变量、表达式的取值情况，设计人员可以通过选择 VB 集成开发环境窗口中的“视图”菜单里相应的选项打开它们。

12.3.1 立即窗口

立即窗口可以帮助编程人员检查变量或属性的值，同时也可以通过它重新设置变量或属性的值。使用立即窗口，可以不用终止程序的运行即可看到结果，且不影响原来窗体的外观。

立即窗口使用的方法有：

（1）直接在窗口中输入简单的语句，查看变量的变化情况，如程序运行时输入“？ n”语句，窗口立即显示当前变量 n 的数值 6，如图 12－15 所示。

（2）在程序中插入 Debug. Print 表达式语句，将某些值直接输出到立即窗口。

图 12－15 在立即窗口中查看变量的数值

12.3.2 本地窗口

显示当前过程中所有变量和对象的取值时，随着从一个过程切换到另一个过程，本地窗口的内容也会随之变化。窗口中列表的第一个变量 Me 是一个特殊的系统模块变量，可用来扩充显示当前模块中的所有模块层次变量，如图 12－16 所示。

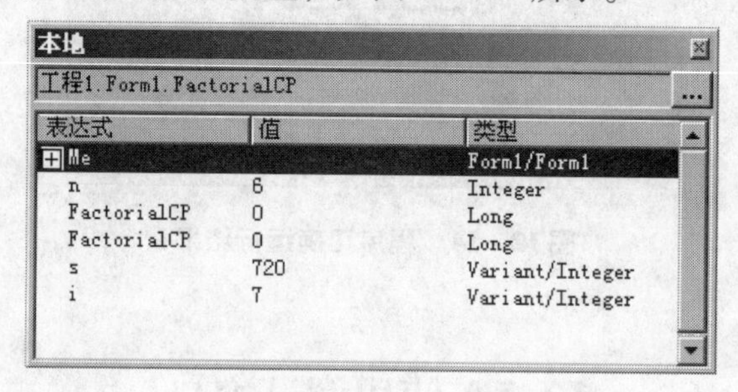

图 12－16 本地窗口中显示的变量数值变化情况

12.3.3 调用堆栈窗口

通过这个窗口，可以显示正在执行的过程和程序。对于递归调用，可以显示出每次递归调用的过程，如图 12－17 所示。

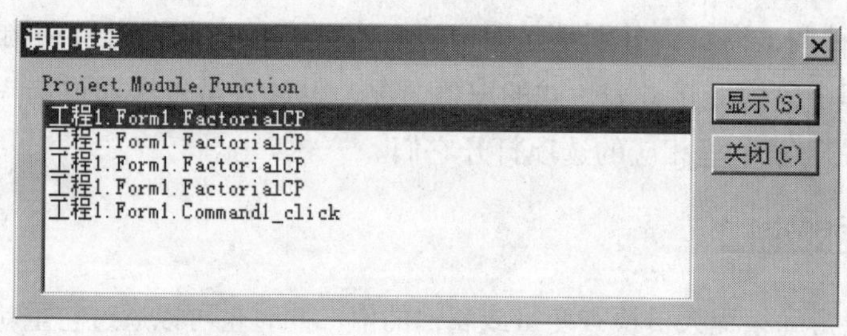

图 12－17 调用堆栈窗口

12.3.4 用监视表达式监视程序

程序设计中若存在逻辑错误，会造成运算不能达到预期结果的情况。有些时候，当某个变量或属性取特定的值时也会出现计算错误。这种情况的发生不一定是某一条语句造成的，可能是整个过程或程序段存在问题。因此调试程序时需要在整个过程中监视变量的赋值情况，VB 提供的监视窗口可以达到这个目的。

在“调试”菜单中选择“添加监视”命令后，系统要求输入一个表达式，当程序运行使表达式的值改变或达到一个特定值时，就可以进入中断模式，而不是像前面的单步语句那样需要执行很多语句甚至反复循环上百次。添加监视的方法如下：

（1）在窗口的“调试”菜单中选择“添加监视”命令，打开“添加监视”对话框，如图12－18所示。

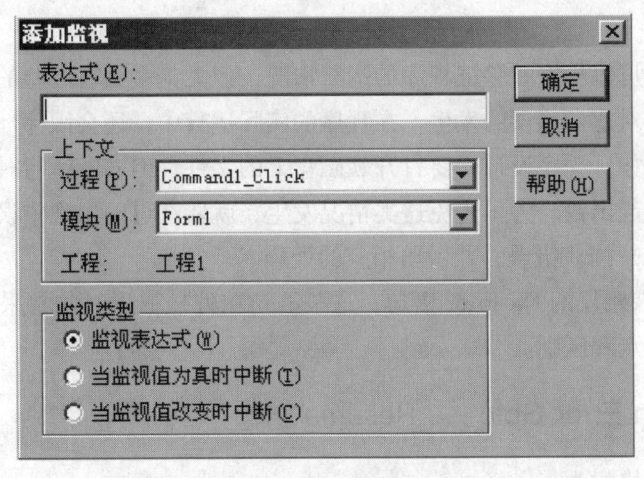

图12－18　“添加监视”对话框

（2）在代码窗口中选择需要监视的表达式，输入到“监视对话框”的表达式输入框。

（3）在“监视类型”中选择“监视表达式”或是根据监视值的情况使程序中断。

（4）对于已建立的监视表达式，可以通过在“调试”菜单中执行“编辑监视”命令打开“编辑监视”对话框进行编辑、修改或删除，如图12－19所示。

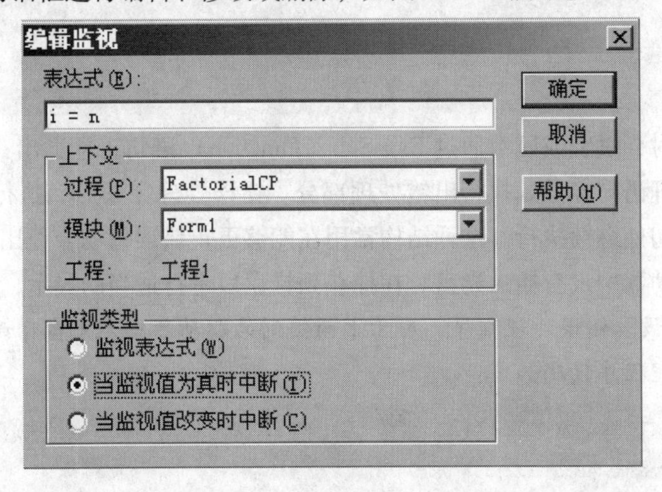

图12－19　“编辑监视”对话框

12.4 错误捕获及处理

使用调试工具可以检查并验证程序的运行情况，但无论多么有经验的编程人员如何细心调试，都不可能绝对避免错误的发生。在程序的实际运行中，还会因为环境的变化而引起程序运行的错误。例如，程序设计中要打开软磁盘上的文件，但实际运行时计算机上没有安装软磁盘，这就会引起出错。为了避免这类情况发生，就要在可能出现错误的地方设置错误陷阱（Error Trapping）捕获错误，并做出相应的处理。

VB 提供了捕获错误的 On Error 语句，这条语句在处理错误时常常采用两种形式，下面分别介绍它们的特点和区别。

12.4.1 On Error Goto . . . Resume 结构

该语句的语法格式为：

```
On Error Goto 标号
    可能出错的语句部分
    Exit Sub(Function)
    .....
标号:
    出错处理语句
    Resume
```

在没有出错时，过程或函数通过 Exit Sub（Function）语句正常退出；而当发生错误时，便会跳到出错处理语句标号处执行出错处理部分。错误处理完毕后，执行 Resume 语句，程序返回到出错语句处继续执行。这种结构常用在能够更正错误的场合，比如在对光盘驱动器操作时，发现驱动器中没有插入光盘。在捕获到错误后进行适当的提示，使错误得到解决。

【例 12－2】 设计错误处理程序，对于上面提到的驱动器中无光盘错误进行出错处理。

编写错误处理程序代码如下：

```
Private Sub Command1_Click()
    Dim filename As String
    Dim res As Integer
    filename = "H:\vb\test.txt"          '假设光盘驱动器盘符为 H:
```

```
    On Error GoTo Erroroccured
    Open filename For Input As #1                    '打开光盘上的 Test.txt 文件
    Close #1
  Exit Sub
  Erroroccured:
    If Err.Number = 71 Then                          '判断光盘驱动器中是否有无盘错误
        res = MsgBox("请在光盘驱动器中插入光盘,准备好后请按重试", VbRetryCancel, "光盘
未准备好!")
        If res = 4 Then Resume
                         '如果选择重试,重新打开文件,否则退出此过程
    End If
  End Sub
```

运行上述程序，如果发生错误，将出现如图 12－20 所示结果。

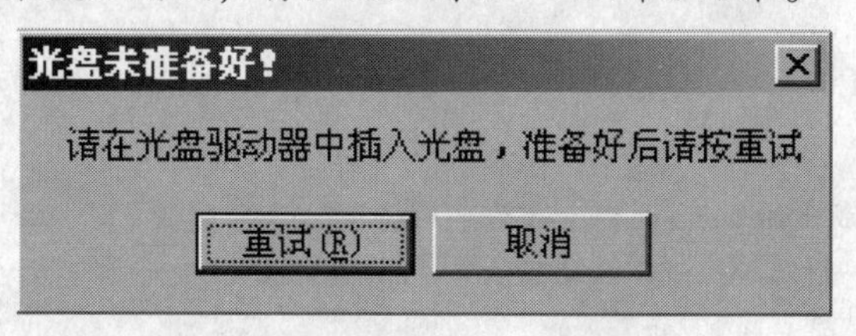

图 12－20　光盘未准备好的提示信息

12.4.2　On Error Goto . . . Resume Next 语句

该语句的语法格式为：

```
    On Error Goto 标号
    可能出错的部分
    Exit Sub (Function)
  标号:
    错误处理语句
    Resume Next
```

该语句与前面语句的区别是：当完成出错处理后，程序转到出错语句的下一条执行。这种结构常用于不易更改的错误处理。

【例 12－3】设计一个处理除数为 0 的错误处理程序，编写代码如下：

```
Private Sub Command1_Click()
    Dim x As Integer
    Dim y As Integer
    y = 0 : x = 0
    Print "   x ="; x
    Print "   y ="; y
    Print
    On Error GoTo Doerror
    Print          '执行到下面语句发生除数为 0 错误 - - On Error 部分
    x = 100 / y    '变量 y 的初值为 0,发生除数为 0 错误,转到 Doerror 执行
    Print "处理错误完毕,程序转到此处执行出错语句的下一条语句"
    Print
    Print " x/y ="; x
    Exit Sub
Doerror:
    Print
    Print" 在此完成出错处理:改变除数为 0 的情况"
    y = 5
    x = 100 / y
    Resume Next '处理错误完毕,程序转到此处执行出错语句的下一条语句
End Sub
```

运行程序，可以看到如图 12－21 所示的结果。

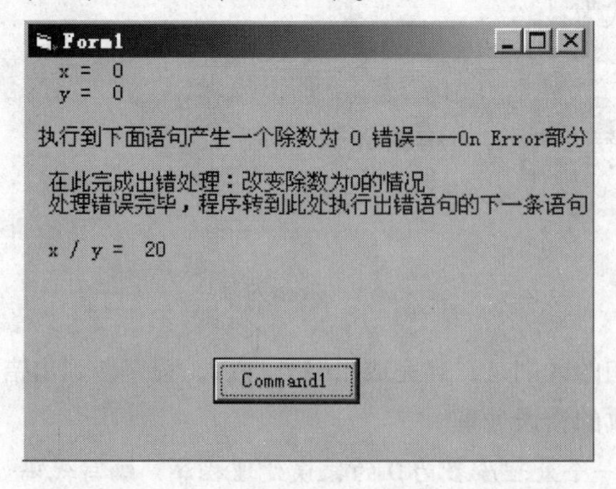

图 12－21　处理除数为 0 的程序的运行结果

12.4.3 Resume 与 Resume Next 的区别

分析上述两个程序，可以看到 Resume 和 Resume Next 语句的区别如图 12－22 所示。

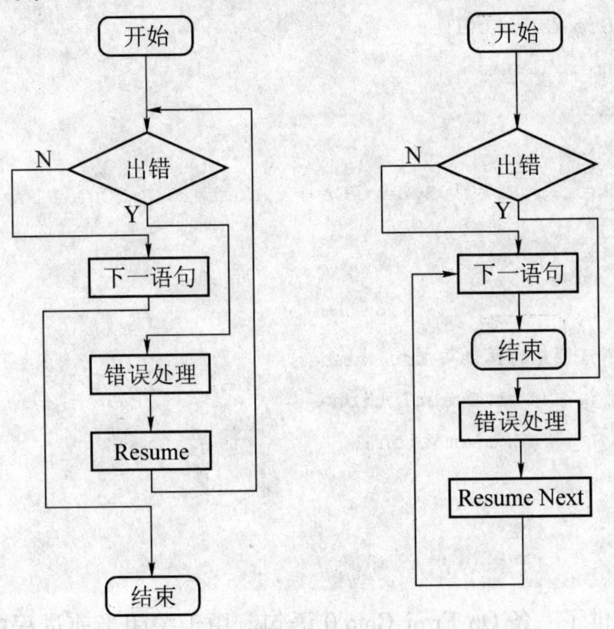

图 12－22 Resume 和 Resume Next 语句的区别

一般情况下，如果错误处理程序能够改正错误，就使用 Resume 语句，如果不能改正错误，就使用 Resume Next 语句。通常，在程序开发过程中，编程人员都要编写一个错误处理程序，用来处理可能出现的错误，而且在运行时不向用户显示出现错误的信息，同时还允许用户输入正确的数值。

例如，下面的 Function 程序对传递给它的参数进行出错处理实现安全除法运算，在可能出错的地方不会出现错误提示，但能够正确处理出错问题。

除法运算中出错的可能情况有 3 种：

（1）除数为 0，分子不为 0，分母为 0。

（2）“溢出”，在浮点运算中分子、分母都为 0。

（3）“非法程序调用”，分子或分母中有一个不是数字。

在以上 3 种情况下，下面的 Function 函数能够捕获这些错误并返回空值 Null。

```
Function Divide(numer,denom) As Variant
    Dim Msg As String
    Const mnErrDivByZero = 11, mnErrOverFlow = 6
    On Error Goto Mathhandler
    Divide = numer/denom
    Exit Function
Mathhandler:
    If Err.Number = mnErrDivByZero Or Err.Number = ErrOverFlow Or Err = ErrBadcall
Then
        Divide = Null
    Else
        Msg ="不可预见的错误"& Err.Number
        Msg = Msg&":"&Err.Description
        MsgBox Msg,VbExciamation
    End If
    Resume Next
End Function
```

另外，VB 还提供了一条 On Error Goto 0 语句，用于关闭当前过程中所有已经启动的错误处理程序。

总结上面的例题，可以看到错误处理程序的设计一般可分为以下 3 个步骤：

（1）使用 On Error 语句捕获错误并把程序流程转向由标号指示的错误处理程序段。

（2）编写错误处理代码，对所有可能预见的错误都做出相应的安排。

（3）根据错误类型可使用 Resume 语句重新执行出错语句，或是使用 Resume Next 语句执行出错语句的下一条指令，继续执行程序。

12.5 条件编译

所谓条件编译，就是指有一组源代码根据不同的编译条件编译出不同的可执行文件版本，它也可用来调试程序。

12.5.1 条件编译语句

VB 提供的条件编译语句同标准条件语句 If ... Then ... Else ... End If 类似，不过要在关键字 If、Then、Else、End If 前面加入“#”符号。条件编译语句的语法格式为：

```
#If 测试编译常量表达式1 Then
    语句1
#Else 测试编译常量表达式2 Then
    语句2
#Else
    语句3
#End If
```

其中编译常量是由#Const 语句定义的常量名，定义编译常量的语法格式如下：

```
#Const 常量名 = 常量表达式
```

也可以通过菜单在工程属性中设置，步骤如下：

(1) 打开“工程”菜单，单击“工程属性”选项。

(2) 在打开的“工程属性”对话框中选择“生成”选项卡，在其中的“条件编译参数”输入框中输入编译常量并赋值，如图 12-23 所示。

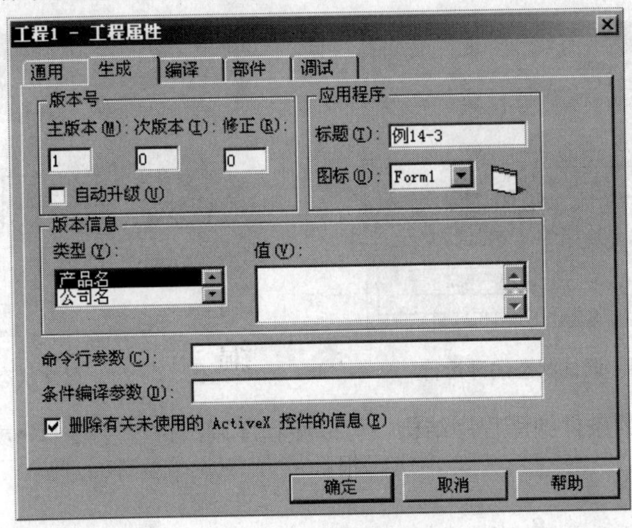

图 12-23 设置编译参数

12.5.2 使用条件编译调试程序

下面，通过一个例题说明利用条件编译调试程序的方法。

【例 12-4】 利用条件编译进行程序调试。

先设计一个简单程序，然后进行条件编译调试程序。

(1) 新建一个工程，在窗体 Form1 中放置命令按钮控件。

(2) 在命令按钮 Command1 的 Click 事件代码窗口中输入以下代码：

```
#Const DebugFlag = 1                          '设置编译常量
Private Sun Command1_Click()
    #If debugflag = 1 Then
        MsgBox "程序处于调试状态"
    #Else
        MsgBox "程序处于正常状态"
    # End If
End Sub
```

运行程序，得到如图 12-24 所示的结果。

改变 DebugFlag 的值，使之等于 0，重新运行程序，这时可以得到另一版本的运行程序，如图 12-25 所示。

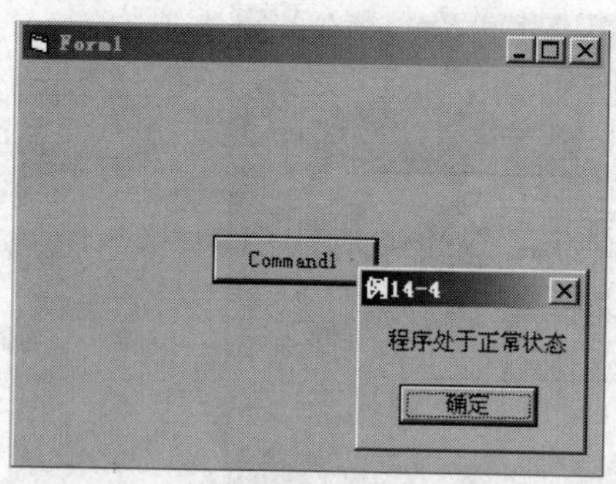

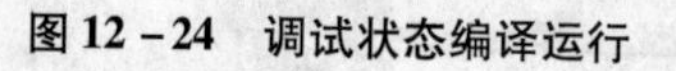
图 12-24 调试状态编译运行

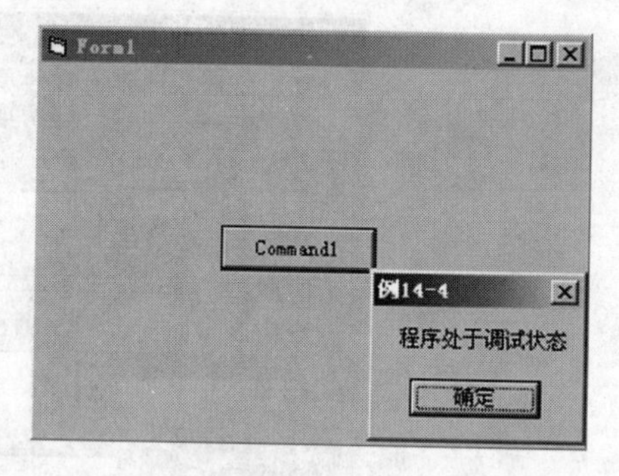

图 12-25 正常状态编译运行

通过这种常用的条件编译程序结构，可以使程序调试过程变得十分灵活方便。

【本章小结】

调试是正确编写程序的重要步骤和手段，错误处理程序是避免所设计的程序出错的一种保护机制。在应用程序中加入错误处理程序代码时，会发现程序有可能反复去处理相同的错误。也就是说，有些错误处理程序是可以通用的。这样，我们就可以仔细规划，编写通用的错误处理程序，在错误处理代码中调用它们来处理常见的错误，这样就能简化代码。

为减少调试过程中的麻烦，应养成良好的编程习惯，如使用变量声明语句、适当添加注释语句、采用模块结构化编程等，这样在调试程序时就会事半功倍。通过本章的学习，应掌握使用VB调试工具调试程序的基本方法和步骤。

错误处理程序是应用程序中捕获和响应错误的子程序。当程序正常运行时，错误处理程序不起作用。只有当程序不能正常运行时，才转到错误处理程序执行。所谓错误处理，就是在程序中对可能出现的错误做出响应，当发生错误时，程序应能够捕捉到这一错误，并知道怎样处理。捕获和处理错误的步骤包括3步：

（1）设置错误捕获陷阱（trap）：即在程序的适当位置增加一些语句，告诉计算机在发生错误时应该怎样操作。On Error 语句激活捕获并指引应用程序到标记着错误处理程序开始的标号处。

（2）编写错误处理例程，当出现错误时，将控制转移到错误处理子程序，子程序根据所发生的错误类型决定采取什么措施。错误处理子程序一般均通过使用条件 Case 或 If ... Then ... Else 语句的形式出现，该语句响应 Err 对象 Number 属性中的值，该值为数值代码，对应于一个VB错误。

（3）从错误处理程序返回，在程序的适当位置恢复执行。

【想一想　自测题】

一、单项选择题

12-1. VB程序中设置断点的按键是（　　）。

A. F5键　　B. F6键　　C. F9键　　D. F10键

12-2. 将调试通过的工程经“文件”菜单的“生成.exe文件”编译成EXE后，将该可执行文件拿到其他机器上不能运行的主要原因是（　　）。

A. 缺少FRM窗体文件　　B. 该可执行文件有病毒

C. 运行的机器上无VB系统　　D. 以上原因都不对

12-3. VB程序中通常不会产生错误提示的是（　　）。

A. 编译错误　　B. 实时错误

C. 运行时错误　　D. 逻辑错误

二、填空题

12－4. 应用程序打包后，其打包文件的后缀为________。

12－5. Visual Basic 程序开发有 3 种模式，即设计模式、________模式和________模式。

12－6. VB 中的程序错误类型主要有编译错误、________、________等 3 种。

12－7. 在 VB 中要想获得帮助，需要按的键是________；要设置断点需要按________键。

12－8. VB 的代码存储在模块中。在 VB 中提供了 3 种类型的模块：________、________和________。

12－9. VB 中若需要逐语句调试程序，可以按下________键来实现。

12－10. On Error . . . Resume Next 语句表示：当发生错误时，VB 程序将忽略引发错误的语句，并________。

【做一做　上机实践】

12－11. 设计一个处理除数为 0 的错误处理程序。

【看一看　网络课件学习】

1. 通过网络课件的 BBS 论坛给老师发帖提问，与同学讨论学习的心得体会。
2. 登录移动课件“他山之石”栏目所给的网址，浏览网上的有关资源，拓展你的视野。

参考文献

[1] 林卓然 . VB 程序设计简明教程 . 广州：中山大学出版社，2002.
[2] 黄润发，强莎莎 . VB 程序设计技术 . 上海：中国纺织大学出版社，2001.
[3] 莫德举，夏涛 . Visual Basic 程序设计 . 北京：北京邮电大学出版社，2008.
[4] 胡彧，闫宏印 . VB 程序设计 . 北京：电子工业出版社，2005.
[5] 刘世峰 . Visual Basic 程序设计 . 北京：中央广播电视大学出版社，2004.
[6] 刘瑞新，汪远征 . Visual Basic 程序设计教程 . 2 版 . 北京：机械工业出版社，2010.

Visual Basic 程序设计实务作业与上机实习指导书

杨宏宇　主　编
彭　丽　副主编

中央广播电视大学出版社
北　京

前言

本书作为杨宏宇编著的《Visual Basic 程序设计实务》的配套教材，由作者根据多年从事计算机程序设计教学和研究的经验，并参考国内外有关资料，精心编著而成。其目的是想帮助学习者更好、更快地掌握 Visual Basic 程序设计的技巧和方法，同时，使学习者通过作业练习和上机实习，加深对面向对象程序设计思想的理解与掌握。

本书主要包括两部分内容，第一部分是主教材中各章节的习题及解答。它按照《Visual Basic 程序设计实务》一书的顺序，给出了各章节全部习题的解答。这些题目都是经过精心挑选的，既典型又有一定意义；既有容易的题目，也有具备一定难度和有趣的题目。第二部分是上机实验内容，按照课程教学大纲的要求安排了 10 个上机实验，每个实验内容都提供了参考程序代码和上机操作说明，供学习者学习本课程上机实习时参考。

本书最后的附录给出了课程的教学大纲和课程考核说明。供教师和学习者在教学过程中参考。

根据经验，要学好 Visual Basic 程序设计，在认真阅读书本教材的同时，一定要自己动手，独立编写程序，通过上机调试运行得到正确的结果。因此从某种意义上讲，上机实践就是本课程学习最好的老师。通过上机实习，既可以加深对理论知识的理解，也可以迅速掌握编程的必要技能。因此，大家在学习本课程时，最好是首先学好课本的有关内容，对基本概念、编程规则、操作方法有一个基本的掌握和了解，然后再看懂有关例题，在此基础上独立完成作业，切忌简单盲目地把习题答案抄写一遍。最好是自己先独立思考，编写程序并上机调试通过后，再来看一看习题解答，看自己编写的程序和解答是否相同，或是更胜一筹，这样可以取长补短，以此促进对学习内容的理解与掌握。只有这样，才会通过学习，开拓思路，培养技能，真正有所收获。

学习 Visual Basic 程序设计，除了要掌握有关控件对象的使用规则和方法以外，还要掌握对象响应程序设计的基本方法，以及程序设计的一般规律。因此，要熟悉程序设计的基本结构并通过编程练习，积累典型问题的常用编程方法，这样可以帮助学习者更好地举一反三，学以致用。同时要注意在学习过程中培养严谨踏实的科学作风，养成良好的编程习惯和设计风格，以此来逐步培养学习者上机操作和调试程序、解决实际问题的能力。

希望本书及《Visual Basic 程序设计实务》一书在这些方面能够对大家有所帮助，成为大家的朋友。

本书由湖北广播电视大学导学中心主任杨宏宇副教授编写并统稿，彭丽同志参加了其中部分习题的搜集、整理。

由于作者水平有限，书中难免有不足之处，敬请读者批评指正。

作　者

2012 年 8 月 2 日

目　录

第一部分 习题与参考解答

第1章 VB语言概述

一、单项选择题

1-1. 一个VB应用程序可以包含（ ）个VBP文件。(A)

A. 1个　　B. 2个　　C. 可以没有　　D. 不受限制

1-2. 启动VB后，就意味着要建立一个新（ ）。(C)

A. 窗体　　B. 文件　　C. 工程　　D. 程序

1-3. Visual Basic是一种面向对象的程序设计语言，所采用的编程机制是（ ）。(C)

A. 从主程序开始执行　　B. 按过程顺序执行

C. 事件驱动　　D. 按模块顺序执行

1-4. Visual Basic用于开发（ ）环境下的应用程序。(A)

A. Windows　　B. DOS　　C. Office　　D. Photoshop

二、问答题

1-5. 叙述VB的基本特点。

答：VB的基本特点可以概括为可视化、面向对象和事件驱动。可视化就是利用VB系统预先建立的不同控件，在程序设计时将其拖放到界面（窗体）上，就可以很方便地创建符合用户需求的程序界面。面向对象程序设计方法有效降低了编程的复杂性，提高了编程效率。事件驱动使得用户对用户界面上的任何操作，都会自动转到对相应的程序代码进行处理，同时也为程序运行过程中各对象之间的关联建立了有效的机制。

1-6. VB 6.0有哪几个版本？

答：Visual Basic 6.0有学习版、专业版和企业版3个不同版本。

1-7. VB系统集成环境包括哪些窗口？

答：包括工程资源管理器窗口，代码窗口、对象窗口，属性窗口，立即窗口、本地窗口、监视窗口、窗体布局窗口和数据视图窗口等9个窗口。

第2章 可视化编程的基本概念

一、单项选择题

2－1. 后缀为 bas 的文件表示（　　）。(D)

A. 类模块文件　　B. 窗体文件

C. 窗体二进制数据文件　　D. 标准类模块文件

2－2. 当一个工程中含有多个窗体时，其中的启动窗体是（　　）。(D)

A. 启动 VB 时创建的第一个窗体　　B. 第一个添加的窗体

C. 最后一个添加的窗体　　D. 在“工程属性”对话框中指定的窗体

2－3. 在文本框控件中将 Text 的内容全部显示为所定义的字符的属性是（　　）。(B)

A. Password　　B. PasswordChar

C. 需要编程来实现　　D. 以上都不是

2－4. 无论何种控件，共同具有的属性是（　　）。(B)

A. Text　　B. Name　　C. Caption　　D. ForeColor

2－5. 以下叙述中错误的是（　　）。(D)

A. 一个工程中可以包含多个窗体文件

B. 全局变量必须在标准模块中定义

C. 在设计 Visual Basic 程序时，窗体、标准模块、类模块等需要分别保存为不同类型的文件

D. 在一个窗体文件中用 Private 定义的通用过程能被其他窗体调用

2－6. 要在窗体 Form1 内显示“myfrm”，使用的语句是（　　）。(C)

A. Form. Caption ="myfrm"　　B. Form1. Caption ="myfrm"

C. Form1. Print "myfrm"　　D. Form. Print "myfrm"

2－7. 确定一个控件在窗体上位置的属性是（　　）。(D)

A. Width 或 Height　　B. Width 和 Height

C. Top 或 Left　　D. Top 和 Left

2－8. 以下叙述中错误的是（　　）。(C)

A. 一个工程中只能有一个 Sub Main 过程

B. 窗体的 Show 方法的作用是将指定的窗体载入内存并显示该窗体

C. 窗体的 Hide 方法和 Unload 方法的作用完全相同

D. 若工程文件中有多个窗体，可以根据需要指定一个窗体为启动窗体

2-9. 使图像框 Image 控件中的图像自动适应控件的大小应（　　）。(C)

A. 将控件的 AutoSize 属性设为 True　B. 将控件的 AutoSize 属性设为 False

C. 将控件的 Stretche 属性设为 True　D. 将控件的 Stretche 属性设为 False

2-10. 若使图像框 Image 控件自动适应其中的图形大小，应（　　）。(B)

A. 将控件的 Stretche 属性设为 True　B. 将控件的 Stretche 属性设为 False

C. 将控件的 AutoSize 属性设为 True　D. 将控件的 AutoSize 属性设为 False

2-11. 下列控件中不能响应 Click 事件的是（　　）。(C)

A. Frame　B. Label　C. Timer　D. Form

2-12. 如果希望以模态方式显示窗体 Form1，下列正确的语句是（　　）。(C)

A. Form1. Show 0　B. Form1. Show　C. Form1. Show 1　D. 以上都不正确

2-13. 在下列选项中，不能将图像装入图片框和图像框的是（　　）。(B)

A. 在界面设计时，通过 Picture 属性装入

B. 在界面设计时，手工在图像框和图片框中绘制图形

C. 在界面设计时，利用剪贴板把图像粘贴上

D. 在程序运行期间，用 LoadPicture 函数把图形文件装入

2-14. 保存新建的工程时，默认的文件夹是（　　）。(B)

A. My Document　B. VB 98　C. \　D. Windows

2-15. 如果要在文本框中键入字符时，只显示某个字符，如星号（*），应设置文本框的（　　）属性。(B)

A. Caption　B. PasswordChar　C. Text　D. Char

2-16. 如果将文本框的（　　）属性设置为 True，则运行时不能对文本框中的内容进行编辑。(A)

A. Locked　B. MultiLine　C. TabStop　D. Visible

二、填空题

2-17. 在 VB 中，要想获得某个相关控件或语句的帮助信息，一般可首先选中该控件或语句，然后按________键。

（答：F1）

2－18. 欲设置定时器的时间间隔为2秒，则属性Interval的值为________。

（答：2000）

2－19. ________是应用程序的对外接口，是其他控件的载体和容器。

（答：窗体）

2－20. 将图片框的AutoSize属性设置成________时，可使图片框根据图片调整大小。

（答：True）

2－21. 每个应用程序都有开始执行的入口，在VB中将这种窗体称为________。

（答：启动窗体）

2－22. 定时器（Timer）控件可识别的事件是________，发生该事件的时间间隔由定时器的____属性设置。

（答：Timer，Interval）

2－23. 一个工程可以包括多种类型的文件，其中，扩展名为vbp的文件表示________文件；扩展名为frm的文件表示________文件；扩展名为bas的文件表示________文件；包含ActiveX控件的文件扩展名为________。

（答：工程，窗体，标准模块，ocx）

2－24. 对象是代码和数据的集合，例如，Visual Basic中的________、________、________等都是对象。

（答：窗体，控件，菜单）

2－25. 对象的方法用于________。当方法不需要任何参数并且也没有返回值时，调用对象的方法的格式为________。例如，对窗体Form1使用Show方法，应写成________。

（答：完成某种特定的功能，对象名．方法名，Form1. Show）

2－26. Visual Basic的控件通常分为3种类型，即________、________和________。其中，________不能从工具箱中删除。

［答：内部控件（标准控件），Active控件，可插入对象，内部控件］

2－27. Timer控件的________属性决定该控件是否对时间的推移做响应。将该属性设置为False会关闭Timer控件，设置为True则打开它。

（答：Enabled）

2－28. 要清除组合框Combo1中的所有内容，可以使用的语句是________。

（答：Combo1. Clear）

2－29. 使控件获得焦点的方法是________。

（答：SetFocus）

三、问答题

2-30. 什么是工程?

答：工程是构成应用程序文件的集合。工程文件是与工程相关联的所有文件和对象以及所设置的环境信息的一个简单的列表，所有文件和对象也可以被其他的工程所共享。

2-31. 一个工程可能包含哪些类型的文件?

答：一个工程可以包括多种类型的文件。其中，扩展名为 vbp 的文件表示工程文件；扩展名为 frm 的文件表示窗体文件；扩展名为 bas 的文件表示标准模块文件；包含 ActiveX 控件的文件的扩展名为 ocx。

2-32. 什么是对象、属性、事件和方法?

答：对象是具有某些特性的具体事物的抽象。建立一个对象后，其操作通过与该对象有关的属性、事件和方法来描述。在 VB 中，命令按钮、窗体、文本框等都是对象。

属性是指对象所具有的性质，不同的对象具有不同的属性，如窗体的背景颜色、命令按钮上面显示的名称字符、文本框的大小等。

事件泛指能被对象识别的用户操作的动作或对象状态的变化发出的信息，也即对象的响应，如用鼠标单击命令按钮的“单击”事件、文本框中输入文字后文字的“改变”事件等。

方法是指对象本身所具有的、反映该对象功能的内部函数或过程，也即对象能够做的动作，如窗体的 Print、Cls 方法等。

2-33. VB 可视化编程的基本步骤是什么?

答：VB 可视化编程的基本过程可以归纳为以下 5 个方面：

(1) 创建一个新的工程，在这个工程中建立窗体，在窗体上布置需要的各种控件对象。

(2) 设置窗体和各个控件对象的属性，控件对象的属性也可以在程序代码中设置。

(3) 根据各个控件所需要的响应事件编写事件过程代码。

(4) 试运行程序，进行必要的调试和修改。

(5) 对工程进行编译，形成可执行文件。

第3章 VB编程基础

一、单项选择题

3－1. 在 Visual Basic 中，变量的默认类型是（　　）。(D)

A. Integer　　B. Double　　C. Currency　　D. Variant

3－2. MsgBox 函数返回值的数据类型是（　　）。(D)

A. 字符串型　　B. 日期型　　C. 逻辑型　　D. 整型

3－3. 下列4项中合法的变量名是（　　）。(B)

A. a－bc　　B. a_bc　　C. 4abc　　D. integer

3－4. 有程序代码如下：

```
Text1.Text ="Visual Basic 程序设计"
```

则 Text1、Text 和"Visual Basic 程序设计"分别代表（　　）。(C)

A. 对象、值、属性　　B. 对象、方法、属性

C. 对象、属性、值　　D. 属性、对象、值

3－5. 如果仅需要得到当前系统时间，使用的函数是（　　）。(B)

A. Now　　B. Time　　C. Year　　D. Date

3－6. 表达式 16/4 －2^5 * 8/4MOD5 \ 2（　　）。(D)

A. 20　　B. 14　　C. 2　　D. 4

3－7. 下列赋值语句正确的是（　　）。(B)

A. a + b = c　　B. c = a + b　　C. －a = b　　D. 5 = a + b

3－8. 将数据项"China"添加到列表框 List1 中成为第一项，应使用的语句是（　　）(B)

A. List1. AddItem"China",　　B. List1. AddItem"China", 0

C. List1. AddItem"China", 1　　D. List1. AddItem"1, China"

3－9. 下列不是字符串常量的是（　　）。(D)

A. "你好"　　B. ""　　C. "True"　　D. #False#

3－10. 下列叙述中不正确的是（　　）。(D)

A. "你好"　　B. ""　　C. "True"　　D. #False#

3－11. 下列叙述中不正确的是（　）。（C）

A. 变量名中的第一个字符必须是字母

B. 变量名的长度不超过255个字符

C. 变量名可以包含小数点或者内嵌的类型声明字符

D. 变量名不能使用关键字

3－12. 以下可以作为Visual Basic变量名的是（　）。（B）

A. SIN　B. CO1　C. COS（X）　D. X（－1）

3－13. 表达式5^2Mod25 \ 2^2的值是（　）。（A）

A. 1　B. 0　C. 6　D. 4

3－14. 表达式25.28 Mod 6.99的值是（　）。（C）

A. 1　B. 5　C. 4　D. 出错

3－15. 表达式Int（－17.8）的值为（　）。（C）

A. 18　B. －17　C. －18　D. －16

3－16. 表达式Abs（－5）＋Len（"ABCDE"）的值为（　）。（C）

A. 5ABCDE　B. －5ABCDE　C. 10　D. 0

3－17. 代数式 $\frac{a}{b+\frac{c}{d}}$ 对应的Visual Basic表达式是（　）。（D）

A. a/b＋c/d　B. a/（b＋c）/d　C. （a/b＋c）/d　D. a/（b＋c/d）

3－18. 在一个语句行内写多条语句时，语句之间应该用（　）分隔。（D）

A. 逗号　B. 分号　C. 顿号　D. 冒号

3－19. 在代码编辑器中，如果一条语句太长，无法在一行内写下（不包括注释），要折行书写，可以在行末使用续行字符（　），表示下一行是当前行的继续。（A）

A. 一个空格加一个下划字符（_）　B. 一个下划字符（_）

C. 直接回车　D. 一个空格加一个连字符（－）

3－20. 如果要在文本框中键入字符时，只显示某个字符，如星号（*），应设置文本框的（　）属性。（B）

A. Caption　B. PasswordChar　C. Text　D. Char

3－21. 在Visual Basic中，变量的默认类型是（　）。（D）

A. Integer　B. Double　C. Currency　D. Variant

3－22. 下列符号哪些是合法变量名（　）?（A）

A. x23　B. 8ab　C. END　D. X8［B］

3－23. 表达式 2^2＋4＊3^2－6＊2/3＋3^2 的值是（ ）。（A）

A. 45　　B. 64　　C. 32　　D. 25

3－24. 数学式子 sin30°写成 VB 表达式应该是：（ ）。（D）

A. sin30　　B. sin（30）

C. sin（30）　　D. sin（30＊3.14/180）

3－25. 函数 Int（Rnd（0）＊100）的值是哪个范围内的整数？（ ）。（D）

A.（0～10）　　B.（1～100）　　C.（0～99）　　D.（10～99）

3－26. 下列哪些符号不能作为 VB 的标识符？（ ）。

（1）XYZ　　（2）True1　　（3）False　　（4）1ABC

（5）A［7］　　（6）Y_1　　（7）IntA　　（8）A－2

（9）A3　　（10）"Comp"

答：不能作为 VB 的标识符的是（3）（4）（5）（8）（10）。

3－27. 下列数据哪些是变量？哪些是常量？是什么类型的常量？

（1）name　　（2）"name"　　（3）False　　（4）ff

（5）"11/16/99"　　（6）cj　　（7）"120"　　（8）n

（9）#11/16/2000#　　（10）12.345

答：

变量：（1）（4）（6）（8）。

字符常量：（2）（5）（7）。

日期常量：（9）。

数值常量：（10）。

二、填空题

3－28. TextBox 和 Label 控件用来显示和输入文本，如果仅需要让应用程序在窗体中显示文本信息，可使用________控件；若允许用户输入文本，则应使用________控件。

（答：Label，TextBox）

3－29. 表达式 14/2－2^3＊7 MOD 6 的值是________。

（答：5）

3－30. 执行赋值语句 a＝"Visual"＋"Basic"后，变量 a 的值是________。

（答：VisualBasic）

3－31. 变量的声明方法有隐式和________两种，如果采用隐式声明方法，那么 VB 会自动将变量声明为________。

（答：显示，变体型，或 Variant 型）

3－32. 在 Visual Basic 的转换函数中将数值转换为字符串的函数是________；将数字字符串转换为数值的函数是________；将字符转换为相应的 ASCII 码的函数是________。

[答：Str $ （x），Val （x $ ），Asc （x $ ）]

3－33. 数学式子 sin30°写成 Visual Basic 表达式是________。

[答：Sin （30 * 3. 14/180）]

3－34. 闰年的条件是：年号（ y ）能被 4 整除，但不能被 100 整除；或者年号能被 400 整除。表示该条件的布尔表达式是：________________________________。

（答：y mod 4 =0 and y mod 100 < >0 or y mod 400 =0）

3－35. Timer 控件的________属性决定该控件是否对时间的推移做响应。将该属性设置为 False 会关闭 Timer 控件，设置为 True 则打开它。

（答：Enabled）

3－36. 关系式 $-5 \leqslant x \leqslant 5$ 所对应的布尔表达式是________。

（答：x > = －5 And x < =5）

3－37. x 是小于 100 的非负数，对应的布尔表达式是________。

（答：0 < =x And x<100）

三、写表达式

3－38. 把下列数学表达式写为 VB 表达式：

（1） $\dfrac{1+\dfrac{x}{y}}{1-\dfrac{y}{x}}$ （2） $x^2+\dfrac{3xy}{4x^2+5y}$

（3） $\sqrt{|ab-c^3|}$ （4） $\sqrt{t(t-a)(t-b)(t-c)}$

答：

（1）（1 +x/y）/（1 －y/x）。

（2） x^2 +3 * x * y/（4 * x^2 +5 * y）。

（3） Sqr （Abs （a * b －c^3））。

（4） Sqr （t* （t－a） * （t－b） * t－c））。

四、求表达式的值

3－39. 设 a =5，b =6，c =7，d =8，求下列 VB 表达式的值。

（1） a +3 * c >3 * 20/（b * 5） +d

（2） a * 4 Mod 3 +b * 4/d < >a

（3） a + b > c + d And b − c < a − d

（4） 3 + a > 4 + b And Not 4 + b <5 + c Or a + b >3

答：

（1） True （2） False （3） False （4） True

3 − 40. 写出下列 VB 函数计算后的数值。

（1） Int （1. 2345）

（2） Sqr （Sqr （16））

（3） Fix （ −3. 59415）

（4） Int （Abs （99 −100） /2）

（5） Sgn （5 * 3 +4）

（6） Lcase （ "ABCD"）

（7） Left （ "Wuhan", 2）

（8） Val （ "8 Year"）

（9） Len （ "HuBei Wuhan"）

答：

（1） 1 （2） 2 （3） −3 （4） 0 （5） 1

（6） "abcd" （7） "Wu" （8） 8 （9） 11

第4章　数据信息的基本输入输出

一、单项选择题

4－1. 如果 Tab 函数的参数小于 1，则打印位置在（　　）列。（B）

A. 第 0 列　　B. 第 1 列　　C. 第 2 列　　D. 第 3 列

4－2. 要在窗体 Form1 内显示 myfrm，使用的语句是（　　）（C）

A. Form. Caption ="myfrm"　　B. Form1. Caption ="myfrm"

C. Form1. Print "myfrm"　　D. Form. Print "myfrm"

4－3. MsgBox 函数的返回值的数据类型是（　　）。（D）

A. 字符串型　　B. 日期型　　C. 逻辑型　　D. 整型

4－4. 使用格式化函数 Format（"100123. 12"，"Standard"）后，可能得到的输出结果是（　　）。（C）

A. 100123. 12　　B. 1,00123. 12　　C. 100,123. 12　　D. 100,23

4－5. 使用格式化函数 Format（"100123"，"Scientific"）后，可能得到的输出结果是（　　）。（C）

A. 1. 00123E05　　B. 1. 00E5　　C. 1. 00E +05　　D. 100123E

4－6. 使用格式化函数 Format $（"100123. 12"，". 000"）后，可能得到的输出结果是（　　）。（D）

A. 100123　　B. 100123. 12　　C. 100123. 000　　D. 100123. 120

4－7. 使用格式化函数 Format $（"C"，"a@ @ @ @ b@"）后，可能得到的输出结果是（　　）。（B）

A. Ca　b　　B. a　bC　　C. a　bc　　D. aC　b

4－8. 使用格式化函数 Format $（"ABCD"，"@ X@ @"）后，可能得到的输出结果是（　　）。（B）

A. ABCDX　　B. AXBCD　　C. ABXCD　　D. ABCXD

4－9. 使用格式化函数 Format $（"ABC"，"<"）后，可能得到的输出结果是（　　）。（A）

A. abc　　B. Abc　　C. ABC <　　D. abc <

4－10. 当文本框控件的 MultiLine 属性被设置为 True 时，PasswordChar 属性是（　　）。(A)

A. 失效　　B. 有效　　C. 以＊显示　　D. 显示输入的字符

二、填空题

4－11. TextBox 和 Label 控件用来显示和输入文本，如果仅需要让应用程序在窗体中显示文本信息，可使用________控件；若允许用户输入文本，则应使用________控件。

（答：Label，textBox）

4－12. MsgBox 函数中 <消息框类型> 参数取值为 0 时，表示对话框中出现的按钮________。

（答：只有确定按钮）

4－13. 在 MsgBox 函数中，________参数是必需的。

（答：消息内容）

4－14. 在 MsgBox 函数中，<消息框类型> 参数取值为 1 时，表示对话框中出现________按钮。

（答："确定"和"取消"）

4－15. Print 方法用于在________、________、________和________等对象中显示文本字符串和表达式的值。

（答：窗体、立即窗口、图片框、打印机）

4－16. 在 InputBox 函数中________参数是必需的。

（答：信息内容）

三、问答题

4－17. Tab（*n*）函数和 Spc（*n*）函数的区别是什么？

答：Tab（*n*）函数与 Print 方法或 Print#语句一起使用，对输出进行定位。把显示或打印位置移到由参数 *n* 指定的列数，从此列开始输出数据；而 Spc（*n*）函数则是跳过 *n* 个空格输出。

4－18. 什么是 Tab 键序？请予说明。

答：设计程序在窗体上建立一个控件时，VB 就给这个控件设定了一个默认的 Tab 键序值 TabIndex，这个属性决定控件接收焦点的顺序。默认情况下，第一个控件的 TabIndex 属性值是 0，第二个控件的 TabIndex 属性值为 1，第三个控件的 TabIndex 属性值为 2……依次类推。当用户在程序运行时按下 Tab 键时，焦点就自动根据 TabIndex 属性值按顺序在各个控件间移动。如果改变 TabIndex 属性值，就会改变焦点移动的顺序。

4－19. 什么情况下按下 Tab 键时，焦点会跳过某个控件移动到下一个控件上？

答：控件还有一个属性叫作 TabStop，决定焦点是否能够停留在该控件上。默认情况下该属性值是 True，如果将控件的这个属性设置为 False，则在程序运行过程中按下 Tab 键时，焦点会跳过该控件移动到下一个控件上。

四、写出程序执行的结果

4－20. 写出程序运行时连续单击3次窗体后，Form1 上的输出结果。

```
Private Sub Form_Click()
    Dim x As Integer
    Static y As Integer
      x = x + 2
      y = x + y
    Form1.Print "x ="; x, "y ="; y
End Sub
```

答：输出结果为：

```
x = 2   y = 2
x = 2   y = 4
x = 2   y = 6
```

五、完善程序题

4－21. 程序运行界面如图4－1所示。要求从文本框中输入课程名称，然后按“添加”按钮，将其添加到列表框中；当选择列表框中某一项后，按“删除”按钮，则从列表框中删除该项；当选择列表框中某一项后，按“修改”按钮，把列表框中选取的项送往文本框且“修改”按钮变为“修改确认”。在文本框的内容修改好后，按“修改确认”按钮，再把文本框中修改后的信息送到列表框且“修改确认”按钮变为“修改”。

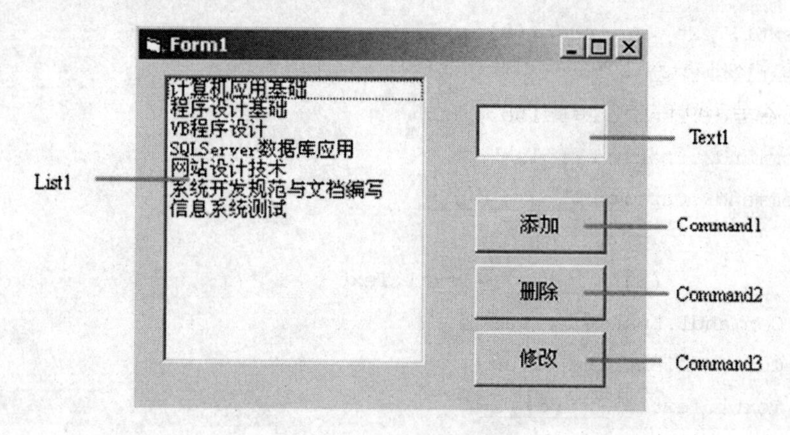

图4－1 程序运行界面

程序如下，请补充完整。

```
Private Sub Form_Load()
    List1.AddItem "计算机应用基础"
    List1.AddItem "程序设计基础"
    List1.AddItem "VB 程序设计"
    List1.AddItem "SQLServer 数据库应用"
    List1.AddItem "网站设计技术"
    List1.AddItem "系统开发规范与文档编写"
    List1.AddItem "信息系统测试"
End Sub
Private Sub Command1_Click()
If Text1.Text < > "" Then
        List1. ______(1)______Text1.Text          '将文本框中的内容添加到列表框中
        Text1.Text = ""
    Else
        MsgBox "请在文本框中输入信息!"
    End If
End Sub
Private Sub Command2_Click()
    List1.RemoveItem ______(2)______'删除选定的项目
End Sub
Private Sub Command3_Click()
        If Command3.Caption = "修改"  Then
        Text1.Text  = ______(3)______
        Text1.SetFocus
        Command1.Enabled = False
        Command2.Enabled = False
        Command3.Caption = "______(4)______"
    Else
        ______(5)______ = Text1.Text
        Command1.Enabled = True
        Command2.Enabled = True
        Text1.Text  = ______(6)______
```

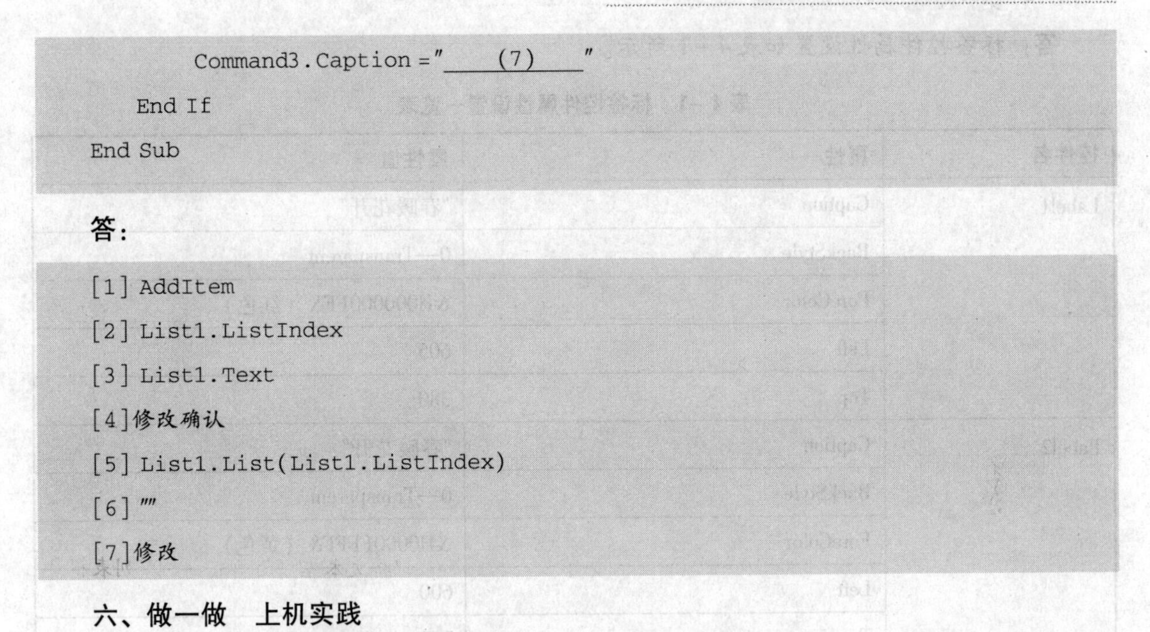

```
        Command3.Caption ="    (7)    "
    End If
End Sub
```

答:

```
[1] AddItem
[2] List1.ListIndex
[3] List1.Text
[4]修改确认
[5] List1.List(List1.ListIndex)
[6] ""
[7]修改
```

六、做一做　上机实践

4-22. 利用两个标签控件制作阴影文字，如图 4-2 所示，文字内容为“春暖花开”。提示：利用标签控件的 Top、Left 和 BackStyle 等属性。

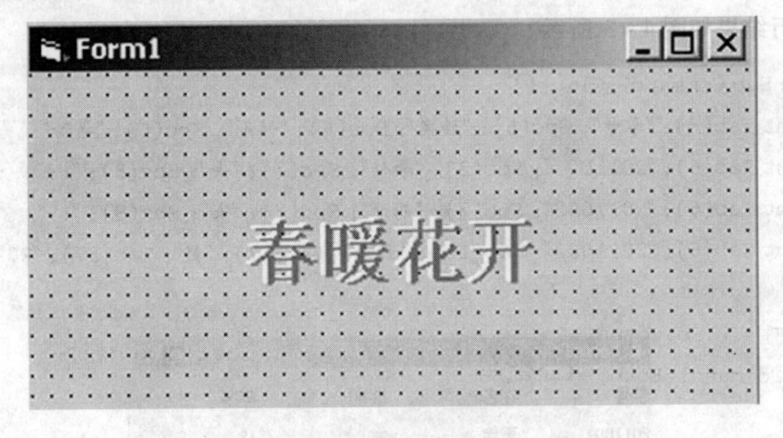

图 4-2　阴影文字界面

答：标签控件属性设置如表 4－1 所示。

表 4－1 标签控件属性设置一览表

控件名	属性	属性值
Label1	Caption	"春暖花开"
	BackStyle	0—Transparent
	ForeColor	&H000000FF&（红色）
	Left	605
	Top	380
Label2	Caption	"春暖花开"
	BackStyle	0—Transparent
	ForeColor	&H0000FFFF&（黄色）
	Left	600
	Top	360

4－23. 利用 Tab、Spc 函数在窗体上对齐输出学生的学号、姓名、性别、年龄等信息。输出程序运行结果如图 4－3 所示。

```
Private Sub Command1_Click()
    Print Tab(6); "学号"; Spc(6); "姓名"; Spc(6); "性别"; Spc(6); "年龄"
    Print Tab(6); "2011001"; Spc(3); "李佳"; Spc(7); "女"; Spc(8); "18"
    Print Tab(6); "2011002"; Spc(3); "胡萍"; Spc(7); "女"; Spc(8); "19"
    Print Tab(6); "2011002"; Tab(16); "王峰"; Tab(27); "男"; Tab(37); "20"
End Sub
```

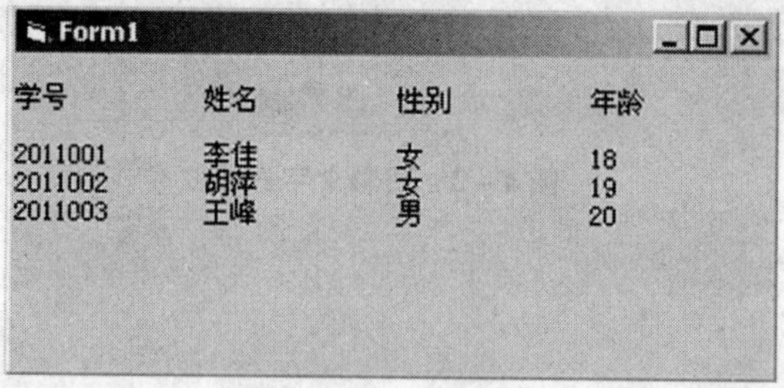

图 4－3 程序运行结果

第5章　选择结构设计

一、单项选择题

5-1. 设 a = -5，b = 2，下列逻辑表达式为真值的是（　　）。(A)

A. Not (a > =0　And　b <2)　　B. a * b <　-6 And a/b < -9

C. a + b > =0 Or Not b >0　　D. a = -2 * b Or a >0

5-2. 表示条件"*a* 是大于 *b* 的奇数"的逻辑表达式是（　　）。(C)

A. a > =b And Int ((a-1) /2) = (a-1) /2

B. a > b Or Int ((a-1) /2) = (a-1) /2

C. a > b And a Mod 2 = 1

D. a > b Or (a-1) Mod 2 = =0

5-3. 表示条件"*x* 是大于等于 5，且小于 95 的数"的条件表达式是（　　）。(C)

A. 5 < =x <95　　B. 5 < =x, x <95

C. x > =5 And x <95　　D. x > =5 And x < =95

5-4. 下列程序段（　　）能够正确实现：X < Y 则 A = 15，否则 A = -15。(C)

A.

```
If X < Y Then A =15
A = -15
Print A
```

B.

```
If X < Y Then A =15: Print A
A = -15: Print A
```

C.

```
If X < Y Then
  A =15: Print A
Else
  A = -15: Print A
```

D.

```
If X < Y Then A =15
Else: A = -15
Print A
```

5-5. 下列程序段的执行结果为（　　）。(B)

```
A =75
If A > 60 Then
   I =1
ElseIf A > 70 Then
   I =2
ElseIf A > 80 Then
   I =3
ElseIf A > 90 Then
   I =4
End If
Print "I ="; I
```

A. I = 1　　B. I = 2　　C. I = 3　　D. I = 4

5-6. 下列程序段的执行结果是（　　）。(A)

```
x =2 : Y =2
1f X * Y <1 then Y = Y -1 Else Y = Y + X
Print Y - X >0
```

A. True　　B. False　　C. 1　　D. -1

二、填空题

5-7. 数学关系 8≤ x <30 表示成正确的 VB 表达式为________。

（答：8 < = x And x < 30）

5-8. 闰年的条件是：年号（ Y ）能被 4 整除，但不能被 100 整除；或者年号能被 400 整除。表示该条件的逻辑表达式是________。

（答：Y MOD 4 = 0 And Y MOD 100 < > 0 OR Y MOD 400 = 0）

5-9. 若 A = 20，B = 80，C = 70，D = 30，则表达式 A + B > 160 Or（B * C > 200 And Not D > 60）的值是________。

（答：True）

5-10. 关系式 $-5 \leqslant X \leqslant 5$ 所对应的布尔表达式是________。

(答：X>=-5 And <=5)

5-11. X 是小于100的非负数，对应的布尔表达式是________。

(答：X<100 And X>=0)

5-12. 根据下面所给的条件，写出相应的VB布尔表达式：

(1) 评选优秀教师的基本条件：工龄在3年以上，职称为“讲师”，发表论文数在5篇以上，获得学生评价得分在90分以上。

(答：工龄>3 And 职称="讲师"And 发表论文>5 And 学生评价>90)

(2) 航空公司招聘空姐的条件是：性别(Sex)为女，年龄(Age)在18~22岁，身高(Size)在1.60~1.75米。

(答：Sex="女" And Age>18 Or Age<22 And Size>1.6 Or Size<1.75)

三、程序设计题

5-13. 购物优惠程序。某商场为了加速商品流通，采用购物打折的优惠办法，每位顾客一次购物的情形如下时，在窗体上添加两个文本框和一个命令按钮，要求在Text1中输入购物商品总金额，单击命令按钮，在Text2中输出优惠后的价格。程序运行结果如图5-1所示。

(1) 在500元以上者，按9.5折优惠。

(2) 在800元以上者，按9折优惠。

(3) 1 000元以上者，按8折优惠。

(4) 1 500元以上者按7折优惠。

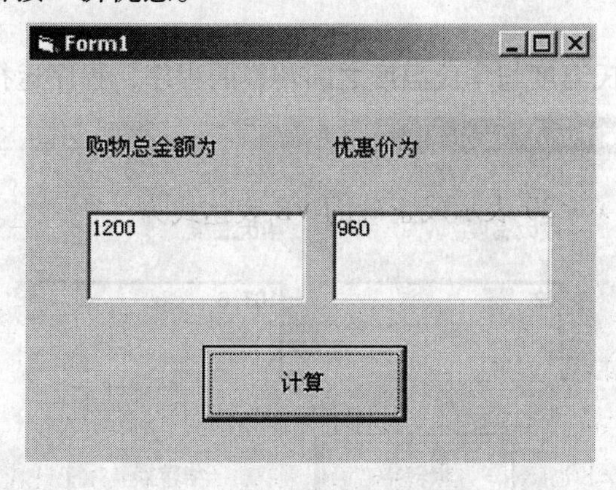

图5-1 程序运行效果

答：参考程序如下：

```
Private Sub Command1_Click()
    Dim x As Single, y As Single
    x = Val(Text1.Text)
    If x < 500 Then
       y = x
    Else
       If x < 800 Then
           y = 0.95 * x
       Else
           If x < 1000 Then
               y = 0.9 * x
           Else
               If x < 1500 Then
                   y = 0.8 * x
               Else
                   y = 0.7 * x
               End If
           End If
        End If
    End If
    Text2.Text = y
End Sub
```

5-14. 编写一个摄氏温度与华氏温度之间转换的程序，程序运行界面如图 5-2 所示。

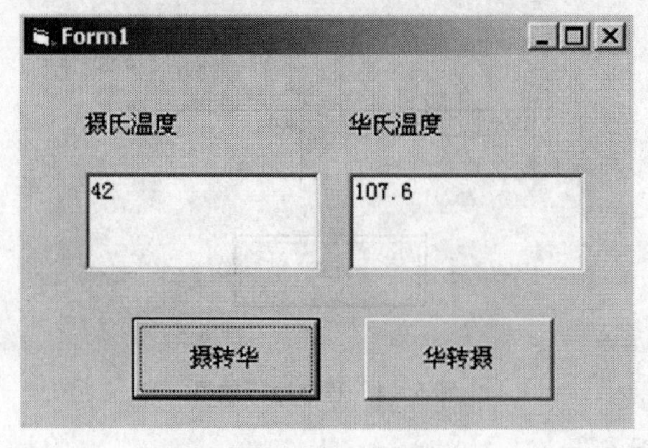

图 5-2 程序运行效果

要使用的转换公式是：F＝9/5＊C＋32，其中F为华氏温度，C为摄氏温度。

答：参考程序代码如下：

```
Private Sub Command1_Click()
    If Text1.Text <> "" Then
       Text2.Text = 9 /5 * Text1.Text + 32
    End If
End Sub

Private Sub Command2_Click()
    If Text2.Text <> "" Then
    Text1.Text = (Text2.Text - 32) * 5 /9
    End If
End Sub
```

5－15. 创建一个如图5－3所示的登录界面，由两个标签（Label1、Labe12）和两个文本框（txtName、txtPassword）组成。其中，口令文本框（txtPassword）的PasswordChar属性设置为“＊”，运行时要求输入姓名和密码，如果在两个文本框中分别输入“Guest：”和“12345”，则界面显示“欢迎使用本系统！”，否则显示“对不起，你不是本系统用户！”。

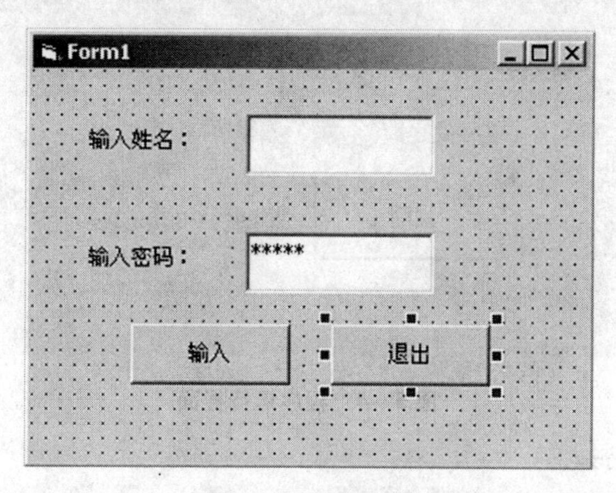

图5－3　用户界面

答：参考程序代码如下：

```
Private Sub cmdExit_Click ( )
    End
End Sub

Private Sub cmdOK_Click ( )
    If txtName ="Guest" And TxtPassword ="12345" Then
       MsgBox "欢迎使用本系统!", vbOKOnly, "输入"
    Else
       MsgBox "对不起,你不是本系统用户!", vbOKOnly, "输入"
    End If
End Sub
```

5－16. 用多分支选择结构设计一个程序，程序的功能是当用户输入一个数字（0～6）后，程序能够同时用中英文显示星期几。程序用户界面如图 5－4 所示。

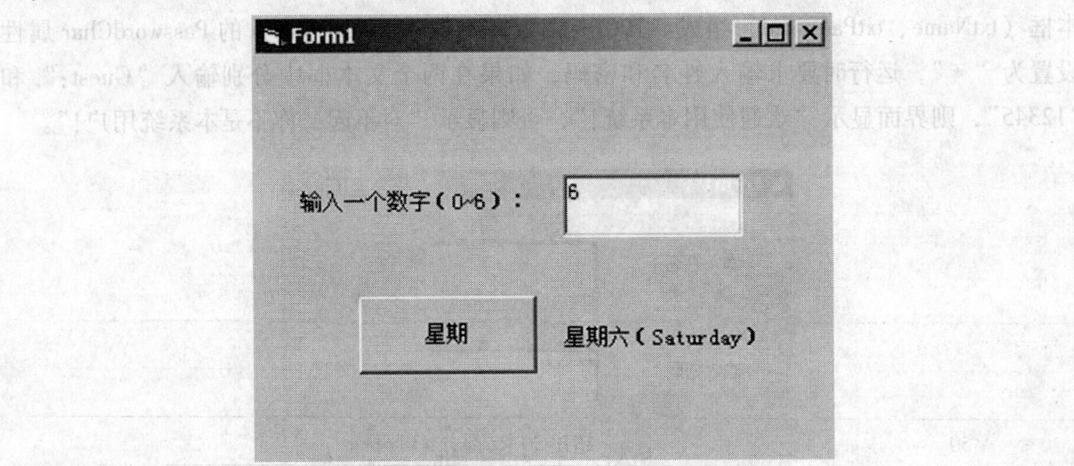

图 5－4　程序运行界面

答：参考程序代码如下：

```
Private Sub Command1_Click()
    Dim n As Integer, m As String
    n =(Text1.Text)
    Select Case n
    Case 1
```

```
            m="星期一(Monday)"
        Case 2
            m="星期二(Tuesday)"
        Case 3
            m="星期三(Wednesday)"
        Case 4
            m="星期四(Thursday)"
        Case 5
            m="星期五(Friday)"
        Case 6
            m="星期六(Saturday)"
        Case 0
            m="星期日(Sunday)"
        Case Else
            m="重新输入"
        End Select
        Label2.Caption=m
End Sub
```

5-17. 编写一个为航空公司计算旅客随身携带行李托运费的程序。旅客乘飞机随身携带的行李托运价格如表5-1所示。

表5-1 航空公司旅客行李托运价格表

行李重量 x/kg	每千克托运价格/元
$x \leqslant 20$	0.25
$20 < x \leqslant 50$	超过20 kg部分：0.5/kg
$50 < x \leqslant 80$	超过50 kg部分：3.00/kg
$80 < x \leqslant 100$	超过100 kg部分：8.00/kg
$100 < x$	拒绝托运

答：参考代码如下：

```
Private Sub Command1_Click()
    Dim x As Single, y As Single
```

```
    x = Val(Text1.Text)
    If x < = 20 Then
      y = 0.25 * x
    Else
      If x < = 50 Then
        y = 0.5 * (x - 20) + 0.25 * 20
      Else
        If x < = 80 Then
          y = 3 * (x - 50) + 30 * 0.5 + 20 * 0.25
        Else
          If x < 100 Then
            y = 8 * (x - 80) + 30 * 3 + 30 * 0.5 + 20 * 0.25
          Else
            MsgBox ("行李超重！拒绝托运")
          End If
        End If
      End If
    End If
    Text2.Text = y
End Sub
```

5-18. 编写程序，从键盘上输入 a、b、c 这 3 个数，判断它们是否能够构成三角形的 3 个边。如果能，就计算该三角形面积并显示计算结果。

答：参考代码如下：

```
Private Sub Command1_Click()
    a = Val(Text1.Text)
    b = Val(Text2.Text)
    c = Val(Text3.Text)
    If a + b < = c Or b + c < = a Or a + c < = b Then
      y = MsgBox("不能构成三角形", , "提示")
    Else
      MsgBox ("可以构成三角形")
    End If
```

```
    l=(a+b+c) /2
    s=Sqr(l * (l-a) * (l-b) * (l-c))
    Label1.Caption="此三角形面积为" & Str(s)
End Sub
```

5-19. 编写程序，从键盘上输入 a、b、c 这3个数，按大小顺序对这3个数排列后输出排序结果。

答：参考代码如下：

```
Private Sub Command1_Click()
    a=Val(Text1.Text)
    b=Val(Text2.Text)
    c=Val(Text3.Text)
    If a < b Then t=a: a=b: b=t
    If a < c Then t=a: a=c: c=t
    If b < c Then t=b: b=c: c=t
    Label1.Caption=Str(a) & "" & Str(b) & "" & Str(c)
End Sub
```

5-20. 编写程序，从键盘上输入 a、b、c 这3个数，选出其数值在中间的数并输出结果。

答：参考代码如下：

```
Private Sub Command1_Click()
    a=Val(Text1.Text)
    b=Val(Text2.Text)
    c=Val(Text3.Text)
    If a < b And a > c Then t=a
    If b < c And b > a Then t=b
    If c < a And c > b Then t=c
    If a < c And a > b Then t=a
    If b < a And b > c Then t=b
    If c < b And c > a Then t=c
    Label1.Caption=Str(t)
End Sub
```

5-21. 编写程序，求一元二次方程 $ax^2+bx+c=0$ 的根。

答：参考代码如下：

```
Private Sub Command1_Click()
    a = Val(Text1.Text)
    b = Val(Text2.Text)
    c = Val(Text3.Text)
    If b * b - 4 * a * c < 0 Then
        MsgBox ("此方程无实根")
    Else
        X1 = ( - b + Sqr(b * b - 4 * a * c)) /2
        X2 = ( - b - Sqr(b * b - 4 * a * c)) /2
        Text4.Text = X1
        Text5.Text = X2
    End If
End Sub
```

5 - 22. 编写一个判断学生考试成绩优、良、中、差的程序。判断的标准如表 5 - 2 所示。

表 5 - 2 考试分数与等级关系对应表

考试分数	等级
90 ~ 100	优秀
80 ~ 89	良好
70 ~ 79	中等
60 ~ 69	及格
< 60	不及格

答：参考代码如下：

```
Private Sub Command1_Click()
    x = Val(Text1.Text)
    Select Case x
    Case x = 0 To 59
        Text2.Text = "不及格"
    Case x = 60 To 69
```

```
        Text2.Text ="及格"
    Case x =70 To 79
        Text2.Text ="中等"
    Case x =80 To 89
        Text2.Text ="良好"
    Case x =90 To 100
        Text2.Text ="优秀"
    End Select
End Sub
```

5-23. 编写程序，完成闰年判断功能：任意给定一个年份数值，判断该年是否为闰年，并根据给出的月份来判断是什么季节和该月有多少天。闰年的判断条件是：年号能够被4整除但不能被100整除，或者能够被400整除。

答：参考代码如下：

```
Private Sub Command1_Click()
    x =Val(Text1.Text)
    y =Val(Text2.Text)
    Select Case x Mod 4
    Case Is <> 0
        Label1.Caption =Str(x) & "年不是闰年"
        t =28
    Case 0, x Mod 100 <> 0
        Label1.Caption =Str(x) & "年是闰年"
        t =29
    Case 0, x Mod 100 =0, x Mod 400 <> 0
        Label1.Caption =Str(x) & "年不是闰年"
        t =28
    Case 0, x Mod 100 =0, x Mod 400 =0
        Label1.Caption =Str(x) & "年是闰年"
        t =29
    End Select
    Select Case y
    Case 1
```

```
        Label2.Caption = Str(y) & "月在冬季" & Str(y) & " 月有30 天"
    Case 2
        If t =28 Then
            Label2.Caption = Str(y)&"月在冬季"& Str(y) & " 月有28 天"
        End If
        If t =29 Then
            Label2.Caption = Str(y)&"月在冬季"&Str(y) & " 月有29 天"
        End If
    Case 3
        Label2.Caption = Str(y) & "月在春季" & Str(y) & " 月有31 天"
    Case 4
        Label2.Caption = Str(y) & "月在春季" & Str(y) & " 月有30 天"
    Case 5
        Label2.Caption = Str(y) & "月在春季" & Str(y) & " 月有31 天"
    Case 6
        Label2.Caption = Str(y) & "月在夏季" & Str(y) & " 月有30 天"
    Case 7
        Label2.Caption = Str(y) & "月在夏季" & Str(y) & " 月有31 天"
    Case 8
        Label2.Caption = Str(y) & "月在夏季" & Str(y) & " 月有31 天"
    Case 9
        Label2.Caption = Str(y) & "月在秋季" & Str(y) & " 月有30 天"
    Case 10
        Label2.Caption = Str(y) & "月在秋季" & Str(y) & " 月有31 天"
    Case 11
        Label2.Caption = Str(y) & "月在冬季" & Str(y) & " 月有30 天"
    Case 12
        Label2.Caption = Str(y) & "月在冬季" & Str(y) & " 月有31 天"
    End Select
End Sub
```

5-24. 设计一个能够按照12小时制和24小时制进行转换的数字时钟。程序运行结果如图5-5所示。

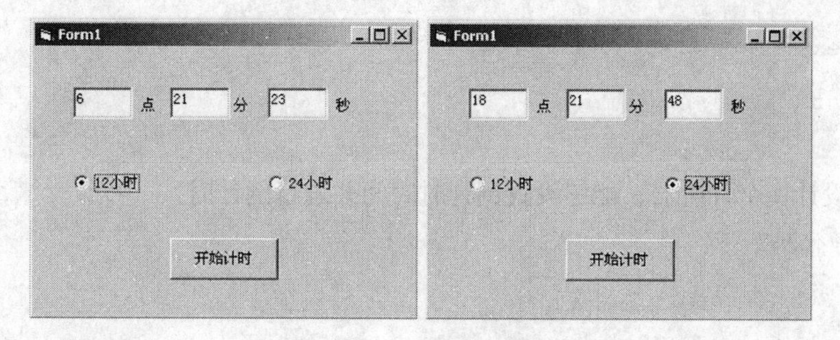

图5-5　程序运行结果

答：参考代码如下：

```
Public syst
Private Sub Command1_Click()
    Timer1.Enabled = True
End Sub
Private Sub Form_Load()
    Timer1.Enabled = False
End Sub

Private Sub Option1_Click()
    syst = True
End Sub

Private Sub Option2_click()
    syst = False
End Sub
Private Sub Timer1_Timer()
    If syst = True And Hour(Time) > 12 Then
       Text1.Text = Hour(Time) - 12
       Text2.Text = Minute(Time)
       Text3.Text = Second(Time)
    Else
       Text1.Text = Hour(Time)
       Text2.Text = Minute(Time)
```

```
        Text3.Text = Second(Time)
    End If
End Sub
```

5-25. 设计一个计时器，能够设置倒计时时间并进行倒计时。

答：参考代码如下：

```
Private Sub Command1_Click()
    Timer1.Enabled = True
    Timer1.Interval = 1000
End Sub

Private Sub Form_Load()
    Timer1.Enabled = False
End Sub

Private Sub Timer1_Timer()
    Text1.Text = Val(Text1.Text) - 1
    If Text1.Text < 1 Then
        MsgBox "时间到"
        Unload Me
    End If
End Sub
```

5-26. 设计一个简易的计时器，单击“开始”按钮时程序开始计时，并且按钮标题变为“继续”；单击“继续”按钮继续计时，这时按钮变为“暂停”按钮；单击“暂停”按钮停止计时，显示记录的时间数。任何时候单击“重置”按钮，时间数都将重置为0。

答：参考代码如下：

```
Private Sub Command1_Click()
    Timer1.Enabled = True
    Timer1.Interval = 1000
    Command1.Visible = False
    Command3.Visible = False
    Command2.Visible = True
End Sub
```

```
Private Sub Command2_Click()
    Command1.Visible = False
    Command3.Visible = True
    Command2.Visible = False
End Sub

Private Sub Command3_Click()
    Command1.Visible = False
    Command2.Visible = False
    Timer1.Enabled = False
End Sub

Private Sub Command4_Click()
    Timer1.Enabled = False
    Command1.Visible = True
    Text1.Text = "0"
    Text2.Text = "0"
    Text3.Text = "0"
    Command3.Visible = False
    Command2.Visible = False
End Sub

Private Sub Form_Load()
    Timer1.Enabled = False
End Sub

Private Sub Timer1_Timer()
    Text1.Text = Hour(Time)
    Text2.Text = Minute(Time)
    Text3.Text = Second(Time)
End Sub
```

5-27. 设计一个程序，输入圆的半径 r 后，能够通过选择单选按钮来计算圆的周长，或者圆的面积、体积等数据。

答：参考代码如下：

```
Const pi =3.14159
Public opt
Private Sub Command1_Click()
    r =Val(Text1.Text)
    Select Case opt
    Case 1
        n =2 * pi * r
        Label1.Caption ="圆的周长为:" & Str(n)
    Case 2
        n =pi * r * r
        Label1.Caption ="圆的面积为:" & Str(n)
    Case 3
        n =pi * r * r
        m =2 * pi * r
        Label1.Caption ="圆的面积为:" &str(n) & "周长为:" & str(m)
    End Select
End Sub
```

第 6 章　循环结构设计

一、单项选择题

6－1. 在窗体上画名称分别为 Text1、Text2 的文本框和名称为 Command1 的命令按钮，然后编写如下事件过程：

```
Private Sub Command1_Click()
    Dim x As Integer,n As Integer
    x =1
    n =0
    Do While x <20
        x =x * 3
        n =n +1
    Loop
    Text1.Text =Str(x)
    Text2.Text =Str(n)
End Sub
```

程序运行后，单击命令按钮，在两个文本框中显示的值分别是（　　）。（B）

A. 15 和 1　　B. 27 和 3　　C. 195 和 3　　D. 600 和 4

6－2. 在窗体上画一个名称为 Text1 的文本框和一个名称为 Command1 的命令按钮，然后编写如下事件过程：

```
Private Sub Command1_Click()
    Dim array1(10,10) As Integer
    Dim i,j As Integer
    For i =1 To 3
        For j =2 To 4
            array1(i,j) =i +j
        Next j
    Next I
```

```
    Text1.Text = array1(2,3) + array1(3,4)
End Sub
```

程序运行后，单击命令按钮，在文本框中显示的值是（ ）。(A)

A. 12　　B. 13　　C. 14　　D. 15

6-3. 在窗体上画一个名称为 Command1 的命令按钮，然后编写如下程序：

```
Private Sub Command1_Click()
    Dim i As Integer,j As Integer
    Dim a(10,10)As Integer
    For i =1 To 3
        For j =1 To 3
            a(i,j) =(i -1) *3 +j
            Print a(i,j);
        Next j
    Print
    Next j
End Sub
```

程序运行后，单击命令按钮，窗体上显示的是（ ）。(D)

A. 123
246
369

B. 234
345
456

C. 147
258
369

D. 123
456
789

6-4. 以下能够正确计算 n！的程序是（ ）。(C)

A.

```
Private Sub Command1_ClicK()
    n =5:x =1
    Do
        x =x *1
        i =i +1
    Loop While i <n
```

```
    Print x
End Sub
```

B.

```
Private Sub Commandl_Click()
    n =5: x =1:i =1
    Do
        x =x *1
        i =i +1
    Loop While i <n
    Print x
End Sub
```

C.

```
Private Sub Commandl_Click()
    n =5:x =1:i =1
    Do
        x =x *1
        i =i +1
    Loop While i < =n
    Print x
End Sub
```

D.

```
Private Sub Commandl_C1ick()
    n =5:x =1:i =1
    Do
        x =x *1
        i =i +1
    loop While i >n
    Print x
End Sub
```

6-5. 在窗体上画一个列表框和一个文本框，然后编写如下两个事件过程：

```
Private Sub Form_Load ()
    List1.AddItem"357"
    List1.AddItem"246"
    List1.AddItem"123"
    List1.AddItem"456"
    Text1.Text =""
End Sub
Private Sub List1_ DblClick ( )
    a  =List1.Text
    Print a +Text1.Text
End Sub
```

程序运行后，在文本框中输入 789，然后双击列表框中的 456，则输出结果为（　　）。（D）

A. 1245　　B. 456789　　C. 789456　　D. 0

6-6. 下列程序段的输出结果为（　　）。（A）

```
I =0
For G =10 To 19 Step 3
    I =I +1
Next G
Print "I =";I
```

A. I =4　　B. I =5　　C. I =3　　D. I =6

6-7. 下列程序段的输出结果为（　　）。（C）

```
N =0
J =1
Do Until N > 2
    N =N +1
    J =J +N * (N +1)
Loop
Print N; J
```

A. 0　1　　B. 3　7　　C. 3　21　　D. 3　13

6－8. 下列程序段的输出结果为（　　）。(B)

```
N = 0
For I = 1 To 3
    For J = 5 To 1 Step -1
    N = N + 1
Next J, I
Print N; J; I
```

A. 12　0　4　　B. 15　0　4　　C. 12　3　1　　D. 15　3　1

二、填空题

6－9. 在修改列表框内容时，RemoveItem 方法的作用是________。

（答：删除指定的列表框条目）

6－10. 在 VB 中向组合框中增加数据项所采用的方法为________。

（答：additem）

6－11. 为了使标签能自动调整大小以显示全部文本内容，应把标签的________属性设置为 True。

（答：AutoSize）

6－12. VB 提供了结构化程序设计的 3 种基本结构，这 3 种基本结构是选择结构、________、________。

（答：循环结构，顺序结构）

6－13. 在 Visual Basic 语言中有 3 种形式的循环结构。其中，若循环的次数可以事先确定，可使用________循环；若要求先判断循环进行的条件，可使用________循环。

（答：For ... Next 循环，Do ... Loop 循环）

三、阅读程序题

6－14. 阅读下面的程序，写出程序运行时单击窗体后 c、k 的值。

```
Private Sub Form_Click()
    Dim c As Integer, j As Integer, k As Integer
    k = 0
    c = 1
    For j = 1 To 6
        If j > 4 Then
            c = c + 4
```

```
            Exit For
        Else
            k = k + 1
        End If
    Next j
    Print c, k
End Sub
```

答：5，4。

6-15. 阅读下面的程序，写出程序运行后，文件框 Text1 的输出结果。

```
Private Sub Command1_Click()
    Dim s As Double
    Dim i As Integer
    s = 7
    i = 1
    Do While i < 10
        i = i + 2
        s = s + i
    Loop
    Text1.Text = s
End Sub
```

答：42。

6-16. 阅读下面的程序，写出程序运行时单击窗体后 c、k 的值。

```
Private Sub Form_Click()
    Dim c As Integer, j As Integer, k As Integer
    k = 2
    c = 3
    For j = 1 To 5
        If j > 3 Then
            c = c + 5
            Exit For
        Else
            k = k + 1
```

```
        End If
    Next j
    Print c, k
End Sub
```

答：8，5。

6-17. 阅读下面的程序，写出程序运行时单击窗体后 Form1 上的输出结果。

```
Private Sub Form_Click()
    Dim i As Integer, k As Integer
    k = 0
    For i = 1 To 4
        If i > 2 Then
            k = k + 5
            Exit For
        Else
            k = k + 2
        End If
    Next i
    Print k
End Sub
```

答：输出结果是9。

6-18. 阅读下面的程序，写出程序运行后文本框 Text1 的输出结果。

```
Private Sub Form_Click()
    Dim I As Integer, j As Integer
    Dim c As Integer
    c = 0
    For I = 1 To 4
        For j = 1 To 2
            c = c + 4
        Next j
    Next I
    Print c
End Sub
```

答：输出结果是32。

6-19. 阅读下面的程序，写出程序运行时单击窗体后Form1上的输出结果。

```
Private Sub Form_Click()
    Dim i As Integer, k As Integer, c As Integer
    For i =1 To 5
        If i Mod 2 =0 Then
            k = k +2
        Else
            c = c +2
        End If
    Next i
    Print k, c
End Sub
```

答：Form1上的输出结果是4，6。

四、程序设计题

6-20. 编写程序，计算1+2+3+4+ ... +100。

答：(1) 使用For循环语句，程序如下：

```
Private Sub Form_Click( )
    Static Sum As Integer
    For I  =1 To 100
        Sum = Sum + I
    Next I
    Print Sum
End Sub
```

程序运行后，单击窗体，输出结果为：5050。

(2) 如果使用当循环语句，则程序如下：

```
Private Sub Form_Click( )
    Static Sum As Integer
    I =1
    While i < =100
        Sum = Sum + I
        I =I +1
```

```
    Wend
    Print Sum
End Sub
```

6－21. 输入一个整数 m，判断 m 是否为素数，并输出判断结果。

(参见第6－8题)

6－22. 用近似公式求自然对数的底 e 的值。已知，e 可表示成如下泰勒级数形式：

$$e \approx 1 + \frac{1}{1!} + \frac{1}{2!} + \frac{1}{3!} + \dots + \frac{1}{n!}$$

精度要求：最后一项的数值小于 10^{-5}。

答：参考代码如下：

```
Private Sub Command1_Click()
    s =1
    j =1
    t =1
    n =1
    While j > 0.00001
        t =t * n
        j =1 /t
        s =s +j
        n =n +1
    Wend
    Print "e ="; s
End Sub
```

6－23. 编程序求交错级数的值：

$$1 - \frac{1}{2} + \frac{1}{3} - \frac{1}{4} + \dots + \frac{1}{99} - \frac{1}{100}$$

答：参考代码如下：

```
Private Sub Command1_Click()
    s =1
    For i =1 To 99
        s =s +(( -1) ^i) /(i +1)
    Next i
```

```
    Print "s ="; s
End Sub
```

6-24. 编程序求 $\frac{1}{1\times2}+\frac{1}{2\times3}+\frac{1}{3\times4}+\ \ldots\ +\frac{1}{n(n+1)}$ 的值，$n=20$。

答：参考代码如下：

```
Private Sub Command1_Click()
    s =1
    For i =1 To 20
        s = s +1 /i * (i +1)
    Next i
    Print "s ="; s
End Sub
```

6-25. 设计程序，在文本框中将100~200不能被3整除，也不能被7整除的数输出显示出来。

答：参考代码如下：

```
Private Sub Command1_Click()
    x =100
    y =3
    z =7
    Do While x < 200
        If  x  Mod  y < > 0 and  x  Mod  z < >0  Then
            Text1.Text = Text1.Text & Str(x) & Chr(13) & Chr(10)
        End If
        x = x +1
    Loop
End Sub
```

6-26. 设计程序，用矩形法求积分 $\int_0^1 xe^x\mathrm{d}x$ 的值，设划分的区间 $n=100$。

答：参考代码如下：

```
Private Sub Command1_Click()
    a = Val(Text1.Text)
    b = Val(Text2.Text)
```

```
    n = Val(Text3.Text)
    h = (b - a) / n
    x = a
    fx = x * Exp(x)
    s = 0
    For i = 1 To n
        si = fx * h
        s = s + si
        x = x + h
        fx = x * Exp(x)
    Next i
    Text4.Text = s
End Sub
```

6－27. 设计程序，用梯形法求积分 $\int_0^1 x\sin x\mathrm{d}x$ 的值，设划分区间 $n = 100$。

答：参考代码如下：

```
Private Sub Command1_Click()
    a = Val(Text1.Text)
    b = Val(Text2.Text)
    n = Val(Text3.Text)
    h = (b - a) / n
    s = 0
    For i = 0 To n
        si = ((a + I * h) * Sin(a + I * h) + (a + (I + 1) * h) * Sin(a + (I + 1) * h)) * h/2
        s = s + si
    Next  i
    Text4.Text = s
End Sub
```

6－28. 设计程序，找出 1～100 的全部素数。

答：参考代码如下：

```
Private Sub Command1_Click()
    For m = 1 To 100
        n = Int(Sqr(m))
        For i = 2 To n
            If m / i = Int(m / i) Then i = 2 * n
        Next i
        If i < 2 * n Then Print m
    Next m
End Sub
```

第7章　数　　组

一、单项选择题

7－1. 下列数组声明语句，正确的是（　　）。(B)

A. Dim a［3，4］As Integer　　B. Dim a（3，4）As Integer

C. Dim a（n，n）As Integer　　D. Dim a（3 4）As Integer

7－2. 如果创建了命令按钮数组控件，那么 Click 事件的参数是（　　）。(A)

A. Index　　B. Caption　　C. Tag　　D. 没有参数

7－3. 假定有如下语句：

```
Private Sub Command1_Click()
    Counter = 0
    For i =  1 To 4
        For j = 6 To 1 Step -2
            Counter = Counter + 1
        Next j
    Next i
    Label1.Caption = Str(Counter)
End Sub
```

程序运行后，结果为（　　）。(B)

A. 11　　B. 12　　C. 16　　D. 20

7－4. 下面语句定义的数组元素个数是（　　）。(B)

```
Dim arr(3 To 5, -2 To 2)
```

A. 20　　B. 12　　C. 15　　D. 24

7－5. 下面语句定义的数组元素个数是（　　）。(D)

```
Dim a( -3 To 4, 3 To 6)
```

A. 18　　B. 28　　C. 21　　D. 32

7-6. 如有以下程序代码：

```
Private Sub Command1_Click()
    Dim arr1(10), arr2(10)
    For i =1 To 10
        arr1(i) =3 * i
        arr2(i) =arr1(i) * 3
    Next i
    Text1.Text = Str(arr2(i /2 -0.1))
End Sub
```

程序运行后，在文本框中显示的是（　　）。(B)

A. 36　　B. 45　　C. 54　　D. 63

二、填空题

7-7. 控件数组的名字由________属性指定，而数组中的每个元素由________属性决定。（答：Name，Index）

7-8. 设某个程序中要用到一个二维数组，要求数组名为A，类型为整型，第一维下标从-1到2，第二维下标从0到3，则相应数组声明语句为________。

[答：Dim A（-1 To 2，0 To 3）As Integer]

7-9. 如有以下程序代码，填写空格处：

```
Private Sub Command1_Click()
    Dim arr
    arr =Array(358, 32, 46, 73, 23, 59, 26, 91, 583, 12)
    For i =1 To 9
        For j = i +1 To 10
            If arr(i) > = arr(j) Then
                a =(    ) (答:arr(j) )
                arr(j) =(    ) (答:arr(i) )
                arr(i) =(    ) (答:a   )
            End If
        Next j
    Next i
    For i =1 To 10
        Print arr(i);
```

```
    Next i
End Sub
```

程序运行后，将把数组 arr 中的 10 个数按升序排列。

三、阅读程序题

7-10. 阅读下面的程序，写出程序运行时单击窗体后窗体 Form1 上的输出结果：

```
Private Sub Form_Click()
    Dim A(1 To 3) As String
    Dim c As Integer
    Dim j As Integer
    A(1) ="4"
    A(2) ="8"
    A(3) ="12"
    c =1
    For j =1 To 3
        c =c +Val(A(j))
    Next j
    Print c
End Sub
```

答：窗体 Form1 上的结果是：25

7-11. 假设运行以下程序，写出运行的结果：

```
Private Sub Command1_Click()
    Dim  a(2,3)
    For  n =1 to 2
        For  j =1 to 3
            A (n, j) = n +j
            Print a( n, j); "   ";
        Next  j
        Print
    Next  n
End Sub
```

答：输出结果为：2　3　4

　　　　　　　　3　4　5

四、编写程序题

7－12. 设计程序，随机产生10个两位整数，找出其中的最大数和最小数，求10个数的平均值。程序运行后单击“开始”按钮可开始运算，单击“清除”按钮可清除前一次的内容，产生的随机数在文本框中显示，运算后的最大数、最小数和平均数在窗体界面上显示，如图7－1所示。

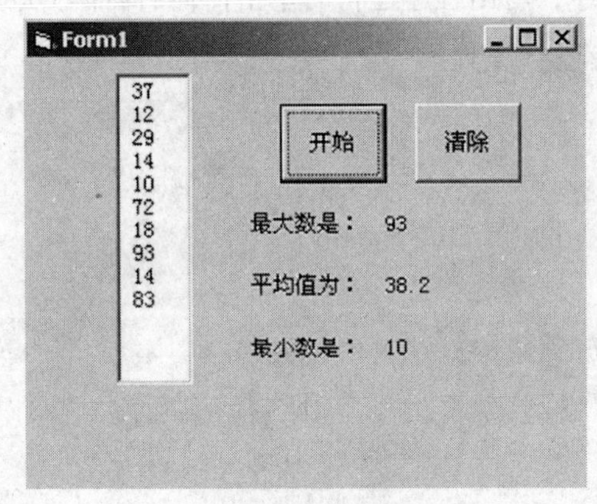

图7－1 程序运行结果界面

答：参考程序如下：

```
Private Sub Command1_Click()
    Dim a(9)
    Randomize
    eve = 0
    For i = 0 To 9
        a(i) = Int((99 - 10 + 1) * Rnd + 10)
        eve = eve + a(i)
        Text1.Text = Text1.Text & Str(a(i)) & Chr(13) & Chr(10)
    Next i
    eve = eve / 10
    Max = a(0)
    Min = a(0)
    For i = 0 To 9
        If a(i) > Max Then Max = a(i)
        If a(i) < Min Then Min = a(i)
    Next i
```

```
    Label1.Caption ="最大数是：" & Str(Max)
    Label2.Caption ="最小数是：" & Str(Min)
    Label3.Caption ="平均值为：" & Str(eve)
End Sub

Private Sub Command2_Click()
    Text1.Text =""
    Label1.Caption ="Max is"
    Label2.Caption ="Min is"
    Label3.Caption ="平均值为:"
End Sub
```

7-13. 将下列字符存放到数组 A 中，并以倒序打印出来。字符如下：

A B C D E F G H I J K L M N O P Q R S T

答：参考代码如下：

```
Private Sub Command1_Click()
    Dim a(1 To 20) As String
    For i =65 To 84
        a(i -64) =Chr(i)
        Text1.Text =Text1.Text & a(i -64) & " "
    Next i
    For i =20 To 1 Step -1
        Text2.Text =Text2.Text & a(i) & " "
    Next i
End Sub

Private Sub Command2_Click()
    Text1.Text =""
    Text2.Text =""
End Sub
```

7－14. 设计程序，输入一串字符，统计各个字母出现的次数，可以不区分大小写。

答：参考代码如下：

```
Private Sub Command1_Click()
    Dim a(65 To 90)
    s = UCase(Text1.Text)
    For i = 1 To Len(s)
        n = Asc(Mid(s, i, 1))
        If n > = 65 And n < = 90 Then
            a(n) = a(n) + 1
        End If
    Next i
    For i = 65 To 90
        Print "字符"; Chr(i) & "的个数" & a(i)
    Next i
End Sub
```

7－15. 设计程序，产生 20 个 0～50 的随机整数并存放到数组中，然后对数组按升序排序，排序后的结果在文本框中显示。程序界面如图 7－2 所示。

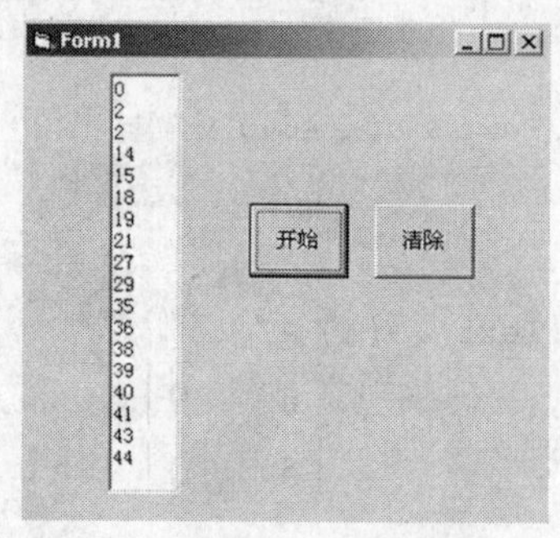

图 7－2　程序运行结果

答：参考代码如下：

```
Private Sub Command1_Click()
    Dim arr(1 To 20)
    For i = 1 To 20
        arr(i) = Int((50 - 0 + 1) * Rnd + 0)
```

```
    Next i
    For i =1 To 19
        For j = i +1 To 20
            If arr(i) > = arr(j) Then
                a = arr(j)
                arr(j) = arr(i)
                arr(i) = a
            End If
        Next j
    Next i
    For i =1 To 20
        Text1.Text = Text1.Text & arr(i) & Chr(13) & Chr(10)
    Next i
End Sub
Private Sub Command2_Click()
    Text1.Text =""
End Sub
```

7-16. 编写一个程序，定义 ***A*** 数组为 ***A***（1，4），***B*** 数组为 ***B***（4，1），将 ***A*** 数组的各行元素转换成 ***B*** 数组对应的各列元素，即：

$$\boldsymbol{A}=\begin{bmatrix}1 & 2 & 3 & 4 & 5\\ 6 & 7 & 8 & 9 & 0\end{bmatrix} \qquad \boldsymbol{B}=\begin{bmatrix}1 & 6\\ 2 & 7\\ 3 & 8\\ 4 & 9\\ 5 & 0\end{bmatrix}$$

答：参考代码如下：

```
Sub exchange()
    Dim (1 to 2, 1 to 5)
    Dim b(1 to 5, 1to 2)
    For I =1 to 2
        For j =1 to 4
            b(I,j) = a(j,I)
            Print b(I,j)
```

```
        Next j
    Next I
End Sub
```

7-17. 利用二维数组写一个程序，完成矩阵 $\boldsymbol{A}$、$\boldsymbol{B}$ 的相加减运算并形成新的矩阵 $\boldsymbol{C}$。

$$\boldsymbol{A}=\begin{bmatrix}10 & 20 & 30 & 40 & 50\\65 & 57 & 85 & 97 & 10\end{bmatrix}\qquad \boldsymbol{B}=\begin{bmatrix}1 & 2 & 3 & 4 & 5\\0 & 1 & 0 & 1 & 1\end{bmatrix}$$

答：参考代码如下：

```
Sub exchange()
    Dim (1 to 2, 1 to 5)
    Dim b(1 to 5, 1 to 2)
    For I =1 to 2
        For j =1 To 4
            a(I,j) =a(i,I) +b(I,j)
            Print a(I,j)
        Next j
    Next I
End Sub
```

7-18. 设计一个程序，程序运行后随机生成一个 5×5 的矩阵，然后求出对角线上各元素的和，并求出对角线上最大元素的值和它所在的位置。生成的矩阵及运算的结果在窗体上显示出来，如图 7-3 所示。

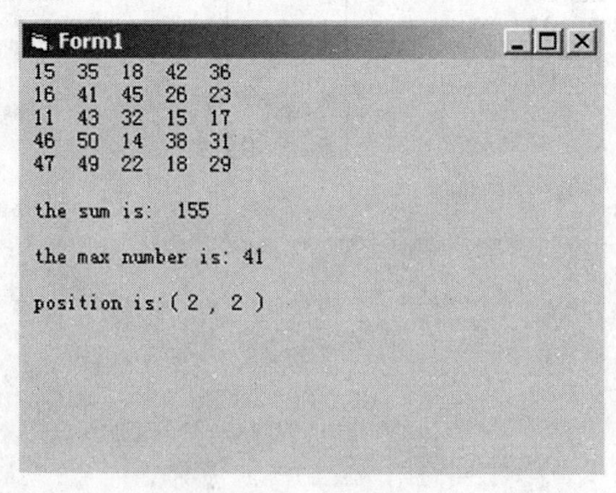

图 7-3 程序运行结果

答：参考代码如下：

```
Private Sub Command1_Click()
    Dim arr(1 To 5, 1 To 5)
    Randomize
    For i =1 To 5
        For j =1 To 5
            arr(i, j) = Int((50 -10 +1) * Rnd(100) +10)
            Print arr(i, j);
        Next j
        Print
    Next i
    Max = arr(1, 1)
    n =0
    s =0
    For i =1 To 5
        s = s + arr(i, i)
        If Max < arr(i, i) Then Max = arr(i, i): n = i
    Next i
    Print
    Print "the sum is: "; s
    Print
    Print "the max number is:"; Max
    Print
    Print "position is:"; "("; n; ","; n; ")"
End Sub
```

7-19. 某班有10名学生，现在假设要对数学、物理、英语和化学4门课程进行奖金评定。按规定，某位学生的某门课程成绩超过全班平均成绩10%者发给一等奖学金，超过5%者发给二等奖学金。编写一个程序完成上述功能（可参考例题7-9完成设计）。设学生成绩如表7-1所示，程序运行后的界面如图7-4所示。

表 7-1 学生成绩表

姓名	数学	物理	英语	化学
吴明	89	85	91	79
赵青	75	78	84	89
李波	64	82	72	99
马丽	88	68	64	69
邱云	79	79	87	79
王君	91	88	87	89
陈洁	68	73	64	99
肖东	58	68	65	69
姜伟	76	81	88	79
林晓	70	89	82	89

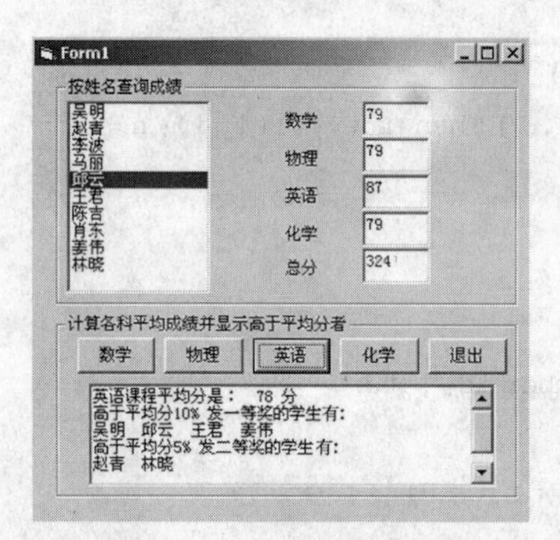

图 7-4 程序运行结果界面

答：参考代码如下：

```
Option Explicit
Dim a(1 To 10) As String, b(1 To 10, 1 To 5) As Integer

Private Sub Command4_Click()
    Unload Me
End Sub
```

```
Private Sub Form_Load()
    a(1) ="吴明": b(1, 1) =89: b(1, 2) =85: b(1, 3) =91: b(1, 4) =79
    a(2) ="赵青": b(2, 1) =75: b(2, 2) =78: b(2, 3) =84: b(2, 4) =89
    a(3) ="李波": b(3, 1) =64: b(3, 2) =82: b(3, 3) =72: b(3, 4) =99
    a(4) ="马丽": b(4, 1) =88: b(4, 2) =68: b(4, 3) =64: b(4, 4) =69
    a(5) ="邱云": b(5, 1) =79: b(5, 2) =79: b(5, 3) =87: b(5, 4) =79
    a(6) ="王君": b(6, 1) =91: b(6, 2) =88: b(6, 3) =87: b(6, 4) =89
    a(7) ="陈洁": b(7, 1) =68: b(7, 2) =73: b(7, 3) =64: b(7, 4) =99
    a(8) ="肖东": b(8, 1) =58: b(8, 2) =68: b(8, 3) =65: b(8, 4) =69
    a(9) ="姜伟": b(9, 1) =76: b(9, 2) =81: b(9, 3) =88: b(9, 4) =79
    a(10) ="林晓": b(10, 1) =78: b(10, 2) =89: b(10, 3) =82: b(10, 4) =89
End Sub
Private Sub Form_Activate()
    Dim n As Integer
    For n =1 To 10
        List1.AddItem a(n), n -1
        b(n, 5) =b(n, 1) +b(n, 2) +b(n, 3) +b(n, 4)
    Next n
    Text1.Text =""
    Text2.Text =""
    Text3.Text =""
    Text4.Text =""
    Text5.Text =""
    List1.ListIndex =0
End Sub
Private Sub List1_Click()
    Dim n As Integer
    n =List1.ListIndex +1
    Text1.Text =b(n, 1)
    Text2.Text =b(n, 2)
    Text3.Text =b(n, 3)
    Text4.Text =b(n, 4)
    Text5.Text =b(n, 5)
End Sub
```

```
Private Sub Cmd_Click(Index As Integer)
    Dim s As Integer, n As Integer, p As String, q As String
    s = 0
    For n = 1 To 10
        s = s + b(n, Index + 1)
    Next n
    s = s /10
    p = ""
    q = ""
    For n = 1 To 10
        If b(n, Index + 1) > = (s + s * 0.1) Then p = p & a(n) & "  "
        If b(n, Index + 1) > = (s + s * 0.05) And b(n, Index + 1) < (s + s * 0.1) Then
q = q & a(n) & "  "
    Next n
    Text6.Text = Cmd(Index).Caption & "课程平均分是:" & Str(s) & "分" & Chr(13) & Chr(10)
    Text6.Text = Text6.Text & "高于平均分 10% 发一等奖的学生有:" & Chr(13) & Chr(10)
    Text6.Text = Text6.Text & p & Chr(13) & Chr(10)
    Text6.Text = Text6.Text & "高于平均分 5% 发二等奖的学生有:" & Chr(13) & Chr(10)
    Text6.Text = Text6.Text & q & Chr(13) & Chr(10)
End Sub
```

7-20. 在上题中，设计程序计算全班学生每门课程的总分，同时计算每个学生的总分，最后计算总平均分数。程序运行后结果如图 7-5 所示。

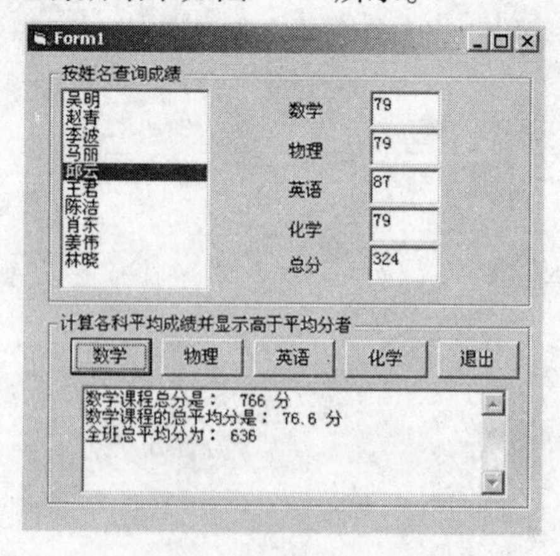

图 7-5 程序运行结果

答：参考代码如下：

```
Option Explicit
Dim a(1 To 10) As String, b(1 To 10, 1 To 5) As Integer
Private Sub Command4_Click()
    Unload Me
End Sub

Private Sub Form_Load()
    a(1) ="吴明": b(1, 1) =89: b(1, 2) =85: b(1, 3) =91: b(1, 4) =79
    a(2) ="赵青": b(2, 1) =75: b(2, 2) =78: b(2, 3) =84: b(2, 4) =89
    a(3) ="李波": b(3, 1) =64: b(3, 2) =82: b(3, 3) =72: b(3, 4) =99
    a(4) ="马丽": b(4, 1) =88: b(4, 2) =68: b(4, 3) =64: b(4, 4) =69
    a(5) ="邱云": b(5, 1) =79: b(5, 2) =79: b(5, 3) =87: b(5, 4) =79
    a(6) ="王君": b(6, 1) =91: b(6, 2) =88: b(6, 3) =87: b(6, 4) =89
    a(7) ="陈洁": b(7, 1) =68: b(7, 2) =73: b(7, 3) =64: b(7, 4) =99
    a(8) ="肖东": b(8, 1) =58: b(8, 2) =68: b(8, 3) =65: b(8, 4) =69
    a(9) ="姜伟": b(9, 1) =76: b(9, 2) =81: b(9, 3) =88: b(9, 4) =79
    a(10) ="林晓": b(10, 1) =78: b(10, 2) =89: b(10, 3) =82: b(10, 4) =89
End Sub
Private Sub Form_Activate()
    Dim n As Integer
    For n =1 To 10
        List1.AddItem a(n), n -1
        b(n, 5) =b(n, 1) +b(n, 2) +b(n, 3) +b(n, 4)
    Next n
    Text1.Text =""
    Text2.Text =""
    Text3.Text =""
    Text4.Text =""
    Text6.Text =""
End Sub

Private Sub List1_Click()
    Dim n As Integer
```

```
    n = List1.ListIndex + 1
    Text1.Text = b(n, 1)
    Text2.Text = b(n, 2)
    Text3.Text = b(n, 3)
    Text4.Text = b(n, 4)
    Text6.Text = b(n, 5)
End Sub
Private Sub Cmd_Click(Index As Integer)
    Dim s As Integer, n As Integer, p As String, q As String
    Dim m As Integer, j As Integer, l As Long
    s = 0
    For n = 1 To 10
        s = s + b(n, Index + 1)
    Next n
    Text5.Text = Cmd(Index).Caption & "课程总分是: " & Str(s) & " 分" & Chr(13) & Chr
(10)
    Text5.Text = Text5.Text & Cmd(Index).Caption & "课程的总平均分是:" & Str(s / 10)
& " 分" & Chr(13) & Chr(10)
    For m = 1 To 10
        For j = 1 To 5
            l = l + b(m, j)
        Next j
    Next m
    l = l / 10
    Text5.Text = Text5.Text & "全班总平均分为:" & Str(l) & Chr(13) & Chr(10)
End Sub
```

第8章 过 程

一、单项选择题

8－1. 下列关于变量的说法不正确的是（　　）。（D）

A. 局部变量是指那些在过程中用 Dim 语句或 Static 语句声明的变量

B. 局部变量的作用域仅限于声明它的过程

C. 静态局部变量是在过程中用 Static 语句声明的

D. 局部变量在声明它的过程执行完毕后就被释放了

8－2. 下列叙述中不正确的是（　　）。（A）

A. VB 中的函数功能类似于 Sub 过程

B. Sub 过程不可以递归

C. 子过程不返回与其特定子过程名相关联的值

D. 过程是没有返回值的函数，又常被称为 Sub 过程，在事件过程或其他子过程中可以按名称调用过程

8－3. 以下说法错误的是（　　）。（A）

A. 函数过程没有返回值　　　　B. 子过程没有返回值

C. 函数过程可以带参数　　　　D. 子过程可以带参数

8－4. 下列哪条语句是错的：（　　）。（C）

A. Exit Sub　　B. Exit Function　　C. Exit While　　D. Exit Do

8－5. 不能脱离控件（包括客体）而独立存在的过程是（　　）。（A）

A. 事件过程　　B. 通用过程　　C. Sub 过程　　D. 函数过程

8－6. Sub 过程与 Function 过程最根本的区别是（　　）。（C）

A. Sub 过程可以用 Call 语句直接使用过程名调用，而 Function 过程不可以

B. Function 过程可以有形参，Sub 过程不可以

C. Sub 过程不能返回值，而 Function 过程能返回值

D. 两种过程参数的传递方式不同

8－7. 假定有以下两个过程：

```
Sub S1(ByVal x As Integer, ByVal y As Integer)
    Dim t As Integer
    t = x
    x = y
    y = t
End Sub

Sub S2(x As Integer, y As Integer)
    Dim t As Integer
    t = x
    x = y
    y = t
End Sub
```

则以下说法中正确的是：(　　)。(A)

A. 用过程 S1 可以实现交换两个变量值的操作，S2 不能实现

B. 用过程 S2 可以实现交换两个变量值的操作，S1 不能实现

C. 用过程 S1 和 S2 都可以实现交换两个变量值的操作

D. 用过程 S1 和 S2 都不能实现交换两个变量值的操作

8-8. 单击命令按钮时，下列程序的执行结果为：(　　)。(A)

```
Private Sub Command1_Click()
    Dim x As Integer, y As Integer
    x = 12: y = 32
    Call PCS(x, y)
    Print x; y
End Sub

Public Sub PCS(ByVal n As Integer, ByVal m As Integer)
    n = n - 10
    m = m - 10
End Sub
```

A. 12　32　　B. 2　32　　C. 2　3　　D. 12　3

二、填空题

8-9. 在 VB 中，除了可以指定某个窗体作为启动对象之外，还可以指定________作为

启动对象。

（答：Main 子过程）

8－10. 函数过程（Function Pocedure）用来完成特定的功能并________。

（答：返回相应的结果）

8－11. 子过程是________的函数，又常被称为 Sub 过程，在事件过程或其他子过程中可以________调用过程。

（答：没有返回值，按名称）

8－12. 在事件过程或其他过程中可以________调用函数过程。

（答：按名称）

8－13. 函数过程________返回一个值。

（答：以该函数名）

8－14. Sub 过程与 Function 过程最根本的区别是________。

（答：Sub 过程的过程名不能返回值，而 Function 过程能通过过程名返回值）

8－15. 通用过程可以通过执行"工具"菜单中的________命令来建立。

（答：添加过程）

8－16. 使用 Public Const 语句声明一个全局符号常量时，该语句应放在________。

（答：标准模块的通用声明段）

8－17. 过程级变量是指在过程内部声明的变量，只有在该过程中的代码才能访问这个变量。模块级或窗体级变量的作用域是________，全局变量在整个应用程序中有效，其作用域是________。

[答：整个模块或窗体，整个应用程序（或工程中所有的模块和所有的过程）]

三、判断正误并说明理由

8－18. 子过程不能接收参数。（ ）

（答：× 子过程能接收参数）

8－19. 函数过程不能接收参数。（ ）

（答：× 函数过程能接收参数）

8－20. 子过程不返回与其特定子过程名相关联的值。（ ）

（答：√）

8－21. 在定义了一个函数后，可以像调用任何一个 VB 内部函数一样使用它，即可以在任何表达式、语句或函数中引用它。（ ）

（答：√）

8－22. 以下两个语句都调用了名为 MgProc 的 Sub 过程，A、B 是参数。（ ）

```
Call    My Proc   A、B
MyProc(A、B)
```

[答：× Call MyPro（A，B）MyProc（A，B）]

8-23. 以下两个语句都调用了名为 Year（Now）的函数。（ ）

```
Call Year(Now)
Year Now
```

（答：√）

8-24. 标准模块是程序中的一个独立容器，包含全局变量、Function（函数）过程和 Sub 过程，包含对象或属性设置。（ ）

（答：× 标准模块是程序中的一个独立容器，包含全局变量、Function（函数）过程和 Sub 过程）

8-25. 在 Visual Basic 中，用 Dim 定义数组时数组元素也自动赋初值为零。（ ）

（答：√）

8-26. 在 Sub 过程定义的参数中设置静态局部变量的是 Static（ ）。

（答：√）

四、问答题

8-27. 什么是过程？

答：一个应用程序是由若干个模块组成的，而每个模块又是由若干个更小的代码片段组成，组成这些模块的代码片段称为过程。通过过程，可以将整个程序按功能进行分块，每个过程用来完成一项特定的功能。

五、阅读程序

8-28. 阅读下面的程序，写出程序运行时，单击命令按钮后窗体上的输出结果。

```
Function F(a As Integer)
    Dim b As Integer
    Static c As Integer
    b = b + 2
    c = c + 2
    F = a + b + c
End Function
```

```
Private Sub Command1_Click()
    Dim a As Integer
    a =4
    For i =1 To 3
        Print F(a)
    Next i
End Sub
```

答：单击命令按钮后窗体上的输出结果是：

8

10

12

8－29. 阅读下面的程序，写出程序运行时单击窗体后，Form1 上的输出结果。

```
Sub Change(x As Integer, y As Integer)
    Dim t As Integer
    t =x
    x =y
    y =t
    Print x, y
End Sub

Private Sub Form_Click()
    Dim a As Integer, b As Integer
    a =30: b =40
    Change a, b
    Print a, b
End Sub
```

答：Form1 上的输出结果是：

50　　40

50　　40

50

8-30. 写出下列语句的输出结果：

```
Sub Form_Click()
    A = 10: b = 15: c = 20: d = 25
    Print A; Spc(5); b; Spc(7); c
    Print A; Spc(8); b; Space$(5); c
    Print c; Spc(3); "+"; Spc(3); d;
    Print Spc(3); "="; Spc(3); c + d
End Sub
```

答：输出结果是：

```
10       15      20
10       15      20
20   +   25   =   45
```

8-31. 设有如下程序：

```
Private Sub search(a() As variant, ByVal key As Variant, Index% )
    Dim I%
    For I = LBound(a) To UBound(a)
        If key = a(I) Then
            Index = I
            Exit Sub
        End If
    Next I
    Index = -1
End Sub
Private Sub Form_Load()
    Show
    Dim b() As Variant
    Dim n As Integer
    b = Array(1,3,5,7,9,11,13,15)
    Call search(b,11,n)
    Print  n
End Sub
```

答：程序运行后，输出结果是5。

8-32. 在窗体上画一个命令按钮，然后编写如下程序：

```
Function fun(ByVal num As Long) As Long
    Dim k As Long
    k = 1
    num = Abs(num)
    Do While num
        k = k * (num Mod 10)
        num = num \10
    Loop
    fun = k
End Function
Private Sub Command1_Click()
    Dim n As Long
    Dim r As Long
    n = InputBox("请输入一个数")
    n = CLng(n)
    r = fun(n)
    Print r
End Sub
```

答：程序运行后，单击命令按钮，在输入对话框中输入345，输出结果为60。

8-33. 以下程序的执行结果是（　　　　　）。

```
Private Sub subl(Byval p As Integer)
    p = p * 2
End Sub
Private Sub Command1_lick()
    Dim i As Integer
    i = 3
    Call subl(i)
    If  i > 4 then  i = i mod 2
    Print cstr(i)
End Sub
```

答：3

8－34. 为窗体上的命令按钮编写如下程序：

```
Function Trans(ByVal num As Long) As Long
    Dim k As Long
    k = 1
    Do While num
        k = k * (num Mod 10)
        num = num \ 10
    Loop
    Trans = k
    Print Trans
End Function

Private Sub Command1_Click()
    Dim m As Long
    Dim s As Long
    m = InputBox("请输入一个数")
    s = Trans(m)
End Sub
```

答：程序运行时，单击命令按钮，在输入对话框中输入789，输出结果为504。

8－35. 设有如下程序：

```
Private Sub Form_Click()
    Dim a As Integer, b As Integer
    a = 20: b = 50
    Call p1(a, b)
    Print "a ="; a, "b ="; b
    a = 20: b = 50
    Call p2(a, b)
    Print "a ="; a, "b ="; b
End Sub

Sub p1(x As Integer, y As Integer)
    x = x + 10
```

```
    y = y + 20
End Sub

Sub p2(ByVal x As Integer, ByVal y As Integer)
    x = x + 10
    y = y + 20
End Sub
```

该程序运行后，单击窗体，则在窗体上显示的内容是（　　　　　）。

答：a = 30　b = 70

　　a = 20　b = 50

六、程序设计题

8 - 36. 定义并调用函数，求3 ~ 20的各素数之和。

答：参考代码如下：

```
Public  Function  Isprime(a) As Interger
    K = sqr(A)
    For i = 2 TO k
        If a Mod i = 0 Then
            Isprime = 0
            Exit  Function
        Endif
    Next i
    Isprime = 1
End Function

Sub Main()
    sum = 0
    For i = 3 TO 20
        If Isprime(i) = 1 Then sum = sum + i
    Next i
    Print "sum = ";sum
End Sub
```

8-37. 用函数调用的方法计算$\sum n$！设最后一项为5！

答：参考代码如下：

```
Private Static Function Fac(n As Integer) As Integer
    Dim f As Integer
    For I =1 To n
        f = f * n
        Next  n
    Fac = f
End Function

Private Sub Form_Click()
    Dim I As Integer
    S =0
    For I =1 To 5
        S = S + Fac(I)
        Next I
    Print "∑"; 5 '"!"; "=" ;S
End Sub
```

第9章 VB绘图程序设计方法

一、单项选择题

9－1. 在设计动态绘图效果时，用时钟控件来控制动画速度的属性是（　　）。(B)

A. Enabled　　B. Interval　　C. Timer　　D. Move

9－2. 用 Line 方法画直线后，当前坐标在（　　）。(C)

A. (0, 0)　　B. 直线起点　　C. 直线终点　　D. 容器的中心

9－3. 在下列选项中，不能将图像装入图片框和图像框的是（　　）。(B)

A. 在界面设计时，通过 Picture 属性装入

B. 在界面设计时，手工在图像框和图片框中绘制图形

C. 在界面设计时，利用剪贴板把图像粘贴上

D. 在程序运行期间，用 LoadPicture 函数把图形文件装入

分析：在设计时，将图像添加到图片框和图像框中有两种方法：① 使用对象的 Picture 属性添加图片；② 使用剪贴板，将图形粘贴到对象中。在程序运行时添加图片通常也有两种方法：① 使用 LoadPicture 函数加载图形文件；② 使用 Picture 属性在对象间相互复制。在界面设计时和程序运行期间，均不能手工在图像框和图片框中绘制图形。所以上述选项中，B 是错误的。

结论：答案应为 B。

9－4. 下面错误的语句是（　　）。(C)

A. Line (200, 200) － (400, 400), RGB (255, 0, 0)

B. Line (200, 200) － (400, 400), , B

C. Line (200, 200) － (400, 400), , F

D. Circle (600, 600), 300, RGB (255, 0, 0)

分析：Line 方法可以画直线和矩形，Line 方法的语法格式为：[对象]. Line [[Step] (X1, Y1)] － [Step] X2, Y2)] [, [Color] [, B [F]]。A 选项画一条红色直线。B 选项中的 B 代表画一个矩形，左上角坐标为 (200, 200)，右下角坐标为 (400, 400)。C 选项中的 F 表示矩形的填充颜色，它必须和 B 同时存在。D 选项是画一个圆心为 (600, 600)，半径为 300 的红色圆。

结论：答案应为C。

9-5. 在下面的选项中，能绘制填充矩形的语句是（ ）。(B)

A. Line (200, 200) - (500, 500), B

B. Line (200, 200) - (500, 500), , BF

C. Line (200, 200) - (500, 500), BF

D. Line (200, 200) - (500, 500)

分析：Line方法语句中可以省略中间参数，但逗号必须保留。A选项中的B之前少一个逗号，只能画一条直线。B选项语法正确，能画一个默认颜色为黑色的填充矩形。C选项中BF之前少一个逗号，只能画一条直线。D选项画一条直线。

结论：答案应为B。

9-6. 在下面的选项中，能绘制一条水平直线的选项是（ ）。(C)

A. Line (1000, 2000) - (1000, 2000)

B. Line (1000, 2000) - (1000, 3000)

C. Line (1000, 2000) - (2000, 2000)

D. Line (1000, 2000) - (2000, 3000)

分析：要绘制一条水平直线，直线两个端点的Y坐标应该相同，只有C满足这个条件。

结论：答案应为C。

9-7. 在下面的选项中，能绘制椭圆的语句是（ ）。(C)

A. Circle (1000, 1000), 500, RGB (255, 0, 0), 0.5

B. Circle (1000, 1000), 500, RGB (255, 0, 0), , 0.5

C. Circle (1000, 1000), 500, RGB (255, 0, 0), , , 0.5

D. Circle (1000, 1000), 500, RGB (255, 0, 0), , , , 0.5

分析：Circle方法的语法格式为：

```
[对象].Circle[Step](X,Y),radius[,[color][,[start][,end][,aspet]]
```

语句中除圆心坐标和半径外，其他参数均可省略，但其中的逗号必须保留。上述只有C选项满足题目要求，故选C。

结论：答案应为C。

9-8. 图像框（Image）和图片框（Picture）在使用时有所不同，以下叙述中正确的是（ ）。(D)

A. 图片框比图像框占内存少

B. 图像框内还可包括其他控件

C. 图片框有 Stretch 属性而图像框没有

D. 图像框有 Stretch 属性而图片框没有

分析：图像框比图片框占内存少，图片框可作为其他控件的容器而图像框不能，图片框有 Autosize 属性而图像框没有，图像框有 Stretch 属性而图片框没有。

结论：答案应为 D。

9-9. 以下各项中，Visual Basic 不能接收的图形文件是（　　）。(C)

A. ICO 文件　　B. JPG 文件　　C. PSD 文件　　D. BMP 文件

9-10. 为了使图片框的大小可以自动适应图片的尺寸，则应设置图片框的（　　）属性。(A)

A. 将其 Autosize 属性值设置为 True　　B. 将其 Autosize 属性值设置为 False

C. 将其 Stretch 属性值设置为 True　　D. 将其 Stretch 属性值设置为 False

9-11. 为清除 PictureBox 控件中的图形，下列方法正确的是（　　）。(D)

A. Set Picture. Picture = LoadPicture（"C：\ win1. bmp"，VbLPLarge，VbLPColor）

B. Picture. Picture = LoadPicture（"C：\ win1. bmp"，VbLPLarge，VbLPColor）

C. Set Picture. Picture = LoadPicture

D. Picture. Picture = LoadPicture（""）

9-12. 以下哪类控件能用来显示图形：（　　）。(B)

A. Label　　B. PictureBox　　C. TextBox　　D. OptionButton

9-13. 以下控件中可以作为容器控件的是（　　）。(B)

A. Image 图像框控件　　B. PictureBox 图片框控件

C. TextBox 文本框控件　　D. ListBox 列表框控件

9-14. 以下关于图片框控件的说法中，错误的是（　　）。(D)

A. 可以通过 Print 方法在图片框中输出文本

B. 清空图片框控件中图形的方法之一是加载一个空图形

C. 图片框控件可以作为容器使用

D. 用 Stretch 属性可以自动调整图片框中图形的大小

9-15. 在 Visual Basic 中，（　　）属性用于设置窗体的背景色。(A)

A. BackColor　　B. Font　　C. Caption　　D. FillColor

9-16. 用 Cls 方法可清除窗体或图片框中的信息的是（　　）。(C)

A. Picture 属性设置的背景图案　　B. 在设计时放置的控件

C. 程序运行时产生的图形和文字　　D. 以上方法都对

9-17. 若在 Shape 控件内以 FillStyle 属性所指定的图案填充区域，而填充图案的线条的

颜色由 FillColor 属性指定，非线条的区域由 BackColor 属性填充，则应（ ）。（A）

A. 将 Shape 控件的 FillStyle 属性设置为 2 至 7 间的某个值，BackStyle 属性设置为 1

B. 将 Shape 控件的 FillStyle 属性设置为 0 或 1，BackStyle 属性设置为 1

C. 将 Shape 控件的 FillStyle 属性设置为 2 至 7 间的某个值，BackStyle 属性设置为 0

D. 将 Shape 控件的 FillStyle 属性设置为 0 或 1，BackStyle 属性设置为 0

9－18. 比较图片框（PictureBox）和图像框（Image）的使用，正确的描述是（ ）。（D）

A. 两类控件都可以设置 AutoSize 属性，以保证装入的图形可以自动改变大小

B. 两类控件都可以设置 Stretch 属性，使得图形根据物件的实际大小进行拉伸调整，保证显示图形的所有部分

C. 当图片框（PictureBox）的 AutoSize 属性为 False 时，只在装入图形文件（*.wmf）时，图形才能自动调整大小以适应图片框的尺寸

D. 当图像框（Image）的 Stretch 属性为 False 时，图像框会自动改变大小以适应图形的大小，使图形充满图像框

二、填空题

9－19. 以窗体 Form1 的中心为圆心，画一个半径为 500 的圆的语句是________。

［答：Circle（ScaleWidth/2，ScaleHeight/2），500］

9－20. 若窗体的左上角坐标为（－200，250），右下角坐标为（300，－150），则 X 轴的正向朝向________，Y 轴的正向朝向________。

（答：右，上）

9－21. 窗体 Form1 的左上角坐标为（0，600），窗体 Form1 的右下角坐标为（800，－200）。X 轴的正向朝向（1）________，Y 轴的正向朝向（2）________。

分析：窗体右下角坐标为负值，说明 Y 轴的正向向上。

结论：答案应为（1）右（2）上。

9－22. 执行指令"Line（200，200，）－Step（500，500，）"后，CurrentX =________。

分析：语句中 Step（500，500）的意思是相对于当前点（200，200）的坐标，则当前坐标 CurrentX =700。

结论：答案应为 700。

9－23. 执行指令"Line（200，200，）－（500，500，）"后，CurrentX =________。

分析：语句中（500，500）即为当前点的坐标，CurrentX =500。

结论：答案应为 500。

9－24. 要使图像框能够自动调整大小以适应其中的图形，应将图像框________属性设置为________。

分析：Stretch 属性设置为 False 时，图像框可自动改变大小以适应其中的图形；设置为 True 时，加载到图像框的图形可自动调整尺寸以适应图像框的大小。

结论：答案应为① Stretch；② False。

三、做一做，上机实践

9-25. 编程序，在窗体上绘制圆的渐开线，绘制效果如图 9-1 所示。

图 9-1 圆的渐开线

已知，圆的渐开线直角坐标系的参数方程为：

$$\begin{cases} x = a\ (\cos t + t \sin t) \\ y = a\ (\sin t - t \cos t) \end{cases}$$

答：参考代码为：

```
Option Explicit
Dim x As Integer, y As Integer
Dim t As Single, xt As Single, yt As Single
Dim Alfa As Single
Private Sub Timer1_Timer()
    Alfa = Alfa + 0.5
    ScaleMode = 6
    x = Me.ScaleWidth / 2
    y = Me.ScaleHeight / 2
    Cls
    For t = 0 To 60 Step 0.1
        xt = Cos(t + Alfa) + t * Sin(t + Alfa)
```

```
        yt = Sin(t + Alfa) - t * Cos(t + Alfa)
        PSet (xt + x, yt + y), VbYellow
    Next t
End Sub
```

9 - 26. 仿照例 9 - 3，编程绘制下列函数曲线：

(1) $y = \cos(\theta)$，运行结果如图 9 - 2 所示。

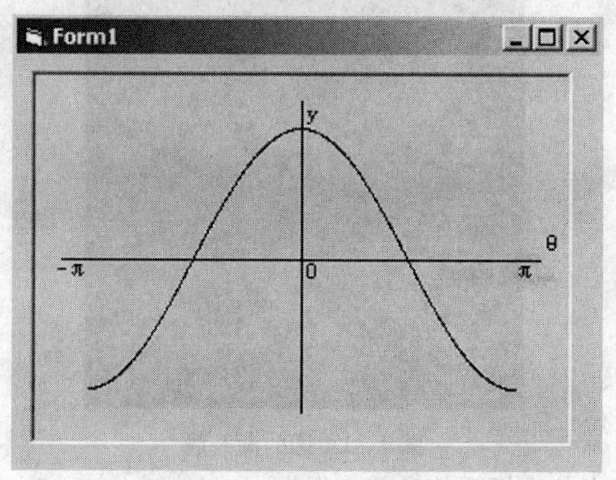

图 9 - 2 $y = \cos(\theta)$ 曲线

```
Private Sub Picture1_Click()
    Const PI = 3.1415926                    '定义 PI 常量
    Picture1.Scale ( -5 * PI /4, 1.4) -(5 * PI /4, -1.4)
    Dim i As Integer
    Dim j As Integer
    Dim tt As Double
    Dim x As Double
    Dim y As Double
    Picture1.Line ( -PI * 9 /8, 0) -(PI * 9 /8, 0)
    Picture1.Line (0, 1.2) -(0, -1.2)
    Picture1.CurrentX = 0.1: Picture1.CurrentY = 0: Picture1.Print "O"
    Picture1.CurrentX = -3.6: Picture1.CurrentY = 0: Picture1.Print " - π"
    Picture1.CurrentX = PI: Picture1.CurrentY = 0: Picture1.Print "π"
    Picture1.CurrentX = PI * 9 /8: Picture1.CurrentY = 0.2: Picture1.Print "θ"
    Picture1.CurrentX = 0.1: Picture1.CurrentY = 1.2: Picture1.Print "y"
```

```
    i =600
    tt =2 * PI /600
    For j =0 To i
        x = -PI +j * tt
        y =Cos(x)
        Picture1.PSet (x, y), Vbblack
    Next j
End Sub
```

（2）$y = e^x$，运行结果如图9－3所示。

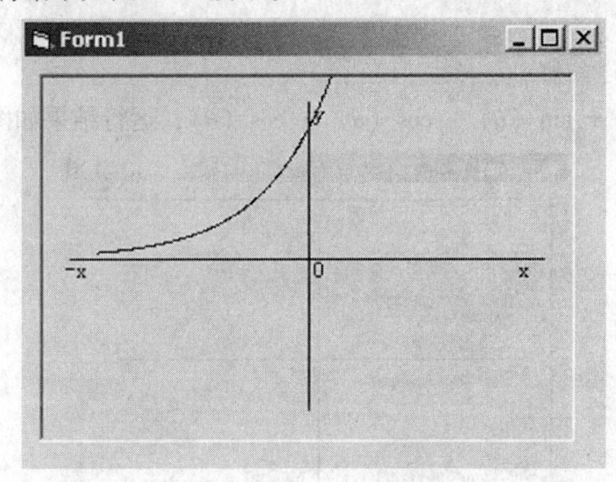

图9－3　$y = e^x$ 曲线

```
Private Sub Picture1_Click()
    Const PI =3.1415926                              '定义 PI 常量
    Picture1.Scale ( -5 * PI /4, 1.4) -(5 * PI /4, -1.4)
    Dim i As Integer
    Dim j As Integer
    Dim tt As Double
    Dim x As Double
    Dim y As Double
    Picture1.Line ( -PI * 9 /8, 0) -(PI * 9 /8, 0)
    Picture1.Line (0, 1.2) -(0, -1.2)
    Picture1.CurrentX =0.1: Picture1.CurrentY =0: Picture1.Print "O"
    Picture1.CurrentX = -3.6: Picture1.CurrentY =0: Picture1.Print " -x"
```

```
    Picture1.CurrentX = PI: Picture1.CurrentY = 0: Picture1.Print "x"
    Picture1.CurrentX = PI * 9 /8: Picture1.CurrentY = 0.2: Picture1.Print ""
    Picture1.CurrentX = 0.1: Picture1.CurrentY = 1.2: Picture1.Print "y"
    i = 600
    tt = 2 * PI /600
    For j = 0 To i
       x = - PI + j * tt
       y = Exp(x)
       Picture1.PSet (x, y), VbBlack
    Next j
End Sub
```

(3) $y = \sin(\theta) * \sin(\theta) - \cos(\theta) * \cos(\theta)$，运行结果如图 9-4 所示。

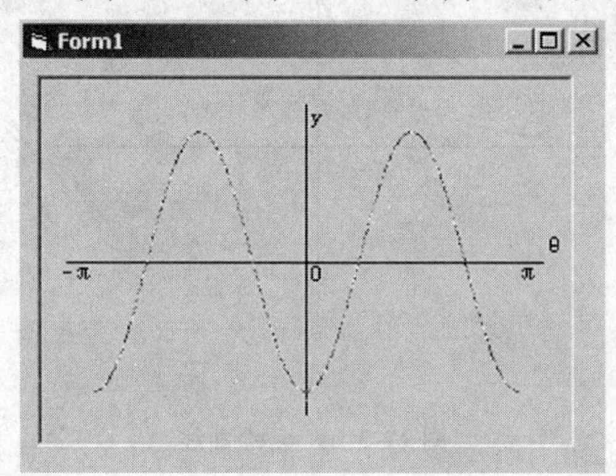

图 9-4 $y = \sin(\theta) * \sin(\theta) - \cos(\theta) * \cos(\theta)$ 曲线

```
Private Sub Picture1_Click()
    Const PI = 3.1415926  '定义 PI 常量
    Picture1.Scale ( -5 * PI /4, 1.4) -(5 * PI /4, -1.4)
                            '定义图片框 Picture1 的坐标系
    Dim i As Integer        '设定水平轴等分数,即 2π 周期内的等分数
    Dim j As Integer        '循环控制变量
    Dim tt As Double        '角度增量
    Dim x As Double
    Dim y As Double
    Picture1.Line ( - PI * 9 /8, 0) -(PI * 9 /8, 0)
                                        '画 X 轴
```

```
    Picture1.Line (0,1.2)-(0, -1.2) '画Y轴
    Picture1.CurrentX=0.1: Picture1. CurrentY=0: Picture1.Print "O"
                                            '标记坐标原点
    Picture1.CurrentX= -3.6: Picture 1.CurrentY=0: Picture1.Print "-π"
                                            '标记刻度
    Picture1.CurrentX=PI: Picture1.CurrentY=0: Picture1.Print "π"
    Picture1.CurrentX=PI * 9 /8: Picture1.CurrentY=0.2: Picture1.Print "θ"
                                            '标记X轴
    Picture1.CurrentX=0.1: Picture1. CurrentY=1.2: Picture1.Print "y"
                                            '标记Y轴
    i=600
    tt=2 * PI /600
    For j=0 To i
        x= -PI+j * tt
        y=Sin(x) * Sin(x) - cos(x)*cos(x)
        Picture1.PSet (x,y), QBColor(Int(Rnd() * 16))
                                            '逐点绘制曲线上的点,生成曲线
    Next j
End Sub
```

将上题程序循环结构中的y= sin（θ） * sin（θ） - cos（θ） * cos（θ）更改为下面的（4）和（5），可以分别得到图9-5和图9-6所示的结果。

（4）$y=\theta*(\sin(\theta)*\sin(\theta)-\cos(\theta)*\cos(\theta))$

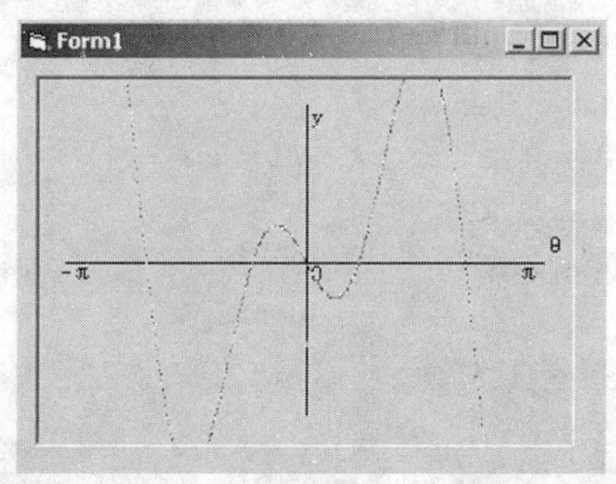

图9-5　$y=\theta*(\sin(\theta)*\sin(\theta)-\cos(\theta)*\cos(\theta))$ 曲线

(5) $y=\theta^2/2$，运行结果如图 9－6 所示。

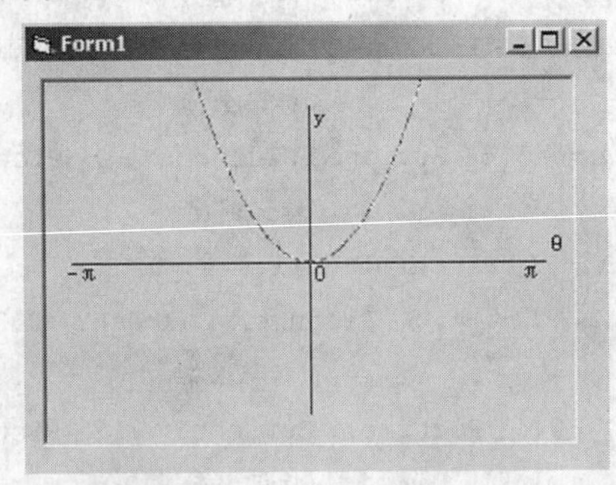

图 9－6　$y=\theta^2/2$ 曲线

9－27. 已知，圆的参数方程为：

$\begin{cases} x = a\cos t \\ y = a\sin t \end{cases}$，编写一个绘制圆（如图 9－7 所示）的程序。

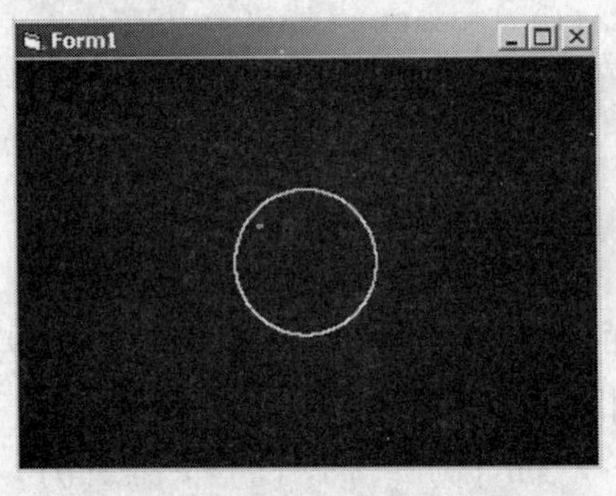

图 9－7　绘制圆图形结果

答：参考代码如下：

```
Option Explicit
Dim x As Integer, y As Integer
Dim t As Single, xt As Single, yt As Single
Dim Alfa As Single
Private Sub Command1_Click()
    Alfa = Alfa + 0.5
    ScaleMode = 6
    x = Me.ScaleWidth /2
```

```
    y = Me.ScaleHeight /2
    Cls
    For t = 0 To 120 Step 0.01
        xt = 10 * Cos(t + Alfa)
        yt = 10 * Sin(t + Alfa)
        PSet (xt + x, yt + y), VbYellow
    Next t
End Sub
Private Sub Form_Load()
    Form1.BackColor = VbBlack
End Sub
```

如果将上面程序中的

```
xt = 10 * Cos(t + Alfa)
yt = 10 * Sin(t + Alfa)
```

改为：

```
xt = 15 * Cos(t + Alfa)
yt = 10 * Sin(t + Alfa)
```

就可得到一个长轴为 X 轴的椭圆，如图 9-8 所示。想一想，如果要得到长轴为 Y 轴的椭圆，该怎样修改程序？

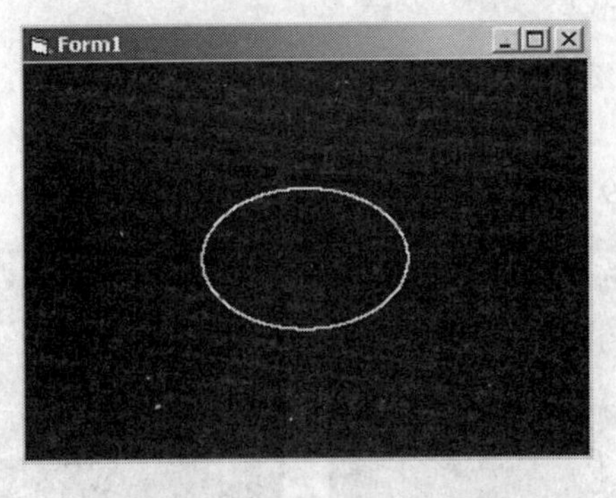

图 9-8　程序运行结果

9-28. 已知李萨茹图形的参数坐标方程为：

$$\begin{cases} X = A_1 \sin\ (\omega_1 t + \psi_1) \\ Y = A_2 \sin\ (\omega_2 t + \psi_2) \end{cases}$$

编写绘制李萨茹图形的程序。

答：参考代码如下：

```
Option Explicit
Dim x As Integer, y As Integer
Dim t As Single, xt As Single, yt As Single
Dim Alfa As Single

Private Sub Command1_Click()
    Alfa = Alfa + 0.5
    ScaleMode = 6
    x = Me.ScaleWidth / 2
    y = Me.ScaleHeight / 2
    Cls
    For t = 0 To 120 Step 0.01
        xt = 10 * Sin(2 * t + Alfa)
        yt = 10 * Sin(t + Alfa)
        PSet (xt + x, yt + y), VbYellow
    Next t
End Sub

Private Sub Form_Load()
    Form1.BackColor = VbBlack
End Sub
```

程序运行结果如图 9－9 和图 9－10 所示。

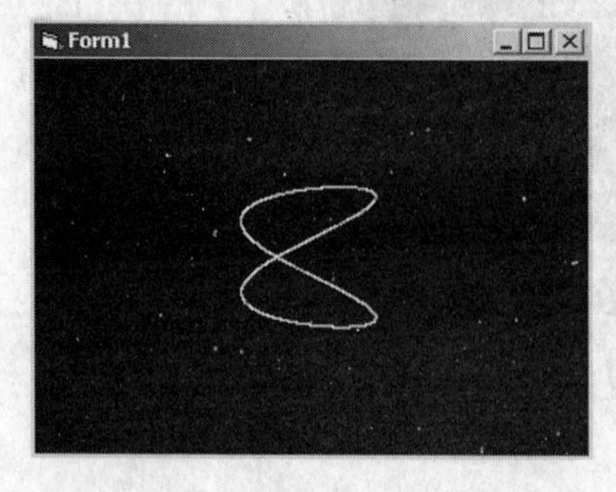

图 9－9 李萨茹图形：$\omega_1 = 2\omega_2$

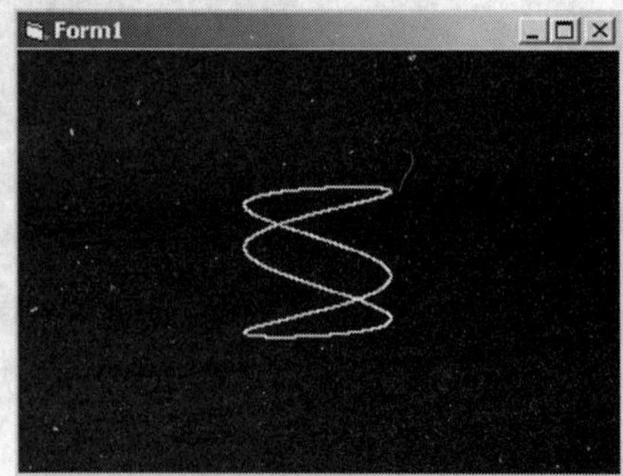

图 9－10 李萨茹图形：$\omega_1 = 3\omega_2$

第10章　文件处理

一、单项选择题

10－1. 改变驱动器列表框的 Drive 属性值，将激活（　　）。(C)

A. KeyDown 事件　B. KeyUp 事件　C. Change 事件　D. Scoll 事件

10－2.（　　）函数判断文件指针是否到了文件结束标志；（　　）函数返回文件的字节数；（　　）语句用于设置对文件“锁定”；（　　）语句用于设置对文件“解锁”。(A)

A. EOF、LOF、Lock、Unlock　　B. LOF、EOF、Lock、Unlock

C. EOF、LOF、Unlock、Lock　　D. LOF、EOF、Unlock、Lock

分析：EOF 函数判断文件指针是否到了文件结束标志；LOF 函数返回文件的字节数；Lock 语句用于设置对文件“锁定”；Unlock 语句用于设置对文件“解锁”。

结论：答案应选 A。

10－3. 顺序文件的读操作通过（　　）语句可以实现。(D)

A. Input #和 Read#　　B. Read#和 Get#

C. Get#和 Input ##　　D. LineInput #和 Input #

分析：Input#语句和 LineInput#语句实现顺序文件的对数据的读操作；随机文件的读操作通过 Get 语句来实现；VB 中无 Read 语句。

结论：答案应选 D。

10－4. 如果准备读文件，打开顺序文件 text. dat 的正确语句是（　　）。(B)

A. Open "text. dat" For Write As #1　　B. Open "text. dat" For Input As #1

C. Open "text. dat" For Binary As #1　　D. Open "text. dat" For Random As #1

分析：以读方式打开顺序文件的语法格式为：Open <文件名> For Input As [#] <文件号>。上述选项只有 B 满足条件。

结论：答案应为 B。

10－5. 如果准备向随机文件中写入数据，正确的语句是（　　）。(C)

A. Print #1，rec　　B. Write #1，rec

C. Put #1，，rec　　D. Get #1，，rec

分析：随机文件写操作的语法格式为：Put [#] <文件号>，[记录号]，<变量名>

结论：答案应为 C。

10-6. 当改变驱动器列表框中的驱动器时，为了使目录列表框中的内容同步跟着改变，应当（ ）。(C)

A. 在 Dir1_Change（）事件中加入代码 Dir1. Path = Drive1. Drive

B. 在 Dir1_Change（）事件中加入代码 Drive1. Drive = Dir1. Path

C. 在 Dirve1_Change（）事件中加入代码 Dir1. Path = Drive1. Drive

D. 在 Dirve1_Change（）事件中加入代码 Drive1. Drive = Dir1. Path

分析：当改变驱动器列表框 Drive1 中的驱动器时，就会触发 Channge 事件，执行 Drive1_Change（）过程，在过程执行时，要使目录列表框同步显示选定的驱动器目录结构，应将刚选定的驱动器目录结构赋给目录列表框（Dir1）的 Path 属性。应选 C。

结论：答案应为 C。

10-7. 目录列表框 Path 属性的作用是（ ）。(A)

A. 显示当前驱动器或指定驱动器上的目录结构

B. 显示当前驱动器或指定驱动器上的某目录下的文件

C. 显示根目录下的文件名

D. 显示路径下的文件

分析：目录列表框 Path 属性的作用是显示当前驱动器或指定驱动器上的目录结构。

结论：答案应为 A。

二、填空题

10-8. 为了在运行时把当前路径下的图形文件 picturefile. jpg 装入图片框 Picture1，所使用的语句为________。

（答：Picture1. Picture = LoadPrcture ("picturefile. jpg")）

10-9. 使用 Output 方式打开一个已存在的文件时，磁盘上的原有同名文件将被覆盖，其中的数据将会______。

（答：丢失）

10-10. 在 Visual Basic 中，文件系统控件包括___(1)___、___(2)___和文件列表框（FileListBox）。三者协同操作可以访问任意位置的目录和文件，可以进行文件系统的人机交互管理。

分析：在 Visual Basic 中，文件系统控件包括驱动器列表框（DriveListBox）、目录列表框（DirListBox）和文件列表框（FileListBox）。驱动器列表框可以选择或设置一个驱动器，目录列表框可以查找或设置指定驱动器中的目录，文件列表框可以查找指定驱动器指定目录中的文件信息，三者协同操作可以访问任意位置的目录和文件，可以进行文件系统的人机交互管理。

结论：答案应为：(1) 驱动器列表框（DriveListBox）；(2) 目录列表框（DirListBox）。

10-11. 每次重新设置驱动器列表框的 Drive 属性时，都将引发______事件。可在该事件过程中编写代码修改目录列表框的路径，使目录列表框的内容随之发生改变。

分析：在 Visual Basic 中，每次重新设置驱动器列表框的 Drive 属性时，都将引发 Change 事件。可在 Change 事件过程中编写代码修改目录列表框的路径，使目录列表框的内容随之发生改变。驱动器列表框的默认名称为 Drive1，其 Change 事件过程的开头为 Drive1 Change ( )。

结论：答案应为 Change。

10-12. 目录列表框用来显示当前驱动器下的目录结构。刚建立时显示______的顶层目录和当前目录，如果要显示其他驱动器上的目录信息，必须改变路径，即重新设置目录列表框的______属性。

分析：在 Visual Basic 中，目录列表框用来显示当前驱动器下的目录结构。刚建立时显示当前驱动器的顶层目录和当前目录，如果要显示其他驱动器上的目录，必须改变路径，即重新设置目录列表框的 Path 属性。

结论：答案应为：当前驱动器；Path。

10-13. 对驱动器列表框来说，每次重新设置驱动器列表框的______属性时，将引发 Change 事件；对目录列表框来说，当______属性值改变时，将引发 Change 事件；对于文件列表框来说，重新设置的______属性，将引发 Change 事件。

分析：在 Visual Basic 中，对驱动器列表框来说，每次重新设置驱动器列表框的 Drive 属性时，将引发 Change 事件；目录列表框和文件列表框改变路径，即重新设置列表框的 Path 属性，将引发 Change 事件。

结论：答案应为：Drive；Path；Path。

10-14. 以顺序输入模式打开“C：\ source1. txt”文件的命令是______；以输出方式打开“C：\ source2. txt”文件的命令是______。

分析：Print # 语句用于将把数据写入文件中。Print 语句的格式为：

```
Open 文件名 [For 模式] As [#] 文件号
```

“For 模式”为指定打开文件的模式是数据的输入模式还是输出模式。

结论：答案应为：

```
Open "c:\source1.txt" For Input As #1
Open "c:\source2.txt" For Output As #2
```

10－15. 以下程序段简要说明驱动器列表框、目录列表框及文件列表框三者协同工作的情况。将程序段补充完整。

```
Private Sub Drive1_Change()
    ____________
End Sub
Private Sub Dir1_Change()
    ____________
End Sub
```

分析：首先设置目录列表路径随驱动器列表路径改变而改变：每当改变驱动器列表框的Drive属性时，将产生驱动器列表框的Change事件，执行Drive1_Change事件过程，使驱动器列表框和目录列表框同步，即将目录列表框中的目录（Dir1. Path属性）变为该驱动器的目录（Drive1. Drive属性）。然后，设置文件列表路径随目录列表路径改变而改变：当目录列表框Path属性改变时，将产生目录列表框的Change事件，执行Dir1_Change事件过程，使目录列表框和文件列表框同步，即在文件列表框（File1. Path属性）中显示目录驱动器所指目录下的文件信息（Dir1. Path属性）。这样3个文件系统控件就协同工作了。

结论：答案应为：Dir1. Path = Drive1. Drive；File1. Path = Dir1. Path。

10－16. 为了在运行时把当前路径下的图形文件picturefile. jpg装入图片框Picture1，所使用的语句为________。

分析：可以使用LoadPicture语句，必须先确定图片的位置。在本例中，路径为当前路径，可以采用默认路径；也可以在Picture1的Picture属性中直接设置打开文件对话框，在对话框中选择图片进行设置。

结论：答案应为：Picture1. Picture = LoadPrcture ("picturefile. jpg")。

三、问答题

10－17. 文件管理系统有什么作用？

答：为了方便用户存取，在现代的计算机系统中，都包含文件管理系统。用户可以对文件进行各种各样的处理和操作，如选择、打开和删除等。

10－18. 文件系统有哪些控件？

答：在VB 6.0中包括4个文件类控件，它们分别是DriveListSox控件、DirListBox控件、FileListBox控件和CommDialog控件。

10－19. 磁盘驱动器列表发生变动后，如何通知目录列表？

答：参考代码如下：

```
Private Sub Drive1_Change()
    Dir1.Path = Drive1.Drive    '设置 DirListBox 控件的路径与 DriveListBox 控件同步
End Sub
```

10－20. 目录列表发生变动后，如何通知文件列表？

答：参考代码如下：

```
Private Sub Dir1_Change()
    File1.Path = Dir1.Path
End Sub
```

10－21. 文件按照其数据存放的方式，分为几种类型？

答：按照文件的存取方式及其组成结构可以分为两种类型：顺序文件和随机文件。

四、阅读程序补充代码

10－22. 在窗体上建立一个驱动器列表框、目录列表框、文件列表框、图片框、文本框。要求程序运行后，驱动器列表框 Drive1 的默认驱动器设置为 D 盘，选择 File1 中所列的图片文件（＊.bmp、＊.gif 和＊.jpg），则相应的图片显示在图片框 Picture1 中，文件的路径显示在文本框中。程序运行结果如图 10－1 所示。

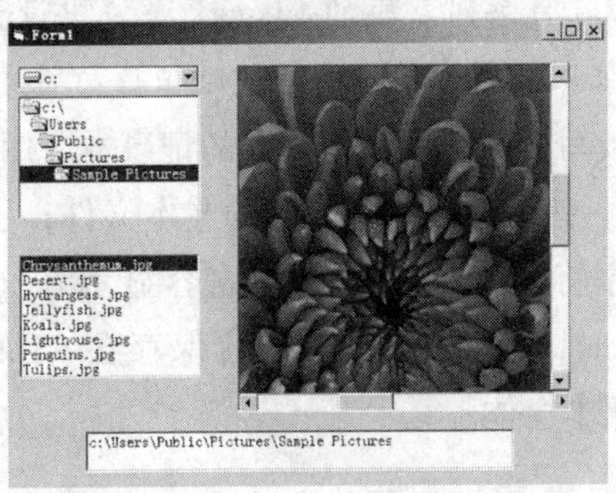

图 10－1　程序运行结果

程序代码如下（请补充完整）：

```
Private Sub Form_Load()
    Drive1.Drive = ____(1)____ (答:"D:\")
    File1.Pattern = "*.bmp; *.gif; *.jpg"
```

```
End Sub
Private Sub Drive1_Change()
    Dir1.Path = _____(2)_____(答:Drive1.Drive)
    Text1.Text = Drive1.Drive
End Sub
Private Sub Dir1_Change()
    _________(3)_________(答:File1.Path = Dir1.Path)

    _________(4)_________(答:Text1.Text = Dir1.Path)
End Sub
Private Sub File1_Click()
    Picture1. _____(5)_____ = LoadPicture(File1.Path + "\" + File1.FileName)(答:
Picture)
    FileName = File1.Path + "\" + File1.FileName
    Text1.Text = _____(6)_____(答:FileName)
End Sub
```

分析：要在图片框中显示图形文件，首先要使三大文件系统控件同步起来，即文件列表框中显示的是指定驱动器的指定目录下的文件列表，可在驱动器列表框的 Change 事件中设置 Dir1. Path = Drive1. Drive，在目录列表框的 Chang1 事件中设置 File1. Path = Dir1. Path。用 LoadPicture 函数把图形文件装入到图片框中。通过赋值语句将文件的路径显示在文本框中。

10－23. 使用顺序文件读写方式编写一个简单的记事本应用程序，其运行界面如图 10－2 所示。假设 D 盘的根目录下有一个名为 w1. txt 的文本文件，程序运行时，当单击“打开”按钮（Command1）时，程序将 w1. txt 文件中的内容显示在文本框（Text1）中，当单击“保存”按钮（Command2）时，将 Text1 中的内容保存在 w1. txt 文件中。当单击“退出”按钮（Command3）时，关闭本窗体。

程序如下，请补充完整。

```
Private Sub Command1_Click()
    Dim strtxt As String
    Text1 = ""
    Open ___(1)_______                        '以读方式打开文件
    Do While ___(2)_______                    '判断文件是否结束
```

```
        Input #1, strtxt                    '从文件中读取数据并将其赋值给变量 strtxt
        Text1 = Text1  + ____(3)______      '将内容显示在文本框中
    Loop
    ____(4)______                           '关闭文件
End Sub

Private Sub Command3_Click()
    Open "D:\W2.Txt" For Output As #1       '以写方式打开文件
    Write #1, ____(5)______                 '在文本框中写入内容
    Close #1
End Sub

Private Sub Command4_Click()
    Unload Me
End Sub
```

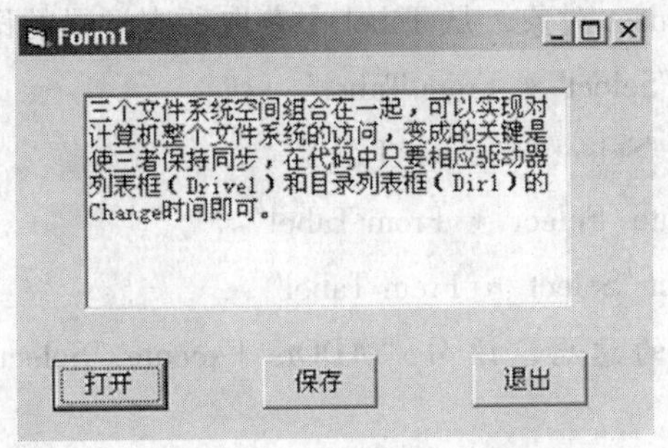

图 10－2　记事本程序运行界面

答案：

[1] "D:\W2.Txt" For Input As #1

[2] Not EOF (1)

[3] strtxt

[4] Close #1

[5] Text1

第 11 章　数据库程序设计

一、单项选择题

11－1. 使用 ADO 数据模型时，使 Recordset 和 Connection 对象建立连接的属性是（　　）。（C）

A. CommandType　　B. Open

C. ActiveConnection　　D. Execute

11－2. 不属于 VB 数据库引擎的是（　　）。（C）

A. ODBC　　B. Jet 引擎

C. BDE　　D. OLE DB

11－3. ADOrs 为 Recordset 对象，从 Tabel 中获取所有记录的语句是（　　）。（C）

A. ADOrs. New "Select * From Tabel"

B. ADOrs. Open "Select * From Tabel"

C. ADOrs. Execute "Select * From Tabel"

D. ADOrs. Select "Select * From Tabel"

分析：Execute 为执行的意思，语句 "ADOrs. Execute "Select * From Tabel"" 可以从 Tabel 中获取所有记录。

结论：答案应为 C。

二、填空题

11－4. 在 VB 中，将 Access 称为________，SQL Server 称为________。

（**答**：本地数据库，远程数据库）

11－5. 假设 ADOcn 为一个 Connection 对象，那么在 VB 程序中声明并创建 ADOcn 的语句是________________。

（**答**：Dim ADOcn As New Connection）

11－6. ADO 模型中一般可通过 Connection 对象的______(1)______方法执行增加、删除、修改操作。使用 ADO 模型时，建立 Recordset 和 Connection 对象连接的属性是______(2)______。

分析：应记住。

结论：（1）Execute；（2）ActiveConnection。

三、阅读程序，补充完善题

11 - 7. 已知存在一名为“学生”的 SQL Server 数据库，其中的 students 数据表用来存储学生的基本情况信息，包括学号、姓名、籍贯、性别。请编写一个简单的应用程序，向 students 表中添加学生记录。程序的基本逻辑是：当窗体被加载时，程序连接 SQL Server 数据库；当单击“增加”按钮时，首先查询学号是否重复，如果不重复则向 students 表中添加学生记录。其运行界面如图 11 - 1 所示。

增加学生记录	
学号：	20050001
姓名：	刘丽
籍贯：	山东省
性别：	女
增加	返回

图 11 - 1　程序运行界面

程序如下，请补充完整。

```
'声明对象变量 ADOcn,用于创建与数据库的连接
Private ADOcn As Connection
Private Sub Form_Load()                    '连接 SQL Server 数据库
    Dim strDB As String
    strDB ="Provider = SQLOLEDB;LSF;User ID = sa;Password = ;Database = ____(1)____"
    If ADOcn Is Nothing Then
        Set ADOcn = ____(2)____
        ADOcn.Open strDB
    End If
End Sub
Private Sub Command1_Click()               '增加学生记录
```

```
    Dim strSQL As String
    Dim ADOrs As (3)    Recordset
    ADOrs.ActiveConnection = ADOcn
    ADOrs.Open "Select 学号 From Students Where 学号 = " + "'" + Text1 + "'"
    If Not (4)    Then
        MsgBox "你输入的学号已存在,不能新增加!"
    Else
        StrSQL = "Insert Into students (学号,姓名,,籍贯, 性别) "
        StrSQL = strSQL + Values(" + "'" + text1 + "','" + text2 + "','" + text3 + "','" +
text4 + "')"
        ADOcn.Execute (5)
        MsgBox "添加成功,请继续!"
    End If

    Private Sub Command2_Click()
    Unload Me
End Sub
```

分析:数据库应用程序的大致框架是:

(1) 连接后台数据库。

(2) 连接数据库中的某张表。

(3) 对这张表进行查询 (Select)、插入 (Insert)、修改 (Update)、删除 (Delete) 操作。

据此,根据题意应首先在窗体的 Load 事件中编写连接后台数据库的事件过程。在 Command1_Click () 事件过程中,首先连接数据库中的 students 数据表,然后进行查询,查询结果用 MsgBox 给出提示信息,再对 students 数据表进行插入 (Insert) 操作。

答案:

[1] 学生

[2] New Connection

[3] New

[4] ADOrs. EOF

[5] strSQL

第12章　调试与错误处理

一、单项选择题

12－1. VB程序中设置断点的按键是（　　）。(C)

A. F5键　　B. F6键　　C. F9键　　D. F10键

12－2. 将调试通过的工程经“文件”菜单的“生成.exe文件”编译成EXE后，将该可执行文件拿到其他机器上不能运行的主要原因是（　　）。(C)

A. 缺少FRM窗体文件　　B. 该可执行文件有病毒

C. 运行的机器上无VB系统　　D. 以上原因都不对

12－3. VB程序中通常不会产生错误提示的是（　　）。(D)

A. 编译错误　　B. 实时错误　　C. 运行时错误　　D. 逻辑错误

分析：编译错误多数是因为不正确的代码产生的。实时错误也称运行时错误，是指应用程序运行期间，一条语句试图执行一个不可能执行的操作而产生的错误。逻辑错误是指程序的运行结果和程序员的设想有出入时产生的错误，这类错误并不直接导致程序在编译期间和运行期间出现错误，较难发现，逻辑错误不产生错误提示。

结论：答案应为D

二、填空题

12－4. 应用程序打包后，其打包文件的后缀为________。

（答：cab）

12－5. Visual Basic程序开发有3种模式，即设计模式、________模式和________模式。

（答：中断，执行）

12－6. VB中的程序错误类型主要有编译错误、________、________3种。

（答：实时错误，逻辑错误）

12－7. 在VB中要想获得帮助，需要按的键是________；要设置断点需要按________键。

（答：F1，F9）

12－8. VB的代码存储在模块中。在VB中提供了3种类型的模块：________、

________和________。

（答：窗体模块，标准模块，类模块）

12－9. VB中若需要逐语句调试程序，可以按下________键来实现。

（答：F8）

12－10. On Error ... Resume Next语句表示：当发生错误时，VB程序将忽略引发错误的语句，并________。

（答：继续执行下一条语句）

第二部分　上机实验内容

实验一　Visual Basic 集成开发环境（2 学时）

一、实验内容

1. Visual Basic 6.0 的安装、启动与退出。

2. 定制 Visual Basiv 6.0 的集成开发环境。

3. 创建一个简单应用程序。

二、实验要求

1. 了解 Visual Basic（简称 VB）对计算机系统的软、硬件要求。

2. 练习 Visual Basic 6.0 的安装，掌握启动与退出 Visual Basic 6.0 的方法。

3. 熟悉 Visual Basic 集成开发环境，掌握工具栏、属性窗口、工程资源管理器窗口、窗体布局窗口、代码编辑器窗口的使用。

实验二 简单程序设计（2学时）

一、实验内容

【实验1】 做一个简单的算术运算器，可以实现加、减、乘、除基本运算。

新建一个VB工程，在窗体Form1上添加3个文本框控件Text1、Text2和Text3；4个命令按钮控件Command1、Command2、Command3和Command4，分别将它们的Caption属性分别设置为“加”“减”“乘”和“除”；另外，还有4个标签控件，分别作为窗体界面上的提示信息，具体布局如图2-1所示。程序功能要求是，当用户在“操作数1”和“操作数2”两个文本框中输入了数据，单击“加”命令按钮时，“计算结果”文本框中就会显示这两个操作数相加计算的结果；单击了“减”命令按钮时，“计算结果”文本框中就显示两个操作数相减运算的结果；单击“乘”命令按钮时，在“计算结果”文本框中显示两个操作数做乘法运算的结果；单击“除”命令按钮时，则“计算结果”文本框中显示两个操作数做除法运算的结果。想一想，这个程序中各个控件的属性应该怎样设置？应该针对哪些控件的什么事件书写程序代码？

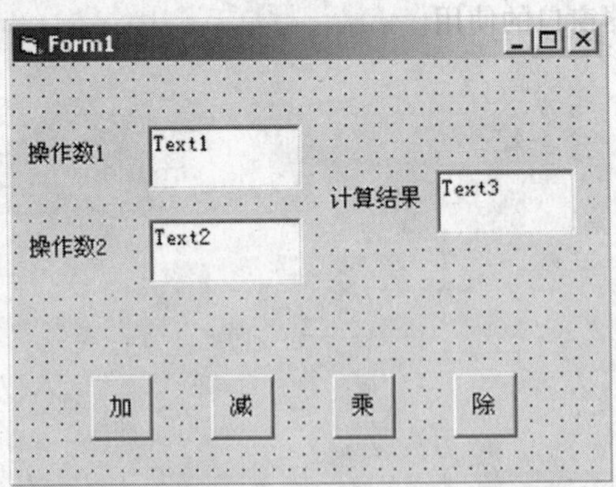

图2-1 窗体设计界面

针对上述程序设计功能要求，在窗体Form1上添加各个控件后，用鼠标分别双击4个命令按钮，打开代码设计窗口，为4个命令按钮控件编写如下程序代码：

```
Private Sub Command1_Click()
    s = Val(Text1.Text)
    n = Val(Text2.Text)
    r = s + n
    Text3.Text = r
End Sub

Private Sub Command2_Click()
    s = Val(Text1.Text)
    n = Val(Text2.Text)
    r = s - n
    Text3.Text = r
End Sub

Private Sub Command3_Click()
    s = Val(Text1.Text)
    n = Val(Text2.Text)
    r = s * n
    Text3.Text = r
End Sub

Private Sub Command4_Click()
    s = Val(Text1.Text)
    n = Val(Text2.Text)
    r = s / n
    Text3.Text = r
End Sub
```

保存后运行程序，看看有什么样的结果？分析一下如果要使程序功能更加完善，不会因数据输入不当（例如，做除法运算时，作为被除数的第二个操作数输入为0）而出现溢出等错误，需要做哪些方面的改进？要做这些改进还需要学习哪些知识？

【实验2】　设计一个程序，计算一元二次方程 $ax^2+bx+c=0$ 的根。其执行界面如图2-2所示。其中方程的系数在程序运行后由用户通过键盘输入。

Form1

系数 a　Text1　一个根　Text4

系数 b　Text2

计算

系数 c　Text3

图 2-2　程序界面

针对上述程序设计要求，在窗体 Form1 上添加各个控件后，用鼠标双击“计算”命令按钮，打开代码设计窗口，为控件 Command1 编写如下程序代码：

```
Private Sub Command1_Click()
    a = Val(Text1.Text)
    b = Val(Text2.Text)
    c = Val(Text3.Text)
    x0 = ( -b + Sqr(b * b - 4 * a * c)) / (2 * a)
    Text4.Text = x0
End Sub
```

代码输入完毕后运行，单击 VB 窗口上的启动按钮运行程序，看一看可以完成计算吗？想一想给出的代码还有什么缺陷？可以从哪些方面进行改进？等到学习了选择结构程序设计后，再回头看看这个程序应该怎样改进。

【实验 3】　利用两个标签控件制作如图 2-3 所示的阴影文字，文字内容为“春暖花开”。提示：利用标签控件的 Top、Left 和 BackStyle 等属性。

图 2-3　阴影文字效果

两个标签控件的属性设置如表 2－1 所示。

表 2－1　两个标签控件的属性设置

控件名	属性	属性值
Label1	Caption	″春暖花开″
	BackStyle	0—Transparent
	ForeColor	&H000000FF&（红色）
	Left	605
	Top	380
Label2	Caption	″春暖花开″
	BackStyle	0—Transparent
	ForeColor	&H0000FFFF&（黄色）
	Left	600
	Top	360

二、实验要求

1. 掌握建立和运行 Visual Basic 应用程序的基本步骤。
2. 掌握文本框、标签、命令按钮属性的设置方法。
3. 了解指令语句的书写规则。

实验三　输入输出操作（2 学时）

一、实验内容

【实验 1】　利用 Tab、Spc 函数在窗体上对齐输出学生的学号、姓名、性别、年龄等信息，如图 3－1 所示。

Form1

学号	姓名	性别	年龄
2011001	李佳	女	18
2011002	胡萍	女	19
2011003	王峰	男	20

图 3－1　程序运行结果

```
Private Sub Command1_Click()
    Print Tab(6); "学号"; Spc(6); "姓名"; Spc(6); "性别"; Spc(6); "年龄"
    Print Tab(6); "2011001"; Spc(3); "李佳"; Spc(7); "女"; Spc(8); "18"
    Print Tab(6); "2011002"; Spc(3); "胡萍"; Spc(7); "女"; Spc(8); "19"
    Print Tab(6); "2011002"; Tab(16); "王峰"; Tab(27); "男"; Tab(37); "20"
End Sub
```

【实验 2】　设计一个窗体，以说明 Print 方法的使用。新建一个工程，在窗体 Form1 上设计如下事件过程：

```
Private Sub Form_Click()
    Print "aa" & "bb", 2 * 6
    Print "aa" & "bb"; 2 * 6
    Print
    Print Now                                    '显示当前日期和时间
    Print
```

```
    FontSize = 16                                    '设置字体大小
    Print "12 * 5 = "; 12 * 5
    Print
    FontSize = 12
    Print "12 * 5 = ", 12 * 5
    Print
    FontSize = 14
    FontBold = True                                  '设置字体为黑体
    Print "中华人民";
    FontSize = 10
    Print "共和国"
End Sub
```

执行程序，在窗体屏幕中的任意位置处单击鼠标，观察执行结果。

【实验3】 设计一个单位发工资计算各类钞票数量的程序：在文本框中输入工资金额后，单击“计算”按钮，求出各种面额钞票的数量。程序界面设计如图3-2所示。

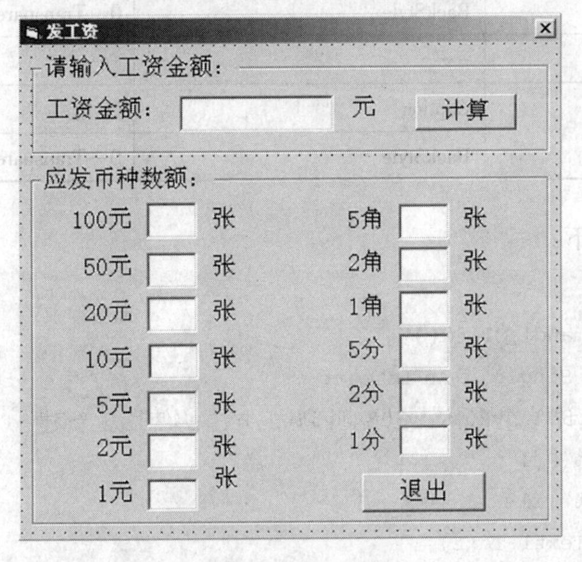

图3-2 程序界面设计

设计过程：

新建一个工程，在窗体上添加2个框架控件Frame1、Frame2，11个文本框控件Text1～Text11，11个标签控件Label1～Label11，2个命令按钮控件Command1、Command2。各个控件的属性设置如表 3 - 1 所示。

表 3 - 1 各控件属性设置

控件名	属性	属性值
Frame1	Caption	"请输入工资金额"
Frame2	Caption	"应发币种数额"
Text1 ~ Text11	Text	""（空白）
Command1	Caption	"计算"
Command2	Caption	"退出"
Label1	Caption	"工资金额： 元"
	BackStyle	0—Transparent
Label2	Caption	"100 元 张"
	BackStyle	0—Transparent
Label3	Caption	"50 元 张"
	BackStyle	0—Transparent
……	……	……
Label11	Caption	"1 角 张"
	BackStyle	0—Transparent

参考程序代码如下：

```
Option Explicit
Private Sub Command1_Click()
    Dim Money As Single, t As Integer
    Dim y100%, y50%, y20%, y10%, y5%, y2%, y1%
    Dim j5%, j2%, j1
    Dim f5%, f2%, f1%
    Money = Val(Text1.Text)
    t = Fix(Money)
    '计算元
    y100 = t \100: t = t Mod 100
    y50 = t \50: t = t Mod 50
```

```
    y20 = t \20: t = t Mod 20
    y10 = t \10: t = t Mod 10
    y5 = t \5: t = t Mod 5
    y2 = t \2: t = t Mod 2
    y1 = t
    '计算角
    t = Fix((Money - Fix(Money)) * 10)
    j5 = t \5: t = t Mod 5
    j2 = t \2: t = t Mod 2
    j1 = t
    '呈现结果
    Text2.Text = y100
    Text3.Text = y50
    Text4.Text = y20
    Text5).Text = y10
    Text6.Text = y5
    Text7.Text = y2
    Text8.Text = y1
    Text9.Text = j5
    Text10.Text = j2
    Text11.Text = j1
End Sub

Private Sub Command2_Click()
    Unload Me
End Sub
Private Sub Form_Load()
    Text1.Text = ""
    Text2.Text = ""
    Text3.Text = ""
    Text4.Text = ""
    Text5).Text = ""
    Text6.Text = ""
```

```
    Text7.Text =""
    Text8.Text =""
    Text9.Text =""
    Text10.Text =""
    Text11.Text =""
End Sub
```

二、实验要求

1. 掌握利用文本框输入信息的方法。
2. 掌握 Print 方法及 Tab（）、Spc（）函数的使用方法。
3. 掌握语句的书写格式及各种运算符号的使用。

实验四　分支和循环程序设计（8 学时）

一、实验内容

【实验 1】　单分支、多分支程序设计。

（1）编写程序，从键盘上输入 a、b、c 这 3 个数，按大小顺序对这 3 个数排列后输出排序结果，如图 4－1 所示。

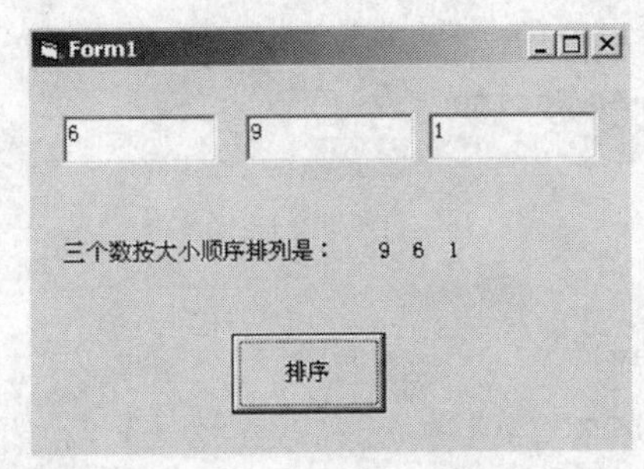

图 4－1　程序运行界面

参考代码：

```
Private Sub Command1_Click()
    a = Val(Text1.Text)
    b = Val(Text2.Text)
    c = Val(Text3.Text)
    If a < b Then t = a: a = b: b = t
    If a < c Then t = a: a = c: c = t
    If b < c Then t = b: b = c: c = t
    Label1.Caption = Str(a) & "" & Str(b) & "" & Str(c)
End Sub
```

（2）用多分支选择结构设计一个程序，程序的功能是当用户输入一个数字（0 ~ 6）后，程序能够同时用中英文显示星期几。程序用户界面如图 4－2 所示。

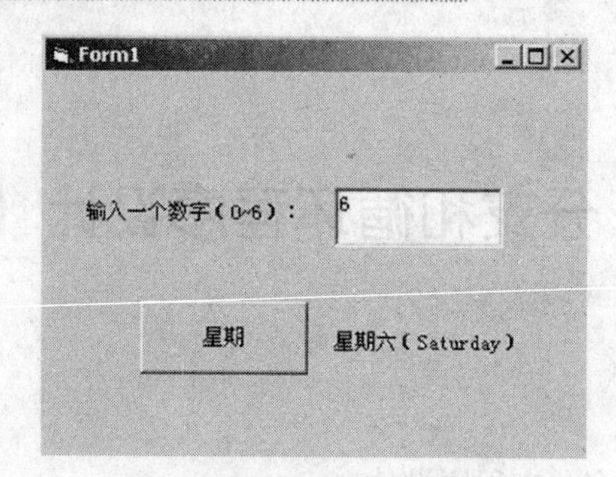

图 4-2 程序运行界面

参考程序代码如下：

```
Private Sub Command1_Click()
    Dim n As Integer, m As String
    n = (Text1.Text)
    Select Case n
    Case 1
        m = "星期一(Monday)"
    Case 2
        m = "星期二(Tuesday)"
    Case 3
        m = "星期三(Wednesday)"
    Case 4
        m = "星期四(Thursday)"
    Case 5
        m = "星期五(Friday)"
    Case 6
        m = "星期六(Saturday)"
    Case 0
        m = "星期日(Sunday)"
    Case Else
        m = "重新输入"
    End Select
    Label2.Caption = m
End Sub
```

【实验 2】　循环程序设计。

猜数游戏：程序中预先给定某个数（不显示），用户从键盘反复输入整数进行猜测。每次猜数如果没有猜中，程序会提示输入的数是过大还是过小。猜中时在界面上的文本框中显示已猜的次数，最多允许猜 10 次。界面如图 4－3 所示。

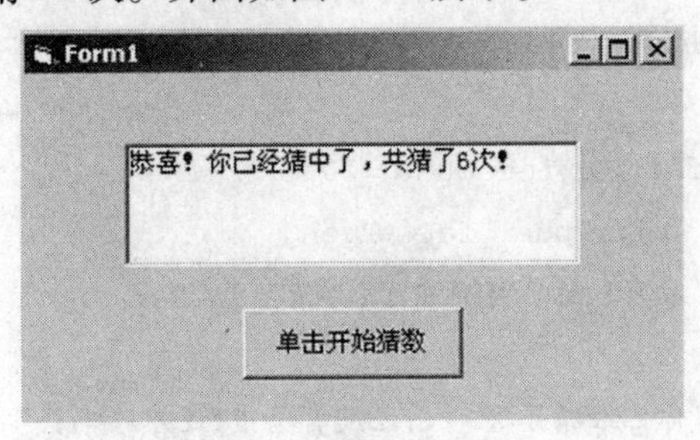

图 4－3　猜数游戏界面

参考程序代码：

新建一个工程，在窗体中添加文本框控件 Text1 和命令按钮控件 Command1，如图 4－4 所示。

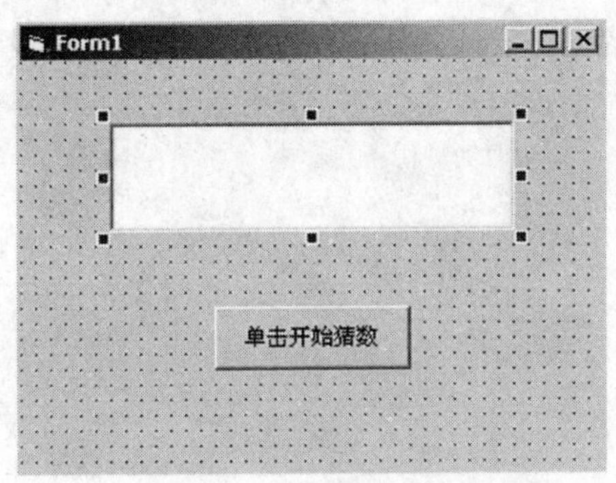

图 4－4　用户程序界面

为命令按钮控件 Command1 的 Click 事件编写如下代码：

```
Private Sub Command1_Click()
    Dim intcount As Integer, num As Integer, fact As Integer
    fact = 51
    intcount = 0
    Do
        num = Val(InputBox("请输入一个整数!"))
```

```
        intcount = intcount +1
        If num > fact Then            MsgBox ("过大了 ")
        End If
        If num < fact Then
            MsgBox ("过小了 ")
        End If
    Loop Until num = fact Or intcount = 20
    If intcount < = 10 And num = fact Then
        Text1.Text ="恭喜! 你已经猜中了,共猜了 " & intcount & "次!"
    Else
        Text1.Text ="你已经猜了 20 次,还没有猜中,还想猜吗?"
    End If
End Sub
```

二、实验要求

(1) 掌握单分支、多分支程序设计基本方法，能够运用分支结构设计应用程序。

(2) 掌握各种循环结构程序设计方法，能够运用循环结构设计应用程序。

实验五　数组与过程程序设计（8 学时）

一、实验内容

【实验 1】　数组程序设计。

设计程序，产生 20 个 0 ~ 50 的随机整数并存放到数组中，然后对数组按升序排序。程序运行结果如图 5 - 1 所示。

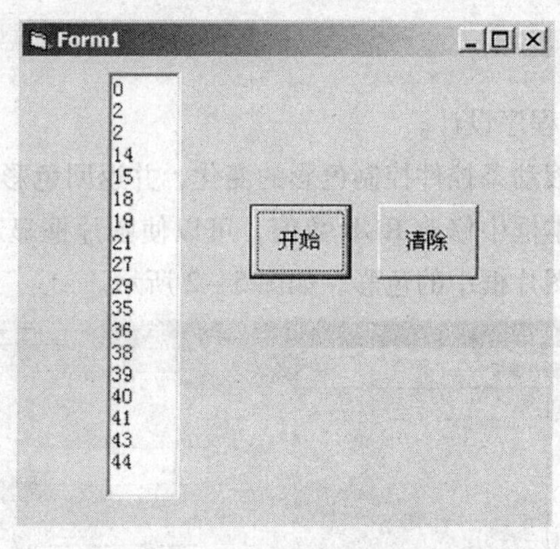

图 5 - 1　程序运行结果

程序代码如下：

```
Private Sub Command1_Click()
    Dim arr(1 To 20)
    For i =1 To 20
        arr(i) = Int((50 -0 +1) * Rnd +0)
    Next i
    For i =1 To 19
        For j = i +1 To 20
            If arr(i) > = arr(j) Then
                a = arr(j)
```

```
                arr(j) = arr(i)
                arr(i) = a
            End If
        Next j
    Next i
    For i = 1 To 20
        Text1.Text = Text1.Text & arr(i) & Chr(13) & Chr(10)
    Next i
End Sub
Private Sub Command2_Click()
    Text1.Text = ""
End Sub
```

【实验 2】 控件数组程序设计。

设计一个程序，利用滚动条控件控制色彩的变化，并返回色彩的 RGB 数值。

程序功能：直接在文本框中修改 RGB 数值，可以使图片框显示相应色彩，或是用鼠标拖动某一个滚动条，改变图片框中的色彩，如图 5-2 所示。

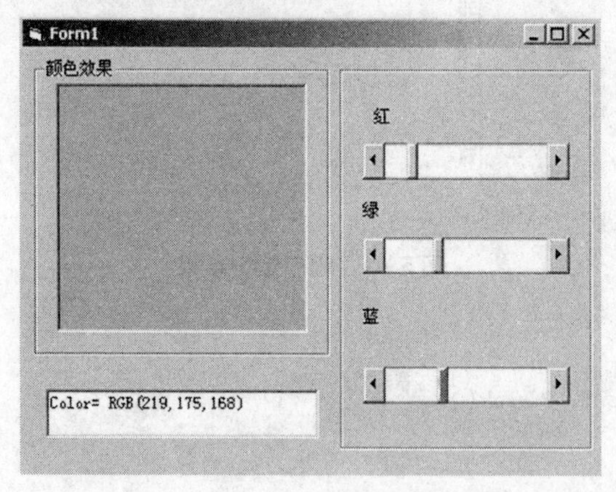

图 5-2 程序效果图

建立滚动条控件数组 HScroll1（0）、HScroll1（1）和 HScroll1（2），设置控件数组的初始属性，如表 5-1 所示。

表 5－1　各控件属性初始设置值

控件名	属性	属性值
Frame1	Caption	"颜色效果"
Frame2	Caption	""（空白）
Label1	Caption	"红"
Label2	Caption	"绿"
Label3	Caption	"蓝"
Hscroll1（0）～（2）	Max	0
	Min	255
	Value	255
Text1	Text	"Color = RGB（255，255，255）"

新建工程后，分别输入以下程序代码：

```
Private Sub HScroll1_Change(Index As Integer)
    Picture1.BackColor = RGB(HScroll1(0), HScroll1(1), HScroll1(2))
    r = LTrim(Str(HScroll1(0)))
    g = LTrim(Str(HScroll1(1)))
    b = LTrim(Str(HScroll1(2)))
    Text1.Text = "Color = RGB(" & r & "," & g & "," & b & ")"
End Sub
Private Sub Text1_GotFocus()
    Text1.SelStart = 10
End Sub
Private Sub Text1_KeyPress(KeyAscii As Integer)
    If (KeyAscii = 13) Then
        a = InStr(10, Text1.Text, ",")
        b = InStr(a + 1, Text1.Text, ",")
        c = InStr(b + 1, Text1.Text, ",")
        HScroll1(0) = Val(Mid(Text1.Text, 11, a - 10))
        HScroll1(1) = Val(Mid(Text1.Text, a + 1, b - a))
        HScroll1(2) = Val(Mid(Text1.Text, b + 1, c - b - 1))
    End If
End Sub
```

说明：函数 InStr（n，<字符串1>，<字符串2>）从字符串 1 第 n 个位置开始查找字符串 2 首次出现的位置，并返回一个整数。

分析一下上述程序段各自的作用，试一试颜色改变的效果，是不是很有趣呢？

【实验 3】 已知数学上的组合公式可表示为：

$$C_m^n = \frac{m!}{n!(m-n)!}$$

设计程序，用户从界面上的文本框分别输入 m、n 后，程序能够计算出从 m 个数中每次取 n 个数的组合。程序界面如图 5－3 所示。

图 5－3 程序界面

设计过程：

新建一个工程，在窗体上添加两个文本框控件，用于输入数字 m 和 n；一个命令按钮控件 Command1，用于进行计算；两个标签控件，一个用于显示字符 C，一个用于显示计算结果。各控件的属性设置如表 5－2 所示。

表 5－2 各控件属性初始值

控件名	属性	属性值
Text1	Text	"2"（初始值）（字号三号）
Text2	Text	"10"（初始值）（字号三号）
Label1	Caption	"C"（字号 100）
Label2	Caption	""（空白）（字号 50）
Command1	Caption	"="（字号 50）

运算过程分析：由于组合公式实际上是先进行 3 个不同数字 m、n、（$m-n$）的阶乘计算，然后再进行乘、除运算。因此可以设计一个函数过程，由主程序传递 3 个不同的数值

m、n 和（$m-n$）后分别进行阶乘计算。然后将3次计算得到的不同结果按照组合公式进行乘、除运算后就得到了最后结果。计算阶乘的函数过程代码如下：

```
Function Fac(x As Double) As Double
    Dim i As Double, P As Double
    P = 1
    For i = 2 To x
        P = P * i
    Next i
    Fac = P
End Function
```

为命令按钮控件 Command1 的 Click 事件编写如下代码：

```
Sub Command1_Click()
    Dim m#, n#, c#
    m = Val(Text1.Text)
    n = Val(Text2.Text)
    c = Fac(m) / (Fac(n) * Fac(m - n))
    Label2.Caption = c
    Form1.Caption = c
End Sub
```

编写完成后，单击 VB 集成开发环境窗口上的启动按钮运行程序，分别在文本框中输入 m 和 n，然后单击“=”按钮，就得到计算结果，如图5-3所示。

【实验4】　利用过程编写求三角形面积的程序。设计一个界面，用户在窗体上分别输入3个数 a、b、c 后，程序计算出由 a、b、c 所构成的三角形的面积。程序界面如图5-4所示。

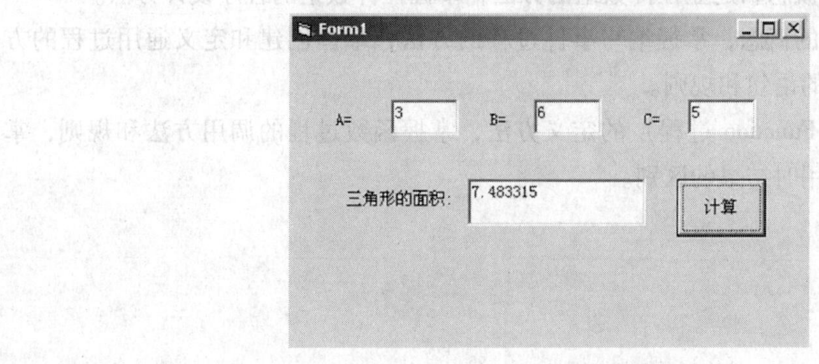

图5-4　程序界面

编写计算面积的过程如下：

```
Sub area(x As Single, y As Single, z As Single, s As Single)
    Dim p As Single
    p = (x + y + z) / 2
    s = Sqr(p * (p - x) * (p - y) * (p - z))
End Sub
```

命令按钮 Command1 的 Click 事件代码如下：

```
Private Sub Command1_Click()
    Dim a As Single, b As Single, c As Single, k As Single
    a = Val(Text1.Text)
    b = Val(Text2.Text)
    c = Val(Text3.Text)
    Call area(a, b, c, k)
    Text4.Text = Str(k)
End Sub
```

注意上面程序调用子过程的数值传递过程中，是按照地址传递的过程。当被调过程发生了形参变量值 s 的改变，因这时实参变量 k 与形参变量 s 使用同一个内存地址单元，这就使得主调程序中的实参变量 k 的值也发生同样的改变，从而实现子过程改变主程序中变量 k 原来值的目的。

二、实验要求

1. 掌握数组程序设计方法，掌握对数组元素的引用方法，掌握动态数组的使用，掌握多维数组的应用。

2. 理解控件数组的概念和建立控件数组的方法，掌握控件数组的程序设计方法。

3. 掌握子程序过程的概念，掌握编写事件过程的方法，掌握创建和定义通用过程的方法，掌握调用通用过程的语句和规则。

4. 掌握函数过程（Function 过程）的定义方法，掌握函数过程的调用方法和规则，掌握子过程与函数过程调用时结果的区别。

实验六　绘图程序设计（4 学时）

一、实验内容

【实验 1】　以 x 为自变量的函数曲线绘制。

（1）三角函数曲线的绘制。仿照例 9－3，编程绘制 $y = \text{Cos}(\theta)$ 函数曲线，如图 6－1 所示。

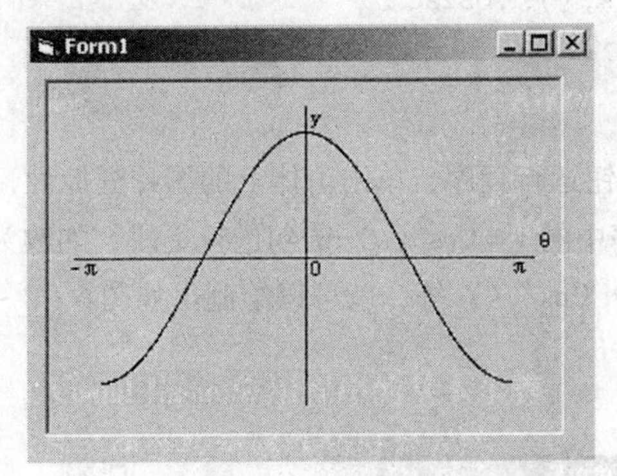

图 6－1　$y = \text{Cos}(\theta)$ 曲线

设计过程：新建一个工程，在窗体上添加一个图片框控件 Picture1，然后编写其 Click 事件代码：

```
Private Sub Picture1_Click()
    Const PI =3.1415926                          '定义 PI 常量
    Picture1.Scale ( -5 * PI /4, 1.4) -(5 * PI /4, -1.4)
    Dim i As Integer
    Dim j As Integer
    Dim tt As Double
    Dim x As Double
    Dim y As Double
    Picture1.Line ( -PI * 9 /8, 0) -(PI * 9 /8, 0)
    Picture1.Line (0, 1.2) -(0, -1.2)
```

```
    Picture1.CurrentX =0.1: Picture1.CurrentY =0: Picture1.Print "O"
    Picture1.CurrentX = -3.6: Picture1.CurrentY =0: Picture1.Print " -π"
    Picture1.CurrentX = PI: Picture1.CurrentY =0: Picture1.Print "π"
    Picture1.CurrentX = PI * 9 /8: Picture1.CurrentY =0.2: Picture1.Print "θ"
    Picture1.CurrentX =0.1: Picture1.CurrentY =1.2: Picture1.Print "y"
    i =600
    tt =2 * PI /600
    For j =0 To i
        x = -PI + j * tt
        y =Cos(x)
        Picture1.PSet (x, y), VbBlack
    Next j
End Sub
```

单击 VB 窗口上的启动按钮运行程序，单击窗体上的图片框控件，绘制出 Cos（θ）的曲线图形。类似的，只需对程序中的 y = Cos（θ）语句进行更改，如改为 y = Exp（θ）、y = Sin（θ） * Sin（θ） - Cos（θ） * Cos（θ）等，就可以绘制出如图 6 - 2 ~6 - 5 所示的各种函数曲线图形。

（2）$y = e^x$。

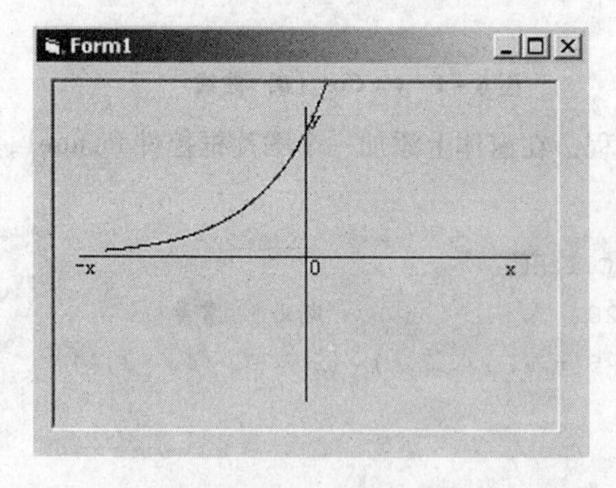

图 6 - 2 $y = e^x$ 曲线

（3）$y = \sin(x) * \sin(x) - \cos(x) * \cos(x)$。

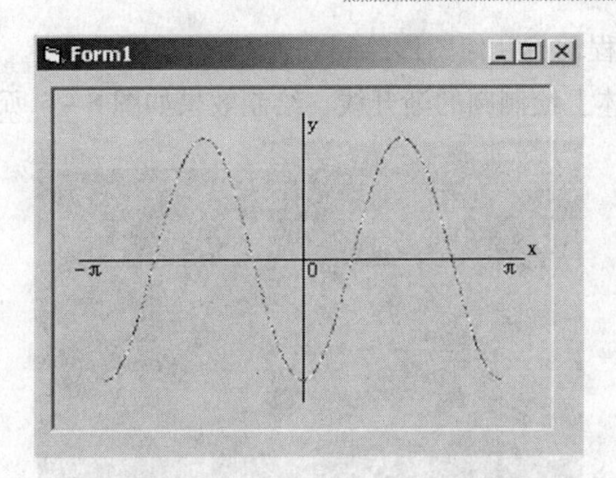

图6-3　$y=\sin(x)*\sin(x)-\cos(x)*\cos(x)$ 曲线

（4）$y=x*(\sin(x)*\sin(x)-\cos(x)*\cos(x))$。

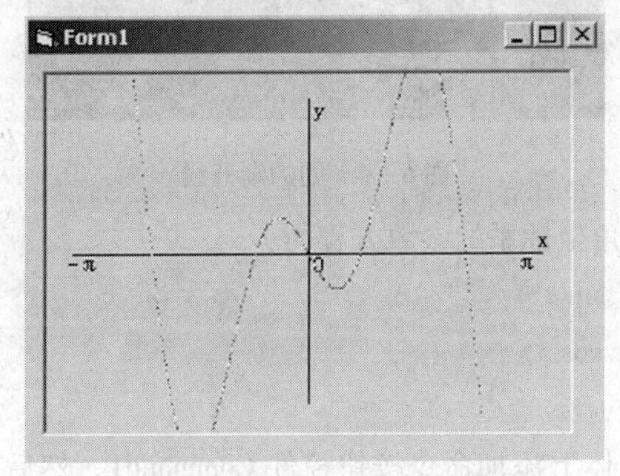

图6-4　$y=x*(\sin(x)*\sin(x)-\cos(x)*\cos(x))$ 曲线

（5）$y=x^2/2$。

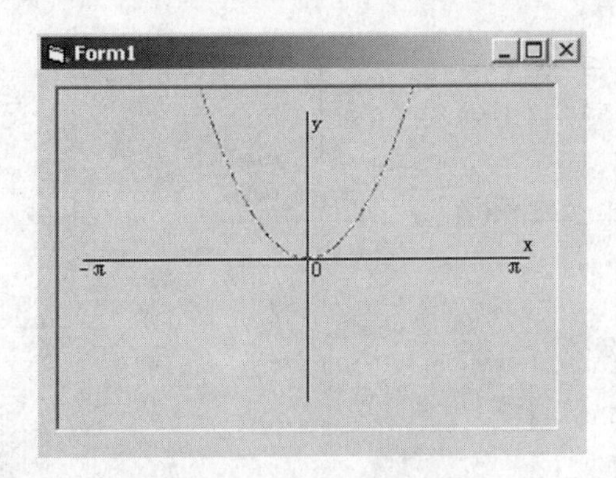

图6-5　$y=x^2/2$ 曲线

【实验2】 参数方程常见几何图形绘制。

（1）编程序，在窗体上绘制圆的渐开线，绘制效果如图6-6所示。

图6-6 圆的渐开线

已知，圆的渐开线直角坐标系的参数方程为：

$$\begin{cases} x = a\ (\cos t + t\sin t) \\ y = a\ (\sin t - t\cos t) \end{cases}$$

设计过程：

新建一个工程，在窗体上添加命令按钮控件Command1，然后对其Click事件编写如下代码：

```
Option Explicit
Dim x As Integer, y As Integer
Dim t As Single, xt As Single, yt As Single
Dim Alfa As Single
Private Sub command1_Click( )
    Alfa = Alfa + 0.5
    ScaleMode = 6
    x = Me.ScaleWidth /2
    y = Me.ScaleHeight /2
    Cls
    For t = 0 To 60 Step 0.1
```

```
        xt = Cos(t + Alfa) + t * Sin(t + Alfa)
        yt = Sin(t + Alfa) - t * Cos(t + Alfa)
        PSet (xt + x, yt + y), vbYellow
    Next t
End Sub
```

编写完成后，运行程序，单击窗体界面上的命令按钮，得到如图 6-6 所示的渐开线图形。

（2）已知，圆的参数方程为：

$$\begin{cases} x = a\cos t \\ y = a\sin t \end{cases}$$

仿照上例程序，编写一个绘制圆的程序。

设计过程：新建一个工程，在窗体上添加命令按钮控件 Command1，然后对其 Click 事件编写如下代码：

```
Option Explicit
Dim x As Integer, y As Integer
Dim t As Single, xt As Single, yt As Single
Dim Alfa As Single
Private Sub Command1_Click()
    Alfa = Alfa + 0.5
    ScaleMode = 6
    x = Me.ScaleWidth / 2
    y = Me.ScaleHeight / 2
    Cls
    For t = 0 To 120 Step 0.01
        xt = 10 * Cos(t + Alfa)
        yt = 10 * Sin(t + Alfa)
        PSet (xt + x, yt + y), VbYellow
    Next t
End Sub
Private Sub Form_Load()
    Form1.BackColor = VbBlack
End Sub
```

运行程序，单击命令按钮控件 Command1 后，可在屏幕上得到圆的图形，如图 6-7 所示。

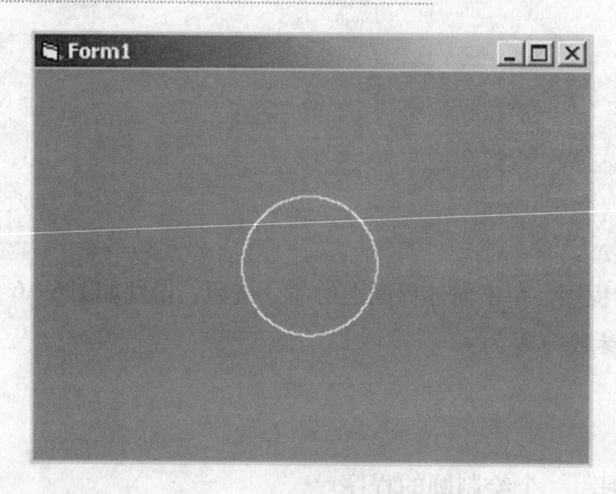

图 6－7 绘制圆图形结果

如果将上面程序中的

```
xt = a * Cos(t)
yt = a * Sin(t )
```

改为：

```
xt = a * Cos(t)
yt = b * Sin(t)
```

其中 a > b，就可得到一个长轴为 X 轴的椭圆，如图 6－8 所示。想一想，如果要得到长轴为 Y 轴的椭圆，该怎样修改程序？

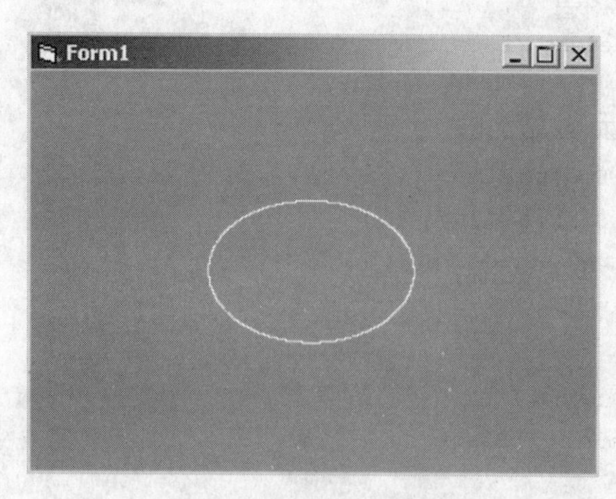

图 6－8 程序运行结果

（3）已知李萨茹图形的参数坐标方程为：

$$\begin{cases} X = A_1 \sin\ (\omega_1 t + \psi_1) \\ Y = A_2 \sin\ (\omega_2 t + \psi_2) \end{cases}$$

编写绘制李萨茹图形的程序。

设计过程：新建一个工程，在窗体上添加命令按钮控件 Command1，然后对其 Click 事件编写如下代码：

```
Option Explicit
Dim x As Integer, y As Integer
Dim t As Single, xt As Single, yt As Single
Dim Alfa As Single

Private Sub Command1_Click()
    Alfa = Alfa + 0.5
    ScaleMode = 6
    x = Me.ScaleWidth /2
    y = Me.ScaleHeight /2
    Cls
    For t = 0 To 120 Step 0.01
        xt = 10 * Sin(2 * t + Alfa)
        yt = 10 * Sin(t + Alfa)
        PSet (xt + x, yt + y), VbYellow
    Next t
End Sub

Private Sub Form_Load()
    Form1.BackColor = VbBlack
End Sub
```

编写完毕后运行程序，单击命令按钮后得到如图 6－9 所示图形。

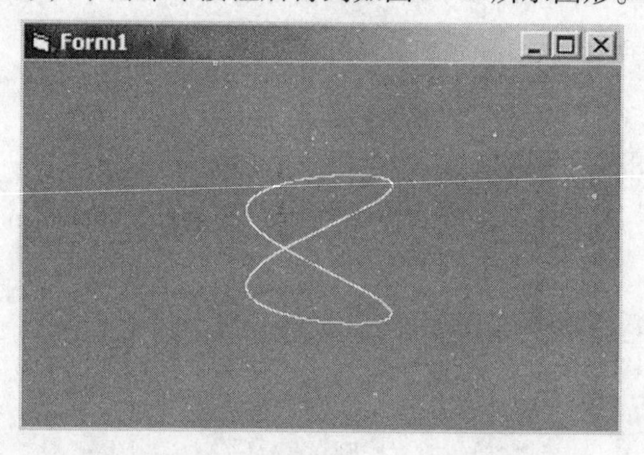

图 6－9 李萨茹图形：$\omega_1=2\omega_2$

如果将程序中的

```
xt =10 * Sin(2 * t + Alfa)
yt =10 * Sin(t + Alfa)
```

改为：

```
xt =10 * Sin(3 * t + Alfa)
yt =10 * Sin(t + Alfa)
```

即满足：$\omega_1=3\omega_2$，则可以得到图 6－10 所示图形。

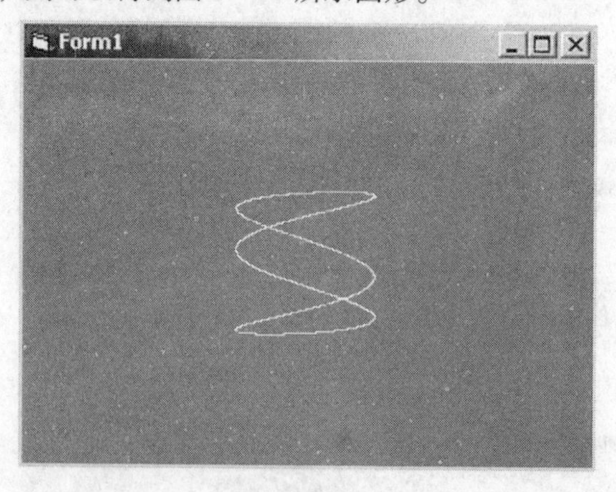

图 6－10 李萨茹图形：$\omega_1=3\omega_2$

（4）设计程序，如图 6－11 所示，鼠标左键单击，颜色发生改变，鼠标右键单击，矩形框显示或隐藏。

图6－11　颜色变换

参考程序代码：新建一个工程，在窗体中添加一个图片框控件 Picture1，如图6－12所示。

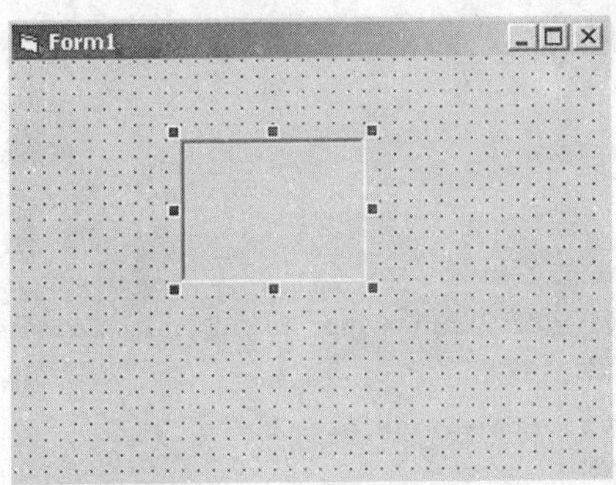

图6－12　用户程序界面

在代码设计窗口中编写以下代码：

```
Option Explicit
Private Sub P(ByVal This As Object, Optional n As Byte =2)
    Dim i&, Y%
    For i =0 To 255
        Y =i * This.ScaleHeight /255
        This.ForeColor =256 ^n * i
        This.Line (0, Y) -(This.ScaleWidth, Y)
    Next i
End Sub
```

```
Private Sub Form_Resize()
    Form1.DrawWidth = 3
    Form1.AutoRedraw = True
    P Form1
    P Picture1, 1
End Sub
Private Sub Form_Click()
    Static n As Byte
    n = n + 1
    If n = 3 Then n = 0
    P Form1, n
End Sub
Private Sub Picture1_Click()
    Static n As Byte
    n = n + 1
    If n = 3 Then n = 0
    P Picture1, n
End Sub
Private Sub Picture1_MouseDown(Button As Integer, Shift As Integer, X As Single,
Y As Single)
    If Button = 2 Then Picture1.Visible = False
End Sub
Private Sub Form_MouseDown(Button As Integer, Shift As Integer, X As Single, Y As
Single)
    If Button = 2 Then Picture1.Visible = True
End Sub
```

在 VB 集成开发环境的窗口中单击启动按钮运行程序，体验一下颜色改变的有趣效果。

二、实验要求

1. 掌握建立图形坐标系的方法。
2. 掌握 VB 的图形控件和图形方法以及常见几何图形的绘制方法。

实验七　文件管理程序设计（2 学时）

一、实验内容

【实验 1】　设计一个窗体，通过键盘输入数据，将包括学号、姓名、数学、物理、化学和英语等学生成绩数据输入到一个顺序文件 myfile1. txt 中，其屏幕如图 7 - 1 所示。

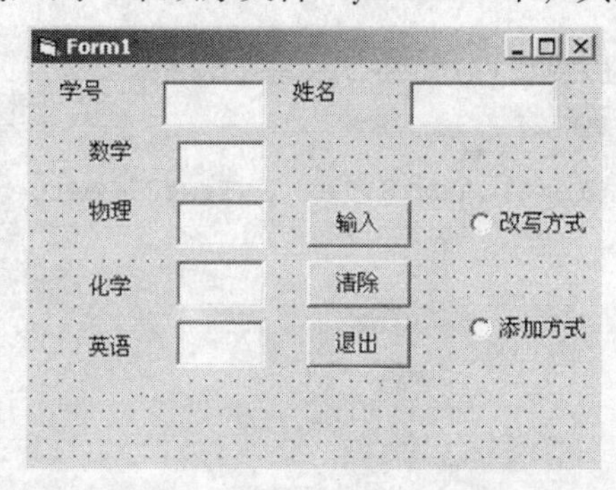

图 7 - 1　通过键盘输入学生记录程序界面

设计过程：

新建一个工程，在窗体上添加图 7 - 1 所示的各个控件。各控件的属性设置如表 7 - 1 所示。

表 7 - 1　各控件属性初始值

控件名	属性	属性值
Text1 ~ Text6	Text	""（空白）
Label1 ~ Label6	Caption	学号、姓名、数学、物理、化学、英语
Command1	Caption	"输入"
Command2	Caption	"清除"
Command3	Caption	"退出"
Option1	Caption	改写方式
Option2	Caption	添加方式

对各个命令按钮编写如下 Click 事件代码：

```
Private Sub Command1_Click()
     If Text1.Text ="" Or Text2.Text ="" Or Text3.Text ="" Or Text4.Text ="" Or
Text5.Text ="" Or Text6.Text ="" Then
        MsgBox "请输入完整数据!", 48, "注意"
        Exit Sub
    End If
    If Option1 Then
        Open "G: \vb \myfile1.txt" For Output As #1
    Else
        Open "G: \vb \myfile1.txt" For Append As #1
    End If
    Print  # 1,  Text1.Text,  Text2.Text,  Text3.Text,  Text4.Text,  Text5.Text,
Text6.Text
   Close #1
   Command2_Click
End Sub

Private Sub Command3_Click()
    Unload Me
End Sub

Private Sub Command2_Click()
    Text1.Text =""
    Text2.Text =""
    Text3.Text =""
    Text4.Text =""
    Text5.Text =""
    Text6.Text =""
    Text1.SetFocus
End Sub

Private Sub Option1_Click()
```

```
    Text1.SetFocus
End Sub

Private Sub Option2_Click()
    Text1.SetFocus
End Sub
```

【**实验 2**】　设计一个窗体以显示上例中 myfile1. txt 文件的记录，其界面如图 7 - 2 所示。

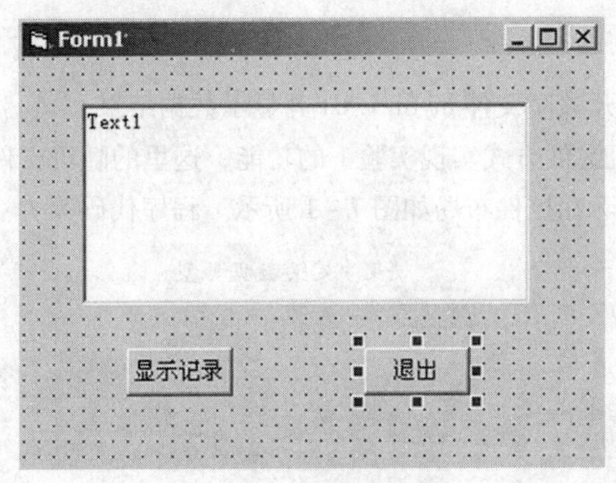

图 7 - 2　显示记录窗体

设计过程：新建一个工程，在窗体上添加如图 7 - 2 所示的各个控件。各控件的属性设置如表 7 - 2 所示。

表 7 - 2　各控件属性初始值

控件名	属性	属性值
Text1	Text	""（空白）
	Multiline	True
Command1	Caption	"显示记录"
Command2	Caption	"退出"

为"显示记录"按钮 Command1 添加 Click 事件代码如下：

```
Private Sub Command1_Click()
    Open "G:\vb\myfile1.txt" For Input As #1
```

```
    Do While Not EOF(1)
        Line Input #1, inputdata
        Text1.Text = Text1.Text + inputdata + vbCrLf
    Loop
End Sub
```

为“退出”按钮 Command2 编写 Click 事件代码如下：

```
Private Sub Command2_Click()
        Unload Me
End Sub
```

运行程序，可以打开顺序文件 myfile1. txt 并显示数据结果。

【实验 3】 以随机文件方式实现实验 1 的功能，这里的随机文件为 myfile2. txt。

设计过程：界面实际和控件布局如图 7－1 所示。程序代码为：

```
Private Type Mytype                    '用户定义数据类型
    Num As Integer
    sname As String * 20
    shuxue  As Integer
    wuli  As Integer
    huaxue As Integer
    yingyu As Integer
End Type
Private Sub Command1_Click()
    Dim p As Mytype
    Dim i As Integer
    If Text1.Text = "" Or Text2.Text = "" Or Text3.Text = "" Or Text4.Text = "" Or
Text5.Text = "" Or Text6.Text = "" Then
        MsgBox "请输入完整的数据!", 48, "注意"
        Exit Sub
    End If
    Open "g:\vb\myfile2.txt" For Random As #1 Len = Len(p)
    i = LOF(1) / Len(p)                '计算记录号
    p.Num = Val(Text1)
```

```
        p.sname = Text2
        p.shuxue = Val(Text3)
        p.wuli = Val(Text4)
        p.huaxue = Val(Text5)
        p.yingyu = Val(Text6)
        Put #1, i +1, p
        Text1 =""
        Text2 =""
        Text3 =""
        Text4 =""
        Text5 =""
        Text6 =""
        Text1.SetFocus
        Close #1
    End Sub

    Private Sub command2_click()
        Unload Me
    End Sub
```

运行程序，输入数据后，用 Windows 中的记事本应用程序打开随机文件 myfile2. txt，可以看到输入文件的记录，如图 7 -3 所示。

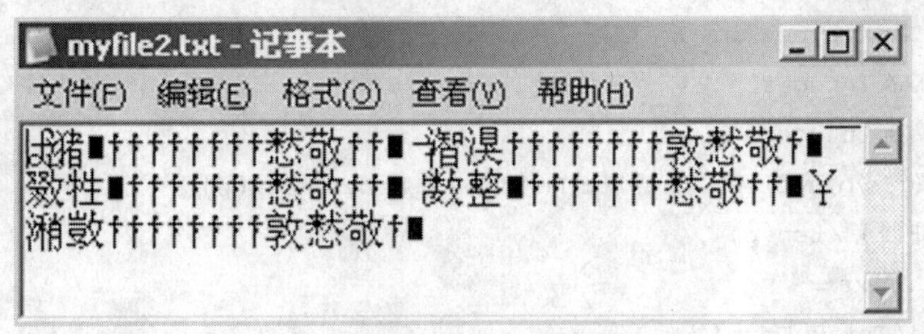

图 7 -3　用记事本打开随机文件显示的结果

【实验 4】　设计一个窗体，显示上例的随机文件 myfile2. txt 中指定记录号的记录，其界面如图 7 -4 所示。

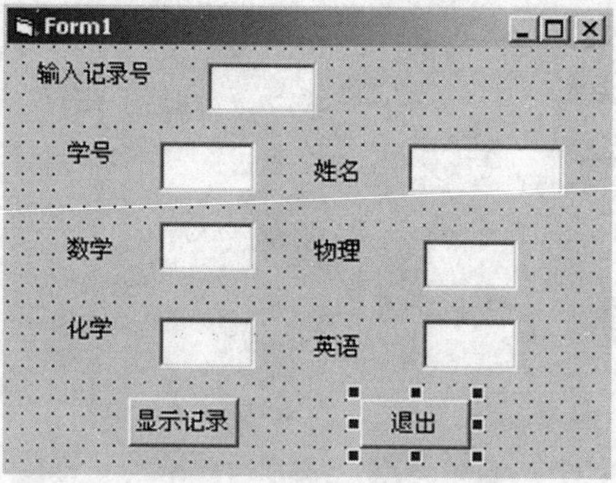

图7-4 显示随机文件中的学生记录

“显示记录”按钮的Click事件代码设计：

```
Private Type Mytype                    '用户定义数据类型
    Num As Integer
    sname As String * 20
    shuxue  As Integer
    wuli  As Integer
    huaxue As Integer
    yingyu As Integer
End Type
Private Sub Command1_Click()
    Dim p As Mytype
    Dim i As Integer
    Dim n As Integer
    Open "g:\vb\myfile2.txt" For Random As #1 Len = Len(p)
    n = LOF(1) / Len(p)
    Text1.Text = ""
    i = Val(Text7.Text)
    Get #1, i, p
    Text1.Text = Trim(Str(p.Num))
    Text2.Text = Trim(p.sname)
    Text3.Text = Trim(Str(p.shuxue))
    Text4.Text = Trim(Str(p.wuli))
```

```
    Text5.Text = Trim(Str(p.huaxue))
    Text6.Text = Trim(Str(p.yingyu))
    Close
End Sub
```

“退出”按钮的 Click 事件代码设计：

```
Private Sub Command2_Click()
    Unload Me
End Sub
```

运行程序，在“输入记录号”文本框中输入一条记录的记录号（注意不是学号，学号和记录号不对应）后单击“显示记录”按钮，可看到如图 7－5 所示的结果。

【实验 5】　编写一程序。要求程序运行后，驱动器列表框 Drive1 的默认驱动器设置为 D 盘，选择驱动器的盘符，则在目录列表框中显示该驱动器下的目录；单击目录列表框中的某一目录，在文件列表框 File1 中显示该目录下的图片文件（＊.jpg)；选择 File1 中所列的图片文件，则相应的图片显示在图片框 Picture1 中。程序运行结果如图 7－6 所示。

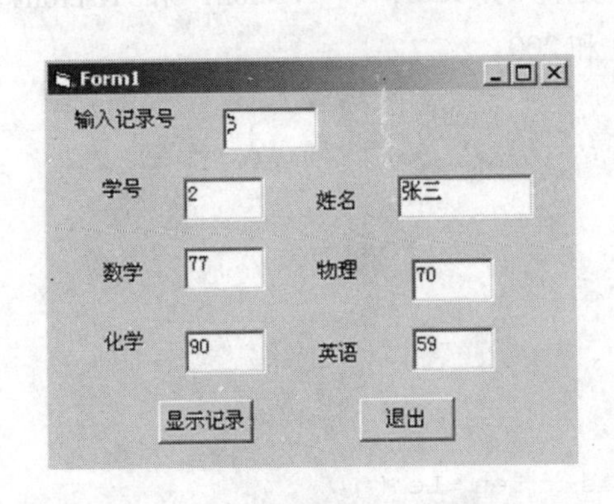

图 7－5　显示随机文件中的记录数据

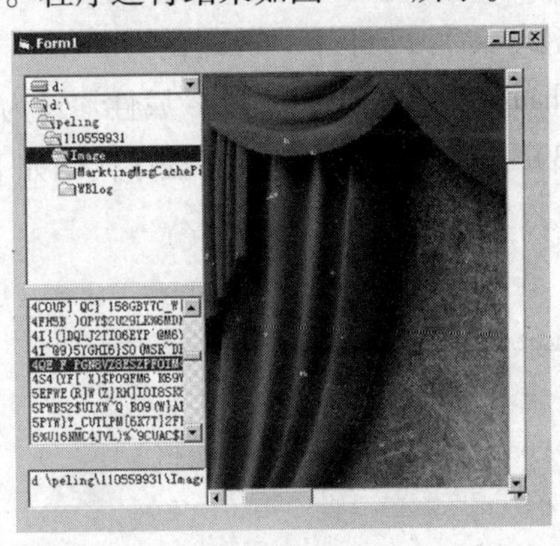

图 7－6　程序运行效果

设计过程：

(1) 启动 VB 后，在窗体 Form1 上添加一个驱动器列表框 Drive1，一个目录列表框 Dir1 和一个文件列表框 File1，将这 3 个控件自上而下分别列在 Form1 的左列；在窗体 Form1 的右边添加一个作为容器使用的图片框 Picture1，然后在 Picture1 中叠加上一个水平滚动条 Hscroll1 和一个垂直滚动条 Vscroll1，最后在 Picture1 中再叠加一个播放图片文件用的图片框 Picture2，使 Picture2 恰好在 Picture1 与垂直和水平滚动条之间没有缝隙，如图 7－7 所示。

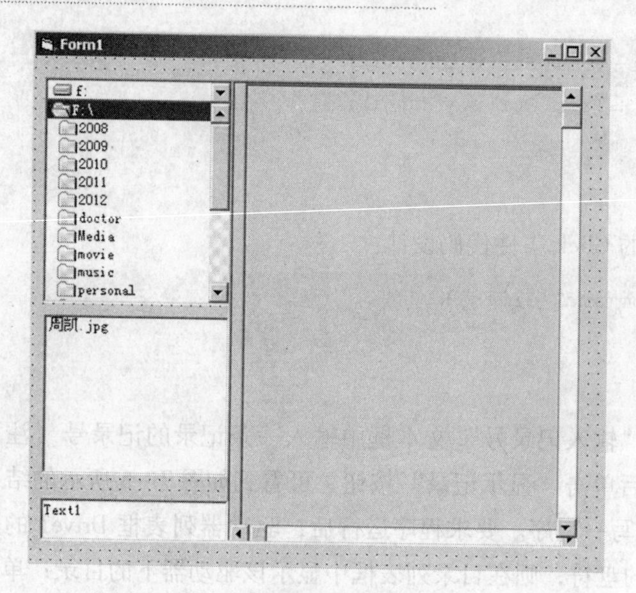

图7-7 界面设计

（2）控件属性设置。将File1的Pattern属性设置为“*.jpg”，使文件列表框中只显示JPG格式文件，将Picture2的Autosize属性设置为Ture，将Vscroll1和Hscroll1的LargeChange属性、SmallChange属性均设为2 000和200。

（3）分别对各个控件编写程序代码如下：

```
Private Sub Dir1_Change()
    File1.Path = Dir1.Path
End Sub

Private Sub Drive1_Change()
    Dir1.Path = Drive1.Drive
End Sub

Private Sub File1_Click()
    ChDrive Drive1.Drive
    ChDir Dir1.Path
    With Picture2
        .Height = 3495: Left = 0: .Top = 0: .Width = 3855
        .Picture = LoadPicture(File1.FileName)
```

```
    End With
    VScroll1.Max = Picture2.Height - 3495
    HScroll1.Max = Picture2.Width - 3855
    VScroll1.Value = 0
    HScroll1.Value = 0
End Sub

Private Sub Form_Load()
    File1.Path = "g:\vb"
End Sub

Private Sub HScroll1_Change()
    Picture2.Left = 0 - HScroll1.Value
End Sub

Private Sub VScroll1_Change()
    Picture2.Top = 0 - VScroll1.Value
End Sub
```

二、实验要求

1. 掌握文件管理程序相关控件的使用方法。
2. 掌握文件管理程序相关函数和过程的使用方法。
3. 掌握文件管理类程序开发的方法。

实验八　数据库应用程序设计（6 学时）

一、实验内容

【实验 1】　数据绑定控件的使用方法。

实习题：采用 Data 控件实现对 student1. mdb 数据库的学生表 stdtb1（其结构见图 8－2）的数据的添加、删除、查询和更新操作，其执行界面如图 8－1 所示。

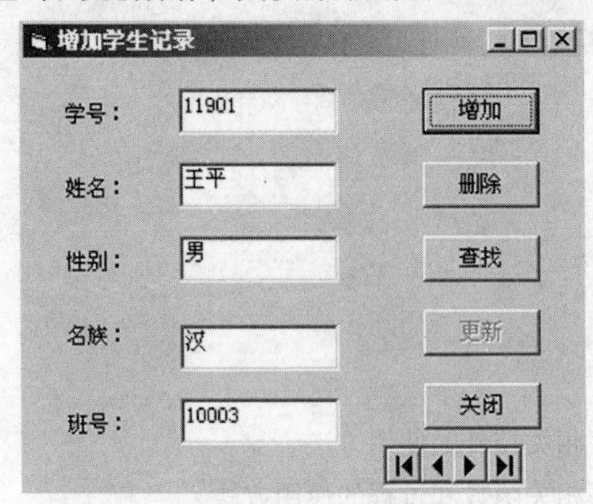

图 8－1　对学生表执行的数据操作界面

设计过程：

（1）启动 Access，在 G 盘的“VB 程序例题”文件夹中建立 student1. mdb 数据库和 stdtb1 数据表，如图 8－2 所示。

stdtb1

ID	班号	民族	姓名	性别	学号
1	1	汉	王晓华	女	2011001
2	1	汉	李东	男	2011002
3	1	汉	张力	男	2011003
4	2	回	魏萍	女	2011004
5	2	汉	陈丽	女	2011005
6	2	汉	胡晓波	女	2011006
8	4	汉	丁三	男	2011007
7	3	汉	肖娟	女	2011008

添加(A)　更新(U)　删除(D)　刷新(R)　关闭(C)

图 8－2　设计数据库

（2）设计程序界面。新建一个工程，在窗体 Form1 中设计如图 8－3 所示界面。

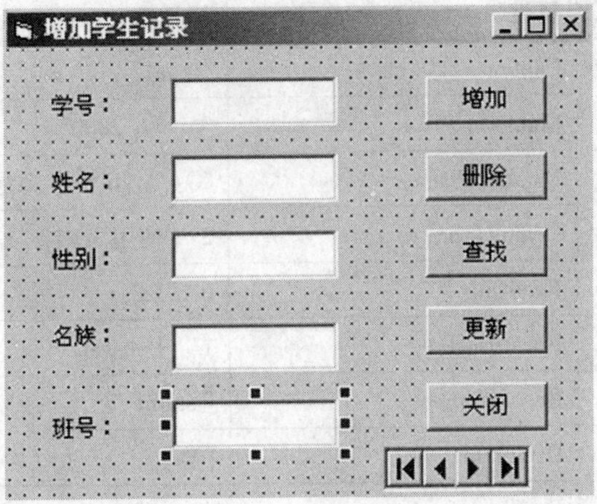

图 8－3　程序界面设计

在 Form1 界面上添加以下控件：

- 5 个标签控件：Label1、Label2、Label3、Label4 和 Label5。
- 1 个 Data 控件：Data1。
- 5 个文本框控件：Text1～Text5；5 个文本框控件的 DataField 属性分别绑定到数据库表 stdtb1 中的“学号”“姓名”“性别”“民族”和“班号”这 5 个字段。
- 5 个命令按钮控件：Command1～Command5，分别将 5 个按钮的名称更改为：cmdAdd、cmdDelete、cmdFind、cmdUpdate 和 cmdClose，各自对应的 Caption 属性分别设置成“添加”“删除”“查找”“更新”和“关闭”。

将这些控件按照图 8－3 所示进行布局排列后分别设置属性。

注意：Data 控件的 Connect 属性设置为 Access 2000，DefaultType 属性设置为“2—使用 Jet”，DatabaseName 属性设置指向数据库所在的目标盘和路径位置及文件名“G：\ vb 程序例题 \ student1. mdb”；DataBaseName 指定后，RecordSource 属性设置栏目中就会自动出现表 stdtb1 的名称，这时只要进行选定就可以和数据库、表连接上了。所有控件的属性设置如表 8－1 所示。

表 8-1 各控件主要属性设置情况表

控件名字	属性	属性值
Data1	Caption	"Data1"
	Connect	"Access 2000"
	DatabaseName	"G：\ vb 程序例题 \ student1. mdb"
	DefaultType	2 '使用 Jet
	ReadOnly	0 'False
	RecordsetType	1 'Dynaset
	RecordSource	" stdtb1 "
Text1	DataField	"学号"
	DataSource	"Data1"
Text2	DataField	"姓名"
	DataSource	"Data1"
Text3	DataField	"性别"
	DataSource	"Data1"
Text4	DataField	"民族"
	DataSource	"Data1"
Text5	DataField	"班号"
	DataSource	"Data1"
cmdAdd	Caption	"添加"
cmdDelete	Caption	"删除"
cmdFind	Caption	"查找"
cmdUpdate	Caption	"更新"
cmdClose	Caption	"关闭"
Label1	Caption	"学号:"
Label2	Caption	"姓名:"
Label3	Caption	"性别:"
Label4	Caption	"民族:"
Label5	Caption	"班号:"

（3）给各个控件编写程序代码。

“添加”按钮的 Click 事件命令代码为：

```
Private Sub cmdAdd_Click()
    Data1.Recordset.AddNew
    cmdDelete.Enabled = False
    cmdFind.Enabled = False
    cmdUpdate.Enabled = True
    text1.SetFocus
End Sub
```

“删除”按钮的 Click 事件命令代码为：

```
Private Sub cmdDelete_Click()
    If MsgBox("真的要删除当前记录吗", vbYesNo, "信息提示") = vbYes Then
        Data1.Recordset.Delete
        Data1.Recordset.MoveNext
        If Data1.Recordset.EOF Then
            Data1.Recordset.MoveFirst
            If Data1.Recordset.BOF Then
                cmdDelete.Enabled = False
                cmdFind.Enabled = False
            End If
        End If
    End If
End Sub
```

“关闭”按钮的 Click 事件命令代码为：

```
Private Sub cmdClose_Click()
    Unload Me
End Sub
```

“查找”按钮的 Click 事件命令代码为：

```
Private Sub cmdFind_Click()
    Dim str  As String
    str = InputBox("输入查找表达式,如班号 = '1'", "查找")
```

```
    If str = "" Then Exit Sub
    Data1.Recordset.FindFirst str
    If Data1.Recordset.NoMatch Then
        MsgBox "指定的条件没有匹配的记录", , "信息提示"
    End If
End Sub
```

“更新”按钮的 Click 事件命令代码为：

```
Private Sub cmdUpdate_Click()
    Data1.UpdateRecord
    Data1.Recordset.Bookmark = Data1.Recordset.LastModified
    cmdUpdate.Enabled = False
    cmdDelete.Enabled = True
    cmdFind.Enabled = True
End Sub
```

Data1 控件的错误响应事件命令代码为：

```
Private Sub Data1_Error(DataErr As Integer, Response As Integer)
    MsgBox "数据错误事件命中错误:" & Error $(DataErr)
    Response = 0                              '忽略错误
End Sub
```

Data1 控件的记录重定位事件命令代码为：

```
Private Sub Data1_Reposition()
    Screen.MousePointer = vbDefault
    On Error Resume Next
    Data1.Caption = "记录:" & (Data1.Recordset.AbsolutePosition + 1)
End Sub
```

窗体 Form1 的初始化命令代码为：

```
Private Sub Form_Initialize()
    If Data1.Recordset.EOF And Data1 .Recordset.BOF Then
                                              '检测记录集是否为空
        cmdFind.Enabled = False
        cmdDelete.Enabled = False
```

```
    Else
        Data1.Recordset.MoveFirst  '指向第一个记录
    End If
    cmdUpdate.Enabled = False
End Sub
```

（4）运行程序。保存工程后运行程序，运行的结果如图8－4所示。

增加学生记录
学号：11901
姓名：王平
性别：男
名族：汉
班号：10003
增加
删除
查找
更新
关闭

图8－4　程序运行结果

- 单击Data1控件的“左”“右”箭头按钮，可以看到数据记录相应发生变化。
- 单击“查找”按钮后弹出如图8－5所示“查找”对话框，按照图中所示格式输入查找条件后，如果记录存在，就会显示出所查找记录的所有数据。

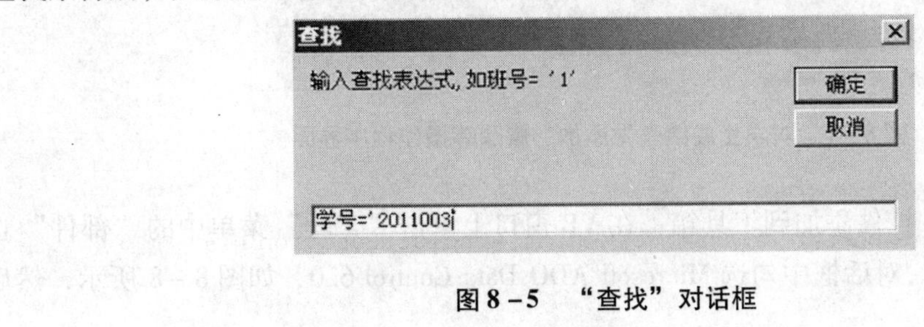

图8－5　“查找”对话框

进行了“添加”操作后，“更新”按钮由灰色变为黑色，要单击“更新”按钮，“添加”操作才有效。

【实验2】　使用ADO Data控件访问数据库。

实习题：使用ADO Data控件实现对学生成绩数据库stdcjk.mdb文件中学生成绩表stdcjb中记录的添加、编辑和删除操作。执行界面如图8－6所示。

设计过程：

（1）启动 Access，在 G 盘的“vb \ 程序例题”文件夹中建立 stdcjk. mdb 数据库和 stdcjb 数据表，如图 8 -6 所示。

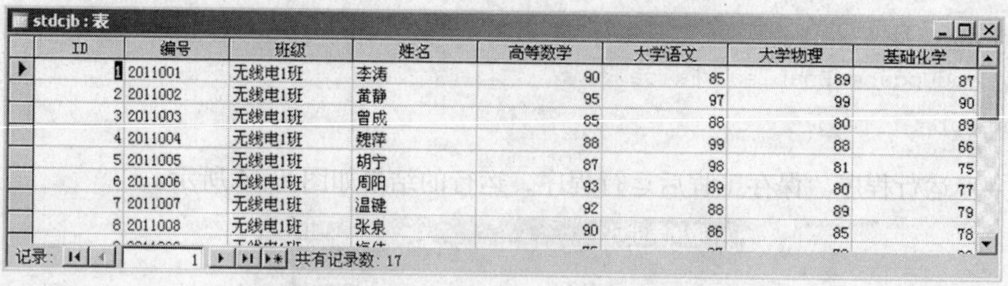

stdcjb : 表

ID	编号	班级	姓名	高等数学	大学语文	大学物理	基础化学
1	2011001	无线电1班	李涛	90	85	89	87
2	2011002	无线电1班	黃静	95	97	99	90
3	2011003	无线电1班	曾成	85	88	80	89
4	2011004	无线电1班	魏萍	88	99	88	66
5	2011005	无线电1班	胡宁	87	98	81	75
6	2011006	无线电1班	周阳	93	89	80	77
7	2011007	无线电1班	温键	92	88	89	79
8	2011008	无线电1班	张泉	90	86	85	78

记录: 1 共有记录数: 17

图 8 -6 建立学生成绩表 stdcjb

（2）设计程序界面。新建一个工程，在窗体 Form1 中设计如图 8 -7 所示程序界面。

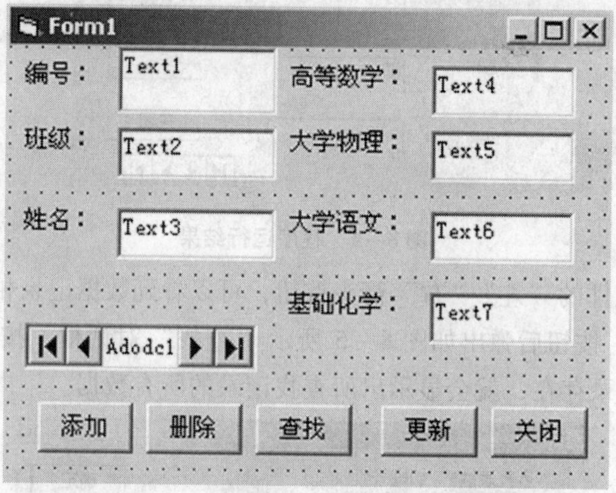

图 8 -7 对学生成绩表做添加、删除等操作程序界面

（3）将 ADO Data 控件添加到工具箱：在 VB 窗口上单击“工程”菜单中的“部件”选项，在打开的“部件”对话框中勾选 Microsoft ADO Data Control 6.0，如图 8 -8 所示，然后单击“确定”按钮。

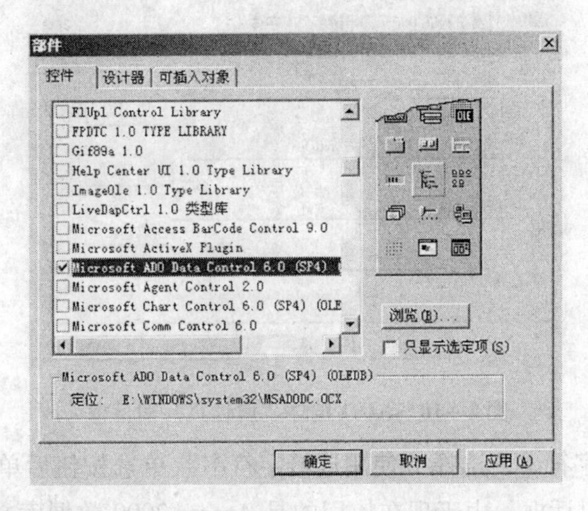

图 8－8　“工程”菜单的“部件”对话框

勾选完毕后，就可以在 VB 中的控件工具箱内看见 ADO 控件图标了，如图 8－9 中圆圈所示。通过 ADO 数据控件可以直接对记录集进行访问，移动记录指针，不需要编写代码即可实现对数据库的操作。

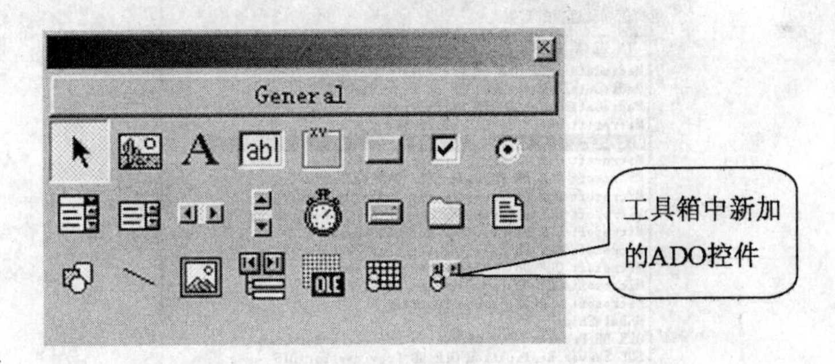

图 8－9　工具箱中新添加的 ADO 控件图标

（4）设置 ADOData 控件的 ConnectionString 属性：

① 单击 ADOData 控件，并在“属性”窗口中单击 ConnectionString 属性的“...”按钮，出现如图 8－10 所示的“属性页”对话框。

属性页

通用 | 身份验证 | 记录源 | 颜色 | 字体

连接资源

使用 Data Link 文件 (L)

浏览(B)...

使用 ODBC 数据资源名称 (D)

新建(E)...

使用连接字符串 (C)

生成(U)...

其他属性 (A):

确定 取消 应用(A) 帮助

图 8-10　ADO 控件“属性页”对话框

② 创建一个连接字符串，选择“使用连接字符串”单选按钮后单击“生成”按钮，打开“数据链接属性”对话框，由于现在使用的是 Access 2000 数据库文件，所以就在对话框上的“提供程序”选项卡中选择 OLE DB 的提供程序 Microsoft Jet 4.0 OLE DB Provider，如图 8-11 所示。

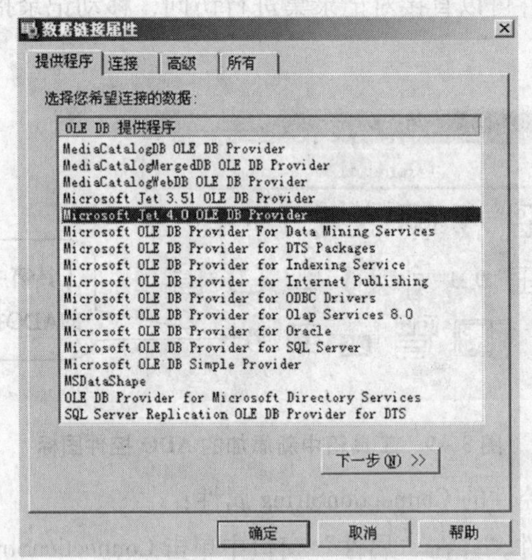

图 8-11　“数据链接属性”的“提供程序”选项卡

然后再在对话框的“连接”选项卡中选择刚才建立的数据库文件名“G: \ vb \ 程序例题 \ stdcjk. mdb”，如图 8-12 所示，单击“确定”按钮，创建一个连接。

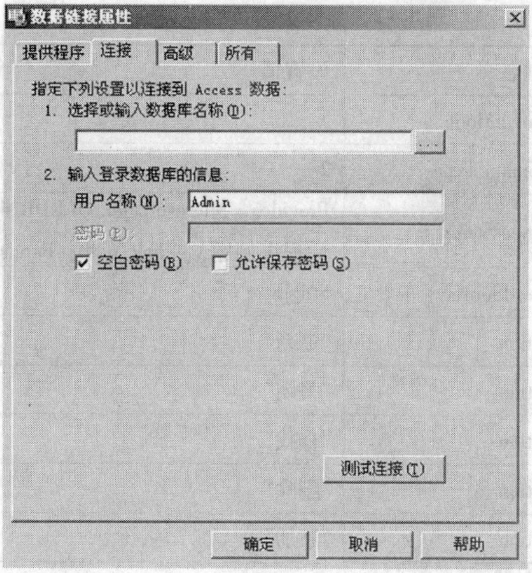

图 8－12　输入需要使用的数据库文件名

③ 单击“确定”完成“连接字符串”设置。

④ 设置“记录源”。

在“属性页”中选择“记录源”选项卡，在“记录源”的“命令类型”对话框中选择“2—adCmTable”，在“表或存储过程名称”对话框中选择数据库表名 stdcjb，与数据库表绑定，如图 8－13 所示。至此，设置 ConnectionString 属性过程完毕，可以使用 ADO 控件了。

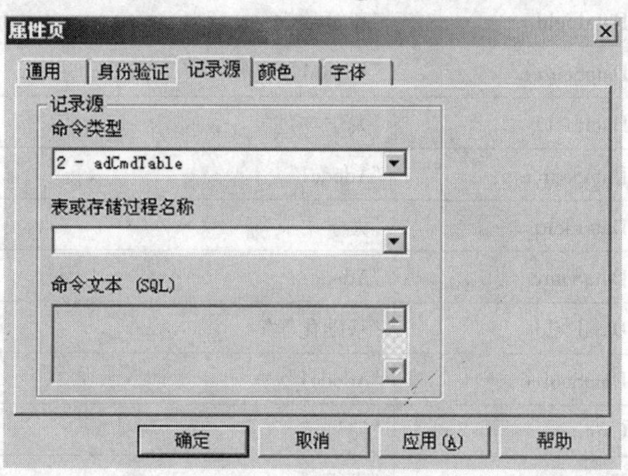

图 8－13　选定数据源

（5）在窗体 Form1 中设计其他标签、文本框和命令按钮的属性，如表 8－2 所示。

表 8-2 窗体上的各控件属性设置

控件名	属性名	设置值
Adodc1	ConnectMode	3
	CommandType	2
	ConnectString	Provider = Microsoft. Jet. OLEDB. 4. 0；Data Source = G：\ vb \ 程序例题 \ stdcjk. mdb；Persist Security Info = False
	RecordSource	Stdcjb
cmdUpdate	Caption	"更新"
cmdClose	Caption	"关闭"
cmdFind	Caption	"查找"
cmdDelete	Caption	"删除"
cmdAdd	Caption	"添加"
Text1	DataField	"编号"
	DataSource	"Adodc1"
Text2	DataField	"班级"
	DataSource	"Adodc1"
Text3	DataField	"姓名"
	DataSource	"Adodc1"
Text4	DataField	"高等数学"
	DataSource	"Adodc1"
Text5	DataField	"大学物理"
	DataSource	"Adodc1"
Text6	DataField	"大学语文"
	DataSource	"Adodc1"
Text7	DataField	"基础化学"
	DataSource	"Adodc1"
Labels1	Caption	"编号:"
Labels2	Caption	"班级:"
Labels3	Caption	"姓名:"

续表

控件名	属性名	设置值
Labels4	Caption	"高等数学:"
Labels5	Caption	"大学物理:"
Labels6	Caption	"大学语文:"
Labels7	Caption	"基础化学:"

（6）设计各个控件的指令代码。

窗体上各控件设计的事件代码如下：

“添加”按钮的 Click 事件代码如下：

```
Private Sub cmdAdd_Click()
    bAdd = True
    Adodc1.Recordset.AddNew
    cmddelete.Enabled = False
    cmdfind.Enabled = False
    cmdUpdate.Enabled = True
    Text1.SetFocus
End Sub
```

“删除”按钮的 Click 事件代码如下：

```
Private Sub cmdDelete_Click()
    If MsgBox("真的要删除当前记录吗", vbYesNo, "信息提示") = vbYes Then
        Adodc1.Recordset.Delete
        Adodc1.Recordset.MoveNext
        If Adodc1.Recordset.EOF Then
           Adodc1.Recordset.MoveFirst
           If Adodc1.Recordset.BOF Then
              cmddelete.Enabled = False
              cmdfind.Enabled = False
           End If
        End If
      End If
End Sub
```

"关闭"数据按钮的 Click 事件代码如下：

```
Private Sub cmdClose_Click()
    Unload Me
End Sub
```

"查找"按钮的 Click 事件代码如下：

```
Private Sub cmdFind_Click()
    Dim str As String
    Dim mybookmark As Variant
    mybookmark = Adodc1.Recordset.Bookmark
    str = InputBox("输入查找表达式,如:编号 =2011003", "查找")
    If str = "" Then Exit Sub
    Adodc1.Recordset.MoveFirst
    Adodc1.Recordset.Find str
    If Adodc1.Recordset.EOF Then
       MsgBox "指定的条件没有匹配的记录", , "信息提示"
       Adodc1.Recordset.Bookmark = mybookmark
    End If
End Sub
```

"更新"按钮的 Click 事件代码如下：

```
Private Sub cmdUpdate_Click()
    Adodc1.Recordset.Update
    Adodc1.Recordset.MoveLast
    cmdUpdate.Enabled = False
    cmddelete.Enabled = True
    cmdfind.Enabled = True
End Sub
```

窗体加载事件代码如下：

```
Private Sub Form_Load()
    If Adodc1.Recordset.EOF And Adodc1.Recordset.BOF Then
       cmdfind.Enabled = False
       cmddelete.Enabled = False
```

```
        cmdUpdate.Enabled = False
        Adodc1.Recordset.MoveFirst
    End If
End Sub
```

程序运行的界面如图 8 – 14 所示。

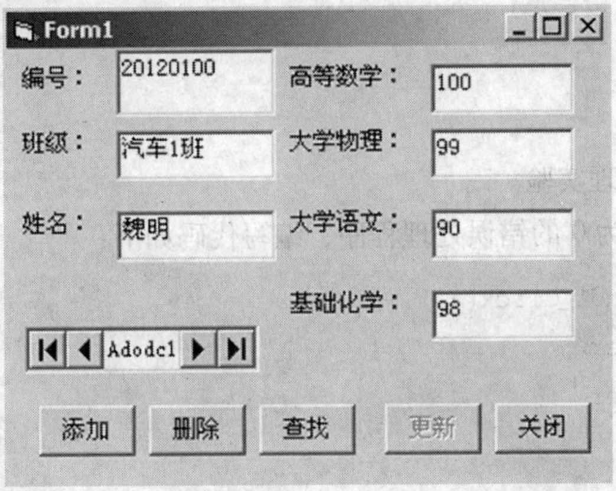

图 8 – 14　ADO Data 控件应用程序执行界面

二、实验要求

1. 掌握利用 Data 控件、ADO Data 控件对象访问数据库的方法。
2. 理解数据库实用程序的设计过程。
3. 了解数据报表的制作方法。

实验九　简单程序调试及错误处理（2 学时）

一、实验内容

（1）程序调试实验。

（2）错误捕获及处理实验。

设计一个处理除数为 0 的错误处理程序，编写代码如下：

```
Private Sub Command1_Click()
    Dim x As Integer
    Dim y As Integer
    y = 0
    x = 0
    Print "  x = "; x
    Print "  y = "; y
    s = Divide(x, y)
    Print "  x / y = "; s
End Sub

Function Divide(numer, denom) As Variant
    Dim Msg As String
    Const mnErrDivByZero = 11, mnErrOverFlow = 6
    Const mnErrBadCall = 5
    On Error GoTo Mathhandler
    Divide = numer / denom
Exit Function
Mathhandler:
    If Err.Number = mnErrDivByZero Or Err.Number = ErrOverFlow Or Err = ErrBadcall Then
        Divide = Null
```

```
    Else
        x=1: y=1
        Msg="不可预见的错误" & Err.Number
        Msg=Msg & ":" & Err.Description
        MsgBox Msg, vbExciamation
        Divide=Null
    End If
    Resume Next
End Function
```

二、实验要求

1. 掌握断点的设置、监视、跟踪等程序调试方法。
2. 掌握 On Error Goto、On Error Resume Next 等语句的使用。
3. 理解 Error 对象的作用。

附录一　课程教学大纲

第一部分　大纲说明

一、课程的性质与任务

Visual Basic 程序设计课程是湖北广播电视大学数控技术专科、水利水电工程管理专科、工程造价管理专科、建筑施工管理专科、工商管理专科等相关专业的选修课程，4 学分，72 学时，其中实验 36 学时，开设一学期。

课程的主要内容包括：可视化编程的基本概念，VB 编程基础，数据信息的基本输入输出，选择结构设计，循环结构设计，数组，过程，菜单和工具栏设计、VB 绘图程序设计方法，文件处理，数据库程序设计、报表设计、调试与错误处理等。

通过本课程的学习，使学生掌握可视化程序设计方法和 VB 程序设计的编程技巧，具备用 VB 语言进行应用系统开发的初步能力。

二、与相关课程的关系

本课程相关的是湖北电大开设的有关计算机操作应用的课程，如选修课“计算机应用基础”等。

三、课程的教学要求

1. 理解可视化编程和面向对象的概念。

2. 掌握 Visual Basic 语言的语法和 Visual Basic 程序的基本结构。

3. 掌握基本程序设计方法。熟悉选择结构、循环结构、数组结构程序设计，理解过程、函数的调用。

4. 理解菜单与工具栏的设计方法。

5. 掌握 VB 绘图的程序设计基本方法和技巧。

6. 理解文件处理的基本过程。

7. 掌握数据库访问基本技术和报表程序设计。

8. 了解程序调试和错误处理的方法。

四、课程的教学方法和教学形式建议

1. 本课程的特点是：概念多、实践性强、涉及面广，因此建议采用在计算机教室（或计算机多媒体教室）进行讲授的教学形式，讲授、实验与课堂讨论相结合。

2. 为加强和落实动手能力的培养，应保证上机机时不少于本教学大纲规定的实验学时。

3. 应充分利用网络技术进行授课、答疑和讨论。

五、课程教学要求的层次

本课程的教学要求分为掌握、理解和了解 3 个层次。掌握是在理解的基础上加以灵活应用；理解是能正确表达有关概念和方法的含义，并且能够进行简单分析和判断；了解即能正确判别有关概念和方法。

第二部分　媒体使用与教学过程建议

一、课程学时分配

课程教学总学时数为 72 学时，4 学分，其中实验课学时为 36 学时。各章学时分配如下：

<table>
<tr><th>章节</th><th>教学内容</th><th>授课学时</th><th>实验学时</th></tr>
<tr><td>第 1 章</td><td>VB 语言概述</td><td>2</td><td>2</td></tr>
<tr><td>第 2 章</td><td>可视化编程的基本概念</td><td>4</td><td rowspan="2">2</td></tr>
<tr><td>第 3 章</td><td>VB 编程基础</td><td>2</td></tr>
<tr><td>第 4 章</td><td>数据信息的基本输入输出</td><td>2</td><td>2</td></tr>
<tr><td>第 5 章</td><td>选择结构设计</td><td>4</td><td rowspan="2">8</td></tr>
<tr><td>第 6 章</td><td>循环结构设计</td><td>4</td></tr>
<tr><td>第 7 章</td><td>数组</td><td>4</td><td rowspan="2">8</td></tr>
<tr><td>第 8 章</td><td>过程</td><td>2</td></tr>
<tr><td>第 9 章</td><td>VB 绘图程序设计方法</td><td>4</td><td>4</td></tr>
<tr><td>第 10 章</td><td>文件处理</td><td>2</td><td>2</td></tr>
<tr><td>第 11 章</td><td>数据库程序设计</td><td>4</td><td>6</td></tr>
<tr><td>第 12 章</td><td>调试与错误处理</td><td>2</td><td>2</td></tr>
<tr><td>合计</td><td></td><td>36</td><td>36</td></tr>
</table>

二、多种媒体教材的总体说明

本课程使用的教学媒体有：文字教材、录像教材、网络课件和“湖北电大在线”网上教学平台。

1. 文字教材：主要教学媒体，是本课程教与学和考核的基本依据，对其他教学媒体起纽带作用，具有导学功能。文字教材采用分立式，包括主教材和实习指导书。

2. 录像教材：辅媒体，讲授课程的重点、难点以及在面授教学中难以实现的教学内容，是对文字教材的强化和补充。

3. 网络课件：包含教学辅导、BBS 师生交互，问题解答释疑等，通过交互式教学解决学生在自学中遇到的疑难问题。

4. 湖北电大网上教学平台：教学辅导、答疑，阶段性总结和复习等。

5. 本课程所使用的文字教材是《Visual Basic 程序设计》（杨宏宇、彭丽主编）。

三、教学环节

以文字教材为基础，通过录像教材、CAI 课件等辅助教学媒体强化教学的重、难点内容，并通过实验课的训练，加深学生对课程内容的理解，掌握用 VB 语言进行程序开发的方法和技术。网上教学与教学进度同步，辅以办学试点单位教师的面授辅导，提高教学质量。

四、考核

本课程的考核采用期末终结性考核和形成性考核两种考核方式，期末终结性考核由湖北电大根据教学大纲统一命题，占课程总成绩的 80%，形成性考核以平时作业的形式完成，占课程总成绩的 20%。

第三部分　教学内容和教学要求

第1章　VB语言概述

一、教学内容

1. VB的基本概念。

2. 启动和退出VB。

3. VB的集成开发环境介绍。

二、教学要求

1. 了解VB的基本概念和发展历史。

2. 掌握VB的启动和退出方法。

3. 掌握VB集成环境的使用方法。

第2章　可视化编程的基本概念

一、教学内容

1. 时钟显示程序设计示例。

2. VB应用程序的特点。

3. 对象与事件驱动概念。

4. VB中的常用控件介绍。

5. 向窗体添加控件。

6. 代码设计窗口。

7. 工程管理。

8. VB编程基本步骤。

二、教学要求

1. 通过示例学习，理解VB应用程序的特点，掌握可视化设计和事件驱动编程的思想。

2. 理解对象与事件驱动的概念，掌握对象、属性、方法与事件之间的关系和区别。

3. 掌握VB中的常用控件以及向窗体中添加控件的方法、控件在窗体中的各种编辑操作。

4. 掌握代码设计窗口的使用方法。

5. 理解工程管理的概念和操作方法。

6. 理解 VB 编程的基本步骤。

第 3 章　VB 编程基础

一、教学内容

1. 标识符。
2. 基本数据类型。
3. 数据类型转换。
4. 常量与变量。
5. 算术运算符和表达式。
6. 字符串运算符和字符串表达式。
7. 日期运算符和日期表达式。
8. 关系运算符和关系表达式。
9. 逻辑运算符和逻辑表达式。
10. 常用内部函数。
11. VB 语句的书写规则。

二、教学要求

1. 掌握标识符的概念和定义规则。
2. 掌握 VB 中各种常用基本数据类型的内容和使用方法。
3. 掌握各种不同数据类型之间的转换方法。
4. 掌握什么是常量，什么是变量，变量的定义规则。
5. 掌握算术运算符和表达式的书写规则。
6. 理解字符串运算符和字符串表达式。
7. 理解日期运算符和日期表达式。
8. 掌握关系运算符和关系表达式。
9. 掌握逻辑运算符和逻辑表达式。
10. 掌握常用内部函数的使用方法和规则。
11. 掌握 VB 语句的书写规则。

第 4 章　数据信息的基本输入输出

一、教学内容

1. 数据输出。
2. 数据输入。
3. 其他常用语句。

二、教学要求

1. 掌握输出文本信息到窗体、图片框、标签等控件的方法；掌握使用消息框输出文本信息的方法；理解格式化函数输出各类数据的方法。

2. 掌握使用文本框控件输入信息和数据的方法，理解使用输入框输入信息的方法。

3. 了解输入输出操作中常用的其他方法，如卸载对象语句和焦点与 Tab 键序语句。

第 5 章　选择结构设计

一、教学内容

1. 程序的基本结构。

2. 单条件选择语句 If。

3. 多分支选择结构 Select Case 语句。

4. 各种选择结构的应用程序设计。

二、教学要求

1. 理解程序的 3 种基本结构。

2. 掌握单条件选择 If 语句、块形式的 If 语句和 If 语句的嵌套使用规则。

3. 掌握多分支选择结构 Select Case 语句的使用方法和规则。

4. 能够通过各种选择结构进行应用程序的设计。

第 6 章　循环结构设计

一、教学内容

1. For . . . Next 循环语句。

2. Do . . . Loop 循环语句。

3. While . . . Wend 循环语句。

4. 应用程序设计示例。

二、教学要求

1. 掌握 For . . . Next 循环语句的语法格式、执行过程、适用条件、循环次数计算方法，掌握 For . . . Next 循环语句的嵌套规则。

2. 掌握两种 Do . . . Loop 循环语句的语法格式、适用条件以及使用规则。

3. 掌握 While . . . Wend 循环语句的语法格式、适用条件和使用规则。

4. 能够熟练应用各种循环结构编写各类应用程序。

第 7 章　数组

一、教学内容

1. 数组的概念。

2. 控件数组。

二、教学要求

1. 掌握数组的定义与声明规则，掌握对数组元素的引用方法，理解动态数组的使用方法，掌握多维数组的应用和对数组元素的操作。

2. 理解控件数组的概念和建立控件数组的方法，理解控件数组的使用方法。

3. 能够熟练应用数组数据结构进行各类应用程序的设计。

第8章　过程

一、教学内容

1. 子程序过程。

2. 函数过程（Function 过程）。

3. 参数的传递。

二、教学要求

1. 掌握子程序过程的概念，掌握编写事件过程的方法，掌握创建和定义通用过程的方法，掌握通用过程的调用语句和规则。

2. 掌握函数过程（Function 过程）的定义方法，掌握函数过程的调用方法和规则，掌握子过程与函数过程调用时结果的区别。

3. 掌握子过程、函数过程中形参与实参的传递机制，理解数值传递与地址传递的意义，了解可选参数和使用不定数量参数的适用条件和方法。

4. 掌握运用子过程、函数过程编写应用程序的方法。

第9章　VB 绘图程序设计方法

一、教学内容

1. 坐标系统和颜色。

2. 绘图控件介绍。

3. 绘图命令介绍。

4. 图像应用程序中的常用方法。

5. 绘图程序设计案例。

二、教学要求

1. 掌握标准 VB 坐标系和自定义坐标系的概念以及如何进行坐标度量转换的方式，掌握使用颜色的命令和语句。

2. 掌握常用的绘图控件，如线条控件、形状控件。

3. 掌握常用绘图命令，如清除屏幕图像命令 CLs，画点命令 Pset，画直线和矩形命令

Line，画圆和椭圆命令 Circle。

4. 理解图像应用程序中的常用方法，如图像属性设置、图片的加载和图片的移动方法。

5. 理解运用各种绘图语句和命令进行不同形式绘图程序的设计。

第 10 章 文件处理

一、教学内容

1. 文件的基本概念和分类。

2. 文件的输入输出操作。

3. 常用文件系统操作控件。

二、教学要求

1. 掌握文件的基本概念和分类。

2. 掌握顺序文件的读写操作，理解随机文件的读写操作，了解二进制文件的读写操作。

3. 理解常用文件系统操作控件的使用方法，如 DriverListBox 控件、DirList 控件、FileListBox 控件，了解 VB 中常用文件处理语句和函数的应用。

4. 掌握利用 DriverListBox 控件、DirList 控件、FileListBox 控件进行文件显示、列表等程序设计的方法。

第 11 章 数据库程序设计

一、教学内容

1. 数据库的基本概念。

2. Access 数据库。

3. 使用数据控件 Data。

4. 使用数据库表格控件 DBGrid。

5. 使用 ADO Data 控件。

6. 使用“数据窗体设计器”进行界面设计。

7. 结构化查询语言（SQL）。

二、教学要求

1. 理解数据库的基本概念，了解关系数据库的基本结构和 VB 数据访问对象及数据库访问机制。

2. 了解创建 Access 数据库和表的过程与方法，理解修改表结构和输入记录数据的方法。

3. 掌握数据控件 Data 的属性、事件和使用方法，了解数据记录对象（Recordset）。

4. 掌握在工具箱中增加数据库表格控件 DBGrid 的方法，掌握通过 DBGrid 控件进行数据库表的修改以及在 VB 程序设计中对 DBGrid 控件的运用方法。

5. 理解 ADO Data 控件的常用属性、方法和事件，理解利用 ADO Data 控件进行实际数据库访问的方法和过程。

6. 了解使用“数据窗体设计器”进行界面设计的过程。

7. 了解结构化查询语言（SQL）的概念。

第 12 章 调试与错误处理

一、教学内容

1. 程序的错误类型。

2. 程序调试。

3. 使用调试窗口。

4. 错误捕获及处理。

5. 条件编译。

二、教学要求

1. 理解程序的错误类型。

2. 掌握程序调试的工具和方法。

3. 掌握使用调试窗口进行程序调试的方法和过程。

4. 理解 VB 中的错误捕获及处理机制，理解 Resume 与 Resume Next 在错误捕获和处理过程中的区别。

5. 了解条件编译的机制与过程。

第四部分　实验内容和实验要求

实验一　Visual Basic 集成开发环境（2 学时）

一、实验内容

（1）Visual Basic 6.0 的安装、启动与退出。

（2）定制 Visual Basic 6.0 的集成开发环境。

（3）创建一个简单应用程序。

二、实验要求

1. 了解 Visual Basic 对计算机系统的软、硬件要求。

2. 练习 Visual Basic 6.0 的安装，掌握启动与退出 Visual Basic 6.0 的方法。

3. 熟悉 Visual Basic 集成开发环境，掌握工具栏、属性窗口、工程资源管理器窗口、窗体布局窗口、代码编辑器窗口的使用。

实验二　简单程序设计（2 学时）

一、实验内容：简单算术运算器程序设计

（1）做一个如图 2-1 所示的简单的算术运算器，可以实现加、减、乘、除基本运算。

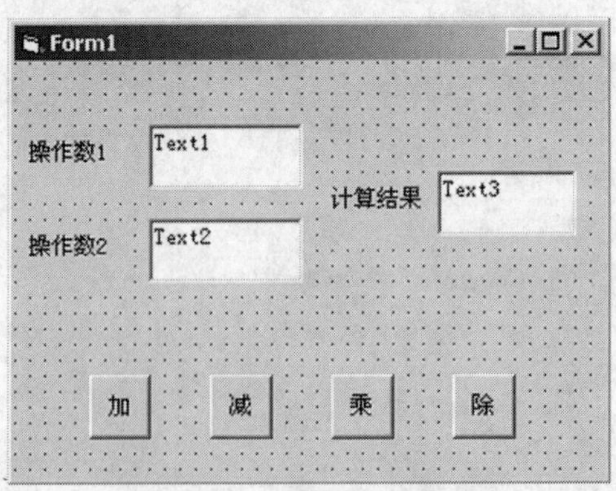

图 2-1　窗体设计界面

保存后运行程序，看看有什么样的结果？分析一下如果要使程序功能更加完善，不会因数据输入不当（例如，做除法运算时，作为被除数的第二个操作数输入为0）而出现溢出等错误，需要做哪些方面的改进？要做这些改进还需要学习哪些知识？

（2）设计一个程序，计算一元二次方程 $ax^2+bx+c=0$ 的根。其执行界面如图 2－2 所示。其中方程的系数在程序运行后由用户通过键盘输入。

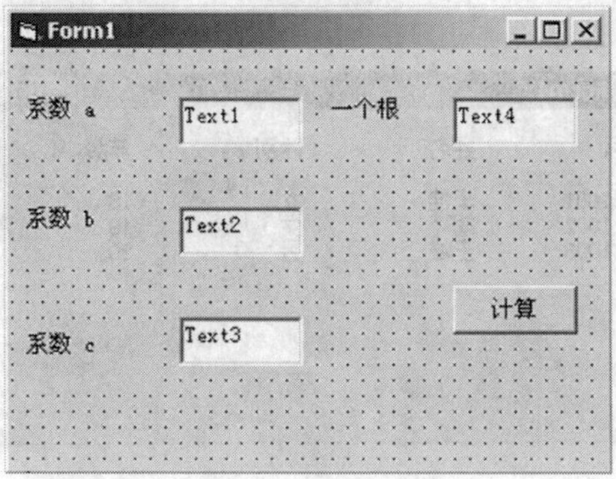

图 2－2　程序界面

代码输入完毕后运行。单击 VB 窗口上的启动按钮运行程序，看一看可以完成计算吗？想一想给出的代码还有什么缺陷？可以从哪些方面进行改进？等到学习了选择结构程序设计后，再回头看看这个程序应该怎样改进。

（3）利用两个标签控件制作如图 2－3 所示的阴影文字，文字内容为“春暖花开”。提示：利用标签控件的 Top、Left 和 BackStyle 等属性。

图 2－3　阴影文字效果

二、实验要求

1. 掌握建立和运行 Visual Basic 应用程序的基本步骤。

2. 掌握文本框、标签、命令按钮属性的设置方法。

3. 了解指令语句的书写规则。

实验三 输入输出操作（2 学时）

一、实验内容

（1）利用 Tab、Spc 函数在窗体上对齐输出学生的学号、姓名、性别、年龄等信息，如图 3－1 所示。

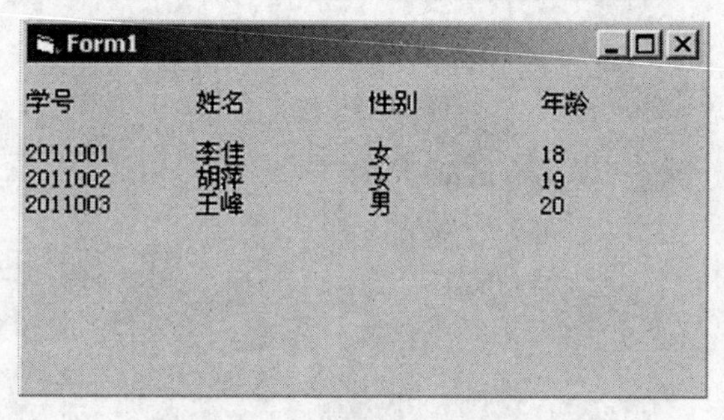

图 3－1 程序运行结果

（2）设计一个窗体，以说明 Print 方法的使用。

（3）设计一个单位发工资计算各类钞票数量的程序：在文本框中输入应发工资金额，单击“计算”按钮后，求出各种面额钞票的数量。程序界面设计如图 3－2 所示。

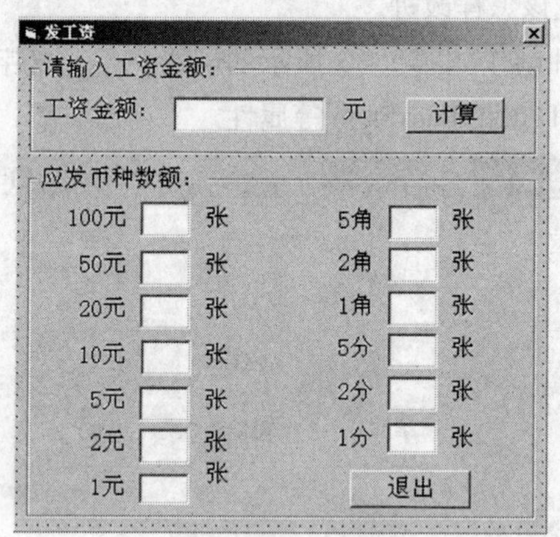

图 3－2 程序界面设计

二、实验要求

1. 掌握利用文本框输入信息的方法。
2. 掌握 Print 方法及 Tab（）、Spc（）函数的使用方法。
3. 掌握语句的书写格式及各种运算符号的使用。

实验四　分支和循环程序设计（8学时）

一、实验内容

1. 单分支、多分支程序设计

（1）编写程序，从键盘上输入 a、b、c 这3个数，按大小顺序对这3个数排列后输出排序结果，如图4－1所示。

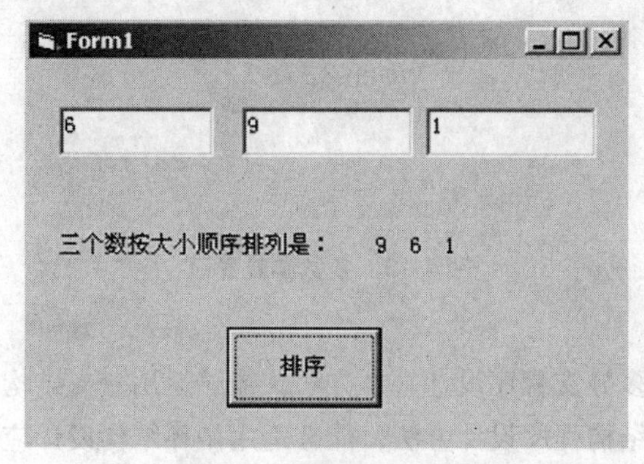

图4－1　程序运行界面

（2）用多分支选择结构设计一个程序，程序的功能是当用户输入一个数字（0～6）后，程序能够同时用中英文显示星期几。程序用户界面如图4－2示。

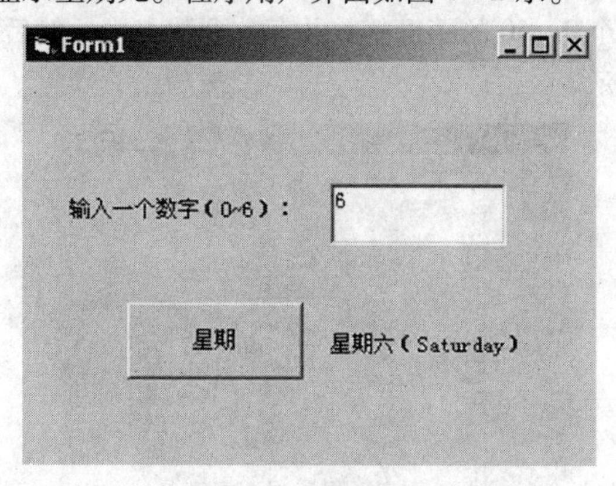

图4－2　程序运行界面

2. 循环程序设计

猜数游戏。程序中预先给定某个数（不显示），用户从键盘反复输入整数进行猜测。每次猜数时如果没有猜中，程序会提示输入的数是过大还是过小。猜中时，在界面上的文本框中显示已猜的次数；最多允许猜10次。界面如图4－3所示。

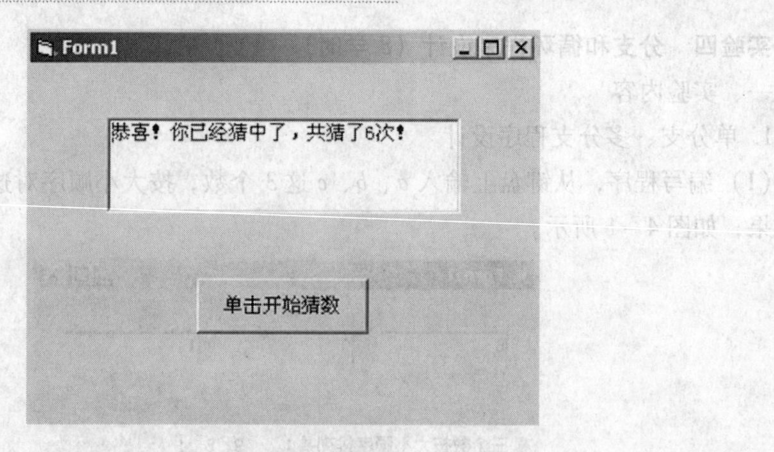

图 4－3 猜数游戏界面

二、实验要求

（1）掌握单分支、多分支程序设计基本方法，能够运用分支结构设计应用程序。

（2）掌握各种循环结构程序设计方法，能够运用循环结构设计应用程序。

实验五 数组与过程程序设计（8 学时）

一、实验内容

1. 数组程序设计。

设计程序，产生 20 个 0～50 的随机整数并存放到数组中，然后对数组按升序排序。程序运行结果如图 5－1 所示。

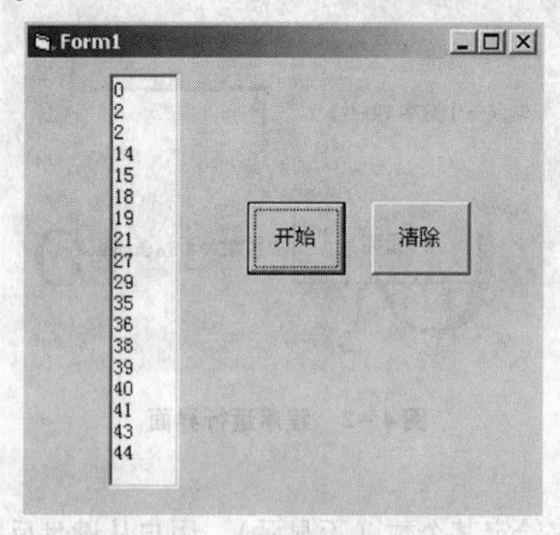

图 5－1 程序运行结果

2. 控件数组程序设计。

设计一个程序，利用滚动条控件控制色彩的变化，并返回色彩的 RGB 数值。

程序功能：直接在文本框中修改 RGB 数值，可以使图片框中显示相应色彩，或是用鼠标拖动某一个滚动条，改变图片框中的色彩，如图 5－2 所示。

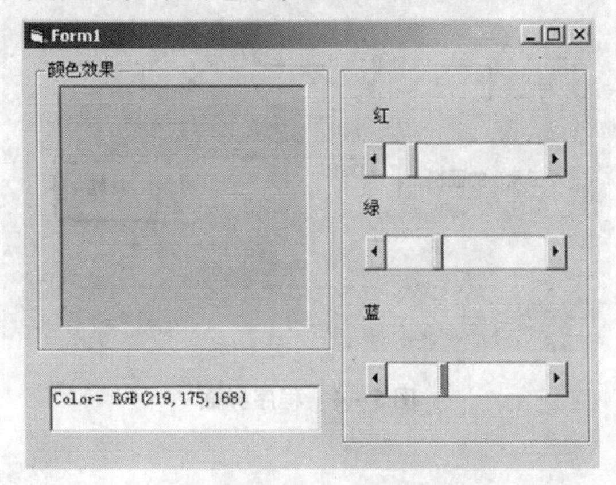

图 5－2 程序效果图

3. 函数过程设计。

已知数学上的组合公式可表示为：

$$C_m^n = \frac{m!}{n!(m-n)!}$$

设计程序，用户从界面上的文本框分别输入 m、n 后，程序能够计算出从 m 个数中每次取 n 个数的组合。程序界面如图 5－3 所示。

图 5－3 程序界面

4. 利用 Sub 子过程按照地址传值的方式，编写一个求三角形面积的程序。设计一个界面，用户在窗体上分别输入 3 个数 A、B、C 后，程序计算出由 A、B、C 所构成的三角形的面积。程序界面如图 5－4 所示。

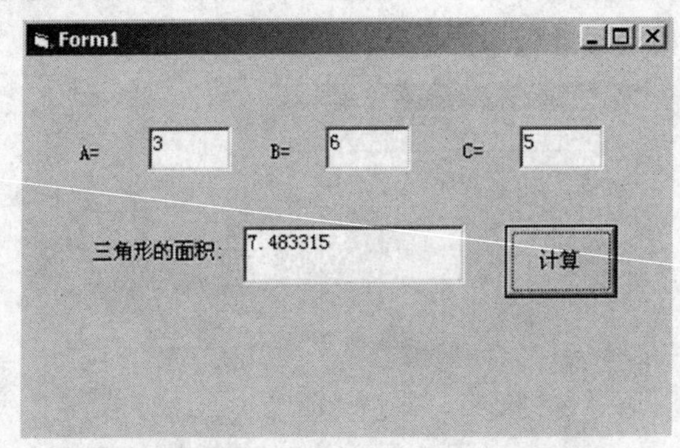

图 5－4 程序界面

二、实验要求

(1) 掌握数组程序设计方法，掌握对数组元素的引用方法，掌握动态数组的使用，掌握多维数组的应用。

(2) 理解控件数组的概念和建立控件数组的方法，掌握控件数组的程序设计方法。

(3) 掌握子程序过程的概念，掌握编写事件过程的方法，掌握创建和定义通用过程的方法，掌握调用通用过程的语句和规则。

(4) 掌握函数过程（Function 过程）的定义方法，掌握函数过程的调用方法和规则，掌握子过程与函数过程调用时结果的区别。

实验六 绘图程序设计（4 学时）

一、实验内容

1. 以 x 为自变量的函数曲线绘制。

编程绘制下列函数曲线：

(1) 三角函数曲线。

(2) $y=e^x$ 曲线。

(3) $y=\sin(x)*\sin(x)-\cos(x)*\cos(x)$ 曲线。

(4) $y=x*(\sin(x)*\sin(x)-\cos(x)*\cos(x))$ 曲线。

(5) $y=x^2/2$ 曲线。

2. 参数方程常见几何图形绘制。

(1) 编程序，在窗体上绘制圆的渐开线。

已知，圆的渐开线直角坐标系的参数方程为：

$$\begin{cases} x = a\ (\cos t + t \sin t) \\ y = a\ (\sin t - t \cos t) \end{cases}$$

（2）已知，圆的参数方程为：

$$\begin{cases} x = a \cos t \\ y = a \sin t \end{cases}$$

编写一个绘制圆的程序。

（3）椭圆的参数方程可以表示为：

$$\begin{cases} x = a * \cos(t) \\ y = b * \sin(t) \end{cases}$$

其中 $a > b$，就可得到一个长轴为 x 轴的椭圆；如果要得到长轴为 y 轴的椭圆，则 $a < b$。编程绘制椭圆图形。

（4）已知李萨茹图形的参数坐标方程为：

$$\begin{cases} X = A_1 \sin(\omega_1 t + \psi_1) \\ Y = A_2 \sin(\omega_2 t + \psi_2) \end{cases}$$

编写绘制李萨茹图形的程序。改变 ω_1 与 ω_2 的比值，看能够得到什么样的图形。

（5）设计一个颜色变换程序，如图 6－1 所示，鼠标左键单击，颜色发生改变，鼠标右键单击，矩形框显示或隐藏。

图 6－1　颜色变换程序运行界面

在 VB 集成开发环境的窗口中单击启动按钮运行程序，体验一下颜色改变的有趣效果。

二、实验要求

1. 掌握建立图形坐标系的方法。

2. 掌握 VB 的图形控件和图形方法以及常见几何图形的绘制。

实验七　文件管理程序设计（2 学时）

一、实验内容

实验 1：设计一个窗体，通过键盘输入数据，将包括学号、姓名、数学、物理、化学和英语等学生成绩数据输入到一个顺序文件 myfile1. txt 中，其程序界面如图 7 – 1 所示。

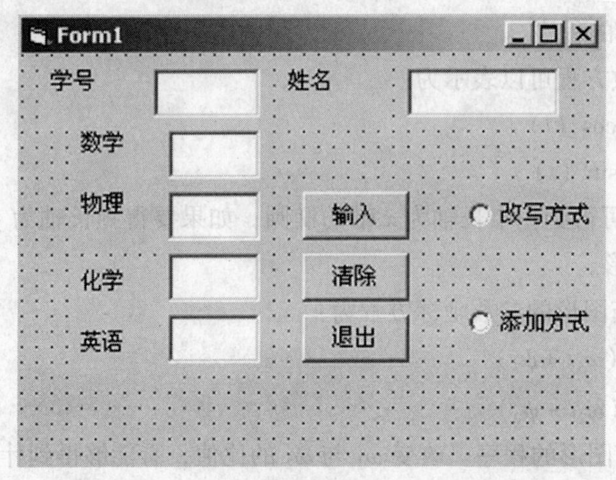

图 7 – 1　通过键盘输入学生记录程序界面

实验 2：设计一个窗体，以显示上例中 myfile1. txt 文件的记录，其程序界面如图 7 – 2 所示。

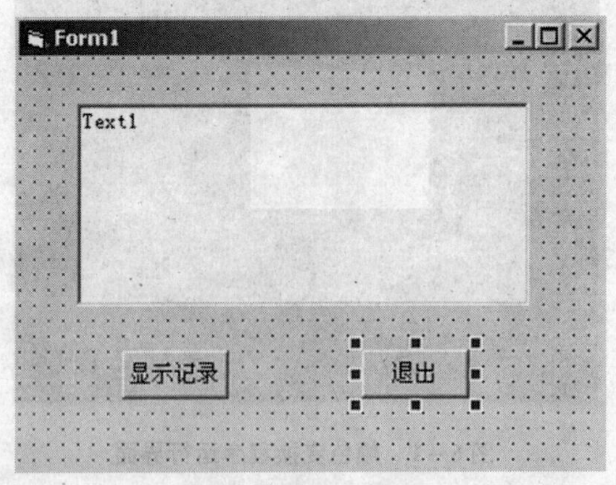

图 7 – 2　显示记录窗体

实验 3：以随机文件方式实现实习题 1 的功能，这里的随机文件为 myfile2. txt。

运行程序，输入数据后，用 Windows 中的记事本应用程序打开随机文件 myfile2. txt，观察输入文件的记录结果。

实验 4：设计一个窗体，显示上例的随机文件 myfile2. txt 中指定记录号的记录，其界面如图 7－3 所示。

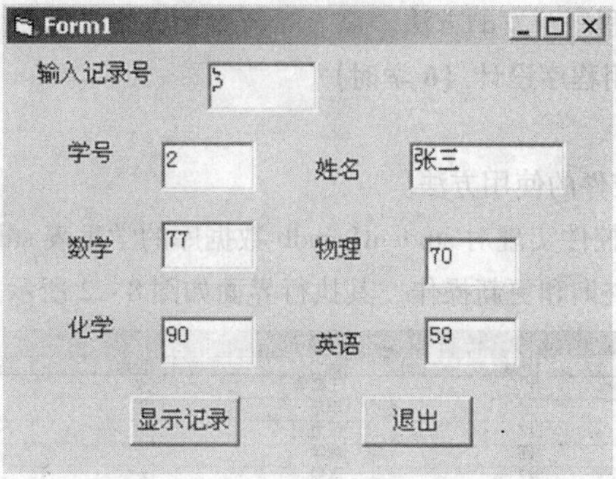

图 7－3　显示随机文件中的学生记录

实验 5：编写一程序。要求程序运行后，驱动器列表框 Drive1 的默认驱动器设置为 D 盘，选择驱动器的盘符，则在目录列表框中显示该驱动器下的目录；单击目录列表框中的某一目录，在文件列表框 File1 中显示该目录下的图片文件（＊. jpg）；选择 File1 中所列的图片文件，则相应的图片显示在图片框 Picture1 中。程序运行结果如图 7－4 所示。

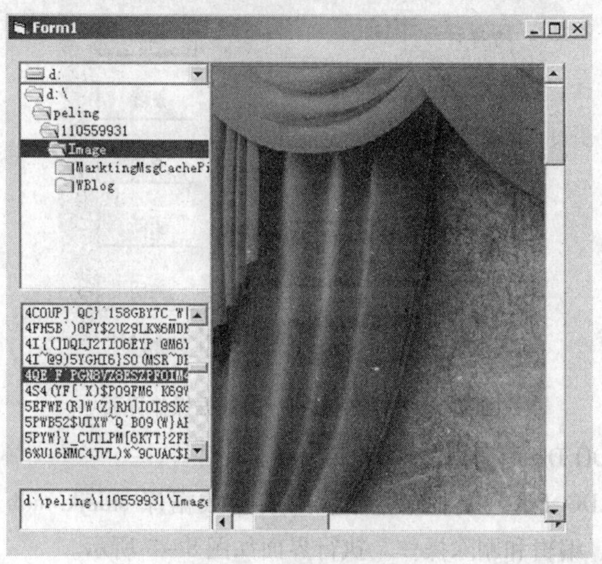

图 7－4　程序运行效果

二、实验要求

1. 掌握文件管理程序相关控件的使用方法。

2. 掌握文件管理程序相关函数和过程的使用方法。

3. 掌握文件管理类程序开发的方法。

实验八 数据库应用程序设计（6 学时）

一、实验内容

实验 1：数据绑定控件的使用方法。

实习题：采用 Data 控件实现对 student1. mdb 数据库的学生表 stdtb1（其结构见图 8－1）的数据的添加、删除、查询和更新操作，其执行界面如图 8－2 所示。

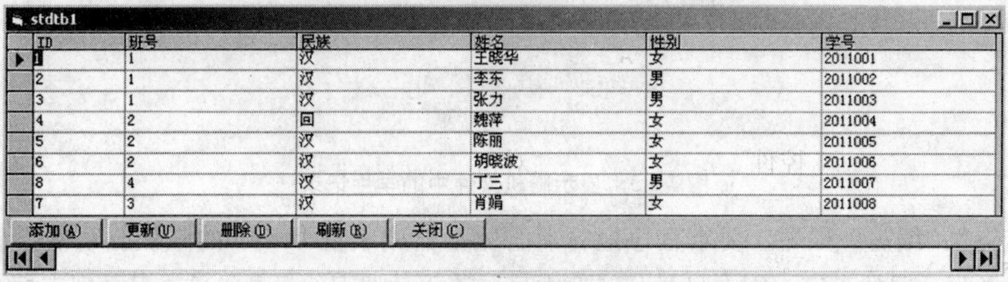
stdtb1
ID
班号
民族
姓名
性别
学号
1 1 汉 王晓华 女 2011001
2 1 汉 李东 男 2011002
3 1 汉 张力 男 2011003
4 2 回 魏萍 女 2011004
5 2 汉 陈丽 女 2011005
6 2 汉 胡晓波 女 2011006
8 4 汉 丁三 男 2011007
7 3 汉 肖娟 女 2011008
添加(A)
更新(U)
删除(D)
刷新(R)
关闭(C)

图 8－1 学生表结构

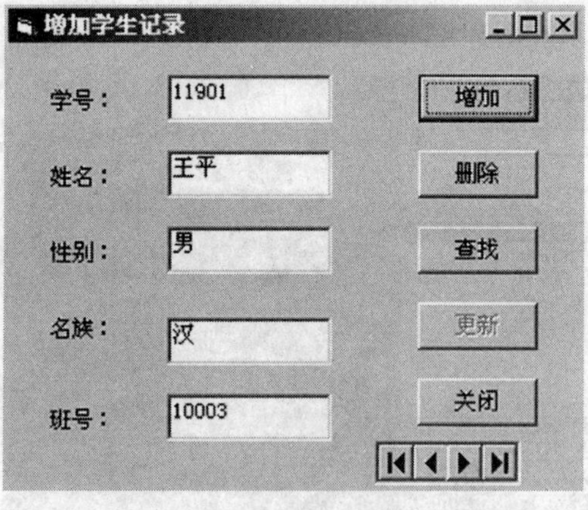
增加学生记录
学号：
11901
姓名：
王平
性别：
男
名族：
汉
班号：
10003
增加
删除
查找
更新
关闭

图 8－2 对学生表执行的数据操作界面

实验 2：使用 ADO Data 控件访问数据库。

实习题：使用 ADO Data 控件实现对学生成绩数据库 stdcjk. mdb 文件中学生成绩表 stdcjb 中记录的添加、编辑和删除操作。执行界面如图 8－3 所示。

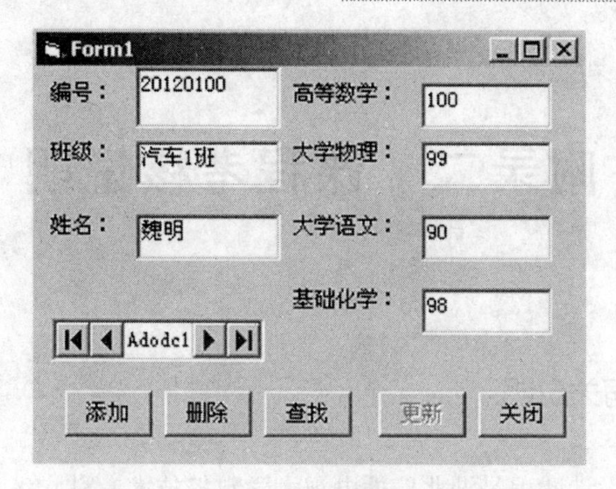

图 8－3　ADO Data 控件应用程序执行界面

二、实验要求

1. 掌握利用 Data 控件、ADO Data 控件对象访问数据库的方法。

2. 理解数据库实用程序的设计过程。

实验九　简单程序调试及错误处理（2 学时）

一、实验内容

（1）程序调试实验。

（2）错误捕获及处理实验。

设计一个处理除数为 0 的错误处理程序，进行程序调试及错误捕获处理。

二、实验要求

1. 掌握断点的设置、监视、跟踪等程序调试方法。

2. 掌握 On Error Goto、On Error Resume Next 等语句的使用。

3. 理解 Error 对象的作用。

附录二　课程考核说明

一、课程考核有关说明

Visual Basic 程序设计课程是湖北广播电视大学数控技术专科、水利水电工程管理专科、工程造价管理专科、建筑施工管理专科、工商管理专科等相关专业的选修课程。课程教学总学时数为 72 学时，4 学分。其中实验 36 学时。

（一）考核对象：湖北电大数控技术等相关专业的学生。

（二）考核方式：本课程采用形成性考核与终结性考核相结合的考试方式。

（三）命题依据：本课程依据课程教学大纲要求命题，所使用的文字教材是中央广播电视大学出版社出版的《Visual Basic 程序设计》（杨宏宇主编）。本课程考核说明是形成性考核与终结性考试命题的基本依据。

（四）课程总成绩的记分方法：形成性考核成绩占总成绩的 20%，终结性考试成绩占总成绩的 80%。课程总成绩按百分制记分，60 分为合格。

（五）形成性考核的形式及要求：形成性考核主要考核学生平时作业及实验的完成情况，依作业及实验的平时成绩由各市州电大的课程主管教师给分。湖北电大将不定期随机抽检各地电大学生的作业及实验报告。

（六）终结性考核的要求及形式。

1. 考核要求

本课程考核学生以下知识和能力：

（1）了解：Visual Basic 集成开发环境。

（2）理解：对象的概念、可视化编程和事件驱动的基本特性。

（3）掌握：常用控件及其属性、事件和方法；基本数据类型、常量、变量、常用函数、表达式运算；Visual Basic 6.0 基本语句和基本结构，数组和子程序的调用；VB 坐标系统的原理，简单图形图像的基本处理方法；文件处理和文件系统控件的简单应用；VB 数据库应用程序的基本框架、利用 Data 控件、DataGrid 控件以及 ADO Data 控件访问数据库的基本方法；具备阅读、编写和调试简单 Visual Basic 应用程序的能力。

2. 组卷原则

依“Visual Basic 程序设计”教学大纲规定的要求，按了解、理解、掌握 3 个层次命题。以大纲中所要求的“掌握内容”为主，约占 60%，“理解内容”为辅，约占 30%，了解的内容约占 10%。

试题的出题范围以与主教材配套的《VB 程序设计实务作业与上机实习指导书》为依据，并突出各章节重点。

在教学内容范围内，按照理论联系实际的原则，考察学生对所学知识的应用能力的试题，不属于超纲。

3. 试题类型及试卷结构

试题题型有选择题、填空题、阅读程序题、完善程序题和编写程序题等题型。其中较容易和较难试题各占 15%。

4. 考试形式

终结性考核采用开卷笔试的形式，由湖北电大统一命题，答题时限为 90 分钟。

二、课程考核内容和要求

第 1 章 VB 语言概述

【考核知识点】

1. VB 集成开发环境。

2. Visual Basic 与其他可视化程序的区别。

【考核要求】

1. 掌握 VB 工程的概念及管理方法。

2. 了解目前流行的可视化编程工具的种类和主要特色。

第 2 章 可视化编程的基本概念

【考核知识点】

1. VB 应用程序的特点。

2. 对象与事件驱动概念。

3. 常用控件：单选钮、复选框、列表框、组合框、窗体、标签、命令按钮和文本框的常用属性、方法和事件。

4. 对象及对象的属性、方法和事件的概念，事件过程和事件驱动。

5. 时钟控件的基本应用。

【考核要求】

1. 理解 VB 应用程序的特点，掌握可视化设计和事件驱动编程的原理。

2. 理解对象与事件驱动的概念，掌握对象、属性、方法与事件之间的关系和区别。

3. 掌握 VB 中的常用控件以及向窗体中添加控件的方法、控件在窗体中的各种编辑操作。

4. 理解工程管理的概念和操作方法。

5. 掌握 VB 编程的基本步骤。

第 3 章 VB 编程基础

【考核知识点】

1. 常用数据类型。

2. 变量与常量。

3. 运算符和表达式。

4. 常用内部函数。

5. VB 语句的书写规则。

【考核要求】

1. 掌握 VB 中各种常用基本数据类型的内容和使用方法以及各种不同数据类型之间的转换。

2. 掌握常量与变量的定义与使用规则。

3. 掌握各种运算符和表达式的书写规则。

4. 理解常用内部函数的使用方法和规则。

5. 掌握 VB 语句的书写规则，能够编写各种运算表达式。

第 4 章 数据信息的基本输入输出

【考核知识点】

1. 数据的基本输入输出方法。

2. Print 语句的运用。

3. MsgBox 语句或函数的使用，赋值语句、InputBox 函数的运用。

【考核要求】

1. 掌握输出文本信息到窗体、图片框、文本框、标签等控件的方法；掌握使用消息框输出文本信息的方法；理解格式化函数输出各类数据的方法。

2. 掌握使用文本框控件输入信息和数据的方法，理解使用输入框输入信息的方法。

3. 了解输入输出操作中常用的其他方法，如卸载对象语句和焦点与 Tab 键序语句。

第5章 选择结构设计

【考核知识点】

1. 程序的基本结构。
2. 单条件选择语句 If。
3. 多分支选择结构 Select Case 语句。
4. 各种选择结构的应用程序设计。
5. 掌握可视化界面设计的方法。

【考核要求】

1. 理解程序的3种基本结构。
2. 掌握单条件选择 If 语句、块形式的 If 语句和 If 语句的嵌套使用规则。
3. 掌握多分支选择结构 Select Case 语句的使用方法和规则。
4. 能够通过各种选择结构进行应用程序的设计。
5. 掌握运算符及流程控制语句的用法，能够编写各种分支结构的简单程序。

第6章 循环结构设计

【考核知识点】

1. For ... Next 循环语句。
2. Do ... Loop 循环语句。
3. While ... Wend 循环语句。
4. 应用程序设计示例。

【考核要求】

1. 掌握 For ... Next 循环语句的语法格式、执行过程、适用条件、循环次数计算方法，掌握 For ... Next 循环语句的嵌套规则。
2. 掌握两种 Do ... Loop 循环语句的语法格式、适用条件以及使用规则。
3. 掌握 While ... Wend 循环语句的语法格式、适用条件和使用规则。
4. 能够熟练应用各种循环结构编写各类应用程序。

第7章 数组

【考核知识点】

1. 数组的基本概念，静态及动态数组的声明及使用。
2. 控件数组的建立与应用。

【考核要求】

1. 掌握数组的定义与声明规则，掌握对数组元素的引用方法，理解动态数组的使用，掌握多维数组的应用和对数组元素的操作。

2. 理解控件数组的概念和建立控件数组的方法，理解控件数组的使用。

3. 能够熟练应用数组结构进行各类应用程序的设计。

第 8 章　过程

【考核知识点】

1. Sub 过程和函数过程的定义和调用。

2. 参数传递机制基本概念。

【考核要求】

1. 掌握过程和函数的定义和调用方法，能够编写自定义过程和函数。

2. 掌握子过程、函数过程中形参与实参的传递机制，理解数值传递与地址传递的意义，了解可选参数和使用不定数量参数的适用条件和方法。

3. 掌握运用子过程、函数过程编写应用程序的方法。

第 9 章　VB 绘图程序设计方法

【考核知识点】

1. VB 坐标系统和颜色：坐标系，改变坐标系统的方法；RGB 和 QBColor 函数。

2. Shap 控件和 Line 控件，Image 和 PictureBox 控件。

3. 绘图方法：画点方法 Pset，画直线、矩形方法，画圆方法。

4. 与绘图有关的常用属性和方法：线宽、线型、填充颜色和填充样式等；清除图像方法。

5. 各种函数、参数方程曲线的绘制程序设计。

【考核要求】

1. 掌握图形图像的基本处理方法。

2. 理解 VB 坐标系统的原理。

3. 了解“指针式时钟”程序的设计方法，能够读懂并完善这类程序的部分语句。

4. 掌握图形控件的使用和与绘图有关的常用属性和方法。

5. 了解图形变换的基本方法。

第 10 章　文件处理

【考核知识点】

1. 文件读写的基本方法：顺序文件、随机文件和二进制文件的访问。

2. 相关的语句和函数：改变当前驱动器、改变当前目录、建立和删除目录、删除文件、设置文件的属性、得到当前可执行文件的路径。

3. 文件系统控件的应用：驱动器列表框、目录列表框、文件列表框。

【考核要求】

1. 掌握顺序文件、随机文件读写的基本方法，了解二进制文件的读写方法。

2. 理解与文件处理相关的语句和函数的用法，并能够完善程序。

3. 理解文件系统控件的基本功能，能够通过对驱动器列表框、目录列表框、文件列表框3类控件的属性设置，编写简单的文件管理程序。

4. 了解“文件管理器”应用程序的开发过程，能够读懂并完善这类程序的部分语句。

第11章　数据库程序设计

【考核知识点】

1. 数据库的基本概念。

2. 使用VB数据控件访问数据库的机制和基本方法。

【考核要求】

1. 理解数据库的基本概念，了解关系数据库的基本结构和VB数据访问对象及数据库访问机制。

2. 掌握数据控件Data的属性、事件和使用方法，了解数据记录对象（Recordset）。

3. 掌握在工具箱中增加数据库表格控件DBGrid的方法，掌握通过DBGrid控件进行数据库表的修改以及在VB程序设计中对DBGrid控件的运用方法。

4. 理解ADO Data控件的常用属性、方法和事件，理解利用ADO Data控件进行实际数据库访问的方法和过程。

5. 了解“成绩查询”程序的设计过程，能够读懂并完善这类程序的部分语句。

第12章　调试与错误处理

【考核知识点】

1. 程序错误分类。

2. 程序调试方法。

3. 错误捕获及处理方法。

【考核要求】

1. 掌握程序调试的基本方法。

2. 掌握错误捕获及处理的基本方法，能够使用On Error Goto、On Error Resume语句进行程序设计，能够使用Err对象和MsgBox语句或函数显示错误信息。

3. 了解程序错误的分类。

三、试题类型及规范解答

（一）单项选择题（每题 2 分，共 30 分）

1. 在设计应用程序时，可以查看到应用程序工程中所有组成部分的窗口是（ ）。

   A. 窗体设计器　　B. 代码编辑器窗口

   C. 属性窗口　　D. 工程资源管理器窗口

2. 窗体的 Load 事件的触发时机是（ ）。

   A. 用户单击窗体时　　B. 窗体被加载时

   C. 窗体显示之后　　D. 窗体被卸载时

3. 与传统的程序设计语言相比，Visual Basic 最突出的特点是（ ）。

   A. 结构化程序设计　　B. 程序开发环境

   C. 事件驱动编程机制　　D. 程序调试技术

4. 无论何种控件，它们共同具有的属性是（ ）。

   A. Text 属性　　B. Caption 属性　　C. Name 属性　　D. Autosize 属性

5. 如果对象的名称为 Mytext，而且对象有一个属性 Text，那么在代码中引用该属性的正确格式是（ ）。

   A. Text. Mytext　　B. Mytext. Text

   C. Mytext.（Text）　　D. Mytext * Text

6. 按照变量的作用域可将变量划分为（ ）。

   A. 公有、私有、系统　　B. 全局变量、模块级变量、过程级变量

   C. 动态、常数、静态　　D. Public、Private、Protected

7. 可获得字符的 ASCII 码的函数是（ ）。

   A. Val　　B. Fix　　C. Asc　　D. Chr

8. 要退出 Do ... Loop 循环，可使用的语句是（ ）。

   A. Exit　　B. Exit For　　C. End Do　　D. Exit Do

9. 把数值型转换为字符串型需要使用的函数是（ ）。

   A. Val　　B. Str　　C. Asc　　D. Chr

10. 关于语句行，下列说法正确的是（ ）。

    A. 一行只能写一条语句　　B. 一条语句可以分多行书写

    C. 每行的首字符必须大写　　D. 长度不能超过 255 个字符

11. 设置对象的边框类型的属性是（ ）。

A. DrawStyle　　B. BorderStyle

C. DrawWidth　　D. ScaleMode

12. 为了清除图片框 Picture1 中的图形，应采取的正确方法是（ ）。

A. 选择图片框，然后按 Delete 键

B. 执行语句 Picture1. Picture = LoadPicture（""）

C. 执行语句 Picture1. Picture = ""

D. 选择图片框，在属性窗口中选择 Picture 属性条，然后按回车键

13. 要绘制不同形状的图形，需要设置 Shape 控件的（ ）属性。

A. Shape　　B. BorderStyle

C. FillStyle　　D. Style

14. 要绘制多种式样的直线，需要设置 Line 控件的（ ）属性。

A. Shape　　B. BorderStyle

C. FillStyle　　D. Style

15. 如果准备读文件，打开顺序文件 text. dat 的正确语句是（ ）。

A. Open "text. dat" For Wrire As # 1　　B. Open "text. dat" For Binary As # 1

C. Open "text. dat" For Input As # 1　　D. Open "text. dat" For Random As # 1

（二）填空题（每题 2 分，共 20 分）

1. Winsock 控件主要用来编制________或 UDP 协议的通信程序。

2. 若窗体的左上角坐标为（-200，250），右下角坐标为（300，-150），则 X 轴的正向向右，Y 轴的正向向________。

3. 图像框对象的 Stretch 属性设置为________时，图像框可自动改变大小以适应其中的图形。

4. 用 Dim A（5，5）语句声明二维数组后，数组 A 的元素共有________个。

5. 设 CurrentX = 50，CurrentY = 100，执行指令“Line（100，20）-Step（300，500）”后，CurrentY =________。

6. 使用 Hide 方法会隐藏被调用的窗体，但是在调用 Hide 方法之后不会把窗体移出内存，被调用的窗体中的属性等已处于________。

7. 将下列数学式子写成 Visual Basic 运算表达式。

$\sqrt{s(s-a)(s-b)(s-c)}$：________________。

8. 将 $1 \leqslant x < 12$ 写成 Visual Basic 逻辑表达式________。

9. 设 A = 2，B = 3，C = 4，D = 5。表达式 Not A < = C Or 4 * C = B^2 And B < > A + C 的

值为________。

10. VB 中的程序错误类型主要有编译错误、________、________等 3 种。

（三）阅读程序题（共 25 分）

阅读下列程序并写出程序运行结果。

1.

```
Private Sub Form_Click()
    Static Sum As Integer
    For I = 1 To 2
        Sum = Sum + I
    Next I
    Print Sum
End Sub
```

单击窗体两次后，变量 Sum 的值是：

2.

```
Private Sub Form_Click()
    Dim a,c As Integer
    For a = 1 To 5
        c = a + 1
        Print c
    Next a
End Sub
```

变量 C 的结果依次为：

3.

```
Private Sub Command1_Click()
    Dim A(1 To 5) As Integer
    Dim b As Integer
    For b = 1 To 5
        A(b) = b
    Next b
    Text1.Text = A(b - 2)
End Sub
```

文本框 Text1 的结果是：

4.

```
Private Sub Command1_Click()
    Text1.Text = 2
    Text2.Text = 3
    Text3.Text = Text1.Text + Text2.Text
    Text4.Text = Val(Text1.Text) + Val(Text2.Text)
End Sub
```

文件框 Text3 和 Text4 的结果分别是:

(四) 完善程序题 (共 10 分)

已知存在一个叫作“学生”的 SQL Server 数据库，其中的 students 数据表用来存储学生的基本情况信息，包括学号、姓名、籍贯、性别。请编写一个简单的应用程序，向 students 表中添加学生记录。程序的基本逻辑是：当窗体被加载时，程序连接 SQL Server 数据库；当单击“增加”按钮时，首先查询学号是否重复，如果不重复则向 students 表中添加学生记录。其运行界面如图 1 所示。

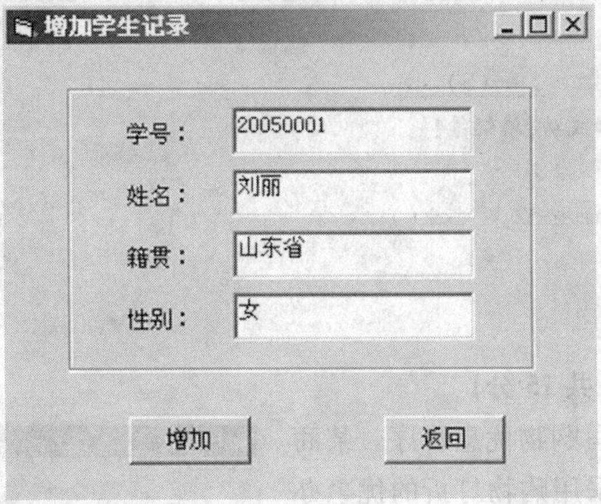

图 1　程序运行界面

程序如下，请补充完整。

```
'声明对象变量 ADOcn,用于创建与数据库的连接
Private ADOcn As Connection
Private Sub Form_Load()                          '连接 SQL Server 数据库
    Dim strDB As String
    strDB = "Provider = SQLOLEDB;LSF;User ID = sa;Password = ;Database = ___(1)___"
```

```
        If ADOcn Is Nothing Then
            Set ADOcn = ________(2)________
            ADOcn.Open strDB
        End If
    End Sub

    Private Sub Command1_Click()                        '增加学生记录
        Dim strSQL As String
        Dim ADOrs As ________(3)________Recordset
        ADOrs.ActiveConnection = ADOcn
        ADOrs.Open "Select 学号 From Students Where 学号 = " + "'" + Text1 + "'"
        If Not ________(4)________ Then
            MsgBox "你输入的学号已存在,不能新增加!"
        Else
            StrSQL = "Insert Into students (学号,姓名,,籍贯, 性别) "
            StrSQL = strSQL + Values(" + "'" + text1 + "', '" + text2 + "','" + text3 + "','" +
text4 + "') "
            ADOcn.Execute ____(5)____
            MsgBox "添加成功,请继续!"
        End If
        Private Sub Command2_Click()
        Unload Me
    End Sub
```

（五）编写程序题（共 15 分）

请根据下列描述编写购物优惠程序。某商场为了加速商品流通，采用购物打折的优惠办法，每位顾客一次购物：①在 100 元以上者，按九五折优惠；②在 200 元以上者，按九折优惠；③在 300 元以上者，按八折优惠；④在 500 元以上者按七折优惠。在窗体上添加两个文本框和一个命令按钮，要求在 Text1 中输入购物商品总金额，单击命令按钮，在 Text2 中输出优惠价。程序运行结果如图 2 所示。

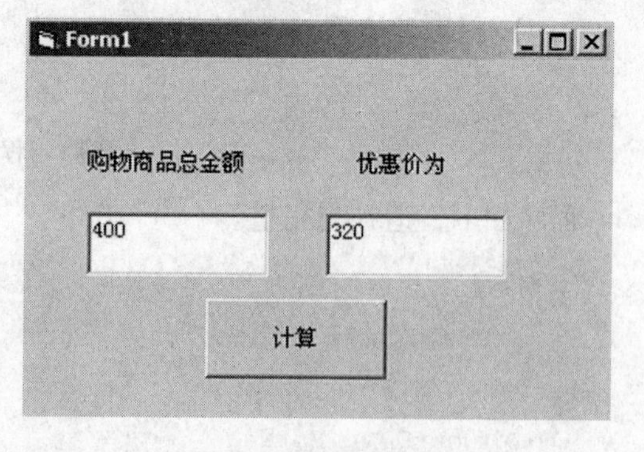

图 2　程序运行界面

试题参考答案

（一）单项选择题（共30分）

1. D 2. B 3. C 4. C 5. B 6. B 7. C 8. D 9. B 10. B 11. B 12. B 13. A 14. B 15. C

（二）填空题（共20分）

1. TCP/IP（或者回答TCP协议）

2. 上

3. False

4. 36

5. 520

6. 无效状态

7. Sqr（s＊（s－a）＊（s－b）＊（s－c））

8. x＞＝1 And x＜12

9. False

10. 实时错误，逻辑错误

（三）阅读程序题（共25分）

1. 程序运行后，单击窗体两次后，Sum的值是6。

2. 程序运行后，单击窗体，输出结果为：2、3、4、5、6。

3. 程序运行后，单击Command1按钮，文件框对象Text1的结果为4。

4. 程序运行后，单击Command1按钮，文件框对象Text3、Text4的结果分别为23、5。

（四）完善程序题（共10分）

（1）学生

（2）New Connection

（3）New

（4）ADOrs. EOF

（5）strSQL

（五）编写程序题（共 15 分）

```
Private Sub Command1_Click()
    Dim x As Single, y As Single
    x = Val(Text1.Text)
    If x < 100 Then
      y = x
    Else
        If x < 200 Then
           y = 9.5 * x
        Else
            If x < 300 Then
              y = 0.9 * x
            Else
                If x < 500 Then
                  y = 0.8 * x
                Else
                  y = 0.7 * x
                End If
            End If
        End If
    End If
    Text2.Text = y
End Sub
```